数 学 史

从古至今数学的起源与发展

[美]弗洛里安·卡约里　著

邵曙光　梁东红　译

中国大地出版社

·北京·

图书在版编目(CIP)数据

数学史:从古至今数学的起源与发展 /(美)弗洛
里安·卡约里著;邵曙光,梁东红译. —北京:中国
大地出版社,2022.11

书名原文:A History of Mathematics

ISBN 978-7-5200-0730-6

Ⅰ. ①数… Ⅱ. ①弗… ②邵… ③梁… Ⅲ. ①数学史
Ⅳ. ①O11

中国版本图书馆 CIP 数据核字(2021)第 010234 号

SHUXUE SHI

责任编辑	王一宾　张玉龙　张　颖
责任校对	陈　曦
审稿专家	赵盛波
出版发行	中国大地出版社
社址邮编	北京市海淀区学院路 31 号,100083
电　话	(010)66554518(邮购部);(010)66554511(编辑室)
网　址	www.chinalandpress.com
传　真	(010)66554686
印　刷	三河市华晨印务有限公司
开　本	710mm×1000mm　1/16
印　张	34.5
字　数	430 千字
版　次	2022 年 11 月北京第 1 版
印　次	2022 年 11 月河北第 1 次印刷
定　价	99.00 元
书　号	ISBN 978-7-5200-0730-6

写在前面的话

　　《数学史》原著作者弗洛里安·卡约里（1859－1930）是美国数学家、科学家。本书写于1919年3月，书中收录的内容是从巴比伦时期到20世纪初数学学科的发展史。书中指出的数学发展、原理等也只是停留在作者生活的那个年代（20世纪30年代前），为尊重原作，在出版时尽量保留了原作者的写作风格及语言特色。

我相信没有任何一门科学能够像数学这样，与它的历史如此紧密相连。

——J. W. L. 格莱舍

序

在本书的修订过程中，对书中前面部分做了局部修改，而近代数学的部分章节改动较大，有的几乎全部重写。一方面，希望本书得到那些没有时间深入学习数学史读者的普遍认可；另一方面，详述整个数学从古至今的发展也是一项艰巨的任务。在编纂这段历史时，我们尽力使用最可靠的参考资料，但由于数学涵盖范围之广，本书仍难免存在错误，还望读者进行勘正。在本书修订过程中引用了大量的参考资料，这些参考资料将有助于读者更深层次地了解书中提到的任何内容。在此对经常被引用的著作表示感谢：《巴勒莫数学传记年鉴》《数学发展年鉴》《J. C. 波根多夫自传》《数学家备忘录》《数学出版物半年回顾》。

另外，要特别感谢加利福尼亚州奥克兰的法尔卡·M. 吉布森女士（Miss Falka M. Gibson）在核稿过程中给予的帮助。

弗洛里安·卡约里

加利福尼亚大学，1919 年 3 月

CONTENTS

目录

概　　述

　　人们为获得各种数学知识的意愿深深地吸引着数学家们。他们认为，数学是最为精准的科学，并引以为傲；他们也认为，数学中的任何事物都是有用的。数学家对希腊几何学和印度算术颇为重视，认为这两种算法与当今的任何研究一样有用，都是非常有用并值得赞扬的。在发展过程中，数学取得了缓慢的进展，但可以确定，数学是一门先进的科学。

　　数学史是具有教育意义并令人愉快的，它不仅仅提示我们拥有什么，还能教导我们如何增加储存量。德·摩根（A. De Morgan）说："早期与数学有关的人类思想史让我们知道自己存在的错误，就这方面而言，了解数学史对我们来说是有益的。"数学史提醒我们，一种好的符号对于科学发展的重要性；它通过展示不同的分支而了解相互之间的关系；它能够大大节省人们理解悬而未决问题的时间和精力；它能够防止人们使用其他数学家已经尝试过的错误方法来解决问题；它教导我们，有时候防御工事比直接攻击更有效，当直接攻击被击退时，最好是侦察周边的地形，占领周围的有利地

区，并找到破解敌方地形的有效方法❶。这种战略规则的重要性与研究数学的方法是一样的。

数学家们已经在圆面积的计算上耗费了大量精力，但仍然没有取得绝对性胜利。圆形和方形在阿基米德（Archimedes）时期就已经存在了。即使研究者们拥有微分学这样强大的工具，但经过无数次失败，部分精通数学的人还是终止了圆面积计算这个项目的研究。德·摩根说："我们的问题是用过去的定量方法化圆为方，那仅仅是欧几里得的假设。我们已经不记得试验多少种方法来解决这类问题，但智力超群的人们经过千万次失败之后，最终通过这种方法得到了解答。"约翰·海因里希·兰伯特（Johann Heinrich Lambert）在 1761 年证明了圆周长与直径的比值是个无理数。多年以前，林德曼（Lindemann）证明了仅仅依靠尺子和圆规是无法计算出圆面积的。经过多年研究，林德曼最终拿出了可靠证据，证明了那些思想敏锐的数字家长期以来的质疑。也就是说，2000 年来，许多研究计算圆面积的数学家一直不断努力攻克这座像苍穹一样坚不可摧的数学壁垒。

人们研究数学史的另一个原因是：历史知识对数学的教授有一定的借鉴价值。学生们在学习数学时，如果将问题的解和几何演示的客观逻辑穿插着历史故事，将会大大提高学生们学习的兴趣。在学习算法时，学生们乐于听到有关巴比伦人和印度人发明"阿拉伯数字"的故事；他们惊叹 1000 年过去了，人们竟然没想过要把"哥伦布蛋"，也就是"0"引入到数学符号中。他们惊讶地发现，原先需要很长时间才发明出来的符号，如今自学仅仅需要 1 个月时间。当学生们学会了如何将一个角一分为二以后，再告诉他们，用初等几何可以解一个角三等分这样简单的问题。当学生们知道如何构造一个面积是给定正方形面积两倍的正方形时，告诉他们立方体的神

❶S. 吉瑟尔（S. Günther）. 目标和结果的数学史研究（*Ziele and Resultate der Neuerent Mathematisch-hisborischen Forschmg*. 德国埃朗根. 1876.

话来源——阿波罗（Apollo）的怒火只有通过建造一个比给定祭坛大两倍的立方体祭坛才能平息，以及数学家们如何解决建造立方圣坛这个问题的过程。在学习直角三角形理论后，告诉学生们有关发现该理论的传奇故事——毕达哥拉斯（Pythagoras）曾为了庆祝自己取得的伟大成就，给启发自己灵感的缪斯女神献祭了大量祭品。当学生们对学习数学知识表示怀疑的时候，可以引用柏拉图学院（Plato Academy）门口的题词：“不懂几何者不得入内。”在教授过程中，教师应当言简意赅地讲解数学，使学生们明白数学并不沉闷，可以在轻松的气氛中提高成绩。❶

　　数学史的重要性还在于它对历史做出了巨大的贡献，人类的进步与科学思想紧密相关，数学及物理学研究是人类智力进步的有力证据。数学史像一扇巨大的窗，透过这扇窗，可以观察过去的时代，并追溯人类智力发展的轨迹。

巴比伦数学

　　幼发拉底河和底格里斯河的两河流域是人类文明发展的摇篮之一。居住在这个地区的人们，在以前分散部落的基础上，建立了迦勒底王国和巴比伦王国。在巴比伦历史上最为耀眼的就是楔形文字或楔形类作品。

　　学习巴比伦数学算法，要从数字符号开始。一个竖向的▼代表1，符号◀及▶分别代表 10 和 100。格罗特芬德（Grotefend）认为，表示 10 的符号来源于双手合十祈祷的画面，掌心紧紧合在一起，指尖并拢，拇指向外打开。巴比伦符号使用了加法和乘法两条计算规则。100 以下的数字可以用不同数值的符号相加表示。比如说，▼▼代表 2，▼▼▼代表 3，❤代表 4，❤代表 23，◀◀◀代表 30。此处高位数字符号总是出现在低位数字符号的左边。在书写 100 这样的三

---

❶F. 卡约里（F. Cajori）. 数学史教学（*The Teaching and History of Mathematics in the United States*）. 美国华盛顿. 1890：236.

位数时，小一点的数字应当放在 100 的左边。在那种情况下，相当于小一点的数字乘以 100。也就是说，〈▼━表示的是 10 乘以 100，也就是 1000。但是 1000 这个符号本身就是一个单位，可以将小一点的数字放在 1000 的左边。也就是说，〈〈▼━表示的并不是 20 乘以 100，而是 10 乘以 1000。人们在尼普尔一个图书馆的泥板上发现了超过百万的楔形数字且有大量的减法运算，这种减法运算与罗马计数中的 X、I、X 相似。

如果像大多数专家认为的那样，早期的苏美尔人是楔形文字的发明者，那么他们也完全有可能是数字符号的发明者。更令人惊讶的是，苏美尔人公开了楔形文字和数字符号的使用，不仅仅是十进制系统，也涵盖了六十进制系统。后者主要用于创建砝码表和度量衡，这些是非常有历史价值的。在之后的整数与分数的发展过程中，这些都产生了巨大影响。我们拥有两块这样用法的巴比伦泥板。其中一块泥板，写于公元前 2300 年至公元前 1600 年之间，上面写着 1 到 60 的平方数字表。数字 1、4、9、16、25、36、49，依次是前 7 个整数的平方数。第 8 个以后的数字还有：$1.4 = 8^2$，$1.21 = 9^2$，$1.40 = 10^2$，$2.1 = 11^2$，等等。这些数字是很难理解的，但是当我们采取六十进制的方法来表示时，问题就迎刃而解了，$1.4 = 60 + 4$，$1.21 = 60 + 21$，$2.1 = 2 \times 60 + 1$。另一块泥板上记录的是月球从新月到满月的过程，即每日的月相大小。假设月球由 240 个部分组成，前 5 天的月相大小是 5、10、20、40、1.20（= 80），这组数列是一组等比数列；在此以后的数列是等差数列，从第五天到第十五天的月相大小分别为 1.20、1.36、1.52、2.8、2.24、2.40、2.56、3.12、3.28、3.44、4。这不仅展示了六十进制系统的用法，也让人们更了解了巴比伦数学。另外，巴比伦数学在整数的六十进制中应用了占位法，也就是说，在 1.4（= 64）中，这个 1 代表 60；根据其位置，第二位的数字代表个位数 4。十进制算法是在 9 世纪以后才正式引入的。在如此久远的年代就已经开始引用占位法是很了不起的事情。在占位法的通常应用以及系统应用中需要使用到符号"0"。那么，巴比伦人有表示"0"的符号吗？他们已经用"0"这个符号来表示空位了吗？上述内容无法回答这个问题。因为这些内容不需要使用数字"0"。在人类发现巴比伦数字符号几个世纪以后，大约是公元前200年才有"0"这个符号，但并没有将"0"用于计算中。"0"这个符号是由一上一下的两个角形符号组成 ，类似于匆忙中写下的两个圆点。大约在公元前130年，亚历山大的克罗狄斯·托勒密（Clacldius Ptolemy）在《天文学大成》（*Almagest*）中应用了巴比伦六十进制分数，并用"omicron"的"o"代表空白数字，但是这个"o"并不是现在的"0"。从此，巴比伦人有了位值制记数法，也有了"0"这个表示空缺的符号，但并没有将"0"用于计算。六十进制分数被引入印度，这可能对位值制产生了影响，并限制了符号"0"的使用。

巴比伦人的六十进制系统也应用于分数，也就是在巴比伦石刻上的 $\frac{1}{2}$ 和 $\frac{1}{3}$ 被指定为30和20，但需要读者自己补充一个60，才能得到 $\frac{1}{2}$ 和 $\frac{1}{3}$。天文学家希帕克斯（Hipparchus）、天文学家托勒密以及几何学家许普西克勒斯（Hypsicles），都从巴比伦数学中借用了六十进制计数法，并将其引入希腊数学。在十进制计数法发明以前，六十进制计数法几乎影响了几个世纪的天文和数学计算。也许有人会问，为什么要发明六十进制系统？为什么会选择60作为进位的基数？对此，我们没有得到肯定的答案。在十进制系统中，选择10是因为人们有十根手指，但人体中没有什么是与60相关的。难道六十进制系统与天体运行有关？据推测，早期巴比伦人最初以360天为一年，还将圆周分为360度，每一度代表太阳每年绕地球公转的天数。他们有可能认识到在圆内可以连续作6条等于半径长的弦，每一根弦所对的弧度是60度。注意到这些度数，分成60份也就理所应当了。当一度需要精确划分时，可以划分为60份。六十进制计数法一度被认为来源于此。现在看来巴比伦人很早就知道一年超过360天，此外按照历史的正常发展，应当是从较小的单位扩大到较大的单位。先选择较大的单位360，再选择较小的单位60是极不可能的，数字系统的正常发展是从小到大。还有一种意见认为，六十进制系统是早先的六进制和十进制系统的综合。❶ 唯一确定的是六十进制系统促进了天文学和几何学的发展。如今的一天分为 24 小时，1 小时分为 60 分钟，1 分钟分为 60 秒，都沿袭了巴比伦算法。也有强有力的证据证明，一天可以分为 60 个小时。六十进制在数字计数、分数、角度以及时间度量方面，应用了上千年，直到印度和阿拉伯天文学家开始用正弦和余弦代替部分弦，所以将直角变成了一个新的角度单位。

居住在底格里斯河和幼发拉底河流域的人们，在数学方面取得了非常值得称赞的成就。他们的数学知识总是被人们提及。伊安布利霍斯（Iamblichus）将它们归为比例知识。

虽然没有确凿的证据，但是我们有理由相信在实际计算中人们会使用算盘。对于中亚的人们，甚至对远在中国的人们来说，算盘就像古代寓言一样古老。巴比伦曾经是伟大的商业中心，是连接许多国家的交通枢纽。因此，巴比伦的商人使用算盘，是完全合理的。

在 1889 年，希尔普雷希特（H. V. Hilprecht）开始在努法尔（也就是古代的尼普尔）进行数学考察。他在石碑上发现了镌刻的乘法表、除法表和平方根表、几何证明和一些计算。1906 年，希尔普雷希特出版了自己的一些新发现。❷ 如他在石碑上看到了一块泥板上的除法表：" $\frac{60^4}{2} = 6\,480\,000$ " " $\frac{60^4}{3} = 4\,320\,000$ "。在这张除法表中，用到了除数 2、3、4、5、6、8、9、10、12、15、16、18。首先诠释的除法是 " $\frac{60^4}{1\frac{1}{2}} = 8\,640\,000$ "。$\frac{3}{2}$ 作为除数在这里很难解释。也许这个 $\frac{3}{2}$ 作为除数的用法与同时期莱因德纸草书中埃及

---

❶M. 康托尔（M. Cantor）. 数学史讲义（*Vorlesungen wber Geschichte der Mathemalik*）. 德国莱比锡城. 1907：37.

❷希尔普雷希特（H. V. Hilprecht）. 尼普尔寺院图书馆的数学和时间年代表（*Mathematical Matrological and Chronological Tablets from the Temple Library of Nippur*）. 美国宾夕法尼亚大学. 1906.

的用法相同。值得一提的是，希尔普雷希特在尼普尔遗址中发现了"$60^4 = 12\,960\,000$"，与神秘的"柏拉图数字"完全相同。柏拉图（Plato）曾在《理想国》（*Republic*）中称这个数字为"没有好坏之分的贵族"。柏拉图很有可能是从古希腊数学家毕达哥拉斯那里获得这个数字的，而毕达哥拉斯有可能是从巴比伦数学中得到这个数字的。❶

巴比伦人在几何学方面略有造诣，除了前面提到的能够用弦将圆周等分为 6 个部分，以及分为 360 度外，对于几何图形也具备相应的知识。在《希伯来书》（*Hebrews*）中，他们取 π＝3，但是没有相关的几何证明来说明是如何得到 π＝3 的。

希尔普雷希特从自己的研究中推断出，巴比伦人已经掌握了正方形、长方形、直角三角形、梯形面积的计算规则。

巴比伦人的天文学更加值得关注。他们从更早的历史时期就已经开始关注天体运行。亚历山大大帝在阿贝拉战役之后（公元前331 年），就占领了天文记录，而卡利斯提尼斯（Callisthenes）是在焚烧过的楔形文字碑片上发现了天文记录，这个天文记录能够追溯到公元前 2234 年以前的历史。托勒密是古希腊后期的天文学家，掌握了巴比伦自公元前 747 年以来的月食记录。

埃平（Epping）❷ 和斯泰斯玛耶尔（Strassmaier）为了解释公元前 123 年和公元前 111 年的两个日历年代表（这两个日历表大概是从古老天文台的楔形文字泥板上取得的），投入大量精力对巴比伦的年代表和天文学进行了深入探究。这些学者成功地解释了新月到满月时的巴比伦算法，通过计算可以识别行星、黄道十二宫和二十八颗正常的恒星。这二十八颗恒星在一定程度上与中国占星术中的"二十八颗星宿"是一致的。另外，日历年代表又附上了由奥波尔特（Oppert）翻译的一份亚述语的天文学报告，如下：

---

❶P. 坦纳里（P. Tannery）. 卢万哲学评论（*Revue Philosophique*）. 法国巴黎. 1876：170.

❷埃平（Epping）. 巴比伦的天文学家（*Astronomisches aus Babylon*）. 德国弗莱堡. 1889.

"尊敬的王，我的主，你忠实的仆人，马尔·伊斯塔。

……新月时，塔模斯降临的那天，就是第一天，也就是从水星上又可以看见月球的那一天，这一切的发生就像我已经对我的王预测过的那样。我的预测是对的。"

埃及数学

关于埃及文明，虽然持有不同观点，但是人们一致认为，不管历史往前追溯多久，埃及人民建立了灿烂的文化和埃及文明。美尼斯（Menes），即埃及第一任国王，改变了尼罗河的流经路线，建造了一座大型水库，并在孟斐斯建造了卜塔寺庙。埃及金字塔建造的时间很久远了，单就建造这么宏伟壮观的金字塔而言，埃及人民必然是懂得一些数学知识——至少懂得应用数学。

希腊学者对埃及在数学方面取得的成就给予高度的赞赏。柏拉图在《斐德罗篇》（Phaedrus）中写道："在埃及城市瑙克拉提斯，有一个著名的神，连一种叫作朱鹭的鸟都非常惧怕他，这个神就是赛斯神（Theuth）。赛斯发明了许多东西，例如数字、计算、几何、天文学、国际跳棋和骰子，但是他最伟大的发明是文字的使用。"

亚里士多德（Aristotle）说，数学诞生于埃及。希罗多德（Herodotus）、狄奥多罗斯（Diodorus）、第欧根尼（Diogenes）、拉尔修（Laertius）、伊安布利霍斯（Iamblichus）以及其他数学家一致认为，几何起源于埃及❶。希罗多德在其作品《历史》（第二章，109页）中写道："国王塞索斯特里斯将埃及境内的土地进行划分，给每个人的土地都是大小相等的四边形，再以每年征税的形式从获得土地的人那里获得收益。如果河水冲走了某个人分得土地的任何一部分，这个人可以把这件事情报告给国王，国王就会派专门的监察人员进行调查并测量损失的土地面积，以后的税收就要按照减少

---

❶ C. A. 布雷特施奈德（C. A. Bretschneider）. 几何学家欧几里得（Die Geometrie und die Geaneter ror Euklides）. 德国莱比锡. 1870：6—8.

后土地的面积来征收了。我想，正是因为这样，埃及才产生了几何学，而希腊人又从那里学到了它。"

下面主要通过文献对埃及数学进行阐述：艾森洛尔（Eisenlohr）在 1877 年破译了僧侣体书写的纸草书，发现那是一本包含算术和几何问题的数学书。该书被列入英国国家博物馆的《莱因德纸草书》（Rhind Papyrus）中。《莱因德纸草书》是由阿默士（Ahmes）写于公元前 1700 年以前。伯奇（Birch）发现这本纸草书与公元前 3400 年以前的一项古老工程有关。这本纸草书是我们目前发现的最为古老的数学书籍，它立刻将我们带到了 3000 年以前埃及的数学思想中。它被称作是"探索未知事物的指引"。在书中，我们完全看不到有关定理的痕迹，主要是由教师向学生讲解可能出现的结论证明。❶ 埃及在几何学方面更加擅长构造建筑物以及测定区域面积。等腰三角形的面积，两腰的长度是 10 开赫特（khets，1 开赫特相当于 16.6 米；对于这个数字，一种猜测约是另一种猜测的 3 倍❷），底边长 4 开赫特，埃及人错误地认为等腰三角形的面积应当为 20 平方开赫特，或者说是边长与底边长的乘积的一半（其实应当是底边与高乘积的一半）。由此推理，等腰梯形的面积等于上底加下底之和与不平行边长度乘积的一半。圆的面积等于将直径减去它的 $\dfrac{1}{9}$ 之后再平方。他们计算 $\pi = \left(\dfrac{16}{9}\right)^2 = 3.1604$，这个值与现在的 π 值很接近。《莱因德纸草书》也解释了诸如这样的问题：边长以 10 和 4 为单位数的直角三角形的面积；两个平行边分别为 6 和 4，而非平行边分别为 20 个单位数。

在《莱因德纸草书》里，有些问题暗含了与比例相关的基本知识。

---

❶詹姆斯·高（James Gow）. 希腊数学简史（A short Histroy of Greek Mathematics）. 英国剑桥大学. 1884：16.

❷A. 艾森洛尔（A·Eisenlohr）. 古埃及数学手册（Ein Mathematisches Handbuch der Alten Aegypter）. 德国莱比锡城. 1897：103.

埃及人像印度和中国的几何学者一样，在给定的线上构建直角三角形。在固定的三个点上环绕绳子，使三段绳子的长度比例为 3：4：5，这样就形成了一个直角三角形。❶ 如果这个理论是正确的，那么，公元前 2000 年的埃及人对于直角三角形的性质非常了解，至少他们知道三条边的比例是 3：4：5。

在埃德夫著名的荷鲁斯神庙墙上发现了象形文字，这些象形文字写于公元前 100 年，详细地列举了祭司们所拥有的土地，并划分了各自的区域。无论一个四边形是否规则，求解它的面积，都会用到公式 $\frac{a+b}{2} \cdot \frac{c+d}{2}$。也就是说，如果一个四边形的两组对边分别是 5 和 8、20 和 15，那么它的面积是 $113\frac{1}{2}+\frac{1}{4}$。❷ 公元前 3000 年埃及人创作的碑文更为接近埃德夫神庙石刻上的铭文，而这些埃德夫石刻居然比欧几里得公式还要晚 200 年。

事实上，埃及几何主要用于作图，这足以解释它的某些重大缺陷。埃及在数学方面存在两个基本问题，这两个问题不解决，就不存在真正意义上的几何学。第一个问题是，它们没有构造一个严谨的几何逻辑系统，只有一些公式和基本假设。很多计算法则，特别是立体几何的计算法则，并没有经过论证，仅仅是通过观察或者客观事实知道其是正确的而已。第二个问题是，埃及人无法解释许多特殊情况，从而无法得出更广泛、更基础的理论。他们把一些最简单的几何事实分成无数个特例，区别对待。

通过商博良（Champollion）、托马斯·杨（Thomas Young）以及后来许多学者对象形文字的精心解译，我们才能对埃及的计数方法有所了解。这些符号使用的意义如下：▏代表 1，∩ 代表 10，

---

❶M. 康托尔（M. Cantor）. 数学史讲义（*op. cit*）. 德国哈雷大学. 1907：105.

❷H. 汉克尔（H. Hankel）. 中世纪数学史（*Zur Geschichte der Mathematik in Allerthum und nittelalter*）. 德国莱比锡. 1874：86.

代表 100，代表 1000，代表 10 000，代表 100 000，代表 1 000 000，代表 10 000 000。❶ 代表 1 的符号像一根垂直的棒，代表 10 000 的符号像一根手指，代表 100 000 的符号像淡水鳕鱼，代表 1 000 000 的符号像一个非常惊讶的人，而剩余符号的意义就不得而知了。这些象形数字符号的书写是非常麻烦的，一个位序上的单位符号会重复很多次，而在同一个位序上可以有很多个单位数。在埃及计数中用的是加法，所以 23 写作 。

除了象形文字以外，埃及还有"僧侣体"和"通俗体"的写作方式。由于篇幅有限，不再赘述。

希罗多德对埃及人的计算模式提出了重要论断。他说："埃及人书写数字是从右向左的，而希腊人的书写顺序是从左向右的。"因此，我们意识到计算工具的应用在古代十分广泛，埃及人使用的是十进位制算法。因此，在计算时，埃及人是水平移动手指的，在计算过程中，他们使用了一种带立柱的算术板。在每一根立柱上的圆珠不得超过 9 个。如果 1 根立柱上满 10 个圆珠，就向前进一位，左边那根立柱上的圆珠就加 1。

《莱因德纸草书》上还记录了埃及人使用分数的有趣故事。当然，他们的计算方法与我们不同。对于古人来说，分数是非常难的科目。分子和分母一般不会同时发生变化。在计算分数时，巴比伦人将分母确定为一个常数（通常为 60）。罗马人同样将分母确定为常数，只不过这个常数是 12。然而，埃及人和希腊人将分子确定为常数，而分母是一个变量。在《莱因德纸草书》中，阿默士（Ahmes）对"分数"这个术语的使用是有限制的，他只将其用于分数单位，或者分数有统一分子的情况下。分数的形式为在分母旁边放一个圆点。那些不能用分数单位表达的分数值，可以表示为两个或者多个分数单位的和。也就是说，我们用 $\frac{1}{3}+\frac{1}{15}$ 来代替 $\frac{2}{5}$。当

---

❶M. 康托尔（M. Cantor）. 数学史讲义（*op. cit*）. 德国哈雷大学. 1907：82.

阿默士明白 $\frac{2}{3}$ 等于 $\frac{1}{2}+\frac{1}{6}$ 以后，尝试在分数单位中保留 $\frac{2}{3}$，并给它命名了一个特殊的符号。那么，第一个遇到的问题就是，如何用分数单位的和来表示任意分数值呢？这个问题通过《莱因德纸草书》中的一张分数表就可以解决。在这个分数表中，所有的分数都能够写成 $\frac{2}{2n+1}$（此处 n 代表从 1 到 49 的连续数字），也可以分解成分数单位的和。例如，$\frac{2}{7}=\frac{1}{4}+\frac{1}{28}$；$\frac{2}{99}=\frac{1}{66}+\frac{1}{198}$。这个公式在什么时候、由谁如何计算出来的，我们已经无从得知了。有可能它是不同的人在不同的时期通过经验积累不断完善的公式。通过对公式的重复使用，一个分子大于整数 2 的分数可以变形成期望的形式，只要公式中有与该分数的分母相同的分数就可以。例如，5 除以 21 这个表达式。首先，$5=1+2+2$。从公式中我们可以得到 $\frac{2}{21}=\frac{1}{14}+\frac{1}{42}$，然后 $\frac{5}{21}=\frac{1}{21}+\left(\frac{1}{14}+\frac{1}{42}\right)+\left(\frac{1}{14}+\frac{1}{42}\right)=\frac{1}{21}+\left(\frac{2}{14}+\frac{2}{42}\right)=\frac{1}{21}+\frac{1}{7}+\frac{1}{21}=\frac{1}{7}+\frac{2}{21}=\frac{1}{7}+\frac{1}{14}+\frac{1}{42}$。《莱因德纸草书》中还指出，通过加法或者乘法，可以将整个分数或者分数的一部分进行扩大。比如说，需要将 $\frac{1}{4}+\frac{1}{8}+\frac{1}{10}+\frac{1}{30}+\frac{1}{45}$ 的和扩增到 1。这组数字的公分母是 45，这些数字就可以表达为 $11\frac{1}{4}$、$5\frac{1}{2}+\frac{1}{8}$、$4\frac{1}{2}$、$1\frac{1}{2}$、1。这些数字的和为 $23\frac{1}{2}+\frac{1}{4}+\frac{1}{8}$，然后再加 $\frac{1}{9}+\frac{1}{40}$，那么和就变成了 $\frac{2}{3}$，再加 $\frac{1}{3}$，我们就可以得到 1。因此，需要给原分数加的量是 $\frac{1}{3}+\frac{1}{9}+\frac{1}{40}$。

阿默士在《莱因德纸草书》中，给出了一个"算术级数"的例子："将 100 个面包分给 5 个人，且前 3 个人所得是后 2 个人所得的 $\frac{1}{7}$，这 5 个数呈等差级数，求每个人分得的面包是多少个？"阿默士的计算过程如下："先使每个数都相差 $5\frac{1}{2}$，可以得到 23、$17\frac{1}{2}$、12、$6\frac{1}{2}$、1。然后分别再乘以 $1\frac{2}{3}$，可以得到 $38\frac{1}{3}$、$29\frac{1}{6}$、20、$10\frac{2}{3}+\frac{1}{6}$、$1\frac{2}{3}$。"阿默士是如何想到公差 $5\frac{1}{2}$ 的？也许是这样得到的❶：将 a 和 d 作为第一项和算术级数的差，那么 $\frac{1}{7}[a+(a-d)+(a-2d)]=(a-3d)+(a-4d)$，这里的 $d=5\frac{1}{2}(a-4d)$，换句话说，公差 d 是最末项的 $5\frac{1}{2}$ 倍。假设最后一项是 1，便可以得到 $5\frac{1}{2}$ 这个公差。这样得出来的总和是 60，而不是原来的 100。因此，每一个数都乘以 $1\frac{2}{3}$，这样可得 $60\times1\frac{2}{3}=100$。与此相似的计算方法，在后期的印度算法、阿拉伯算法以及现代欧洲算法中都出现过，也就是著名的试错法。

阿默士提出一组阶梯数字：7、49、343、2 401、16 807。相邻的两个数都是 7 的幂次方，分别代表着图片、猫、鼠、大麦、度量衡这些字样。这些神秘数字的意义是什么？3000 多年以后，斐波那契（Leonardo Pisano，1175—1250）在《计算之书》（Liber Abaci）中提到了这样一个问题："7 个老妇同赴罗马，每人有 7 匹骡，每匹骡驮 7 个袋子，等等。"对于阿默士的这个谜题，康托尔提供了后续解决方案："有 7 个人，每人养 7 只猫，每只猫吃 7 只老鼠，每只老鼠吃 7 穗大麦，每穗大麦可以长成 7 个标准谷粒，那么人、猫、老鼠、大麦、度量衡，总共是多少？"莱因德给出的答案是 19 607。这样的话，《莱因德纸草书》不仅公开了算术知识，也公开了几何级数。

阿默士继续解一个未知数方程。未知数被称为"hau"或者堆。

---

❶M. 康托尔（M. Cantor）. 数学史讲义（op. cit）. 德国哈雷大学. 1907：78.

我们来看下列方程："一个数的 $\frac{1}{7}$，加上它自身的和等于 19，求这个数是多少？"方程是 $\frac{x}{7}+x=19$。在这种情况下，解答过程如下：$\frac{8x}{7}=19$；$\frac{x}{7}=2\frac{1}{4}+\frac{1}{8}$；$x=16\frac{1}{2}+\frac{1}{8}$。但是在其他问题中，答案因为采取的解答方法不同而略有差异。由此可以得出，代数学的起源与几何学的起源一样古老。

阿默士时期是埃及数学的鼎盛时期，我们从同时期存在的其他纸草书中就可以看得出来。这些纸草书是在卡洪城（Kahun）发现的。卡洪城位于伊拉汗（Illahun）金字塔的南面。这些文献记载更进一步地说明了阿默士在数学方面的成就。这些纸草书还包含了二次方程的解答过程，这是迄今最早的记录了。举例如下："一个平面的面积为 100 单位数，可以表示为两个正方形面积的和，这两个正方形边长的长度比是 $1:\frac{3}{4}$。"[1] 在现代符号中，设定 x 和 y，并解出答案，例如方程 $x^2+y^2=100$，以及 $x:y=1:\frac{3}{4}$。解决方案取决于试位法。先试一下 $x=1$ 和 $y=\frac{3}{4}$，然后 $x^2+y^2=\frac{25}{16}$ 以及 $\sqrt{\frac{25}{16}}=\frac{5}{4}$。但是 $\sqrt{100}=10$，而 $10\div\frac{5}{4}=8$。剩下的答案无法计算出来，但是很有可能是 $x=8\times1$，$y=8\times\frac{3}{4}=6$。这个答案能够满足关系 $6^2+8^2=10^2$。符号"$\sqrt{}$"被用来表示平方根。

阿赫米姆（Akhmim）纸草书[2]与阿默士纸草书有着相似之处。

——————————

[1] M. 康托尔（M. Cantor）. 数学史讲义（*op. cit*）. 德国哈雷大学. 1907：95—96.

[2] J. 巴耶（J. Baillet）. 开罗法语关于数学的著作（*Mémoires Publiés Par les Membres de La Mission Archéologique Francaise an Caire*）. 法国巴黎. 1892：1—88.

阿赫米姆纸草书大约写于公元500年至800年之间，用希腊语写成，距阿默士所写的《莱因德纸草书》晚了2000年。除了算数的例子之外，它还有一个像阿默士一样的"分数单位表"，有助于查找"分数单位"。与《莱因德纸草书》不同的是，它告诉了我们这个"分数单位表"是如何创建的。用现代符号表示如下：$\dfrac{z}{pq}=\dfrac{1}{q\dfrac{p+q}{z}}+$

$\dfrac{1}{p\dfrac{p+q}{z}}$。假如$z=2$，这个公式产生的结果与阿默士公式中的部分

数字相同。

埃及数学的主要缺陷就是缺乏简便的、综合性强的符号理论——这是一个连希腊人都无法消除的缺陷。

《莱因德纸草书》与同一时期的其他纸草书代表了埃及数学在代数和几何方面最先进的成就。在那么久远的古代，他们在数学方面能够达到如此精确的程度实在是一件了不起的事情。但是，确实有一点值得思考，在接下来的2000年里，他们无论是在代数还是几何方面，几乎没有什么进展。公元前6世纪，希腊学者访问埃及，将埃及人所拥有2000多年的几何知识引进希腊，这些知识中包含埃及人最引以为傲的、最为辉煌的——金字塔建造知识。

希腊几何学

大约在公元前7世纪，希腊与埃及之间的贸易往来非常活跃。在交换货物的时候，彼此之间自然也会交流思想。泰勒斯（Thales）、毕达哥拉斯、恩诺皮德斯（Enopides）、柏拉图、德谟克利特（Democritus）、欧多克索斯（Eudoxus），这些数学家都参观过金字塔。埃及思想就是这样漂洋过海来到希腊，并刺激了希腊人的思想，为希腊思想奠定了基础，让埃及思想发展到一个新的高度。因此，希腊文化不仅仅是在数学方面，在神学以及艺术方面的文化也是从其他古老国家借鉴而来的。从希腊数学家开始学习使用

埃及几何学的那一刻起，这门学科就彻底地与众不同了。"无论希腊从他国接收了什么，我们都进行了改进和完善。"柏拉图如是说。埃及在几何学上没有取得长足的进步，与他们的实用性需求有关。希腊人相反，他们有着强烈的推理意识，他们渴望发现事情发生的原因，他们沉浸于思考各种事物之间的关系，并引以为乐，非常酷爱科学。

我们在欧几里得之前所获得的关于希腊几何学发展的资料，仅仅是来源于古代作家星星点点的介绍。早期的数学家们，诸如泰勒斯和毕达哥拉斯，并没有将他们的发现保存为文字记录。同时期由欧德莫斯（Eudemus）所写关于整个希腊几何学历史的记载也遗失了，欧德莫斯是亚里士多德的一名学生。最为人所知的是普罗克洛斯（Proclus），他所写关于欧几里得的个人传记，对希腊历史的概况进行了说明。这个资料成了我们了解希腊历史最可靠的来源。我们将在欧德莫斯概要中频繁地引用这个资料。

爱奥尼亚学派

泰勒斯·（前 640—前 546）出生于米利都市，是"古希腊七贤"之一，爱奥尼亚学派的创始人，将几何学研究引入希腊。泰勒斯中年时从事商业活动，因此他才有机会前往埃及。相传，泰勒斯曾经居住在那里，向埃及的祭司们请教物理科学和数学理论。普鲁塔克（Plutarch）宣称，泰勒斯很快就超越了他的老师们，并能够通过金字塔影子测量出金字塔的高度，让雅赫摩斯国王（Amasis）大为吃惊。据普鲁塔克记载，测量金字塔高度的主要做法是：当一根已知长度竿子的投影与金字塔投影的比值与竿子的长度和金字塔高度比值相同时，就可以计算出金字塔的高度。这一解决方案是以比例知识为基础的，实际上在阿默士纸草书中已经介绍了埃及人熟知的比例知识。根据第欧根尼·拉尔修（Diogenes Laertius）的记载，泰勒斯能用不同的方法测量金字塔的高度。也就是说，当一根竿子的影长等于竿长的时候，通过金字塔的影长来测定金字塔的高度。也有可能这两种方法泰勒斯都使用过。

　　泰勒斯在《欧德莫斯概要》中证明了以下 4 个定理：对顶角相等；等腰三角形的两个底角相等；圆的任意直径平分一个圆；如果一个三角形的一条边、两个角与另一个三角形的一条边、两个角分别对应相等，那么这两个三角形全等。最后一个定理，结合了相似三角形的理论（我们有理由猜测），泰勒斯还将这个理论应用于测量从岸边到船只停放地点的距离。如此一来，泰勒斯就成了将几何理论应用到解决实际问题中的第一人。一些古代的学者还认为，泰勒斯证明了半圆上的圆周角是直角的理论。当然，也有人认为，这个理论是毕达哥拉斯证明出来的。毫无疑问，除了古代记录的这些，泰勒斯还熟悉很多其他理论。我们推测他还知道一个三角形的三个角之和应当等于两个直角之和，等边三角形的三条边应当是一样长的。埃及人已经熟知在直线方面如何应用上述理论，在阿默士纸草书中发现的一些建筑物就能证明。希腊哲学家能够将别人看见，但是不能提炼成文字、用清晰而抽象的语言阐述事物形成背后的原因，用科学的语言和证据来证明别人仅仅凭常识知道是正确的。据说泰勒斯是线性几何的创始人，线性几何的特性是抽象的；而埃及人学习的仅仅是平面几何和立体几何的基础知识，这两种几何的特点完全是经验主义的。❶

　　泰勒斯学习了天文学。公元前 585 年，泰勒斯成功地预言了一次日食，这使他名声大噪。我们并不清楚泰勒斯是准确预测了发生日食的那一天，还是仅仅预测准了那一年。据说，有一次泰勒斯在夜间散步观测星象时，由于太过专注，掉进了沟里。一旁的老太太惊讶地对他说："你能知道天上正发生着什么，却不知道你脚下有什么吗？"

　　泰勒斯最杰出的两个学生是阿那克西曼德（Anaximander，生于公元前 611 年）和阿那克西美尼（Anaximenes，生于公元前 570 年）。

---

❶G. J. 阿尔曼（G. J. Allman）．泰勒斯到欧几里得时期的古希腊几何学（*Greek Geometry from Thales to Euclid*）．爱尔兰都柏林．1889：10—15.

他们主要学习天文学和物理哲学。阿那克萨戈拉（Anaxagoras，公元前500—公元前428）是阿那克西美尼的一个学生，也是爱奥尼亚学派后期的一位哲学家。我们对阿那克萨戈拉知之甚少，我们只知道他在监狱中不断尝试解决"化圆为方"的问题。阿那克萨戈拉是数学史上介绍求圆面积问题的第一人，而这一问题取代了许多年以前有代表性的理论。求解这个问题最关键的是要确定 π 的精确值。中国人、巴比伦人、希伯来人和埃及人分别给出了 π 的近似值。但是发明一种求解 π 准确值的方法，是人们从阿那克萨戈拉时期到迄今为止，都在努力解决的超级难题。阿那克萨戈拉并没有得到解决方法，但幸运的是也没有什么不合逻辑的理论。这个问题不久就引起了人们的广泛关注。公元前 414 年，这个问题在阿里斯托芬（Aristophanes）的希腊戏剧《鸟》（*Birds*）中第一次被提及。❶

大约是阿那克萨戈拉时期，这一问题在希俄斯岛（Chios）的爱洛佩兹非常盛行。普罗克洛斯给出了答案："从任意点开始，向一条已知直线作垂线，并在一条直线上作一个角，大小与已知角相等。"一个学者可以通过解决诸如这些基本问题而声名鹊起，进一步表明了几何学的发展还处于初级阶段，希腊人的成就并没有超越埃及人太多。

爱奥尼亚学派研究数学持续了超过 100 年时间。在此期间，数学的发展缓慢，与数学的整个成长期相比，这段时间相当于古希腊历史的后期。毕达哥拉斯学派为希腊数学的发展注入了新动力。

毕达哥拉斯学派

毕达哥拉斯（前580—前500）是那些不断突破想象取得成功且令人折服的伟大人物之一。毕达哥拉斯的成就为他增添了一层神秘色彩，以至于让人无法了解毕达哥拉斯学派的真正历史。以下介绍

---

❶F. 鲁迪奥（F. Rudio）. 数学藏书（*Bibliotheca Mathematica*）. 德国苏黎世大学. 1907：13—22.

毕达哥拉斯的故事。他是萨摩斯本土人，因为受到费雷西底（Pherecydes）名望的吸引，来到了锡罗斯岛。随后毕达哥拉斯拜访了泰勒斯，并听从泰勒斯的引荐前往埃及学习。毕达哥拉斯在埃及游历了许多年，也可能去过巴比伦。最后毕达哥拉斯回到了萨摩斯，想在波利克拉特斯的专政下建立毕达哥拉斯学派。第一次建立学派失败后，毕达哥拉斯再度离开家乡，跟随着当时的文明，定居于当时的大希腊，也就是今天意大利南部的克罗顿，并在那里建立了著名的毕达哥拉斯学派。这个学派不仅仅是教授哲学、数学、自然科学的学会组织，更是一个充满兄弟情谊的组织，学派中的每一个人都积极团结地生活。这个充满兄弟情谊的组织，与"共济会"有相似的惯例仪式。毕达哥拉斯学派严禁他们泄露学派学说以及学派的发现。因此，我们不得不说，毕达哥拉斯学派是一个团体。我们很难确定某一个特定的发现归功于谁，只知道属于毕达哥拉斯学派。毕达哥拉斯学派自身已经习惯将每一个发现都归功于这个学派的创始人。

毕达哥拉斯学派成长迅速并获得了大量的政治优势。但是，由于一些规定和从埃及引入的惯例，以及学派成员日趋贵族化，使得人们对毕达哥拉斯学派的学说怀有疑虑。意大利的民主党派发动起义，摧毁了毕达哥拉斯学派的建筑。毕达哥拉斯本人逃到塔伦特姆，辗转来到梅塔蓬图姆，后来被谋杀于此。

毕达哥拉斯并没有留下什么数学论著，而我们对他的了解也少得可怜。但唯一可以确定的是，在创建毕达哥拉斯学派期间，数学是学习的主要内容。毕达哥拉斯将数学提升到了一个新的高度。他在算术方面也保持着与研究几何同样的热情。事实上，算术是毕达哥拉斯哲学体系的基础。

《欧德莫斯概要》中说："毕达哥拉斯将几何研究的形式改成自由的教育形式，检验其原理，并用一种无形而理智的方式探讨其定理。"毕达哥拉斯的几何学与他的算术学密切相关，他尤其钟爱那些包含算术表达式的几何关系。

如同埃及几何学，毕达哥拉斯对几何面积的求解也颇为关注。

毕达哥拉斯得出一个重要定理：一个直角三角形斜边的平方等于另外两直角边的平方之和。他很有可能是从埃及人那里得出这个定理的。埃及人认为，在特殊情况下，直角三角形的 3 条边分别为 3、4、5 时，5 的平方等于 3 的平方与 4 的平方之和。据说，毕达哥拉斯学派为了庆祝这条定理的发现，曾宰牛祭神。这还有待考证，因为毕达哥拉斯相信灵魂的轮回并反对杀生。后来，新毕达哥拉斯学派消除了关于宰牛祭神杀生的异议，解释说是用一头"面粉做的牛"进行祭祀的。在欧几里得《几何原本》（*Elements*）第一卷的 47 页中，给出了 3 个平方和的证明（也就是后来的勾股定理），说明这个定理是欧几里得发现的，而不是毕达哥拉斯的成就。毕达哥拉斯对于该问题的证明方法仍是需要探讨的话题。

泰勒斯对三角形的 3 个角之和的定理有所了解，但是这一定理是由毕达哥拉斯学派在欧几里得方法的基础上进行证明的。毕达哥拉斯学派同时也证明：在一个平面里，最大只能画 6 个等边三角形，或者 4 个正方形，或者 3 个正六边形。因此，可以将一个平面分成上述的任何一种形式。

在立方体中加入正三角形、正四边形或者正多边形后，可以命名为正四面体、正八面体、正二十面体或多维立方体。可能除了正二十面体外，大多数立方体的发现都应归功于毕达哥拉斯学派。在毕达哥拉斯学派的哲学中，他们提出了分别代表物质世界的 4 个基本元素，分别命名为火、空气、水、土。随后，又发现了一个正多面体，将其命名为正十二面体，因为缺乏第五个基本元素，就用宇宙本身作为第五个元素。伊安布利霍斯说，希帕索斯是毕达哥拉斯的一个追随者，扬言自己首先公开"这个球形是十二个五边形"而葬身大海。也有人说他葬身大海的原因是他公开了无理数理论。五边形作为毕达哥拉斯学派表示荣誉的象征，被称为"兴旺"。

毕达哥拉斯认为，球体是最美丽的立体图形，圆是最好看的平面图形。毕达哥拉斯以及他的弟子们对比例和无理数的研究也在算术界占有一席之地。

欧德莫斯说，毕达哥拉斯发现了适用范围中存在的问题，包括不足和过剩的情况，如同欧几里得《几何原本》中第六卷 28、29 页所描述的那样。

　　毕达哥拉斯学派也熟悉如何构造一个与给定多边形面积相等的多边形，或者构造一个与给定多边形相似的多边形。这个问题需要用一些重要甚至比较先进的理论才能解决。从这方面来看，当时毕达哥拉斯学派在几何方面并没有取得真正意义的进步。

　　有一些定理不能归为毕达哥拉斯学派，也不能归为毕达哥拉斯本人，是属于意大利学派的。从经验主义的解决方案到合乎逻辑的解决方案，这个过程的进展是很缓慢的。值得注意的是，在圆的理论方面，这个学派并没有发现任何重要的理论。

　　虽然毕达哥拉斯学派因政治问题而结束，但是该学派还是至少存在了两个世纪的时间。在毕达哥拉斯学派后期，最杰出的数学家是菲洛劳斯（Philolaus）和阿尔基塔斯（Archytas）。菲洛劳斯写了一本关于毕达哥拉斯学说的书。他是第一个向世界介绍意大利学说的人。在此之前，意大利学说作为一个秘密被封存了整整一个世纪。塔伦特姆的阿尔基塔斯（前 428—前 347）是著名的政治家和将军，人人敬仰他的美德，他在柏拉图开创学派期间是希腊唯一一名伟大的几何学家，阿尔基塔斯是第一个将几何学应用于算术学，并系统地探讨机械学的人。阿尔基塔斯还独创了关于倍立方问题的机械解法，他在解法中阐述了圆锥和圆柱的清晰概念。阿尔基塔斯可以在给定的两条线段之间找到两个比例中项。阿尔基塔斯还可以通过半圆柱的截面得到这些比例中项。他使得比例的规则得以发展。

　　我们完全有理由相信，后毕达哥拉斯学派在研究雅典数学的发展中起到了举足轻重的作用。诡辩家也从毕达哥拉斯这里得到了几何的相关知识。柏拉图购买了菲洛劳斯的著作，并与阿尔基塔斯时期的一个学者保持着亲密的友好关系。

诡辩学派

　　公元前 480 年，在萨拉米斯战役之后，古希腊建立了一个保护城市自由的联盟。在这个联盟里，雅典（Athens）很快成了领导者和发号施令者。雅典在联盟里设立了财政部，随后用联盟获得的金钱来达到自己扩张的目的。同时，雅典也是一个巨大的商业中心。因此，雅典成了古代最为富有且最美丽的城市。雅典的市民十分富裕，他们过着悠闲的生活。雅典的政府完全民主，每个市民都是政治家。一个人要想影响他的追随者，首先他要做到的是接受教育。因此，对教师的需求不断涌现。大部分教师来自西西里岛，这是一个传播毕达哥拉斯学说的地方。这些教师被称作诡辩家，或者"智者"。与毕达哥拉斯学派不同的是，这些教师在教授过程中接受薪水。虽然修辞学是授课的主要特色内容，但是他们也教授几何学、天文学和哲学。雅典很快成了希腊人学习知识，特别是学习数学的总部。希腊数学的发源地最初是在爱奥尼亚群岛（Ionian Islands），然后是意大利。后来，雅典成了最新的发源地。

圆的几何，这个被毕达哥拉斯学派完全忽略的课题，诡辩家对它进行了研究。几乎他们所有的发现都源于他们无数次地尝试解决古希腊著名的三个作图问题：

（1）三等分任意弧长或者角。

（2）倍立方体——求作一个立方体，使其体积为一个已知立方体体积的2倍。

（3）化圆为方——求作一个正方形，使其与给定的圆面积相等。

在数学方面，这些问题可能是讨论和研究得最多的问题。将一个角进行二等分是几何中最简单的问题之一。然而，将一个角三等分，就会有很大的难度了。毕达哥拉斯学派证明了一个直角可以分成三个相等的部分。但是一般三角形的三等分，虽然表面看上去很容易，但是仅仅依靠尺子和圆规是不可能完成的。第一个研究这个问题的人是伊利斯的希庇亚斯（Hippias），他与苏格拉底是同时代的人，生于公元前460年。因为仅仅用尺子和圆规无法解决该问题，希庇亚斯和其他希腊几何学家试图采取其他方法。普罗克洛斯提到的希庇亚斯，很有可能就是伊利斯的希庇亚斯，这个人创设了"超越曲线"，这种曲线不仅仅能将一个角三等分，还能够将角任意等分。之后的狄诺斯特

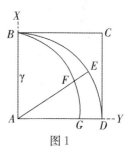

图 1

拉托斯（Dinostratus）以及其他几何学家用这种曲线来求圆的面积。因此，这种曲线又称为"割圆曲线"。关于这个曲线的描述如下：如图1中所示，正方形的 AB 围绕 A 均匀地旋转，点 B 沿着圆弧 BED 移动。同时，侧面 BC 平行移动自身和从相同位置 BC 到 AD。当这样移动时，AB 和 BC 的交点轨迹是割圆曲线

BFG。我们可以写出如下等式：$y = x \cot \dfrac{\pi x}{2r}$。但是古人只考虑了 $\dfrac{1}{4}$ 圆弧的这部分割圆曲线，他们并不知道 $x = \pm 2r$ 是两条渐近线，也不知道有无数个分支。根据帕普斯（Pappus）的说法，狄诺斯特拉托斯通过构建 $BED : AD = AD : AG$ 的定理来实现求积。

　　毕达哥拉斯学派已经证明了一个正方形对角线的长度是另一个正方形的边长，其面积是原正方形的 2 倍。这也同时说明了倍立方体的问题。比如说，求一个立方体，其体积是另一个已知立方体的 2 倍。埃拉托色尼（Eratosthenes）认为，这个问题的发现另有其人。相传，德利安人曾经遭受瘟疫，听到传言只要将某一个立方体圣坛的体积扩大 1 倍，就可以免受瘟疫侵害。于是，粗心的工人仅是简单地将立方体的宽扩大为长的 2 倍，但是如此不负责任的行为，结果自然不会令人满意。随后柏拉图对这个问题进行分析，发现了其中存在的错误。他和自己的学生苦苦追寻这个"德利安问题"的解决方案。希俄斯岛的希波克拉底（Hippocrates，约公元前 430 年）对于解决这个问题做出了重要贡献。希波克拉底是一个很有天分的数学家，由于他遭受过财产欺骗，人们常常认为他是一个愚钝的人。希波克拉底并不因为此事而悔恨，相反，他转向了几何学的研究，并取得了引人注目的成就。希波克拉底将倍元方问题转化为在两条已知线段之间求两个比例中项问题。比如说，$a : x = x : y = y : 2a$，因此 $x^2 = ay$，$y^2 = 2ax$ 和 $x^4 = a^2 y^2$，我们可以得到 $x^4 = 2a^3 x$ 以及 $x^3 = 2a^3$。当然，要是想通过尺子和圆规的几何构造方法来找到它们的比例中项是不可能的。他通过化圆为方的方法找到了一个解决此问题的办法，他因此

办法而名满天下。

化圆为方的第一个应用就是在已知面积条件下求得曲线围成的图形面积。希波克拉底作了一个等腰三角形 ABC，直角点在 C 点，以 AB 长为直径，过点 C 画一个半圆弧。再以线段 AC 长为直径，也画一个半圆弧，这个半圆弧位于等腰三角形 ABC 之外。由此，以 AB 为直径的大圆之外，以 AC 为直径小圆之内的月牙形圆弧的面积应当等于等腰三角形 ABC 面积的一半。这是化圆为方的实际应用典型案例。这也是著名的"月牙定理"。希波克拉底也求了其他图形面积，他希望能够通过验证月牙形面积求得圆的面积。❶ 在 1840 年，克劳森（Th. Clausen）发现了其他可求面积的月牙形，但是哥廷根的 E. 兰道（E. Landau）指出，克劳森新发现的四个月牙形面积，其实有两个已经被希波克拉底得出了。❷

对于求面积以及倍数问题的研究，希波克拉底在圆的几何方面做出了很大贡献。他证明，半圆上的圆周角是直角。两个圆形或半圆形面积之比等于其直径的平方比。

希波克拉底在相似形理论、比例论等方面做出了突出贡献。迄今为止，只有希腊人在数字方面使用过"比例"。希腊人从未成功地将数字与数值的概念统一起来。所谓术语"数字"的适用范围很狭窄。我们所说的无理数，甚至是有理数，都不在这个概念范畴中。希腊人所说的数字与我们所说的"正整数"是一样的。因此，希腊人认为数字是不连续的，而数值是连续的。这两个概念对希腊人来说是完全不同的。欧几里得全面分析了这两个概念之间的不同——"不可通约数不像数字一样有相同的比率"。在欧几里得的《几何原本》中，我们发现了数值比例理论的研究和处理是独立于数字之外的。从数字到数值比例转换的理论（特别是转换成长度）是复杂而

---

❶G. 洛里亚（G. Loria）. 古希腊科学（*Le Scienze Esatbe* Nell' antica *Grecia*）. 意大利米兰. 1914：74—94.

❷E.W. 霍布森（E. W. Hobson）. 化圆为方（*Squaring the Circle*）. 英国剑桥大学. 1913：16.

重要的一步。

希波克拉底通过撰写一本几何著作而名声大噪。这本著作证明了毕达哥拉斯是严禁学派将秘密公开的，而保密又与希腊人的生活宗旨相违背。

诡辩学派的代表人物安提丰（Antiphon）是与希波克拉底同时代的学者，他提出利用"穷尽法"解决求面积问题。即从一个圆内内切一个正方形或者一个等边三角形开始，在它的边上再作一个顶点位于圆周上的等腰三角形，再在这些三角形的边上作一个新的三角形，继而我们可以得到一系列的正多边形；而每一个新得到的正多边形的面积都会比前一个更加接近圆的面积，直到这个圆的面积最终"穷尽"。我们就可以得到一个边与圆周重合的内接多边形。因此，可以作出一个与任何多边形面积相等的正方形，更可以作出一个与上一个内接多边形面积相等的正方形，也可以作出一个与圆面积相等的正方形。赫拉克勒亚的布莱森（Bryson）是与安提丰同时代的人。在安提丰利用内接多边形解决圆面积计算的问题时，布莱森以外切多边形的方法对其进行改进。然而，布莱森在算术上错误地假设：圆的面积等于外切多边形与内接多边形的差值。与布莱森以及希腊其他的几何学家不同，安提丰通过不断成倍地增加内接多边形的边，得到与圆面积相等多边形的理论，看起来似乎是可信的。这个问题在雅典引起了激烈的争论。辛普利西乌斯（Simplicius）说，假设多边形的面积能够与圆面积相等，我们必须抛开"无限"可分割的量级概念，这个哲学问题引发的悖论是很难解释得通的，并且阻止了希腊数学家将无限的理念引入几何学；几何证明的严谨性要求排除模糊的概念。最著名的争论是埃利亚的芝诺（Zeno）提出反对运动可能性的论点。芝诺（公元前 5 世纪早期）是一个著名的辩证学家，但他并没有留给我们任何著作。关于他的思想，我们仅能从他的评论家，诸如柏拉图、亚里士多德、辛普利西乌斯的著作里了解。亚里士多德在《物理学》第六章第九页中，记载了芝诺的四个观点，称之为"芝诺悖论"。①二分法：你不能在有限的时间内遍历无数个点；在你移动一个整体之前，必先到达一半处，在抵达一半处之前又必先抵达四分之一处，依此类推，直至无穷，因此（如果空间是由无数的点组成的）在任何一个已知空间的无数点，都不能在一个有限时间内穿越。②阿喀琉斯（Achilles）：阿喀琉斯永远追不上一只乌龟。如果乌龟在起跑点领先一段距离，阿喀琉斯首先要跑到乌龟的出发点，而在这段时间里乌龟已向前爬过一段距离。阿喀琉斯总是在接近乌龟，但是他永远也追不上乌龟。③飞箭：箭在飞行的任何特定时刻，会位于空间中某个特定的位置，所以，如果将时间分成无数个不持续的点，那么，飞箭在任何时刻都是静止的。④运动场：假设 A、B、C 是三排并列的点，如图 2 所示，它们中 B 是不可以移动的，当 A 和 C 以相同速度向相反方向移动时，位置可以参见图 3。C 相对于 A 移动的距离将会是相对于 B 移动距离的 2 倍，换句话说，A 上的任何一点相对于 C 移动的距离，是 B 相对于 C 移动距离的 2 倍。所以，不可能存在一个时间内对应着从一个点到另一个点之间的一段距离。

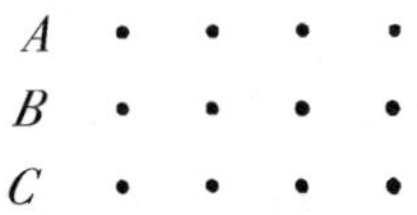

图 2 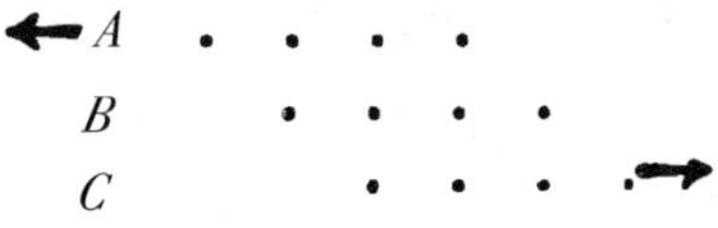　　　　　　　　图 3

据柏拉图记载，芝诺的目的是"保护巴尼门德（Parmenides）免受那些取笑他的人议论"。芝诺认为，"没有多数"，他"否定多数"。从亚里士多德时期到 19 世纪中叶的很长一段时间内，芝诺的论证都被认为是错误的。后来，人们发现芝诺的论点并不完全错误，他所得出来的论点也是经过努力研究逻辑得出的成果。库辛（Cousin）、格罗特（Grote）以及 P. 坦纳里（Tannery）[1] 都对芝诺的论点进行了进一步的研究。坦纳里声称，芝诺并不是否定运动，而是说在毕达哥拉斯将空间分为无数个点集合的概念下，运动是不可能的；而这四个论点必须结合在一起构成芝诺与对手之间的一场

---

[1] F. 卡约里（F. Cajori）. 芝诺运动悖论的历史. 美国数学月刊. 1915：3.

对话，这些争论是以芝诺迫使对手陷入进退两难的境地进行的。芝诺的争论自亚里士多德时期就广受热议，如今仍热度不减，其中包含了连续性、无穷大、无穷小的概念，亚里士多德并没有成功地解释芝诺理论。针对一个变量如何达到它的极限问题，他并没有给有质疑的学生们一个满意的答复。亚里士多德的连续统理论是感性的、物理性的。他坚持认为，因为一条线是不能由无数点组成，那么实际上一条线是无法分解成无数个点的。"将一个量进行无数次二等分，所以无限大是存在的，但是实际物体永远也不可能达到无限大。"在乔治·康托尔的连续统与集合理论出现之后，芝诺的论点才有了完美的解释。

在安提丰的"穷尽法"的基础上，布莱森发明了较为复杂而严谨的"穷尽法"。在确定两个曲面面积，比如说在计算两个圆面积的比率时，几何学家最初是内接或者外切相似多边形，随后便是不断地增加多边形边的数量，不断使多边形与圆周之间的面积差穷尽至零。从圆的内接相似多边形的面积是直径的平方这条理论，几何学家可能推测出希俄斯岛的希波克拉底理论，也就是圆面积与最后一个内接多边形面积不等，但是相差不多，应该也等于它直径的平方。为了排除可能存在的所有疑点，后来的古希腊几何学家给出了类似欧几里得《几何学》第十二章第二节的证明。过程如下：假设 C 和 c、D 和 d 分别代表两个圆及其直径。假设比例等式 $D^2:d^2=C:c$ 是假的，设 $D^2:d^2=C:c^1$，如果 $c^1<c$，那么多边形 p 就能内接于圆 C，而这个多边形的面积接近于圆 C，但是比 c^1 的面积大。假设 P 是对应圆 C 中的多边形，那么 $P:p=D^2:d^2=C:c^1$，以及 $P:C=p:c^1$。由于 $p>c^1$，所以我们能够得到 $P>C$，而这是十分荒谬的。接下来他们又用同样的反证法证明出 $c^1>c$。因此 c^1 不能大于 c，也不能小于 c，它必须等于 c，证明完毕。汉克尔（Hankel）再次提及希波拉克底的"穷尽法"，但是把这个方法归功于希波克拉底，而不是欧多克索斯，理由不是那么充分。

虽然在这个时期的几何学发展仅能在希腊、爱奥尼亚、西西里岛、色雷斯的阿夫季拉等地方追溯到，但是昔兰尼（Cyene）对于

数学科学也做出了较大的贡献。在这里，我们仅提到阿夫季拉的德谟克利特（约前460—前370）。他是阿那克萨戈拉的学生，菲洛劳斯的朋友，毕达哥拉斯的一个仰慕者。德谟克利特去过埃及，可能也去过波斯。德谟克利特是一个知名的几何学家，写了不可通约线、几何学、数字、透视图等方面的著作，但这些著作都没有流传下来。德谟克利特曾吹嘘地说，"他在构建平面图形方面无人能及，甚至被称为埃及的'拉绳者'"。由此可以断言，德谟克利特对埃及的技术和能力大为赞赏。

柏拉图学派

在伯罗奔尼撒战争期间（前431—前404），几何学几乎没有什么发展。战争结束以后，在几何学方面，雅典开始屈居次要地位，但是在哲学、文学、科学方面越来越先进，走在了世界的前列。公元前427年，柏拉图出生在雅典，后在瘟疫肆虐下，死于公元前347年。他与苏格拉底亦师亦友，但是柏拉图并非是从苏格拉底那里获得的数学启蒙。在苏格拉底过世后，柏拉图开始环游世界。在昔兰尼，柏拉图跟随西奥多勒斯学习数学。柏拉图去过埃及，而后去了意大利和西西里岛，并在西西里岛开始接触毕达哥拉斯学说。塔伦特姆的阿尔基塔斯以及罗克里的蒂迈欧（Timaeus）都成为他的至交。回到雅典以后，大约是公元前389年，柏拉图在学术界创建了自己的学派，并将自己的余生都用于教书和写作上。

柏拉图的物理学有一部分是以希腊哲学为基础的。像毕达哥拉斯学派那样，柏拉图不断寻求通往算术和几何方面的"钥匙"。当被问及神的职业时，柏拉图回答道："神忙于不断地进行几何计算。"因此，几何学知识是学习哲学的必要准备。为了证明柏拉图在数学方面创造的价值以及数学更高的必要性，柏拉图在学派的大门上写着"不懂几何者莫入"。色诺克拉底（Xenocrates），柏拉图的一个学生成了这个学派的老师。色诺克拉底追随着老师的脚步，拒绝接纳一些没有经过数学训练的学生，换句话说就是"离开吧，因为你控制不了哲学"。柏拉图注意到几何能够训练人们获得正确而丰富的思想。正如《欧德莫斯概要》中说的那样："柏拉图在著作里写满了数学方面的发现，在每一个场合都公开展示数学与哲学之间强有力的联系。"

柏拉图作为学派的负责人，我们不用惊讶柏拉图学派产生如此多的数学家了。虽然柏拉图本人没有什么具体的数学成就，但他对几何学中运用的逻辑和方法有颇多贡献。诚然，20世纪的诡辩家们在他们的证明上是相当严谨的，但一般来说，他们并没有反思他们使用方法的内在本质。诡辩学派的几何学家们在使用公式定理时，并没有对它们进行详细的说明；对于一些几何概念，诸如点、线、面等，也没有给出形式上的定义。❶毕达哥拉斯学派称"点"为"统一的位置"，但是这种说法更像是一种哲学陈述，而不是一个概念定义。柏拉图反对将"点"称为"几何虚构"。他将"点"定义为"一条线的开端"或者是"不可分割的线"，把"线"定义为"只有长度没有宽度"。柏拉图称点、线、面分别是线、面、体的"界限"。欧几里得对几何学中的一些概念定义就来源于柏拉图学派。欧几里得的公理也有可能来源于此。此外，亚里士多德引用了柏拉图的定理——"等量减去等量，剩余的还是等量"。

柏拉图和他的学派最伟大的成就之一，就是发明了分析法，并将其作为一种证明方法。诚然，这种方法也曾被希波克拉底以及其他几何学家在无意识中使用过，但是只有柏拉图像一个真正的哲学家那样，将这种本能的逻辑转化成有意识且合理的方法。

数学中使用到的术语"综合法"和"分析法"比逻辑更具有特殊意义。在欧几里得《几何原本》的第十三章第五页中，记载着最早的数学分析法以及综合法的定义。这些定义很有可能是由欧多克索斯提出来的，其内容是："分析法是假设一个结论，通过合理的证明，验证既定结论的过程；而综合法是由推理到演绎再到证明。"

---

❶贺拉斯·兰姆（Horace Lamb）. 水动力学（*Hydrodynamics*）. 英国剑桥大学. 1904.

分析法并不是结论性的，除非分析过程中的所有步骤都是可以倒推成立的。为排除所有的异议，希腊人通常在分析过程中使用综合法，从而使分析过程中所有的步骤可以回推成立。分析的目的是帮助发现综合证明或者解。

据说，柏拉图已经破解了倍立方体问题，但是不排除他的解存在着与阿尔基塔斯（Archytas）、欧多克索斯、梅内克缪斯（Menaechmus）的解法有着非常相似的缺陷。柏拉图认为，前人除了尺子和圆规以外，还使用了其他仪器，所以他们的解法不是几何性的，而是算术性的。柏拉图说："几何学的优点被放在一边，甚至被摧毁，因为我们淡化它对于世界的意义，而不是将其提升，用永恒和无形的思想去升华它、渗透它，即使它受雇于神，即使它一直是神。"这些反对意见表明，要么是这些解被错误地归于柏拉图，要么是柏拉图希望表明，该性质的非几何解是多么容易找到。现在已经可以很明确地确定，倍立方体问题以及三等分和求面积问题无法通过尺子和圆规来解答。

柏拉图对于体积测量的研究做出了积极的推动，但是在柏拉图时期一直都被希腊当局所忽略。柏拉图对球体和正多面体进行了一定程度的研究，但是对于棱柱、棱锥、圆筒以及圆锥知之甚少。柏拉图学派将所有的立方体都当成调查研究的对象，其中一个研究具有划时代的意义。梅内克缪斯是柏拉图的同伴、欧多克索斯的学生，他发明了圆锥曲线，在短短一百年的时间里，就把几何学提高到古人无法企及的高度。梅内克缪斯将圆锥曲线分为三类：直角、锐角和钝角。用一个直角平面从不同角度切割圆锥，那么我们就能获得三个部分，现如今我们将它们称为抛物线、椭圆线、双曲线。通过确定这些曲线的交叉点，可以推测出"德利安问题"的两个解法，梅内克缪斯在研究这些曲线的特性上是非常成功的。但他是以什么方式完成这些曲线的平面构造的，我们仍不得而知。

另外一个著名的几何学家是狄诺斯特拉托斯（Dinostratus），他是梅内克缪斯的兄弟、柏拉图的学生。他最著名的研究是通过希庇亚斯割圆曲线的方法，得到了求圆面积的割圆曲线解。

　　这一时期最为杰出的数学家可能就是欧多克索斯了。大约在公元前 408 年，他出生于小亚细亚南部的尼多斯城市（Cnidus），师从阿尔基塔斯，后来又在柏拉图手下学习了两个月。因此，欧多克索斯被灌输了真正的科学探索精神，并被称为科学天文观测之父。从后来在关于他的天文学研究的零星记载中，我们可以了解到：伊德勒（Ideler）和斯基亚帕雷利（Schiaparelli）成功地重建了欧多克索斯系统，也就是用"同心球"理论表现行星的运动情形。欧多克索斯在基齐库斯（Cyzicus）创办了一所学校，他曾带领一些学生前往雅典，也拜访了柏拉图，随后他们回到基齐库斯。欧多克索斯于公元前 355 年在那里长眠。柏拉图学派的名声在很大程度上可以归功于欧多克索斯在基齐库斯的学生们，其中就有梅内克缪斯、狄诺斯特拉托斯、阿特纳奥斯（Athenaeus）和赫利孔（Helicon）。第欧根尼·拉尔修认为，欧多克索斯是一个天文学家、物理学家、立法者，也是一位几何学家。《欧德莫斯概要》中提到，欧多克索斯首先增加了一般定理的数量，再加上另外三个黄金比例，并增加了相当多的学习内容，这一节的主题从柏拉图开始，主要应用了分解法。毫无疑问，这个"部分"是指"黄金分割"（sectio aurea），就是将一条线切割为最佳比例。《几何原本》第十三卷中的前五个命题都与这个黄金分割有关，黄金分割的发现通常都归功于欧多克索斯。欧多克索斯增加了许多立体几何方面的知识。阿基米德说，欧多克索斯证明了金字塔正好是棱柱体的三分之一，圆锥体正好是圆柱的三分之一，并且底和高相等。同时，欧多克索斯还证明了球体体积是其半径的立方。欧多克索斯频繁并熟练地使用"穷尽法"，因此他最有可能是"穷尽法"的发明者。被认为是欧几里得著作注解者的普罗克洛斯说，欧多克索斯几乎创作了欧几里得《几何原本》第五卷的全部内容。欧多克索斯也发现了两条给定线段的比例中项，但是他是如何得到这个结论的就不得而知了。

　　柏拉图被称为数学家的缔造者。除了前述已经提到的学生外，《欧德莫斯概要》还提到了以下名字：希腊的特埃特图斯（Theaetetus），一个具有非凡天赋的人，欧几里得在他的第十卷❶中用了大量笔墨来介绍这个人，并且在《几何原本》第十三卷中探讨了不可通约性；萨索斯岛的勒俄达马斯（Leodamas）、尼奥雷德斯（Neocleides）以及他的学生里昂（Leon），他们对前辈的研究进行了大量补充。里昂对《几何原本》进行了细致的校对，包括其中使用的数字以及证据；马格尼西亚州的修迪奥斯（Theudius），对《几何原本》进行了仔细排版，对特殊情况下受限的命题进行了概括；科洛封的赫尔墨提姆斯（Hermotimus），在《几何原本》里发现了许多命题，并组成了一些位点；最后要提到的名字是赫拉克利亚的阿米克拉斯（Amyclas）、雅典的塞兹希缪斯（Cyzicenus）以及门德的菲利普斯（Phllippus）。还有一位学术精湛的数学家叫阿里斯泰俄斯（Aristaeus）。关于他的生活以及著作我们无法提供详细内容，他可能比欧几里得还要年长一些。事实上阿里斯泰俄斯写了一本关于圆锥曲线的书，目的是将他在梅内克缪斯时期关于圆锥曲线的成果公之于众。阿里斯泰俄斯也撰写了有关正多面体和分析法的书。

亚里士多德（前384—前322），哲学家和科学家。虽然没有专攻于数学，但亚里士多德通过修改一些难懂的定义，推动了几何学的发展。亚里士多德的著作《物理学》（*Physics*）中的一些文章涉及了虚拟速度原理的暗示性线索，并且给出了自古以来关于连续性论证以及芝诺运动论点的最好解释。同一时期还出现了一本《论力学》（*Mechanica*），有人认为这本书的作者就是亚里士多德。《论力学》并没有引起柏拉图学派的重视。

亚历山大学派前期

前面我们已经提到，几何学起源于埃及，曾传到希腊的爱奥尼亚群岛，随后到了意大利以及雅典。在希腊，我们见证了数学从瘦

---

❶G. J. 阿尔曼（G. J. Allman）. 泰勒斯到欧几里得时期的古希腊几何学. (*Greek Geometry from Thales to Euclid*). 212 页.

弱的孩童成长为强壮的成年，如今我们将随着它回到出生的地方并激发新的活力。

在伯罗奔尼撒战争以后，雅典在它衰落的岁月里，孕育出了古代最伟大的科学家和哲学家。这是柏拉图和亚里士多德的"黄金时代"。在公元前338年，喀罗尼亚战役之后，雅典政权被马其顿的菲利普打败，使得雅典元气大伤，再无机会翻身。不久之后，菲利普的儿子——亚历山大大帝开始征服世界。他用11年时间建立起来的庞大帝国，在一天之内土崩瓦解。随后埃及政权落入托勒密王朝。亚历山大建立了亚历山大海港，随后亚历山大城市成了"最高贵的城市"。托勒密将亚历山大作为首都。文学、哲学、艺术都空前繁荣。托勒密还创建了亚历山大大学。此外，托勒密建立了大型图书馆、实验室、博物馆、动物园和长廊。亚历山大城市不久便成了著名的学习中心。

雅典哲学家地美特利阿斯（Demetrius Phalereus）应邀从雅典来负责图书馆管理，也有可能是欧几里得邀请地美特利阿斯共同开办数学学校。根据 H. 沃格特（H. Vogt）的研究❶，欧几里得生于公元前365年，他在公元前330年至公元前320年间，撰写了《几何原本》。

关于欧几里得的生平，除了普罗克洛斯在《欧德莫斯概要》中增加的部分外，我们知之甚少。普罗克洛斯说，欧几里得比柏拉图年轻，比埃拉托色尼和阿基米德要年长些，后者曾经提及欧几里得属于柏拉图学派，并且熟读相关学说。欧几里得收集关于几何学的书《元素》（Elements），将它们在欧多克索斯《元素》的基础上重新排序，完善了特埃特图斯的著作，他是第一个婉转地证明前人不完美尝试的学者。托勒密国王曾经问欧几里得："学习几何学有没有什么捷径可走?"欧几里得回答道："学习几何学和学习一切科学一样，是没有什么皇家道路可走的。在这一方面，国王和普通老百

---

❶F. 鲁迪奥（F. Rudio）. 数学藏书（*Bibliotheca Mathematica*）. 德国苏黎世大学. 1913：193－202.

姓是一样的。"帕普斯指出，欧几里得的杰出之处，在于他秉性的公正和善良，对那些能够推动数学科学发展的人更是如此。帕普斯显然对阿波罗尼奥斯（Apollonias of Perga）持相反态度，甚至含沙射影地嘲讽他。斯托比亚斯（Stobaeus）讲述了一件逸事："一个学生刚学了第一个几何命题，便问：'学了这些我能获得什么呢？'欧几里得叫来一个仆人吩咐说：'给这位先生三个分币，因为他一心想从学过的东西中捞点什么。'"❶ 叙利亚和阿拉伯的作家宣称，他们知道更多有关欧几里得的资料，但这些作家并不可靠。曾经有人将亚历山大的欧几里得与墨伽拉的欧几里得相混淆。

关于欧几里得最为著名的是几何方面的书，书名叫作《几何原本》。这本书的成就远远超过希波克拉底、里昂、修迪乌斯（Theudius）著写的《几何原理》。希腊人给予欧几里得一个特殊的头衔"《几何原本》的作者"。《几何原本》的创作，是几何学史上具有标志意义的事件。这本书写于 2000 年以前，但如今仍然被一些人认为是介绍数学科学最好的书籍。在英国，《几何原本》被广泛使用，直到 20 世纪仍然被学校作为教科书使用。《几何原本》要我们相信，一个无懈可击完整的几何系统突然跃入欧几里得的脑海，犹如一个整装待发的密涅瓦女神形象从宙斯朱庇特脑海中闪现出来。在《几何原本》中并没有提到欧几里得是从先前的哪些数学家那里汲取的数学资料。相对来说，《几何原本》中很少有欧几里得自己发现的命题和证明。事实上，"毕达哥拉斯定理"的论据是唯一一个直接归功于他的证明。

奥尔曼推测，《几何原本》的一、二、四卷内容来自毕达哥拉斯学说，第六卷内容应该属于毕达哥拉斯以及欧多克索斯，后者主要对比例理论和不可通约数的应用以及穷尽法（书的第十二卷）做出了巨大贡献；特埃特图斯的贡献大多数集中在书中第十卷和第十

❶詹姆斯·高（James Gow）. 希腊数学简史（*Ashort Histroy of Greek Mathematics*）. 英国剑桥大学. 1884：195.

三卷，欧几里得原著的主要部分在书中第十卷❶。欧几里得是他那个时代最伟大的系统学家。他通过精心挑选的数据资料，对所选命题进行逻辑排序，从一些定义和公理入手，逐渐建成了令人称赞的结构体系。但是，要说《几何原本》纳入了欧几里得时期所有的基本定理，也是不够准确的。阿基米德、阿波罗尼奥斯，甚至欧几里得自己非常著名的理论，都没有全部包含在《几何原本》中。

　　在学校常用的《几何原本》是赛翁（Theon）修改后的版本。亚历山大的赛翁是希帕蒂娅（Hypatia）的父亲，在欧几里得过世700年后对原文进行了部分修改后，出版了这一版本的《几何原本》。结果，随后的注释者，特别是认为欧几里得是绝对完美的罗伯特·西姆森（Robert Simson），将书中发现的所有错误都归因于赛翁的失误，让赛翁做了替罪羊。但是在拿破仑一世（Napoleon I）从梵蒂冈送往巴黎的手稿中，发现了比赛翁版本更早的《几何原本》副本。从赛翁的版本衍生出了许多《几何原本》的版本，但是这些版本无足轻重，因为只能证明赛翁对原来的《几何原本》做了文字方面的修改。那些使赛翁饱受非议的错误应该是欧几里得自己著书时的错误。《几何原本》曾经被认为是严谨证明的范本，可以与现代书籍相媲美，但是当你仔细检查其中的数学逻辑时，它就会像查尔斯·桑德斯·皮尔士（Charles Sonders Peirce，1839—1914）认为的那样，"充满了错误的逻辑推论"。推论错误但结论正确，是因为作者的结论是靠经验而非推论得出的。在欧几里得的一些证明中，有一部分结论是依靠直觉得出来的。

　　《几何原本》的原著作中，开篇就是诸如点、线、面等概念的假说以及一些字面解释，然后讲述 3 个假说或条件、12 个公理。普罗克洛斯使用术语"公理"一词，而欧几里得用的是"通用概念"——意指对于所有人或者所有科学都是通用的概念。在假说以及公理方面，古代与现代会存在很大分歧。在《几何原本》原稿的

---

❶G. J. 阿尔曼（G. J. Allman）. 泰勒斯到欧几里得时期的古希腊几何
（*Greek Geometry from Thales to Euclid*）. 爱尔兰. 都柏林. 1889：211.

大多数内容以及普罗克洛斯的证明中，都在假说中增添了有关直角三角形和平行线的"公理"。❶ 因为它们真的只是假说，而不是通用概念或者公理，所以将它们放在这里再合适不过了。"平行公设"在非欧几里得时期的几何历史上占有重要地位。欧几里得忘记收录的一个重要公设就是叠加理论。根据这个理论，图形不用改变形式或者大小，就可以在平面内随意移动。

欧几里得的《几何原本》共计十三卷。根据推测，其中有两卷的作者是许普西克勒斯和达马斯基奥斯（Damascius）。前四卷讲述的是平面几何，第五卷讲述的是比例理论的一般应用。虽然初学者会觉得这本书晦涩难懂，但因其严谨而备受赞扬。用现代理论符号表示的话，欧几里得的比例概念如下：有 a、b、c、d 4 个成比例量，有任意整数 m、n，我们同时可以得到 $ma \gtreqless nb$，以及 $mc \gtreqless nd$。

T. L. 希斯（T. L. Heath）说："可以确定的是，在欧几里得的等比定义与尤利乌斯·威廉·查理德·戴德金（Jucius Wilhelm Richard Dedekind）的现代无理数理论之间，存在着一种完全一致的，几乎是巧合的对应。塞乌滕（Zeuthen）发现了欧几里得定义和魏尔斯特拉斯（Weierstrass）等量定义之间的相似之处。第六卷讲述的是相似多边形，它的第二十七条公设就是为世人熟知的极大值定理。书的第七、八、九卷主要是关于数字或者算术的理论。据 P. 坦纳里说，无理数的存在很大程度上影响了《几何原本》的书写方式。旧的比例理论被认为是站不住脚的，在书的前四卷完全没有用到比例理论。为了严谨起见，欧多克索斯理论因难度太大被推迟了好久才得以形成。在第七卷到第九卷中插入的算术部分被认为是对第十卷中论述无理数的全面说明。第七卷解释了两个数通过不断分解得到最大公约数的过程（也称为欧式算法）。有理数的比例理论在定义的基础上进一步发展，当第一个数是第二个数的部分或者全

---

❶H. 汉克尔（H. Hankel）. 集合系统理论（*Theorie der Conplexen Zahlensysteme*）. 德国莱比锡. 1867：52.

部，第三个数与第四个数之间也是相同倍数的时候，这些数字是成比例的。这个概念被认为是较早版本的毕达哥拉斯比例理论。❶ 第十卷主要是不可通约量理论。德·摩根认为这一卷是所有卷中最为精彩的一卷。在希腊算术的引领下，我们对其进行了较为全面的论述。接下来的三卷是有关立体几何的。

第十一卷主要讲述的是基本定理；第十二卷讲述的是棱锥、棱柱、圆锥、圆柱以及球体之间的测量关系；第十三卷讲述的是正多边形，特别是三角形和五边形，随后利用三角形和五边形作为五种正多面体的表面，这五种多面体分别是四面体、八面体、二十面体、立方体以及十二面体。柏拉图学派对正多面体进行了广泛的研究，因此这些正多面体还有一个名称是"柏拉图多面体"。普罗克洛斯表示，欧几里得撰写《几何原本》的目的在于构建正多面体的观点。这一说法显然有失偏颇。第十四卷和第十五卷，讨论的是立体几何，可能是后人编纂的。

有趣的是，欧几里得等古希腊数学家，很容易通过直觉看出他们各自从事的领域。他们并没有想到非平方领域的概念。

《几何原本》的最大特点是尽量避免进行测量，这也是阿基米德时期以前所有希腊几何学最明显的特征。因此，诸如三角形面积等于底和高乘积的一半这样的定理，对于欧几里得来说是外来之物。

欧几里得另外一部现存的著作是《已知数》（*Data*）。似乎这部书是为了那些已经完成了《几何原本》的学习，希望可以解决新问题的人而写的。《已知数》是一本关于综合分析的书，这里有学生从《几何原本》中无法获得的一些知识。因此，它对科学知识的贡献并不大。下列这些著作或多或少是由欧几里得撰写或者完全归为欧几里得所写：《现象》（*Phaenomena*），这是一本关于球体天文学的著作；《光学》（*Optics*），属于早期几何光学著作之一，书中认为视觉是眼睛发出的光到达物体的结果；《反射光学》（*Catoptrics*），

---

❶T. L. 希斯（T. L. Heath）. 十三卷欧几里得的几何原本（*Thirteen Books of Euclid's Elements*）. 124.

论述了镜面反射光的论点；《分割学》（*De Divisionibus*），主要讲述将平面图形按照给定比例，分割成不同部分；❶ 《论音乐》（*Sectiocanonis*），是一本研究音乐理论方面的书籍。他的《不定命题》（*Porisms*）论文集已经遗失，但是罗伯特·西姆森（Robert Simson）和 M. 查尔斯（Chasles）在帕普斯的众多注释中花费了很多精力，最终重新修复了该论文集。术语"不定设题"（porism）含义模糊。根据普罗克洛斯的说明，不定设题的目的不是像定理那样需要证明一些性质或者真理，也不用像解决问题一样需要产生一个答案，但是需要找到在给定数字或者给定条件下必然存在的事物。例如，找到圆心或者找到两个数字的最大公约数。根据查尔斯的见解，不定设题是不完全的理论，"按照一般规律表达事物之间的某种关系"。欧几里得其他遗失的著作还有《谬论》（*Fallacies*），主要是检测谬论的练习方面的书籍；《圆锥曲线论》（*Conic Sections*），是四卷本，这是阿波罗尼奥斯对相同主题进行研究的基础；《平面上的位点》（*Locion a Surface*），这本书题目的意思并不明确，海伯格（Helbeyg）认为这个题目的意思是"表面的位点"。

在亚历山大数学学派里，欧几里得的直接继任者可能有科农（Conon）、多西修斯（Dositheus）以及泽克斯皮普斯（Zeuxippus），但是有关他们的情况鲜为人知。

阿基米德（前 287—前 212），伟大的数学家，出生于锡拉库扎（Syracuse）。普鲁塔克（Plutarc）称他与叙拉古的赫农王（King Hieron）有亲戚关系；狄奥多罗斯（Diodorus）说阿基米德游历过埃及，从那时起成了科农和埃拉托色尼（Eratoshenes）的好朋友，也许他是在亚历山大城学习的。阿基米德对以前所有的数学作品都做了详细了解，进一步坚定了自己的信念。后来，阿基米德回到了锡拉库扎，在这里阿基米德效命于他敬仰的朋友赫农王，用他的创造力制造各种战争武器。在马塞勒斯围攻（siege of Marcellus）战

---

❶R. C. 阿奇尔德（R. C. Archibald）. 分割学（*De Divisionibus*）. 美国布朗大学. 1915.

役中，罗马损失惨重。在罗马军队偷袭锡拉库扎时，阿基米德在没有护城墙的情况下，用镜子把强烈的阳光反射到敌舰上，罗马的船帆随之燃烧起来的故事，很可能是虚构的。这座城市最终落入罗马之手，阿基米德在随后的大屠杀中被杀害了。据传，当时阿基米德正在沙地上画着一个几何图形，一个罗马士兵命令阿基米德离开，他大喊道："别把我的圆弄坏了！"罗马士兵感觉受到辱骂，杀死了阿基米德。罗马将军马塞勒斯（Marcellus）欣赏阿基米德，为他举行了隆重的葬礼，并在墓碑上刻了一个圆柱和一个内切球的图形。西塞罗（Cicero）后来去了锡拉库扎凭吊阿基米德，发现坟墓已经被荒草淹没了。

阿基米德为世人敬仰主要是因为他的力学发明。他在纯科学方面的发现也引起了广泛的关注。阿基米德声明："每一种与生活需求密切相关的艺术都是低微和粗俗的。"他的一些著作已经遗失。下列是一些现存书籍，大概是按年代排序的：①《论平面图形的平衡及其重心》（*On Equiponder Ance of Planes or Centres of Plane Gravities*），书中收录了《抛物线求积法》（*Quadratare of the Parabola*）这篇论文；②《方法论》（*The Method*）；③《论球与圆柱》（*On the Sphere and Cylinder*）；④《圆的度量》（*The Measurement of Circle*）；⑤《论螺线》（*On Spirals*）；⑥《劈锥曲面与回转椭圆体》（*On Conoids and Spheroids*）；⑦《数沙者》（*The Sand-counter*）；⑧《论浮体》（*On Floating Bodies*）；⑨《十四巧板》（*Fifteen Lemmas*）。

在《圆的度量》一书中，阿基米德首次证明了圆面积等于圆周长为底、半径为高的等腰三角形的面积。他假设存在一条长度等于圆周长的直线。当然，也有一些古代评论家反对这种假设，理由是，可能存在一条直线，其长度等于一条曲线的长度。如何找到这样一条直线就属于另外一个问题了。阿基米德首次发现了圆周长与直径比值的上限，或者说是 π 的上限。为做到这一点，阿基米德开始用的是一个等边三角形，这个三角形的底是圆的切线长，顶点是圆心。通过不断地平分中心角，对比得到相应的比值，由于无理数平方根的值总是太小，最终阿基米德确定了 π 的上限：$\pi < 3\frac{1}{7}$。接

下来，阿基米德通过圆内接正多边形确定 π 的下限。阿基米德从内接六边形开始，一直到十二、二十四、三十八、九十六边形，找到每一个正多边形的周长，当然这个周长总是小于圆的周长。如此，阿基米德最终得出结论："圆周长与圆直径之比小于 $3\frac{1}{7}$，大于 $3\frac{10}{71}$。"这个值已经非常精确了。

《抛物线求积法》包括两种解决问题的方法：一种是算术方法，另一种是几何方法。"穷尽法"则同时使用了这两种方法。

值得一提的是，也许是受到芝诺的影响，阿基米德在严谨的证明过程中并没有使用到极小值（无穷小的常数）。事实上，这一时期伟大的几何学家们正在考虑采取方法将这些极小值作为基本条件从几何证明中排除在外。这项工作已经由欧克多拉索斯、欧几里得以及阿基米德做了。在《抛物线求积法》一书的序言中出现了著名的阿基米德原理。而阿基米德将这个发现归功于欧克多拉索斯："有两个面积不等的平面，可以给这个平面加上差值，使较小面积的平面值超过较大的那个平面，因此，每一个有限的平面都是可以被超越的。"但是，在试验研究中是可以用极小值的。这种情况从阿基米德的《方法论》一书中便可窥见一斑，前人认为这本书已经丢失，幸运的是海伯格在 1906 年的君士坦丁堡发现了该书。这本书上说，阿基米德认为极小值充分而科学地说明了定理，而无须提供严格证明。为找到抛物线部分的面积、球截面体以及其他旋转体的体积，阿基米德使用了力学方法认真考虑了无穷小元素，这些元素被他称为直线或者平面面积，但仅仅是极其狭窄的线条或者极其薄的平面薄层[1]。无穷小元素在任何时候的幅度和密度都被认为是相同的。直到现代算术连续统创立之后，这才引起了数学家们的兴趣。O. 施托尔茨（O. Stolz）证明，这其实是戴德金与"项"有关的假设结果。

---

[1] T. L. 希斯（T. L. Heath）. 阿基米德的方法（*The Method of Archimedes*）. 英国剑桥大学. 1912：8.

在研究阿基米德的专家看来，阿基米德的程序式是通过力学（立方体以及表面中心）开始的，并通过无穷小的力学方法来发现新的结果，而后来阿基米德推理并公开了这一严格的理论证明。阿基米德对积分❶ $\int x^3 \mathrm{d}x$ 有所了解。

阿基米德研究了椭圆并完成了它的面积计算，但是他似乎对双曲线并没有过多地关注。阿基米德还写了一本关于圆锥曲线的书。

在阿基米德的所有著作中，评价最高的是《论球与圆柱》。在这本书中，阿基米德证明了以下定理：任何一个球体的面积等于最大圆面积的 4 倍；球体的曲面部分等于一个圆，其半径是从球面部分的顶点到基础圆的周长绘制直线，球的体积和表面积分别是球外接圆柱的体积和表面积的 $\dfrac{2}{3}$。阿基米德期望将上述最后一个命题的图形铭刻在自己的墓碑上。最后，马塞勒斯将军帮他完成了这个遗愿。

这个螺线现在被称为"阿基米德螺旋线"。在《论螺线》一书中有详细描述，为阿基米德所发现，而并非像有些人认为的那样，是他的朋友科农发现的。❷ 以上的论述可能是他所有著作中最精彩的部分。当今，诸如此类的证明可以用微积分计算轻易地解决。在古代，人们用"穷尽法"代替微积分方法。欧几里得及他的前人只是在进行已经看到的或者人们已经相信那些命题的证明时，才使用"穷尽法"。阿基米德的这种方法，与无穷小的力学方法相结合，成为一种发现的工具。

在阿基米德的《劈锥曲面与回转椭圆体》一书中提到，"劈锥曲面"这个词是指由抛物线或双曲线沿其轴旋转而成的劈锥曲面。回转椭圆体是一个长方形或者椭圆旋转形成的，椭圆绕其长轴或短

---

❶H. G. 茨维森（H. G. Zeuthen）. 数学藏书（*Bibliotheca Mathematica*）. 1906—1907：347.

❷M. 康托尔（M. Cantor）. 数学史讲义（*Vorlesungen Wber Geschichte der Mathemalik*）. 德国莱比锡. 1907：306.

轴旋转。该书还解决了这些图形体积的计算问题。阿基米德和阿波罗尼奥斯仅给出了少量几何图形的构造，主要是以插图的形式呈现出来。这个将一个角三等分的图形，是由阿拉伯人和阿基米德用标尺画成的。❶ 如图 4 所示。为了将 ∠CAB 三等分，先画一个圆弧 $\overset{\frown}{BCD}$。再"插入"一条线段 FE，该线段长等于 AB，在圆弧上标记点 C，寻找一个点 E，使点 C 和点 E、F 位于同一条线上，∠EFD 即为所求三等分角。

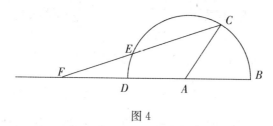

图 4

关于阿基米德的算术著作和研究算术时遇到的难题我们后面再说，现在先来看看他在力学方面的成就。阿基米德是第一个研究声音的科学家。阿尔基塔斯、亚里士多德以及其他学者试图将已知的力学原理变成一门科学，但是并没有取得成功。亚里士多德明白杠杆原理，但是不能归纳出杠杆原理的理论。胡威立（Whewell）认为，古希腊人思辨本质的缺陷是："虽然他们已经掌握了真理和概念，但是这些概念对真理来说并不是清晰恰当的。"例如，亚里士多德说当一个物体在杠杆的末端运动时，被认为会产生两种运动：一种是切线方向的运动，另一种是半径方向的运动。亚里士多德认为，前一种运动是与自然方向相同的运动，后一种运动与自然运动方向相反。这些并不恰当的"自然""非自然"运动概念，连同一些口述的思维习惯，使人们难以见解真实的力学性质。❷ 令人感到

---

❶F. 恩里格斯（F. Enriques）. 初等几何问题（*Fragen der Elementargeometrie*）. 德国莱比锡. 1907：234.

❷威廉姆·胡威立（William Whewell）. 归纳科学的历史（*History of the Induction Sciences*）. 美国纽约. 1858：87.

奇怪的是，即使阿基米德的研究已经走入了正确的轨道，这门科学的发展仍然停滞不前，这种情况一直延续到伽利略（Galileo）时期——期间间隔了将近 2000 年。

在阿基米德的著作《论平面图形的平衡及其重心》中，阿基米德给出了杠杆性质的证据，使得这本书至今仍在很多教科书中占据重要地位。马赫（Mach）对这本书却持批评态度："从最简单的在相等距离处的两个重量相等的假设来看，我们可以得到杠杆力臂与重量的比是反比关系！这样的情况是可能的吗？"❶ 阿基米德对杠杆效率的推测可以用一句最著名的话来表达："给我一个支点，我可以撬动整个地球。"

同时，《论平面图形的平衡及其重心》还可以用于研究实体，或者说是研究实体的平衡。《论浮体》一书研究的是流体静力学问题。阿基米德第一次关注比重的问题，源于叙拉古赫农王让他检验皇冠，证明做皇冠的工匠使用的是纯黄金，而没有添加白银。我们的这位哲学家在澡盆里洗澡时，突然想到解决问题的方法，他立即跳出澡盆，连衣服都顾不得穿上就跑了出去，大声喊道："我找到了！"为解决这个问题，阿基米德拿了一块黄金和一块白银，它们每一块的重量都与皇冠的重量相同。阿基米德分别测定了黄金、白银、皇冠在水中的排水量，随后计算皇冠、黄金和白银的量，由此可以确定它们减少了多少水的重量。通过这些数据，他轻易地找到了解决方法。阿基米德运用了以上两种方法来进行测定。

在研究完阿基米德的著作之后，人们可以理解，在古代"阿基米德难题"就是指对于常人来说很难解决的问题。阿基米德撰写了很多不同学科范畴的书籍，并在每一个学科方面都提出了深刻的见解。阿基米德被称为"古代的牛顿"。

埃拉托色尼，比阿基米德年轻 11 岁，是昔兰尼本地人。埃拉托色尼在亚历山大学校接受教育，师从诗人卡利马科斯（Callimachus），后

---

❶E. 马赫（E. Mach）. 力学科学（*The Science of Mechanics*）. 美国芝加哥. 1907：14.

来成功任职亚历山大图书馆的馆长。从埃拉托色尼的著作中可以推测出，他在多个方面都有涉猎。埃拉托色尼撰写了《善与恶》（*Good and Evil*）、《地球的测量》（*Measurement of the Earth*）、《喜剧》（*Comedy*）、《地理学》（*Geography*）、《年代学》（*Chrondogy*）、《星座》（*Constellatias*）、《倍立方》（*Duplication of the Cube*）等作品。同时埃拉托色尼也是语言学家和诗人。埃拉托色尼测量了黄道的倾角，并发明了一种发现质数的方法。目前所存的关于埃拉托色尼的几何著作，仅仅是他与托勒密三世之间的往来信件，这些信件描述了加倍问题的历史，也描述了埃拉托色尼自己发明的机械装置。埃拉托色尼晚年丧失了视力，他因为不能读书而感到痛苦。

在阿基米德辉煌了大约 40 年之后，佩尔格的阿波罗尼奥斯逐渐崭露头角，他的天赋几乎能与前人相媲美。在古代数学家中，他毫无疑问占据第二的位置。阿波罗尼奥斯生于托勒密三世统治时期，死于托勒密四世时期（前 222 年——前 205 年）。他在亚历山大学校学习并师从欧几里得的学生，在帕加马（Pergamum），他与欧德莫斯逐渐熟识，并将他的《圆锥曲线论》（*Conic Sections*）八卷中的前三卷都送给了欧德莫斯。这部伟大的著作使他成为"大几何学家"。

阿波罗尼奥斯的《圆锥曲线论》共计八卷，一～四卷仅有希腊文本；五～七卷一直到 17 世纪中期才在欧洲发现，并且是阿拉伯文本，大约写于 1250 年；八卷至今未发现。1710 年，牛津大学的埃德蒙·哈雷（Edmond Halley，1656—1742）以希腊语的形式出版了一～四卷，以拉丁语出版了五～七卷。同时，修复并出版了剩余的那本书。前四卷中包含的内容仅仅是前任几何学家们已经完成的内容。欧托基奥斯（Eutocius）告诉我们，赫拉克利德斯（Heraclides）在阿基米德时期，指责阿波罗尼奥斯将阿基米德未发表的关于圆锥曲线的成果据为己有。

很难相信这场控诉是建立在友好基础上的。欧托基奥斯引用了盖米诺斯（Geminus）的话作为回复，阿基米德和阿波罗尼奥斯都没有声称发明了圆锥曲线，但是阿波罗尼奥斯确实使圆锥曲线得到了实质的进展。前三卷书或者前四卷书是在梅内克缪斯、阿里斯泰俄斯、欧几里得和阿基米德相关理论的基础上建立的，但是剩余几本书的内容几乎是全新的。前三卷定期送到欧德莫斯那里，其他的书（在欧德莫斯去世后）送给了阿塔罗斯（Attalus）。第二卷书的序言显得与众不同，因为它展示了当时希腊书籍的"出版"模式。在序言中阿波罗尼奥斯这样写道："我已经让我的儿子把圆锥曲线的第二卷给你（欧德莫斯）送过去了。请你仔细地阅读，它值得你与其他人进行探讨交流。假如那个几何学家，费洛尼德斯（Philonides），就是我在以弗所（Ephesus）给你介绍的那位，去帕加马附近的话，请将这本书也给他看看。"❶

　　第一卷书，如同阿波罗尼奥斯在序言中所说的那样："内容包含产生三种模式和共轭双曲线的主要特征，这些都比其他作家撰写的这方面内容更加全面。"我们记得梅内克缪斯，以及所有在阿波罗尼奥斯之前的继承者，他们考虑的仅仅是一个平面垂直于直角锥体的边所得的截面，剩下的三个截面分别从不同的锥体上取得。阿波罗尼奥斯引入了一个很重要的基本原理。他从一个并且是同一个锥形体中取得所有截面，无论是直角的还是不规则的锥体，且所选取的截面可能垂直于它的侧面，也可能不垂直。原来的三种曲线的名称现在已经不再适用了。阿波罗尼奥斯没有把这三条曲线称为"锐角""直角"和"钝角"，而是分别称它们为椭圆线、抛物线和双曲线。可以确定的是，我们在阿基米德的著作中找到了对应的"抛物线""椭圆线"词语，但是这些词语可能只是插入部分。词语"椭圆线"应用于 $y^2 < px$，其中的 p 是系数；词语"抛物线"应用于 $y^2 = px$；词语"双曲线"应用于 $y^2 > px$。

　　阿波罗尼奥斯的论述基于圆锥曲线的独特性，这个特性来源于这些已经发现部分圆锥体的性质。M. 查尔斯用一种非常巧妙的方式，讲述了古人的关键体系是如何形成这个性质的。M. 查尔斯说："在一个圆形底面上构造一个倾斜的圆锥，从顶点到圆中心的垂线

---

❶H. G. 茨维森（H. G. Zenthen）. 古代数学史学说（*Die Lchre ron den kegelschnitten im Alterthum*）. 丹麦哥本哈根. 1886：502.

作为圆锥体的轴。平面穿过轴线，并垂直于底面，沿着两条线切割圆锥，并在圆上确定一个直径，做一个以这个直径为底边、两条割线为两边的三角形，称之为穿过轴的三角形。在形成圆锥曲线的过程中，阿波罗尼奥斯认为截面应当与通过轴的三角形平面垂直。截面与这个三角形两边的交点称为曲线的顶点，这两点之间的直线称为直径。阿波罗尼奥斯称这个直径为横线（latus transversum）。从曲线上的两个顶点中的一条垂直线（正焦弦）通过轴的三角形平面的垂直线，有一定的长度，我们将会在后面详细说明如何确定这个长度，并从这个垂直的末端画一条直线到曲线的另一个顶点。现在，在曲线上的任何一点，作直角纵坐标，这个纵坐标的平方，由直径和曲线组成，将等于由直径与纵线组成的矩形纵坐标部分，以及包含第一个顶点到纵坐标圆点的直径部分之和。这就是阿波罗尼奥斯在他的书中陈述的圆锥曲线的特性，通过巧妙变换和不停歇的推导，得出了使用圆锥曲线的目的。圆锥曲线的作用，将会是我们看见的那样，几乎与笛卡尔（René Descartes）解析几何系统的二元二次方程（横坐标和纵坐标）处于同等地位。"阿波罗尼奥斯像梅内克缪斯一样，在笛卡尔之前就已经使用了"坐标"这个词语。❶ M. 查尔斯接着说："从这儿，我们可以看到曲线的直径以及垂直于曲线任何一个边界的垂线，就可以构建出曲线。这两个要素是古人使用的，用于建立二次曲线的理论来源。他们称所谓的垂线为 latus erectum，现代人将其改成了正焦弦（latus rectum），作为曲线的重要参数。"

　　阿波罗尼奥斯的第一卷书主要是对三种圆锥曲线进行了详细介绍。

　　第二卷书的主要内容是渐近线、轴心线以及直径。

　　第三卷书讲述的主要内容是三角形、矩形或者长方形的等式或者比例式，其组成部分一般通过截面、弦、渐近线或者切线的比例

---

❶T. L. 希斯（T. L. Heath）. 佩尔格的阿波罗尼奥斯（*Apollonius of perga*）. 英国剑桥大学. 1896：115.

来确定。这通常需要大量的已知条件。它还涉及椭圆和双曲线的焦点问题。

第四卷书主要讲述的是阿波罗尼奥斯讨论了直线的谐波分解问题。阿波罗尼奥斯也研究了两个曲线系统，证明它们相交形成的点不超过四个。阿波罗尼奥斯研究了两个曲线之间可能的相对位置。例如，当这两个曲线有一个交点或者两个交点时对应的位置。

第五卷书的主要内容具有一定的独特性。关于最大值和最小值的问题，在前人的著作中很难找到相关事例，而在这本书里表达得淋漓尽致。主要研究的主题是，找到从已知的一点到圆锥曲线的最长和最短距离。同时，这卷书中也详解了术语"渐屈线"和"密切中心点"。

第六卷书主要讲述的是圆锥曲线的相似性。

第七卷书主要讲述的是共轭直径问题。

第八卷书，由哈雷重新修订，研究的主要内容仍然是共轭直径问题。

值得注意的是，阿波罗尼奥斯并没有介绍圆锥曲线的"准线"概念。同时，虽然他偶然发现了椭圆及双曲线的焦点，但是他并未发现抛物线的焦点❶。在阿波罗尼奥斯的几何中也明显缺乏专有名词和相应符号，因此使得证明冗长拖沓。R. C. 阿奇巴尔德（R. C. Archibald）说，阿波罗尼奥斯对于相似圆的中心很熟悉，这主要归功于加斯帕尔·蒙日（Gaspard Monge）。T. L. 希斯这样评论："阿波罗尼奥斯使用的主要工具与早期的几何学家相同，是当前已经不再适用的几何代数。"❷

M. 查尔斯说："阿基米德和阿波罗尼奥斯的发现，标志着古代几何学最为辉煌的时代。"有两个难题一直是这个时期的研究重点，

---

❶詹姆斯·高（James Gow）. 希腊数学简史（*A short Histroy of Greek Mathematics*）. 英国剑桥大学. 1884：252.

❷T. L. 希斯（T. L. Heath）. 佩尔格的阿波罗尼奥斯（*Apollonius of Perga*）. 英国剑桥大学. 1896：101.

可能与他们二人有关。第一个是曲面图形的求积，由此产生了微积分。第二个是圆锥曲线理论问题，这是研究所有几何曲线理论的前奏，也是只考虑形式和数字位置，仅仅在线和面上交集使用，以及直线距离的比率等比例几何的序幕。这两大几何派别可以命名为测量几何学和形式与条件几何学，或者可以称之为阿基米德几何学和阿波罗尼奥斯几何学。

除了《圆锥曲线论》，帕普斯还将下列著作归于阿波罗尼奥斯：《论接触》（*On Contacts*）、《平面轨迹》（*Plane Loci*）、《倾斜》（*Inclinations*）、《截面面积》（*Section of an Area*）、《已知截面》（*Determinate Section*），帕普斯给出了引理，还试图恢复丢失的原件。在阿拉伯语中已经发现了两种截面理论的书。《论接触》由 F. 维也塔（F. Vieta）进行修订，包含了所谓的"阿波罗尼奥斯问题"，也就是已知三个圆，作第四个圆，使它通过前三个圆的问题。

欧几里得、阿基米德以及阿波罗尼奥斯使几何学上升到一个非常完美的状态，首先引入比传统的穷尽法更普遍、更有力的方法。我们需要一个更简便的符号，一个笛卡尔几何，一个无穷小微积分。古希腊的思想不能适应于一般方法的发明。我们不必一直在高处进行观察。因此，就部分晚期古希腊几何学家而言，他们的研究会停滞不前或者呈下降趋势，他们会将原来几何在快速发展过程中可能遗失的细节部分进行仔细推敲❶。

阿波罗尼奥斯最早的继承者是尼科梅德斯（Nicomedes）。我们对他了解不多，仅仅知道他发明了蚌线（Conchoid）。蚌线是一种四阶曲线。阿波罗尼奥斯设计了一种有助于描述该曲线的小工具。在蚌线的帮助下他成功地解决了倍立方问题。蚌线曲线参照阿基米德第八定理的方式，将一个角进行三等分。普罗克洛斯将这个三等分模式归功于尼科梅德斯，但是帕普斯认为应当归功于自己。牛顿在构造三次曲线时，用到了蚌线。

---

❶M. 康托尔（M. Cantor）. 数学史讲义（*Vorlesungen Wber Geschichte der Mathemalik*）. 德国莱比锡. 1907：350.

在尼科梅德斯时期（另一说是公元前 180 年），同时活跃的数学家还有狄奥克莱斯（Diocles）。他是蔓叶类曲线（像常春藤一样，"ivy-like"）的发明者。这个曲线用于求已知两条直线段的比例中项。希腊人并没有考虑蔓叶类曲线的伴生曲线。事实上，希腊人仅仅考虑了圆内用于构造曲线合适部分的蔓叶类曲线。当扣除曲线分支凹形两侧的两个圆形面积后，剩下的圆面积看起来更像是一种常春藤叶。因此将这个曲线命名为"蔓叶类曲线"。这两个延伸到无穷远处的分支首先是由罗波尔（G. P. de Roberal）在 1640 年发现的，随后发现的人是斯吕塞（R. de Sluse）。❶

有关珀尔修斯（Perseus）生平的情况，如同尼科梅德斯和狄奥克莱斯一样，我们知之甚少。珀尔修斯大概生活在公元前 200 年到公元前 100 年之间。从海伦（Heron）和盖米诺斯（Geminus）的描述中，我们可以得知珀尔修斯撰写了一本名叫《螺旋线》（Spire）的书。海伦描述说，是一个圆绕其弦为轴旋转得到的一种圆环表面。这个圆截面产生的特有曲线称为螺旋剖面图，根据盖米诺斯的说法，这是由珀尔修斯构思出来的。这些曲线与欧多克索斯的曲线有异曲同工之妙。

在珀尔修斯之后不久，芝诺多罗斯（Zenodorus）出现了。他写了一篇非常有意思的专著，名字叫《等周图形》（Isoperimetrical Figures）。帕普斯（Pappus）和赛翁保存了十四条定理。列出了以下部分：周长相等的正多边形中，角的数值越大，面积越大；圆面积大于同周长的任意正多边形的面积；周长相等的 n 边形中，以正 n 边形的面积为最大；表面积相等的所有立体体积中，以球的体积为最大。

许普西克勒斯（前 200—前 100）被认为是欧几里得第十四卷和第十五卷的作者。但是，近期的评论家们认为，第十五卷的作者是克莱斯特之后几个世纪的一名作家。第十四卷的内容包含了正多面

❶G. 洛里亚（G. Loria）. 棋盘曲线（Ebene Curven）. F. 舒特（F. Schütte）译：第一卷. 美国 1910：37.

体的七条定理。许普西克勒斯所写的《论星的升起》（*On the Rise of Stars*）是一部非常有趣的著作，因为他在巴比伦人的辉煌之后，把黄道分成了 360 度。

比提尼亚尼西亚城（Nicaea in Bithynia）的希帕克斯是古代著名的天文学家。在公元前 161 年至公元前 127 年，希帕克斯进行了大量的天文观测。希帕克斯建立了著名的本轮和均轮系统。如我们所料，希帕克斯并不是对数学本身感兴趣，而仅仅是将数学作为天文学研究的一个有效工具。希帕克斯并没有留下什么数学著作，但是亚历山大的赛翁告诉我们，希帕克斯发明了三角学方法，在欧几里得第十二卷中计算了"和弦表"。这种计算必须以算术学和代数学的扎实知识作为基础。希帕克斯使用算术以及代数方法解决平面和球面的几何问题。希帕克斯给出了用坐标表示的方法，这比阿波罗尼奥斯的发现要早一些。

大约在公元前 100 年，亚历山大港的海伦（Heron the Elder）活跃在数学舞台上。海伦是克特西比乌斯（Ctesibius）的学生，素以精巧的机械发明著称于世，比如说水利风琴（hydraulic organ）、水时钟（water-clock）以及投石机（catapult）。有些人认为，海伦是克特西比乌斯的儿子。他用自己的天赋发明创造了一个稀奇古怪、叫作"海伦喷泉"的机械装置，展现出来与他师父同等的聪明才智。我们并没有太多把握确定哪些是他的作品。大多数人认为，海伦是《折光仪》（*Treatise on the Dioptra*）的作者，这部著作有三种版本，且每个版本都有很大差异。但是马克西米连·玛丽（M. Marie）❶ 认为，《折光仪》的作者应该是较年轻的海伦，这位年轻海伦是在克莱斯特后七八个世纪的人。还有另一本被认为是年长海伦著写的《大地测量学》（*Geodesy*）。现在看来，该书仅仅是《折光仪》错误百出的复制品。《折光仪》中包含找到一个用边表示三角形面积的重要公式，这个公式的推导过程非常费力，但却很巧

---

❶马克西米连·玛丽（M. Marie）. 数学和物理学史（*Histoire des Sciences Mathé-matiques et Physiques*）. 法国巴黎. 1883：178.

妙。M. 查尔斯说："对我来说真的是难以置信，在海伦时期就能够推导如此美妙的理论，一些古希腊的几何学家应该已经想要引证这条定理了。"玛丽着重强调了关于这门科学研究的古代科学家，认为真正的作者肯定是年纪较轻的海伦，或者其他比年长海伦离我们年代更近一些的作者。但是并没有可靠的证据表明还存在另外一个叫作海伦的数学家。P. 坦纳里已经证明，在这个公式的应用上，海伦发现无理数平方根的近似值 $\sqrt{A} \sim \dfrac{1}{2}\left(a + \dfrac{A}{a}\right)$，此处 a^2 是最接近平方 A 的。当需要更为精确的值时，海伦用公式 $\dfrac{1}{2}\left(a + \dfrac{A}{a}\right)$ 代替上式中的 a。显而易见，海伦也可以通过"双假位"得到平方根和立方根。

文丘里（Venturi）说："折光仪是与现代经纬仪很相似的一种工具。"《折光仪》是一篇在工具的帮助下用几何方法解决测地学的论文。诸如在只知道一点的情况下，如何测定两点之间的距离或者已知并不重合两点之间的距离，从一个点画一条垂直于已知直线的垂线，求两点之间的水平距离，在不进入场地的情况下测量一个场地的面积。

海伦是一个有经验的测量员。这可能说明海伦的著作与希腊作家的作品少有相似之处，而那些希腊作者认为将几何应用于测量是一件很侮辱科学的事情。海伦几何学的文字不是希腊语，而是埃及语。更令我们惊讶的是，海伦为欧几里得的《几何原本》注解，更证明了他对欧几里得的认知程度。海伦的一些公式来源于埃及。除了上面用一个边表示三角形面积的重要公式之外，海伦给出面积的公式 $\dfrac{a_1 + a_2}{2} \times \dfrac{b}{2}$ 与埃德夫（Edful）铭文上发现的四边形面积公式 $\dfrac{a_1 + a_2}{2} \times \dfrac{b_1 + b_2}{2}$ 惊人地相似。此外，海伦的著作与古代阿默士纸草书的公式也有相似的地方。阿默士使用专有的分数单位（除了分数 $\dfrac{2}{3}$），海伦使用分数单位比其他分数更加频繁。就像阿默士和埃德夫的牧

师那样，海伦可以通过添加辅助线将复杂的图形分解成简单的图形。由此可知，海伦自始至终都表现出了对于等腰梯形的特殊喜爱。

海伦的著作满足了实际的需要，也因此被其他人广泛借用。我们在罗马、中世纪的欧美国家，甚至在印度都能找到关于他的著作。

海伦的作品，包括 1903 年出版的《度量论》（*Metrica*），在后期 J. H. 海伯格、H. 舍内（H·Schöne）和 W. 施密特（W·Schmidt）都进行了修订。

罗德岛的盖米诺斯（公元前 70 年）出版了一本天文学图书，保存至今。他还写了一本名为《数学原理》（*Arrangement of Mathematics*）的书，现已遗失，其中含有很多关于希腊数学早期历史有价值的参考资料。西奥多修斯（Theodosius）是一位写了一本关于球体几何小有价值书的作者。P. 坦纳里和博乔波（A. A. Bjornbo）❶的研究调查表明，数学家西奥多修斯并不是我们前面所提到的黎波里的西奥多修斯，而是与希帕克斯同一时代比提尼亚当地的一位本地居民。阿米苏斯的狄俄尼索多罗（Dionysodorus）将抛物线和双曲线的交点应用于解决阿基米德《论球与圆柱》中留下的一个不完整的问题。问题是"切割一个球体，使其分割成一个给定的比例"。

持续到克莱斯特时期的几何学发展，都已经被我们掌握。不幸的是，我们对于阿波罗尼奥斯时期至公元元年时期的几何学历史知之甚少。我们提到了很多几何学家的名字，但是他们的著作只有很少一部分留存于世。然而，可以确定的是，从阿波罗尼奥斯到托勒密时期，除了希帕克斯和海伦以外，并没有什么真正的天才数学家。

第二个亚历山大学派

从托勒密一世时期到托勒密王朝的完结，亚历山大统治了埃及 300 年，将埃及文化融入罗马帝国的文化中，使得东方人和西方人

---

❶阿克塞尔·安东·博乔波（Axel Anthon Bjornbo，1874—1911）. 数学藏书（*Bibliotheca Mathematica*）. 丹麦哥本哈根. 1911—1912：337—344.

的商业关系更为密切，异教（Paganism）的逐渐衰落以及基督教的广泛传播——这些事件对于科学的发展有着深远的影响，最后都体现在亚历山大帝国的发展。在亚历山大繁忙的街道上，在图书馆、博物馆、演讲大厅等地方，外国的贸易人员接踵而至，学者们也从四面八方汇聚于此。希腊人开始研究旧文献，并将其与他们自己的文献相比较。这种思想交流的结果，促使希腊哲学与东方哲学巧妙地融合。新毕达哥拉斯学派和新柏拉图学派成了新改良系统的代称。柏拉图主义和毕达哥拉斯神秘主义的研究引起了数学理论的复兴。这个数学理论成了当时人们最喜欢的研究。新的数学探究引发了新学派的兴起。毫无疑问，就算是现在，几何学也是亚历山大人课程中最重要的研究之一。第二个亚历山大学派可能是从基督元年开始的。这期间，著名数学家有克罗狄斯·托勒密（Claudius Ptolemaeus）、丢番图（Diophantus）、帕普斯、士麦那的赛翁、亚历山大的赛翁、伊安布利霍斯、波菲利（Porphyrius）等人。

除了这些人之外，我们先来说说塞里纳斯（Serenus），这个人与这个新学派之间有着或多或少的关联。他撰写了关于圆锥体

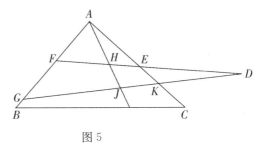

图 5

和圆柱体截面的书。在这两本书中，其中一本书写的是关于圆锥体顶点的三角截面。塞里纳斯还解决了这个问题——已知一个圆锥体（圆柱体），找到另一个圆锥体（圆柱体），这样两者在同一个平面上的截面就会给出相似的椭圆。特别有趣的是以下定理：如图 5 所示，如果从 D 点作线段 DF，切割△ABC，在 DF 上选择一点 H，因此 $DE:DF=EH:HF$；我们再作直线 AH，那么每一条过点 D 的直线，比如说 DG，会被 AH 分为 $DK:DG=KJ:JG$。这是现代谐波理论的基础。亚历山大的梅涅劳斯（Menelaus，大约在公元 98 年）是《球面学》（Sphcerica）的作者，现存的这本书有希伯来语和阿拉伯语版本，但没有希腊语版本。在这本书中，梅涅劳斯证明了球面三

角形的全等定理。梅涅劳斯描述球面三角形的性质与欧几里得论述平面三角形的方法大致相同。在书中，梅涅劳斯发现了球面三角形的三条边之和小于大圆周长，以及三个角的度数之和大于两个直角度数之和。梅涅劳斯还有两个非常著名的关于平面和球面三角形的定理。关于平面三角形的一个理论是"任何一条直线截三角形的各边，都使三条不相邻线段之积等于另外三条线段之积"。卡诺（L. N. M. Carnot）提出了这个命题，即著名的"梅涅劳斯定理"，是断面理论的基础。球面三角形理论的对应定理，是所谓的"六量律"（Regula Sex Quantitatum），这个定理可以由上述定理获得，只需要用"三段双倍长度的弦"替代定理中的"三段式"即可。

埃及人克罗狄斯·托勒密是一位著名的天文学家。对于他的生平，我们并不了解，仅仅知道他的活跃时期是公元 139 年，他最早记录天文学观测的作品是在公元 125 年，离我们最近的记录是公元 151 年。托勒密的主要著作是《数学汇编》（*Mathematica*）和《地理学指南》（*Geographica*），这两本书都有现存版本。《数学汇编》的一部分内容是基于他自己的研究，但是主要内容来自希帕克斯的研究成果。托勒密似乎并没有很多独立的调查研究，而是将对于前人著作的修正和改进作为自己最大的工作内容。《天文学大成》❶ 在哥白尼（N. Copernicus）之前是所有天文学科学的基础。托勒密体系的基本思想，就是所谓的"托勒密地心体系"，认为地球居于中心，日、月、恒星围绕着它运行。托勒密还研究了数学。由于天文研究需要，托勒密创造出了形式上非常完美的《三角学》（*Trigonometry*）。《三角学》的基础是希帕克斯的著名理论。

《天文学大成》共计十三卷。第一卷的第九章证明了如何计算弦值表（Tables of Chords）。一个圆分成 360 度，每一度可以再次二等分。可以将直径分为 120 个部分，每一个部分可以分解成 60 份，这60 份又可以再次分解为 60 份。在拉丁文中，这部分被称为"第一次

---

❶P. 坦纳里（P. Tannery）. 天文历史研究（*Researchon Astronomical History*）. 法国巴黎. 1893.

等分"和"第二次等分",类似于我们称呼时钟的"分针"和"秒针"。将圆进行 60 等分的方法起源于巴比伦数学,盖米诺斯和希帕克斯对此非常了解。托勒密计算弦值的方法似乎也是来源于此。托勒密首先证明了这个命题,这个命题已经归于欧几里得 VI(D)定理,即"圆内接四边形的两条对角线长度的乘积等于一组对边长度的乘积与另一组对边长度乘积之和"。随后托勒密又证明了如何求两个弧弦的和差,以及任意弧弦的一半。托勒密对内接正五边形和正十边形边的构造,后来由克拉维乌斯(C.Clavius)和洛伦佐·马斯凯罗尼(L.Mascheroni)给出了详细描述,现在被工程师广泛应用。设半径 $BD \perp AC$,$DE=EC$,$EF=EB$,那么 BF 就是五边形的边长,DF 是十边形的边长(图 6)。

在《天文学大成》第一卷的另外一章中专门讲述了三角学,特别是球面三角学。托勒密证明了"梅涅劳斯定理"和"六量律"。在这些定理的基础上,托勒密建立了三角学。在计算三角函数时,希腊人与印

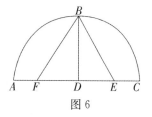

图 6

度人相同,并不使用两倍弧弦的一半(正弦),希腊人用的是双圆弧的整个弦。我们在后面将会提及,只有在图形构造时,托勒密和后继者们用的才是双圆弧的一半弦。平面三角函数的基本定理是:三角形的两边是相对的,用于测量两边相反角度双圆弧的弦。这一点托勒密虽然没有在定理中明确表示,但是隐含在他的其他理论中。

事实上,三角学并不是自发地不断发展的,而是为了帮助天文学研究而发展的,这个解释得出了一个令人吃惊的事实,即球面三角学比平面三角学发展得更早。

《天文学大成》第二卷至十三卷的内容主要讲述的是天文学方面。托勒密除了写有一本关于几何方面的书籍外,还撰写了一些其他方面的著作。普罗克洛斯从《天文学大成》中的引用表明,托勒密并没有想到欧几里得的平行公理是不证自明的,而且托勒密是从古至今证明长线的第一人。托勒密的论证中不成立的部分就是在平行的情况下,一条边上横向的内角和必须与另外一边横向的内角和

相等。在托勒密尝试证明平行线理论之前，波希多尼乌斯
（Posidonius，公元前 1 世纪）将平行线定义为共面而且等距离的两
条线。从一个阿拉伯作家尼里兹（Al-Nirizi，公元 9 世纪）的记录
看来，辛普利西乌基于上述的平行线定义，在其朋友阿盖内斯（盖
米诺斯）❶ 的帮助下，推出了第五公设的证明过程。

在地球表面和天体的绘图过程中，托勒密（按照希帕克斯的方
法）使用了球面立体投影。假设在地球的某一处有一只眼睛，那么
投影将映射到赤道平面上。他以星盘立体图形的方式，发明了一种
仪器装置，是一个天体的球面立体投影仪。❷ 托勒密撰写了一本关
于天体运行的《日晷论》（Analemma）的书籍，这是一个涉及在三
个相互垂直平面（水平面、子午线、垂直圆）上正交投影的图形。
《日晷论》用于确定太阳的位置、恒星升起和沉没的位置。《日晷论》
提出了一种解决球面三角形的图形方法，在 17 世纪晚期，印度人、
阿拉伯人及欧洲人广泛使用该方法。❸

这个时期的著名数学家是尼克马霍斯（Nicomachus）和士麦那的赛
翁。他们最喜爱的研究是数字理论。这门科学研究的巅峰是丢番图的代
数学。在托勒密之后的 150 年里，基本没有什么重要的几何学家。在这
长长的空白时期出现了一名小有成就的数学家塞克斯图斯·尤利乌斯·
弗龙蒂努斯（Sextus Julius Africanus），他撰写了一本关于几何应用于战
争艺术的著作，名为《谋略》（Cestes）。

另外一个数学家是怀疑论者，名叫塞克斯都·恩披里柯
（Sextus Empiricus），他通过说明另外一个悖论，来努力阐述芝诺的
"飞箭静止论"：人永远不会死，因为如果一个人死了，要么是他还活
着的时候，或者是他没有活着的时候，因此，他永远不会死。塞克斯

---

❶R. 波诺拉（R. Bonola）. 非欧几里得学（Non-Euelidean Geometry）.
H. S. 卡斯劳（H. S. Carslaw）译. 美国芝加哥. 1912：3—8.

❷M. 莱塞姆（M. Latham）. 星盘论（Star Theory Panel）美国数学月
刊. 1917：162.

❸A. V. 布朗穆尔（A. V. Braunmuhl）. 三角形历史（Geschichte der
Trigonomelrie），第一卷. 德国莱比锡. 1900：11.

都·恩披里柯提出了另外一个悖论，那就是，当一条线段在平面内绕一个固定点旋转时，它另外一端许多点的轨迹是一个个的圆。这些同心圆的面积不同，但是每个圆都必须等于它所接触的相邻圆。

帕普斯，公元 340 年出生于亚历山大，是亚历山大学派近期最伟大的数学家。帕普斯的数学成就虽然不如 500 多年前的阿基米德、阿波罗尼奥斯以及欧几里得那么有名，但是在帕普斯生活的那个时期，人们对于几何研究的兴趣逐渐下降，因此，帕普斯就像"大西洋上特内里费岛（Teneriffa）的山峰一样"，远远超过了他那个时代的人。帕普斯是《天文学大成注解》（*Commentary on the Almagest*）、《欧几里得几何原本注解》（*Commentary on Euclid's Elements*）、《狄奥多罗斯日晷论注解》（*Commentary on the Analemma of Diodorus*）的作者。❶ 以上所有著作都已遗失。普罗克洛斯从欧几里得注释中找到证明，说帕普斯不赞成"如果一个角的度数等于一个直角，那么它自身就是一个直角"这样的说法。

帕普斯留世的唯一作品是《数学汇编》（*Mathematical Couections*）。这套书总共有四卷，但是第一卷和第二卷的一部分现已遗失。帕普斯著写《数学汇编》主要是为那个时代的几何学者提供数学难点问题的简单分析，并通过解析促进对它们的研究。但是，对这些引理的选择是非常随意的，并且经常与手头的主题无关。但是他对于自己选择论述的著作给出了精确的总结。《数学汇编》提供了很多已失传著名希腊数学家著作的丰富资料，对我们来说是弥足珍贵的。20 世纪的数学家认为，仅凭帕普斯的作品就能恢复已经遗失的作品。

现在，我们将引用《数学汇编》中重要的定理，这些定理应该是帕普斯创作的。首先，该定理也是 1000 多年后古尔丁（P. Guldin）重新发现的优雅定理。即：一条平面曲线绕一轴旋转所得的体积，等于曲线面积乘以图形重心所画出的圆周长。其次，帕普斯还证明了一个三角形的重心是另一个三角形的重心，并以相同的比例划分三

---

❶K. 拉斯维茨（K. Lasswitz）. 原子论史（*Geschichte der Atomistik*）. 德国汉堡. 1890：148.

角形的三条边。在《数学汇编》第四卷中有一种割圆曲线全新精彩的定理，这表明帕普斯对曲面非常了解。帕普斯是这样阐述割圆曲线的：在一个圆柱体上绘制一条螺旋线，然后从螺旋线上的每一点向圆柱体的轴作垂线，形成螺旋面。通过这些垂直线段画一个平面，使得这个平面与圆柱体底面相交，切割这个螺旋面产生一条曲线，在此基础上得到的正交投影就是割圆曲线。第二种说明割圆曲线的方法也同样完美：如果我们以阿基米德曲线作为圆柱体上的曲线，假设一个圆锥轴在圆柱体的一侧通过螺旋的初始点。然后这个圆锥将圆柱体切割成双曲率的曲线，通过这个曲线上每个点轴线形成一个螺旋面，帕普斯将螺旋面称为"椭圆面"。其中一条垂线的平面以任意角度切割该曲面所得螺旋面的正交投影即为所求的割圆曲线。帕普斯进一步考虑了双曲曲线，然后提出了球面螺旋线的概念，即一个点沿着球的大圆周长向一个方向运动，同时大圆自身绕着直径旋转形成图形。随后，他发现球面的该部分面积由球面螺旋线确定，"我们认为平面化应当更值得赞赏，虽然从阿基米德时期就已经了解了整个球面的相关情况，但是测量其中的一部分，例如球面三角形，是后来很长一段时间内都解决不了的难题"。❶ 这使得笛卡尔和牛顿提出了一个显著的问题"帕普斯难题"。在一个平面内给定几条直线，通过一个点作这些给定直线的垂线（或者更一般的情况下，与给定直线形成给定角度的直线），那么给定线段的乘积与剩余线段乘积应当形成一个给定的比例。值得一提的是，帕普斯是第一个找到抛物线焦点的学者，并且提出了点的乘方理论。他用到了准线，并且是第一个给出圆锥曲线明确定义的人，他认为圆锥曲线固定点的距离与固定直线距离是一个恒定比例点的轨迹。帕普斯解决了这个问题，在同一条直线上画三个点，三条直线将形成一个三角形内接在一个给定圆上。在《数学汇编》中，许多费解的定理被引用，据我们所知是帕普斯创作的。然而，应当指出的是，

---

❶M. 康托尔（M. Cantor）. 数学史讲义（*Vorlesungen wber Geschichte der Mathemalik*）. 德国莱比锡. 1907：451.

帕普斯曾经受到三次指控，只抄袭了相应的理论而没有给出有力的证明，可能在其他实例中也是这样的情况，但是我们已经没有资料来证明谁是这些定理的真正发明者了。❶

在帕普斯时期，还有一名数学家，是亚历山大时期的赛翁。赛翁拿出了欧几里得《几何原本》，该书很有可能是他授课的教科书。赛翁对于《天文学大成》的评论及历史见解，特别是其中包含的希腊算术样本，都是有价值的。赛翁的女儿——西帕蒂娅（Hypatia），一个漂亮而谦逊的女性，是亚历山大学派后期的荣誉教师，后人认为她在哲学和数学方面超越了自己的父亲。她写的关于丢番图和阿波罗尼奥斯著作的注解已经遗失。她于公元415年不幸去世，在金斯利《西帕蒂娅》（Hypatia）的书中有明确描述。

数学的发展停滞在亚历山大时代。人们的思想主要停留在基督教上。异教徒消失了，异教徒的相应学问也就消失了。在雅典的新柏拉图学派挣扎着生存了一个世纪以后也消失了。普罗克洛斯、伊西多鲁斯（Isidorus）以及其他数学家们保持着"柏拉图式的黄金链"。普罗克洛斯是叙利亚诺斯（Syrianus）的后继者，在雅典学派就写了一本欧几里得《几何原本》的注释。我们只有这本书的第一卷，包含了有关几何学历史非常有价值的资料。大马士革的达马斯基奥斯（Damascius）是伊西多鲁斯的学生，被认为是欧几里得第十五卷的作者。伊西多鲁斯的另一个学生是阿斯卡隆的欧托基奥斯，是阿波罗尼奥斯和阿基米德的评论家。辛普利西乌斯写了一本关于亚里士多德的《论天》（De Caelo）的注释。辛普利西乌斯如此评论芝诺："把它加到另一个上，不能使它增大，把它从另一个那里拿走，不能使它减小，它就是零。"根据这一点，对于无穷小存在的否定可以追溯到芝诺。这个重要的问题在几个世纪以后，莱布尼茨（Gottfried Wilhelm Leibniz）给出了不同的答案。辛普利西乌斯为安提丰和希俄斯岛的希波克拉底的求积法做了详解，是有用的

---

❶J. H. 伟弗（J. H. Weaver），G. 布尔（George Boole）. 自然科学学报（*Journal of Natural Science*），第二十三卷. 美国. 1916：131－133.

历史资料之一。❶

一般来说，过去 500 年里的几何学家普遍缺乏创造力。他们更多的是注释者，而不是发现者。

古代几何的主要特征是：

（1）一个清晰明确的概念，以及逻辑近乎完美的结论。

（2）古代几何毫无疑问是非常特殊的，完全缺乏一般原则和方法。希腊人并没有掌握绘制切线的方法。在定理的证明过程中，对于古代几何学家来说，针对线的不同位置，会有许多不同的情况需要单独证明。几何学家认为，有必要独立地看待所有可能的条件，并逐一进行充分证明。一次性想出解决所有可能条件下的方法，有些超出古人的能力了。

"如果我们把数学问题比作一个巨大的岩石，想一探岩石内部的构造，我们就需要不断地向内深入，此时希腊数学家的著作对我们来说更像是一个有力的石匠，拿着凿子和锤子，以坚持不懈的努力，从岩石的外面，一点一点地把岩石敲成碎片。现代数学家们更像是一个优秀的矿工，谁先将岩石钻出一些缝隙，沿着缝隙从内部爆发出巨大的能量将岩石粉碎，谁就会给我们带来岩石内部闪闪发光的宝藏。"❷

希腊算术与代数

希腊数学家们有着区分数字"科学"和计算"技术"的习惯。他们将前者称之为算术，后者称之为代数。二者之间的区别就像理论与实践之间的区别那么明显。在诡辩学家学派中，计算技术是他们最喜爱的一门研究。但是柏拉图学派更关注算术哲学，他们宣称计算是粗俗而幼稚的技术。

在讲述希腊计算的历史时，首先应该对希腊的计数模式和数字

---

❶F. 鲁迪奥（F. Rudio）. 数学藏书（*Bibliotheca Mathematica*）. 德国苏黎世大学. 1902：7—62.

❷H. 汉克尔（H. HanKel）. 近几世纪数学的发展（*The Development of Mathematics in Recent Centuries*）. 德国图宾根. 1884：16.

写法做一个简要说明。埃及人以及最早时期的希腊人是用他们的手指或者鹅卵石来计数的。假如需要计数的数字较大，可能就要把鹅卵石按照平行的竖线进行排列。第一行鹅卵石代表的单位数是 1，第二行的鹅卵石代表 10，第三行的鹅卵石代表 100，依此类推。后来，开始使用框架（frames）计算，用珠串或者金属丝代替线的位置。根据传统，毕达哥拉斯在埃及或者印度游历后，第一次将这种有价值的计算工具引入希腊。算盘，在不同国家存在的时间不同，是非常好用的计算工具。我们并没有相关的文献可以了解到希腊算盘的样式以及它该如何使用。波爱修斯（Boethius）陈述毕达哥拉斯学派使用九种符号的算盘，名曰算筹（*apices*），用以表示九个"阿拉伯数字"。但是这种做法的正确性还有待商榷。

最古老的希腊数字符号被称为"赫洛黛安妮克符号"（*Herodianic signs*）。在赫洛黛安妮克符号出现之后，大约公元 200 年拜占庭的语言学家对这些符号进行了详细的描述。这些符号常常在雅典的铭文上出现，因此，现在人们称之为"雅典符号"。出于某些未知的原因，这些符号后来被"字母数字"替代。在希腊字母表中，字母是与三个奇怪而古老的符号 $\zeta \, \varphi \, \daleth$ 和 M 一起使用的。这种改变毫无疑问是糟糕的，因为旧的"雅典符号"只有较少的符号，也更适应于数值运算的类比，因此记忆起来比较简单方便。

下面列出了部分希腊字母数字及其各自的值：

α	β	γ	δ	ε	ϵ	ζ	η	θ	ι	κ	λ	μ	ν	ξ	o	π	φ
1	2	3	4	5	6	7	8	9	10	20	30	40	50	60	70	80	90

ρ	σ	τ	υ	ϕ	χ	ψ	ω	$\daleth$	$,\alpha$	$,\beta$	$,\gamma$
100	200	300	400	500	600	700	800	900	1000	2000	3000	等等。

$\overset{}{M}$	$\overset{\beta}{M}$	$\overset{\gamma}{M}$
10 000	20 000	30 000	等等。

需要注意的是，从 1 000 开始，字母重新开始循环使用。为了防止混淆，在字母的前面，一般是下面的位置，添上一画，便成了上面的样式。为了更好地区分相应的数值，有时候会在数字上方画一条水平线。当一个数是 M 的数倍时，便可以在这个数的前面或者

后面放置一个 M 表示。因此，43 678 便可以表示为 $\overline{\delta M}\,^{\prime}\gamma\chi o\eta$。我们可以看出希腊数字里面并没有 0。

分数首先用符号标记的分子来表示，然后，分母用两个符号标记并写两次，因此，$\iota\gamma^{\prime}k\theta^{\prime\prime}k\theta^{\prime\prime}=\dfrac{13}{29}$。如果分数的分子是 1，那么可以省略 $\alpha^{\prime}$，分母也只需要写 1 次即可，即 $\mu\delta^{\prime\prime}=\dfrac{1}{44}$。

希腊人将 $\dfrac{n}{n+1}$ 命名为比值。阿尔基塔斯证明了以下定理：如果比值 $\dfrac{\alpha}{\beta}$ 减小到它的最低项 $\dfrac{\mu}{\nu}$，那么 $\nu=\mu+1$。后来在欧几里得和罗马波爱修斯的著作中也提到了这个理论。欧几里得的算术形式，可能不像阿尔基塔斯时期那样，用线来表示数字❶。

希腊作者很少用字母数字描述计算法则。他们的加法、减法，甚至乘法可能都是用算盘实现的，也有可能数学专家们使用了符号来表示计算法则。欧托基奥斯是一个 6 世纪的数学注释者，给出了许多乘法计算，图 7 是其中的一部分。❷

$\overline{\sigma\,\xi\,\varepsilon}$	2 6 5		
$\overline{\sigma\,\xi\,\varepsilon}$	2 6 5		
$\overline{\delta\ \ \alpha}$			
$M\ M,\beta\,{}_{,}\alpha$	40 000,	12 000,	1000
α			
$M,\beta,\overline{\gamma\,\chi}\,\tau$	12 000,	3600,	300
$_{,}\alpha\tau\kappa\varepsilon$	1000,	300,	25
$\overline{\zeta}$			
$M\ \sigma\kappa\varepsilon$	70 225		

图 7

运用现代数学方法能够充分地解释数字之间的乘法计算规则。亚历山大的赛翁在撰写的《天文学大成》注解中，我们发现了除法运算规则的使用。可以预料，其整个运算过程肯定是既漫长又乏味。

从几何学的发展历程中可知，更多后期的数学家经常性地尝

❶P. 坦纳里（P. Tannery）. 数学藏书（*Bibliotheca Mathematica*）. 1905：228.

❷詹姆斯·高（James Gow）. 希腊数学简史（*A short Histroy of Greek Mathematics*）. 50.

试求取平方根。阿基米德在《圆的度量》中给出了大量的平方根。
比如说，$\sqrt{3} < \dfrac{1351}{780}$ 以及 $\sqrt{3} > \dfrac{265}{153}$，但是他并没有给出获得这些近
似方法的提示。早期的希腊数学家不太可能仅仅通过实验就能得
到这么精确的数值。欧托基奥斯的观点是海伦、帕普斯、赛翁以
及《天文学大成》的注释者给出了求取平方根的方法。赛翁的方
法是我们所知的众多方法之一。赛翁的方法与如今使用的方法基
本相同，只是用六十进制分数替代了现今使用的十进制。如果不
使用六十进制分数，真正的程序模式是什么？这一直是现代作家
推测的主题。

　　有趣的是，与算术符号有密切相关的书籍是阿基米德写给锡
拉库扎国王格隆（Gelon）的一篇随笔《数沙者》（*Sandcounter*）。
在这篇文章中，阿基米德通过实验证明："人们认为沙子是无法计
数的，或者即使能够计数，这个数字也不能用数字符号来表示。"
这个论点是错误的。阿基米德说一堆沙子中的沙粒数量，不管是
像整个地球那么大，还是像宇宙那么大，都可以用数字来表示。
假设 1000 个沙粒足以组成像芥菜种子大小的固体，芥菜种子的直
径不小于手指宽度的 $\dfrac{1}{40}$；进一步假设，宇宙直径（假设一直延伸
到太阳处）小于地球直径的 1 万倍，而地球直径还不到 100 万倍
视距。阿基米德发现一个数值会超过宇宙中沙粒的数量。他继续
深入研究，发现这个天球所界定的范围，即从地球中心到固定恒
星圆心处的空间，包含的沙子数量不会超过 1000 个无数的第八级
单位。用我们的符号表示，这个数字大约是 10^{63} 或者用 1 后面带
63 个 0 来表示。毫无疑问，阿基米德得出的这个数字对于古希腊
符号来说是一次很大的改进。但是，我们并不知道阿基米德是否
创造出更为简短的符号来代表上面的这个大数。

　　从帕普斯《数学汇编》的部分章节中可以看出，阿波罗尼奥斯
对于希腊数字的写法进行了改进，但是具体性质我们并不知道。从
这里我们就可以看出希腊人从未有过简便、综合性强的计数符号。
至于现如今保留的具有世界借鉴意义的希腊数字，可能是一个无名

的印度人不知道在什么时间发明的。因此，我们不知道应当去感谢谁给我们发明了这么重要且具有划时代意义的智力成果。❶

从"计算术"（Logistica）到"算术"（Arithmetica），我们首先聊聊毕达哥拉斯的数字科学。在建立学派之前，毕达哥拉斯在埃及的牧师那里学习了很多年，同时掌握了埃及的数学和神学。如果毕达哥拉斯像许多作家说的那样，曾经到过巴比伦，那么他可能还学会了如何使用六十进制，也可能了解大量关于比例的知识，还可能发现了大量有趣的天文学观测知识。毕达哥拉斯富有希腊人的思辨精神，他努力去发现宇宙中的一般性原则。在毕达哥拉斯之前，爱奥尼亚学派的哲学家在众多的事物中寻找一般原则，而毕达哥拉斯学派在构造事物中寻找。他观测数字与宇宙现象之间的代数关系。毕达哥拉斯发现了数字以及它们的关系构成了真正的哲学基础，随后他着手追寻与数字相关一切事物的起源。

毕达哥拉斯观察到等长的音乐字符被拉伸后，可以得到比例 $\frac{1}{2}$、$\frac{2}{3}$、$\frac{3}{4}$，可以产生 8 度音阶、5 度音阶及 4 度音阶。所以，音乐的和谐取决于音乐的比例，这是一种非常神秘的数值关系。哪里有和谐，哪里就有数字。因此，宇宙的秩序和魅力都起源于数字。音阶总共有 7 个音程，也有 7 个行星穿越天空。前者与后者之间有着同样的数字关系。无论数字在哪里，哪里就有和谐。因此，毕达哥拉斯通过内心辨别出天体的运动就像是一曲美妙的"天体和谐曲"。毕达哥拉斯探讨了许多特殊数字所包含的特殊意义，认为 1 是万物之本，它是一个绝对数。因此，所有的数字以及所有的事物均起源于此。4 是最完美的数字，并以一种神秘的方式对应着人类的灵魂。菲洛劳斯认为，5 是颜色的成因，6 的意思是

---

❶詹姆斯·高（James Gow）. 希腊数学简史（*Ashort Histroy of Greek Mathematics*）. 英国剑桥大学. 1884：63.

冷，7 代表思想、健康和光，8 代表爱和友谊。❶

对于上述这些神秘的推测，我们已经讲了许多，足以说明它们一定创造并维持了人们对数学产生了浓厚的兴趣。它们开辟了数学研究的途径，否则在那个时候，这条道路可能会一直关闭。

毕达哥拉斯学派将数字分为奇数和偶数。他们发现，从 1 到 $2n+1$ 奇数序列的和必定是一个完全平方数。此外 2、6、12、20 等偶数序列中的每一个数都能单一地分解成两个彼此不同的因数。比如说 $6=2\times3$，$12=3\times4$，等等。后面这些数由于非常重要，因此单独给它们命名为"异数"（不等边的）。类似 $\dfrac{n(n+1)}{2}$ 这样形式的数，因为它们能够排成 ∴ 这样的图形，我们称它"三角数"。如果一个数恰好等于它的真因子之和，比如说 6、28、496，则称这些数为"完全数"；那些因子之和比本身大的数叫作"盈数"；那些因子之和比本身小的数称作"亏数"。"亲和数"是指那些除了本身之外所有因子数之和是另一个数的数。毕达哥拉斯学派将更多的精力放在了关于比例的研究上。数 a，b，c，d 存在以下算术比例关系，$a-b=c-d$；几何比例关系是 $a:b=c:d$；调和比例关系是 $(a-b):(b-c)=a:c$。毕达哥拉斯学派很可能对于音乐比例关系 $a:\dfrac{a+b}{2}=\dfrac{2ab}{a+b}:b$ 也非常熟悉。

毕达哥拉斯对于几何与算术之间的关联做了大量研究。毕达哥拉斯相信，运算结果在几何中有其相似之处，"反之亦然"。根据直角三角形定理，毕达哥拉斯设计了一个规则，通过这个规则可以找到整数，使其中两个整数的平方和等于第三个数的平方。这样，我们取一边长为奇数 $2n+1$，那么 $\dfrac{(2n+1)^2-1}{2}=2n^2+2n=$ 另一条边长，以及 $2n^2+2n+1=$ 斜边长。如果 $2n+1=9$，那么另外两条边长是 40 和 41。但这个规则只适用于其斜边与其中一边相差 1 的情

---

❶詹姆斯·高（James Gow）. 希腊数学简史（*A short History of Greek Mathematics*）. 英国剑桥大学. 1884：69.

况。在研究直角三角形时，毫无疑问会存在很多莫名其妙的问题。因此，已知一个等腰直角三角形腰的长度，求该三角形斜边的长度，边长可以取值 1、2、$\frac{3}{2}$、$\frac{6}{5}$，或者其他数字。然而对于每一个数字如果都去精确计算对应斜边的长度值，那是毫无用处的。这个难题可能被反复求证，直到最后"出现了一些很有天赋的罕见天才，像鹰一样遨游在人类思想空间时的某个快乐时刻"，抓住了解决这个难题的瞬间思路，才得以解决。通过这种方法有可能就诞生了"无理数"。欧德莫斯认为，无理数的发现应当归功于毕达哥拉斯学派。假设直线可能存在，这的确是一种非常大胆的想法，不仅在长度上彼此不同，在数量或质量上尽管真实，但绝对是无形的。❶我们需要了解的是：毕达哥拉斯学派在无理数中看到了一个深刻的奥秘，是一个无法形容的象征吗？虽然无理数的发现归功于毕达哥拉斯学派，但是我们必须记得所有重要的毕达哥拉斯理论，按照毕达哥拉斯的传统，都应当归于毕达哥拉斯本人。第一个众所周知的理论：不可通约的比例是正方形的一边与对角线的长度比值，也就是 $1:\sqrt{2}$。昔兰尼的西奥多罗斯（Theodorus）在此基础上，增加了边长平方，分别是从 $\sqrt{3}$、$\sqrt{5}$ 一直到 $\sqrt{17}$，特埃特图斯可以用无限根来表示任何平方根，与线性单位是不可通约的。欧几里得在《几何原本》的第十卷第九章中进一步概括：如果有两个数，它们的平方与另外一个数的比值，等于（或者不等于）这两个平方数之间的比值，那么这两个数是可通约的（或者是不可通约的），反之亦然。在欧几里得第十卷书中，他详细论述了不可通约量。欧几里得研究了每一种可能存在的线段，并把它们表示为 $\sqrt{\sqrt{a}\pm\sqrt{b}}$，$a$ 和 b 分别代表两条可通约的线段，由此获得了 25 种结果。每一种线段中的每一条与其他种类的所有线段是不可通约的。德·摩根说："这本书除了完整性以外，没有什么（甚至第五卷）值得称赞的地方。可以

---

❶T. L. 希斯（T. L. Heath）. 佩尔格的阿波罗尼奥斯（Apollonius of Perga）. 英国剑桥大学. 1896：101.

猜想，欧几里得将自己的思想全部融入了他的书中，并且在第十卷中进行了详细说明，在他之后还修订了上述提到的一些书，但是他在生前并没有把它们全部修订。"直到 15 世纪，人们使用的仍然是欧几里得留下的不可通约论。

如果我们能够记得，早期的埃及人对于二次方程有一定研究的话，毕达哥拉斯时期的希腊作家表现出类似的知识就不足为奇了。希波克拉底在公元前 5 世纪，对月牙状面积进行了深入研究，他假设了一个二次方程 $x^2 + \sqrt{\dfrac{3}{2}}\,ax = a^2$ 解的几何等式。欧几里得在《几何原本》第六卷的 27～29 页给出了完整的几何解。在书中以几何方式解决了部分类型的二次方程。

欧几里得在《几何原本》的第七、八、九卷中主要讲的是算术。在这些书中，哪些是欧几里得自己的发明，哪些是他借鉴前人的，我们不得而知。毫无疑问的是，书中大部分内容来源于欧几里得的思想。《几何原本》第七卷有 21 个定义。除了"质数"的定义以外，其他的定义都来自毕达哥拉斯学派。书中剩下的内容是介绍找到两个或多个数字最大公约数的过程。第八卷主要讲的是连续比例和平方、立方、平面数之间的相互关系。在第九卷中，研究了同一个问题，其中包含了"质数的数大于任意给定的数"这个定理。

欧几里得去世以后，关于数字的理论几乎停滞了近 400 年。几何学几乎吸引了所有希腊数学家的关注。在此期间，仅仅有两位数学家值得一提。埃拉托色尼（前 275—前 194）研究出了一种寻找质数的"筛子"。所有的合数可以通过下列的方法"筛选"出来：首先连续地写出 3 以上的奇数，然后再逐一剔除 3 以后所有的第三位数，这样我们就去掉了 3 的所有倍数；随后我们再逐一剔除数字 5 后面的每个第五位数字，我们也就去掉了 5 的所有倍数。用这种方法，我们可以除去 7、11、13 等数字的倍数，最终剩下的就是所有的质数。许普西克勒斯主要研究多角数和算术级数，这正是欧几里得完全忽视的课题。在许普西克勒斯所写的《论星的升起》（*Risings of the Stars*）书中，证明了以下几个定理：①在 $2n$ 项的等差级数中，后 n 项的和超过了

前 n 项与其 n^2 的倍数；②在 $2n+1$ 项的级数中，这些级数的和等于项数与中间项的乘积；③在一个有 $2n$ 项的数列中，整个数列的和应当等于项数与两个中间项一半的乘积。❶

　　在许普西克勒斯之后的 2 个世纪，算术消失在历史的舞台上。大约是在公元 100 年，算术之光被重新点燃，由尼克马霍斯——一个新毕达哥拉斯学派人员发起，他开启了古希腊数学的最后一个时代。从这以后，算术又成为受人喜爱的研究科目，同时人们忽略了几何的研究。尼克马霍斯写了一本名为《算术入门》（*Infroductio Arithmetica*）的著作，在当时这本书很有名。波爱修斯将该书翻译成了拉丁文。《算术入门》是第一本完全不含几何的，仅说明算术的书。与欧几里得不同的是，尼克马霍斯不再用画线来说明问题，而是真正的用数字来进行说明。可以肯定的是，在尼克马霍斯的书中保留了原有的几何命名法，但是这种方法是通过归纳而不是推导得到的。这本书唯一的任务是分类，它所有的类都是由实际数字衍生并显示的。我们先来看一个可能是由尼克马霍斯提出的命题。尼克马霍斯证明一个数的立方应当等于一系列奇数序列的和。比如说 $8=2^3=3+5$，$27=3^3=7+9+11$，$64=4^3=13+15+17+19$，等等。这个理论后来用于求立方数本身的和。士麦那的赛翁是《学习柏拉图必知的数学规则》（*the Mathe Matical Rules Necessary for the Study of Plato*）论文的作者。这篇论文没有太多闪光点。有趣的是这个定理，每一个平方数，或者平方数减 1 的数，都能够被 3 或者 4 整除。伊安布利霍斯在毕达哥拉斯学派的哲学论文中提出了一个卓越的发现。通过这个发现，毕达哥拉斯学派把 1、10、100、1000 分别叫作第一级、第二级、第三级、第四级。理论如下：如果对任意连续 3 个数进行求和，再将这个求和以后的数字从最高位分开成 3 个数字，求这 3 个数的和，然后再将求和后的数字按位数分开，再求和，如此往复，最终求和数将会是 6。比如说，$61+62+63=186$，$1+8+6=15$，

---

❶詹姆斯·高（James Gow）. 希腊数学简史（*Ashort Histroy of Greek Mathematics*）. 87.

1＋5＝6。这个发现更加有意义，因为一般的希腊数字符号不太可能比"阿拉伯"符号更能够表现出数字的这种特性。

希波吕托斯（Hippolytus）是 3 世纪初意大利波特斯罗马神庙的主教，我们必须提及他的原因是通过投射提供了第九项和第七项的"证明"。

尼克马霍斯、士麦那的赛翁、西马里达斯（Thymaridas）以及其他数学家的研究形成的著作在本质上都是算术。西马里达斯在书中的某一处用到了希腊语，这个单词的意思是"未知量"，以某种方式使人相信代数并不遥远。在《巴拉汀选集》（*Palatine Anthology*）中追溯代数的发明过程，可以发现有关算术的箴言，这本书中还包含了关于线性方程组的 50 个问题。在引入代数学之前，这些问题被认为是谜题。有这样一个欧几里得提出的谜题，并收录在《巴拉汀选集》中，"一头骡子和一头驴一起走，它们都驮着谷物。骡子对驴说，'如果你给我一袋，我驮的就是你驮的 2 倍；如果我给你一袋，那么咱俩就应该驮的是一样的了'，请问它们都驮了几袋？"

詹姆斯·高（James Gow）说，如果这个问题是真实的，那么它属于欧几里得研究的范畴，同时也充满了古代几何学的味道。再难一点的谜题就是著名的"牛群问题"，是由阿基米德向亚历山大学派的数学家提出。这个问题是不定式的，因为它有 7 个方程，但是找到了 8 个未知数。这个问题表述如下：太阳底下有一群公牛和母牛，它们的颜色不同。①对于公牛，白色的用（W）代替，它是蓝色（B）的牛和黄色（Y）的牛之和的 $\left(\frac{1}{2}+\frac{1}{3}\right)$，蓝色的牛（$B$）是黄色的牛（$Y$）和花斑牛（$P$）之和的 $\left(\frac{1}{4}+\frac{1}{5}\right)$，花斑牛（$P$）是白色的牛（$W$）和黄色的牛（$Y$）之和的 $\left(\frac{1}{6}+\frac{1}{7}\right)$。②对于母牛，它们的颜色与公牛相同（$w$，$b$，$y$，$p$），$w=\left(\frac{1}{3}+\frac{1}{4}\right)(B+b)$：$b=\left(\frac{1}{4}+\frac{1}{5}\right)(P+p)$：$p=\left(\frac{1}{5}+\frac{1}{6}\right)(Y+y)$：$y=\left(\frac{1}{6}+\frac{1}{7}\right)(W+w)$。

分别求公牛和母牛的数量❶。

这导致了大量的数字，如果再让这个问题复杂点儿的话，我们可以增加以下条件 $W+B=a^2$，以及 $P+Y=a$ 的三角数，使原方程变成一个二阶的不定方程。在《巴拉汀选集》中还有另外一个非常熟悉的问题："有 4 根水管，如果用第一根管往蓄水池中蓄水，需要 1 天蓄满，用第二根需要 2 天蓄满，用第三根需要 3 天蓄满，用第四根需要 4 天蓄满。那么，如果 4 根管子同时向蓄水池蓄水，要多久蓄水池才能蓄满？"诸如此类的谜题，让很多算术家都觉得很困惑，但是代数学家仍能轻而易举地解决这些问题。这些谜题在丢番图时期特别流行，并且毫无疑问对他的思想产生了强大的影响。

丢番图是第二学派后期最有能力，也是最为多产的数学家之一。丢番图活跃在大约公元 250 年。我们从墓志铭中得知丢番图活了 84 岁："丢番图的童年占一生的 $\frac{1}{6}$；青年占一生的 $\frac{1}{12}$；单身占一生的 $\frac{1}{7}$；婚后 5 年生了个孩子，孩子活到父亲一半的年龄；孩子死后 4 年，父亲也去世了。"对于丢番图的出生地以及父母身份等，我们都不得而知。如果丢番图的著作不是以希腊文撰写的，人们不会觉得他的这些作品是希腊思想的产物。丢番图的著作中没有半点儿希腊数学的古典气息。丢番图本人的思想几乎是研究科目的新想法。在希腊数学家圈子里，丢番图算是独树一帜的。除了他以外，我们还不得不说的是，希腊代数学几乎没有太多成果。

在丢番图的著作中，有一本《推论集》（*Porisms*）已经遗失，但是我们还有《多边形数》（*Polygonal Numbers*）以及他最伟大的著作《算术》（*Arithmetica*）十三卷中的七卷书。最后一版《算术》由坚持不懈的 P. 坦纳里、T. L. 希斯和 G. 沃特海姆修订后出版。

《阿默士纸草书》（*the Ahmes Papyrus*）是第一部介绍代数记

---

❶詹姆斯·高（James Gow）. 希腊数学简史（*A short Histroy of Greek Mathematics*）. 99.

号法以及求解方程组的书，丢番图的《算术》（*Arithmetica*）是现存最早关于代数的著作。在书中，丢番图引入了用代数符号表示代数方程的思想。丢番图的这种方法是纯解析的方法，并且完全从几何方法中剥离出来。丢番图强调说："一个被减以后的数，与另一个被减以后的数相乘，可以得到一个被加的数。"这种说法被应用于两个差的乘积，比如说 $(x-1)(x-2)$。丢番图对于负数并没有什么概念，他所知道的差值，比如说 $(2x-10)$，其中 $2x$ 是不得小于 10 的，否则就会导致结果错误。丢番图似乎是在不参考几何的情况下，如此表述 $(x-1)(x-2)$ 这样运算的第一人。比如恒等式 $(a+b)^2 = a^2 + 2ab + b^2$，欧几里得需要复杂的几何定理来证明，而丢番图只需要用简单的代数运算法则就可以得到结果。丢番图用符号↑表示减法，用符号↳表示等式。对于未知量，丢番图只使用了一个符号ς。丢番图没有加法符号，仅仅把数字并列在一起就是表示加法。丢番图使用较少的符号，有时候甚至会忽略使用符号，因为用文字描述一个运算或符号能够达到同样的效果。

在联立方程式的解中，丢番图能够熟练地求解只有一个未知数的方程，并且能够很快解出答案。最为常见的是，使用的是试探性假设法，也就是说给未知量先假定一些数值，使它满足一至两个条件。这些值可能会使表达式不成立，但是一般通过提出一些方法，从而确定数值是否完全满足问题的所有条件。

同时，丢番图也确定了一元二次方程的解。欧几里得及希波克拉底是用几何方式求解一元二次方程的。第一个用代数方法解一元二次方程的是亚历山大的海伦，他给出了等式 $144x(14-x) = 6\,720$ 最接近的答案 $8\frac{1}{2}$。在几何中，可能也是海伦提出的，等式 $\frac{11}{14}x^2 + \frac{27}{7}x = 212$ 的解可以表示为以下这种形式：$x = \dfrac{\sqrt{154 \times 212 + 841} - 29}{11}$。丢番图并没有给出解一元二次方程的所有过程，他仅仅是给出了问题的答案。比如说，"$84x^2 + 7x = 7$，其中发现 $x = \frac{1}{4}$"。在《算术》中，我们能找到部分关于求解过程的解释，而且似乎一元二次方程的所有项都是正数。因此，以丢番图的观点来看，一个正根可能对应三种等式：$ax^2+bx=c$，$ax^2=bx+c$，$ax^2+c=bx$，要求一种等式与其他两种等式略有不同。我们需要注意的是，丢番图仅仅给了一个根。丢番图未能发现一个一元二次方程可能有两个根，甚至两个根都可能是正根，这有点儿出乎我们的意料。然而，它必须是值得铭记的，因为对于希腊数学家来说，从可能针对一个问题的好几个解决方案中找到其中一个确实不容易。关于丢番图，需要注意的另外一点是，他从未有过一个数可以是负数或者无理数的概念。

丢番图仅在《算术》的第一卷中讲到了确定方程的解。现存剩下几卷书中主要论述的是 $Ax^2+Bx+C=y^2$ 形式的"一元二次不定方程"，或者是两个相同形式的联立方程。丢番图考虑到这些方程有很多可能的条件，但并非是全部条件。内塞尔曼（Nesselmann）对于丢番图方法的观点如下：①二元不定式方程，只有在求解二次方程或者绝对项时才使用，方程 $Ax^2+C=y^2$ 和 $Ax^2+Bx+C=y^2$ 的解是有很多约束条件的。②对于二阶的"双方程"，丢番图有一个明确的规则，就是只限在两个表达式是同一个二次项时使用；即使这样，他的解也不是一般方案。更复杂的表达式只在特别有利的情况下才会出现。因此，丢番图解决了方程 $Bx+C^2=y^2$ 和 $B_1x+C_1^2=y_1^2$ 的解。

丢番图的杰出才能还在于另一个研究方向，也就是说，用他的天才智慧将所有类型的方程简化成自己所熟知如何解的特殊形式。在这期间，丢番图考虑了各种不同的问题。在丢番图的著作中找到了 130 个包含了 50 多种不同类别的问题，它们被串在一起，没有尝试任何的分类。丢番图使用的解方程方法并非是一般方法。他所解决的每一个问题都有自己独特的方法，但是对于解决非常相近的其他问题并没有什么借鉴意义。"因此，对于现代人来说，学会了 100种丢番图的方程解法，却仍然不能解第 101 个方程。"这是汉克尔的评估报告。虽然有点夸张，但是与 T. L. 希斯所示的一样。❶

❶T.L. 希斯（T. L. Heath）. 亚历山大的丢番图（*Diophaatas of Alexan Dria*），第二版. 英国剑桥大学. 1910：54－97.

在丢番图的著作中，大部分都缺少科学价值，因为他总是满足于一种解法，尽管他的方程式有不定数的值。另外，著作中一个最大的缺陷是缺乏一般性方法。现代数学家们，诸如莱昂哈德·欧拉（Leonhard Euler，1707—1783）、拉格朗日（J. Lagrange）、高斯（K. F. Gauss），开始重新研究不定性分析，并没有直接借助丢番图解决方程的公式方法。虽然丢番图的著作存在缺点，但是它仍然不失为一本我们应当赞赏的著作，因为其中真实展示了对于特殊方程解法的天才思想。

罗马数学

希腊人与罗马人思想之间的反差无处不在，最为明显的是他们对于数学科学的态度。希腊人统治期间的数学是百花齐放，同一时期的罗马人在数学方面却成绩平平。在哲学、诗歌以及艺术方面，罗马人是一个模仿者。但是在数学方面，罗马人甚至都没有燃起模仿的欲望。希腊天才数学家们的数学成果就那样摆在他们的面前，但他们从未尝试过。与现实生活没有直接关系的科学，是难以唤醒数学家们的兴趣的。结果，不用说阿基米德与阿波罗尼奥斯的高等几何，就连欧几里得的《几何原本》都被他们忽略了。罗马人所获得的数学知识并非完全来自希腊人，还有一部分有着更为古老的来源。至于这部分知识来源于哪里，是如何获得的，还是一个无法探明的问题。有一种最大的可能就是，"罗马计数法"以及罗马人早期使用的实用几何，都来自伊特鲁里亚人（Etruscans），我们对他们的了解还处于最初阶段，仅知道他们居住于亚诺河（Arno）与台伯河（Tiber）之间。

列维（Livy）告诉我们，伊特鲁里亚人有计算年份的习惯，他们通过每年向密涅瓦圣所（Sanctuary of Minerva）钉钉子来计数。罗马人延续了这种计数方法。一种较为简单表示数字的模式是记号法，大概来源于伊特鲁里亚人，与现今"罗马计数法"类似。值得注意的是，这个计数系统包含的每个数都不重复，也就是减法规则。如果一个数在另外一个较大的数前面，那么它表示的并不是两个数相

加，而是从较大的那个数中减去位于它前面的那个数。在标记一个较大的数时，可以在一个数的上方画一条水平的直线，表示将这个数扩大 1000 倍。在分数表示上，罗马人使用的是十二进制系统。

在算术计算上，罗马人采用了三种不同的方法：手指计算法、算盘计算法、表格计算法。❶ 手指计数法最早来源于纽马国王（King Numa）时期。普林尼（Pliny）说，纽马国王树立了一座双面神的雕像，神像的手指代表了数字 365（也可能是 355），表示一年的天数。从罗马人的许多其他作品中，我们可以看出罗马人借助手指进行计算。事实上，不仅罗马人在使用手指计数法，古希腊人以及整个东方人也都在使用。当然，还有基督元年时期，中世纪的欧洲都在使用该方法。

我们并不知道算盘计数法在什么地方或者什么时候发明的。算盘计算法中的算盘在罗马是一种最为基本的工具。罗马作家的作品中表明，最常使用的算盘已经不再常用，人们开始使用直线划分出带有纵列的算盘。每一纵列都串上了鹅卵石（珠串石，数数），用于计算。罗马人还用了另外一种算盘，这种算盘是一种带槽的金属算盘，槽中放着按钮，上下移动按钮进行计算。用它能够计算从 1 到 9 999 999 之间的整数，同时也能表示一些分数。图 8 两个相邻的图形中，线条代表凹槽和圆形按钮。

图 8

---

❶M. 康托尔（M. Cantor）. 数学史讲义（*Vorlesungen Wber Geschichte der Mathemalik*）. 德国莱比锡. 1907：526.

罗马数字显示，下方凹槽对应的一个按钮表示 1，在上方较短凹槽上的一个按钮表示 5。那么，⌐⌐＝100 万。因此在使用时，左边长形凹槽上的每一个按钮，表示的是 100 万；在上方短凹槽上的每一个按钮，表示的是 500 万。这种方法同样适用于罗马数字标记的其他凹槽。从左边数第八个长形凹槽（有 5 个按钮）代表十二进制分数，每一个按钮表示 $\frac{1}{12}$，同时上面的按钮表示 $\frac{6}{12}$。在第九列上面的按钮代表 $\frac{1}{24}$，中间的按钮代表 $\frac{1}{48}$，下面的两个按钮每一个代表 $\frac{1}{72}$。第一个数字代表运算开始前按钮的位置；第二个数字代表的是 $852\frac{1}{3}+\frac{1}{24}$。在这里，要注意区分需要使用的按钮以及那些闲置不用的按钮。这些数计算如下：C 上面一个按钮（＝500），C 下面三个按钮（＝300）；X 上面一个按钮（＝50）；I 下面两个按钮（＝2）；4 个代表十二分之一的按钮 $\left(=\frac{1}{3}\right)$；还有一个按钮表示 $\frac{1}{24}$。

现在假设将数字 $10\,318\frac{1}{4}+\frac{1}{8}+\frac{1}{48}$ 与数字 $852\frac{1}{3}+\frac{1}{24}$ 相加。整个计算规则可以从最高位开始，或者从最低位开始。最难的部分当然是分数之间的加法。在这种情况下，每一个按钮代表 $\frac{1}{48}$，圆点上方的按钮以及圆点下面的 3 个按钮用来表示 $\frac{3}{4}+\frac{1}{48}$。进行加法时，将上面的所有按钮以及下面的 1 个按钮都计入，作为 10。因此，将这些按钮都移回原有位置，在 X 下面的凹槽处向上推移 1 个按钮。通过向上推移另一个 X 下面的按钮，我们可以实现再加 10。要想实现加 300 到 800 的数，除了一个下面的按钮外，可以通过将 C 上面以及下面的按钮全部复位，再向上推移一个下面的按钮来实现。如果要加 1 万的话，可以向上推移一个 $\overline{X}$ 下方的按钮。减法运算规则也与此相似。

乘法运算可以有好几种方式来实现。如果说 $38\frac{1}{2}+\frac{1}{14}$ 与 $25\frac{1}{3}$ 相乘，算盘可能要通过下面的一系列计算才能得到最终值：

$600=30\times20$，$760=600+20\times8$，$770=760+\frac{1}{2}\times20$，$770\frac{10}{12}=$

$770+\frac{1}{24}\times20$，$920\frac{10}{12}=770\frac{10}{12}+30\times5$，$960\frac{10}{12}=920\frac{10}{12}+8\times5$，$963\frac{1}{3}=$

$960\frac{10}{12}+\frac{1}{2}\times5$，$963\frac{1}{2}+\frac{1}{24}=963\frac{1}{3}+\frac{1}{24}\times5$，$973\frac{1}{2}+\frac{1}{24}=963\frac{1}{2}+$

$\frac{1}{24}+\frac{1}{3}\times30$，$976\frac{2}{12}+\frac{1}{24}=973\frac{1}{2}+\frac{1}{24}+8\times\frac{1}{3}$，$976\frac{1}{3}+\frac{1}{24}=$

$976\frac{2}{12}+\frac{1}{24}+\frac{1}{2}\times\frac{1}{3}$，$976\frac{1}{3}+\frac{1}{24}+\frac{1}{72}=976\frac{1}{3}+\frac{1}{24}+\frac{1}{3}\times\frac{1}{24}$。

在除法运算中，算盘被用于除数减去被除数的余数或一个除数的倍数。这个过程比较复杂，而且难度较大。这种算盘算法清楚地展示了如何通过一系列的加法或者减法，得到乘法或者除法以后的数值。基于这种联系，我们的猜想需要借助心算和乘法表，可能也使用了手指乘法运算。但是对于较大数的乘法，已经超出了一般算术的计算能力，需要其他方法来实现。为了避免较大数相乘产生的困难，我们用到了上面提过的算术表，从这个表中可以得到期望的数值。这类表由阿基塔尼亚（Aquitania）的维克特瑞尔斯（Victorius）提供。他的这个表包含了分数的特殊概念，这个概念在整个中世纪时期都在使用。维克特瑞尔斯最著名的是《帕斯卡利斯法则》（Canon Paschalis），这是一条求复活节准确日期的基本法则，这条法则由他在公元 457 年出版。

利息和利息的支付问题是罗马人非常古老的问题。罗马继承法产生了许多算术的例子。尤其是这道算术：一位将死男人的遗嘱是这样写的，如果他的妻子生了一个儿子，那么儿子获得 $\frac{2}{3}$ 的财产，妻子获得 $\frac{1}{3}$ 的财产；如果他的妻子生的是一个女儿，那么女儿获得 $\frac{1}{3}$ 的财产，妻子获得 $\frac{2}{3}$ 的财产。但是事实是他的妻子生了一对双胞胎，即一个男孩和一个女孩。那么，他的这份遗产应当如何划分才能够满足条件呢？著名的古罗马法官塞维安努斯·尤里安（Salvianus Julianus），最终决定将财产分为 7 等份，他的儿子获得其中 4 份，他的妻子获得 2 份，他的女儿获得 1 份。

　　接下来我们说说罗马几何。如果你期望在罗马几何科学中找到概念、公理、命题以及按逻辑顺序安排的证据，恐怕你要空手而归了。我们所知唯一的几何著作是《实用几何》（*Practical Geometry*），就像埃及一样，仅仅包含了经验性的法则。这种实用几何主要用于测量。因此，就有了罗马测量人员编写的论文，叫作《测量者》（*Agrimensores* 或者 *Gromatici*）。人们自然会期望得到明确的规则。但结果并不是这样的，论文中的内容都是作者从大量的实例中提炼出来的。在"整体印象中，似乎罗马的测量学比希腊的几何学还要早上千年，并且好像这两者之间年代相隔久远"。其中有一些法则可能继承于伊特鲁里亚人，但是其他的规则与海伦的那些完全相同。在海伦书中涉及的内容，主要是根据边长求解三角形面积，根据近似公式 $\frac{13}{30}a^2$ 来求解等边三角形面积（a 是边长）。但是后面等边三角形的面积也可以用公式 $\frac{1}{2}(a^2+a)$ 以及 $\frac{1}{2}a^2$ 来计算，海伦对第一个公式并不了解。可能表达式 $\frac{1}{2}a^2$ 是从埃及人确定四边形面积的公式 $\frac{a+b}{2}\cdot\frac{c+d}{2}$ 演化而来的。罗马人利用埃及公式求解面积，不仅仅是长方形面积，还可以求解任何形式的四边形面积。事实上，测量者认为它能够准确地计算城市的面积，虽然这些图形都是不规则图形，但是仅需要测量这些图形的周长即可。❶ 罗马人拥有的任何埃及的几何知识，都是尤利乌斯·恺撒（Julius Caesar）时期跨越地中海引进的。恺撒曾经下令重新测量整个帝国，确保征税

---

　　❶H. 汉克尔（H. Hankel）. 几何投影基本元素（*Basic Elements of Geometric Projection*）. 德国图宾根. 297.

模式公平。恺撒对日历法也进行了改革，同时也是为了这个目的，才从埃及学习相关知识。他获得了亚历山大天文学家索西琴尼（Sosigenes）的帮助。

以下两个罗马哲学家值得我们关注一下。哲学诗人提图斯·卢克莱修·卡鲁斯（Titus Lucretius Carus，前96？—前55），在《物性论》（*De Rerum Natura*）中，阐述了无穷大的概念以及那些与现代定义一致的无穷大量的术语，这些术语并非变量而是常量。然而，卢克莱修·卡鲁斯的无穷大并非是抽象的事物，而是有形的实物。他的无穷大量是一组可数的变量，他充分利用了无穷大量的整体性能。❶

几个世纪以后拉丁教堂的著名主教——圣·奥古斯汀（St. Augustine，354—430）在提到埃利亚的芝诺时，也讨论了同样的问题。当人的身体运动时，人的思想是否跟着运动呢？是否跟随身体一同旅行呢？根据以上几个问题，奥古斯汀给出了运动的定义。在这个定义中，奥古斯汀显得有些轻率。据说这个定义比较墨守成规，而且没有幽默感。这个定义很难被奥古斯汀接受。奥古斯汀说："当这场谈论结束时，一个男孩从屋里跑来请我吃饭。我当时注意这个男孩不仅迫使我们对运动进行定义，同时也要求通过我们用特有的眼睛来看到他。因此，能够让我们从这个地方去另外一个地方的，只有运动这个方法了。"奥古斯汀值得赞赏的一点是，他接受了无穷大的存在事实，并承认它不是一个变量，而是一个常数。奥古斯汀认为所有有限的正整数是无限大数的一个类型。基于这一点，奥古斯汀所持的观点与他的先驱完全不同，他的先驱是教堂的希腊教父——亚历山大的奥利金（Origen）。事实上，奥利金反对的无穷大观点却是格奥尔格·康托尔（Georg Cantor）认为最深远且最先进的观点。

在5世纪，西罗马帝国很快土崩瓦解。三个最大的分支——西班牙、高卢、非洲的省会城市——从衰退的历史潮流中脱离出来。476年，西罗马帝国消失，而西哥特（Visigothic）的首领——奥多

---

❶C. J. 凯泽（C. J. Keyser）. 布尔数学. 第二十四卷. 1918：268，321.

亚塞（Odoacer）成为统治者。不久以后，西奥多里克（Theodoric）统治下的东哥特人（Ostrogoths）攻克了意大利。值得注意的是，这一事件发生的时期应当是意大利人正潜心研究希腊科学的时期。教科书的内容根据希腊作家的作品进行编译。尽管这些编译内容十分匮乏，但是事实上一直到 12 世纪，它们仍然是西方数学知识的唯一来源。在这些作家中，最著名的是波爱修斯（殁于 524 年）。起初，西奥多里克国王非常喜欢波爱修斯，但是，后来波爱修斯因受朝臣嫉妒被定为叛国罪被监禁。波爱修斯在狱中撰写了《哲学的慰藉》（*On the Consdations of Philosophy*）。作为一个数学家，波爱修斯在罗马学者中算是一个巨人。波爱修斯撰写了《算术原理》（*Institutis Arithmexca*），基本上是参考了尼克马霍斯翻译的算术以及一本《几何》（*Geometry*）。在波爱修斯的算术中，有一些尼克马霍斯最出色的理论被忽略了。波爱修斯关于几何的书，其实是从欧几里得《几何原本》中截取出来的内容，除了前三卷书中的定义、假设、公理之外，没有任何证明过程。缺乏证据的理论能说明什么呢？有人解释说波爱修斯得到的《几何原本》的副本可能是不完整的。也有人说，他得到了赛翁版的《几何原本》，并且波爱修斯认为只有理论是来自欧几里得，而证明过程是由赛翁提供的。

波爱修斯所写的《几何》中最著名的部分是与算盘相关的，他将这部分归于毕达哥拉斯学派。现在我们来介绍一下关于旧算盘的一些改进。算盘上的珠子已经不再使用鹅卵石，而使用了"算筹"（可能是小的锥形体）。同时，给每一个"算筹"都赋予了相应的数值，这个值都是 10 以下的数字。这些数字符号的名字都是纯阿拉伯数字，或者近似阿拉伯数字。但是，很显然，是可以用来相加的。在这篇文章中，波爱修斯并没有提到数字 0。而这些数字与西方阿拉伯人的古芭数字（Gubar-numerals）有着惊人的相似，而古芭数字符号起源于印度。这些事实引起了无休止的争论。第一种观点认为毕达哥拉斯学派曾经进入印度，因此从那里引入了 9 个数字到希腊，但是毕达哥拉斯学派也在秘密地使用这些数字。这个假设基本可以认为是不成立的。我们无法确定毕达哥拉斯或者他的任何门徒是否曾经到过印度，也无法从希腊作家那里得到他们去过印度的证据，因为希腊作家并没有记载毕达哥拉斯学派是否使用希腊人们熟知的"算筹"，或者任何形式的数字情况。印度数字使用"算筹"的时间，并没有毕达哥拉斯学派持续的时间长。第二种观点是说，波爱修斯的《几何》是伪造的，因为这本书最早不可能早于 10 世纪，而从阿拉伯引入"算筹"或许是在 9 世纪的事情。还有一本书是卡西奥多鲁斯（Cassiodorus，殁于 585 年）撰写的《百科全书》（*Encyclop aedia*）。在这本书中，提到了波爱修斯的《算术原理》和《几何》。关于《百科全书》中这篇文章的正确解释，存在一些疑问。就目前而言，波爱修斯的《几何》至少提到数字部分的内容是虚假的❶。第三种观点（韦普克理论）认为是亚历山大学派大约在 2 世纪时期，直接或者间接地从印度人那里获得了 9 个数字。一方面，继续把这 9 个数字传送给了罗马人；另一方面，传到了西方阿拉伯国家。这个解释是最合理的。

值得注意的是，卡西奥多鲁斯是使用术语"有理数"和"无理数"的第一人。这两个术语现在已经是算术和代数❷的通用词语了。

玛雅数学

在铭文以及手抄本上发现的象形文字，是中美洲及南墨西哥的玛雅人研制发明的，明显可以追溯至基督纪元时期，这种象形文字可能标志着"在前哥伦比亚时期最为重要的智力成就"。玛雅数字系统以及年代表的成就在玛雅人早期发展中是举世瞩目的。在印度人系统地形成带"0"和局部值算法的十进制数字系统的五六个世纪以前，中美洲平原的玛雅人已经逐步形成了二十进制数字系统，

---

❶D. E. 史密斯（D. E. Smith），L. C. 卡宾斯基（L. C. Karpinski）. 印度阿拉伯数字（*Hindu Arabic Numerals*）. 1911.

❷菲利克斯·克莱因（Felix Klein）. 数学科学百科全书（*Encyklop die der Mathematicl Wissenschaften*），第一版. 法国巴黎. 1907：2.

这种系统同样使用了数字"0"及局部值算法。在手抄本中发现的玛雅数字系统中，连续增长的单位进制并非是印度系统中的10，除了第三位进制，所有位置都是20。也就是说，最低阶的20个单位数（金或天）构成下一个更高阶的一个单位（乌依纳或20天），18个乌依纳构成第三个单位（敦或360天），20敦构成第四个单位（卡敦或7 200天），20个卡敦构成第五个单位（周期或144 000天）。最终，20个周期组成了1个玛雅历，也就是288万天。在玛雅手抄本中，我们发现了符号1至19，通过一些点及横线来表示。每一根横线代表5，每个点代表1，如图9所示。

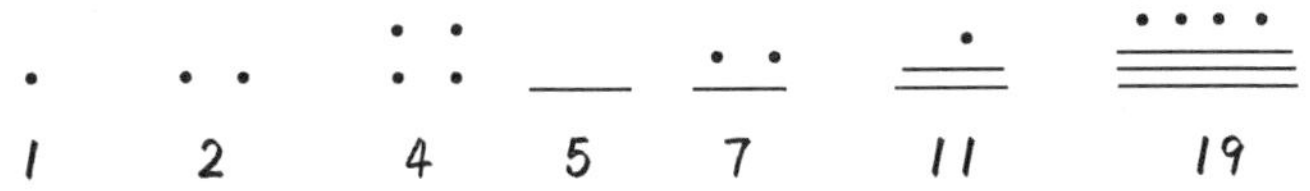

图9

"0"用一种看起来像是半睁着眼睛的符号来表示。在计算中是以20为最基本进位的，20在列式中表示为一个点放在符号"0"的上方。所有的数字都是从上到下竖向书写，最低的序列被分配到最低的位置。因此，37由同类关系中17的符号表示（三根横线及两个点），用一个点代表20，放在17上面乌依纳的位置。要写360，玛雅数字中需要画两个0，一个在另一个的上方，在更高的第三行位置放一个点，组成了这个数字 $1 \times 18 \times 20 + 0 + 0 = 360$。在手抄本中发现最高位置的数字用十进制来表示，就是12 489 781。

在玛雅铭文上发现了第二个数字系统。它使用了"0"，但并非是局部值的算法。特殊的符号用于标出不同的单位值。比如我们要写203，则表述为"2个100、0个10和3个1"。[1]

玛雅卓尔金历是260天，官方一年为360天，一个太阳年是365天。事实上，$18 \times 20 = 360$ 似乎更能够解释二十进制系统的时间，写18个（而不是20）乌依纳等于1敦。最小公倍数是260和

---

[1] S. G. 莫利（S. G. Morley）. 玛雅象形文字研究简介（*An Introduction to the Study of the Maya Hieroglyphs*）. 政府印刷办公室. 美国华盛顿. 1915.

365 或者 18 980，被玛雅人称为"历法循环"，52 年作为一个周期，这个历法循环是玛雅年表中最重要的周期。

此处，我们再介绍一下北美地区印第安部落的数字系统。它并没有使用"0"，也没有使用局部值算法，不仅展示五进制、十进制、二十进制系统的研究，还展示了三进制、四进制以及八进制系统。❶

中国数学❷

《周髀算经》（*Chou-pei*）是中国现存最早关于数学方面的著作，写于公元 2 世纪以前，也有可能更久远。甚至有人说《周髀算经》早在公元前 1100 年之前，就开始描述中国数学与天文学。直角三角形的勾股定理似乎在那个时期之前就已经众所周知了。

在《周髀算经》之后，就是《九章算术》（*Chiu-chang Suan-shu*），一般叫作《九章》，在数学方面是最有名的著作。这本书的创作时间以及作者都无从考证。秦朝时期，秦始皇发起"焚书坑儒"事件。在秦始皇去世之后，学术再度繁荣。据说一个叫张苍的儒士发现了一些旧手稿，在此基础上编制出了《九章》。大约一个世纪以后，耿寿昌对其进行了修订。公元 263 年及 7 世纪，刘徽及李淳风先后对耿寿昌的版本进行了注释。今天现存的《九章算术》，对公元前 213 年的旧手稿保留了多少，张苍编著了多少，以及耿寿昌编著了多少，已经无从确定了。

《九章算术》第一章讲图形面积的计算方法，它包括：三角形面积公式是 $\frac{1}{2}bh$，梯形的面积公式为 $\frac{1}{2}(b+b')h$；圆的面积公式可以变形为 $\frac{1}{2}c \times \frac{1}{2}d$、$\frac{1}{4}cd$、$\frac{3}{4}d^2$ 和 $\frac{1}{12}c^2$，这里的 c 是圆周长，d

---

❶ W. C. 伊尔斯（W. C. Eells）. 北美印第安的数字系统. 美国数学月刊（*Nortn American Indian Digital Systems*）. 1913：263－272，293－299.

❷ 三上义夫（Yoshio Mikami）. 中日数学的发展（*The Development of Mathematics in China and Japan*）. 德国莱比锡. 1912.

是直径，这里的 π 等于 3；弧形面积的公式是 $\frac{1}{2}(ca+a^2)$，这里的 c 是弧长，a 是弧度。第二章是算术，包括百分数和比例、数字的平方根和立方根等，有些部分是比例分配，分数除法是分数乘法的倒数。运算规则通常都用很浅显的语言进行表述。书中详细给出了棱柱、圆柱、棱锥、圆锥、四面体、楔形的计算规则，然后就可以混合使用了。如何使用正数和负数也有相应的指示。有趣的是下面这个问题，因为几个世纪后，它在印度数学家婆罗摩笈多（Brahmagupta）的一本著作中被发现，题目是这样的：一根竹子的高度是 10 英尺，❶竹子的上端部分已经折断，折断的顶端落在离竹子底端 3 英尺处，折断处离地面的高度是多少？答案是 $\frac{10}{2}-\frac{3^2}{2\times10}$ 英尺。还有这样一道题：一个方阵在每一边的中点处都有一道门。北门往北 20 步能看见一棵树，从南门往南走 14 步再往西走 1775 步又能见到此树，求该方阵的边长。这个问题需要设立一元二次方程来计算，$x^2+(20+14)x-2\times10\times1775=0$。这个等式方程的答案在文中并没有明确表述。只有一个模糊的表述答案可以通过解表达式的根来解决，这个表达式不是一个单项式，而是有一个附加式 $[(20+14)x]$。据推测，这里所提及的推导过程后面将进一步深入讨论，而且这个方法非常接近于霍纳（Horner）的近似根方法，这个推导过程是通过计数板得到的。另一个问题引出了一个二次方程，其解的规则符合字面意义的二次方程解。

　　接下来我们说一说《孙子算经》（中国古代重要数学著作），这本书发现于公元 1 世纪。孙武曾说："在开始计算之前，我们必须首先知道数字的位置。单位 1 是竖直的，而 10 是水平的；100 是站着的，而 1000 是躺着的；1000 和 10 看起来是一样的，同时 10000 和 100 看起来也是一样的。"这很明显是中国珠算的参考，珠算是一种中国远古时代使用的工具，它主要用短棒来计数。这些短棒是由小竹子

──────────

❶1 英尺≈0.3 米。

或者小木棒做的，在《孙子算经》时期的棒长要长些。随后短棒的长度是3.8厘米，颜色有红色和黑色，分别代表正数和负数。根据孙武的说法，1由竖直的短棒表示，10由水平的短棒表示，100用竖直的表示，等等；5这个数字只需要用1根短棒就可以表示。数字1～9可以用短棒表示如下：丨，丨丨，丨丨丨，丨丨丨丨，丨丨丨丨丨，⊤，⊤⊤，⊤⊤⊤，⊤⊤⊤⊤；以10为进位的数字10、20…90写成如下形式：一，二，三，三，三，⊥，⊥，⊥，⊥。那么，数字6 728可以表示为⊥⊤＝⊤。这些短棒放置在按纵列排列的板上，当计算增加时重新排列这些短棒。数字321乘以46乘法的一系列步骤可以表示如下：

321	321	321
138	1472	14766
46	46	46

图 10

最后的结果放置在乘数与被乘数之间。

数字46的算法：首先乘以3，然后乘以2，最后乘以1，每算1步数字46就向右移一位（图10）。除了只有一位除数的除法外，《孙子算经》没有提到其他除法运算。在这本书中对于平方根的解释比《九章算术》要清楚得多。一个农妇在河边洗餐具的问题是一个代数学问题："我不知道这里有多少客人，但是每2个客人用一个碗来盛饭；每3个人用一个碗来喝汤；每4个人用一个碗来吃肉；这里总共有65个碗。规则是：用65个碗乘以12，我们就能够得到780。然后再除以13，我们就能得到所求答案。"

下面有一个不定方程："有一个未知数，反复除以3余数是2，除以5余数是3，除以7余数是2。那么这个数字是几？"只有一个答案，那就是23。

《海岛算经》（Hai-tao Suan-ching）的作者是刘徽，在公元3世纪，他对《九章算术》进行了详细注解。他对很多复杂问题的解决，表明了他在代数学运用方面的熟练程度。第一个问题要求确定一个小岛的距离和这个岛最高点的高度，立两根高约10米的杆，两杆形成一条直线且间距为1 000步，岛的最高点与较近的（较远的）

杆的最高点成一条直线，从较近的杆向后退行 123 步，或者从较远的杆向后退行 127 步，就能够看到岛的最高点，那么这个岛的高度是多少？这个岛与杆之间的距离是多少？需要设立一个相似三角形的比例表达式才可解决这个问题。

这篇著作提出的很多观点只有一部分留存至今。我们提到 6 世纪的《张丘健算经》（*Arithmetical Classic of Chang Ch'iu-chien*），主要讲的是比例问题、等差数列问题以及测量问题。他提出了著名的"百鸡问题"，后来的数学家也曾提到这个问题："公鸡 5 元 1 只、母鸡 3 元 1 只，小鸡 1 元 3 只，100 元钱买 100 只鸡，请问公鸡、母鸡、小鸡各能买多少只？"

古代中国使用的 π 的值是 3 或者 $\sqrt{10}$。刘徽通过计算十二边、二十四边、四十八边、九十六边、一百九十二边的内接正多边形面积，得到 π＝3.14＋。公元 5 世纪的祖冲之取直径长为 10^8，得到 π 的上限和下限分别是 3.1415927 和 3.1415926，得到"精确值"和"不精确值"分别是 $\frac{355}{113}$、$\frac{22}{7}$。数值 $\frac{22}{7}$ 是阿基米德给出的上限，这是中国历史上首次出现这个数值。日本对于数值 $\frac{355}{113}$ 比较了解，但是在西方国家，一直到阿德里安·安东尼斯（Adriaen Anthonisz）才开始知道这个数值，阿德里安·安东尼斯是阿德里安·梅提斯（Adriaen Metius）的父亲，在 1585 年至 1625 年获取这个数值。但是，库尔兹（M. Curtze）的研究证明瓦伦汀·奥托（Valentin Otto）早在 1573 年就知道数字 $\frac{355}{113}$ 了。❶

在公元 7 世纪中期，王孝通撰写了《缉古算经》（*Ch'i-ku Suan-ching*），这是中国数学史上首次出现三次方程的著作。这本书是在首次出现二次方程七八个世纪以后面世的。王孝通给出了几个关于

---

❶F. 鲁迪奥（F. Rudio）数学藏书（*Bibliotheca Mathmatica*）. 1913：264.

三次方程的问题："有一个直角三角形，两条直角边乘积为 $706\frac{1}{50}$，斜边长比第一条直角边长 $30\frac{9}{60}$。求直角三角形三条边长各为多少？"他给出的答案是 $14\frac{7}{10}$、$49\frac{1}{5}$、$51\frac{1}{4}$。其运算规则如下："将乘积（P）平方除以 2 倍的盈余（S），得到结果为'实'或者是常数。求盈余的一部分可以得到'混合'或者叫二次方。根据运算对其开立方根，可以得到第一条直角边的值。然后在第一条直角边上加上盈余，就可以得到斜边值。乘积再除以第一条直角边的数值得到的商就是第二条直角边的数值。"这个运算规则是立方表达式 $x^3+\dfrac{S}{2x^2}-\dfrac{P^2}{28}=0$。这种解方程模式与求取立方根相类似，但是并没有附上求值过程。

1247 年，秦九韶撰写了《数书九章》（*Su-shu Chiu-chang*）。这本书在高次方程的求解方面做出了世界性的贡献。下面是他所提出的十阶等式：有一个圆形的城堡，直径长度未知，城堡有 4 个城门。从北门往北 3 里能看到 1 棵树，而从南门往东 9 里处也可看见这棵树。因此，直径的长度为 9。在解决不定方程方面，他的能力超过了孙武的能力，当一个数分别除以 m_1，m_2…m_n，可以得到 r_1，r_2…r_n。

秦九韶解方程 $x^4+763200x^2-40642560000=0$ 的过程几乎与霍纳的方法相同。但是，秦九韶很可能是用分成纵列的计数板，以及使用了计算短棒来完成计算的。因此，整个求解过程的安排与霍纳方法是不同的。但是殊途同归，结果都是一样的。方程根的第一个数字是 8（800），将方程变形可得 $x^4-3200x^3-3076800x^2-826880000x+38205440000=0$，用霍纳的证明方法也可以得到同样的方程。然后，方程根的第二个数字是 4，消除常数项后，得到方

程根是 840。可以说，古代中国在鲁菲尼（Ruffini）和霍纳之前 5
个世纪，就已经发明了解高次方程的霍纳方法。这种高次方程的求
解方法在李冶以及其他数学家的著作中也有出现。秦九韶比孙武取
得更先进成就的标志之一就是使用了"0"这个符号。看起来这个
符号更像是从印度引进的。用红色以及黑色的计算短棒分别表示正
数和负数。秦九韶首次使用数字 0，但随后 0 变成了古代中国最喜
爱的数字，它还作为确定条件下求解三等分梯形面积的约束条件。

　　与秦九韶同一时代的数学家——李冶，在青少年时期，对数学、
文学、史学等感兴趣。他是《测圆海镜》（T'se-yuan Eaiching）的
作者，这本书写于 1248 年，还有一本书《益古演段》（I-ku Yen-tuan），
写于 1259 年。他在书中用○代表零。为方便撰写和印刷不同颜色的
正数或负数，他在数字上斜着画一个取消符号来表示负数。⊥○代表
60，而⊥○代表−60。未知量用一致的杆或短棒表示，在计数板上用
一根容易从其他杆上剥离出来的杆来表示。在写一个方程的项时，
并不是横向书写的，而是竖着书写的。在李冶 1259 年的《益古演
段》以及秦九韶的著作中，常数项被放在最上面的那行；在 1248 年
李冶的《测圆海镜》中，常数项的顺序却是相反的，常数项在最下面
的行上，而未知量在最上面的那行。在 13 世纪时期，中国代数发展
达到了前所未有的高度。这门科学，连同解决数值方程的划时代方法
（我们所称的霍纳方法），被中国称为"天元术"。

　　在 13 世纪中，另一个比较著名的中国数学家是杨辉，他还有几
本著作留存于世。这些著作都是讲解算术级数是如何求和的，例如
$1+3+6+\cdots+(1+2+\cdots+n)=n(n+1)(n+2)\div 6$，还有
$1^2+2^2+\cdots+n^2=\dfrac{1}{3}n\left(n+\dfrac{1}{2}\right)(n+1)$，还有求比例、联立线性方

程、二次方程以及四次方程的求解，等等。

1299年，中国数学家朱世杰撰写的《算学启蒙》（*Suan-hsiao Chimeng*）以及1303年撰写完成的《四元玉鉴》（*Szu-yuen Yu-chien*），使得中国代数学达到了数学发展的顶峰。《算学启蒙》并没有包含什么新的内容，但是刺激了7世纪日本数学的发展。这本书在中国古代已经遗失。1839年，人们根据1660年朝鲜版本的副本对其进行了修复。《四元玉鉴》是一本更加原始的著作，它主要讲的是"天元术"。在使用该方法时要作一个三角形（在西方称为帕斯卡三角形），用来表示二次项系数。在7世纪，阿拉伯人对这个方法有所了解，可能就是那时引入中国的。朱世杰的代数符号与我们现在使用的符号有所不同。

把 $a+b+c+d$ 写成图11左图这种形式，除此以外，我们在中间点位置用"*"代替汉字"太"（在常数项旁边），我们用现代数字代替"二次"（Sangi）形式，如图11所示。

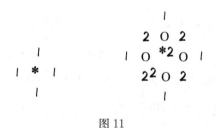

图11

$a+b+c+d$ 的平方等于 $a^2+b^2+c^2+d^2+2ab+2ac+2ad+2bc+2bd+2cd$，如图11右图所示。为进一步说明朱世杰时期的相

关符号，我们给出如下式子[1]：

$$\boxed{1\ |\ *} = y \qquad \boxed{*\ |\ 1} = z \qquad \boxed{*\ |\ -2} = -2z \qquad \boxed{*\ |\ O\ |\ 1} = z^2$$

$$\boxed{\begin{matrix}1\\ *\end{matrix}} = u \qquad \boxed{\begin{matrix}*\\ 1\end{matrix}} = x \qquad \boxed{\begin{matrix}*&O\\ O&1\end{matrix}} = xz \qquad \boxed{\begin{matrix}O_2&*\\ O&O\end{matrix}} = 2yz$$

14 世纪，中国的数学家开始研究天文学和历法，主要是研究球面三角学和几何的初等知识。

经历了 13 世纪数学成就的高峰期，以后几个世纪的中国数学都处于衰退时期。解高次方程的"天元术"已经被众人遗弃。如果必须说到某位数学家的话，那只有程大位了。程大位在 1593 年出版了《算法统宗》（*Suan-fa Tung tsung*），这本书是现存最为古老以图表介绍珠算的著作。程大位在书中解释了算盘的用途。这个工具在 12 世纪为中国大众所知。由此，算盘替代了古老的短棒计算法。《算法统宗》在一些纵横图和圆方面也很出名。

对于纵横图的早期历史，我们知之甚少。据传，早些年间，圣人夏禹是一个开明的君主，曾经看到在受灾的黄河里，一只神龟的背上刻着从 1 到 9 这几个数字，并且按照纵横进行排列，称它为"洛书"，如图 12 所示。

---

[1]符号"xz"中需要注意的是："1"在（x）下面空一格，在"$*$"右（z）边空一格，代表的是 x 与 z 的乘积。在符号"$2yz$"中，3 个"〇"代表的是缺少的三项 y，x，xy；下标的小"2"意思是在同一行中两个字母的乘积的 2 倍，在"$*$"左边和右边分别空一格，例如 $2yz$。

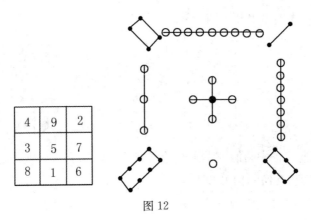

图 12

通过算盘上的珠串来表示数字：黑色的珠串表示偶数（不完美），白色的珠串表示奇数（完美）。

西方传教士于 16 世纪进入中国。意大利传教士利玛窦（Matteo Rieci，1552—1610）引入了欧洲的天文学和数学。他与中国徐光启一起，对欧几里得《几何原本》的前六卷进行了翻译。后来，又编译了欧几里得《几何原本》的后七卷以及关于测量方面的书。传教士穆尼阁（Mu Ni-ko）于 1660 年将代数引入中国。在 1713 年，阿德里安·威莱克（Adrian Vlack）的对数表在 11 个地方重新刊印。西佛兰德的教士南怀仁（Ferdinand Verbiest）❶ 是著名的耶稣会传教士和天文学家，在 1669 年成为古代中国天文学会的副会长，在 1673 年担任会长一职。欧洲代数逐渐流入中国。梅毂成（梅文鼎之孙）发现欧洲代数的根本原则与中国的"天元术"相同，只是"天元术"已被人们逐渐淡忘。通过他的努力，中国古代代数方法再度繁荣，当然这并没有取代欧洲科学。中国随后的研究主要体现在三个方面：通过几何方法和无穷级数确定 π 的值、高次方程的求解以及数学的对数理论。

我们将会发现，中国数学进一步刺激了日本和印度数学的发展。我们看到，在给予别人知识的同时，自己也在获得知识。在欧洲科学浪潮涌入之前，中国在一定程度上影响了印度和阿拉伯的数

---

❶H. 博斯曼（H. Bosmans）. 教士南怀仁（Ferdinand Verbiest）科学问题的审视（*Revue des Questions Scientifiques*）. 1912.

学。中国数学最卓越的成就是数值方程的解以及纵横图和幻圆的起源。

日本数学[1]

按照传统，在古代日本存在一种数学系统，它含有十次幂方程，并且在某种程度上与阿基米德的《数沙者》相似。大约 552 年，佛教传入日本。这一举措由圣德太子（Prince Shotoku Taishi）引发，他是一个酷爱学习的人。圣德太子致力研究数学，被称为"日本数学之父"。随后不久，圣德太子引入了中国的计量和测量数学系统。701 年，日本建立了大学制度。在大学里，数学占有重要地位。在这期间引入了大量的中国科学，特别值得一提的是，据日本官方记载，日本曾引入了 9 本关于中国的数学书籍，其中包括《周髀算经》《孙子算经》以及其他诸如《九章算术》之类的伟大算术著作。日本人对数学的热情在 8 世纪只维持了较短的时间，而且完全忘记了《九章算术》的存在。直到我们所说的 17 世纪之前，日本数学方面的活动仅限于日历计算和初等计算知识。由于这种原始的计数系统缺乏局部值的运算以及表示"0"的符号，因此计算过程中借助工具就显得尤为重要。如同中国一样，在日本也有类似于算盘的计算工具。在中国叫作算盘（suanpan），在日本称为"索罗板"（soroban）。通常认为算盘是在 16 世纪末期引入日本的。在 7 世纪，日本使用的是竹板做的计算短棒。这些圆形片后来由棱形片（square prisms）代替。通过这些短棒来表示数字。数字被放置在一个规则的正方形中，这个规则正方形类似于棋盘。索罗板是一种较为简单的计算工具。

1600—1675 年，日本数学取得的成就最大。首先介绍毛利重能（Mori Kambei Shigeyoshi），他推广了日式算盘的使用。他的一个学生，吉田光由（Yoshida Shichibei Koyu）在 1627 年撰写了一本

---

[1] 三上义夫（Yoshio Mikami）. 中日数学的发展. 德国莱比锡. 1912.

《尘劫记》（*Jinkō-ki*），使珠算术在日本迅速普及，此书是日本数学方面留存最古老的著作。《尘劫记》解释了索罗板的运算方法，其中包括平方根和立方根。在随后的版本中，吉田光又增添了大量需要相互竞争才能解决的难题，不断地解决实际问题的行为刺激了数学发展。这个举措在日本开始流行并且一直持续到 1813 年。

毛利重能的另外一个学生是今村知商（Imamura Chisho），他在 1639 年用文言文写成了一本题为《竖亥录》的专著，主要讲解的是圆、球体和圆锥的测量。另外一名作者——矶村知库（Isomura Kittoku），在 1660 年讲解了测量问题，提出了一种大概的整合方法。他研究了纵横图、奇数偶数问题，也研究了幻圆。随后，这类关于方和圆的问题成为日本数学家喜爱研究的课题。田中岸新（Tanaka kisshin）将整数 $1 \sim 96$ 放在 6 个 4^2 的纵横格中，并使每一行和每一列的和都是 194；把这 6 个平方格放在立方体上，他可以得到"魔幻立方"。田中岸新还发现了"魔幻矩形"。❶ 村松（Muramatsu）在 1663 年制作了含有 19^2 个格的幻方，以及含有 129 个数字的幻圆，同时提出了著名的"约瑟夫问题"："从前有一个富有的农场主，他有 30 个孩子，一半孩子是他与第一个妻子所生，另一半孩子是他与第二个妻子所生。第二个妻子希望自己所生的孩子能有人继承农场主的全部遗产，于是她对丈夫说：'将我们的 30 个孩子围成一圈，随便选择 1 个孩子作为第一个出列的，随后每数到 10 个数时，就出列 1 个，于是最后剩下的那个孩子就成为继承人。'她丈夫同意了。随后妻子开始安排孩子并计数，结果很顺利就除去了 14 个继子女，只剩下 1 个孩子。于是妻子改变了方法，更有信心地对丈夫说要把出列的顺序颠倒一下，于是她丈夫又同意了。按照与之前相反的顺序开始数数，但是意外的是，所有后妻的孩子都被剔出了圈外，只剩下前妻留下的一个继子，当然就由这个孩子继承了农场主的所有遗产。"这个问题的来源不得而知。公元 10 世纪的

---

❶ 三上义夫（Yoshio Mikami）. 物理学和数学档案（*Archiv der Mathematik*），第二十卷. 1912：183－186.

早些时候，在《艾因西德伦法典》（*Codex Einsidelensis*）（艾因西德伦，瑞士城市）上也有类似"约瑟夫问题"。然而，罗马时期的一部拉丁作品将其归功于弗拉维·约瑟夫（Flavius Josephus）。这是个通常出现在土耳其人和基督徒之间，需要其中的一半人自我牺牲从而保住下沉船只这样的问题。在早期印刷的欧洲算术书籍以及数学娱乐书籍中经常看到类似的问题。

1666 年，佐藤（Sato Seiko）撰写的内容几乎与同时代其他书相同，考虑了 π≈3.14 的计算。他是开始从事中国"天元术"代数研究的第一个日本人。他将其运用到六次方程等式中。他后来的继承者，泽口一知（Sawaguchi）以及同时代的野泽（Nozawa），给出了与博纳文图拉·卡瓦列里（Bonaventara Cavalieri，1598—1647）类似的简略微积分。

泽口一知在中国数学家的基础上进一步研究多重根问题，但是他认为这些问题本身就是矛盾的。还有一个证明可以看出中国对于日本数学的影响，就是中国对于 π 的取值 $\frac{355}{113}$，弛田（Ikeda）使这一数值在日本家喻户晓。

现在我们来说说关孝和（Seki Kowa，1642—1708）。他被认为是日本最伟大的数学家。关孝和出生的那一年，是伽利略去世的那年，也是牛顿出生的那年。关孝和是一个教出了很多天才学生的伟大老师。像毕达哥拉斯一样，他对于自己以及他的学校所发现的数学问题是保密的。因此，很难确定他一些发现的确切起源和性质。据说他留下了成百上千的数学手稿，但是现存只有很少一部分。他只出版了一本书，就是 1674 年的《发微算法》（*Hatsubi Sampb*）。在这本书中，他解决了一个同时代人提出的 15 道难题。关孝和的阐述是非常不完整和模糊的。建部贤宏（Takebe）——关孝和的一个弟子，在关孝和研究成果的基础上做了进一步整理。我们推测，可能是关孝和使用计算短棒进行口述，建部贤宏进行整理操作。在关孝和数学成就中最为显著的就是他的"点窜术"（tenzan method）以及"圆理"（yendan method）。这两种方法都适用于代数的发展。

"点窜术"是对中国古代"天元术"的改进，改进了算式的记法；而"圆理"指的是对算术的解释或者分析的方法。这两种方法的确切性质以及价值，我们并不完全清楚。使用中国的"天元术"求方程的根时，一次只能计算一个数字，而关孝和突破了这种限制条件。在前人成就的基础上，关孝和制定了 $(2n+1)^2$ 阶的幻方规则。在更为复杂的偶数单元格里，关孝和首先给出了构建 4^2 阶幻方的规则，随后是 $4(n+1)^2$ 和 $16n^2$ 阶幻方的规则。同样，他将幻圆简化。可能关孝和独创且最重要的研究是行列式的发明，这一发明大约是在 1683 年的某个时间研究出来的。莱布尼茨，这个被认为是第一个构思行列式的人，在 1693 年才有了他的发现。关孝和认为，关于 x 和 y 的 3 个线性方程只有在由系数构成的行列式消失的时候，才能有同一个比率。关孝和研究了 n 阶线性方程，并给出了更常用的处理方法，它的 n 阶行列式展开后通常会有 n^1 项，并且它的行和列是可以互换的。❶ 人们通常认为关孝和是"合算"（yenri）或者"圆理"（circle—principle）的发明者。据称，关孝和在一定程度上完成了类似于微分学和积分学计算一样的事情。无论是"合算"的性质还是缘由，我们都没有太多的相关资料。也有人怀疑关孝和是"合算"发明者的说法。关孝和的学生建部贤宏，曾使用过"合算"，也许建部贤宏才是"合算"的发起人，但是建部贤宏解释的不完整。

关孝和、建部贤宏以及他们的合作者还研究了无穷级数，特别是研究了圆和 π 的无穷级数。在 17 世纪，可能从日本能够找到一些关于欧洲数学的相关知识。还有一位名叫皮特鲁斯·哈特辛乌斯（Petrus Hartsingius）的日本人，他是荷兰莱顿的凡司顿（Van Schooten）的学生，但是并没有明显的依据证明他到过日本。1650 年，一个葡萄牙天文学家，他的日本名叫作泽野川（Sawano Chuan），

---

❶三上义夫（Yoshio Mikami）. 日本行列式理论（*Japanese Determinant Theory*）：第二卷. 日本东北大学：1914：9—36 页.

而其真名无人知道，他将一本欧洲的天文学著作翻译成了日文。❶

18 世纪，从关孝和的学生们现存的零散手稿来看，"幻立方"主要由 4 个 4^2 阶的幻方组成，这些幻方的行或列的和是 130，4 个方块中对应单元格的和同样是 130。这个"幻立方"与田中的"幻立方"明显不同。在 18 世纪末，在关流学派的末期藤田香美町（Fujita Sadasuke）与当时的校长艾达艾美（Aida Ammei）产生了激烈的争论。在二者中，艾达艾美更加年轻而且更有天赋——反对旧的思想和方法。艾达艾美对高次方程的近似解有较多研究。❷ 在此期间，最著名的著作是一位隐者的作品，这个人是江户的阿岛直圆（Ajima Chokuyen），他死于 1798 年。他主要研究丢番图分析以及西方著名的"马尔法蒂难题"（*Malfatti Problem*），即在一个三角形中内切 3 个圆，每一个圆与其他两圆相切。这个问题在 1781 年也曾经出现过。马尔法蒂（Gian Francesco，1731—1807）关于这个问题的著作于 1803 年出版，而雅各布·伯努利（Jakob Bernoulli）在 1744 年以前，就已经考虑过等腰三角形是否满足这种特殊情况。阿岛直圆改进了"合算"并使得 18 世纪的数学在日本达到了空前高度。

19 世纪早期，大量的欧洲数学涌入了日本。那个时期的日本数学有很多活跃动态，但是除了和田宁（Wada Nei，1787—1840）之外，基本没有知名的数学家，和田宁对"合算"进行了更深入的研究，发展了普遍作用的积分学，并给出了前辈们的规则和理由。他研究了最大值和最小值以及轮盘问题。在他的那个时代，日本研究的多是与椭圆组等图形相关的问题，这些图形能够画在折叠的扇子上。

在 19 世纪中期以后，日本本土的数学受到西方数学的强烈影响。日本的数学研究成为世界数学发展的一部分。1911 年，日本人开创了

---

❶三上义夫（Yoshio Mikami）. 学术分析（*Acadernic Analysis*）：第八卷日本东北大学. 1913.

❷三上义夫（Yoshio Mikami）. 艾达艾美的方程解（*Ida Aimeis Equation Solution*）. 日本东北大学. 1913.

《东北数学报》（*Tôhoku Mathematica Journal*），由 T. 林淳一郎担任主编。这个期刊主要致力于发展数学，包括很多用现代语言撰写的文章，具有一定的国际特色❶。

回望过去，我们看到，日本出现了一些有才能的数学家。但是鉴于它的地理位置和国际社交方面的孤立，它的科学成果并没有影响或者促进西方数学的进步。巴比伦数学、印度数学和阿拉伯数学，在一定程度上还有对于印度数学产生影响的中国数学，都对西方数学的高歌猛进做出了较大的贡献。

印度数学

在古希腊黄金时期以后，第一个对世界数学发展产生广泛影响的民族，应当是像希腊民族一样的雅利安族。然而雅利安族不在欧洲，而是在遥远的印度。

与希腊不同，印度社会形成了固定的家族阶层。唯一能够享有高级研究和特权思想的是婆罗门家族（Brahmins），他们的首要业务是宗教和哲学，其中有一个名叫刹帝利（Kshatriyas）的人，他所从事军事和政治方面的工作。

关于印度数学的发展，我们知之甚少。一些手稿能够证明印度人在数学方面已经达到了一个很高的高度，但是它的发展之路已经无迹可寻了。可以看出，希腊数学的成长条件比印度好得多。那是因为希腊数学独立存在，并且是为了数学而研究数学，而印度数学总是仅仅服务于天文学。此外，在希腊，数学是大众的一门科学，对于那些喜欢数学的人是敞开的。在印度，就像是在埃及一样，数学主要由那些牧师们掌握。再次，印度习惯于将他们获得的数学知识用诗的语言表达出来。虽然这些能够有助于记忆已经了解的课题，但是对于并非从事数学研究的外行人来说，是很难理解的。虽

---

❶G. A. 米勒（G. A. Miller）. 数学文学概论（*Historical Introduction to Mathematical Literature*）. 美国斯坦福大学. 1916：24.

然印度数学中的大部分发现是非常合理的，但是印度人并没有保存证据的习惯，因此留给我们的只是干巴巴的定理以及运算的过程而已。在这些方面，印度数学与希腊数学是非常不同的。希腊数学通常会尽量避免用晦涩难懂的语言，大量数学知识和证明同无数的定理本身一样多。需要注意的是，印度人与希腊人思想上的差异。因为希腊人研究最多的是几何，印度人首先想到的是代数。印度人研究的是数字，希腊人对应的是形式。印度在数字符号、数字科学以及代数学方面的成就，已经远远超过了先前希腊数学拥有的知识。在实际中，印度几何仅仅研究测量，并没有证明过程。印度的三角学是非常值得称赞的，但是它的证明更依赖于代数而不是几何。

探索印度和希腊数学之间的关联，虽然有趣却又是艰巨的任务。众所周知，很久以前，希腊与印度之间的贸易往来就开始日益减少。在埃及成为罗马的一个省之后，通过亚历山大港，罗马与印度之间的贸易往来更为频繁。根据以往经验，有商品流通和交通发达的地方，应当也有思想的交流。从印度到亚历山大城，居民的思想交流的确发生了。我们可以从摩尼教、新柏拉图主义学派、诺斯底派所教授的哲学和神学看出，人们还是很喜欢印度教义的。事实上，科学知识也从亚历山大城来到了印度。我们还可以很明显地看出，一些印度人使用的术语来源于希腊，而且印度天文学深受希腊天文学影响。纵观印度人掌握的一部分几何知识，可以追溯到亚历山大，特别是海伦的著作中。也许在代数中，印度和希腊曾相互借鉴。

也有证据表明，印度数学和中国数学之间也有密切的关联。在公元 4 世纪以及后续的好几个世纪，中国在印度大使馆的故事以及中国到印度的访问情况都由中国政府记录。❶ 因此，我们应当毫无疑问地说，中国数学知识流入印度。

印度数学史大约可分为两个阶段：第一阶段是《绳法经》

---

❶G. R. 凯耶（G. R. Kaye）. 印度数学家（*Indian Mathematics*）. 印度加尔各答. 1915：38.

（S'*ulvasiltra*）时期，结束于公元 200 年；第二阶段是天文和数学时期，可以延伸到公元 400 年至公元 1200 年。

术语"S'ulvasūtra"的意思是"测绳的法规"，它是对《劫波经》（*Kalpasutras*）补充部分的命名，《劫波经》主要是讲解祭祀用的圣坛构造。❶《绳法经》是公元前 800 年至公元 200 年之间完成的。现代学者通过三份手稿来了解它们。这三份手稿主要研究的是宗教问题，不是数学问题。仅有与数学之间的联系是正方形和长方形的构造。奇怪的是，这些几何构造并没有在后期印度作品中出现，由此看来，后来的印度数学家们完全忽略了《绳法经》。

印度数学的第二个阶段可能起源于亚历山大时期的西方天文学。公元 5 世纪出现了一本匿名的印度天文学著作，叫作《苏利亚历》（Surya Siddhanta，从太阳获得知识），后来被认为是一部一般的作品。在公元 6 世纪，伐罗诃密希罗（Varahamihira）写了《五大历算全书》（*Pancha Siddhantika*）。他在书中汇总了《苏利亚历》以及其他 4 本天文学著作的用法，也包含了数学方面的问题。

1881 年，在印度西北部的巴克沙利村庄（Bakhshali），找到了一种匿名的算法。巴克沙利算法是在桦树皮上发现的，这是一个并不完整旧手稿的副本，可能是公元 8 世纪的时候刻在上面的。❷ 它也包含了算术计算内容。

著名的印度天文学家阿耶波多（Aryabhata）于 476 年出生在恒河上游的巴连弗邑（Pataliputra）。他因其著作《阿里亚哈塔历书》而出名，其中第三章主要是讲数学的。大约 100 年以后，印度数学达到了最高成就。在这一时期，婆罗摩笈多（生于 598 年）非常活跃，在 628 年他撰写了《增订婆罗门历数全书》（*Brahma-sphuta-siddhānta*，婆罗摩笈多修正体系），其中的第十二章和第十八章主

---

❶G. R. 凯耶（G. R. Kaye）. 印度数学家（*Indian Mathematics*）. 印度加尔各答. 1915：3.

❷鲁道夫·霍尼（Rudolf Hoernly）. 巴克沙利手稿（*The Bakhshals Manuscript*）：第十七卷. 印度孟买. 1888：33—48，275—279.

讲数学。

公元 9 世纪是属于马哈维拉（*Mahavira*）的。他是研究初等数学的印度作家。马哈维拉是《计算方法纲要》（*Ganita-Sara-Sangraha*）的作者，这本书对几何和算术都有涉猎。接下来的几个世纪中，只有两名重要人物：一个是施里德哈勒（*Sridhara*），他撰写了《噶内塔—萨拉》（*Ganita-sara*，"计算精粹"）；另外一个是帕德玛纳巴（*Padmanabha*），他是一本代数书籍的作者。这段时期，数学家们在研究科学，可是收效甚微。有一本名叫《悉檀多·施罗马尼》（*Siddhanta S´iromani*）天文学系统之冠的书，是婆什迦罗（*Bhaskara*）1150 年撰写的，他的方法比婆罗摩笈多的方法要先进一些，因为后者的著作是写于 500 年以前的。《天文学系统之冠》这本书中，最重要的两章是《莉拉沃蒂》（*Lilavati*，原意是"美丽"，即高贵的科学）及《算法本源》（*Vija-ganita*，"求根"），主要研究算术和代数。从这以后，在婆罗门学校的印度学者们似乎满足于研习前人的杰作了。

《婆罗摩笈多修正体系》和《天文学系统之冠》的数学篇章由亨利·托马斯·科尔布鲁克（H. T. Cdebrodce）翻译成英文，时间是 1817 年，地点是伦敦。伯吉斯（E. Burgess）翻译了《苏利亚历》，该书于 1860 年在康涅狄格州的纽黑文市，由惠特尼（W. D. Whitney）进行注释。马哈维拉的《计算方法纲要》，在 1912 年由兰加卡利亚（M. Rangācārya）在马德拉斯出版发行。

印度人在几何领域并不精通。《绳法经》表明印度人可能于公元前 800 年已经在圣坛构造方面应用几何学了。凯耶❶陈述了在《绳法经》中发现的以下数学规则：①正方形和长方形的构造；②对角线与边的关系；③正方形和长方形的等效；④圆和正方形的等效。

在《绳法经》中也公开了毕达哥拉斯学派定理的知识，如关系

---

❶G. R. 凯耶（G. R. Kaye）. 印度数学家（*Indian Mathematics*）. 印度加尔各答. 1915；4.

式 $3^2+4^2=5^2$，$12^2+16^2=20^2$，$15^2+36^2=39^2$。没有证据表明这些表达式通过一般规则得来。特殊条件下的毕达哥拉斯定理，早在公元前 1000 年的中国已为人所知（勾股定理）。早在公元前 2000 年之前，埃及人也证明出来过。一个正方形对角线的表达式，可以写成 $\sqrt{2}=1+\dfrac{1}{3}+\dfrac{1}{3\times4}-\dfrac{1}{3\times4\times34}$，凯耶称其为"直接测量表达式"。这个表达式可能是参照其中一部《绳法经》手稿中使用类似尺子的工具测量取得，这种取值是根据改变 3，4，34 的比值获得的。这里使用的分数都是分数单位，而且表达式得出的结果可以精确到小数位后五位。在毕达哥拉斯定理的帮助下，《绳法经》可以求得一个数的平方等于另外两个数的平方之和或者平方之差。他们可以得出以 $a\sqrt{2}$ 和 $\dfrac{1}{2}a\sqrt{2}$ 为边长长方形的面积，等于一个给定边长正方形的面积；也可以通过几何构造一个面积等于一个给定长方形的平方，同时满足关系式 $ab=\left(b+\dfrac{a-b}{2}\right)^2-\dfrac{1}{4}(a-b)^2$。这一点与欧几里得第二卷的第五章是相对应的。我们设 a 为正方形的边长，设 d 为等圆面积的直径，那么计算规则可以表示为❶：$d=a+\dfrac{a\sqrt{2}-a}{3}$，$a=d-\dfrac{2d}{15}$，$a=d\left(1-\dfrac{1}{8}+\dfrac{1}{8\times29}-\dfrac{1}{8\times29\times6}+\dfrac{1}{8\times29\times6\times8}\right)$。这 3 个表达式也许是通过上面的近似值得到的。奇怪的是，这些几何构造在后来的印度著作中再也没有出现过，后人完全忽略了《绳法经》的数学内容。

从 6 世纪的阿耶波多时代到婆什伽罗时代，印度几何主要研究的是测量法。印度人没有给出关于推理论证的任何定义、假设、公理以及逻辑关系。通过不太完善的沟通渠道，大量借用地中海地区以及中国的相关测量知识。阿耶波多得出了等腰三角形的证明规

---

❶G. R. 凯耶（G. R. Kaye）. 印度数学家（*Indian Mathematics*）. 印度加尔各答. 7.

则。婆什伽罗能够区分近似面积和精确面积，并给出了求三角形面积著名的海伦公式 $\sqrt{s\,(s-a)\,(s-b)\,(s-c)}$。马哈维拉[1]也给出了与海伦公式相同的公式，他在前人的基础上得出了等边三角形的面积等于 $a^2\sqrt{\dfrac{3}{4}}$。婆罗摩笈多和马哈维拉对海伦的公式进一步研究，得到 $\sqrt{(s-a)\,(s-b)\,(s-c)\,(s-d)}$ 作为求四边形面积的公式，四边的边长分别是 a，b，c，d，半周长是 s。这个公式只有在四边形内接于圆的情况下才是正确的。根据康托尔[2]和凯耶[3]对婆罗摩笈多的解释，可以看出婆罗摩笈多已经意识到这个公式的局限性了，但是印度的注释者们并不理解这种局限性，最终马哈维拉宣称这个公式是没有根据的。值得注意的是，圆内接正方形的"婆罗摩笈多定理"，$x^2=\dfrac{(ad+b)\,c\times(ac+bd)}{ab+cd}$ 和 $y^2=\dfrac{(ab+cd)\,(ac+bd)}{ad+bc}$，其中 x 和 y 是对角线长，a，b，c，d 是四边长，也可以得到如下定理：如果 $a^2+b^2=c^2$ 和 $A^2+B^2=C^2$，那么四边形（婆罗摩笈多不规则四边形，aC，cB，bC，cA）是循环的，并且有直角对角线。凯耶认为，通过三角形（3、4、5）和（5、12、13），注释者可以得到四边形（39、60、52、25），还有对角线是 63 和 56 的四边形等。婆罗摩笈多（凯耶说）已经介绍了托勒密定理的证明，并且按照丢番图（第三卷，十九章）的著作，从直角三角形（a、b、c）和（$\alpha\beta$、γ），可以构建新的直角三角形（$a\gamma$，$b\gamma$，$c\gamma$）和（αc，βc，γc）。根据丢番图给出的实际例子，我们可以把新构建的直角三角形命名为（39、52、65）和（25、60、65）。显然，这种类似证明了印度数学的方法来源于希腊。

阿耶波多在固体测量方面的成果显然是不够准确的。他认为，

[1] D. E. 史密斯（D. E. Smith）. 伊西斯（*Isis*）第一卷：美国. 1913：199，200.

[2] M. 康托尔（M. Cantor）. 数学史讲义（*Vorlesungen wber Geschichte der Mathemalik*）. 德国莱比锡. 1907：649－653.

[3] G. R. 凯耶（G. R. Kaye）. 印度数学家（*Indion Mathematics*）. 印度加尔各答. 20－22.

金字塔体积是金字塔的底与高乘积的一半，球体的体积是 $\pi^2\gamma^3$。阿耶波多给出了 $\pi=3\dfrac{177}{1\,250}$（≈3.1416）非常精确的数值，但是他自己从未用过这些数字，或者说 12 世纪以前的印度数学家们都没有用过。通常，印度人的著作中 π 取值为 3，或者 $\sqrt{10}$。马哈维拉关于 π 值给出了两个数值，即"精确值"是 $\dfrac{3\,927}{1\,250}$，"非精确值"也就是阿基米德值是 $\dfrac{22}{7}$。《莉拉沃蒂》的一个注释者认为，这些值的求取是从一个正内接六边形开始的，然后不断地重复应用公式 $AD=\sqrt{2-\sqrt{4-AB^2}}$，最后得出结果，其中 AB 是已知多边形的边长，AD 是边长数量的二倍。用这种方法，可以得到内接十二边形、二十四边形、四十八边形、九十六边形、一百九十二边形、三百八十四边形的周长。取半径为 100，最后一个内切多边形周长的数值即是阿耶波多所使用 π 的值。通过婆什伽罗对毕达哥拉斯定理的证明，可以看出，印度几何是经验主义的。

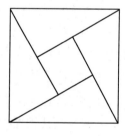 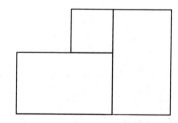

图 13

如图 13 所示，马哈维拉画了 4 个直角三角形组成一个正方形，该正方形边长等于三角形的斜边边长。从图中可以看出，在中间那个小正方形的边长应当等于直角三角形的两个直角边之差。将这个小正方形与 4 个三角形以不同的方式进行排列，可以得出，三角形的两条边等于它们组成正方形的边长之和。

布雷特施奈德（Bretschneider）推测，毕达哥拉斯的证明在本质上与此相同。根据最新的研究表明，这个有趣的证据并不是来源于印度，而是更早的数学家张邱建在他给古代著作《周髀算经》注释时给出的。❶ 此外，婆什伽罗给出了这个定理的第二种证明，从直角三角形的直角顶点向斜边做垂线，得到两个新的三角形，比较这两个三角形，可以得出已知三角形与两个新的三角形是相似的。这个证明在欧洲一直不为人知，直到约翰·沃利斯（John Wallis，1616—1703）重新发现了它。与割圆曲线相关的唯一一本印度著作是马哈维拉的著作，他在这本书中给出了椭圆形的错误论述。婆罗摩笈多的圆内接四边形研究是印度几何学唯一的瑰宝。

印度人在所有数学发明中最伟大的成就之一，就是被称为完美成果的"阿拉伯数字"。现在大家已经完全承认这个"阿拉伯数字"并非源自阿拉伯人。直到现在，大多数权威人士更青睐于这个带有局部值算法和表示"0"符号的数字系统，完全起源于印度的假设。现在看来，在巴比伦石碑上发现的可以追溯到公元前2300年到公元前1600年的六十进制系统中，就已经使用了局部值算法。同时，通过巴比伦记录可以看出，在很久以前，就已经开始使用符号"0"，只不过当时并没有将其用于计算。这些六十进制分数在公元130年托勒密的《天文学大成》中也出现了，用希腊字母表的第15字母"omicron"的"o"来标示六十进制数字中的空白处，但这个字符并非是常规的数字"0"。印度天文学家使用的六十进制起源于巴比伦，这一点也完全没有人否认。根据布勒尔（Buhler）❷ 的说法，印度表示"0"符号最早的形式是一个圆点，并且"通常用于碑文或者手稿中，主要是为了标记空白处"。这就限制了符号"0"的使用，在一定程度上是印度人效仿巴比伦人早期的使用方法，以及效仿在托勒密著作中的表示法。所以，当局部值算法和符号"0"的使用被引入印度时，它可能并不是完美的算法。同时，从六十进制到十进制的转变，随着好几个世纪的时间流逝，使得这一算法日趋

---

❶三上义夫（Yoshio Mikami）. 毕达哥拉斯定理（*Pythagoras theorem*）. 物理和数学档案. 第三版. 第二十二卷. 1912：1—4.

❷D. E. 史密斯（D. E. Smith），L. C. 卡宾斯基（L. C. Kabinski）. 印度—阿拉伯数字（*Hindu-Arabic Numerals*）. 美国波士顿. 1911：53.

完美。如果进一步探究这些观点，那么"巴比伦—印度"记号法更应该叫"阿拉伯"或者"印度—阿拉伯"记号法。

由此看来，在应用局部值算法和符号"0"之前，就应用了各种数字形式。早期的印度数字形式被分为三大类。其中之一可以追溯到公元前 3 世纪❶，而且人们认为这种数字形式经过发展就成了我们目前使用的阿拉伯数字系统。人们在很早的时候就引入了 9 个数字的记号方法，但是局部值算法和符号"0"是较晚的时候才有的。有人认为，在锡兰岛上有一种类似于印度算法的计数方法，只不过这种方法中没有"0"的存在。我们已经了解到佛教和印度文化传入锡兰岛后，这些文化在岛上并没有什么发展，却在大陆上取得了成就。在锡兰岛，9 个数字用于表示个位数，另外 9 个数字用于表示十位数，1 个数字表示 100，再用 1 个数字表示 1000。以上这 20 个字符的相互排列组合可以写出直到 9999 的数字。比如说，8725 就可以写成 6 个符号的数字，用下列数字表示：8、1000、7、100、20、5。这些锡兰语（Singhalesian）符号同印度数字一样，被认为是对应数字形容词的首字母。在锡兰计数方法与阿耶波多著作第一章中使用的记号法之间，有着明显的相似性。虽然对于锡兰的学者来说，他们并不知道符号"0"以及位值原理的应用，但是阿耶波多可能知道，因为在他著作的第二章中，他详细地给出了开平方和开立方的方法，从而我们推断阿耶波多似乎了解符号"0"以及位值原理。"0"的符号被称为"sunya"（"空"的意思）。在巴克沙利算术中，用一个圆点的形式表示符号"0"，但是我们并不确定在什么时候开始使用这种形式的。我们可以确定最早出现的符号"0"是在公元 876 年。❷ 在国际上最早提及印度数字的人是一位叙利亚作家——西弗勒斯·赛博赫特（Severus Sebokht），时间是在

---

❶D. E. 史密斯（D. E. Smith），L. C. 卡宾斯基（L. C. Kabinski）. 印度—阿拉伯数字（*Hindu-Arabic Numerals*）. 美国波士顿. 1911：22.

❷D. E. 史密斯（D. E. Smith），L. C. 卡宾斯基（L. C. Kabinski）. 印度—阿拉伯数字（*Hindu-Arabic Numerals*）. 美国波士顿. 1911：52.

公元 662 年。他谈及印度算术时，是这样说的："能够优于口头语言以及其他的……是 9 个数字符号。"❶

在印度的不同地方，出现了多种不同的记号方法，基本原则上并没有什么不同，仅仅是使用符号的形式不同而已。有趣的是，这也是一种象征性的位置系统，其中的数值一般不是用数字表示的，而是通过暗示物体的特定数值表示的。因此，1 可以用词语月亮、梵天、造物主或者形式等来表示；4 可以用词语吠陀（因为它被分成 4 个部分）或者海洋等来表示。下面的这个事例，摘自《苏利亚历》，就很好地说明了这个问题。将数字 1 577 917 828 从右向左表示如下：瓦苏（Vasu）（一组 8 个"上帝"）＋2＋8＋山（7 座山脉）＋形式＋手指（9 个手指）＋7＋山＋农历日（农历日的一半等于 15）。通过使用这种符号，人们可以用多种方式表示一个数字。这大大促进了算术运算规则的改进，这样就更容易记住了。

印度人在早期就表现出了数学计算方面的天赋。印度数学家告诉我们，印度宗教的改革者佛陀（Buddha）在年轻的时候，为了赢得所钟爱的少女，不得不屈服一种考验。在算术方面，佛陀把所有的数字周期命名到 53d 之后，有人问他是否能确定第一级微粒的数量，当一个挨一个放置时，会形成一条一英里的长线。佛陀通过以下方法求得答案：7 个第一级微粒形成一个非常小的尘埃，7 粒中的 1 个颗粒会被风吹起来，如此往复。他一步一步地进行，最后达到 1 英里的长度。1 英里长度第一级微粒的数量是一个 15 位的数字。这个问题容易让人想起阿基米德的《数沙者》。

当数字符号系统被不断地完善之后，计算就变得简单多了。印度运算方式与其他国家是不同的。印度人通常倾向于从左往右书写数字。因此，印度人在做加法时，是从最左位数上的数字开始，然后在计算过程中稍作调整。比如说，他们计算 254 加 663 的过程是这样的：2＋6＝8，5＋6＝11，这时需要把数字 8 改成数字 9，然后

❶D. E. 史密斯（D. E. Smith），G. 布尔（G. Boole）数学：第二十三卷. 自然科学学报. 1917：366.

是4＋3＝7，因此最终的和等于917。在做减法时，有下列两种方法。比如说821－348，他们会这样做，11－8＝3，11－4＝7，7－3＝4；或者11－8＝3，12－5＝7，8－4＝4。做乘法时，只能是与一位数相乘，比如说569乘以5，他们通常这样做，5×5＝25，5×6＝30，此时将25改成28，5×9＝45，因此0必须增加到4，结果就是2845。如果多位数与多位数相乘时，印度人首先按照以上的方法，乘以乘数最左边的一位数，乘数写在被乘数的上方，乘积写在乘数的上方。当乘以乘数的下一位数时，乘积不用另放一行，只需要把第一次获得的乘积值在计算过程中进行修改，甚至在有必要的时候，可以擦掉旧的位数，写上新的乘数位数，直到最终求得整个乘积为止。现代人习惯了用铅笔和纸来计算，可能不太喜欢这种印度计算方法。但是，印度人习惯"用藤条笔在一块小白板上写字，用一种稀释液体，可以轻易地去除笔迹，或者是在一个不足1平方米的白色写字板上，撒满红色的粉，用小棍在上面写字，所以这些数字是红底白字"。由于数字必须很大才能清晰可见，而且写字板也比较小，因此，我们希望有一种不需要太多空间的方法。上面所述的乘法就是一种不错的方法。数字能够轻易地擦掉并且可以替换其他数字，而不用担心整洁问题。然而，印度人也有其他计算乘法的方法，下面的这种方法，是将写字板像棋盘那样分成小格。画出每个小格的对角线，乘法12×735＝8820的计算过程如图14所示。❶ 根据凯耶的说法❷，这个乘法运算模式并非来源于印度，而来源于比他们更早的阿拉伯。现存的手稿并没有显示在这些小格中的数字是怎么划分出来的。

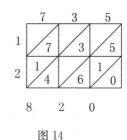

图14

❶M. 康托尔（M. Cantor）. 数学史讲义（*Vorlesungen wber Geschichte der Mathemalik*）. 德国莱比锡. 1907：611.

❷G. R. 凯耶（G. R. Kaye）. 印度数学家（*Indian Mathematics*）. 印度加尔各答. 34

12 世纪的印度数学家们用"舍九法"来验证算术计算的准确性，但是这个验证过程并非来源于印度，罗马主教希波吕托斯（Hippolytus）在 3 世纪就对这个方法有所了解了。

巴克沙利算术假设了进行计算的条件。在分数中，分子写在分母上方，但是中间没有分隔线。整数与分数的写法相同，只不过分母等于 1，因此 $1\frac{1}{3}=1\frac{1}{3}$。他们用一个词，也就是单词 phalam 的缩写 pha 替代了我们的"="。表示加法用单词 yuta 的缩写 yu。所有的数字都写在一个封闭的长方形里。也就是说，$Pha\,12\,\boxed{\begin{array}{cc} 5 & 7 \\ 1 & 1 \end{array}\,yu}$ 意思是 $\frac{5}{1}+\frac{7}{1}=12$。未知量用单词"sunya"表示，用一个较大的圆点"·"表示"0"。单词"sunya"意思是"空"，也是表示"0"的单词，这里也用圆点表示，这个单词以及圆点的双重用途表明了可以在没有填写的位置用"空"来填位，也可用来表示位置上不确定的数字。❶

巴克沙利算术中还包含了一些通过归一分类和"试位法"来解决难题。例如：B 是 A 的 2 倍，C 是 B 的 3 倍，D 是 C 的 4 倍；这 4 个数的和是 132，那么 A 应当是多少？假设未知数是 1，那么 $A=1$，$B=2$，$C=6$，$D=24$，那么它们的和是 33，用 132 除以 33，商 4 就应该是 A 的数值。

我们在之前的埃及数学中也遇到过试位法。对埃及人来说，这是一种本能的过程，而在印度数学中，它已经上升为一种有意识的方法了。婆什伽罗便使用了这种方法，虽然巴克沙利在文稿中假设 1 是未知数，但婆什伽罗更喜欢用 3 来表示未知数。例如，某数乘以 5，再减去所得数的 $\frac{1}{3}$，再除以 10，在与原数的 $\frac{1}{3}$、$\frac{1}{2}$ 和 $\frac{1}{4}$ 相加，最终得到 68，请问这个数字是几？我们假设原数为 3，那么你会得

❶M. 康托尔（M. Cantor）. 数学讲义（*Vorlesungen wber Geschichte der Mathemalik*）. 德国莱比锡. 1907：613－618.

到 15、10、1，然后 $1+\dfrac{3}{3}+\dfrac{3}{2}+\dfrac{3}{4}=\dfrac{17}{4}$。那么 $\left(68\div\dfrac{17}{4}\right)\times 3=48$，答案就是 48。

现在我们开始讨论一些算术问题和印度的解题方式。最受喜爱的方法是反演法（inversion）。阿耶波多用简炼的语言表述如下："乘法可以变成除法，除法可以变成乘法；加法可以变成减法，减法可以变成加法，完全反演。"与这个引证风格完全不同的是阿耶波多的一个问题，他阐述了另外一种方法："有着迷人双眼的美丽少女，如果你完全理解反演法，请你告诉我，一个数乘以 3，再加上乘积的 $\dfrac{3}{4}$，再除以 7，再减去商的 $\dfrac{1}{3}$，所得结果再乘以它本身，再减去 52，再开平方根，加上 8，再除以 10，能够得到数字 2，那么这个数是几？"计算过程是从数字 2 开始，然后往回反着计算。因此，$(2\times 10-8)^2+52=196$，$\sqrt{196}=14$，$14\times\dfrac{3}{2}\times 7\times\dfrac{4}{7}\div 3=28$，28 就是答案。

在婆什伽罗的伟大著作《莉拉沃蒂》的一章中，摘抄了另外一个事例："一群蜜蜂一半的数量去了茉莉花丛中，$\dfrac{8}{9}$ 在家，还有一只雌蜂围着一只雄蜂在荷花瓣间嗡嗡叫，因为雄蜂被夜晚荷花的甜味香气吸引，被关在荷花瓣中出不来，问共有多少只蜜蜂？"答案是 72 只。所有这些算术问题都穿上了像诗一样的外衣，那是因为印度人在做书本练习时习惯用诗歌的形式写作，特别是在这些数学问题方面，像是提出了一个谜题，这也是人们喜爱的一种社交娱乐的方式。婆罗摩笈多曾说："这些问题的提出，主要是用于娱乐；聪明的人能够发明一千个这样的难题，或者他可以解决这些由其他人定好计算规则的难题。就像太阳是通过它的光芒使星星黯然失色一样，如果一个人提出了代数问题，那么人们会认为这个人的知识超过那些有名气的人；如果这个人还能够解决这些问题，那就会使他更加出名。"

印度人解决了利息、折扣、合作关系、混合法、代数级数和几何级数求和方面的难题，并且设计了确定数字排列和组合的方法。我们可能会说象棋以及其他有一定难度的所有游戏，都起源于印度。有时候关于幻方的发明就被错误地归功于印度人。幻方在中国和阿拉伯出现的时间比印度更早些。幻方第一次在印度人中出现，是在印度北部。它被牢牢地刻在了11世纪一座破败庙宇的石头上。自巴克沙利时期以后，印度人开始研究幻方的问题。

印度人经常使用"三规则"。他们的"试位法"与丢番图的"实验假设"几乎相同。这些规则主要运用于解决有关较大数字的问题。

现在开始说一说代数，我们首先来说符号运算。在丢番图的代数学中，加法运算就是把两个数并列就可以了；减法运算，是在减数的上方放一个圆点；乘法，是在乘数因子后方加一个缩写词"bha"，"bha"是单词"bhavita"的缩写，意思是"乘积"；除法运算，将除数放在被除数的下面；开平方根，就在要开方的数字前面加一个缩写词"ka"，这个词是单词"karana"（无理数）的缩写。婆罗摩笈多把未知量称之为"yavattavat"（那么多）。当出现多个未知数的时候，与丢番图的表示不同，婆罗摩笈多给每一个未知数都指定一个不同的名字及符号。出现的第一个未知数可以用一般术语称为"未知量"，而剩余的未知数分别用颜色进行命名，比如未知黑、未知蓝、未知黄、未知红或者未知绿。用每个单词的第一个音节分别组成未知量的符号。因此"ya"代表 x；"ka"（因为 kalaka＝黑色）意思是 y；那么"ya ka bha"表示"x 乘以 y"；"ka 15 ka 10"表示的意思是"$\sqrt{15}-\sqrt{10}$"。

印度是第一个发现绝对负值存在的国家。他们分别用"拥有"和"负债"表示正数和负数之间的差别。在一条直线上也有相反方向的概念，作为对十和一量的解释，对他们来说并不陌生。印度数学家超越丢番图的一点是，他们观察到一个二次方程总是会有两个根。婆什伽罗给出了方程 $x^2-45x=250$ 的根分别是 $x=50$ 以及 $x=-5$。但是，他说："这个方程中的第二个值是不适当的，不能取该根，人们并不接受负根。"评论家认为，人们证实了负根的存

在，只是不承认而已。

汉克尔说，还有一个重要的结论就是，自从婆什伽罗时期以后，印度数学家便开始不断地进行无理数的算术运算研究。比如说，婆什伽罗展示了公式 $\sqrt{a+\sqrt{b}}=\sqrt{\dfrac{a+\sqrt{a^2-b}}{2}}+\sqrt{\dfrac{a-\sqrt{a^2-b}}{2}}$。在这个公式中，你就能发现有理数与无理数之和的平方根。印度人从未像希腊人那样，区分过数字与数量，这虽然是科学精神的产物，但是极大地阻碍了数学的发展。

印度人从数字到数量、再从数量到数字的研究，并没有考虑到连续数与不连续数之间存在着明显的不同，但印度人却极大地促进了数学的发展。"确实，如果一个人通过代数理解算术运算在各种复杂量级上的应用，无论是有理数、无理数还是空间量，那么他一定会知道印度斯坦的婆罗门是代数的真正发明者。"[1]

现在让我们再一次深入了解印度代数。在提取开平方根和立方根时，常用的公式如下：$(a+b)^2=a^2+2ab+b^2$ 以及 $(a+b)^3=a^3+3a^2b+3ab^2+b^3$。阿耶波多把其中的关系称为将一个数分成两个阶段和三个数位。从这里可以看出，印度人已经了解了位值原理和符号"0"的数字概念。在计算"0"的时候，婆什伽罗有一个有趣的说明。他说："如果一个分数的分母是'0'，无论分母增大或者减小多少，分数值都不会有任何改变。同样，当世界被毁灭或创造时，无限不变的上帝不会发生变化，即使无数的生命秩序被接纳或产生。"虽然他能够清楚地证明数学概念，但是对于他来说，计算分母是"0"的分数完全不可能。

在确定方程的解中，康托尔认为印度人能够追寻到丢番图方法的痕迹。一些技术术语源于希腊语。即使印度人从希腊人那里借鉴的知识是真实的，但是印度人在改进线性二次方程方面的成就依然值得称赞。意识到负数的存在以后，婆罗摩笈多对丢番图提出 3 种形式的二

❶H. 汉克尔（H. Hankel）几何投影基本元素（*Basic Elements of Geometric Projection*）．德国图宾根．195.

次方程进行了论述，3 个方程如下，$ax^2+bx=c$，$bx+c=ax^2$ 和 $ax^2+c=bx$（a，b，c 是正数），将这 3 个方程统一为同一种通用格式，即 $px^2+qx+r=0$。在等式两边同乘以 $4p$ 后的完全平方式归功于斯里德哈拉。婆什伽罗的成就超越了希腊人，甚至超过了婆罗摩笈多。他提出："正数的平方是正数，负数的平方也是正数；正数的平方根有两种情况，一个根是正数，一个根是负数。负数没有平方根，因为负数不是某个数的平方。"然而凯耶指出，印度人并不是第一个给出二次方程有两个根论断的人❶。公元 9 世纪，阿拉伯的阿尔·花剌子模（Al-Khowarizmi）给出了方程 $x^2+21=10x$ 的全部解。在更高次幂的方程中，印度人能够成功解决一些特殊情况下的方程，可以通过在方程两边同时附加特定项式，构造成完美的高次方程。

对于印度人来说，论述不定方程比求解确定方程取得了更大的进展。不确定分析显示出印度人对于数学分析思想的巧妙变化。我们已经了解到不确定分析是丢番图最爱研究的课题，在特殊情况下求解不同的方案时，他的聪明才智是无穷无尽的。但是这个巧妙数学分支中通用方法的发明，应当归功于印度人。印度人的不确定分析方法不仅仅是方法上与希腊的不同，在目的上更是不同。印度人研究的目标是找到所有完整的解。然而，希腊分析要求的不一定是完整的解，只需要简单的合理性答案即可。丢番图满足于求出一个解，而印度人试图找到所有可能的解，阿耶波多给出了如 $ax \pm by=c$（a、b、c 都是整数）线性方程的整数解，其中使用的方法称为"粉碎法"（pulverizer）。因此，和大多数其他规则一样，印度人并没有给出任何证明。这个在本质上与欧拉的解是相同的。欧拉将 $\dfrac{a}{b}$ 减小到一个连分数的过程与印度人通过除法找到 a 和 b 最大公约数的过程是相同的。因此，这也常被称之为"丢番图方法"。汉克尔曾经对这个方法的名字提出抗议，理由是丢番图虽然是唯一一个知

---

❶G. R. 凯耶（G. R. Kaye）. 印度数学家（*Indian Mathematics*）. 印度加尔各答. 34.

道该方法的人，但是他没有给出完整的证明方法。❶ 这些方程可能来源于天文学问题的扩展。比如说，这些方程可以应用于预测天空中某一行星群出现的时间。

通过两个以上未知量的线性方程，我们得出了不定二次方程。在方程 $xy = ax + by + c$ 的解中，他们都用了一种方法，这种方法后来由欧拉再次进行改进，将（$ab + c$）分解到两个整数 m，n 的乘积上，并且让 $x = m + b$ 和 $y = n + a$。

值得注意的是，印度人求这个二次方程 $cy^2 = ax^2 + b$ 所用的解。他们通过敏锐的才智意识到，特殊情况下 $y^2 = ax^2 + 1$ 认识到不定二次方程的一个基本问题。他们用"循环法"（$cyclic\ method$）解决了该问题。德·摩根说："原则上它是由求解方程不定解的数量组成（a 是一个整数并不是一个平方数），求解过程中需要借助于一个给定或者求出的解，去求解方程 $y^2 = ax^2 + b$ 的解，同时也是方程 $y^2 = ax^2 + b^2$ 的解。"它相当于下列这个理论：设 p 和 q 是方程 $y^2 = ax^2 + b$ 中 x 和 y 的一组值，p' 和 q' 是同一组或者另外一组数值，那么 $qp + pq'$ 和 $app' + qq'$ 是方程 $y^2 = ax^2 + b^2$ 中 x 和 y 的一组值。从这可以明显地看出，$y^2 + ax^2 + 1$ 的解可能是任意数，也就是说，对于任意值 b，方程 $y^2 = ax^2 + b^2$ 是可以求解的，所以 x 和 y 是可以整除 b 的，那么 $y^2 = ax^2 + 1$ 的初始解即可求得。还有一种求解方程的方式是前述方法的混合，叫作"粉碎法"。这些运算方法主要用于天文学方面。

毫无疑问，"循环法"成了拉格朗日时期之前最著名的数字理论。方程 $y^2 = ax^2 + 1$ 现在叫作佩尔方程（$Pell's\ equation$），第一个对其进行深入研究的人是婆罗门学者，后期知识的巩固发展可能依靠希腊人的研究。它已经是一些高能力现代分析师们研究的课题。他们的研究再现了当年希腊人和印度人的研究成果。然而不幸的是，我们现在只有很少一部分印度代数和印度手稿，这些也是欧

---

❶H. 汉克尔（H. Hankel）. 几何投影基本元素（$Basic\ Elements\ of\ Geometric\ Projection$）. 德国图宾根. 196.

美西方国家所知的一部分。汉克尔认为，"循环法"的发明应当完全归功于印度人。但后来的 P. 坦纳里、康托尔、希斯和 G. R. 凯耶等历史学家，更支持其来源于希腊这一假说。如果我们再能找到丢番图遗失的那部分手稿，那么这一疑问也许会水落石出。

比几何学更高级的是印度三角形学。6 世纪❶伐罗诃密希罗的《五大历算全书》中，发现了一些有趣的章节。其中，在表示单位半径的符号时，给出 $\pi=\sqrt{10}$，$\sin 30°=\dfrac{1}{2}$，$\sin 60°=\sqrt{1-\dfrac{1}{4}}$，$\sin^2\gamma=\dfrac{(\sin 2\gamma)^2}{4}+\dfrac{[1-\sin(90°-2\gamma)]^2}{4}$。这后面跟了一个 24 正弦的表格，其角度增加的间隔是 $3°45'$（30°的第八部分），显然这个表格源自托勒密的弦值表。然而，与托勒密将半径分成 60 个部分的不同方法是，印度天文学家将其分成了 120 个部分，从而能够将托勒密的弦值表转化为正弦值表，并且不需要改变数值。阿耶波多取了一个与之不同的数值作为半径值，也就是 3438，这个数很明显来自关系式 $2\times 3.1416r=21600$。印度人追随希腊人和巴比伦人的研究步伐，将一个圆分成多个象限，每个象限是 90°，即 $5400'$，这样就可以把整个圆分成 21600 等份。每一个也可以分成 24 等份，因此每一等份包含整个圆周周长的 225 个单位值，对应的也就是 $\left(3\dfrac{3}{4}\right)°$。值得注意的是，印度人并没有像希腊人那样，估算双弧的整个弦长是多少，他们只是测算正弦（sine，joa）和正矢（versed sine）的长度。他们计算表的模型十分简单。90°的正弦等于半径长，或者是 3438，30°的正弦值是半径长的一半，或者是 1719。应用公式 $\sin^2\alpha+\cos^2\alpha=r^2$，他们能够得到 $\sin 45°=\sqrt{\dfrac{r^2}{2}}=2431$。代入 $\cos\alpha$，让其等于 $\sin(90-\alpha)$，可以得出 $\alpha=60°$，他们得出 $\sin 60°=\dfrac{\sqrt{3r^2}}{2}=2978$。以 90°，60°，

---

❶G. R. 凯耶（G. R. Kaye）. 印度数学家（*Indian Mathematics*）. 印度加尔各答. 10.

45°和30°的正弦值作为起点，利用公式 $\sin 2\alpha = 2\sin^2\alpha$，可以估算出一半角度的正弦值，也就是22°30′，15°，11°15′，7°30′，3°45′的正弦值。计算这些余角的正弦值为86°15′、82°30′、78°45′、75°、67°30′。通过这个简单的计算过程，他们能够得到最小间隔角3°45′的正弦值。在这个推理中，他们发现了一个独特的规则：设 a、b、c 是三段连续的弧，且有以下关系 $a - b = b - c = 3°45′$，那么 $\sin a - \sin b = (\sin b - \sin c) - \dfrac{\sin b}{225}$。每当推理中的数字需要重新计算时，就会用到这个公式。关于印度人的三角学方面，并没有什么相关论文著作留存于世。在天文学方面三角学主要用于解决平面和球面三角形问题❶。

现在我们已经有了一个相当完整的中国数学史，凯耶指出了印度与中国数学方面的相似点，这表明印度数学受惠于中国数学。《九章算术》早在公元前200年就已经在中国流行了。❷ 中国耿寿昌在公元263年对其进行了注解。《九章算术》给出了圆近似面积的求解公式 $= \dfrac{1}{2}(c + a)a$，这里的 c 是指弦长，a 是指垂线长。这一公式在后来的印度作家马哈维拉的著作中也出现过。在公元6世纪后的所有印度数学书上再一次出现了中国的"一根竹子的高度是3米，竹子的上端部分已经折断，折断的顶端落在离竹子底端1米处，折断处离地面的高度是多少"的问题。中国算术著作——《孙子算经》，著于公元1世纪，其中有一个事例是求一个除以3得到的余数是2，除以5得到的余数是3，除以7得到的余数是2。这一类型的事例在7世纪和9世纪的印度著作中非常常见，尤其是在婆罗摩笈多和马哈维拉的著作中。在之前的篇幅里，我们已经看到了，婆什伽罗关于毕达哥拉斯定理的有力证据，其实在中国早就发现了。凯耶还给出了其他例子，证明在后来的印度作品中都有中国的痕迹。

❶A. 阿尔内特（A. Arneth）. 数学简史. 德国斯图加特市. 1852：174.

❷G. R. 凯耶（G. R. Kaye）. 印度数学家（*Indian Mathematics*）. 印度加尔各答. 38—41.

　　虽然印度在数学方面借鉴了其他国家的成果，但是印度数学在一定程度上还是为科学做出了贡献。现代的算术和代数在形式上和精神上都与印度基本相同。想一想数字符号法，是由印度人不断完善的；想一想印度的算术运算与我们现在的运算方法一样完美；想一想印度简练的代数方法，然后再来判断恒河流域的婆罗门是否有资格获得人们的赞誉吧！只是不幸的是，在印度数学著作中，关于不定性分析方面的一些最高成就，引入欧洲的时间太晚了，而不能充分发挥它们的影响。如果进入欧洲的时间早两三个世纪，会更好。

　　从 20 世纪开始，现代数学一直活跃在印度。1907 年，印度数学学会成立了。1909 年，在马德拉斯创办了《印度数学学会杂志》。

阿拉伯数学

　　622 年，在穆罕默德（Mohammed）从麦加迁徙到麦地那之后，一个无名的闪族人开始在历史舞台上扮演重要角色。在十年之前，阿拉伯半岛的部落依靠宗教热情融合成一个强大的国家。统一后的阿拉伯国家开始征服叙利亚（Syria）和美索不达米亚（Mesopotamia）。遥远的波斯（Persia）以及波斯以外的土地，甚至印度都被纳入了撒拉逊人（后称阿拉伯人）的版图。他们征服了北非，甚至征服了整个西班牙半岛，并且借助查理·马特（Charles Martel，732 年）的力量，使其在西欧的领地进一步扩展。阿拉伯人的统治从印度一直延伸到西班牙，但是争夺伊斯兰教政权的战争接踵而至。公元 755 年，阿拉伯帝国一分为二，一个在巴格达由哈里发统治，另一个在西班牙的科尔多瓦（Cordova）。令人惊讶的是，阿拉伯人的征服过程中，他们放弃了以前的游牧生活，采取一种更加文明的方式，取得了对农耕人民的统治权。阿拉伯语成为所征服地方的官方语言。这片土地在东部的阿巴斯王朝（Abbasides）统治下，开创了学习史上的一个新时期。其首都巴格达坐落在幼发拉底河上，位于两个古老科学思想中心之间，一个是东方的印度，一个是西方的希腊。阿拉伯人注定要成为希腊科学燃烧火炬的守卫

者，确保火炬在西方困惑和混乱的时期一直闪耀，最后将火炬传递交付给欧洲人。因此，科学从雅利安人手中传到闪族人手中，随后又回转到雅利安人那里。以前有人认为，阿拉伯人对数学知识有贡献，但是贡献很小。然而研究表明，阿拉伯人的新颖思想是值得称赞的，因为这些都是后世很多思想的源泉。

巴格达的阿巴斯王朝鼓励邀请有能力的专家到他们的宫廷讲学，无论是什么国籍或者宗教信仰都可以被邀请。医药和天文学是他们最喜爱的科学。哈伦—拉希德（Harun-al-Rashid），是著名的撒拉逊统治者，将印度内科医生引入巴格达。在 772 年，宫廷来了一位印度天文学家，给哈里发·阿尔曼苏尔（Caliph Almansur）带来了天文学表，随后被翻译成阿拉伯语言。在这些表格中，阿拉伯人熟知的是信德天文表（Sindhind），这个表格很有可能摘自婆罗摩笈多的《增订婆罗门历数全书》这部权威著作。这些表格包含了印度重要的正弦表。

毫无疑问，在这段时期，随着天文表的引入，带着数字"0"和位值原理的印度数字，都被介绍给撒拉逊人了。在穆罕默德时期之前，阿拉伯人是没有数字的，都是用语言文字来表达数字。随后，需要对征服后的土地进行财政计算，继而形成了简短的符号系统。在有些地方，使用的是比被征服国家更加文明的数字符号。因此，在叙利亚，保留了古希腊符号；在埃及，保留的是科普特语（埃及古语）。在有些情况下，可以用数词代替书写时用的缩写。在阿拉伯—波斯词典里发现的迪瓦尼体（Diwani-numerals）被认为是用于缩写的数字。渐渐地，运用字母表中的 28 个阿拉伯字母代表数字成了阿拉伯人的一种习惯，就像是古希腊符号系统一样。这个符号系统转而被印度符号所替代，商人很早就使用了印度数字，数学家在写作时也用到了印度数字。阿拉伯数字符号的优势很明显，逐渐应用于各个领域。只是在天文方面，他们使用的还是字母符号系统。这里所说的字母符号法并没有太大的缺点，因为从《天文学大

成》中描述的六十进制算法来看，一般只有一两处需要填写数字。❶

　　关于阿拉伯数字的形式，阿拉伯作家阿尔—比鲁尼（Al-
Biruni）的说法很有意思。比鲁尼在印度生活了很多年。他说："数
字的形式与印度的字母一样，使用在不同的地方就有所不同，阿拉
伯人从各种形式中挑出最适合的即可。"一位阿拉伯天文学家说：
"人们使用符号时在形式上有很大的不同，特别是那些含 5，6，7 和
数字 8 的。"阿拉伯使用符号的源泉可以追溯到 10 世纪。我们发现
东部人和西部人使用的数字存在差异。但最令人惊讶的是，东部阿
拉伯人和西部阿拉伯人使用的符号完全偏离了今天使用的印度梵文
数字（Devanagari，神圣的数字），而更接近罗马作家波爱修斯的表
示方法。一方面，它们有着非常奇特的相似性；另一方面，又有着
无法解释的不同之处。最可信的是韦普克的一个观点：①大约在公
元之后的第二个世纪里，在符号"0"未发明之前，印度数字开始
引入亚历山大，由此开始在罗马蔓延，同时也引入了西非国家；②
在 8 世纪，符号"0"发明之后，印度人不断地改进和完善符号，随
后巴格达的阿拉伯人从印度人那里引进了印度数字；③在西部的阿
拉伯人从东部引入了"哥伦布蛋"，也就是"0"，但是仍然保留了 9
个数字的古老形式，如果没有其他原因，也只是为了表达一种与东
方国家不同的立场；④西部的阿拉伯人认为古老的形式起源于印
度，因此被称为古芭数字（即尘数字，为了纪念婆罗门在石碑上撒
满灰尘或者沙子所做的实验）；⑤自 8 世纪以来，印度数字的进一步
修改，使得现代梵文数字的形式有了大幅改动。❷ 这是一个非常大
胆的观点，不论正确与否，关于巴比伦、东阿拉伯和梵文数字之间
的关系，这个解释也比之前提出的其他观点要靠谱些。

　　值得一提的是，印度在 772 年《悉檀多》被引入巴格达，随后

----

❶H. 汉克尔（H. Hankel）. 几何投影基本元素（*Basic Elements of
Geometric Projection*）. 德国图宾根. 255.

❷M. 康托尔（M. Contor）. 数学史讲义（*Vorlesungen wber Geschichte
der Mathemalik*）. 德国莱比锡. 1907：711.

被翻译成阿拉伯文。除了阿尔—比鲁尼的游记之外，并没有明显证据表明阿拉伯与印度天文学家之间有任何交流。但是我们不得不承认，在他们之间确实存在着沟通交流的可能性。

我们很清楚希腊科学在一波又一波的浪潮中冲击和渗透阿拉伯的土地。在叙利亚，科学，尤其是哲学和医药学，由希腊的基督教将其发展繁荣。最著名的是安提俄克（Antioch）和埃美萨（Emesa）学派，最先繁荣起来的是埃德萨盛行的基督教教派（Nestorian）学校。希腊的医生和学者从叙利亚被召回巴格达，他们开始大量翻译希腊作品。哈里发·阿尔·马蒙（Caliph Al-Mamun，813—833）从君士坦丁堡的帝王那里保留了大量的希腊手稿，并将他们转移到叙利亚。阿尔·马蒙的继任者们继续如火如荼地开展这项工作，直到10世纪初，更为重要的哲学、医学、数学以及希腊的天文学著作都被翻译成阿拉伯文。数学著作的翻译版本最初是很匮乏的，因为要同时保证翻译者精通希腊文学和数学，而这一点是很难做到的。翻译作品需要一遍一遍地进行修订，直到他们满意为止。第一本翻译成阿拉伯文的希腊作品是欧几里得的《几何原本》。在哈伦·拉希德（Harun-al-Rashid）统治时期，完成了这些著作的翻译。对欧几里得所写《几何原本》的修订翻译工作由阿尔—马蒙时期整理完成。鉴于这个修订版本仍存在许多错误，博学的侯奈因·伊本·伊斯哈格（Hunain ibn Ishak），也有可能是他的儿子伊斯哈格·伊本·侯奈因（Ishak ibn Hunain），重新翻译了一个新的版本。因为《几何原本》的十三卷书增加到十四卷书，第十四卷书由许普西克勒斯所著，第十五卷书的一部分是由达马斯吉奥斯所著。但是塔贝特·伊本·库拉（Tabit ibn Korra）撰写了欧几里得的阿拉伯版本。确保《天文学大成》翻译的精准仍是一个非常困难的问题。还有一些翻译成阿拉伯文的其他重要的作品是阿波罗尼奥斯、海伦、丢番图的著作。因此，我们可以看出，在一个世纪的时间里，阿拉伯人获得了希腊科学的巨大财富。

在天文学方面，最初始的研究在9世纪。宗教仪式的形成是通过穆罕默德向天文学家提出几个实验性的问题完成的。在白天或者夜晚的某个固定时间一定会有祈祷和沐浴洗礼活动，这导致了更精确的时间测定。为了精确地测算伊斯兰教盛宴的时间，深入研究月球的运动变得尤为必要。除此以外，古老东方人的迷信说，天堂中发生的超凡事件会以神秘的方式影响着人类事物的发展，增加了人们对于日食预测的兴趣。❶

　　第一部著名数学书籍的作者是穆罕默德·伊本·穆萨·阿尔—花剌子模（Mohammed ibn Musa Al-Khowarizmi），他生活在哈里发·阿尔—马蒙统治时期（813—833）。关于花剌子模的资料，是从一本编年史中发现的，书名是《群书类述》（《索引书》，*Kitab Al-Fihrist*），由阿尔—纳迪姆（Al-Nadim）在 987 年写成，里面包含了博学之士的传记。花剌子模应哈里发要求对信德表进行摘录、修订，观察在巴格达和大马士革的阿拉伯人有什么不同，以及测量地球子午线的度数。对于我们来说，花拉子米最重要的成就还是在代数和算术方面。算术部分的著作不是最原始的版本，而是在 1857年发现了拉丁文翻译的版本。这本书的开篇是这样说的："花剌子模说过，让我们把这赞誉给我们的上帝、我们的领袖和守卫者吧！"在这里，花剌子模的名字 Al-Klurwarizmi 已经演变成"Algoritmi"。由此，有了我们现代表示算法的词"algorithm"，意思是以任何特定方式表示的计算艺术。作家乔叟（Chaucer）使用的还是过时的形式"augrim"。❷ 花剌子模的算法，是以位值原理和印度计算法为基础的，一个阿拉伯作家这样评价："它在简单和容易程度上超越了其他所有算法，并且展示了印度人伟大发明的智慧和睿智。"后来的作者为这本书添加了大量的算术算法，因其方法的多样性而与之前的算法大有不同。阿拉伯算法一般包含整数和分数的四则运算，这一点效仿印度算法。这些算法解释了"舍九法"的运算过程，还

---

　　❶H. 汉克尔（H. Hankel）. 几何投影基本元素（*Basic Elements of Geometric Projection*）. 德国图宾根. 226－228.

　　❷L. C. 卡宾斯基. 算术（*Arithrnetic*）第二十七卷. 现代语言笔记. 1912：206－209.

有"单设法"和"双设法",有时候也称为"试位法""双位法"或者"双假位法"运算规则。通过这些方法可以解决代数问题,而不必使用代数学法。"单设法"或者"假位法"是设定一个假定值代表未知量。如果说这个假定值设置的不科学,可以通过"三法则"(前文已叙述过)进行调整。这个法则对于印度或者埃及的阿默士人来说都很熟悉。丢番图使用的一种方法与这个法则有异曲同工之处。双设法的过程如下❶:要求解方程 $f(x)=V$,暂且假定 x 的两个数值:分别是 $x=a$ 和 $x=b$。然后得到方程的形式为 $f(a)=A$ 和 $f(b)=B$,然后确定误差 $V-A=E_a$ 和 $V-B=E_b$,然后所求

$$x=\frac{bE_a-aE_b}{E_a-E_b}$$ 是一个非常近似的值。但是,无论在什么情况下,$f(x)$ 都是 x 的线性函数。

现在我们回到花剌子模身上,看一看他另外一方面的成就——《代数》。这是以代数这个词为标题的第一本书。真正的题目包含了两个单词,al-jebr w'almuqabala,最接近的翻译是"还原与对消"(restoration and reduction,现代称"移项与合并同类项")。通过"还原"将负数项移到方程等式的另一边,通过"消项"合并同类项。因此,$x^2-2x=5x+6$ 通过还原可以得到 $x^2=5x+2x+6$;通过消项,方程可以变形为 $x^2=7x+6$。与算术相同,同一个作家代数方面的作品,存在一定的相似性。它解释了初等运算以及线性二次方程的求解过程。那么,作者是从哪里获得这些代数知识呢?如果说全部来源于印度是不太可能的,因为印度人并没有关于"还原"和"消项"的运算规则。比如说,印度人从来没有习惯像"还原"运算那样,将所有代数项通过移项转换成正系数项。丢番图设定的两条规则,与我们的阿拉伯作家有一些相似,也有可能是阿拉伯作家从丢番图那里学到了所有有关代数的知识,并且加上自己的研究成果,得出二次方程有多个根的问题。在当时丢番图仅意识到

❶H. 汉克尔(H. Hankel). 几何投影的基本元素(*Basic Elements of Geometric Projection*). 德国图宾根. 259.

一个根。希腊代数学家与阿拉伯数学家不同，他们习惯性地否定无理数根。由此可以看出，花剌子模的代数并非是纯印度的或者纯古希腊的。在阿拉伯人中，花剌子模的名声很大。他给出了这些实例：$x^2+10x=39$，$x^2+21=10x$，$3x+4=x^2$。后来的作家，诸如诗人和数学家奥马尔·海亚姆（Omar Khayyam）就用到了这些。"等式 $x^2+10x=39$ 像金线一样穿起了几个世纪的代数。"（L. C. 卡宾斯基）这个方程在阿布·卡米尔（Abu Kamil）的代数中出现了。阿布·卡米尔对花剌子模的著作进行了总结研究。反过来，阿布·卡米尔又成了印度人研究的对象，比萨的列奥纳多在 1202 年撰写的书中便提到了阿布·卡米尔。

花剌子模的《代数》中也包含了一些关于几何的少量篇幅。花剌子模给出了关于直角三角形的理论，但是在印度几何风靡以后才开始证明，而且只证明了最简单的等腰三角形。随后，花剌子模开始研究三角形、平行四边形和圆面积的计算。在计算过程中，他用 π 的值是 $3\frac{1}{7}$，当然还有两个印度值：$\pi=\sqrt{10}$，以及 $\pi=\frac{62\,832}{20\,000}$。奇怪的是，后面的值被阿拉伯人所遗忘，取而代之的是一个不太精确的数值。大约在 1000 年，花剌子模制作了一些天文学数表，后来被麦斯莱迈·马吉里蒂（Maslama al-Majriti）进行重新修改。这个数表不仅仅包含了正弦函数，还包含了正切函数（*tangent function*）❶，因此具有重要意义。因此也就是正弦函数很明显来源于印度，而正切函数可能是由麦斯莱迈添加的，以前被认为是艾布·瓦法（Abuĺ Wefa）的成果。

接下来要说的是穆萨·萨克尔（Musa Sakir）的 3 个儿子，他们生活在哈里发·阿尔－马蒙的统治时期。他们写了几本著作，其中在我们提到的一本关于几何的书中，包含用边来表示三角形面积

---

❶H. 苏特（H. Suter）."穆罕默德·本·穆萨. 阿尔. 花剌子模对天文学表的研究. 丹麦科学与人文的学术回忆. 哥本哈根. 第七版：丹麦. 1914：1.

的著名公式。据说，萨克尔其中一个儿子前往古希腊，目的是收集天文学和数学方面的手稿，并在回来的途中认识了塔贝特·伊本·库拉。鉴于他是一个有天分且博学的天文学家，穆罕默德为他在巴格达宫廷内的天文学家中谋得一职。塔贝特·伊本·库拉（836—901）出生于美索不达米亚平原的哈兰（Harran）。他不仅精通天文学和数学，同时也熟悉希腊语、阿拉伯语和叙利亚语。库拉主要翻译的是阿波罗尼奥斯、阿基米德、欧几里得、托勒密、西奥多修斯的经典之作。库拉关于"亲和数"的论文（一个数是另一个数所有因子的和），是阿拉伯数学史上第一个已知原创作品的样本。这些同时也证明了他非常熟悉毕达哥拉斯的数学理论。库拉发明了求解亲和数的原则，与欧几里得求解完美数学的原则有关：假设 $p=3\times 2^n-1$，$q=3\times 2^{n-1}-1$，$r=9\times 2^{2n-1}-1$（n 是整数）是三个质数，那么 $a=2^n pq$ 和 $b=2^n r$ 是一对亲和数。因此，如果 $n=2$，那么 $p=11$，$q=5$，$r=71$，以及 $a=220$，$b=284$。塔贝特同时也研究了将一个角进行三等分的问题。

塔贝特·伊本·库拉是中国之外、最早研究幻方的数学家。关于这个主题其他阿拉伯语的作品是由伊本·海亚姆（Ibn Al-Haitam）以及后来的作家撰写的。❶

在公元 9 世纪的天文学家中，排在首位的当属巴塔尼（Al-Battani），拉丁人称他为"Albategnius"，叙利亚的巴坦是他的出生之地。巴塔尼的观测以高精确性著称。他的著作《论星的科学》（De scientia stellamm），在 12 世纪，由柏拉图·提布提努斯（Plato Tiburtinus）翻译成拉丁文。在翻译中提出了"正弦"（sinus）一词，作为三角函数的命名。阿拉伯语的"sinus"，也叫"jiba"，这个词来自梵文的"jiva"，与阿拉伯语中的"jaib"相似，

---

❶H. 苏特（H. Souter）. 阿拉伯的数学和天文学作品集（*Arabic Couection of Mathematical and Astronomical Works*）1900：36，93，136，139，140，146，218.

意思是凹陷（indentation）或者回旋（jaib）。因此，拉丁文就是
"sinus"。❶ 巴塔尼是托勒密的一个比较亲近的学生，但并非是完全
追随他。巴塔尼提出了印度"正弦"或者说是半弦的概念，取代了
托勒密整个弦的概念，凭这一点就已经领先托勒密一步。巴塔尼是
第一个起草余切值（cotangents）表的人。巴塔尼研究水平和垂直
的日晷，据此命名为水平投影（在拉丁文中称为本影）和垂直投影
（反阴影）。这些分别表示"余切"和"正切"；水平投影还被拉丁
作家称为直立杆投影（umbra recta）。巴塔尼大概了解正弦定理，
阿尔-比鲁尼肯定也知道该定理。阿拉伯人对希腊三角学的另一个改
进之处，也同样受到印度的影响。希腊人用几何方式处理命题和运

算，阿拉伯人以代数的方式解决。因此，巴塔尼得出了等式 $\dfrac{\sin\theta}{\cos\theta}=$

D，θ 的值可以通过公式 $\sin\theta=\dfrac{D}{\sqrt{1+D^2}}$ 取得，其求解过程是古人所

不知道的。巴塔尼了解《天文学大成》中提到有关球面三角形的所
有公式，但是做了更深入的研究，并且加入了自己关于斜角三角形
的重要公式，也就是 $\cos a=\cos b\cos c+\sin b\sin c\cos A$。

　　在 10 世纪，阿拉伯东部出现了政治问题，使得阿巴斯王朝失去
了政权。各省市相继被攻陷，直到 945 年，所有城市都失去了主权。
唯一幸运的是，巴格达新的统治者——波斯白益王朝（Persian
Buyides）与先前的统治者一样，对天文学很感兴趣。因此，这不但
没有阻碍科学的发展，甚至为科学发展提供了更好的条件。埃米尔·
阿杜德－埃德－达乌拉（Emir Adud-ed-daula，978—983）因为自
学天文学而饱受赞誉。他的儿子萨拉夫－埃德－达乌拉（Saraf-ed-
daula）在宫殿的花园内建了一座天文瞭望台，同时邀请一大群学者
前往观测。❷ 这些学者中就有艾布·瓦法、阿尔—库希（Al-Kuhi）

---

❶M. 康托尔（M. Contor）. 数学史讲义（*Vorlesungen wber Geschichte der Mathemalik*）. 德国莱比锡. 1907：737.

❷H. 汉克尔（H. Hankel）. 几何投影的基本元素（*Basic Elements of Geometric Projection*）. 德国图宾根. 242.

和阿尔—桑格尼（Al-Sagani）。

艾布·瓦法生于阿拉伯霍拉桑（Chorassan）的布山（Buzshan）。这个地区在波斯山脉中间，而且这个地区出现了许多阿拉伯天文学家。艾布·瓦法发现了月球变化的规律，他所发明的不等式是由第谷·布拉赫（Tycho Brahe）首先发现的。艾布·瓦法还翻译了丢番图的著作。艾布·瓦法是对希腊作品进行翻译和注释的最后一批阿拉伯人之一。事实上，艾布·瓦法认为，花剌子模的代数值得探究，从而也就表明了当时代数在阿拉伯的土壤上没有多少进步。艾布·瓦法发明了一种计算正弦值的方法，可以将正弦的值精确到小数点后 9 位。他使用了专有术语"正切"，并且计算了正切值表。因为考虑到日晷的三角形，他还引入了专有术语"正割"和"余割"。然而不幸的是，新的三角函数以及月亮变化的发现并没有引起同代人的重视。艾布·瓦法写了一篇关于"几何构造"的论文，表明了在那个时期的学者主要研究如何构图。它包含了在正多面体的边角上整齐构造的方法。在这里：几何构图时受一把张开圆规的影响。自古以来，这一观点是第一次被提出，而后被人们广泛认可。

库希是巴格达埃米尔天文台的天文学家，是阿基米德和阿波罗尼奥斯的密友。库希解决了构造一个与已知物体体积相同的球截面体的难题，并且使曲面面积等于那个已知物体面积。萨加尼和比鲁尼对三等分角进行了研究。艾布·尤德（Abu'l Jud）是一个能力超群的几何学家，他解决了抛物线与等轴双曲线相交的问题。

阿拉伯人已经发现了"两个立方体之和永远不可能是一个立方体"这一定理。这是"费马大定理"的特殊情形。霍拉桑的阿布·穆罕默德·忽毡地（Abu Mohammed Al-Khojandi）认为，他已经证明了这一定理。目前，他的证明过程已经遗失，据说这些证明存在很多缺陷。几个世纪以后，拜亥艾丁（Beha-Eddin）宣布方程 $x^3 + y^3 = z^3$ 不能成立。在 11 世纪初，巴格达的卡尔希（Al-Karkhi）给出了这一方程不成立的数论和代数的可靠证明。他的代数著作是阿拉伯人在代数方面最著名的著作。他是研究计算高次根的第一人，也解决了 $x^{2n}+ax^n=b$ 方程的解。在求解二次方程时，他同时给出了算术和几何证明。拜亥艾丁是第一个给出并证明了这个定理的阿拉伯作者：

$$1^2+2^2+3^2+\cdots+n^2=(1+2+\cdots+n)\frac{2n+1}{3},$$

$$1^3+2^3+3^3+\cdots+n^3=(1+2+\cdots+n)^2。$$

卡尔希同时也忙于研究不定性分析。他在处理丢番图的方法上展示出了娴熟的技巧，但是他的知识量并没有什么新的增加。更令人惊讶的是，卡尔希的代数研究并没有印度数学不定性分析的痕迹。他所研究的算术问题没有用印度数字，完全是一种希腊模式。在 10 世纪后半叶，艾布·瓦法撰写了一本算术方面不含印度数字的书。在这一点上，他们与其他阿拉伯作家完全不同。为什么如此杰出的数学家能够忽略印度数字的研究，这个问题还是一个解不开的谜。康托尔认为，当时可能存在两类相互竞争的学派，其中一类几乎完全遵循希腊数学，而另一类则是教授印度数学。

阿拉伯人熟悉二次方程的几何解法。因此，他们尝试着用几何方式来求解三次方程。这也就引导他们对阿基米德问题进行研究求解，这个问题要求球截面分成两个部分保持一个固定比例。这个问题其实是一个三次方程的人是巴格达的马哈尼（Al-Mahani），而阿布·贾法尔·阿尔查辛（Abu Ja'far Alchazin）是用圆锥曲线解决这个三次方程的第一人。库希、哈桑（Al-Hasan）、海亚姆以及其他数学家也给出了该方程的解。另一个是比较难确定的一个正七边形的边长问题，要求以方程 $x^3-x^2-2x+1=0$ 中的解作为边长。许多人都试图进行求解，但最终这个问题是由艾布·尤德解决的。

提议用相交的二次曲线来解决代数方程求解问题的人，是霍拉桑的诗人奥马尔·海亚姆（Omar Khayyam，约 1045—1123）。他将立方分为两类，分别是三项式和四项式，并将每一类的同族及同类都包含其中。每一类都根据总体计划分别处理。他认为立方体不能通过计算来解决，四次方程也不能用几何解。他舍去了负根并且

经常找不全所有的正根。艾布·瓦法试图解决四次方程问题❶，而且通过几何方式求解 $x^4 = a$ 和 $x^4 + ax^3 = b$。

用相交二次曲线求解三次方程是阿拉伯代数方面最伟大的成就。这项工作的基础是由希腊人奠定的，因为梅内克缪斯是构造方程 $x^3 - a = 0$ 和 $x^3 - 2a^3 = 0$ 根的第一人。求解 x 的值并不是他的目的，求边长为 a 立方体 2 倍边长的 x 值才是其真正目的。但是，阿拉伯人认为，他的真正目的是：求解给定次数方程的根。在西方，阿拉伯三次方程的解直到 19 世纪初才为人所知。笛卡尔和托马斯·贝克（Thomas Baker）对这些方程进行了改进。海亚姆、卡尔希、艾布·尤德的作品证明了阿拉伯人离印度方法越来越远，他们逐渐受到希腊数学的影响。

由于卡尔希和奥马尔·海亚姆的存在，东部阿拉伯人的数学发展达到了"高水平"；接下来，数学又进入衰退期。从 1100 年到 1300 年，十字军发动了战争。阿拉伯人并不仅仅有十字军这一个敌人，还不得不应对蒙古部落。在 1256 年，蒙古人在旭烈兀（Hulagu）的领导下击败了阿拉伯人。巴格达地区的哈里发王国已经不复存在了，在 4 世纪初期，仍然存在其他国家，诸如由鞑靼人建立的帖木儿（Timur 或者 Tamerlane）国家。在这样动荡的时期，科学发展迟缓并不令人惊讶，而它一直顽强存在着实是一个奇迹。在旭烈兀统治时期，一个名叫纳西尔丁（Nasir—Eddin，1201—1274）的人，是一个有文化和才华的天文学家。艾丁说服旭烈兀在马拉加（Maraga）为自己和同伴建立一个超大的天文台。纳西尔丁还撰写了关于代数、几何、算术的论文，对欧几里得的《几何原本》进行翻译。纳西尔丁第一次独立地详细阐述了天文三角学，他的著作非常完美，为 15 世纪的欧洲人研究天文节约了时间和精

❶L. 马西森（L. Matthiessen）. 古代和现代代数文学史（*Grundziigo der Antilcen Modernen Algebra der Litteralen Gleichangen*）. 德国莱比锡. 1878: 923.

力。❶ 另外，纳西尔丁还试图证明平行的基本条件。纳西尔丁的证明如下：假设 AB 与 DC 垂直于点 C，同时假设另一条直线 EF 与直线 DC

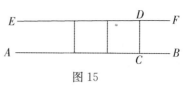

图 15

相交成的 $\angle EDC$ 为锐角，然后在 AB 与 EF 之间，从 DC 一侧，朝点 E 方向，不断向 AB 作垂线，离 DC 越远，线段越短。如图 15 所示。他以拉丁文写的证明过程，由沃利斯于 1651 年出版。❷ 即使是在撒马尔罕（Samarkand）的帖木儿朝廷，对科学也没有一点忽略。一大批天文学家被吸引到宫廷之中。尤莱格·贝格（Uleg Beg，1393—1449），即帖木儿的孙子，就是一个天文学家。这一时期最著名的就是阿尔—卡西（Al-Kashi），一位算术家。因此，在和平时期，东部的科学持续繁荣了几个世纪。最后一个东部的作家是拜亥艾丁。他的《算术精华》与阿尔·花剌子模的著作是同等水平，写于约 800 年前。

令人惊奇的是，东部人民不断扩张的力量。他们征服了一半的世界，但是最奇妙的是，他们在不到两代人的时间里，依靠科学成果，将自己的地位不断提升。在这些流逝的岁月里，东部的天文学和数学远远超越了西部。

迄今为止，我们只谈到了东部阿拉伯人的数学成就。东部和西部地区阿拉伯人分别属于不同的政权派别。因此，在巴格达和科尔多瓦这两个相距遥远的文化中心城市，尽管人们有着相同的信仰和语言，但是他们之间缺少科学交流。因此，西班牙的科学进程与波斯的科学进程是完全独立的。当我们朝着科尔多瓦向西前进的时候，我们埃及肯定需要停留足够长的时间，这里有关科学的活动被重新点燃。不仅仅是在亚历山大港，还有满是图书馆和天文台的开罗（Cairo），现在都是学习的地方。在这些科学家中，排在首位的

---

❶F. 鲁迪奥（F. Radio）. 数学藏书（*Bibliotheca Mathematica*）. 德国苏黎世大学. 1893：6.

❷R. 波诺拉（R. Bonora）. 非欧几里得几何（*Non-Eaclidean Geonetry*）H. S. 卡斯劳译. 美国芝加哥. 1917：10—12.

是伊本·尤努斯（Ibn Junos，卒于 1008 年），他与阿卜·尔维是同时代人。他解决了一些球面三角形的难题。另一个埃及天文学家是伊本·海赛姆（卒于 1038 年），他计算出了一条抛物线绕直径或者纵坐标形成抛物面的体积，他运用了"穷尽法"并给出了自然数前四次幂的四个求和公式。❶ 一直往西前行，我们会在摩洛哥（Morocco）遇见阿布尔·哈桑·阿里（Abu'l Hasan Ali），他在关于"天文仪器"的论文中公开了阿波罗尼奥斯二次曲线的全部知识。最后我们会到达西班牙的首都——科尔多瓦，我们被她壮美的建筑所感动。10 世纪，在这个著名的学府圣地里，随处可见学校和图书馆。

我们对于西班牙数学的发展知之甚少。最早进入我们视野的是阿尔—麦基里提（Al-Majriti，卒于 1007 年），他是神秘论文"亲和数"的作者。他的学生先后在科尔多瓦、戴尼亚（Dania）和格拉纳达（Granada）建立大学。在西班牙的撒拉逊人中，最伟大的天文学家是塞维利亚（Sevilla）的贾比·伊本·艾夫拉赫（Jabir ibn Aflah），通常被称为格柏（Geber）。格柏生活于 11 世纪的后半叶时期。从前，人们认为格柏是代数的发明者，也认为代数这个词来源于"Jabir"或"Geber"。格柏是这个时代最杰出的天文学家之一，但是与很多同时代人相同的是，他的作品中包含了大量的神秘主义。格柏最主要的作品是 9 本天文学方面的书籍，其中一本主要是研究三角学的。在格柏研究的球面三角学中，表现出了很大的思想独立性。格柏反对托勒密享有盛名的"六量法则"，而提出了自己的新方法"四量法则"。也就是，设 PP_1 和 QQ_1 是大圆的两条弧，且相交于 A 点，设 PQ 和 P_1Q_1 垂直于 QQ_1，那么就可以得到下列比例式 $\sin AP : \sin PQ = \sin AP_1 : \sin P_1Q_1$。

格柏从这个公式得出了球面直角三角形的计算公式。在格柏之前，塔贝特·伊本·库拉以及其他数学家可能已经了解了这个正弦

❶H. 苏特（H. Souter）. 数学藏书（*Bibliotheca Mathematica*）. 德国苏黎世大学. 1911—1912：320－322.

公式。在托勒密已经给出的四个基本公式之外，格柏又添加了一个自己发现的第五个公式。设 a，b，c 分别是三边，A，B，C 是球面三角形的三个角，直角在 A 点，那么 $\cos B = \cos b \sin C$。这个公式通常称为"格柏定理"。尽管格柏在球面三角学方面有了创新，但他仍然没有。格柏甚至不采用印度的"正弦"和"余弦"，仍旧采用希腊人的"双倍角的弦"。从这也能看出，要想从旧观念中脱离出来是一件非常痛苦的事情，连非常独立的阿拉伯人也不例外。

值得注意的是，从早期阿拉伯人的数学研究来看，并没有发现使用算盘的痕迹。在 13 世纪末，我们第一次发现阿拉伯作家——伊本·艾班纳（Ibn Albanna）使用了一种算盘和印度计算的混合算法。伊本·艾班纳居住在卜吉亚（Bugia），这是一个非洲海港城市。很明显，他深受欧洲科学的影响，并且从那里获得了关于算盘的知识。伊本·艾班纳和亚伯拉罕·伊本·埃斯拉（Abraham ibn Esra）运用"双假位法"解决了一阶方程的问题。在伊本·艾班纳之后，我们发现还有阿尔卡尔萨迪（Al-Kalsadi）以及拜亥艾丁使用过这个方法。❶ 设 $ax + b = 0$，m 和 n 取任意两个数（双假位法），让 $am + b = M$，$an + b = N$，那么 $x = (nM - mN) \div (M - N)$。

三次方程 $x^3 + Q = Px$，通过计算得出 $x = \sin 1°$。该方法仅在这个数值示例中显示。米拉·切利比（Miram Chelebi），于 1498 年阿拉伯天文学数值表中给出了这一方法。这个方法的发明应当归功于阿塔贝丁·贾姆希德（Atabeddin Jamshid）。❷ 他写出了公式 $x = (Q + x^3) \div P$。如果 $Q \div P = a + R \div P$，那么 a 是第一次近似值，x 是较小的值。我们得出 $Q = aP + R$，因此得出 $x = a + (R + a^3) \div P = a + b + S \div P$。然后 $a + b$ 是第二次近似值。我们得出 $R = bP + S - a^3$ 和 $Q = (a + b) P + S - a^3$。也就可以得出 $x = a + b + (S -$

❶L. 马西森（L. Matthiessen）. 古代与现代代数史（*History of Ancienc and Modern Algebra*）. 德国莱比锡. 1878：275.

❷M. 康托尔（M. Contor）. 数学史讲义（*Vorlesungen wber Geschichte der Mathemalik*）. 德国莱比锡. 1907：782.

$a^3+(a+b)^3)\div P=a+b+c+T\div P$。这里的 $a+b+c$ 就是第三次近似值，如此反复。一般而言，虽然寻找 $x=\sin 1°$ 的方法已然很好，但是这个计算量仍然是相当大的。这个例子是阿拉伯作家唯一已知受影响方程的近似数值解。近 3 个世纪以前，意大利比萨的列奥纳多，得出了一个三次方程的高度近似解，只是他并没有公开自己的算法。

西班牙的知名学者是阿尔卡尔萨迪（卒于 1486 年）。他撰写的作品是《掀起古芭科学的面纱》（*Raising of the Veil of the Science of Gubar*）。单词"Gubar"的原意是"灰尘"，用在这里表示用数字而不是用心算代表算术。此外，平方根单词"jidre"表示，意思是"根"，特别表示"平方根"的意思。事实上，阿尔卡尔萨迪也用了许多代数符号来表示未知数。阿尔卡尔萨迪使用平方根 $\sqrt{a^2+b}$ 的近似法，也就是 $\dfrac{4a^3+3ab}{4a^2+b}$，S. 冈瑟（S. Gunther）认为，阿尔卡尔萨迪在没有现代概念的情况下公开了连分数法，因为 $\dfrac{4a^3+3ab}{4a^2+b}=\dfrac{a+b}{2a+\dfrac{b}{2a}}$。在使用代数符号的量上，阿尔卡尔萨迪的著作超越了其他阿拉伯作家的作品。在内赛尔曼❶的帮助下，我们将代数分为以下三类：①修辞代数阶段，在这类代数中不使用符号，任何计算都是使用语言完成；②半符号代数阶段，在这个阶段中，还是用语言来表示代数，但是可以用缩写符号表示经常性重复的运算和思想；③符号代数，在这个阶段中，所有的运算都用常用的代数符号来表示，如 $x^2+10x+7$。根据这种分类，阿拉伯著作（除去后来那些西部阿拉伯人的作品之外），伊安布利霍斯和西马里达斯所写的古希腊作品，以及早期的意大利作家和雷格蒙塔努斯（Regiomontanus）所写的作品在分类上都是修辞性代数；后来丢番图的作品和一直到

---

❶G. H. F. 内赛尔曼（G. H. F. Nesselmann）. 希腊代数（*Greek Algebra*）. 德国柏林. 1842：301—306.

大约 17 世纪中叶欧洲作家的作品除了韦达（Vieta）和威廉·奥特雷德（Willan Oughtred）的作品外，在分类上仍属于半符号代数；印度著作以及韦达和奥特雷德的作品，以及 17 世纪中叶以后的欧洲作品，在分类上都属于符号代数。由此可见，西部阿拉伯人在代数符号的问题上处于先进地位，并且除了印度人以外，他们的前人或者同时代人都没有他们取得的成就大。

在克里斯托弗·哥伦布（Christopher Columbus）发现北美洲的那一年，摩尔人失去了他们在西班牙的最后一寸土地，阿拉伯科学的鼎盛时期就此过去了。

我们目睹了阿拉伯人令人称赞的科学成就。非常幸运的是，统治者对科学的大力提倡，使得他们能够进一步深入研究。在哈里发宫廷中，国王为科学家们建立了图书馆以及天文台，从而阿拉伯科学家们撰写了大量的天文学著作和数学著作。有人说，阿拉伯人是有学术成就的，但不是独创。以我们目前对他们著作的了解，这种传说应当被推翻。阿拉伯人已经取得了非常值得赞赏的、实质性的成就。阿拉伯人通过几何作图方式解决了三次方程，完善了更高层次的三角学问题，在数学、物理、天文学方面也取得了为数不少的成就。阿拉伯人对科学的热爱还不止于此，他们还虚心地学习希腊和印度的知识，也将知识传送到欧洲人那里。

中世纪的欧洲

3 世纪以后，欧洲便开启了迁徙的新纪元。强大的哥特人离开了北部的沼泽和森林，向西南稳步推进，沿路赶走了汪达尔人（Vandals）、苏维汇人（Sueves）以及勃艮第人（Burgundians），穿过了罗马的领土，当他们到达地中海沿岸时，他们最终停了下来。从乌拉尔山脉（Ural Mountains）到多瑙河，野生动物成群结队。此时，罗马帝国分崩离析，却是现代欧洲国家和制度的萌芽时期。混合了凯尔特语和拉丁语的日耳曼人语言，促进了欧洲现代文明强壮而繁茂地生长，进而产生了古代最伟大的思想家。

罗马数学介绍

随着基督教义和拉丁文的广泛传播，使得中世纪的科学主要来源于拉丁语。虽然希腊语对罗马人来说并不是完全陌生的，但是在13世纪以前，并没有一本希腊科学著作被阅读或者翻译成拉丁语。因此，从罗马作家那里获得的科学确实很简单，我们必须等待几个世纪才能在数学方面取得实质性的发展。

在波爱修斯和卡西奥多罗斯（Cassiodorius）时代之后，意大利的数学活动便没了踪迹。《奥利金》（Origcnes）这部百科全书，是由伊西多鲁斯（塞维利亚的主教，卒于公元636年）撰写的。这本书是迦太基的乌尔提亚努斯·卡佩拉（Martianus Capella）和卡西奥多罗斯的罗马百科全书改编的。该书的内容主要致力于四门学科——算术、音乐、几何和天文学。书中给出了专有名词的定义和用法解释，但是并没有描述当时流行的计算模式。在伊西多鲁斯之后，经历了一个世纪的黑暗时期，由可敬的比德（Bede，672—735）打破了这一消沉，他是同时代中最博学的人。比德是英国威尔茅斯（Wearmouth）人。比德的著作《计算》（*Computus*）包括关于复活节的计算，以及关于十指的计算。很明显的是，在书中十指符号法被广泛应用于计算。精确地确定复活节的时间是当时困扰教堂的问题。人们希望寺院里有专门的僧侣负责计算出宗教节日的时间历法。因此，我们总是能够在僧侣授课的一些小角落发现计算的艺术。

比德逝世当年，也是阿尔昆（Alcuin，735—804）出生的那一年。阿尔昆在爱尔兰上学，被查理曼大帝（court of Charlemagne）命令去管理大法兰克帝国（Frankish Empire）的教育发展问题。查理曼大帝对爱学习以及有学问的人总是给予大力支持，在很多修道院建立学校，教授他们《圣经》、写作、唱歌、计算以及语法。阿尔昆可能并不熟悉波爱修斯的算筹论或者罗马算盘的计算方法。他是将数字理论应用于神学的一系列学者中的一个。他认为上帝创造了生命的数字，创造了美好的万事万物，这个生命的数字是"6"，因为"6"是一个完美的数字（它的因子之和是 $1+2+3=6$）。"8"却相反，是一个不完美的数字（$1+2+4<8$），因此人类的第二起源是数字"8"，这个数字在诺亚（Noah，《圣经》中的人物）方舟被认为是灵魂数字。

有一本名叫《益智集》（*Problems for Quickening the Mind*）的书，是命题与推理合集，这本书应该是 1000 年前的，还有可能是更久远之前的。康托尔认为该书撰写的时间更早一些，并且是由阿尔昆撰写的。以下是这本书中的一个例子：一条狗追逐一只兔子，兔子在狗前面 150 英尺，狗每次跳 9 英尺远，兔子每次跳 7 英尺远。为了确定经过多少次跳跃，狗才能追上兔子，150 英尺必须除以 2。在这个例子里，三角形面积和四边形面积可以用同样的近似公式来计算，这些公式是波爱修斯在几何学中提出的，被埃及人广泛应用。另一个例子就是"蓄水池问题"，已知每根管单独放满蓄水池的时间，求这些管同时放水需要的时间，这个问题先前已经出现在海伦的著作中，在印度著作中也出现过。合集中的许多问题都来源于罗马。由于这些问题具有独特性，给出了罗马来源最强有力的证明。其中一个证明就是当一对双胞胎出生时遗嘱分配的问题。这个问题与罗马人的是一致的，只是选择了不同的比值。作为一个消遣的练习，我们再来看一下这个问题：一位农夫带着一匹狼、一只羊、一颗卷心菜过河，船小，农夫每次渡河只能带走一样东西。那么问题是：必须怎么带它们过河才能避免羊吃了卷心菜，或者狼吃了羊的事情发生？❶《益智集》提供了解决这些问题的方法，即只要运用测量中常用的公式，加强求解线性方程和用整数执行四则运算的能力，根本不需要进行求根，更不用分数去解决。❷

---

❶S. 冈瑟（S. Günther）. 数学史（*History of Mathematical*）. 德国柏林. 1887：32.

❷M. 康托尔（M. cantor）. 数学史讲义（*Vorlesungen Wber Geschichte der Mathemalik*）. 德国莱比锡. 1907：839.

　　查理曼帝国在查理大帝死后摇摇欲坠，几乎彻底灭亡——战争和混乱随之而来。人们追求科学的心已经停滞不前，一直到 10 世纪末才开始逐渐恢复。当时德国正处于撒克逊人的统治下，法国处于卡佩王朝统治时期，这一时期较为和平。激发僧侣们从事数学研究热情的人是热尔贝（Gerbert），他是一个特别有能量和影响的人。热尔贝出生于奥弗涅（Auvergne）的欧里亚克（Aurillac）。在接受了修道院教育之后，热尔贝又学习了数学。热尔贝回国之后在兰斯（Rheims）教了十年学，并因其深厚的学识而闻名。由此热尔贝受到了最高的礼遇。热尔贝被选为兰斯的主教，随后是拉韦纳（Ravenna）的主教，最终被皇帝奥托三世命名为罗马教皇西尔维斯特二世。热尔贝卒于 1003 年。这就是欧洲 10 世纪最杰出数学家的职业生涯。在同时代的人中，热尔贝的数学知识被公认为是最好的。

　　热尔贝通过学习孤本书籍的知识，不断扩充自己的知识。他在曼图亚（Mantua）发现了波爱修斯的《几何学》。虽然这本书只有很小的科学价值，但是却有很大的历史意义。这本书是当时欧洲学者可以从中学习几何元素的主要书籍。热尔贝带着极大的热情学习，人们通常被认为他才是这本几何书的作者。H. 韦森伯恩（H. Weissenborn）否认了他的著作权，并声称该书由三部分问题组成，而这三部分不可能来自同一个作者。最新的研究更倾向于说明热尔贝是该书的作者，也是他收集不同来源的资料进行编辑而成的。❶ 这本几何学包含了多个波爱修斯所提出的内容，但事实是，波爱修斯偶尔出现的错误在这里进行了修正，从而能够证明作者是掌握几何学这门科学的。

　　汉克尔说："中世纪时期的第一篇数学论文并非浪得虚名，那是一封热尔贝写给阿德尔伯特（Adalbert）的信件，阿德尔伯特是乌特勒支（Utrecht）的主教。"在论文中，解释了为什么三角形面积能够以"几何学"的方式用底与高乘积的一半表示的原因，不同

---

❶S. 冈瑟（S. Günther）. 数学史（*History of Mathematical*）. 德国莱比锡. 1908：249.

于以往"算术方法"，而是根据公式 $\frac{1}{2}a\ (a+1)$ 计算出来的面积的这个公式通常用于测量，其中 a 代表的是一个等边三角形的一条边。他给出了正确的解释，也就是后一个公式中涉及的一个三角形应当划分为所有小的单元，甚至那些超出的部分都应该计算在内。D. E. 史密斯关注了一个著名的来自中世纪"里思莫马恰游戏（Rithmomachia）"，一些人认为它来源于希腊。这个游戏一直持续到 16 世纪。它需要具备一定的算术能力才能解答，热尔贝、欧龙斯·费恩（Oronce Fine）、托马斯·布雷德沃丁（Thomas Bradwardine）等对这个游戏较为熟悉。这个游戏使用了一个类似于国际象棋的棋盘，其中包含了这样的关系：$81=72+\frac{1}{8}\times72$，$42=36+\frac{1}{6}\times36$。

　　热尔贝对波爱修斯的"算术"著作做了细致的研究。他出版《关于数字的一本小书》（*A Small Book on the Division of Numbers*）和《关于算盘计算的规则》（*Rule of Computation on the Abacus*）。书中提供了在引入印度数字之前欧洲实行的计算方法。热尔贝使用了算盘，而这个工具对于阿尔昆来说可能是未知的。博内林厄斯（Bernelinus）是热尔贝的一个学生，将算盘表述为，在一个光滑的板上，几何学家们习惯于撒满蓝色的沙子，然后在上面作图。出于方便算术的目的，这块板被分为 30 个网格，其中 3 个用于存放分数部分，同时剩余的 27 个网格 3 个 1 列进行分组。在每一组中，分别用字母 C（百），D（十），S（个）或者 M（一）重新标记。博内林厄斯用到了 9 个数字，这也是波爱修斯所称的算筹，随后注释说希腊字母也可能用在此处。利用这些列，在不引入数字"0"的情况下也能够表示出任意数，并且所有算术运算都可以用一种不需要列的方式表示出来，只不过在表达过程中需要加入符号"0"。确实，加法、减法、乘法与当今用算盘的算法在本质上是一致的，但是在除法上大为不同。早期的划分规则主要满足以下三个条件：①尽量限制使用乘法表，至少在思想上不使用两位数乘个位数；②避免使用减法，尽量使用加法代替；③运算应当是一种纯粹的手工计算方式，不需要进行试验。❶对于我们来说，这些条件的运用可能会比较奇怪，但是我们需要记住的是，中世纪的僧侣们在少年时代并没有接受教育，并且是在他们的记忆空白时期学习的乘法表，肯定会有不足之处。热尔贝的运算法则是最久远的存在。它们是如此的简短，以至于很多人并不清楚如何运用。人们可能只是通过记忆来提示在研究中如何进行下一步。在热尔贝后期的手稿中，它就越来越完整了。用任意数除以一个个位数，就比如说 668 除以 6，首先就应该把除数加 4 增加到 10。这个过程在相邻的图中进行了详细阐述。❷随着这个过程的继续，我们必须想象划掉一些位数，擦掉一些数值，在某个数的下方再替写一些数值。过程如下：$600 \div 10 = 60$，但是为了修正误差，我们必须加到 $4 \times 60 = 240$。$200 \div 10 = 20$，但是必须加到 $4 \times 20 = 80$。我们现在已经写出 $60 + 40 + 80$，它的和是 180；然后继续往下做：$100 \div 10 = 10$；必须修正的是 $4 \times 10 = 40$，再加上 80，得出 120。现在 $100 \div 10 = 10$，再修正 4×10，再加上 20，得出结果 60。再重复先前的步骤，$60 \div 10 = 6$，修正 $4 \times 6 = 24$。现在是 $20 \div 10 = 2$，修正 $4 \times 2 = 8$。将所有列的个位数相加 $8 + 4 + 8$，也就是 20。再重复一遍，$20 \div 10 = 2$，修正 $4 \times 2 = 8$，剩下的数不能再被 10 整除，只能被 6 整除，商是 1，余数是 2。所有商的部分相加得出 $60 + 20 + 10 + 10 + 6 + 2 + 2 + 1 = 111$，余数是 2。

更为复杂的是，当除数含有两位或者多位数时的运算。如果除数是 27，那么下一个较高的倍数是 10 或 30 作为除数，但是修正数就应该是 3。谁有耐心将整个除法进行到底，这就可以理解为什么热尔贝会说，"多位数是很难利用算盘计算出来的"。他也将理解到为什么阿拉伯除法在首次引入时，被称为商除法（divisio aurea），

❶H. 汉克尔（H. Hankel）. 几何投影的基本元素（*Basic Elements of Geometric Projection*）. 德国图宾根. 318.

❷M. 康托尔（M. Cantor）数学史讲义（*Vorlesungen wber Geschichte der Mathemalik*）. 德国莱比锡. 1907：882.

但是在算盘中除法被称为归除法（divisio ferrea）。

在关于算盘的著作中，博内林厄斯用了一章的篇幅介绍分数。当然，十二进制是罗马人首先使用的。因为缺乏合适的符号，使得他们的计算极其困难。尽管我们都已经习惯了，像早期用算盘的人不用一个分子或者分母来表示它们，而是用名字来表示，比如说用 uncia 表示 $\frac{1}{12}$，用 quincunx 表示 $\frac{5}{12}$，用 dodrans 表示 $\frac{9}{12}$。

在 10 世纪，欧洲国家开始不断学习罗马的数学知识。在 11 世纪，他们更是努力地学习相关知识。虽然在算术和几何方面有无数的著作，但是欧洲西方国家在数学知识方面还是很匮乏的。因为匮乏，才不断地从罗马引进数学知识的瑰宝。

阿拉伯手稿的翻译版本

热尔贝不仅为数学注入了一股新能量，也为哲学加入了新元素。从法国、德国、意大利来的学生聚集在兰斯共同接受他的教导。当这些学生成了教师之后，不仅仅教授算盘的使用和几何知识，也教授他们从亚里士多德哲学中要学到知识。亚里士多德的哲学起初只通过波爱修斯的著作进行传播。但是科学家们对于亚里士多德哲学的学习热情，激发了研究他著作的潮流。拉丁人听说阿拉伯人也对亚里士多德学派（Peripatetism）有敬仰之情，于是他们决定共同翻译亚里士多德的著作以及相关注释。这促使他们搜寻并翻译了阿拉伯手抄本。在这次搜寻过程中，数学方面的著作同样也引起了他们的注意，这些著作也被翻译成了拉丁文。虽然有一些零碎的著作在早期被翻译过，但是大量的翻译活动是从 1100 年开始的。拉丁人对于伊斯兰教知识瑰宝的热情，远远超过了阿拉伯人自身。在 8 世纪时，这些伊斯兰教知识的进程超越了希腊和印度科学。

最早将手稿翻译成拉丁文的学者是巴斯（Bath）的阿特拉德（Athelard）。他主要活跃在 12 世纪初。阿特拉德曾经游历过小亚细亚、埃及，可能还去过西班牙，历尽千辛万苦获得了伊斯兰教的科学知识和语言。阿特拉德翻译最早的著作，是从阿拉伯语版翻译过来的欧几里得《几何原本》。阿特拉德还翻译了花剌子模的天文表。1857 年，在剑桥大学图书馆发现了一部手稿，证明是花剌子模拉丁文版的《算术学》。这本译著很有可能也是阿特拉德翻译的。

在同一时期非常活跃的还有蒂沃利（Tivoli）的柏拉图或者说是柏拉图·提布提努斯（Plato Tiburtinus）。他翻译了巴塔尼的天文学著作和西奥多修斯的《球面几何》（Sphaerica）。

大约在 12 世纪中叶，有一群基督教学者在雷蒙德和托莱多大主教的指导下忙于各种研究。在他们中间，有一个不断沿着自己研究方向的人，他就是塞维利亚（Seville）的约翰。他翻译的著作主要是亚里士多德的哲学，《算法手册》（liber alghoarismi）就是他根据阿拉伯作者的版本编译的。一个分数被另一个分数相除的规则如下，$\frac{a}{d} \div \frac{c}{d} = \frac{ad}{bd} \div \frac{bc}{bd} = \frac{ad}{bc}$。13 世纪的一个德国数学家内莫拉里乌斯（Jordanus Nemorarius）也给出了相同的解释。将这样的著作与用算盘人的著作相比较，我们会发现其中的差别，这证明了双方是完全不同的来源。有一些人认为，热尔贝获得人生的巅峰以及他的算术知识，并不是来源于波爱修斯，而是来源于西班牙的阿拉伯人，而且波爱修斯几何学的大部分应该是伪造的，真正的时间应该起源于热尔贝时期。如果这个争论提到的情形是真的，那么热尔贝的著作便违反了阿拉伯来源，就像塞维利亚约翰的那些著作一样。但是，我们并没有发现其中的相似点。热尔贝不可能从阿拉伯人那里学习如何使用算盘，因为所有的证据表明，他们根本不需要用它。说他从阿拉伯那里借了算筹的说法也是不可能的，因为除了算盘之外，它们在欧洲从未使用过。在说明除法中的示例时，10 世纪和 11 世纪的数学家用罗马数字举了一个例子，然后绘制了一个算盘并在其中插入了算筹所必需的数字。因此，也许他们的算盘以及算筹都是从别处借来的。反过来说，塞维利亚的约翰，从阿拉伯著作和用算盘的人那里汲取知识，但是与后者不同的是，前者提及的印度人，用的是算法术语，让"0"参与计算，并且不使用算盘。

前者教授的是如何求根，而用算盘的人不会。前者教授阿拉伯人使用六十进制的分数，而用算盘者使用的是罗马的十二进制❶。

在塞维利亚的约翰之后，活跃在数学世界的是伦巴第 (Lombardy) 克雷莫纳 (Cremona) 的杰拉德 (Gerard)。因为杰拉德渴望获得翻译《天文学大成》的资格，他只身前往托莱多。1175 年，杰拉德在托莱多翻译了这本托勒密的杰出著作。受到伊斯兰教丰富文学的激发，他全身心地投入伊斯兰教文学的研究。他将 70 余本阿拉伯著作翻译成拉丁语。关于数学家的作品，除《天文学大成》之外，还包括欧几里得的 15 本著作、西奥多修斯的《球面几何》、梅涅劳斯的著作、花剌子模的《代数学》、格柏的《天文学》，以及其他不太重要的著作。克雷莫纳的杰拉德将术语"正弦"引入了三角学。切斯特的罗伯特也翻译了花剌子模的《代数学》，他的翻译版本可能还会早于克雷莫纳人杰拉德的版本。

在 13 世纪，人们对于向阿拉伯人学习的热情仍然持续不减。在这一时期对科学最重要的一位赞助人当属霍亨斯陶芬王朝 (Hohenstaufen) 的腓特烈二世 (Emperor Frederick II，卒于 1250 年)。通过腓特烈二世频繁地与伊斯兰教学者相接触，他越来越熟悉阿拉伯科学。他雇用了一些学者来翻译阿拉伯手稿，这就是《天文学大成》新的翻译版本来源。另一位值得一提的人是对阿拉伯科学狂热尊崇的皇帝——卡斯提尔 (Castile) 的阿方索十世 (Alfonso X，卒于 1284 年)。他召集了一批犹太和基督教学者，对阿拉伯的天文学著作进行翻译和编纂。两个犹太人将天文表快速地在欧美西方国家传播，构成了 16 世纪以前所有天文学计算的基础。在基督教的土壤上帮助翻译阿拉伯科学的学者是很多的。但是我们只能提及一位，那就是诺瓦拉 (Novara) 的乔瓦尼·坎帕诺 (Giovanni Campano，约 1260 年)，他翻译并出版了欧几里得《几何投影的基

---

❶M. 康托尔 (M. Cantor). 数学史讲义 (*Vorlesungen wber Geschichte der Mathemalik*). 德国莱比锡. 1907：879.

本元素》，该版本推动了早期科学领域的发展。❶

　　在 12 世纪中叶，欧洲西方国家拥有了所谓的阿拉伯符号。在 12 世纪末期，印度的计算方法开始取代复杂的罗马方法。代数以及解决线性方程和二次方程的规则，也已经有了拉丁文版本。欧几里得的几何、西奥多修斯的《球面几何》、托勒密的《天文学大成》，以及一些其他著作都已经有了拉丁文版本。大量新的科学材料来到了基督教学者手中。消化这些大量的知识需要很多人才。

　　值得注意的是，在 15 世纪以前，没有一部数学或者天文学方面的著作是从希腊语中直接翻译过来的。

第一次觉醒及其后续发展

　　在欧洲国家中，法国和英国不列颠群岛一直是数学方面的领军者。在 13 世纪初期，有一个人用他的才能和活力让数学科学开始在意大利落地生根。这个人与比德、阿尔昆或者热尔贝不同，他不是一个僧侣，而是一个将所有时间都用于科学研究的人。得益于比萨的列奥纳多，我们才在基督教土壤上有了第一次数学的文艺复兴。他也被称为斐波那契（Fibonacci），也就是博纳奇奥（Bonaccio）之子。他的父亲是地中海东部和南部海岸上一个工厂的秘书，这些工厂都是由比萨的那些创业的商人们建立的。当斐波那契还是个孩子的时候，他父亲让他学习如何使用算盘。这个男孩儿在数学方面表现出了强烈的兴趣，随后在埃及、叙利亚、希腊、西西里岛几年的旅行中，不断从各个国家那里收集关于这方面的知识。在所有的计算方法中，他发现印度方法无疑是最好的方法。回到比萨之后，他在 1202 年出版了《算法手册》。在 1228 年对该书进行再版。这本著作中包含了阿拉伯人在算术和代数方面的知识，并且以一种自由和独立的方式对其进行研究。这本书与斐波那契的其他著作一起，证

　　❶H. 汉克尔（H. Hankel）. 几何投影的基本元素（*Basic Elements of Geometric Projection*）. 德国图宾根. 338，339.

明了他不仅仅是一个编纂者，也不像其他中世纪时期的数学家那样，只是一个简单提出课题形式的模仿者。卡宾斯基证明，斐波那契对阿布·卡米尔的代数进行了广泛的应用。斐波那契的《实用几何学》（*Practica geometriae*）的一部分来源于萨瓦索达（Savasorda）的《恩多巴拿马书》，萨瓦索达是巴塞罗那一个博学的犹太人，也是柏拉图的合作者。

斐波那契是第一个提倡采用"阿拉伯符号"的伟大数学家。"0"参与计算，是基督教最早采用阿拉伯数字的一个标志。在使用了算盘以及算筹以后，人们在思想上已经接受了"0"的存在。按列计算逐渐取消，特有的"算盘"一词也改变了它本身的意思，并且变成了"算法"的同义词。对于数字"0"来说，拉丁人用的名称是"zephirum"，来源于阿拉伯语的"sifr"（空的）；所以英文单词中是"cipher"（与"sifr"基本同音）。大众很容易就接受了这些新概念，但是刚开始时，这在博学的社交圈中是很受排斥的。意大利的商人早在 13 世纪就已经开始用"0"了，修道院的僧侣们却仍然沿用旧的形式。在 1299 年，几乎是斐波那契的《算法手册》出版后近 100 年，佛罗伦萨商人禁止在传记中使用阿拉伯数字，可以用罗马数字或者说用形容词将数字完全写出。这道法令出现的原因可能是因为某些位数形式的多样性，以及随之带来的歧义、误解和欺骗。一些早期的事情表明，印度—阿拉伯数字已经在西方欧洲国家开始应用。一些缺乏经验的数学家在阅读手稿和铭文时，给出了许多错误的或者不确定的日期。我们最早是在 10 世纪的手稿中发现数字的，但是这些数字直到 13 世纪[1]才被人们熟知。大约在 1275 年，数字开始广泛应用。最早带有数字的阿拉伯手稿是 874 年和 888 年的。数字是 970 年出现在波斯西拉子（Shiraz）的著作中的。离埃及耶利米亚修道院（Jeremias Monastery）不远支柱上的数字可追溯到 961 年。最早著有日期含有数字的欧洲手稿是《维戈拉纳斯古

---

[1] G. F. 希尔（C. F. Hill）. 阿拉伯数字在欧洲的发展（*The Development of Arabic Digitsin Europe*）. 英国牛津大学. 1915：11.

抄本》（*Codex Vigilanus*），是 976 年在西班牙的阿尔贝尔达修道院撰写的。塞维利亚伊西多鲁斯所写《起源》（*Origines*）的西班牙版本中，给出了除"0"以外 9 个字符的使用方法。到了 10 世纪，在形式上与维戈拉纳斯古抄本完全不同的手抄本是圣·加伦（St. Gall）手稿，现今存放在苏黎世的大学图书馆中。在 1077 年的梵蒂冈手稿、1138 年西西里岛人的钱币上，1197 年雷根斯堡（Regensburg，巴伐利亚州，Bavaria）的编年史中都含有数字。法国最早含有数字的手稿大约出现在 1275 年。在大英博物馆存放的其中一本英语手稿出现于 1230—1250 年，另外一本大约是在 1246 年。阿拉伯数字最早出现在墓碑上是在 1371 年巴登的普福尔茨海姆（Pforzheim），还有一块是 1388 年在乌尔姆出现的。最早含有阿拉伯数字的钱币如下：瑞士 1424 年，澳大利亚 1484 年，法国 1485 年，德国 1489 年，苏格兰 1539 年，英国 1551 年。最早带有阿拉伯数字的日历是 1518 年的科贝尔日历。数字的形式非常多样。数字"5"的样式是最奇特的。直立的数字"7"在这以前是很少见的。

　　在 15 世纪，算盘以及计数器在西班牙和意大利开始停止使用。在法国用的时间会长一些，在 17 世纪中叶以前，英国和德国就不再使用算盘了。❶ 最后一次使用算盘计算的方法是 1676 年在英国财政部发现的。在亨利一世统治时期，财政部成立了一个法庭，但是国王的金融业务也在这里进行。术语"财政部"来源于"方格布"，人们将方格布铺在桌子上进行账目的计算。假设一下，州长被传唤询问全年经费关于"钱和账是否吻合"的问题时，可以将州长的债务和实际支付通过方格来计算是否收支平衡，在桌子一边的方格代表的是州长提供的记账、权证、硬币的数值，桌子另一边的量是他应当支付的数值"，因此很容易看出州长是否履行了自身的义务。在都铎王朝时期，"笔和墨点"代替了计数器。在实际工作中将凹槽的"计数"保存在一个剥去树皮并劈裂开的木棒上，用这样一种

---

❶乔治·皮科克（George Peacock）. 纯数学百科全书中的"算术"代数论（*Algebraic Theory*）. 英国伦敦. 1847：408.

方法来划分先前已经刻画在里面的凹痕。一片用来计算支付者，另一片用来记录财政部。这样交易就可以清晰地通过拟合两半来查看凹痕"计数"是不是吻合的。这种计数方法一直到 1783 年仍然在使用。

在《冬天的故事》（*Winter's Tale*，第四卷，第三节）中，莎士比亚描述了一个乡下人无法完成计数问题的尴尬场景。埃古（《奥赛罗》中第一卷，第一节）表示了他对迈克尔·凯西奥（Michael Cassio）的蔑视，"真的（表示轻蔑）是一个伟大的数学家"，并称他为"计数器—魔术师"（Counter-Caster）。❶ 因此，皮科克说，这似乎是一种算术的实践，它的规则和原理构成了当时算术理论重要的组成部分。事实上旧的方法在印度数字广泛使用很久以后仍在使用。

几个世纪以来，《算法手册》是一个宝库，很多数学家都从这里获取了算术和代数方面的知识。该书提出了整数和分数计算最完美的方法，这在当时是非常有名的。书中还解释了平方根和立方根问题，在先前的基督教欧洲国家中并没有提及，还有确定的或者不确定的一阶和二阶方程问题的求解，都是通过"单一"或者"双位"的方法解决的，同时也通过真正的代数方法解决的。他认为，二次方程 $x^2 + c = bx$ 有两个 x 的值作为解。但是他对于负根和虚根并没有什么认知。这本书中还包含了大量的问题事例。下面就是君士坦丁堡（Constantinople）的一名教师向斐波那契提出的一个难题：假设 A 从 B 处得到了 7 个第纳尔银币（denare），那么 A 的总和是 B 的 5 倍；假设 B 从 A 那里得到了 5 个第纳尔，那么 B 的总和是 A 的 7 倍。那么问题来了，每个人手中原来有多少呢？《算法手册》还包含了另一个问题，是一个 3000 多年的历史问题，因为阿默士在其中运用了多个变量：7 个老妇同赴罗马，每人有 7 匹骡，每匹骡驮 7 个袋子，每个袋子里装了 7 个面包，每个面包配了 7 把

---

❶F. P. 巴纳德（F. P. Barard）. 计数器—魔术师（*The Casting-Counter*），计数板（*The counting-Board*）. 瑞士巴塞尔.

小刀，每把小刀配了 7 个刀鞘。那么，上述所有物品的总和是多少？
答案是 137256。❶ 追随着阿拉伯人和希腊人以及埃及数学家的实践
结果，斐波那契频繁地使用分数单位。中世纪其他欧洲数学家也研
究了这个问题。他是首次将分数的分子和分母用分数线划分开的数
学家之一。在他之前，印度—阿拉伯数字写成分数时，分母是写在
分子的下面，但是没有任何将它们分开的记号。

1220 年，斐波那契出版了《实用几何学》，其中包含了他所有
的几何学和三角学的知识。他也熟知欧几里得著作以及其他希腊大
师的研究，无论是直接从阿拉伯手稿中还是从他的同乡人——克雷
莫纳的杰拉德以及蒂沃利的柏拉图那里翻译获得的知识，就像先前
所说的那样，他几何知识的重要来源就是 1116 年蒂沃利从希伯来文
翻译为拉丁文的版本。还有就是萨瓦索达的《恩多巴拿马书》。❷ 斐
波那契的几何包含了求三角形面积海伦公式的几何证明，他把这个
面积设为三角形三条边的一个函数。这证明适用于海伦定理。斐波
那契技巧性地处理这些丰富的知识，有些是提出自己的原创性意
见，有些是通过欧几里得的方法对其进行严谨的证明。

我们在这里必须指出，在《算法手册》出版以后，斐波那契被
天文学家多米尼克斯（Dominicus）推荐给霍享斯陶芬王朝的皇帝
腓特烈二世。在这期间，一名威严的公证人，巴勒莫的约翰提出了
几个问题，斐波那契都能够迅速地解决。第一个问题（可能是一个
熟悉的老问题）是求一个数 x，使得 $x^2 + 5$ 和 $x^2 - 5$ 分别是两个数
的平方。答案是 $x = 3\dfrac{5}{12}$；因为 $\left(3\dfrac{5}{12}\right)^2 + 5 = \left(4\dfrac{1}{12}\right)^2$，$\left(3\dfrac{5}{12}\right)^2 - 5 =$
$\left(2\dfrac{7}{12}\right)^2$。斐波那契在《平方数之书》（*Liber Quadratorum*）中巧妙
地给出了这个方程的求解过程，该手稿并没有印刷版，但是已经写

---

❶M. 康托尔（M. Cantor）. 数学史讲义（*Vorlesungen wber Geschichte der Mathemalik*）. 德国莱比锡. 1900：26.

❷M. 科特兹（M. Curtze）. 文学数学史（*Urkunden zur Geschichte der Mathematilc*）. 德国莱比锡. 1902：5.

进了他的《计算之书》（*Liber Abaci*）的第二版。这个问题并不是源自巴勒莫的约翰，阿拉伯人已经解决了很多相似的问题。部分斐波那契的解可能引自阿拉伯人，但是他所使用的通过奇数求和建立平方的方法是原创的。

约翰第二次向斐波那契提出问题是在著名的科学比赛上，约翰一边将这位有名的代数学家介绍给最大赞助人——腓特烈二世，一边提出了求解 $x^3 + 2x^2 + 10x = 20$ 的问题。此时三次方程还没有通过代数方法来求解。经过多次失败之后，斐波那契仍然继续努力，他并没有固执地守着这个棘手的问题，而是改变了探究方法。通过清晰严谨的论证，证明了这个方程的根无法用欧几里得式的无理数来表示，或者换句话说，这个方程的解不能够仅通过尺子和圆规来构建。斐波那契满足于自己已经找到了一个非常接近近似值的根。可以在《花朵》（*Flos*）中找到他关于三次方程的研究，同时还有巴勒莫的约翰给出的解答：三个人共同拥有一笔不知道数目的钱，第一次分配了 $\frac{t}{2}$，第二次分配了 $\frac{t}{3}$，第三次分配了 $\frac{t}{6}$。希望把这些钱存放在一个安全的地方，每一次分配都存在一定的风险。第一次取了 x，但是存款只剩下 $\frac{x}{2}$；第二次带走了 y，但是存款只剩下 $\frac{y}{3}$；第三次取了 z，存款只剩下 $\frac{z}{6}$。为了将整个钱数分配完全，每个人必须精确地拿到 $\frac{1}{3}$。求 x，y，z。斐波那契证明了这个问题是不确定的。假设每个人从存款中拿到 7 的话，可以求出 $t = 47$，$x = 33$，$y = 13$，$z = 1$。

人们也许会认为，在经历了如此辉煌的开始之后，从伊斯兰教到基督教土壤的科学发展应当有着稳定而蓬勃的发展，但是事实上并非如此。在 14 世纪和 15 世纪期间，数学科学几乎停滞不前。长期的战争消耗了人们的精力，阻碍了科学的发展。科学的发展迟缓并不仅仅是因为战争，还受到了经院哲学的有害影响。那个时期知识分子的领袖人物都在争论玄学和神学的细小问题。诸如"在针尖上能站立多少个天使"这样琐碎的问题，却引起了人们极大的讨论兴趣。概念模糊和思维混乱是这一时期的主要特征。这一时期数学方面的研究者并不少，但他们的科学努力被学术思维方法所破坏。虽然他们拥有欧几里得的《几何原本》，但是真正能够理解其中奥秘的很少，汉克尔毫不夸张地说："因为斐波那契不是一个单一的证明，可以发现在这些时代的整个著作中，它满足了所有的必要条件。"

意大利人，有着早期算术成熟的证据。皮科克说：通常情况下托斯卡纳人（Tuscans），特别是佛罗伦萨人，他们的城市成了 13 世纪和 14 世纪文学与艺术的发祥地。他们关于算术和传记方面的知识是比较有名的，而这对于他们扩展的商务活动是很有必要的，意大利人熟悉商业算法，这一点早于其他欧洲国家很久。对这些知识，我们得益于算术书本的正式介绍，以及不同思想中的不同问题，比如说三个中的一个或者二个规则、损失与增益、友谊与交易、简单和复合的增益、折扣，等等。

在代数符号方面也有缓慢的发展。印度代数有一个象征性的符号，但是完全被伊斯兰教忽略了。在这方面，阿拉伯代数更接近于丢番图的研究，但很难说他们以一种系统的方式运用了符号。斐波那契并不使用代数符号。与早期的阿拉伯人相同，他用线段或者句子来表述其间的大小关系。但是在尼古拉斯·许凯（Nicolas Chuquet）、维德曼（Widmann，1489）以及僧侣卢卡·帕乔利（Luca Pacioli）的数学著作中，符号又开始出现了。

帕乔利只是用意大利单词的缩写来表示符号，比如说"p"代表的是"piu"（更多），"m"代表的是"meno"（少），"co"代表的是"cosa"（未知数 x），"ce"代表的是"censo"（x^2），"cece"代表的是"censocenso"（x^3）。"为了方便我们用不同的缩写符号表示不同的作者，我们现在的符号已经出现了无法察觉的程度。完美的符号语言是一系列小改进共同作用的结果，可以单纯通过眼睛就可以说明问题，使我们能够对数量之间最复杂的关系一目了然。"

现在我们应该介绍几位生活在 13 世纪和 14 世纪以及 15 世纪前

半叶的作家。

首先介绍的是托马斯·阿奎那（Thomas Aquinas，1225—1274），他是中世纪最杰出的意大利哲学家，并完整地给出了奥利金无穷的思想。阿奎那的连续统概念，尤其是线性连续概念，使无穷大的划分成为可能，因为事实上无穷大是不能划分的。所以，并没有最小值线。相反，点并不是线的组成部分，因为点并没有一些直线拥有那种无限可分的特性，也不能通过这些点构造出一个连续统。然而，一个点的运动可以产生一条直线。❶ 这个连续统，相比古代的原子学说有很大的优势，它假设了物质是由非常小不可分的微粒组成。在 19 世纪以前，没比这个系统更高级的连续统。阿奎那解释了亚里士多德给出芝诺关于运动的争论，但是很难再提出任何新的观点。英国人罗吉尔·培根（Roger Bacon，1214—1294）同样反对不同点不可分割部分的连续统。他重申了希腊人及早期阿拉伯人提出的论点，认为统一大小不可分割部分的学说将使正方形的对角线与边相等。同样地，如果通过一个不可分圆弧的末端画一组圆半径，那么较小半径的同心圆圆弧被这些半径所截。从这一点可以得出内圆与外圆的长度相等，但是事实上，这是不可能实现的。培根反对无穷大论。他认为，如果时间是无穷的，就会出现部分与整体相等的荒谬事情。邓斯·司各脱（Duns Scotus，1265—1308）将培根的观点进一步发展至众所周知，邓斯·司各脱是托马斯·阿奎那在神学和哲学方面的竞争对手。然而他们两个人都反对不可分部分（点）的存在。邓斯·司各脱撰写了关于芝诺悖论的相关文章，并提出一个新的观点。一个意大利神学者，弗朗西斯库斯（Franciscus）对他的观点进行了注释，弗朗西斯库斯说自己喜欢用现行的无穷大概念来解释"二分法"和"阿喀琉斯问题"，但是并没有详细地描述该课题。

大约在斐波那契时代（1200），有一个名叫内莫拉里乌斯的数

---

❶C. R. 瓦尔纳（C. R. Wallner）．数学藏书（*Bibliotheca Mathematica*）．1903：29，30．

学家（？—1237），曾经写了一本关于数字特性的有名书籍，出版于 1496 年，效仿波爱修斯的《算术》。该书非常冗长繁琐地研究了数字的特性。关于印度符号实用算术的作者也是他。约翰·哈利法克斯（John Halifax，萨克罗·博斯科，Sacro Bosco，卒于 1256年）在巴黎教学，从《天文学大成》中摘取了研究中最基础的部分。这个摘要是近 400 年来最普遍、最具权威标准的研究，如同他的算术著作《逻辑哲学论》（*Tractatus de arte mumerandi*）一样。其他著名的作者有阿尔贝图斯·马格努斯（Albertus Magnus，1193—1280）以及德国的格奥尔格·柏巴赫（Georg Peurbach，1423—1461）。在中世纪时期如同作者们预料的一样，处处都出现了我们现代的思想。因此，尼克尔·奥雷斯姆（Nicole Oresme，约1323—1382）——诺曼底的一名基督主教，第一个设想出了分数幂的概念，斯蒂文后来重新发现了这个概念，然后也提出了一个概念。因为 $4^3 = 64$，以及 $64^{\frac{1}{2}} = 8$，奥雷斯姆推断出 $4^{1\frac{1}{2}} = 8$。在他的概念里，$4^{1\frac{1}{2}}$ 可以表示为 $\boxed{1P \cdot \frac{1}{2}}$ 4，或者 $\boxed{\dfrac{P \cdot 1}{1 \cdot 2}}$ 4。中世纪的一些数学家们还掌握着函数的一些思想，奥雷斯姆甚至尝试用图形来表示。但是一个数值依赖于另一个数值的量，就如笛卡尔发现的那样，在它们中并没有痕迹可寻。❶

在一本未出版的手稿中，奥雷斯姆发现了无穷级数 $\frac{1}{2} + \frac{2}{4} + \frac{3}{8} + \frac{4}{10} + \frac{5}{32} + \cdots$ 和的数值。这种循环性的无穷级数在 18 世纪时第一次被提出。无穷级数的使用在《利贝尔的三体一位》（*Liber de triplici motu*）中也进行了解释。这本书是由葡萄牙数学家埃尔维拉斯·托马斯（Alvarus Thomas）在 1509 年撰写的。❷ 他将一条线

---

❶H. 维尔雷特纳（H. Wiclcitner）. 数学藏书（*Bibliotheca Mathematica*）. 1913：115—145.

❷达·芬奇研究（*Da vinci Studies*）：第三卷. 法国巴黎. 1913：393，540，541

段分割成许多部分，代表着几何收敛级数的各项；也就是说，线段 AB 可以分成 $AB : P_1B = P_1B : P_2B = \cdots = P_iB : P_{i+1}B = \cdots$ 将一条线段进行分割的事例，后来约翰·纳皮尔（John Napier）也借助运动学论述了对数。

托马斯·布雷德沃丁（约 1290—1349）是坎特伯雷的一名主教，研究星形多边形。这类多边形第一次出现是在毕达哥拉斯以及他的学派中发现的。接下来，在波爱修斯的几何学中见到了这类多边形，还有就是巴斯的阿特拉德从阿拉伯语翻译欧几里得书中见到了这样的多边形。英国还有一项不得不说的荣誉，就是它产生了三角学方面最早的欧洲数学家。布雷德沃丁、瓦林福德的理查德和约翰·茅迪施（牛津大学教授），以及温什科姆的西蒙·布莱顿（Simon Bredon）的著作中，都引用了从阿拉伯那里学会的三角学。

马克西姆斯·普拉努得斯（Maximus Planudes，约 1260—1310）的著作，只是展现了后来为希腊人熟知的印度数字。与普拉努得斯相同的另一个来自拜占庭学校的作家，名叫曼纽尔·穆晓普鲁斯（Manuel Moschopulus），14 世纪前半叶，他住在君士坦丁堡。提到他的原因是他将幻方引入欧洲。他撰写了一篇关于幻方的论文。在这之前，阿拉伯人和日本人是熟悉幻方的，因为他们从中国人那里获得幻方的相关知识。中世纪的占星学家和医生认为幻方具有神秘的性质，认为将它们刻在银盘上，能够拥有应对瘟疫的能力。

法裔犹太人莱维·本·热尔松（Levi ben Gerson）写了一本希伯来文的算术著作，该书著于 1321 年❶，传给后世的有好几个版本。书中涵盖了一次性从 n 个事物中挑取 k 项得到的排列和组合数量的公式。值得注意的是，最早的实用性算术是特雷维索（Treviso）匿名出版的印刷版本，是 1478 年在意大利印刷出版的，被称为是"特雷维索算术"。1482 年，在班贝格（Bamberg）出现了第一部德文算术的印刷版，是由纽伦堡的一名算术老师乌利奇·

❶ H. 维尔雷特纳（H. Wiclcitner）. 数学藏书（*Bibliotheca Mathematica*）. 1914：150—168.

瓦格纳（Ulrich Wagner）翻译而成的。该书是印在羊皮卷上的，但是现存只有一个版本的零星碎片了。❶

根据恩内斯特勒姆（Enestrom Gustav）记载，卡兰德里博士（Ph. Calandri）的《算术作品集》（*De arithmetica opusculum*）写于1491年的佛罗伦萨，是第一部出版含有数字"0"的作品，该作品是在14世纪的某些手稿上发现的。

在1494年出版的《算术书》（*Summa de Arithmetica*）、《几何学》（*Geometria*）、《比及比例》（*Proportione et Proportionalita*），都是托斯卡纳僧侣卢卡·帕乔利（1445—1514）撰写的。这几本书介绍了代数学方面的几个符号，包括了那个时代在代数、三角学方面的所有知识，并且是斐波那契的《计算之书》之后第一本综合性著作。《计算之书》仅包含了在斐波那契伟大著作中很少的重要研究，该书是3个世纪以前出版的。帕乔利出于私人目的与两个艺术家同时也是数学家有较多接触，这两个艺术家分别是列奥纳多·达·芬奇（Leonardo da Vinci，1452—1519）❷和皮耶罗·德拉·弗朗切斯卡（Pier della Francesca，1416—1492）。达·芬奇在圆内内接了正多边形，但是并没有区分出来精确构造和近似构造。有趣的一点是，达·芬奇对阿基米德圆测量的希腊版本非常熟悉，皮耶罗·德拉·弗朗切斯卡提出了透视理论，并留下了一部关于正多面体的手稿，这份手稿由帕乔利作为自己的一部著作，并于1509年出版，该书的题名为《神圣的比例》（*Divina proportione*）。

也许阿拉伯学习浪潮产生的最大结果是建立了大学。他们对于数学的态度如何？在阿伯拉德（Abelard）授课时期的12世纪初期，巴黎大学是如此有名，但是在中世纪时期人们很少关注数学研究。几何学也被忽略，而亚里士多德的逻辑学是最受喜爱的科目。在

❶D. E. 史密斯（D. E. Smith）. 拉拉算术比赛（*Rara arithmetica*）. 波士顿，伦敦. 1908：3，12，15.

❷P. 迪昂（P. Duhem）. 达芬奇研究（*Da Vinci Studies*）. 法国巴黎. 1909.

1336 年，该校制定了新的规则，那就是如果学生不研习数学，是不能获得学位的。除此之外，他们还要学习欧几里得《几何原本》的注解。自 1536 年起，学生们要想获得硕士学位，就必须完成指定课程的学习。❶ 最终的结业考试，可能并不会超出书中的范围，大多数应用的是毕达哥拉斯定理。1384 年建立的布拉格大学，更关注数学教学。为了得到学士学位，学生们必须学习萨克罗·博斯科关于天文学的著作。想获得硕士学位，不仅要学习欧几里得的六本书，还需要学习应用数学的一些附加知识。讲座一般都是关于《天文学大成》的。在莱比锡大学、坐落在科隆的布拉格大学的附属学校，从 14 世纪到 16 世纪，对学生的要求没有改变过。博洛尼亚大学（Bologna）、帕多瓦大学（Padua）、比萨大学（Pisa），在德国几乎是同等地位，通常情况下纯粹的占星学讲座往往会取代《天文学大成》讲座。在 15 世纪中叶的牛津大学，学校要求学生掌握欧几里得关于数学方面的知识。

　　这样就可以看出，大学里的数学研究三心二意，没有一个伟大的数学家和教师出来激励学生们，学生们最大的精力消耗在哲学思想里，天才的斐波那契并没有给这个时代留下永不磨灭的印象，因此，还需要一次数学复兴。

---

❶H. 汉克尔（H. Hankel）. 几何投影基本元素（*Basic Elements of Geometric Projection*）. 德国图宾根. 355.

16 至 18 世纪的欧洲数学史

我们发现，把土耳其人占领君士坦丁堡的时间作为中世纪结束和现代开始的时间点是很恰当的。1453 年，土耳其人用大炮攻破了这座大都市的城墙并最终占领了它。拜占庭帝国就此没落，再未崛起，但它却推动了西方的学习进程。许多博学的希腊人涌入意大利，希腊文化的珍贵书籍也随之而来。这些都对古典文化的复兴起到了推动作用。曾经对希腊学术的了解只能通过阿拉伯人翻译的书籍中获得，但是现在，西方人可以从原版书籍中学习这些知识。首次将欧几里得有关著作翻译英文的是 1570 年由亨利·比林斯利（Henry Billingsley）在约翰·迪伊（Jone Dee）的协助下完成。❶在 15 世纪中期，印刷术已经发明，书变得廉价而充足，印刷机把欧洲变成了多种学术汇集的地方。15 世纪末，美洲大陆被发现了，人们很快就实现了环球航行。世界加快了前进的步伐，人类思想崛起，以自主意识代替奴性思想。随着纯粹数学和天文学的稳定发展，教条主义受到攻击，引发与宗教权威和已建哲学体系的长期斗争。与历史悠久的地心说系统相对立的哥白尼学说建立。两者长时

---

❶G. B. 霍尔斯特德（G. B. Halsted）. 数学周刊（*Mathematics Weekly*）：第二卷. 1879.

期激烈的争论在伽利略时期达到巅峰，最终新体系取得了胜利。因此，人类的思想开始离开古老的学术船舶，缓慢地进入宽广的科学海洋，去探索真理的新大陆。

文艺复兴时期

从 16 世纪开始，思想活动快速发展，为获得思想自由，人们做出了巨大努力。以前曾试图摆脱教会权威获得思想解放，但都被扼杀或胎死腹中。第一次反对教会权威的成功事件发生在德国。为了摆脱宗教束缚获取独立判断权利的想法，随着科学探索而产生。因此，有一段时期，德国在科学上具有领导性。产生了雷格蒙塔努斯（德国数学家、天文学家）、哥白尼（天文学家）、雷蒂库斯（Rheticus）、开普勒（Kepler，物理学家）等人。在同时期的法国和英国，几乎没有产生什么伟大的科学家。这种卓越的科学成就很大程度上和德国繁荣的经济相关。物质的繁荣是知识发展的基本条件，如果个体致力获得生存的必需品，他就没有空闲时间思考更高的追求。那个时期，德国已经积累了巨大的财富。德国和意大利之间存在着密切的商业关系。意大利在商业活动和企业发展方面已经相当卓越。我们可以看看威尼斯，它的繁荣开始于十字军东征时期，佛罗伦萨拥有众多银行家和丝绸羊毛制造商。这两个城市都成了思想文化中心。因此，意大利也造就了光彩夺目的艺术家、文学家。事实上，意大利也是文艺复兴的诞生地。

因此，考虑到对数学发展有较大的贡献者，我们必须提及意大利和德国。意大利的杰出贡献是几何学的建立，德国的贡献是三角学和天文学领域。

德国三角学的复兴，是由人们称之为"雷格蒙塔努斯"的德国数学家、天文学家约翰·穆勒推动的。他在维也纳跟随著名的数学家波伊巴赫（Georgvon Peurbach）研究天文学和三角函数。雷格蒙塔努斯青出于蓝而胜于蓝，他跟从红衣主教贝萨隆（Bessarion）来到意大利并向他学习希腊语。当时《天文学大成》的拉丁译本存在很多错误，阿拉伯译者没能真实准确地体现出希腊原版的内容，波伊巴赫因此开始直接翻译希腊文，但是他没能在生前完成。未完成的工作，由他的学生雷格蒙塔努斯继续翻译。除了翻译《天文学大成》外，他还翻译了阿波罗尼奥斯和阿基米德的《圆锥曲线论》以及海伦的力学原理等方面的著作。在翻译中，雷格蒙塔努斯和他的老师波伊巴赫采用了印度词正弦（sine）来取代希腊语中双倍弧的弦（chord of double the arc）。

希腊人以及后来的阿拉伯人把半圆划分为 60 等份，每一份又被进一步划分为更小的 60 等份。印度人通过周长的一部分来表示半径的长度，也就是说把圆周划分成 21 600 等份，用其中的 3 438 份来表示半径。为了获得更为精确的结果，雷格蒙塔努斯在一个半径上构造了一个 60 万份的正弦表，同时在另一个半径上按十进制划分成 1000 万份。他强调了三角函数中正切函数（tangent）的使用。德国数学家并不是第一个使用这些函数的欧洲人。在英国，早在一个世纪前，布雷德沃丁就和约翰·茅迪施谈及正切和余切函数，甚至更早。在 12 世纪，用反阴影（umbra versa）代表正切以及正阴影（umbra reclta）代表余切词语，就被用于阿拉伯语到拉丁语的翻译中，其间受到了克雷莫纳的杰拉德以及阿尔—查尔卡利（Al-Zarkali）的影响。雷格蒙塔努斯是一篇算术论文和一篇三角学论文的作者，其中包含平面和球面三角形算法。人们以为三角学的一些创新应当归功于雷格蒙塔努斯，现在知道其中一些是由雷格蒙塔努斯从早在他之前的阿拉伯人那里引入的。然而无论如何，他实至名归，理应获得尊重。他在天文学和数学方面的影响不仅在德国，意大利的教皇西斯都四世（Pope Sixtus IV）都请他来改进历法。雷格蒙塔努斯离开了自己热爱的城市纽伦堡前往罗马，在那里度过了他的晚年。

在波伊巴赫和雷格蒙塔努斯时期之后，三角学特别是计算表的使用一直占据着德国学术界的研究领域。他们希望制造出更为精确的天文仪器，使观察者获得更精确的结果，但是没有精确的三角函数，这些观察结果也是没有用的。在众多对三角函数表进行计算的人中，需要特别提及蒂罗尔州（Tyrol）弗尔德基希（Feldkirch）的乔治·约阿西姆（Georg Joachim），通常他被称为雷蒂库斯（1514—1567）。他设定按照 $10''$ 半径是 100 亿计算了正弦函数表，而后又对半径是 1 000 万亿进行了一组计算，雷蒂库斯也进行了正切和正割函数表的计算，这些计算具有同样的准确度，但是未能在他去世之前完成。在 12 年的研究中，雷蒂库斯持续使用了几个计算器。这项工作由雷蒂库斯的学生瓦伦丁·奥索（Valentine Otho，1550—1605）在 1596 年完成。这确实是一项伟大的工程，也代表了德国人勤奋和不屈不挠的精神丰碑。这些函数表由海德尔堡（Heidelberg）的巴塞罗摩斯·皮蒂斯楚斯（Bartholomaus Pitiscus，1561—1613）在 1613 年再次出版，他努力纠正了其中的错误。皮蒂斯楚斯可能是使用"三角函数"这个词语的第一人。天文学数据的准确性所达到的程度是希腊人、印度人以及阿拉伯人做梦都没有想到的。在雷蒂库斯之前，三角函数一直被认为和弧度相关。雷蒂库斯是构建了直角三角形的第一人，并使得三角形直接与它们的角度相关。正是从直角三角形上，雷蒂库斯获得了计算斜边的想法，他也是第一位建立割线表的人。韦达和罗曼努斯（Romanus）在三角学方面也做得很好。

我们暂且放下三角学的问题，来见证代数方程解的发展进程。为了更进一步了解代数方程解的发展进程，我们必须从德国转向意大利。第一部《综合代数》是卢卡·帕乔利的著作。在这本书最后，他写道：在当前的科学状态下，和无法求解圆面积一样，方程 $x^3+mx=n$，$x^3+n=mx$ 是无法求解的。这个言论无疑激发了一些思考。求解三次方程的第一步是由希皮奥内·德尔·费罗（Scipione del Ferro，1465—1526）迈出的，他是意大利博洛尼亚（Bologna）的一位数学教授，他解出了方程 $x^3+mx=n$。1505 年，费罗将方法传授给自己的学生弗洛里达斯（Floridas），但这在那个时代和后来的两个世纪中，人们的普遍做法就是对自己的发现保密，以便向对手提出难以解决的问题获得竞争优势。这种做法引起了无数关于优先发明争论。三次方程的另一种解法是由布雷西亚的尼科洛（Nicolo，1499—1557）提出的。当他还是个 6 岁小男孩的时候，法国士兵把他打得很严重，以致他都不能再灵活使用自己的舌头。因此，尼科洛被称为"塔尔塔利亚"（Tartaglia），也就是口吃者。他的母亲是一个寡妇，生活贫困，无法支付他上学的费用。尼科洛自学了拉丁语、希腊语以及数学知识。尼科洛天赋异禀，在很年轻的时候就能够像老师一样教授数学。尼科洛曾经在维纳斯生活过，后来去了布雷西亚（Brescia），随后又回到维纳斯教学。在 1530 年，一位叫科拉（Colla）的人给尼科洛提出了几个问题，其中一个就是求解方程 $x^3 + px^2 = q$。尼科洛用不完善的方法解决，但过程是保密的。尼科洛在公开场合说出了这个秘密之后，德尔·费罗的学生弗洛里达斯公布自己对 $x^3 + mx = n$ 这类方程所了解的知识。塔尔塔利亚认为他是平庸之才，并且狂妄自大，于是在 1535 年 2 月 22 日在公众场合挑战他。同时，塔尔塔利亚听说自己的对手已经从已故大师中获得了算法，怕在比赛中会被打败，塔尔塔利亚全力以赴，用尽浑身解数寻找这个方程的规则，最终在预定日期前 10 天成功地找到解决方法。正如他谦虚的说法❶，在求解的过程中，最难的一步就是如何从过去使用的二次无理数过渡到三次无理数。假定 $x = \sqrt[3]{t} - \sqrt[3]{u}$，塔尔塔利亚认为，从方程 $x^3 = mx - n$ 消除无理数，使得 $n = t - u$。但是最后一个等式，连同 $\left(\frac{1}{3}m\right)^3 = tu$ 便可以立刻得出 $t = \sqrt{\left(\frac{n}{2}\right)^3 + \left(\frac{m}{3}\right)^3} + \frac{n}{2}$，$u = \sqrt{\left(\frac{n}{2}\right)^2 + \left(\frac{m}{3}\right)^3} - \frac{n}{2}$，这就是塔尔塔利亚对于方程的解。在 2 月 13 日，他发现了方程 $x^3 = mx + n$ 的类似解。

这场竞赛在 22 日开始进行。每个竞争者都提出 30 个问题。在 50 天里解题数量最多者获胜，塔尔塔利亚在两个小时内就完成了弗洛里达斯提出的所有问题，弗洛里达斯却不能解答出塔尔塔利亚的

---

❶H. 汉克尔（H. Hankel）. 几何投影基本元素（*Basic Elements of Geometric Projection*）. 德国图宾根. 362.

任何难题。从此，塔尔塔利亚决定研究三次方程。1541 年，塔尔塔利亚通过将方程 $x^3 \pm px^2 = \pm q$ 变形为 $x^3 \pm mx = \pm n$，发现了通解。塔尔塔利亚胜利的消息传遍了意大利。塔尔塔利亚被请求公开他的算法，但他拒绝了。他说，在自己完成欧几里得和阿基米德几何希腊语的翻译后，他将出版一部更广泛的代数学，其中将包含自己的解法。但是一位来自米兰的学者，赫罗尼莫·卡尔达诺 (Heronimo Cardano，1501—1576)，经过很多次请求，并郑重、严肃、神圣地承诺保密后，成功从塔尔塔利亚那儿获知了计算法则。卡尔达诺具有非凡的多种才能，相继在米兰、帕维亚、博洛尼亚担任数学和医学教授。1570 年，他因为债务入狱。随后，卡尔达诺来到罗马，考入物理学院并且获得教皇发放的津贴。

在这段时间，卡尔达诺正在编写《大衍术》(Ars Magna)，他知道让自己一鸣惊人的最好办法是在作品中加入三次方程的算法。因此，卡尔达诺打破了自己郑重的誓言。在 1545 年，《大衍术》正式出版，里面包含了塔尔塔利亚的三次方程算法，但是卡尔达诺标注了这项规则的创作者是"他的朋友塔尔塔利亚"。塔尔塔利亚感到很失望。他期望给世间一部包含了毕生精力，对基础研究进行深层次剖析的不朽著作就此破灭了，因为这部著作中最耀眼的地方被偷走了。他第一步就是书写一段自己的创作史，为了彻底打败对手，他向卡尔达诺以及他的学生洛多维科·费拉里 (Lodovico Ferrari) 发起挑战，每一方都要提出 31 个问题，要求对方在 15 天内解出答案。塔尔塔利亚在 7 天内几乎完成了大多数问题，但是对方在挑战期满之前都没有寄出他们的答案，甚至说，除了一个结果是正确的以外，其余都是错的。再一次的比赛展开，双方的问题没完没了地产生。争论引发了双方不满，尤其是对方让塔尔塔利亚感到非常失望。在他重整旗鼓后，塔尔塔利亚在 1556 年出版了在自己脑海里已经形成多年的著作。可惜的是，他在获得三次方程给自己带来回报之前，就去世了。因此，他这辈子最想实现的愿望没能实现。对于三次方程的解有多少应归功于塔尔塔利亚，多少应归功于德尔·费罗，目前还没有明确的定论。德尔·费罗的研究从来没有

公开，目前也已经丢失。我们对它的了解只能从卡尔达诺和他的学生洛多维科·费拉里的注释中获得。洛多维科·费拉里说德尔·费罗和塔尔塔利亚的算法类似。现在很明确的是，归于卡尔达诺的三次方程算法是属于他的一位或者某几位前辈的。

三次方程解在意大利引起了人们的极大兴趣，随之引起数学界争议的是四次方程解。在四次方程解中，最早是由科拉在 1540 年对等式 $x^4+6x^2+36=60x$ 中求出的解。卡尔达诺早在 1539 年就研究过一些特殊情况下的解。他用类似丢番图和印度算法来解方程 $13x^2=x^4+2x^3+2x+1$，在两侧都加上 $3x^2$，因此两侧就可以形成完全平方式。但是，卡尔达诺没能找到一个通解。他的学生洛多维科·费拉里继承了他的工作，在博洛尼亚终于完成了四次方程通解的精彩研究。费拉里将科拉方程简化为 $(x^2+6)^2=60x+6x^2$。为了形成完全平方式，他也在方程的两端都添加表达式 $2(x^2+6)y+y^2$，其中包含新的未知数 y。方程变化为 $(x^2+6+y)^2=(6+2y)x^2+60x+(12y+y^2)$。这样，在取合适完全平方数值的情况下，方程就可以变化为三次方程 $(2y+6)(12y+y^2)=900$。求取四次方程的平方根，他得到 $x^2+6+y=x\sqrt{2y+6}+\dfrac{900}{\sqrt{2y+6}}$。解这个 y 的三次方程并替换，在二次方程中只需要确定 x 的取值即可。费拉里通过四次方程寻求相似的解。❶ 卡尔达诺在 1545 年出版的《大衍术》中愉快地公开了自己的发现。费拉里的算法有时候要归功于拉斐尔·邦贝利（R. Bombelli），但该发现不再以他的名字命名，而是以卡尔达诺的名字命名。

对于卡尔达诺来说，代数是自己主要的研究范围。在《大衍术》中，他将方程的负根称为虚根（fictitious），正根称为实根。他倾注很多精力在负平方根的求解上，但没能找到虚根。卡尔达诺也注意到三次方程不可通约的求解问题，这和圆的正交求解一样，都是数学中令

---

❶H. 汉克尔（H. Hankel）. 几何投影基本元素（*Basic Elements of Geometric Projection*）. 德国图宾根. 368.

人头疼的精妙问题。尽管卡尔达诺倾注了很多心血，但是他没能体会到其中的真谛。博洛尼亚的拉斐尔·邦贝利在此基础上继续研究，他在 1572 年出版了代数方面的书，指出了一个根假设的表达式现实的观点也要分配它的价值，当合理时，从而奠定了虚数与实数之间更为亲密的关系。卡尔达诺是一位资深的赌徒。在 1663 年，卡尔达诺死后，他的《论赌博游戏》（De ludo alea）出版了。这本书包含讨论了用两个骰子和三个骰子投掷一个特定数字的可能性。卡尔达诺研究了概率问题：在两个参与者之间什么才是合适的赌注分配。如果游戏被打断并且一方已经取得 s_1 分，另一方得到 s_2 分，要赢就要获得 s 分。[1] 卡尔达诺给出了 $\dfrac{1+2+\cdots+(s-s_2)}{1+2+\cdots+(s-s_1)}$ 的比值，塔尔塔利亚给出了 $\dfrac{s+s_1-s_2}{s+s_2-s_1}$ 的比值。这两种算法都是错的，卡尔达诺研究的这个问题就是后来知名的彼得斯堡（Petersburg）问题。

在完成求解三次和四次方程的杰出成就后，通过借助更高阶的无理数计算，可以获得任何阶数方程的解。但是对五次方程代数解都是徒劳的。最终，尼尔斯·亨利克·阿贝尔（Nielc Henrik Abel，1802—1829）证明了所有希望获得高于四次方程代数解都是纯粹的空想家。

由于没有找到更高阶方程根的求解方法，只能通过估算来求解实根。欧洲人不知道中国人早在 13 世纪就已经找到了更高阶方程的解。我们注意到在 13 世纪早期，斐波那契就破解了一个三次方程到一个更高阶的近似法，但是我们却不知道他的方法。欧洲最早已知求解数值方程根的近似法是由许凯（Nicolas Chuquet）发明的。1484 年，许凯在里昂写了一本名为《算术三编》（Le triparty en la science des

---

[1] M. 康托尔（M. Cantor）. 数学史讲义（Vorlesungen uber Geschichte der Mathemalik）. 德国莱比锡. 1900：501，520，537.

nombres）的书。这本书直到 1880 年才出版。❶如果 $\dfrac{a}{c}>x<\dfrac{b}{d}$，那么

许凯则取中间值 $\dfrac{a+b}{c+d}$ 作为最接近根 x 的结果。许凯发现一个级数连

续的中间值。我们早在 1498 年阿拉伯作家米拉·切利比的书中发现了 $x^3+Q=Px$ 的求解方法，这个方法应当归功于阿塔贝丁·贾姆希德（Atabeddin Jameshid）。三次方程的求解是在 $x=\sin 1°$ 的计算中产生的。

对于影响方程近似根求解的因素，最早是卡尔达诺在 1545 年出版的《大衍术》中进行说明的。卡尔达诺技巧性的使用"试位法"，并且可以应用于各阶方程。这种近似法非常粗略，然而事实很难解释为什么克拉维乌斯、斯蒂文和韦达没有提到它。法国人佩尔蒂埃（J. Peletier，1554）、意大利人邦贝利（1572）、德国人乌尔苏斯（R. Ursus，1601）、瑞士人约斯特·比尔吉（Joost Burgi）、德国人皮蒂斯楚斯以及比利时人西蒙·斯蒂文（Simon Stevin）给出了近似法的求解过程。比这些人更重要的是法国人韦达，他开启了新时代。1600 年在巴黎，由马里诺·盖塔尔提（Marino Ghetaldi）编辑出版的著作中，包含了韦达的内容，书名是《逻辑哲学论方法》（*De numerosa protestatum purarum atque adfectarum ad exegesin resolutione tractatus*）。他的方法不像由卡尔达诺和比尔吉使用的"双假位法"（double false position），而是类似普通根提取法。假定 $f(x)=k$，这里 k 取正数。韦达从剩余根中分离出需要的根，然后用一个近似法来代替它，并证明其他根的值可以通过除法获得。重复使用这个方法得到下一个数值，然后反复以上步骤。例如，在等式 $x^5-5x^3+500x=7905504$ 中，设 $r=20$，然后计算 $7905504-r^5+5r^3-500r$ 的值，并用现代注释中使用的形式如 $|(f(r+s_1)-f(r))|-s_1^n$ 的式子将结果整除。其中，n 为方程的阶数，s_1

---

❶布利蒂诺邦孔帕尼（*Bullctino Boncompagni*），13 节，1880 年，653—654 页。卡约里（F. Cajori）. 一个未知量数值方程根的算术近似法. 科罗拉多学院专刊. 通用刊第五十一、五十二期. 1910.

是为求解根而估算的一组数字。因此，如果求解的根值是 243，那么 r 应该被取值 200，s_1 就是 10。在我们的例子中，$r=20$，除数是 878295，得到下一个根值的商就是 4。我们得到 $x=20+4=24$ 为目标求解的根值。韦达的解法受到了他同时期人的推崇，尤其是英国人哈里奥特（T. Harriot）、奥特雷德和沃利斯，他们每个人都对该算法做出了一点改进。

稍微停顿一下，来看看韦达的一生，他是 16 世纪杰出的法国数学家。韦达出生在普瓦图省，卒于巴黎。他一生都为国家效力，当时处于亨利三世和亨利四世统治时期。韦达并不是一个专业的数学家，但他对科学的满腔热情使他可以居于小屋，埋头苦学，有时候连续几天废寝忘食。能这样投身到科学研究中是令人敬佩的，因为他生活的时代是充斥着不断的政治和宗教暴动。在和西班牙的战争中，韦达效力于亨利四世，他将西班牙皇室发送给荷兰统治者的加密信件进行了破解。西班牙人称他是用巫术发现了秘钥。

在 1579 年，韦达出版了《应用于三角形的数学定律》（*Canon mathematicus seu ad triangula cum appendicibus*），其内容对三角函数的研究有巨大贡献。同时，书中给出了欧洲第一个系统、巧妙地计算平面和球面三角算法。通过 6 个三角函数[1]，该书给出了欧洲第一个系统的计算平面和球面三角算法的阐述。

韦达也研究了测角术，给出了如下关系式，$\sin\alpha=\sin(60°+\alpha)-\sin(60°-\alpha)$，$\csc\alpha+\operatorname{ctn}\alpha=\operatorname{ctn}\dfrac{\alpha}{2}$ 和 $-\operatorname{ctn}\alpha+\csc\alpha=\tan\dfrac{\alpha}{2}$。通过使用这些函数，能够计算角度在 30°或者 45°以下的数值。90°以下其他角的函数仅通过加减运算即可求出。针对多倍角来说，韦达是第一个将代数变形应用到三角学中的人。假定 $2\cos\alpha=x$，他将 $\cos n\alpha$ 作为 $n<11$ 时的 x 函数，设定 $2\sin\alpha=x$，并且 $2\sin2\alpha=y$，他用 $2x^{n-2}\sin n\alpha$ 来表示 x 与 y 的关系。韦达写道："三角切分的分

---

[1] 韦达（Vieta）．三角几何学（*Triangular Geometry*）：第一卷．德国莱比锡．1900；160.

析涉及几何和算术秘密，迄今为止，还没人真正钻研其中。"

　　一位来自荷兰尼德兰（Netherlands）的大使曾经告诉亨利四世，法国没有几何学家有能力解决比利时数学家阿德里亚努斯·罗马努斯（Adrianus Romanus）提出的问题，即四十五次方程的解：$45y-3\,795y^3+95\,634y^5-\cdots+945y^{41}-45y^{43}+y^{45}=C$。亨利四世传唤韦达来解决这个问题，当韦达看到这个惊人的问题时，立即进行学术研究，很自然地想到方程 $C=2\sin\Phi$，则 $y=2\sin\dfrac{1}{45}\Phi$。由于 $45=3\times3\times5$，因此只要把一个角划分为 5 等分，然后是 3 的 2 倍，这个划分可能对应着三阶和五阶方程来实现。才华横溢的韦达求出这个方程的 23 个根，而不是只有 1 个根。他没有求出四十五次方程解的原因是其余的根包含负弦，他并不熟悉这个。将一个角的截面划分为奇数等份，对这个古老的著名问题进行仔细研究，使韦达发现了卡尔达诺不可解三次方程的三角解。他将等式 $\left(2\cos\dfrac{1}{3}\Phi\right)^3-3\left(2\cos\dfrac{1}{3}\Phi\right)=2\cos\Phi$ 应用在方程 $x^3-3a^2x=a^2b\left(a>\dfrac{1}{2}b\right)$ 上，设定 $x=2a\cos\dfrac{1}{3}\Phi$，便可以通过等式 $b=2a\cos\Phi$ 得出 Φ 的值。

　　韦达求解这个方程的主要原则就是约减算法（reduction）。他通过做一个合适的替换值来解二次方程，将包含 x 的项移到一次方程。像卡尔达诺一样，韦达将一般的三次方程简化为 $x^3+mx+n=0$，那么，设定 $x=\left(\dfrac{1}{3}a-z^2\right)\div z$ 并代入方程中得到 $z^6-bz^3-\dfrac{1}{27}a^3=0$。再设定 $z^3=y$，这样方程则成为二次方程。在四次方程的解中，韦达仍然坚持自己的降阶原则。他也因此找到了著名的三次分解式。在降阶原则基础上，他将标准方法引入代数学，该方法至今都让我们敬佩。在韦达的代数学中，我们发现方程中的系数和根之间存在一部分关系。韦达证明了如果二次方程中第二项的系数是减去两个数之和，它们的乘积是第三项，那么这两个数是方程的根。韦达除了正根以外，否定其他值，因此他没能全面地考虑这个问题。

由于韦达代数划时代的创新是用字母表示一般量或不定量。德国的雷格蒙塔努斯和施蒂费尔（Stifel），意大利数学家卡尔达诺，在他之前就曾用这些字母，但是韦达扩展了这些概念，并第一次使之成为代数的核心部分。他称新代数为广义运算（logistica speciasa）来区分旧的算术运算（logistica numerosa）。韦达的形式主义与当今有很大不同。方程 $a^3 + 3a^2 b + 3ab^2 + b^3 = (a+b)^3$ 被他写为"a 的立方加 b 乘以 a 的平方乘以 3 加 a 乘以 b 的平方乘以 3 加 b 的三次方等于 a 加 b 和的三次方"。在数值方程中，未知量用 N 表示，它的平方是 Q，立方是 C。因此，等式 $x^3 - 8x^2 + 16x = 40$ 可记为 $1C - 8Q + 16N$ 等于 40。韦达使用了"系数"这个词，这个词在 17 世纪之前很少用。他有时候也用"多项式"这一术语，那时候还没有使用等号这个符号（＝）。但是韦达使用马耳他十字"＋"作为加法的便捷表达方式，用"－"表示减法。这两个符号在韦达之前还没有被广泛使用。哈勒姆（Hallam）曾说："这个是最便利的非凡发明，不过很明显，这不过是一个乡村学校校长的构思而已，竟然引起了数学界著名数学家塔尔塔利亚、卡尔达诺和费拉里的重视，倘若缺乏一点敏锐度，被发现的概率就会很小。他们将这个发明广泛应用到数学表达式中，以此来传播他们的理论。"尽管后来在符号上进行了一些改进，但通用这个理论的进程仍然很缓慢。它们是偶然被设计出来的，然而其作者似乎并没注意到对这些符号进行改进造成的影响。德国人引用了"＋"和"－"，尽管他们在文艺复兴时期没有对数学的发展做出太大贡献，但与意大利人一样，他们依然充满了热情。1489 年，在德国的莱比锡，威德曼的四则运算方法出现了，这是一本最早出现"＋"和"－"的出版物。他并没有限制"＋"仅用于普通的加法，当被置于开头的时候它还有更广泛的含义"等等"或者"和""增大＋减少"。"－"符号并没有总是用于表示减法。"加"这个词没有出现在威德曼的专著中，"减"也只出现了两三次。1521 年❶，在维也纳大学教师格拉马托伊斯（Grammateus，又称海因里希·施赖勃，卒于 1525 年）的四则运算中，符号"＋"和"－"通常被用于表示加法和减法。格拉马托伊斯的学生——克里斯托夫·鲁多尔夫（Christoff Rudolff），即第一部德文代数学（出版于 1525 年）的作者，这本书中也出现了这些符号。施蒂费尔（Michael Stifel）也使用这些符号，他于 1553 年再版了鲁多尔夫的通用符号规则。因此，这些符号开始被广泛使用。在 14 世纪和 15 世纪拉丁文的古文学书籍中确定符号"＋"来源于拉丁文"和"（et）。事实上，在发明印刷术之前，这是手写的拉丁文草体。❷ 这个符号的起源仍然无法确定，我们认为另外一些简写的符号起源于德国。在 15 世纪的一本手稿中，在一个数字前面标记一个点来表示提取这个数字的一个根。这个点是现在平方根符号的前身。克里斯托夫·鲁多尔夫在其代数学中，提到二次方程的根用字符"√"来表示，例如√4。这一点跟我们现在的代数符号相似，施蒂费尔也曾使用同样的符号。罗伯特·雷科德（Robert Recorde，1510—1558）发明了我们今天所用的等号，他在 1557 年编著了《励智石》（*The Whelstone of Witte*）。他选择这个符号是因为没有什么能比"＝"更能表示相等了。1659 年，居住在苏黎世的瑞士数学家约翰·海因里希·拉恩（Johann Heinrich Rahn）在其著作《代数》（*Teutsche Algebra*）中首次使用了符号"÷"，用于表示除。1668 年在伦敦，符号"÷"由托马斯·布兰克（Thomas Brancker）翻译拉恩的作品后引入英国。

迈克尔·施蒂费尔是 16 世纪伟大的德国代数学家，生于埃思林根（Esslingen），卒于耶拿（Jena）。施蒂费尔在当地的修道院接受教育，而后成为牧师。对《启示录》（*Revelation*）中神秘数字的研究

---

❶恩内斯特勒姆（Enestrom Gustav）. 数学专著（*Mathematical Monograph*）：第三册. 1908—1909：155—157.

❷M. 康托尔（M. Cantor）. 数学史讲义（*Vorlesungen wber Geschichte der Mathemalik*）. 德国莱比锡. 1900：231.

促使他对数学产生了兴趣，他研究了德国和意大利的著作，并在 1544 年出版拉丁文著作《整数算术》（*Arithmetica integra*）。梅兰希顿（Melanchthon）为这本书写了序。此书分为 3 部分，分别讲述了有理数、无理数和整数。施蒂费尔创建了一个表格，其中包含次数小于 18 的二项式系数数值。表格的优点是一个几何级数对应一个算术级数，并通过数字得到指定的整次方，这是指数理论和对数理论的起源。在 1545 年，施蒂费尔用德语发表了一篇算术论文，在其《鲁多尔夫通用规范》（*Rudolff's Coss*）中包含了解三次方程的规则，此规则源于卡尔达诺的著作。

前面我们提到韦达舍弃了方程的负根。事实上，在文艺复兴之前和发生期间，数学家们几乎都没能理解负根的意义。斐波那契很少用到负根。帕乔利（Pacioli）虽然阐述了"负负得正"这一规则，但这只适用于求解（$a-b$）（$c-d$）的过程中应用。纯负值的应用并未出现在斐波那契的著作中。德国代数学家施蒂费尔早在 1544 年就提到小于 0 的数是荒诞的、虚构的数字，当 0 减去大于 0 的实数时，这些数字就出现了。至少数学家卡尔达诺曾提到过"纯粹的负数"，但是汉克尔写道："直到 17 世纪初，数学家对纯正数进行专门研究之前，负数的概念仍然没有引入世面。"偶然将纯负数值放入等式中最早的代数家之一是英格兰的哈里奥特。由于认识到负根的存在，卡尔达诺和邦贝利远远超越文艺复兴时期包括韦达在内的数学家们。因为他们只是对这些所谓的虚数或者虚根一提而过，并未领会其真正的含义和重要性。与印度婆什迦罗相比，卡尔达诺和邦贝利在这个问题的认识上有了提高，前者虽然注意到了负根，但没有证实它们的存在。在代数的发展过程中，推广量的概念是一个极其缓慢和艰难的过程。

现在，我们将研究文艺复兴时期的几何历史。与代数不同，几何几乎没有什么进展。最大的进展也不过是对希腊几何更深入的了解，在笛卡尔时代之前，并没有取得什么重大的进展。德国奥格斯堡（Augsburg）的数学家雷格蒙塔努斯、克胥兰德（Xylander，又名威廉·霍尔茨曼，1532—1576），意大利乌尔比诺（Urbino）的塔尔塔利亚、费德里戈·康曼迪诺（Federigo Commandino，1509—1575），以及马若利科（Francicus Maurolycus，1494—1575）等数学家，翻译了希腊几何著作。阿尔布雷特·丢勒（Albrecht Durer，1471—1528）是纽伦堡（Nurnberg）著名的画家和雕塑家，在 1525 年的著作《圆规直尺测量法》（*underweysung der Messung mit dem Zyrkel und rychischeyd*）中描述了一种折曲线，他称其为外摆线。这一曲线概念至少可追溯到希帕克斯，他将其应用于自己的车轮天文学理论。这个外摆线直到笛沙格（G. Desargues）和拉伊尔时代才再次出现。丢勒是研究正方形的第一位欧洲数学家。在他著名的《忧郁》（*Melancholia*）画作中第一次出现了神奇的正方形。

德国纽伦堡的数学家约翰尼斯·沃纳（Johannes Werner，1468—1528）于 1522 年出版了欧洲第一部关于圆锥曲线的著作。不同于以往的几何图形，他专门研究了圆锥体，并且由此直接推导出它们的特性。圆锥曲线的研究工作由意大利墨西拿（Messina）的数学家弗朗西斯库斯·马若利科（Franciscus Maurolycus，1494—1575）延续。马若利科无疑成为 16 世纪最伟大的几何学家。据帕普斯（Pappus）札记记载，他试图恢复阿波罗尼奥斯书中关于最大值和最小值丢失的部分。他的主要贡献是极具独创性地研究了圆锥曲线，他比阿波罗尼奥斯更细致全面地讨论了切线和渐进线。马若利科发明了数学归纳法的推断理论。这一理论于 1575 年出现在马若利科的著作《数学文摘》（*opuscula mathematica*）中。随后，布莱士·帕斯卡（Blaise Pascal）将数学归纳法在 1662 年应用到《三角算术运算》（*Traite du trangle arithmetique*）中。在马若利科之前，有一些类似数学归纳法的过程，其中一些会通过呈现方式或观点，引入一些轻微变化来产生一定的规律性。意大利诺瓦拉（Novara）的数学家乔瓦尼·坎帕诺，在他的《欧几里得》版本（1260）中，通过一个循环推理的方式，证明了黄金分割的无理性。但是他没能从 $n=1$，$n=2$ 等数值中得到一个规律的结果，仅能得到一些不规律的值，甚至可能只是几个整数。后来，皮埃尔·德·费马（Piere de pemart，1601—1665）沿用了坎帕诺的推算过程。婆什迦在求解不定等式的"循环方法"中使用了递归推算，在士麦那（Smyrna）的赛翁（约 130）以及普罗克勒斯在计算正方形对角线和边的过程中应用到该方法，在欧几里得的证明中（《几何原本》第九章，20页），质数的数量是无限的。

葡萄牙最重要的几何学家是佩德罗·努内斯（Pedro Nunes，1502—1578）。他表示航行的船只如果想在子午线两端行走出相等的角度，则不能走直线，也不能按照圆弧走，而是应该按照"斜航曲线"的路径行走。努内斯（Nunes）发明了"游标"，于 1542 年在里斯本（Lisbon）出版的《航海技术与方法》（*Navigtion techniques and methods*）中有描述。其中包含两条并列相等弧线，一个弧被划分成 m 等分，另一个弧被划分成 $m+1$ 等分。游标取值 $m=89$，这种仪器也被称为"游标卡尺（vernier）"，以法国人皮埃尔·韦尔埃（Pierre Vernier）的名字命名，他于 1631 年再次发明了该仪器。在韦达之前，法国最重要的数学家是彼得·拉米斯（Peter Ramus，1515—1572），他在圣巴塞洛缪（St. Bartholomew）大屠杀中死亡。韦达对古代几何学非常熟悉，他通过使用字母设定变量，为代数赋予新的形式，这让他更容易解决一些著名的古老问题，诸如三次方程的求解和将一个角三等分。韦达得出了一个有趣的结论，即，前一个问题包括所有三次方程的解，其中塔尔塔利亚公式中的根数是真实的，但是后一个问题只包括那些不可约的情况。

在这个时期，求圆面积问题再次得到了关注，甚至一些数学能力卓越的人们都在积极地研究。在 17 世纪期间，研究圆面积的人越来越多。再次引起重新关注这个问题的人是德国红衣主教尼古拉斯·库萨努斯（Nicolaus Cusanus）（1401—1464），他是一位非常著名的逻辑学家。他理论中存在的错误，被雷格蒙塔努斯毫不留情地指了出来。在这种情况或者其他情况下，每一次对圆面积的关注，都会出现提出反对意见的数学家。奥伦斯·芬（Oronce Fine）遇到了简·布提欧（Jean Buteo，1492—1572）和 P. 努涅斯（P. Nunes）；约瑟夫·斯卡利杰（Joseph Scaliger）遇到了韦达，阿德里亚努斯·罗马努斯和克拉维乌斯；奎尔库（Quercu）遇到了阿德里安·安东尼斯（1527—1607）。荷兰的两位数学家，阿德里亚努斯·罗马努斯（1561—1615）和鲁道夫·范·科伊伦（Ludolph van Ceulen，1540—1610），将他们的毕生精力都放在了圆周率的研究上。罗马努斯得出的结论是 π 的值是到 15 位数字，鲁道夫提出 π 的值是到 35 位数字。所以这个 π 的值通常被称为"鲁道夫数字"。鲁道夫的贡献是非常卓越的，因此，在莱顿圣彼得教堂墓地，鲁道夫的墓碑（现已丢失）上刻下的都是这个数字。这些人使用了阿基米德的内接和外接多边形方法，这是一种由威理博·斯奈尔（Willebrord Snellius，1580—1626）在 1621 年完善的方法。他展示了如何在不增加多边形边数的情况下获得 π 的最小极限值。斯奈尔运用了等同于 $\frac{1}{3}$（2sinθ tanθ）$<\theta<\frac{3}{(2\csc\theta+\cot\theta)}$ 的两个定理。克里斯蒂安·惠更斯（C. Huyghens）在 1654 年的《马格尼迪发明》（De circidi magnitudine inventa）一书中记载了对阿基米德几何法的最大改进，詹姆斯·格雷戈里（James Gregory，1638—1675）在 1668 年的《演习几何》（Exercitationes geometricm）中也运用到了这一点。格雷戈里是圣安德鲁斯大学和爱丁堡大学的教授。格雷戈里给出了几个近似于 π 的公式，并且在他的书中大胆地证明了通过阿基米德算法证明圆的正交是不可能的。惠更斯表明，格雷戈里的证据虽然不明确，但是他自己也认为正交是不可能实现的。其他数学家也曾经尝试证明过类似的问题，比如说巴黎的托马斯·福塔特·德·拉尼（Thomas Fautat De Lagny，1660—1734）在 1727 年证明过，约瑟夫·索林（Joseph Saurin，1659—1737）在 1720 年证明过此类问题，牛顿在他的第一、第六定律及第二十八引理中也尝试过，E. 华林（E. Waring），欧拉在 1771 年也证明过类似的问题。

只要代数和超越数之间没有区别，那么可以预想，以上这些证据都缺乏严谨性。

通过无限次运算得到 π 的精确值的方法最初是由韦达发现的。假设一个边数为 4，8，16，…的正多边形，在正多边形内内切单位直径的圆，他最终发现的圆面积是 $2\dfrac{1}{\sqrt{\dfrac{1}{2}\sqrt{\dfrac{1}{2}}+\dfrac{1}{2}\sqrt{\dfrac{1}{2}\sqrt{\dfrac{1}{2}+\dfrac{1}{2}\sqrt{\dfrac{1}{2}+\dfrac{1}{2}\sqrt{2}}}}+\cdots}}$

从上式，我们可以得出 $\dfrac{\pi}{2}=\dfrac{1}{\sqrt{\dfrac{1}{2}}\sqrt{\dfrac{1}{2}+\dfrac{1}{2}\sqrt{\dfrac{1}{2}}\cdots}}$

当时，$\theta=\dfrac{\pi}{2}$，也可以从欧拉公式[1] $\theta=\dfrac{\sin\theta}{\dfrac{\cos\theta}{2}\dfrac{\cos\theta}{4}\dfrac{\cos\theta}{8}\cdots}$ $(\theta<\pi)$

中得出该结果。

如同前面提到的那样，比利时鲁汶（Louvain）的阿德里亚努斯·罗马努斯（1561—1615）提出了解韦达方程的另一种方法。在了解了韦达的解决方法后，他立即动身前往巴黎，去结识这位伟大的大师。韦达给他提出了一个阿波罗尼斯的问题，也就是画 1 个与 3 个已知圆相接的圆的问题。"阿德里亚努斯·罗马努斯通过两条双曲线的交点解决了这个问题，但这种解决方法并不具备古代几何学的严谨性。韦达让他看到了这一点，然后，在他的帮助下，提出了一个严格的解。"[2]罗马努斯通过研究减少特定投影的方式，致力于简化球面三角学研究，最终发现，只要考虑三角形的 6 种情形即可。

在这里值得一提的是罗马儒略历的改进。一年一度不固定的节日非常混乱。天文学的快速发展促成了这一方向的研究，并由此提出了许多新的历法。教皇格里高利十三世召集了大量数学家、天文学家和主教在一起，他们决定采用罗马耶稣会会士克里斯托佛克拉乌（Jesuit Christophorus Clavius，1537—1612）提出的日历法。为了纠正罗马儒略历的错误，人们同意在新的历法中设定 1582 年 10 月 4 日之后立即就是 10 月 15 日。格里高利历法遭到了科学家以及

---

[1]E. W. 霍布森（E. W. Hobson）. 圆的面积问题（*The Area of a Circle*）. 英国剑桥大学. 1913：26，27，31.

[2]A. 凯特来（Lambert Adolphe）. 数学和物理科学史（*History of Mathematicsand Physical Science*）. 比利时. 布鲁塞尔. 1864：137.

新教徒的很多反对。作为在几何学家中举足轻重的克拉维乌斯，以最有效的方式说服了前者的反对意见；于是随着时间的推移，这些反对意见也逐渐消失了。

研究数字神秘属性的热情从古到今一直延续。即使是像帕乔利和施蒂费尔这样的杰出人物，也写了许多关于神秘数学的书籍。彼得·邦格斯（Peter Bungus）的《数的奥秘》（*Numerorum Mysteria*）是一本 700 页的四开本书籍。在该书中，他对于 666 这个数字做了大量的研究，这个数字也是《启示录》中野兽的数量（xiii, 18）。他将"不虔诚的"马丁·路德（Martin Luther）名字简称的每个字母用数字来代替。他发现，即使名字的拼写方法不同，但是 M（30）A（1）R（80）T（100）I（9）N（40）L（20）V（200）T（100）E（5）R（80）A（1）仍然是对应所求的那个数字 666。对做出巨大改进理论的证明总是层出不穷。他的朋友施蒂费尔，是德国早期数学家里面敏锐而具独创性的科学家，运用了一个十分精妙的方式，表明上面的数字指的是利奥十世（Pope Leo X），这种演示给了让施蒂费尔无可言喻的满足感。

星象学也仍然是一个很受欢迎的研究。众所周知，像卡尔达诺、马若利科、雷格蒙塔努斯等很多杰出科学家都投身天文学的研究，但人们并不知道除了已经提到的神秘科学之外，科学家还对星形多边形和幻方进行研究。"五边形会带给你痛苦。"浮士德（Faust）曾对梅菲斯托费勒斯（Mephistopheles）说道。这些科学家对心理学颇感兴趣，如在开普勒（Kepler）的作品中，曾从几何学角度严谨地阐述了一个关于星形多边形的定理。普莱费尔（Playfair）称卡尔达诺是占卜者，说他是大智若愚。先不要急于下结论，毕竟那个时期离中世纪比较近，即便是科学家也不能完全理解神秘主义。如开普勒、纳皮尔、阿尔布雷特·丢勒，他们向前探索科学时，通常是一边坚实地走在探知科学真理的路上，另一边也受以前学术理论思想的束缚。

韦达到笛卡尔

在法国亨利四世（Henry IV）统治时期，神学占主导地位。人们陷于宗教的纷争中，没有空余时间去探求科学和文学。在英国，民众对于宗教冲突的反应相对冷淡，他们更关注的是能力的提升和知识的获得。在 16 世纪，英国出现了莎士比亚（Shakespeare）和斯宾塞（Spenser）名垂千古的巨作。在英国的文学时代之后就是伟大的科学时代。在 16 世纪末，法国人民打破了神学权威的桎梏。法国国王亨利四世于 1598 年颁布一条赦令，承认法国国内胡格诺派（Huguenots）的信仰自由及公民权利。至此，宗教的纷争结束了。红衣主教黎塞留（Cardinal Richelieu）在路易十三时期，采取宽松的政策，不支持任何一方的观点，这一政策推动了国家的发展，也因推动文化进步而闻名，从而产生了文学巨著。17 世纪，法国数学家罗贝瓦尔（Roberval，Gilles Personde，1602—1675）、笛卡尔、笛沙格、费马及帕斯卡等闻名于世。

16 世纪世界的巨大变化使英国获得了巨大发展，但同时德国文化开始没落。在 15 世纪末和 16 世纪期间，德国在科学方面已经获得一定的进步，在天文学和几何学方面处于领先地位。在代数方面，德国三次方程解的发现早于韦达时代，也要比其他国家更为先进。但是在 17 世纪初，当科学之光在法国冉冉升起的时候，德国却在一点一点退步。在高斯出生之前的 200 年间，除了开普斯和莱布尼茨外，德国没有再出现任何杰出的数学家。

直到 17 世纪，英国数学发展缓慢。整个 16 世纪，英国并没有出现能和韦达、施蒂费尔、塔尔塔利亚媲美的数学家。在雷科德时代，英国人的数学才智开始显现。英国人第一部重要的数学著作是 1522 年由卡斯伯特·汤斯托尔（Cuthbert Tonstall，1474—1559）用拉丁文出版的。他曾在牛津大学（Oxford）、剑桥大学（Cambridge）和帕多瓦大学（Padua）学习，并参考了帕乔利和雷格蒙塔努斯的著作。后来，苏格兰培养出了对数的发明者约翰·纳皮尔。由于对

数在计算方面的优越性，使对数的价值即刻获得了认可。在意大利，尤其在法国，曾经停滞不前的几何学和力学，此时也开始被研究起来，并取得了成果。伽利略、托里拆利（Torricelli）、罗贝瓦尔、费马、笛沙格、帕斯卡、笛卡尔以及英国的沃利斯，都对这个学科进行过研究。费马和布莱士·帕斯卡的研究为数论和概率论奠定了基础。

我们先了解一下计算方法的进步。古代人在数学符号上进行了几千年的实验，然后碰巧使用了"阿拉伯符号"。这种由印度学者引入的简单表示法，是数学科学获得最重要的进步之一。可以看出，阿拉伯数字符号曾大受欢迎，而用小数表示十进制分数作为阿拉伯数字的明显延伸。在阿拉伯数字符号被发现之前，人们很好奇学者在进行自然规律的科学研究时，是如何使用数字进行思考的。❶十进制分数对我们来说也很便利，他们的发现不是一个人的杰作，甚至也不是一个时代的结果。他们开始使用的程度几乎难以察觉。被历史认可的第一批数学家没有意识到这些符号的真正本质和重要性。第一次出现十进制分数的概念是在求解数值近似平方根的时候。因此，塞维利亚的约翰在模拟印度人方法的前提下，给数值加上了 $2n$ 的符号，然后求出平方根，取其值作为分数的分子，分母是带着 n 的符号。卡尔达诺采用了同样的方法，但是没能被同时期的意大利人所采用，否则，至少卡塔尔迪（Pietro Cataldi，卒于 1626年）在一本专门讲述如何求根的著作中提到过。卡塔尔迪及邦贝利在1572 年，通过使用连分数的方法求出平方根，但不如卡尔达诺的方法实用。法国的欧龙思·费恩（1494—1555）、英国的威廉·巴克利（William Buckley，卒于 1550 年）用一种和卡尔达诺及约翰的方法求解平方根。通常情况下，人们认为雷格蒙塔努斯发明了小数。在三角学中，一个倍数等于 60，希腊人喜欢把它书写＝10000。这里的三角

---

❶马克·纳皮尔（Mark Napier）. 曼彻斯通约翰·纳赛尔研究报告（*Memoirs of John Napier of Merchisfon*）. 计算研究报告. 苏格兰爱丁堡. 1834.

线常用整数表示，而不是用分数表示，虽然他采用了半径的十进制划分，但雷格蒙塔努斯以及继任者并没有应用三角学之外的概念，事实上，他也没有提及任何关于十进制分数的概念。

比利时（Belgium）布鲁日（Bruges）的西蒙·斯蒂文（1548—1620）在科学领域有许多贡献，他是提出了十进制分数概念的第一人。在著作《十进算术》（*La Disme*，1585）中，西蒙·斯蒂文非常明确地描述了术语的优势，不仅是十进制分数，还有度量系统中的十进制。斯蒂文将这些新的十进制分数应用于"所有算术的一般运算"。斯蒂文缺少一个合适的符号，他用一个零代替小数点，分数的每一个位置都附加一个索引符号。因此，用他的符号，数字 5.912 就表示成 $\overset{0\ 1\ 2\ 3}{5912}$ 或者 $5⓪9①1②2③$。这些指数，尽管在实际应用中很复杂，但是很有趣，因为它们体现了数字幂的概念。斯蒂文也考虑了分数幂。他说 $\frac{2}{3}$ 外面加一个圈就表示 $x^{\frac{2}{3}}$，但是他没能真正利用这个符号。这个符号先由奥雷思姆（Oresme）进行了改进，但是仍然没能引起其他人的注意。斯蒂芬通过连续除法寻找 x^3+x^2 和 x^2+7x+6 的最大公约数，并将其应用在欧几里得多项式中求最大公约数的模式中。斯蒂文不仅热衷于研究十进制分数，而且对重量和测量的十进制划分也很热情，斯蒂文提议使用十进制的小数单位。直到 17 世纪初，小数位的符号才有了改进。继斯蒂文后，出生于瑞士的约斯特·比尔吉（1552—1632）使用了小数。他在 1592 年之后不久就准备一份算术手稿。随后，约翰·哈特曼·拜尔（Johann Hartmann Beyer）使用了小数，他将这个发明归功于自己。1603 年，他在法兰克福出版了专著《十进制逻辑》（*logistica decimalis*）。数学历史学家并不认可他是小数点发明的第一人。在众多科学家中，帕罗斯（Pellos，1492）、比尔吉、皮蒂斯楚斯、开普勒（1616）、纳皮尔等都被认为有可能是发明十进制的第一人。意见的分歧主要是因为不同的判断标准，科学家们的要求不仅仅是使用小数点，也包括他们必须证明他们所用的数字确实是十进制分数。这个小数点对于他们来说，不仅是一

个表示分离的符号，而且必须在实际运算中得到应用，包括十进制分数的乘法或者除法。经过这样的评判，这个第一的荣誉落在纳皮尔身上。这名数学家在 1617 年的著作《辐射学》（*Rabdologia*）中提到了小数点的应用。据恩内斯特勒姆描述，纳皮尔是从皮蒂斯楚斯书籍中得到了这个符号的建议❶，皮蒂斯楚斯在 1608 年的著作《三角学》（*Trigonometria*）中提到了这个符号的应用，不是作为一个常规小数点而是作为一个分隔符出现的。纳皮尔的小数点没有立即被采用。1631 年，奥特雷德用 0. 56 表示分数 0 | 56。艾伯特·吉拉德（Albert Girard）——斯蒂文的一个学生，在 1629 年偶然使用了小数点。沃利斯在 1657 年给出 12 | 345，但后来在代数中他采用了常规的用法。德·摩根说："在 18 世纪的前 25 年，我们不仅要提到小数点的完成和应用，也必须提到各种除法运算方法和平方根的计算。"❷ 我们已经详细论述了十进制符号的发展，因为"语言的历史……是最有趣味性的，也是实用的，它能够体现我们未来思想的最好课程"。

现代计算要归结于以下三种方法：阿拉伯数字、十进制分数和对数。17 世纪的前 25 年是对数发明的黄金时间。在这期间，开普勒对行星轨道进行研究，并且伽利略也已经利用望远镜对行星进行过探测。在文艺复兴时期，德国数学家已经建立了精准的三角函数表，但是它更高的精确度极大地促进了计算器的运作。毫不夸张地说，对数的发明"减少了劳动力的付出，增长了天文学家的寿命"。对数是由约翰·纳皮尔（John Napier，1550—1617）发明的，他是苏格兰曼彻斯通的一名男爵。纳皮尔是科学史上最为传奇的人物之一，在指数使用之前，纳皮尔创建了对数。虽然施蒂费尔和斯蒂文试图用指数来表示幂，但是这种方法应用并不广泛，甚至在纳皮尔

---

❶H. 维尔雷特纳（H. Wiclcitner）. 数学藏书（*Bibliotheca Mathematica*）. 1905：109.

❷德·摩根（A. De Morgan）从印刷术发明到现今的算术专著形式逻辑（*Formal Logic*）. 英国伦敦. 1847：27.

死后，哈里奥特使用的代数表达式依然很长。从指数符号到自然产生的对数在很久后才被注意到。那么，纳皮尔的对数是怎样证明的呢？

如图 16 所示，设 AB 是一条已知线段，DE 是起点为 D 的一条不定长射线，假设两个点在同一时刻，一个点从 A 向 B 移动，另一个点从 D 向 E 移动。让第一时刻的速度对于两者都相同：DE 线上的点是匀速移动的，但是在 AB 线上点的速度逐渐下降，直到它到达任意点 C 时，它的速度和 BC 之间的距离成正比。当第一个点移动一段距离至 AC 时，第二个点移动一段距离至 DF。纳皮尔称 DF 是 BC 的对数。

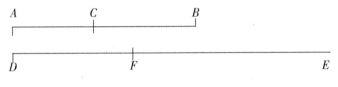

图 16

纳皮尔第一次仅找到了正弦的对数。线段 AB 是 $90°$ 正弦 $=10^7$，BC 是弧的正弦，并且 DF 是它的对数。我们注意到，随着移动的推进，BC 以等比级数递减，然而 DF 以算术级数递增。设定 $AB = a = 10^7$，$x = DF$，$y = BC$，则 $AC = a - y$。点 C 的速度为 $\dfrac{d(a-y)}{dt} = y$，得到 $-nat.\ \log y = t + c$。当 $t = 0$，则 $y = a$ 并且 $c = -nat.\ \log a$。再设 $\dfrac{dx}{dt} = a$ 为点 F 的速度，那么 $x = at$。代入 t 和 c 的值，并且 $a = 10^7$，通过定义 $x = Nap.\ \log y$。我们得到 $Nap.\ \log y = 10^7 nat.\ \log \dfrac{10^7}{y}$。

从上述证明过程中可以明显看出，纳皮尔的对数和自然对数不一样。纳皮尔的对数随着数字本身减少而增加。他取正弦 $90°$ 的对数为 0，也就是说 10^7 的对数等于 0。正弦 α 的对数随着 α 角度减小而降低。纳皮尔的对数来源于两个浮点的概念，让我们想起牛顿的微分法。纳皮尔巧妙地利用了几何和算术之间的关系，这种关系曾经被阿基米德、斯蒂费尔和其他人所注意到。纳皮尔对数系统的基础是什么？纳皮尔从来没有考虑这个问题，这个基础也并不适用于这个系统。这个概念要求 0 是 1 的对数。在纳皮尔的系统中，0 是 10^7 的对数。在 1614 年出版的著作《奇妙的对数定律说明书》（*Mirfici logarithmorum canonis descriptio*）中记载了纳皮尔的重大发明。其中，他解释了对数的性质，并给出了以 10 为底的对数表。1619 年，在纳皮尔的这本遗作中，给出了对数计算方法。麦克唐纳（W. R. Macdonald）在 1889 年将这本巨著翻译成英文，并于 1889 年在爱丁堡出版。

与纳皮尔同一时期的数学家亨利·布里格斯（Briggs，Henry 1556—1631）是伦敦格雷沙姆大学（Gresham College）的几何学教授，随后又在牛津大学任教授。布里格斯非常钦佩纳皮尔的著作，他放弃自己在伦敦的学业是为了去拜访这位苏格兰数学家。布里格斯延误了行程，纳皮尔跟一位共同的朋友抱怨说："嗨，约翰，布里格斯先生将不会来了。"就在此时，响起了敲门声，布里格斯被带入了房间，彼此凝视了一刻钟的时间，却毫无交流，最后布里格斯开口了："我的偶像啊，我不远万里就为了看到你本人，我想知道你是用了什么精妙的方法，什么样的智慧让你想到这个在天文学界最为优秀的帮助——对数，然而你发现了，我好奇以前怎么没有人发现过，现在知道它是如此简单。"布里格斯向纳皮尔提出一个建议当正弦 90° 对应的对数为 1 时，对于同样 10 倍数正弦值的对数选择 10 000 000 000，也就是 5°44′22″。纳皮尔说，他已经想到了更好的处理方法，并指出布里格斯的想法有一点改进，即，这个零应该是 1 的对数，10 000 000 000 是整个正弦的对数。因此，布里格斯扩展了整数的数字范围，于是产生了"布里格斯对数"。因此，"布里格斯对数"的发明独立于纳皮尔。这个新系统的最大优势是，它的基本级数已经适应了数值刻度的基础 10。布里格斯全身心投入建立新的对数表。1624 年，布里格斯出版了《对数算术》（*Arithmetica Logarithmica*），其中包含了 14 位数字对数值——从 1 到 20 000 和从 90 000 到 100 000。纳皮尔和布里格斯的杰出继任者艾德里安·

弗拉克（Adrian Vlacq，1600—1667）填补了 20 000～90 000 之间的空缺，弗拉克出生于荷兰的豪达（Gouda），作为一个书商和出版商，在伦敦居住了 10 年。后来，瓦拉克被伦敦的书商赶走，卒于海牙（Hague）。约翰·弥尔顿在其《为英国人民声辩》（*Defensio secunda*）一书中记录了弗拉克所受到的屈辱。1628 年弗拉克出版了一张从 1 到 100 000 的对数表，其中 70 000 是他自己计算出来的。1620 年牛津大学的埃德蒙·冈特（Edmund Gunter，1581—1626）在伦敦第一次出版了三角函数的"布里格斯对数"。他是布里格斯的一个同事，发现了正弦和正切的对数。冈特发明了"余弦"和"余切"。

余弦这个词是互补正弦（complemental sine）的缩写。正切和余切这两个词的发明归功于物理学家和数学家托马斯·芬克（Thomas Finck）——弗伦斯堡人（Flensburg），他于 1583 年在巴塞尔撰写的著作《圆的几何》（*Geometria rotundi*）中应用了正切和余切。布里格斯后半生都致力计算更多的三角函数对数，遗憾的是，他于 1631 年去世留下了未完成的著作。后来，由伦敦格雷沙姆学院的亨利·盖里布兰德（Henry Gellibrand，1597—1637）完成，然后由弗拉克自己出资发表。布里格斯把 1°划分为 100 份，罗伊（N. Roe）在 1633 年、奥特雷德在 1657 年、牛顿在 1658 年也这样做过。根据弗拉克出版的三角函数表构建了旧的 60 进制划分，布里格斯的创新没能占主流。布里格斯和弗拉克出版了 4 本基础著作，直到最近，这些著作的结论才被后来的一些计算方法所推翻。

"特征"这个词用于对数中，首次出现在布里格斯在 1624 年写的《对数算术》（*Arithmetica logarithmica*）中。"假数"一词是沃利斯在 1693 年出版的拉丁文版《代数》中提出的，欧拉在 1748 年出版的《无穷小分析引论》（*Introductio in analysin*）也使用了该词。

纳皮尔在发明对数的过程中遇到的唯一竞争对手是瑞士的乔斯特·比尔吉（Joost Bürgi，1552—1632）。乔斯特·比尔吉于 1620 年在布拉格（Prague）公布一个对数表——《代数和几何发展史》（*Arithmetische und Geometrische Progresstabulen*）。他认为，自己

所构思的对数表与纳皮尔所构建的对数表是相互独立的。直到纳皮尔的对数被大众所知享誉欧洲，他才意识到自己忘记了发表。

在纳皮尔的发明中，帮助学生和计算者提高记忆的是对于解球面直角三角形的 10 个公式的巧妙记法，即"圆的部分法则"（纳皮尔圆部法则）和解球面非直角三角形的两个公式，即纳皮尔比拟求和做乘除法用的"纳皮尔算筹"。纳皮尔在《奇妙的对数定律说明书》（*Descriptio*）中证明了对数计算和造对表方法，由于纳皮尔去世，后来由约翰·海因里希·兰伯特和莱斯利·埃利斯（Leslie Ellis，1863）❶ 完成纳皮尔的未竞事业。对于斜球面三角形的 4 个法则，也称"纳皮尔类推法"（Napier's Analogies）。只有出现在著作《构造》（*constructio*）中的两个法则可以归结于纳皮尔自己，其余两个是由布里格斯用注解添加到书中的。

约翰·斯皮德尔（John Speidell）对纳皮尔的对数进行了修正。他是伦敦的一个数学老师，于 1619 年在伦敦出版了《新对数》（*New Logarithmes*），其中包含了正弦、切线和分切线的对数。斯皮德尔没能发展新的理论，他只是简单将所有纳皮尔对数表的值都变为正数。为了达到目的，斯皮德尔从 10^8 中减去纳皮尔的对数值，然后去掉了最后两位数字。纳皮尔给出的 log sin $30' = 47\ 413\ 852$。被 10^8 减去得到 52 586 148。斯皮德尔写成 log sin $30' = 525\ 861$。1619 年，斯皮德尔的对数是以 e 为底的自然对数表。因为在斯皮德尔表中的对数以整数形式出现，自然三角数值（没有在斯皮德尔表中出现）也是以整数形式出现而产生了复杂的问题。如果在斯皮德尔的对数中最后 5 位数作为小数（假数），那么这个对数的三角函数值就是自然对数（给每个负值都加上 10）。假定后者是作为比值以小数形式出现。例如，纳皮尔给出 sin$30' = 87\ 265$，这个半径是 10^7。实际上，sin $30' = 0.\ 0087265$。这个分数的自然对数大约是 $\overline{5}.\ 25861$，加 10 为 5.25861。正如上面看到的，斯皮德尔写道：log sin $30' =$

---

❶摩里茨（Mortiz）. 数学月刊（*Mathematics Monthly*）：第二十二卷. 美国华盛顿. 1915：221.

525 861。在自然对数和对数之间的关系可以在斯皮德尔的三角函数表中得到公式，特别是：$\log x = 10^5\left(10+\log_e\dfrac{x}{10^5}\right)$。对于切线以及切线的后半部分，其加 10 以后的计算就被省略了。在斯皮德尔表中，$\log\tan 89° = 404\,812$，$\tan 89°$ 的自然对数等于 4.04812。在 1622 年出版的新对数学中，斯皮德尔还包括了数字 1～1000 的对数表。除了忽略小数点之外，这个表中的对数实际上就是自然对数。因此，他就给出 $\log 10 = 2\,302\,584$。在现代对数中，$\log_e 10 = 2.302584$。格莱舍 (J. W. L. Glaisher) 指出，这不是最早的自然对数。❶ 爱德华·赖特 (Edward Wright) 翻译了《奇妙对数的定律说明书》(*Descriptio*) 第二版 (1618)，其中包含一个匿名附录，很有可能是奥特雷德所写，通过描述包含 72 个正弦对数表的插值过程。插值过程是省略了小数点的自然对数。因此，$\log 10 = 2\,302\,584$，$\log 50 = 3\,911\,021$。由于其中包含了对数运算底数法的最早说明，所以这个附录是值得引起注意的。在斯皮德尔时代之后，直到 1770 年才出版了自然对数表，当时约翰·海因里希·兰伯特在其著作《对数和三角函数表》(*Zusatze zu den logarithmischen und trigonometrischen Tabellen*) 中插入了 1～100 七位数字的自然对数表。大多数早期计算对数的方法都起源于英国。纳皮尔开始计算 1614 的对数，形成一个 101 项的几何级数，第一个项是 10^7，并且公比 $\left(1-\dfrac{1}{10^7}\right)$ 是 9999900.0004950。这个等比级数包含了他的《奇妙对数的定理说明书》中给出的第一个表。忽略最后一项的小数部分，他用 9999900 作为有 51 项新级数的第二项，其中第一项是 10^7，公比是 $\left(1-\dfrac{1}{10^6}\right)$，最后一项 9995001.222927（准确的是 9995001.224804）。21 项的第三个等比级数用 10^7 作为第一个项，9995000 作为第二项，公比是 $\left(1-\dfrac{1}{2000}\right)$，并且 9900473.57808

❶爱德华·赖特 (Edward Wright). 应用数学季刊 (*Quarterly of Applied Mathematics*)：第四十六卷. 美国布朗大学. 1915：145.

作为最后一项。存在 21 项的级数包含了纳皮尔"第三个表"的第一个 69 数列。每一列都是 21 项的一个等比级数，以 $\left(1-\dfrac{1}{2000}\right)$ 作为公比。在 69 列的第一个或者说最顶层数字包含一个等比级数公比为 $\left(1-\dfrac{1}{100}\right)$。第一个最大级数是 10^7，第二个是 9900000，依此类推。第 69 列的最后一个数字是 4998609.4034。因此，第三个表给出一系列近似数字，但是在几何级数中不是精确的，并且取值在 10^7 和 $\dfrac{1}{2}\times 10^7$ 之间。赫顿（Hutton）说："在这个乘法表里发现比减法更便捷的运算方式。"这些数可以作为 90°到 30°之间的正弦。考虑给正弦对数设定一个上限和下限。通过这些限制，他获得在第三个表中每个数的上下限。为了得到在 0°到 30°之间正弦的对数，纳皮尔利用公式 $\sin 2\theta = 2\sin\theta\sin(90°-\theta)$，可以计算出 $\log\sin\theta$ 的值，$15°<\theta<30°$。重复这个过程就能得到正弦对数，$\theta = 7°30'$，依此类推。

比尔吉的计算方法比纳皮尔的计算方法更原始。在比尔吉的对数表中，对数是以红色标记的，因此被称为红色数字，逆对数是黑色的。表达式 $r_n = 10n$，$b_n = b_{n-1}\left(1+\dfrac{1}{10^4}\right)$，这里 $r_0 = 0$，$b_0 = 100\,000\,000$，并且 $n = 1, 2, 3, \cdots$，表示计算方式。等比级数的任意项 b_n 都是前一项级数 b_{n-1} 加上它的 $\dfrac{1}{10^4}$ 部分得到的。这样，比尔吉得到了 $r = 230\,270\,022$，$b = 1\,000\,000\,000$，最后一对数值是通过插值获得。

在《构造》的附录中，描述了 3 种计算对数的方法；综合了纳皮尔和布里格斯的研究成果。第一种方法是基于五次方程根的提取。第二种方法是仅针对平方根。取值 $\log 1 = 0$，$\log 10 = 10^{10}$，在 1 和 10 之间找平均比例的对数。如下有 $\log\sqrt{1\times 10} = \log 3.16227766017 = \dfrac{1}{2}(10^{10})$，那么 $\log\sqrt{10\times 3.16227766017} = \log 5.62341325191 = \dfrac{3}{4}(10^{10})$，依此类推。事实上，开普勒在 1624 年关于对数的书中

使用了这个方法，瓦拉也使用了该方法。第三种方法是取 $\log 1 = 0$，$\log 10 = 10^{10}$，取 2 作为 10^{10} 倍数的因子，产生一个数组包含数字 301 029 996，因此 $\log 2 = 0.301029996$。

一个著名计算对数的方法就是所谓的"底数求解法"。它需要利用底数或者数字 $1 \pm \dfrac{r}{10^n}$ 的形式和它们的对数。一个数的对数就是通过将数分解成形式为 $1 \pm \dfrac{r}{10^n}$ 的因数，然后加上因数的对数。这种方法最早出现在 1618 年爱德华·赖特对纳皮尔《奇妙的对数定律说明书》[1] 进行修改的附录中，然而未署名（极有可能是奥特雷德）。它被布里格斯全面优化，并在其《对数算术》（Arithmetica logarithmica）中给出了基数表。这个方法经常被应用，并且以多样的形式给出。[2] 布里格斯微小的简化，已经成为三个方法之一，被罗伯特·弗劳尔（Robert Flower）记录在《基数——计算对数的一种新方法》（The Radix a new way of making Logarithms）这本书中，该书于 1771 年在伦敦出版。他用 10^n 除以给定的数值，将第一个值变为 0.9，然后乘以一系列的基数，直到所有的数位都变成 9。底数法是乔治·阿特伍德（George Atwood，1746—1807）在 1786 年发现的。"阿特伍德机"的发明者在文章《一篇关于代数因子的论文》（An essay on the Arithmetic of Factors）中使用。另外，底数法还由泽奇尼·莱奥内利（Zecchini Leonelli）在 1802 年，由剑桥大学凯斯学院（Caius College）的学者托马斯·曼宁（Thomas Manning，1772—1840）在 1806 年，由托马斯·韦德尔（Thomas Weddle）在 1845 年，赫恩（Hearn）在 1847 年及奥查德（Orchard）在 1848 年分别使用。底数法的扩展和变化，由精算数学作家彼得·格雷（Peter Gray，1807—1887）、托马斯、埃利斯

---

[1] 格莱舍（Glaisher）. 应用数学季刊（Quarterly of Applied Mathematics）：第四十六卷. 美国布朗大学. 1915：125.

[2] 埃利斯（Ellis）. 英国皇家学会论文集（Proceedings of the Royal Society）：第三十一卷. 英国伦敦. 1881：398—413.

（A. J. Ellis，1814—1890）及其他人出版。这 3 个独特方法的应用要归功于布里格斯、弗劳尔和韦德尔。

另外一种计算常用对数的方法是通过重复形成几何方法。如果 $A=1$，$B=10$，$C=\sqrt{AB}=3.162278$，有对数 0.5，$D=\sqrt{BC}=5.623413$ 得到对数 0.75。根据纳皮尔在《奇妙的对数定律说明书》中的标注可知，这个方法由法国数学家改进。其中，雅克·奥扎南（Jacques Ozanam，1640—1717）可能是在 1670 年改进的第一人。❶奥扎南最有名的是他于 1694 年编著的《数学和物理学方法》（*Recreations mathematiques et physiques*）。

布鲁克·泰勒（Brook Taylor）、约翰·朗（John Long，1714）、威廉·琼斯（William Jones）、罗杰·柯特斯（Roger Cotes，1682—1716）、安德鲁·里德（Andrew Reid，1767）、詹姆斯·道森（James Dodson，1742）、亚伯·布尔扎（Abel Burja）等人还发明了不同计算对数的方法。❷

在计算对数的方法被广泛使用之后，詹姆斯·格雷戈里、威廉·布朗克勋爵（Lord William Brounker，1620—1684）、尼古拉斯·墨卡托（Nicholas Mercator，1620—1687）、沃利斯和埃德蒙·哈雷（Edmund Halley）成为计算无穷级数的领先者。在 1668 年墨卡托推导出对数 $(1+a)$ 的无穷级数算法。这个级数的变换产生了快速收敛的结果。沃利斯在 1695 年得到 $\dfrac{\frac{1}{2}\log(1+z)}{\log(1-z)}=z+\dfrac{1}{3}z^3+\dfrac{1}{5}z^5+\cdots$。维加（G. Vega）在 1794 年编写的《分类词典》（*Thesaurus*）中设定 $z=\dfrac{1}{2y^2-1}$。

由于一个变量及其变量的对数在直角坐标系和极坐标下的图形

---

❶格莱舍（Glaisher）. 应用纯数学应用季刊（*Quarterly of Applied Mathematics*）：第四十七卷. 美国布朗大学. 1916：249—301.

❷赫顿（Hutton）. 数学科学百科词典（*Encyclopedia Dictionary of Mathematical Science*）：第一卷. 英国爱丁堡. 1993：23.

表示，对数的理论观点在 17 世纪得到了一定程度的扩展，这样就产生了对数曲线和对数螺线。对数曲线被认为最早由意大利的埃万杰利斯塔·托里拆利（Evangelista Torricelli）在 1644 年的一封信中提出。但是，P. 坦纳里确认笛卡尔在 1639 年就知道了对数曲线。❶ 笛卡尔在 1638 年写给梅森（P. Mersenne）的信中描述了对数螺线，但是既没有给出对数螺线的方程，也没有把对数螺线和对数联系起来。笛卡尔把对数螺线描述为通过原点绘制的所有半径或等角的曲线。"对数螺线"这个术语是由皮埃尔·伐里农（Pierre Varignon，1654—1722）创造的，他在 1704 年展示在巴黎学院的一篇论文中提到，并于 1722 年出版这篇论文。❷

代数历史上最为杰出的创作出现在 16 世纪。关于三次方程和四次方程的解，人们对高阶代数方程解的尝试都没有结果，探索问题的新方向就是方程的属性以及它们的根。我们看到韦达已经获知根和系数之间的关系。雅克·佩尔蒂埃（Jacques Peletier，1517—1582）法国诗人和数学家，早在 1558 年他就发现了方程根与系数之间的关系，将方程所有项都移到一边，使它们等于零。布拖（Buteo）和哈里奥特也曾做过这项研究。洛林的数学家艾伯特·吉拉德比韦达更进一步扩展了方程理论。和韦达一样，这个聪明的数学家将代数方法应用到几何中，并且是第一个在解决几何问题时应用负根的人。他提到虚根，即通过归纳法推断出每一个方程根和表示其阶数的单位数是相同的，并首先以系数的形式展示了如何表示幂的总和。研究大幂次的代数学家是英国的托马斯·哈里奥特。他被沃尔特·雷利爵士（Sir Walter Raleigh）派到英国的新殖民地（Virginia）。作为一位数学家，哈里奥特是祖国的骄傲。哈里奥特把方程理论放在一个全面的观点之下，充分了解了韦达和吉拉德的近似计算方

---

❶洛里亚（Loria）. 数学藏书（*Bibliotheca Mathenatica*）. 1900：75. 1900：95.

❷卡约里（Cajori）. 指数和对数概念发展史（*Development History of Index and Logarithm Concept*）. 数学月刊：第二十卷. 美国华盛顿. 1913：10—11.

法。在一个简单形式的方程中，符号改变第二项系数等于根的和，第三项系数等于两个根乘积的和，等等。哈里奥特是第一个把方程分解为简单因数的人，但由于他没能认识到虚数，甚至是负根，他没能证明出每个方程都能够被分解。哈里奥特在数学符号方面做出了改进，采用小写字母替换了韦达所采用的大写字母。哈里奥特是第一个使用"＜"（小于）和"＞"（大于）符号的人。符号"≤"和"≥"大约在一个世纪后由巴黎一个测量家皮埃尔·布格（Pierre Bouguer）❶首次使用。哈里奥特的著作《实用分析学》（*Artis Analytica praxis*）在他去世 10 年后于 1631 年出版。奥特雷德通过自己的作品《数学之钥》（晚些的拉丁文版本见于 1648 年、1652年、1667 年、1693 年；英文版本见于 1647 年和 1694 年），1632 年出版的《比例圆》（*Circles of Proportion*）以及 1657 年出版的《三角学》（*Trigonometric*）❷对数学知识的传播做出了巨大贡献。哈里奥特是阿尔伯里（Albury）的主教牧师，他私下免费给那些对数学感兴趣的学生授课。在他的学生中，最著名的是数学家沃利斯以及天文学家赛斯沃德（Seth Ward）。哈里奥特特别注重数学符号的使用，他总计使用了 150 余个符号。只有 3 个沿用至今，×表示乘法，∷表示比例，⌒表示"差"。×出现在《数学之钥》（*Clavis*）中，但是字母 X 和它类似，曾经作为乘法符号出现在匿名的《对数附录》（*Appendix to the Logarithmes*）中，该书是 1618 年出版的，由爱德华·赖特翻译的《奇妙的对数定律说明书》❸。这个附录最有可能是哈里奥特写的。比例 $A : B = C : D$，他写作 $A \cdot B :: C \cdot D$。早在 1651 年，一位英国天文学家文森特·

❶菲斯（Firth）数学物理多变量分析（*Corresp. moth. phys.*）：第一卷. 美国. 1843：304.

❷F. 卡约里（F. Cajori）. 威廉·奥特雷德（*William Oughtred*）. 英国伦敦. 1916.

❸F. 卡约里（F. Cajori）. 自然（*Nature*）：第九十四卷. 英国伦敦. 1914：363.

温（Vincent Wing）开始使用（：）表示比例，这种表示法得到了广泛的应用，释放了点（.）作为小数的分隔符号。有趣的是，莱布尼茨对于这个符号的使用方法。在 1698 年 7 月 29 日，莱布尼茨写了一封信给约翰·伯努利（John Bernoulli）："我不喜欢×作为乘法符号，因为它很容易和字母 X 混淆……通常我简单地在两个值之间插入一个点表示乘法，比如，$ZC \cdot LM$。因此，对于表示比例，我不用一个点，而用两个点，同时我也用它表示除法。因此，对于 $dy. \ x ::$ $dt. \ a$，我写作 $dy : x = dt : a$；和 dy 除以 x 与 dt 除以 a 是一样的。"从这个等式开始，所有的比例都遵循比例原则。在克里斯蒂安·沃尔夫（Christian Wolf）的帮助下，这个点在 18 世纪被广泛应用于表示乘法符号。莱布尼茨并不知道哈里奥特于 1631 年在他《数学之钥》中使用了点作为乘法，例如 $aaa - 3. \ bba = +2. \ ccc$。当时，哈里奥特的点没有引起关注，甚至沃利斯也没能注意到。

奥特雷德和同时代的英国数学家理查德·诺伍德（Richard Norwood）、斯皮德尔及其他数学家在引入三角公式简化的过程中做了杰出贡献，s，si 或者 sin 代表正弦；s co 或者 si co 表示"正弦补充"或者余弦；se 表示正割等，奥特雷德没有使用括号，要集合的术语被包含在在双冒号之间。他将 $\sqrt{A+E}$ 表示成 $\sqrt{q : A+E :}$，最后这两个点有时候会被忽略。因此，$C : A+B-E$ 意味着 $(A+B-E)^3$。在奥特雷德使用括号之前，括号已经由克拉维乌斯在 1608 年和吉拉德在 1629 年使用。早在 1556 年，塔尔塔利亚将 $\sqrt{\sqrt{28} - \sqrt{10}}$ 书写成 $R_{xv}. \ (R_{28} \ men \ R_{10})$，这里 $R_v.$ 表示通用根号，但是他没有使用括号来表示两个表达式的乘积。❶ 埃拉德·巴勒杜克（I. Errard de Bar-le-Duc，1619）、雅科伯·德·比利（Jacobo de Billy，1643）、理查德·诺伍德、塞缪尔·福斯特（Samuel Foster，1659）都曾用到括号。尽管如此，在莱布尼茨和伯努利使用括号之

---

❶恩斯特索姆（Ernstson）. 数学藏书（*Bibliotheca Mathenatica*）. 美国华盛顿. 1913：296.

前，括号未能在代数中流行起来。

值得注意的是，奥特雷德标注的 $3\frac{1}{7}$ 和 $\frac{355}{113}$，用符号 $\frac{\pi}{\delta}$ 表示圆周到直径的近似比率，出现在 1647 年他出版的《数学原理》中。奥特雷德的符号被伊萨克·巴罗（Isaac Barrow）广泛使用。这是 π＝3.14159…的前身。威廉·琼斯于 1706 年在伦敦出版了《新版数学概论》（synopsis palmariorun matheseos），在书中 263 页使用了 π 代表周长。1737 年欧拉也开始使用 π＝3.14159…。在他们的时代，这个符号被普遍地使用。

奥特雷德作为直线对数尺和圆形计算尺的发明者，而使他声名显赫。弧线滑动规则在奥特雷德 1632 年出版的著作《比例圆》（Circles of proportion）中被描述。他的直线滑动规则在 1633 年以上著作的增补版中有描述。但是奥特雷德并不是第一个描述弧线滑动规则的人，他的一个学生——理查德·德拉梅因（Richard Delamain）曾于 1630 年在一个名为《甘摩尔》（Grammelogia）的手稿中描述过这一规则。❶

德拉梅因和奥特雷德之间存在一点点小矛盾。两个人都认为对方偷窃自己的创作，但最有可能是每个人都是独立的创作者。对于直线滑动规则的创作，奥特雷德是当之无愧的创作者。奥特雷德阐述了早在 1621 年设计的计算尺。计算尺于 17 和 18 世纪在英国获得改进，然后被更广泛地应用。❷

一些关于奥特雷德的传说是不可信的。例如，奥特雷德勤俭的妻子不让他晚上点蜡烛研究，并在王朝复辟时期高兴极了，为祝国王喝了"一杯酒"之后就死了。德·摩根幽默地说道："这只不过是一个借口，需要说明的是他已经 86 岁了。"

代数现在处于足够完美的状态，使笛卡尔和其他数学家能够采

❶F. 卡约里（F. Cajori）. 威廉·奥特雷德. 美国芝加哥. 1916：46.

❷F. 卡约里（F. Cajori）. 对数计算尺发展史（History of the logarithmic Slide Rule）. 美国纽约. 1909.

取重要步骤，形成数学史上一个大时代——应用算法分析来定义性质和研究代数曲线的性质。

在几何领域，这个时期对求曲线图形的面积进行了深入的研究。瑞士的数学家保罗·古尔丁（Paul Guldin，1577—1643），出版了《重心说》（centrobaryca）一书。书中阐述了帕普斯定理，即平面图形绕同一平面内不与之相交的轴旋转，所产生的立体体积等于这图形面积乘以图形重心所描画出的圆周长，该定理也被称为"古尔丁定理"。不过，该定理最初是在帕普斯（Pappus）的著作《数学汇编》（mathmatical colletion）中提到过。我们将看到这个方法比开普勒和卡瓦列里使用的方法更为精确。但是，这个方法的不足是需要确定重心。找到重心比获得体积还要难。古尔丁曾试图证明自己的理论，但是卡瓦列里指出了他论证的缺陷。

约翰尼斯·开普勒（1571—1630）出生在德国符腾堡市的威尔德斯达特镇。在图宾根大学（University of Tubingen）学习期间，他听到对哥白尼的地心说所做的合乎逻辑的阐述，很快相信了这一学说研究哥白尼原理（Copernican principles）。开普勒对科学的追求不断被战争、宗教纷争、经济及家庭琐事所干扰。1600 年，开普勒在布拉格附近的天文台为丹麦天文学家第谷·布拉赫（Tycho Brahe）做了一年的助理。开普勒的出版物数量庞大，他首次试图解释太阳系是在 1596 年。那时，他认为自己已经发现了 5 种规则立方体和行星距离与数量之间一种不寻常的关系，这个伪发现的发表让开普勒声名鹊起。他曾经试图通过椭圆形曲线来表示火星的运行轨道，我们现在用极坐标表示为 $\rho = 2r\cos^3\theta$。成熟的思想以及与第谷和伽利略伟大科学家的交流，指引他产生了智慧结晶——"开普勒定律"。他在天文学和数学上都做出了巨大贡献，例如，"如果希腊人没有发明圆锥曲线，开普勒就不能取代托勒密的位置"[1]。希腊人从来没有想到曲线会有实际用途。阿里斯泰俄斯和阿波罗尼奥斯

---

[1] 威廉姆·胡威立（Wiliam Whewell）. 归纳法发展史（History of the Induefive Sciences）：第三版. 美国纽约. 1858：311 页

(Apollonius)，研究曲线只不过是为了满足他们对科学的追求，然而这个圆锥曲线却帮助开普勒追踪行星的椭圆形运行轨道。开普勒也扩展使用对数和十进制分数，并热衷于推广这些知识。有一次购买红酒，开普勒因为小木桶容量的不准确性而陷入沉思。这促使他对变化物体体积计算方法进行研究，并于 1615 年出版了《测量酒桶体积的新几何方法》（*stereometria Doliorum*）。其中，他首先论述了阿基米德（Archimedes）已知的立方体，然后再论述其他立方体。开普勒广泛应用古老但被忽视的思想——无穷大和无穷小的量，希腊数学家通常都忽略这个概念。但是因为它，现代数学家彻底改革了科学。与直线运动计算相比较，古代科学家采用叠加法，但是在比较直线和曲线计算的时候，这种方法就失效了，因为线性算法的加法和减法不能产生曲线。为了解决这个问题，他们发明了穷举法（*Method of Exhaustion*），这种方法很长很难，这纯粹是综合的，一般从一开始就要求知道结论。新的无穷符号逐渐完善了穷举法。开普勒认为，圆是由无限个三角形构成——圆心作为共同的顶点，基部构成了圆周，并且球面是无数个锥体。他利用这一概念来求解螺旋曲线的构成面积和体积，成功解决了在《测量酒桶体积的新几何方法》中提出的 84 个问题。

开普勒著作的数学趣味点包括：①求解一个椭圆的周长，它的轴线分别是 $2a$ 和 $2b$，圆周长近似等于 $\pi(a+b)$；②开普勒推断出一个函数在其最大值附近的变化会消失；③连续性原理的假设（区别于现代和古代几何），当给出的抛物线在无穷远处有焦点时，从这个盲目焦点辐射出来的线是平行的且永远不会相交。

《测量酒桶体积的新几何方法》使得卡瓦列里开始研究无穷小量。卡瓦列里是伽利略的学生，在博洛尼亚（Bologna）任教授，他于 1635 年发表了著作《用新方法推进连续体不可分量的几何学》（*geometria indivisibilibus continuorum nova quadam ratione promota*）。这个著作解释了他的不可分量原理，这个方法处于希腊穷尽法和牛顿及莱布尼茨的方法之间。"不可分量原理"由亚里士多德（Aristotle）和经院哲学家进行了讨论。他们引起了伽利略的注意，卡瓦列里没有定义这个术语。他借用了布雷德沃丁和托马斯·阿奎纳的哲学概念，其中一个点就是一条线不可分量，一条线就是一个面不可分量，每一个不可分量的点都能通过运动来生成下一个更高级的连续体，一个移动的点就产生一条线等。两个立方体或者平面的相对大小可以简单通过一系列平面或者线的总和得到。例如，卡瓦列里发现构成三角形所有直线的平方和等于底和高的平行四边形所有线平方和的三分之一。因为，如果在一个三角形中，从顶点发出的第一条线是 1，第二条线是 2，第三条线是 3，依此类推，它们的平方和为 $1^2+2^2+3^2+\cdots+n^2=n(n+1)(2n+1)\div6$。在平行四边形中，每条线是 n，它们的个数是 n，因此它们的平方和是 n^3，两个和之间的比值为 $n(n+1)(2n+1)\div6n^3=\dfrac{1}{3}$，$n$ 是无穷的。他因而得出结论，棱锥或者圆锥体的体积分别是具有同等底和高的一个棱柱或者圆柱体体积的 $\dfrac{1}{3}$。由于构成前者的多边形或者圆从底部到顶点的距离减小，就像三角形中平行于底部直线的平方从底部到顶点的长度减小一样。通过不可分量方法，卡瓦列里解决了开普勒提出的大部分问题。尽管卡瓦列里的方法很便捷，并产生了正确的结果，但缺乏科学基础。如果一条线完全没有宽度，那么没有数值做加法，尽管大量的线能够产生面积；如果一个平面没有厚度，那么即使无限数量的平面也不能形成一个立方图形。尽管卡瓦列里的方法作为一种完整的算法被使用了 55 年。它解决了一些难点的问题。古尔丁对卡瓦列里的算法提出了质疑。卡瓦列里在古尔丁去世以后于 1647 年出版了一本名为《六个几何学练习》（*Exercitationes geometrica sex*）的著作。其中，他回应了对手的问题，并试图给出自己方法的清晰解释。除了形而上学的推理，古尔丁没能证明以自己名字命名的理论，但是卡瓦列里通过不可分量法证明了它。《几何学》（*Geometria*）的修订版在 1653 年出版。

有一个重要的曲线，古代人并不知道，现在人们却开始以极大的热情进行研究。罗贝瓦尔将其命名为"次摆线"（*trochoid*），帕斯卡将其命名为"旋轮线"（*cycloid*），伽利略将其命名为"轮转线"。这个曲线的发明，看起来要归功于查尔斯·鲍威尔（Charles Bouveltes）。他于 1501 年在巴黎出版的几何著作中，在论述圆平方的问题时提及这个曲线。伽利略认为，这个曲线的价值在于它的形状可以体现建筑中的拱形。伽利略通过认真考虑算术研究报告的逆摆线和生成圆来确定面积。伽利略发现第一个面积几乎接近于后者的三倍。伽利略的学生埃万杰利斯塔·托里拆利做了一个数学计算。托里拆利作为物理学家比作为数学家更为出名。

通过使用不可分量法，伽利略证明它的面积是旋转圆的三倍，并且发表了解决方法。同样求面积的问题早在几年前（约 1636 年）被法国的罗贝瓦尔所关注，但是他的解法没能被意大利人所知。罗贝瓦尔是一个具有敏感和暴躁性格的人，他不可理喻地指控温和、平易近人的托里拆利偷窃了自己的方法。剽窃的指控让托里拆利非常愤怒，有人甚至认为这导致了托里拆利的英年早逝。温琴佐·维维亚尼（Vincenzo Viviani，1622—1703 年）——是伽利略另一个杰出的学生，研究了摆线正切值。

在法国，几何学开始被广泛关注并获得了极大成功。罗贝瓦尔、费马和帕斯卡使用不可分量法并对其做出新的改进。罗贝瓦尔（Roberval，1602—1675），在法国巴黎大学当了 40 年的数学教授，自称发现了微量（不可分量）法。由于他的著作直到去世后才出版，很难确定谁更早地发明了此法。蒙蒂克拉（Montucla）和查尔斯认为，他要比意大利几何学家更早地独立创作了此法，尽管后者的著作要比罗伯威尔更早出版。玛丽（Marie）发现，很难相信法国人没有从意大利人那儿借鉴任何东西。对于双方都不可能是完全独立创作的"不可分量"，这个术语适用于卡瓦列里设想的无穷小量，这个词，但不适用于罗贝瓦尔设想的量。罗贝瓦尔和帕斯卡改进了不可分量法的理论基础，通过考虑一个由不定数的矩形而不是线替代的面积，则立方体是由无穷多个小的立方体而不是平面构成。罗贝瓦尔应用这个方法来求解面积、体积和重心，他实现了任意阶抛物线的求积 $y^m = a^{m-1}x$，而且也是一个抛物线 $y^m = a^{m-n}x^n$。我们已经提到他摆线的求积。罗贝瓦尔最著名的是他画正切的方法。托里拆利的名字在 1644 年出现在著作《几何学文集》（*Opera geometrica*）中。罗贝瓦尔（Roberval）给出了更全面的解释。他的一些特殊应用早就发表在 1644 年巴黎出版的《物理数学中的梅森素数》（*Mersenne's Cogitata physico mathematica*）中，罗贝瓦尔在 1668 年向法国科学院介绍了这个主题的全面发展，并在法国科学院的研究报告中发表。这个研究课题源于法国梅森所举办的科学会议。这个科学会议是由部长黎塞留在 1653 年创建的，并且由部长科尔伯特（Colbert）在 1666 年重组。马林·梅森（Marin Mersenne，1588—1648）为科学做出了巨大贡献。他谦逊和专注的态度使他赢得了很多朋友，包括笛卡尔和费马。他鼓励科学研究、相互交流，要为科学才智提供一个沟通交流平台。

罗贝瓦尔画切线的方法和牛顿的流体原理有关。阿基米德认为，他的螺旋线是通过双重运动产生的。罗贝瓦尔把这个概念延伸到所有曲线。平面曲线或圆锥曲线的例子，可以由两个力作用的点产生，并且是两个运动的结果。如果在曲线的任何点上，合成的结果被分解为分量。那么，由它们确定的平行四边形对角线是该点曲线的切线。关于这个巧妙的方法最难的问题是把合成的结果分解成具有适合长度和方向的分量。罗贝瓦尔在解决这个问题上一直没能成功，但是他的这个想法是巨大的进步。他打破了将切线定义为与曲线只有一个交点直线的旧观点。当时可用的方法不适用于提示更高阶曲线的切线属性，甚至于二阶曲线和在曲线生成过程中发挥作用的部分都不适用。切线这个研究主题也受到了费马、笛卡尔、巴罗的关注，并且在发明了微分学后，获得极大的发展。费马和笛卡尔将切线定义为两点与曲线相切的割线。巴罗将一个曲线视为一个多边形，每一条边就产生一个切线。

费马是一位博学的学者和非凡能力的数学家。费马在图卢兹（Toulouse）研究法律，并于 1631 年当选为图卢兹议会议员。费马的闲暇时光几乎都献给了数学，他难以遏制自己研究数学的热情。与笛卡尔和帕斯卡不同，费马的一生平静而和谐。费马在已知的所有数学分支都有所建树。对几何学最大的贡献就是他的著作《求最大值和最小值的方法》（*De maximis et minimis*）。大约在 20 年前，开普勒第一次注意到变量的增量。例如，一个曲线的纵坐标，当接近变量的最大值和最小值时，数值会逐渐消失。将这个观点进一步发展，费马得到了最大值和最小值规则。对于给定的 x 函数用 x 替代 $x+e$，其后使函数的两个连续变量相等，并用这个等式除以 e。如果 e 趋于 0，那么等式的根就是 x 的最大值或者最小值。费马在 1629 年创作了这个定理，它与微分学的不同就是引入了无限量值 e 代替了无限小的 dx。费马将此作为切线方法的基础，同时又确定了一个曲线上一个给定点次切线的长度。

由于缺乏明确性的描述，费马的最大值和最小值以及画切线的方法，被他同时代的笛卡尔严厉抨击。他从来不会公正地对待其中的优点，在随后的争论中，费马找到两位狂热的追随者罗贝瓦尔和帕斯卡（其父）。但是米多尔热（C. Mydorge）、笛沙格和克劳德·哈代（Claude Hardy）都支持笛卡尔。

由于费马在一个函数的连续变量之间引入无限小差值的概念，并得出了求最大值和最小值原理。拉格朗日、拉普拉斯和傅里叶坚持认为费马是微分学的第一个发明者。可以从法国科学家西莫恩·德尼·泊松（Simeon Denis Poisson）的话中得知，这个方法并没有被很好地采纳。他评价道："微分学包含一个系统的规则，用于寻找所有函数的差值，而不是用于获得一些无限小的变量来解决一些个别问题。"

同时代的一位才华可与费马比肩的数学家——帕斯卡，出生于奥弗涅（Auvergne）的克莱蒙特。1626 年，他的父亲退休后回到巴黎。在那里，帕斯卡的父亲不放心其他人教育他，就自己亲自授教。帕斯卡在 12 岁时就显现出在几何学方面的才华。他父亲的数学基础熟练扎实，但在帕斯卡能够熟练掌握拉丁语和希腊语之前，并不希望帕斯卡学习数学。他父亲把所有的数学书都藏起来，这个男孩儿曾经问他的父亲，数学是研究什么的，父亲的回答很泛泛，"它用于使数字更为精确，并且获得相对其他数值的比例"。他同时被禁止谈论甚至思考数学。但是他的才华不会让自己屈服于这些限制。从最早寻找最精确数值这个单纯的意识开始，帕斯卡带着这个思想，实用绘画的方法，用木炭在石板路上画算术。例如，一个精确的圆或等边三角形，帕斯卡赋予这些图形名字，然后形成公理，并得到证明。以这种方式，帕斯卡得出结论：一个三角形的三个内角和等于两个直角的和。当帕斯卡父亲发现他在研究这个理论时，很惊讶他的数学潜力和才华，并因此喜极而泣。他的父亲开始让帕斯卡阅读欧几里得《几何原理》，他在没有获得帮助的情况下轻松掌握了其中内涵。虽然帕斯卡要定期学习语言，但这个男孩儿依然用业余时间来学习几何并享受研究的过程。帕斯卡在 16 岁写了一篇关于圆锥曲线的论文，被认为是一个数学天才，从阿基米德时代之后再无人与之媲美。笛卡尔不相信这是由帕斯卡这么年轻的人所写的。这个论文从来没有出版过，现在已经丢失。莱布尼茨在巴黎看到这个论文，并且公开了部分内容。这个少年老成的年轻人在科学领域的各个方面都有所作为，但是过度疲劳极大地损害了他的健康。他继续研究并在 19 岁时发明了能够演示算术运算的机械装置。持续过度的工作导致了慢性疾病的发生，他从 18 岁就曾说过："我每天都在忍受病痛的折磨。"24 岁时，他决定暂且搁置对科学的研究而转向宗教信仰。在某天晚上他因为牙疼而不能入睡，突然灵光一闪，脑海中出现轮盘和摆线，想法一个接着一个，由此他发现了曲线的一些属性并对其进行证明。他和费马在某些问题上的相互关系是概率论的开始。帕斯卡的病症加重，仅 39 岁就在巴黎逝世了。对于卡瓦列里的不可分量法，他给出了更精细的表格。和罗贝瓦尔一样，他解释"右边线之和"就是"无限小矩形之和"。帕斯卡极大了地发展了摆线的知识体系。他确定了由任意平行底线构成的截面面积，求解围绕底或者轴线产生的体积，并且最后也能得到这些圆锥体的重心以及对称平面切割的一半体积。在发表自己研究结果之前，帕斯卡于 1658 年把这个结果发给所有的数学家，召集数学家们来解决这一问题并为解答正确者提供奖金。只有沃利斯和勒鲁瓦（A. LaLouvere）参与了竞争。勒鲁瓦无法胜任这项任务，沃利斯因为时间紧迫，犯了很大的错误，两人都没获得奖金。帕斯卡随后发表了自己的解，并在学术界引起了巨大轰动。沃利斯也发表了纠正错误之后的方法，尽管没有获得奖金。惠更斯、雷恩和费马也解决了一些问题。伦敦圣保罗大教堂（St. Paul's Cathedral）著名的建筑师克里斯托弗·雷恩（Christopher Wren，1632—1723）的主要发现是对摆线弧的修正，并确定出重心位置。费马发现了摆线弧产生的面积。惠更斯发明了圆滚摆。

17世纪初也见证了综合几何的复兴。克劳德·米多尔热（Claude Mydorge，1585—1647）是一位依然用传统方法论述圆锥曲线，他成功地简化了阿波罗尼奥斯许多冗长的证明。在巴黎，他是笛卡尔的好朋友。但是，里昂的吉拉德·笛沙格（Girard Desargues，1593—1662）和帕斯卡离开偏僻的道路另辟蹊径。他们引入了一种很重要的方法"投影法"。因此，笛沙格和帕斯卡认为圆锥曲线实际上就是圆的投影。笛沙格给出了两个重要且完美的定律：第一个是"六点对合"，其中包括一个圆锥曲面和一个内接四边形；另一个是，如果两个三角形的顶点（无论是空间的还是平面的）都在三条直线上相交于一点，那么它们的边在三条直线上相交，反之也成立。后一个定理被布里昂雄（Brianchon）、热尔岗（Gergonne）和彭赛列（Poncelet）使用多次。彭赛列用它作为同源图形的理论基础。我们把乘方理论和横向理论归功于笛沙格，以及一个直线的两个端点可能会在无穷近位置交汇的理论都源于笛沙格，并且两个平行线也会在无尽处交汇。他再次定义了圆外旋轮线并且应用于齿轮的构建中，这个课题后来由拉伊尔（La Hire，1640—1718）进行了完善。帕斯卡非常欣赏笛沙格的成就，他在《圆锥曲线论》中提到："我希望在研究这些课题之后，我也能够获得一点点成就。"帕斯卡和笛沙格的著作包含一些现代综合几何的基本概念。帕斯卡于16世纪撰写了关于圆锥的著作，现已丢失，给出了非调和比理论，首先出现在帕普斯的著作中，也有一些关于神秘六边形的著名论题，被称之为帕斯卡定理，即一个圆锥的内嵌六边形会有三个交点，这三个交点是在同一条直线上。这个理论构成了帕普斯理论体系的基本原则。从这一结论得到了400个推论，包括阿波罗尼奥斯圆锥曲线论

(conics of Apollonius) 以及很多其他结论。拉伊尔在数学方面的天赋比不上笛沙格和帕斯卡，他最早是一个画家，后来致力天文学和数学研究，并成为巴黎法兰西学院的教授。他写了三部圆锥曲线的著作，分别于 1673 年、1679 年和 1685 年出版。其中最后一部《圆锥曲线论》(Sectiones Conicae) 最为著名，拉伊尔给出了圆周的极面属性，通过投影将他的极点理论从圆周运用到圆锥曲线。在拉伊尔构建的设计中，他使用"球状的"投影，其中，投影点并不像托勒密球面投射那样是球面的极点，而是在球外距离极点 $r\sin 45°$ 的半径上。球状投影的优点是，在地图上的任何地方，距离都是同样程度的扩大。投影的模式被他的同胞帕朗（A. Parent）所修正。拉伊尔在圆外旋轮线、螺旋线以及在纵横图中给出了公式推导。拉伊尔的勤劳付出、笛沙格和帕斯卡的聪明才智，给现代综合几何带来了很多财富，但是由于沉浸于笛卡尔的分析几何以及后来的差分，综合几何直到 19 世纪才被重视。

关于数字理论，从丢番图和古印度时代到 17 世纪初的 1000 年里都没产生具有科学价值的结论。但是，我们现在认为的辉煌时期是人们开始能够把科学从神学和迷信中分离出来，科学不再被禁锢；数字的属性开始被科学研究。由于没有掌握印度人的不确定分析法，很多婆罗门的优秀结果被欧洲人重新发现。因此，对于线性不确定方程的整数解被法国人梅齐里亚克（Bachet de Meziriac, 1581—1638）再次发现，他是最早研究丢番图的欧洲人。在 1612 年，他出版了《既有趣又令人惬意的数字问题》(problems plaisants et delectable qui se font par les nombres)，并于 1621 年出版了带注解的丢番图希腊语版本。质数的概念被披露在所谓的"梅森素数"中，形式为 $M_p = 2^p - 1$，p 为质数。马林·梅森在 1644 年的著作《物理数学随感》(Cogitata Physico-Mathematica) 序言中提到，p 的值不大于 257，则 M_p 质数的 p 值包括 1、2、3、5、7、13、17、19、31、67、127、257。在梅森素数的分类中，发现存在四个错误，M_{67} 是复数，M_{61}，M_{89} 和 M_{107} 是质数，M_{181} 被证明也是可分解的。梅森给出了 p=1044 时的 8 个数字——6、28、496、8128、23 550 336、

8 589 869 056、137 438 691 328 和 2 305 843 008 139 952 128。在欧几里得的著作第九版第三十六卷中，给出了更合理的公式——$2^{p-1}(2^p-1)$，这里的 2^p-1 是质数。上面的 8 个数字通过取值 p＝2、3、5、7、13、17、19、31 可以得到。第 9 个完美的数字由泽尔霍夫（P. Seelhoff）在 1885 年得到，这里 $p＝61$，第十个是由鲍尔斯（R. E. Powers）在 1912 年给出的，$p＝89$。现代数字理论之父是费马，他不善沟通，因此他通常都隐藏自己的方法，并且只有他自己知道。后来的分析家在获得证明的时候非常疑惑。费马有一本丢番图著作的书，其中他添加了很多旁注，在 1670 年，这些注解被集合到新版丢番图中，由其儿子出版。其他和费马相关的数字理论，出版在《数学文集》（*Opera Varia*）中，由他的儿子编辑以及沃利斯 1658 年的《来往信札》（*Commercium epistolicum*）上。以下这些定理中，前 7 个出现在《亚历山大丢番图》一书中❶。

(1) 当 $n>2$，x，y，z 为整数时，$x^n+y^n=z^n$ 是不可能的。

这个著名的定理由费马附加到丢番图第二版 8 页的问题上，费马的注解如下："把一个给定的平方数划分为两个平方，另一方面，我们不可能将一个立方体划分为两个立方体，或者一个二次幂划分为两个二次幂，或者说除了二次幂以外的任何幂分成相同指数的两个幂。我已经发现一个精确的证明，然而范围不够大，不足以容纳。"费马的确拥有一个不确定的证明，但目前还没有出版，欧拉证明了当 $n＝3$ 以及 $n＝4$ 的定理，狄利克雷（Dirichlet，1805—1859）给出 $n＝5$ 以及 $n＝14$ 时的证明，加布里埃尔·拉梅（Gabriel Lame）给出 $n＝7$ 的证明，库默尔（Kummer）给出了其他值的证明。这个定理在学术界被反复提名获奖，例如，巴黎科学院在 1823 年和 1850 年，以及布鲁塞尔科学院在 1883 年都曾提名过。

(2) 形式为 $4n+1$ 的质数是一个直角三角形斜边的一倍，平方是两倍，立方是三倍。例如 $5^2=3^2+4^2$；$25^2=15^2+20^2=7^2+24^2$；

---

❶希斯（H. L. Heath）. 亚历山大丢番图（*Diophaatas of Alexan dria*）：第二版. 英国剑桥大学. 1910：267—328.

$125^2 = 75^2 + 100^2 = 35^2 + 120^2 = 44^2 + 117^2$。

（3）$4n+1$ 形式的质数能够被表达一次，并只有一次，表示成两个平方的和，这个被欧拉所证明。

（4）一个由两个立方体组成的数能够以无限多种方式分解成另外两个立方体。

（5）每个数要么是一个三角数或者两个或三个三角数的和，要么是一个四角数或者两个、三个、四个四角数，或者是一个五角数，或者两个、三个、四个五角数，或者五个五角数之和……依此类推。费马在之后未发表的书中证明了该定理以及其他定理。这个定理也在 1637 年给佩特·梅森（Pater Mersenne）的书信中给出。

（6）只要愿意，可以发现很多数，每个平方都会是一个平方数与另一个平方数的和或者是某一个数被减去一个平方数的值。

（7）$x^4 + y^4 = z^4$ 是不成立的。

（8）在 1640 年的一封信中，他给出著名的"费马定理"，高斯的注解中描述：如果 p 是一个质数，并且 a 是 p 的一个质数，那么 $a^{p-1} \equiv 1 \pmod{p}$。这个定理被莱布尼茨和欧拉所证明。

（9）费马直到临终都坚信自己已经发现了一个被长期寻找的质数并获得定律，通过公式 $2^{2^n} + 1$ 等于一个质数。但是他承认，他不能精确地证明这个公式。这个定律是错误的，正如欧拉在例子 $2^{2^5} + 1 = 4\ 294\ 967\ 297 = 6\ 700\ 417 \times 641$ 中指出的那样。美国心算高手泽拉·科尔伯恩（Zerah Colburn）在孩提时代就轻易地发现了这些因素，但无法合理地解释他是如何心算的。

（10）一个奇质数能够表示为两个平方数的差，并且只有一种唯一的形式。《质数关系》（relation）中给出了这个定理，费马用其将大数字分解为质数因子。

（11）如果整数 a，b，c 表示一个直角三角形的边，那么面积不可能是一个平方数。这个由拉格朗日所证明。

（12）费马对 $ax^2 + 1 = y^2$ 的解，这里 a 是整数，但不是一个平方数，在《质数关系》（relation）中给出了宽泛的概述。他向法国数学家伯恩哈德·弗兰涅克尔·贝西（Bernhard Frenicle de Bessy）

提出了这个问题，并且在 1657 年给所有在世的数学家都留下了这个问题。在英格兰，沃利斯以及布朗克尔勋爵（Lord Brouncker）共同找到了一个费力的解法，并于 1658 年出版，同时 1668 年出现在托马斯·布兰克对拉恩《代数》的翻译中，并且在约翰·佩尔（John Pell，1610—1685）的"变量和增量"中也曾出现。第一种解法是由印度人给出的。尽管佩尔与这个问题没什么关系，但是这个问题依然被命名为"佩尔问题"。佩尔曾经在阿姆斯特丹（Amsterdam）任数学学会主席。在与隆戈蒙塔努斯（Longomontanus）的一场争论中，佩尔声称已经实现了圆的正交。佩尔首次使用了现在我们很熟悉的三角公式 $\tan 2A = \dfrac{2\tan A}{1-\tan^2 A}$。

我们现在不确定费马对所有的定理都进行了严格证明。他的证明方法直到 1879 年才完全消失。在莱顿的图书馆里，在一堆被烧的惠更斯手稿中发现了一本名为《数理中发现的关系》（*Relation des découvertes en la science des nombres*）的稿件，文章显示费马使用了归纳法并称之为无穷递降法（la descente infinite ou indefine）。惠更斯说这个方法特别适用于证明特定关系的不可能性，例如上面给出的定理 2，费马成功利用这个方法证明该结论的正确性。费马通过展示如果质数 4n＋1 不具有这个属性，那么更小的 4n＋1 质数也不具有这个属性，依此类推而证明定理 3。因此，无限递减，他计算到数字 5，这是 4n＋1 形式最小的质数。根据上面的推论得知 5 不是两个平方的和，这是与事实相反的结论。因此这个假设是错误的，但是定理成立。费马将无穷递降法成功地应用到大量的定理中，通过这个方法，欧拉、阿德里昂·玛利·埃·勒让德（Legendre，Adrien—Marie，1752—1833）和狄利克雷证明了很多自己的观点及其他一些数字命题。

费马对幻方很感兴趣。中国人和阿拉伯人都比较偏爱幻方，直到 15 世纪才传至西方。库尔兹在一本德语手稿中发现一个由 25 个单元格构成的幻方。艺术家阿尔布雷特·丢勒在 1514 年的画作"惊悚末日"中，展示了 16 个单元格中的一个。上述提及的伯恩哈德

（约 1602—1675）指出一个事实，就是幻方的数字随着阶数快速增加，对于阶数 4，能够拼出 880 块幻方。对于阶数 n，费马给出了找到幻方的数。例如，对于 $n=8$，这个数就是 1 004 144 995 344，但是他似乎意识到算法的错误。梅齐里亚克于 1613 年在里昂发表的著作《既有趣又令人惬意的问题》（*Problemes plaisants et delectables*）中，给出了一个用于计算奇数阶幻方的"阶梯法"（des terrasses），贝西则给出了偶数阶的算法。在 17 世纪，安托万·阿尔诺（Antoine Arnauld）、普雷斯特（Jean Prestet）、奥扎南（J. Ozanam）对幻方进行了研究。❶ 在 18 世纪被数学家亨利·庞加莱（Jules Henri Poignard，1854—1912）、约瑟夫·索沃尔（J. Sauveur）、帕特（L. L. Pajot）、欧拉和本杰明·富兰克林（Benjamin Franklin）对幻方进行了研究。在一封信中，本杰明·富兰克林提到了 16^2 单元格的幻方："我确定，你们应该认定 16 阶是任何幻方中最为神奇的幻方。"

帕斯卡和费马（P. Fermat）之间博弈概率论启蒙家的地位，在卡尔达诺和塔尔塔利亚都可见到一些早期的启蒙，如在数学家开普勒和伽利略身上都有体现。德梅尔（Chevalier de Mere）向帕斯卡提出基本的"点数分配问题"，❷ 就是决定每个玩家在任何游戏阶段，赢得游戏的概率。帕斯卡和费马提出每个玩家赢得一个点的概率是相同的。

德梅尔就这个问题与费马进行交流，费马饱含兴趣地研究这个问题，并通过组合理论进行解决，组合理论由费马和帕斯卡两个人认真地进行了研究。概率的运算也引起了惠更斯的重视，这是他接触的最重要理论，如果 A 有 P 个概率赢得总金额 a，有 q 个概率赢得总金额 b，那么他有望赢得总金额的概率是 $\dfrac{ap+bq}{p+q}$。惠更斯在 1657 年的作品中给出了概率结果，在雅各布·伯努利撰写的著作

❶菲利克斯·克莱因（Felix klein）数学科学百科全书（*Encyklop die der Mathematical Wissenschaften*）：第一版. 法国巴黎. 1906：66.

❷布莱士·帕斯卡（Blaise Pascal）. 数学完整著作集（*Complet Works of Mathematical*）：第一版. 法国巴黎. 1866：220-237.

《猜度术》（*ars congjectandi*，其中包括惠更斯作品的再版）之前，这曾经是该主题最好的描述。一个与概率相关的荒谬问题是由约翰·克雷格（John Craig）提出的，他在1699年得出结论，对于福音书的信仰，取决于它的传播方式，如果是口头传诵，它将于800年后开始失效，如果是以书本的形式，这个信仰的有效期将会是3150年。

与概率论相关的是死亡率和保险的调查。死亡率表格的使用似乎并没有被古代的人所了解，但是和这个相关的是上校约翰·格朗特（John Graunt）。于1662年在伦敦出版了《关于死亡率的自然观察和政治观察》（*Natural and Political Observations*），格朗特的推论是基于1592年伦敦保存的死亡记录，这些记录是为了了解鼠疫的进展，格朗特小心地公布了得出结论的实际数字并把自己比作一个"愚蠢的学生，向世界（好比一个尖酸刻薄的老师）背诵他的课程，这个老师带着一根教鞭，每当自己犯了错误的时候，就受到鞭打"。在格朗特之后，没有明显重要的进步，直到1693年，哈雷在伦敦的《哲学学报》（*Philosophical Transactions*）上出版了著名的《人类死亡率研究报告》（*Degrees of Mortality of Mankind*），试图确定年金的定位。为了找到年金价值，将一个人 n 年后还活着的概率乘以 n 年结束年付额的现在价值，然后将 n 从1开始到个人存活极限年龄的结果求和方可确定。哈雷也考虑了共同生活的年金问题。

在古代，阿基米德是唯一一个对静态力学有清晰和正确认识的人。但是他的思想沉睡了几乎2 000年，直到斯蒂文和伽利略时代（1564—1642），才开始为人所知。斯蒂文能够准确地确定一个平面与地平线成任意角度时，承受一个物体所需要的力。他创立了一个完美的平衡准则。斯蒂文研究静态学，而同时伽利略在研究动力学。伽利略是第一个质疑亚里士多德理论的人，该理论描述的是体重越大，物体下降速度越快。他建立了第一个运动定律——自由落体定律，并获得加速度及不同运动下相互独立的概念，他能够证明炮弹在抛物线上的运动。在他那个时代以前，大家都认为炮弹是沿直线向前运动，然后突然就垂直落地的。伽利略对离心力有了一个理解，并且给出了"动量"的正确定义。尽管他阐述了静态力学的基本原理，"力的平行四边形"为人所知，然而他没能充分认识这个领域。圭多·乌巴尔多（Guido Ubaldo，殁于 1607 年）对虚拟速度原理有部分的认识，随后伽利略有了全面的认识。

伽利略是动力学的创建者。他从天空中探测到的那些新奇东西让他在同时代人中声名鹊起，但是拉格朗日认为他的天文学发现只不过需要一个望远镜和足够的耐心而已，从现象中寻找到规律需要非凡的天才，这些天文现象我们一直都能看到，但是所有早期的哲学家们都没能给出真实的解释。伽利略在 1638 年的力学对话录《两门新科学的对话》一书中也提及了无限集合的这个概念，伽利略展示出敏锐的视角和独创性，在此之前的戴德金和格奥尔格·康托尔都不能与之媲美。萨尔维亚蒂，基本表达了伽利略在对话录中的观点❶："无穷尽和除不尽的本质对我们来说是不可理解的。"辛普利休斯（Simplicios）是亚里士多德哲学的发言人，他提道："在一条长线上的点要比短线上的点更无穷大。"然后就出现了萨尔维亚蒂（Salviati）著名的言论："当我们试图用有限的思维去讨论无限并试图赋予它们有限或者无限属性的时候，就会产生困难。当然我认为这就是错误的，因为我们不能说无限的数量要比另外大或者小，或者是等同……我们只能推论所有数字的总合是无穷尽的，并且平方数的数值是无穷尽的，其根也是无穷尽的，平方数值既不比所有数值的总合要小，也不比它大，由此最终'相等''更大''更小'这些属性都不适用于无穷尽，只能用于有限的数值……一条线不是拥有比另一条线更多，或者更少，或者一样的点数，但是，每条线都包含无穷尽的点数。"从伽利略和笛卡尔时代到威廉·汉密尔顿爵士（Sir William Hamilton）时代，人类思想都有局限性，因此不能认识无限性的教条主义。德·摩根嘲笑："要养一头肥牛就应该把

---

❶伽利略关于两个新学科的对话录（*Galileo's Dialogue on Two New Disciplines*）. 亨利·克鲁（Henry Crew），阿方索·萨尔维奥（Alfonso de Salvio）译. 美国纽约. 1914：30—32.

自己也弄胖吗。"

在那个时代之前，很少有人使用微分学和积分学，博洛尼亚的彼得罗·门戈利（Pietro Mengoli，1626—1686）❶ 在 1650 年的专著《算术求和新法》（*Nova Quadraturee Arithmetica*）中描述了它们。他通过将调和级数的项划分为无限多个组来证明它的发散性，使每一组的项之和大于 1。雅各布·伯努利于 1689 年首次证明了该命题。门戈利展示了三角数互为倒数的收敛性，在这之前这一结论被认为惠更斯、莱布尼茨和伯努利首先得出的。门戈利对于无限级数求和得到了可信的结果。

笛卡尔到牛顿

17—18 世纪的早期思想家们用他们的精神力量来瓦解旧思想，从而建立新思想，勒内·笛卡尔（Rene Descartes，1596—1650）就是他们中的一员。尽管他一生都声称自己是信仰宗教的，但是对于科学，他是一个深度的怀疑论者。他发现世界上最出色的思想家都长期研究形而上学，然而他们没有发现什么确定的东西，不仅如此，他们彼此之间还互相反驳。这些导致他决定无论面对任何权威，都要仔细查看，严肃质疑。几何和算术中结论的确定性在他的脑海中形成了寻求真理真假方法的对比。于是他试图将数学推理应用于所有学科。"将自然界的神秘事物和数学定理相互比较，他大胆地希望二者之间的秘密能够用同一把钥匙开启。"因此，他建立了一套哲学体系，人们称之为"笛卡尔哲学"。

作为一个形而上学者，笛卡尔是伟大的，但作为一个数学家他是否被子孙后代铭记，这可能是一个相当有争议的问题。他的哲学早已被其他哲学派系替代，但是笛卡尔的解析几何学是一笔永久的财富。21 岁时，笛卡尔入伍莫里斯亲王（Prince Maurice）的部队。

❶欧内斯特（Ernest）. 数学藏书（*Bibliotheca Mathematica*）. 美国华盛顿. 1911. 12，135—148.

当兵的空闲日子，笛卡尔就用来学习。那时，数学是他最喜欢的学科。在 1625 年，他不再全身心地投入数学研究。威廉·汉密尔顿爵士对笛卡尔认为数学研究作为一种内在文化的方式是绝对有害的描述加以否定。在给梅森的信件中，笛卡尔说："笛沙格先生让我为自己的责任感到深深的自责，他对我不在研究几何感到失望，但我只是停止学习抽象几何而已，也就是说，考虑问题只是为了锻炼大脑，为了学习另一类能够解释自然现象为目标的几何。你知道的，我的身体里除了几何之外，什么都没有。"在 1629 年至 1649 年间，笛卡尔在荷兰学习，主攻物理和神学。笛卡尔在荷兰居住的那段时间是荷兰国家最辉煌的阶段。在 1637 年，笛卡尔出版了《方法论》（*Discours de la méthode*），其中包含了一篇几何。笛卡尔的《几何学》部分不是很容易理解。随后他的朋友德·博纳（De Beaune）出版了注释版本，目的是为了消除理解上的困难。笛卡尔的《几何学》是划时代的著作，但是我们不能接受米歇尔·夏莱（Michel Chasles）认为该著作是毫无根源的观点。某种程度上，在阿波罗尼奥斯的著作，韦达的代数在几何中的应用，盖塔尔提·奥特雷德以及其他阿拉伯人的著作中都能发现笛卡尔的思想。与笛卡尔同时代的费马，在他的著作《平面与立体轨迹引论》（*Ad locos pianos et solidos isagoge*）中改进了解析几何的思想，然而一直到 1679 年在费马的《数学文集》（*Varia opera*）才出版。在笛卡尔的《几何学》中，并没有解析方法的系统发展。这些方法肯定是从文集的不同部分单独陈述来构建。在文中的 32 种画法几何中，并没有明确地提出坐标轴。该文集包含了三本书。第一本书研究的是"仅用圆和直线就可以解决的问题"。第二本书研究的是"与曲线性质相关"的问题。第三本书研究的是"立方体问题以及多面体问题"。在第一本书中清楚地说明，如果一个问题有无穷多个解，最后获得的方程将只有一个未知数，也就是说如果最后的方程有两个或者多个未知数，那么该问题是"不是完全确定的"。❶ 如果最后方程含有两个未

---

❶笛卡尔（Rene Descartes）. 几何学. （*Géomélrie*）. 荷兰. 1886：4

知数，那么"总是有一个满足需要的无穷大点，所以需要识别和跟踪它们所有点的位置"。

为了完成这个说明，笛卡尔选择了一条线，有时候他称这条线为"直径"，将这条线上的每一点都与已知的一点相连，这样我们就可以在假设前一个点已知的情况下，得出后一个点了。笛卡尔说道，"我选择了一条直线 AB，将它与另一条直线 EC 的不同点相连"。在这里，笛卡尔按照阿波罗尼奥斯将圆锥曲线上的点与直径上的点相连的方法，通过距离（坐标）与直径有一个定角，长度由点在直径上的位置决定。笛卡尔通常认为这个定角是直角。笛卡尔引入了新的特征，也就是超过一个未知量方程的应用，因此一个变量（横坐标）取任意值（在两个未知数的情形下），另一个（纵坐标）的长度是可以计算出来的。他用字母 x 和 y 分别表示横坐标和纵坐标。他将 x 和 y 用其他坐标来代替，而不是用他选择的字母，这进一步简化了程序，例如，x 和 y 所形成的角不一定是直角。值得注意的是，笛卡尔和费马的学生，比后来的分析家更频繁地使用斜角坐标（oblique coördinates）。同样值得注意的是，笛卡尔并没有正式地引入第二个坐标轴，也就是我们所说的 y 轴。在 1750 年 G. 克莱姆（G. Cramer）的《线性代数分析导论》（*Introduction dl' analyse des lignes courbes alge' briques*）中，德·古阿（De Gua）、欧拉、W. 默多克（W. Murdoch）和其他含有 y 轴的参考文献中，都正式对 y 轴做了介绍。术语"横坐标"（abscissa）和"纵坐标"（ordinate）并非只有笛卡尔使用。1694 年，莱布尼茨使用了单词"纵坐标"，但是从不严格的意义上来说，诸如"坐标应用"这种表述更早地出现在 F. 科曼迪诺（F. Commandino）等人的著作中。"abscissa"（横坐标）的使用可以从 18 世纪的 C. 沃尔夫（C. Wolf）和其他人的著作中观察到。单词"距离"（distance）的一般用法在卡瓦列里的《不可分量法》（*Indivisibles*）、罗马数学教授斯特凡诺·德利·安格利（Stefano degli Angeli，1623—1697）等人的著作中使用过。莱布尼茨在 1692 年引入了单词"坐标"（coordinatae）的概念。为了防止一些历史性错误，我们引用了坦纳里下面的话："有人将这种错误归结于笛卡尔对正负坐标计算的惯例介绍，就这个意义而言，我们是从原点开始计算正负坐标的。事实上，1637 年的《几何学》只包含了关于方程的真根（正根）和假根（负根）的解释。""如果我们随后认真验证一下笛卡尔在《几何学》中的规则，以及他对这些规则的应用，我们注意到，笛卡尔采用了一个原则，几何轨迹的方程除了建立在坐标（象限）的角度之外是无效的，所有与他同时期的人都是这样做的。在特殊情形下，为了解释方程的负根，可以将方程任意扩展到其他角度（象限）。但是由于特殊的惯例（例如计算正数和负数的距离），真正在坐标上确立负根的位置花了很长时间，人们不能把这个荣誉归于任何一个特定的几何学家。"

笛卡尔的几何被称为"解析几何"，部分原因是与古人的综合几何不同，它实际上是可以解析的，就词意上说，这个词是用于逻辑学的；另外一部分原因是，用这个词来表示带有一般量的微积分分析，并且这个应用已经兴起。

笛卡尔在几何学中解决第一个重要的问题是"帕普斯问题"。也就是说："对于给定平面上的几条直线，为了找到正交点的轨迹，或者更普遍地说，从一个点到已知直线所画有一定角度直线交点的轨迹，它们中某些直线的乘积与剩余直线的乘积将满足已知的特定比例。"对于这个问题，希腊人仅解决了特殊情况，也就是当直线条数是 4 条的时候，焦点轨迹证明是一个圆锥曲线。笛卡尔彻底解决了这个问题，并且给出了应用的优秀实例，以此构成了研究位点的解析方法。另一个解决方法由牛顿在《自然哲学的数学原理》（Principia）中给出的。笛卡尔也通过椭圆来描述解析方法，现在已经以他的名字命名。笛卡尔可能早在 1629 年就开始研究这些曲线，他利用这些曲线来构建凸透镜（Converging lenses），但是没有产生什么实际应用的价值，在 19 世纪，这些曲线开始受到更多关注。❶

笛卡尔几何学解析方法已经被 L. 玻尔兹曼（L. Boltzmann）生

❶G. 洛里亚（G. Loria）. 水平曲线（Ebene Curven，F. Schiiffe）：第一卷. 1910：174.

动地阐述，他解释说，书中的几何公式比创作人所描述的还要巧妙。在他用几何方法解决的所有问题中，没有一个问题能像他构造切线的方法那样带给自己如此多的满足感。切线方法的出版比前文所提到的费马和罗贝瓦尔的方法还要早。

笛卡尔的方法是首先找到法线，通过曲线的一个给定点 x 和 y 画一个圆，它的中心线在法线和 x 轴的交点处。然后他设定条件说，这个圆在两个重合点 x、y 处分割曲线。1638 年，笛卡尔在一封信中指出用直线可以取代圆周。这个想法被弗洛里蒙得·德博纳(Florimond de Beaune) 在他对 1649 年版的笛卡尔《几何学》著作的注释中阐述的。在寻找法线和 x 坐标轴交点的过程中，笛卡尔使用了不确定系数法（Indeterminate Coefficients），他是这个方法的创作者。

不确定系数法被笛卡尔应用于求解四次方程。笛卡尔的切线方法是杰出的，但是用起来很费力，并且没有费马的方法高级。在笛卡尔《几何学》的第三本书中，他指出如果一个三次方程（有理系数）有一个根是有理数，那么它便可以进行因式分解，而且仅借助直尺和圆规就可以用几何的方式解决。笛卡尔通过将一个角三等分来求解方程 $z^3 = 3z - q$。笛卡尔通过借助抛物线和圆周来发挥三等分作用，但没有考虑方程的可约性。因此，笛卡尔没有涉及问题的"不可解性"。直到 19 世纪，证明了并不是任何角都能够三等分或者倍立方的，费利克斯·克莱因（Felix Klein）1895 年在《初等几何问题》（Ausgewählte Fragen der Elementargeometrie）中给出了最清晰的证明，在 1897 年被 W. W. 碧曼（W. W. Beman）和史密斯翻译成英文。笛卡尔证明每一个三次方程引起的几何问题都能被化解为一个倍立方问题或者说是三分角问题。在这之前韦达已经意识到这个问题了。

笛卡尔关于折射光学和几何学论文受到费马的严厉批评，费马给笛卡尔写了反对文章，并将自己关于"最大值和最小值"定理的论文发送给笛卡尔来表明笛卡尔在几何学上的遗漏。笛卡尔随即对费马求解切线的方法进行了抨击。笛卡尔在这次抨击中是错误的，然而他依然固执己见地继续这场争议。在一封 1638 年给梅森后又转给费马的信中，笛卡尔给出了 $x^3 + y^3 = axy$，现在被称为"笛卡尔叶形线"的曲线。这种曲线是费马的切线方法所不适用的❶。这条曲线附有一个图形，表明笛卡尔当时并不知道这条曲线的形状。那时候，关于坐标代数符号的基本一致性尚未达成，只是使用了有限的变量值。因此，曲线的无限分支还没有被注意到。一些研究者想到有四叶形状而不是一个。惠更斯在 1692 年给出了正确的形状以及曲线的渐进线。

更高阶的抛物线方程 $y^n = p^{n-1}x$ 是笛卡尔在 1638 年 7 月 13 日的一封信中提到的，信中说通过认真思考旋转便可以得到质量和体积的中心。罗贝瓦尔、费马、卡瓦列里曾经也有相似的想法。很显然，大家都没有研究这些曲线的形状，科林·麦克劳林（Colin Maclaurin，1748）和纪尧姆·费朗索瓦·安托万·洛必达（G. F. A. L'Hospital，1770）评论说，根据 n 是正整数还是负整数，它们可以是完全不同的形状。

笛卡尔与罗贝瓦尔在摆线问题上存有争议。这条曲线被称为"几何学家的海伦"（Helen of geometers），是由公式的特性和几何学家们在他们的发现上产生的争议引起的。罗贝瓦尔的求积法通常被认为是一个杰出的成就，但是笛卡尔认为任何一个中等几何水平的人都能做到。然后他就发出了自己的简短证明。罗贝瓦尔说笛卡尔得到了解决方法的帮助，笛卡尔构造了曲线的切线，并且要求罗贝瓦尔和费马也这样做。费马完成了，但是罗贝瓦尔没能成功解决这个消耗了笛卡尔聪明才智但是却得到较少关注的问题。

代数在曲线原则中的应用对代数学来说发生了良好的反应。作为一门抽象科学，笛卡尔通过引入现代指数符号来改进它。在笛卡尔 1637 年的《几何学》中，他将"aa 表示为 a^2，再乘以一个 a 表示 a^3"。因此，当韦达用 A^3 表示 A 的立方，斯蒂芬通过将 3 放入一个圆圈内表示 x^3，笛卡尔直接就写成 a^3。在他的《几何学》中，

❶塔内里和亚当（Tannery et Adam）. 笛卡尔（*Oeuvres de Descartes*）. 1897：490.

他没有用到负数指数和分数指数，也没有用到文字指数。他的符号是对前人使用符号的自然发展或者改进。在许凯 1484 年所写的《算术三编》❶（*Le Triparty en la science des numbres*）中，分别用符号 12^3，10^5，120^8 代表了 $12x^3$，$10x^5$，以及它们的乘积 $120x^8$。许凯甚至进一步给出 $12x^0$，$7x^{-1}$，并给出了 $8x^3$ 和 $7x^{-1}$ 的乘积为 $56x^2$。比尔吉（J. Bürgi）、莱莫尔（Reymer）、开普勒用罗马数字作为指数符号。比尔吉将 $16x^2$ 写成 $\overset{11}{16}$。哈里奥特只是简单地重复字母，他在《使用分析学》（*Artis analyticae praxis*，1631）中，给出 $a^4-1024a^2+6254a$，也就是 $aaaa-1024aa+6254a$。

笛卡尔的指数表示法快速传播，大约是在 1660 年或者 1670 年，正整数指数表示方式已经在代数符号表示中获得无争议的认可。在 1650 年，沃利斯在《无穷算数》（*Arithmetica infinitorum*）中提到负数和分数"指数"，但他实际上没有将 a^{-1} 写成 $\dfrac{1}{a}$，或者将 $a^{\frac{3}{2}}$ 写成 $\sqrt{a^3}$。牛顿在 1676 年 6 月 13 日给奥登伯格（H. oldenburg）的信中第一次使用了负数和分数指数，信中也包括二项式理论的阐述。

笛卡尔的表达中只有正数。约翰·胡德（Johann Hudde）在 1659 年首次用一个字母表示负数，该负数在数值上与正数是相同的。

笛卡尔也建立了一些关于等式理论的定理。笛卡尔著名的"正负号规则"用来确定一个数是负根还是正根。在指出根 2，3，4，-5 以及对应方程的二项式 $x^4-4x^3-19x^2+106x-120=0$ 的因数后，他给出了一定的规则。他精确的文字描述如下：这也被称为如何求出每个方程有多少个正根和负根，方程在"＋"和"－"之间变换，通过多项式符号的变化次数，可以得出实根和虚根的个数。我们来看上面这个方程：$+x^4$ 和 $-4x^3$，其中"＋"和"－"变换一次，$-19x^2$ 和 $+106x$，以及 $+106x$ 和 -120 之间，都在不断地变换符号，便知道

---

❶尼古拉斯. 许凯（Nicolas Chuquet）. 算术三编（*Le triparty en la science des nombres*）：第十三卷. 法国里昂. 1880：740.

是 3 个正根、3 个负根，以因式 $-4x^3$ 和 $-19x^2$ 将它们分开。

这个描述缺乏完整性，因此笛卡尔频繁受到批判。沃利斯认为笛卡尔没能注意到这个规则不适用于虚根的情况，但是笛卡尔没有说等式一直都会有根存在，他只是说可能有很多根。对于这个规则，笛卡尔是否从前辈的知识中获得了启发，是否从卡尔达诺那里获得一丝启发，对于这个问题，卡尔达诺的说明被恩内斯特勒姆总结如下：如果是一个二阶、三阶或者四阶的方程，会出现以下几种结果：①最后一项是负的，一个变量就表示一个符号，并且只有一个正根；②最后一项是正的，两个变量表示要么有几个正根，要么就是没有正根。卡尔达诺没有考虑超过两个以上变量的方程。莱布尼茨是第一个错误地将符号法归功于哈里奥特的人。笛卡尔指控沃利斯援引自己的理论，而不承认是哈里奥特的方程理论，特别是生成方程的方式，但是这不是指责的好理由。

在力学方面，笛卡尔很难说自己已经超越了伽利略。伽利略推翻了亚里士多德的力学上观点，而笛卡尔只是"奋不顾身地扑向敌人"，并且让敌人溃不成军。他对于第一和第二运动定律的陈述在形式上有了改进，但是他的第三定律在本质上就是错的。物体的直接撞击运动没有被伽利略完全理解，笛卡尔也给出了错误的理解，后来由雷恩、沃利斯和惠更斯进行了纠正。

笛卡尔最为忠诚的学生是博学的伊丽莎白公主（Princess Elizabeth）——腓特烈五世的女儿。她将新的解析几何应用于解决"阿波罗问题"。笛卡尔的第二个忠诚的追随者是克里斯蒂安女王——古斯塔夫·阿道夫（Gustavus Adolphus）的女儿。她劝说笛卡尔来瑞典。笛卡尔在 1649 年接受了邀请，一年后他死于斯德哥尔摩。他的一生都与人们的世俗偏见做斗争。

最为值得注意的是，笛卡尔的数学和哲学理论首先是被国外的人更为推崇，而不是本国人。笛卡尔直率的性格让他和法国的数学家——罗贝瓦尔、费马、帕斯卡都不能友好相处。他们继续各自的调查研究，在一些问题上和笛卡尔有强烈的反对。法国的大学受到教会的严格控制，没能引入笛卡尔的数学和哲学理论，在荷兰一些

新建的大学里，笛卡尔的数学引起最直接和强烈的影响。

在笛卡尔之后，随后出现的杰出法国人是弗洛里蒙得·德博纳（1601—1652）。他是第一个指出一个曲线的性质可以从其切线性质得出的人。这种方法被称为切线的逆向法。他通过考虑数值方程根的最大值和最小值来研究方程理论。

在荷兰，有更多著名的数学家非常推崇笛卡尔几何学。这些人中著名的几位是凡司顿、约翰·德·维特（John de Witt）、范·休莱特（van Heuraet）、斯路斯（Sluze）以及胡德。凡司顿（van Schooten，卒于 1660 年）是布莱顿大学的数学教授，他带来一本笛卡尔的《几何学》，其中包含弗洛里蒙得·德博纳的注解。他的主要著作是《应用数学》（*Exercita tiones Mathematice*），1657 年他将解析几何应用于很多有趣而困难的问题。高尚的荷兰老人约翰·德·维特（1625—1672），因其是政治家以及他的悲惨结局而闻名，他也是一位热衷于研究几何学的老人。他设想了一种巧妙的方法生成圆锥曲线，这种方法和现在解析几何学中射线投影线束的方法基本一样，他论述这个问题并没有用综合分析法，只是利用了笛卡尔的分析法。雷内·弗朗索瓦·德·斯吕塞（René Fransois de Sluse，1622—1685）和约翰·胡德对笛卡尔和费马画切线的方法在最大值和最小值的基础上做了一些改进。通过胡德，我们发现在解析几何中首次使用了三个变量。他制定了一条求等根的巧妙规则。我们通过方程 $x^3-x^2-8x+12=0$ 来说明它。取一个算术级数 3、2、1、0，其中最高项等于方程的阶，并将方程的每一项分别乘以相应的级数项得到 $3x^3-2x^2-8x=0$ 或者 $3x^2-2x-8=0$。后一个方程比前一个低一阶。找到这两个等式的公约式为 $x-2$，则 2 就是两个等根之一。如果没有公约式，那么原始方程就没有相等的根。胡德给出了这个规则的证明。[1]

海因里希·范·休莱特（Heinxich van Heuraet）作为最早成功修正曲线的几何学家之一，我们必须要讲一讲，他以一种通用的方

---

[1] 海因里希·苏特（Heinrich Suter）. 数学科学史（*Geschichte der Mathmatischen*）：第二版. 瑞士苏黎世. 1875：25.

法注意到求面积和求长度的两个问题实际上是一样的，并且其中一种可以简化为另一种。因此，他把双曲线的修正带回到双曲线的正交处。这个曲线被沃利斯命名为"半立方抛物线"（semi-cubical parabola）——$y^3 = ax^2$，这是第一条完全能被修正的曲线。这个已经被法国的费马、荷兰的范·休莱特以及英国的威廉·尼尔（William Neill，1637—1670）独立解决了。根据沃利斯的说法，首先解决这个问题的是尼尔。不久之后，雷恩和费马修正了摆线。

比利时人文森特是一个拥有非凡能力的数学家。文森特在罗马跟随克拉维乌斯进行研究，在布拉格做了两年的教授。在战争期间，文森特关于几何学和静态力学的手稿在大火中荡然无存。文森特的其他一些论文得以保存，但是他经历了 10 年才回到自己的家乡根特。这些论文成为文森特 1647 年在安特卫普出版的伟大著作《圆锥曲线正交几何问题》（*Opus geometricum quadrature circuli et sectionum coni*）的基础。它包含了 1 225 对页，被分为 10 本书。文森特对于求解圆面积提出了四种方法，但是并没有真正应用。这个著作受到了笛卡尔和梅森以及罗贝瓦尔的攻击，阿尔方斯·安东·德·萨拉萨和其他人给予了辩护。尽管在求解圆面积的问题时是错误的，这部《圆锥曲线正交几何问题》包含了一些成就，这些更为引人注意，因为在那个时候阿波罗尼奥斯关于圆锥曲线的 7 本书中只有 4 本为欧洲所知。文森特从一个新角度求解圆锥的表面积和体积，运用了无穷小的方式，相较卡瓦列里的书，文森特的理论更能令人接受。文森特可能是第一个在几何学概念中使用"穷竭法"（exhaurire）的人。从这个词引出名字"穷举法"，这个适用于欧几里得和阿基米德的方法。文森特使用一种转化法把一个圆锥体转化为另一个，称之为"弦"，这个方法包含了解析几何的元素。他创建了另外一种特殊的方法，他称之为"平面的引导线"（ductus plant in planum）并将其应用于体积研究中。❶ 不像阿基米德那样继

---

❶ M. 马里耶（M. Marie）. 数学史（*Histoire des Scinces math*）：第三卷. 法国巴黎. 1884：186—193

续划分距离，文森特允许让细分部分继续"无限"，并获得"无穷"几何级数。

然而，在文森特之前，里斯本一位名叫阿尔瓦罗斯·托马斯（Alvarus Thomas）的当地人在 1509 年的《多重数》（*Liber de triplici mot*）的作品中提出了无穷级数。但是，文森特是第一个将几何级数应用在"阿喀琉斯"悖论上的，并把悖论视为应用于无穷级数求解的问题。他说这个极限就像一堵坚硬的墙一样阻碍着进一步的发展。显然，他没被他的事实理论困扰，该变量没有达到极限。他对"阿喀琉斯"的阐述受到了莱布尼茨和一个世纪以后学者的喜欢。在 19 世纪以前，法国著名的批判哲学家皮埃尔·培尔（Pierre Bayle）在其 1696 年出版的《历史批判词典》（*ictionnaire historique et critique*）中发表了一篇题为芝诺悖论的文章，对芝诺关于运动的论点进行了最全面的阐述和讨论❶。

荷兰的哲学王子，17 世纪最伟大的科学家之一是惠更斯，海牙人。他是一个杰出的物理学家、天文学家，同样也是数学家，是牛顿的前辈。他在莱顿大学师从凡司顿。笛卡尔仔细阅读了惠更斯早期的一些定理，从而预测惠更斯未来会获得伟大成就。在 1651 年，惠更斯写了一篇论文，其中指出文森特在求积法主题上的错误见解。惠更斯计算出一个非常接近并且实用的近似圆弧长度。在 1660 年和 1663 年惠更斯先后去了巴黎和伦敦。1666 年，他被任命为路易十四法国科学院的成员。从那时候起，他一直停留在巴黎，直到 1681 年，他才回到自己的本土城市，一方面是因为他的健康，另一方面是因为南特赦令（Edict of Nantes）的撤销。

惠更斯大部分的出色发现都借助于古代几何，虽然有时候他也使用笛卡尔几何或卡瓦列里和费马几何。因此，正如他著名的朋友牛顿一样，惠更斯总是表现出偏爱希腊几何学。牛顿和惠更斯是志同道合的人，彼此互相钦佩。牛顿总是叫他为萨姆斯·惠格纽斯

---

❶F. 卡约里（F. Cajori）. 布尔数学月刊. 芝诺运动悖论的历史：第二十二卷. 1915：109—112.

(Summus Hugenius)。

在以前确定的两条曲线（立方体抛物线和摆线）的基础上，又增加第三条——蔓叶线。一个法国内科医生，克劳迪斯·佩罗（Claudius Perrault），提出了这个问题，也就是在一个固定的平面上，一个点的一端连着紧绷的弦，另一端在这个平面上沿直线移动。惠更斯和莱布尼茨在 1693 年开始研究这个问题，概括这个问题，并研究出几何"等切面曲线"。惠更斯解决了悬链线问题，确定了抛物线曲面和双曲线面，发现了对数曲线性质和它所产生的立方体性质。惠更斯的《论摆钟》（*De horologio oscillatorio*，巴黎，1673）是一本仅屈居于牛顿之下《自然哲学的数学原理》（*Principia*）的书籍，在数学史上有必要对该书着重介绍。该书开门见山地描述了摆钟，惠更斯是摆钟的发明者。随后惠更斯研究了物体自由落体加速度，斜面上的滑动，已知曲线上的滑动，最终有了钟摆线是等时曲线这一重大发现。惠更斯在曲线理论上添加了重要的"渐屈线"（evolutes）理论。在解释了渐屈线的切线垂直于渐伸线后，他将该理论用于摆线，并通过简单的说明证明了这个曲线的渐屈线与摆线是相等的。随后展开了关于振荡中心的全面讨论。对这个问题提出研究的是 M. 梅森，对其进行讨论的是笛卡尔和罗贝瓦尔。在惠更斯的假设中，一组物体的共同重心，沿着水平轴摆动，可以达到它原来的高度，但是不能超过其原来的高度，这是第一次如此优美地表达动力学的原理之一，随后称之为"活动（能量）守恒原理"（principle of the conservation of vis viva）。该书的 13 个定理是关于圆周运动中的离心力理论。这个理论帮助牛顿发现了"万有引力定律"（law of gravitation）。❶

惠更斯写了一篇关于概率的正式论文。他提出了光的波动理论，并运用大量的几何技巧帮助光的发展。这个理论被长期忽视，但是托马斯·杨（Thomas Young，1773—1829）详细阐述了该理

---

❶E. 杜林（E. Duhring）. 力学一般原理（*Kritische Geschichte der Allgemeinen Principien der Mechanik*）. 德国莱比锡. 1887：135.

论使它得到人们的注意。一个世纪以后，奥古斯订·让·菲涅尔
（Augustin Jean Fresnel，1788—1827）也证明了该理论。惠更斯以
及他的兄弟发明了一个更好研磨抛光镜片的方法，从而改进了望远
镜的结构。同时，他们利用很多有效的仪器，确定了土星附属物的
性质，也解决了其他天文方面的问题。惠更斯的《遗著集》
（*Opuscula posthuma*）于 1703 年出版。

组合理论的原始概念可以追溯到古希腊时期，引起了剑桥大学
国王学院的威廉·巴克利（殁于 1550 年），尤其是帕斯卡的关注，
帕斯卡还在《算术三角形》（*Arithmetical Triangle*）中研究了这个
问题。在帕斯卡之前，这个三角形是 N. 塔尔塔利亚和 M. 施蒂费
尔（M. Stifel）构造的。费马将组合理论应用于概率研究中。莱布
尼茨最早的数学著作是《论组合术》（*De arte combinatoria*）。沃利
斯在《代数学》（*Algebra*）中也论述了这个问题。

沃利斯是他那个时代中最具独创性的数学家之一。他在剑桥大
学接受教育，并加入了圣职（Holy Orders），但是他主要研究数学。
1649 年，沃利斯被任命为牛津大学的萨默维尔学院几何学教授
（Savilian professor of geometry）。沃利斯是皇家学会（Royal
Society）的创始会员之一，该学会创立于 1663 年。沃利斯是世界
上最伟大的密码著作解译者❶。沃利斯完全掌握了卡瓦列里和笛卡
尔的数学方法。沃利斯的《圆锥曲线论》是最早的一本著作，在该
书中这些曲线不再被视为圆锥的截面，而作为二次曲线，并通过笛
卡尔坐标法（Cartesian method of co-ordinates）进行了解析论述。
在这项工作中，沃利斯对笛卡尔是高度赞扬的，但是在他的《代数
学》（*Algebra*，1685 年，拉丁版是 1693 年）中，他没有任何根据
地指责笛卡尔抄袭 T. 哈里奥特。在《代数学》中，沃利斯讨论了
第四维存在的概率。沃利斯说："然而大自然并不承认存在三维
（局部）以上的维数存在。讨论一个立方体分成第四维、第五维、

---

❶D. E. 史密斯（D. E. Smith）. 布尔数学自然学报（*Bucl. Am. Math.
Soc*）：第二十四卷. 英国伦敦. 1917：82.

第六维或者更多的维数似乎并不合适。或者我们可以凭空想象一下在三维以外是如何有第四维存在的。"❶ 第一个忙于研究空间维数的是托勒密。沃利斯感受到需要一种清楚表示虚数的方法，但是他并没有发现一个普遍适用的固定表达式。❷ 他出版了纳西尔丁平行公设的证明，但是舍弃了等距的想法，康曼迪诺、C. S. 克拉维奥（C. S. Clavio）、P. A. 卡塔尔迪（P. A. Cataldi）和 G. A. 伯雷利（G. A. Borelli）并没有成功应用这一等距的思想，只是在公设——"对于每一个图形都存在一个任意大小的相似图形"的基础上给出了自己的证明。阿盖内斯早在沃利斯 1000 年前就假设了相似三角形的存在，他可能是辛普利丘斯的一名教师。我们已经在别处提到了沃利斯关于摆线解的获奖问题，是由帕斯卡提出的。

《无穷小算术》（*Arithmetica infinitorum*），出版于 1655 年，是沃利斯的著作。通过分析应用于不可分量原理，提高了影响求积分方法工具的重要性。沃利斯在考虑到一定比率研究得出分数的连续值以后，创造了一个极限的算术概念，这些分数值不断地接近极限值，因此它们之间的差值小于任何一个分数值，并且在经历无穷多个步骤后，它们之间的差值就消失了。沃利斯扩大了"连续性法则"的使用范围而超越了开普勒，并在这个法则上倾注了全部心血。通过这个法则，沃利斯得出分数的分母可以作为负指数（negative exponents）的幂。因此，如果递减几何级数 x^3，x^2，x^1，x^0 是连续的，那么得出 x^{-1}，x^{-2}，x^{-3} 等级数也是连续的，$\dfrac{1}{x}$，$\dfrac{1}{x^2}$，$\dfrac{1}{x^3}$ 同样是连续的。这个几何级数的指数 3、2、1、0、-1、-2、-3，也是连续的等差级数。然而，沃利斯在这里并没有用到 x^{-1}，x^{-2}，x^{-3} 等概念，他仅仅提到了负指数概念。沃利斯也用到了分数指数，和负指数相同的是，分数指数在很久以前就已经被创造出来，但是并

❶G. 恩内斯特勒姆（Enestrom Gustav）. 数学书目（*Bibliotheca Mathematical*）：第三版. 1911—1912：88.

❷沃利斯（Wallis' Algebra）. 代数学（*Enestrom in Bibliotheca Mathomatical*）. 1685：264—273.

没有被广泛使用。代表正无穷的符号也应当归功于他。沃利斯介绍了"超几何级数"的概念，它不同于级数 a，ab，ab^2，…，沃利斯并没有将这个新级数看作幂级数或者是自变量 x 的函数。

卡瓦列里和法国几何学家确定了任意级数抛物线的乘方公式是 $y=x^m$，其中的 m 是一个正整数。对无穷算术级数的所有项进行求和，可以看出曲线 $y=x^m$ 的面积是一个平行四边形，它的底和高都是从 1 到 $m+1$。借助于连续性法则，沃利斯得出一个结论，那就是这个公式不仅在 m 是正数以及整数时成立，当这个数是分数或者负数时也是成立的。因此，在抛物线为 $y=\sqrt{px}$，$m=\dfrac{1}{2}$ 时，抛物线部分的面积与其外切矩形面积的比是 $1:\dfrac{3}{2}$，或者是 $2:3$。我们再来假设一个例子，$y=x^m$，$m=-\dfrac{1}{2}$，那么曲线是一种与渐近线相关的双曲线，而在曲线和渐近线之间的双曲线空间是对应的边长比为 $1:\dfrac{3}{2}$ 的平行四边形。如果 $m=-1$，也就是我们常见的"等轴双曲线"（equilateral hyperbola）$y=x^{-1}$ 或者 $xy=1$，那么这个比率是 $1:(-1+1)$，或者 $1:0$，证明它的渐进空间是无穷的。但是当 m 值大于 1 或是负数时，沃利斯就无法正确解释结果了。例如，假设 $m=-3$，那么比率就变成了 $1:-2$，或者是 1 与一个负数之比。那么，这一点意味着什么呢？沃利斯给出了下列理由：假如分母只是 0 的话，那么这个面积就是无穷大；但是如果分母小于 0 的话，那这面积必须比无穷大还要大一些。后来伐里农指出，这个被认为是超出无穷大的空间，是真正有限的，但是是一个负值；也就是说，是在相反的方向进行测量的。❶ 通过分别对每一项进行积分，然后再将积分结果相加，这样可以很容易地将沃利斯的方法扩展到诸如 $y=ax^{\frac{m}{n}}+bx^{\frac{p}{q}}$ 的情况。

---

❶J. F. 蒙蒂克拉（J. F. Montucla）. 数学史（*Histoire des Mathematiques*）：第二版. 法国巴黎. 350.

沃利斯研究圆的求积方法，并且用表达式表示 π 的值是非常了不起的。沃利斯发现轴之间构成的面积，纵坐标对应的是 x 值，曲线可以用方程 $y=(1-x^2)^0$，$y=(1-x^2)^1$，$y=(1-x^2)^2$，$y=(1-x^2)^3$ 等来表示，这些方程用边为 x 和 y 作为外切矩形的函数表示，通过这些数量形成了下列级数：

$$x,$$

$$x-\frac{1}{3}x^3,$$

$$x-\frac{2}{3}x^3+\frac{1}{5}x^5,$$

$$x-\frac{3}{3}x^3+\frac{3}{5}x^5-\frac{1}{7}x^7，等等。$$

当 $x=1$ 时，这些值分别是 1、$\frac{2}{3}$、$\frac{8}{15}$、$\frac{48}{105}$ 等等。现在因为圆的纵坐标是 $(1-x^2)^{\frac{1}{2}}$，它的指数是 $\frac{1}{2}$ 或者是 0 和 1 之间的平均值，这个求积问题可以简化成这样：假设 0、1、2、3，经过一定规则进行运算，可以得出 1、$\frac{2}{3}$、$\frac{8}{15}$、$\frac{48}{105}$，那么如果是 $\frac{1}{2}$ 的话，经过同样的运算法则可以得出什么结果呢？他试图通过"内插法"（interpolation）来解决这个问题，这个方法给他带来了较大声誉，通过对下列表达式进行非常复杂而有难度的分析可以得出结果 $\frac{\pi}{2}=\frac{2\times2\times4\times4\times6\times6\times8\times8\cdots}{1\times3\times3\times5\times5\times7\times7\times9\cdots}$。

沃利斯在插值方面并没有取得成功，因为他并没有运用字母或者综合指数，并且不能构想一个多于一项而少于两项的级数，而这个级数对于他来说似乎是内插级数所必需的。考虑到这种困难，牛顿发现了"二项式定理"（Binomial Theorem）。这是一个介绍该发现的最好机会。牛顿认为，上面给出求面积的综合指数的成立条件也必须是内插表达式的条件。首先，他观察到在每一个表达式中的第一项是 x，而且呈奇数级数增长，符号是"＋"和"－"交替使

用，而且第二项是 $\frac{0}{3}x^3$、$\frac{1}{3}x^3$、$\frac{2}{3}x^3$、$\frac{3}{3}x^3$ 是等差级数。因此，

内插级数的前两项必须是 $x-\dfrac{\frac{1}{2}x^3}{3}$。接下来，他认为分母 1，3，5，

7 是一个等差级数，在每一个表达式中分子的系数是数字 11 某次幂的位数，也就是说，在第一个表达式中，是 11^0 或者 1；第二个表达式中是 11^1 或者 1，1；第三个表达式中是 11^2 或者 1、2、1；第四个表达式中是 11^3 或者是 1、3、3、1 等。随后他发现如果给定第二位数（称作 m），剩余位数可以用级数项的连续乘积来得出，这个级数项乘积是 $\dfrac{m-0}{1}\times\dfrac{m-1}{2}\times\dfrac{m-2}{3}\times\dfrac{m-3}{4}\times\cdots$ 如果 $m=4$，那么

$4\times\dfrac{m-1}{2}$ 可以得出结果为 6；$6\times\dfrac{m-2}{3}$ 结果是 4；$4\times\dfrac{m-3}{4}$ 结果为 1。

将这个规则运用到所需级数中，因为第二项是 $\dfrac{\frac{1}{2}x^3}{3}$，我们可以得出

$m=\dfrac{1}{2}$，随后可以得出分子的后续系数分别是 $-\dfrac{1}{8}$，$-\dfrac{1}{16}$，$-\dfrac{5}{128}$

等；因此，所求圆弓形面积是 $x-\dfrac{\frac{1}{2}x^3}{3}-\dfrac{\frac{1}{8}x^5}{5}-\dfrac{\frac{1}{16}x^7}{7}-\cdots$。随后他

发现内插表达式是一个无穷级数，而不是沃利斯之前所认为的那样必须是大于 1 项小于 2 项的一个级数。这个插值使得牛顿有了一个扩大模式 $(1-x^2)^{\frac{1}{2}}$，或者更普遍地说，$(1-x^2)^m$ 用于一个级数。牛顿观察到只有将表达式中的分母 1、3、5、7 等数字删除，并且减少 x 的每一次幂，牛顿才能够得到所期望的表达式。在一封发给奥登伯格（1676 年 6 月 13 日）的信件中，牛顿证明的定理如下：

$(P+PQ)^{\frac{m}{n}}=P^{\frac{m}{n}}+\dfrac{m}{n}AQ+\dfrac{m-n}{2n}BQ+\dfrac{m-2n}{3n}CQ+\cdots$，其中的

A 是指第一项，$P^{\frac{m}{n}}$，B 是第二项，C 是第三项……牛顿通过实际的乘法证明了这个公式，但是并没有给出常规的证明。牛顿证明了

公式可以用于任何指数下，但是并没有区分指数是正数和整数，或者其他的情形。

二项式定理最原始的证明其实很早就出现了。印度人和阿拉伯人用 $(a+b)^2$ 和 $(a+b)^3$ 的扩展式求解根；韦达对 $(a+b)^4$ 也有了解，但是这些都是没有任何定律简单相乘得到的结果。一些阿拉伯人和欧洲数学家对于正的二项式系数较为了解。帕斯卡从所谓的"算术三角形"（arithmetical triangle）的方法中推导出系数。卢卡斯·德·布尔戈（Lucas de Burgo）、M. 施蒂费尔、S. 斯蒂文、H. 布里格斯和其他数学家们，都认为只要稍微关注一下就可以得出二项式定理，如果我们不知道这种简单的关系，就很难发现该定理。

虽然沃利斯已经得到了 π 的全新表达式，但是他并不满足于此，用有限数量的项来得出一个绝对值，用一个无穷数量的项代替原先的有限项，从而越来越接近该绝对值。他说服自己的朋友布朗克尔（Lord Brouncker），即皇家学会的第一任主席，参与该项目的研究。当然，布朗克尔并没有发现什么，但是得出了下列等式：

$$\pi = \cfrac{4}{1 + \cfrac{1}{2 + \cfrac{9}{2 + \cfrac{25}{2 + \cfrac{49}{2 + \cdots}}}}}$$

连分数，有递增也有递减，希腊人和印度人已经熟知这个分数，只不过并没有用我们现在的概念来说而已。布朗克尔的表达式产生了连分数理论。

沃利斯的学生们一直致力于研究他的求积法。布朗克尔得出了等轴双曲线 $xy=1$ 面积的第一个无穷级数，这个面积是指它的一条渐近线与 $x=1$，$x=2$ 对应的纵坐标所围成的面积，也就是 $\dfrac{1}{1\times 2} + \dfrac{1}{3\times 4} + \dfrac{1}{5\times 6} + \cdots$ 的面积。尼古拉斯·墨卡托的《对数术》（$Logarithmotechnia$，伦敦，1668）据说含有级数 $\log(1+a) = a - \dfrac{aa}{2} + \dfrac{a^3}{3} - \cdots$，取 $a=0.1$ 以及 $a=0.21$，实际上，这本书中包含

了该级数的前几项数值。墨卡托坚持用详细阐述的方式对一般公式
的具体特殊情况进行解释。沃利斯是第一个用一般符号说明墨卡托
对数级数的人。墨卡托从文森特 1647 年在安特卫普（Antwerp）的
《几何著作》（*Opus geometricum*）第 7 章中推导出所需的结果：假
设在双曲线与另一条渐近线之间画一条渐近线，那么内切四边形的
连续面积是相等的，平行线的长度形成了一个几何级数。很明显地
第一个用对数语言叙述这个定理的是一个比利时的耶稣信徒阿尔方
斯·安东·德·萨拉萨，他反对梅森对文森特的攻击。墨卡托证明
说，构建对数表可以简化双曲线形成的空间，进一步求出面积。听
从了沃利斯的部分建议，威廉·尼尔成功求取三次抛物线的曲线
长，雷恩成功求取任意摆线弧的长。格雷戈里在著作《几何的通用
部分》第十卷中描述了四次曲线的构造，通常称为"虚拟抛物线"，
其中有一个曲线的形状更像是双纽线（lemniscate），在笛卡尔坐标
系中是 $d^2 (y^2 - x^2) = y^4$。这个类型的曲线在惠更斯、斯吕塞以及
莱布尼茨的信件中也有提及。

　　与沃利斯同时代的一名卓越英国数学家是巴罗。巴罗先是伦敦
大学的数学教授，随后是剑桥大学的教授，但是在 1669 年他将职位
让给自己著名的学生牛顿，宣布放弃对于数学的研究，转而投向神
学研究。作为一个数学家，巴罗最著名的研究是切线方法。巴罗通
过引入两个无限小值，而不是一个无限小值，简化了费马的方法，
并且在追随牛顿的终极比率说之后更接近于推理过程。下列是巴罗
的书籍：《几何讲义》（*Lectiones geometrica*，1670）、《数学讲义》
（*Lectiones mathematicae*，1683—1685）。

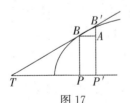

图 17

巴罗认为对于无穷小直角三角形 ABB' 的
边有两个连续坐标之间的差，它们之间的距离
之差，以及它们所形成曲线的比例之差。这个
三角形与 $\triangle BPT$ 相似（图 17），是由纵坐标、
切线和次切线组合形成的。因此，如果我们知道了 $B'A$ 与 BA 之间
的比率，也就知道了纵坐标与次切线的比率，那么切线就能够立刻
构建出来了。对于任意曲线，比如说 $y^2 = px$，$B'A$ 与 BA 之间的

比率可以从如下等式中确定：假设 x 得到一个无穷小的增量 $PP'=$ e，那么 y 得到一个增量 $B'A=a$，纵坐标 $B'P'$ 的等式为 y^2+2ay+ $a^2=px+pe$。因为 $y^2=px$，得出 $2ay+a^2=pe$，去除无限小的高次幂值，可以得出 $2ay=pe$，即：$a:e=p:2y=p:2\sqrt{px}$，但是 $a:e=$ 纵坐标：次切线，因此，$p:2\sqrt{px}=\sqrt{px}$：次切线，得出 $2x$ 是次切线的值。这个方法与微分学主要在符号上不同。事实上，有研究者认为，巴罗是发明无穷计算的第一人。❶

在积分学创作以前所做的积分中，最困难的是与杰拉杜思·墨卡托（Gerardus Mercator）地图相关的实际航海问题。在 1599 年，爱德华·赖特出版了一个纬度表，在该表中含有表示航海子午线弧长的数值。这个表的数值是在 $1''$，$2''$，$3''$ 等正割的连续相加得出的。用现代的符号来说，这个量等于 $r\displaystyle\int_0^\theta \sec\theta d\theta = \dfrac{r\log\tan(90°-\theta)}{2}$。大约在 1645 年，亨利·邦德（Henry Bond）通过验证注意到赖特的表格是一个切线对数表。关于建立在定积分上的证明，是詹姆斯·格雷戈里在 1668 年、巴罗在 1670 年、沃利斯在 1685 年以及哈雷在 1698 年❷给出的。詹姆斯·格雷戈里和巴罗也给出了积分 $\displaystyle\int_0^\theta \tan\theta d\theta = \log\sec\theta$；卡瓦列里在 1647 年建立了 $\displaystyle\int_0^a x^n dx$ 的积分。E. 托里拆利、文森特、费马、罗贝瓦尔以及帕斯卡都得出了相似的结果。

牛顿到欧拉

法国在 17 世纪的初期和中期取得了惊人的科学进步。在亨利四

❶J. M. 蔡尔德（J. M. Child）. 伊萨克·巴罗的几何演讲（*The Geometrical Lectures of Isaac Barrow*）. 英国芝加哥和伦敦. 1916.

❷F. 卡约里（F. Cajori）. 数学百科全书（*Bibliotheca Mathematica*）：第三版. 1915：312−319.

世和路易斯十三统治时期，学术界出现了激烈的思想活动。人类思想蕴含的能量被赋予了极大信心。笛卡尔、费马以及帕斯卡大胆地对知识的征服，极大地丰富了数学学科。

法国缺乏本土的伟大思想家，路易斯十四世的周围都是著名的外国人。奥勒·罗默（O. Romer）来自丹麦，惠更斯来自荷兰，多米尼克·卡西尼（Dominque Cassini. 1625—1712）来自意大利，都是常在路易斯十四世宫廷出现的数学家和天文学家。他们在前往巴黎之前就已经取得了很高的荣誉。

大约在路易十四接管法国政府的时候，查尔斯二世成为英格兰国王。在这期间，英格兰不断地发展商业和航海业，并且物质市场非常繁荣。诗歌的时代在科学和哲学时代不久以后也翩然而至。在连续发展的两个世纪中，英格兰产生了莎士比亚和牛顿！

德国依然处于一个不断衰落的时期。三十年的战争分裂了这个帝国。在这段德国历史上最黑暗的时期，仍然出现了莱布尼茨，这个近现代最伟大的数学家之一。

历史上总会有一些焦点，从这个点往前是过去发展的聚集地，从这点开始将辐射出未来的发展。牛顿和莱布尼茨时代在数学史上就是这样的点。在这个时代之前的五十年期间，最聪明和最精明的数学家们朝一个方向共同努力，终于使得牛顿和莱布尼茨发明了无穷小微积分。卡瓦列里、罗贝瓦尔、费马、笛卡尔、沃利斯以及其他数学家都对新几何学做出了各自的贡献。取得巨大的成就，他们太接近于无穷小分析的创作了，以至于拉格朗日和拉普拉斯对他们的同僚们宣称，费马是创作无穷小分析的第一人。因此，微分学并不是一个人的发现，而是许多不同思想的人们共同作用产生的结果。确实，没有一个伟大的发现只是在脑海中一闪而过的，虽然牛顿的那些发现将一直影响着人类，就像英国诗人蒲伯（Pope）在"诗意幻想"中写道：

"自然和自然法则曾经隐藏在漫漫的黑夜中；上帝说：我要有牛顿！于是一切都披上了光芒。"

艾萨克·牛顿（1642—1727）出生于林肯郡的伍尔斯索普

（Woolsthorpe），他出生那年刚好是伽利略逝世那年。他出生时非常弱小，甚至让人感到绝望。在牛顿年纪很小的时候他母亲把他送到一所乡村学校，在他 12 岁那年前往格兰瑟姆的公立学校就读。最初，他对于学习成绩并不在意，而且在班级也是中下水平，但是有一天，有一个成绩好的小男孩儿踢了小牛顿的肚子，这促使他非常努力地学习，直到自己的成绩排名超越那个小男孩儿。从那时开始，牛顿的成绩直线上升，并成为优等生。❶ 在格兰瑟姆，牛顿展现出了对数学如饥似渴的兴趣。牛顿建造了水钟、风车、能够让人坐在里面行走的四轮车，还有其他玩具。当牛顿 15 岁的时候，母亲让他回家帮助务农，但是他非常不喜欢做农活，只对学习研究有不可抗拒的激情，这促使他母亲又把他送回格兰瑟姆，在这里他一直待到 18 岁，并进入了剑桥大学的三一学院（1660）。剑桥大学才是真正释放牛顿天才才能的地方。他强烈的直觉产生了一些思想，可能他认为古代几何定理是不证自明的事实，并且在没有任何初步研究的前提下，他使自己成了像笛卡尔那样的几何学大师。牛顿后来认为自己在数学研究过程中忽略了初等几何，并且对 H·彭伯顿（H·Pemberton）博士表达了遗憾，在考虑到欧几里得《几何原本》是如此优秀数学家学习的内容之前，他致力笛卡尔和其他代数学家作品的研究。除了笛卡尔的《几何学》之外，他还学习了奥特雷德的《数学之钥》（Clavis）、开普勒的《光学》（Opties）、韦达的著作、凡司顿的《杂集》（Miscellanies）、巴罗的《演讲》（Lectures），以及沃利斯的著作。他特别喜欢沃利斯的《无穷算术》（Arithmetic of Infinites），这篇著作中充满了丰富多彩的建议。牛顿非常幸运地遇到了他的老师兼可靠的朋友——著名的巴罗博士。巴罗在 1660 年时是希腊语教授，在 1663 年是卢卡斯数学教授。巴罗和沃利斯是牛顿的数学老师，牛顿比他的老师们更具影响力，推动其向更宽广的领域发展。沃利斯实现了曲线的求积，纵坐标可以用 $(1-x^2)$

---

❶D. 布鲁斯特（D. Brewster）. 牛顿回忆录（The Memoirs of Newton）：第一卷. 苏格兰爱丁堡. 1855：8.

任意积分和正次幂来表示。我们已经知道沃利斯试图在计算领域之间插值，其他曲线面积诸如圆面积之间进行插值，但是失败了。牛顿解决了这个问题，发现了二项式定理，提供了一个更容易、更直接的方式来解决曲线的正交问题。虽然纵坐标的二项式可以增加到分数次幂或者负数次幂，但是二项式可以立刻扩展为级数，同时该级数的每一个单独项求积可以通过沃利斯方法来完成。牛顿引入了字母指数系统。

牛顿对于求积法的研究使得他获得了另一项很有意义的创作。牛顿在 1665 年和 1666 年构思了"流数法"（method of fluxions，与微积分相同），并将该方法用于曲线的求积。直到 1669 年牛顿才开始与自己的朋友交流该创作方法，当他把一本名为《运用无穷多项方程的分析学》（*De analysi peraequationes numero terminorum infinitas*）的作品交到巴罗手上，巴罗将这部作品给了约翰·柯林斯（John Collins），柯林斯非常仰慕这本书。在这本书中，清楚指出，"流数法"只有部分是发展并解释的。假设横坐标随着时间变化而成比例地增加，他将一条曲线的面积看作一个持续流数增加的初期量，这个量随着纵坐标的长度成比例地不断增加。他将流数扩展到单项式的有限或者无限级数得出的表达式，是适用于沃利斯法则的。巴罗催促牛顿出版这部作品，"但是由于牛顿的谦虚，而且是过度的谦虚此书在当时没有出版。"假如说这本书当时就出版了，而不是 42 年以后再出版，可能就不会有机会发生牛顿与莱布尼茨之间的持久、可叹的争议了。

在很长一段时间内，除了牛顿的朋友外，牛顿的方法依然是无人所知。在一封 1672 年 12 月 10 日写信柯林斯的信中，牛顿用一个例子说明了自己创作的事实："这是一个非常特殊的，或者更确切地说是一般方法的推论，不需要进行复杂的计算就能够将自己的运用范围进行扩展，不仅能够扩展到绘制几何的或者是力学任意曲线的切线，或者任意其他曲线，也能够扩展到解决诸如弯矩、面积、长度、曲线重力中心之类晦涩难解的问题等。它不是（就像胡德的最大值和最小值法）仅限于没有多余量的方程式。我将这个方法与方程的其他方法相互交织在一起，将它们简化为无穷级数。"

在 1671 年，牛顿完成了这部著作的最后部分，著作的名字是《流数法》（*Method of Fluxions*），其中的目的是将这个方法表示为独立计算和完整的系统。这本著作是为了注释金克休生（Kinckhuysen）《代数学》（*Algebra*）。"但是害怕被卷入这个新发现的争议中，或者可能是希望不断完善使它更加完整，或者是将它应用于物理研究的唯一优势，促使他放弃了这个计划"。❶

除了两部关于光学的专著之外，牛顿所有的著作都是在他朋友迫切恳求以及违背自己意愿的情况下才出版的。牛顿关于光的研究成果受到了严厉的指责，牛顿在 1675 年写道："光学理论点燃了人们批评的热潮，而这种伤害使我责备自己的轻率，因为我远离了美满、安静的物质生活，反而去苦苦地追寻那个虚无缥缈的影子。"

《流数法》是由科尔森（J. Colson）从牛顿的拉丁文作品翻译而成的，在 1736 年首次出版，或者说在它著写完成 65 年以后才出版。该书中他首先解释了分数级数和无理量的扩展——在他研究的最初几年里，这个主题受到了最大的关注。然后，牛顿继续解以下两个力学问题，这两个问题构成了抽象微积分的核心：

（1）已知连续给定空间的长度（比如说在所有时间点上），求出任意时间点处的运动速度。

（2）运动速度是连续已知的，求解在任意时间点描述的空间长度。

为了求解这个问题，牛顿说："在方程 $y = x^2$ 中，假设 y 表示的是任意时间的空间长度，是它（时间）的另一个空间 x，通过匀速 x 而逐渐增加，测量和展示如下：然后 $2x\dot{x}$ 将代表空间 y 的速度，在同一个时刻对其开始描述，反之亦然。"

"但是此处我们并不需要考虑时间，而这个时间是通过一个均衡的局部运动来阐述和测量的，除此以外，鉴于只有相同类型的量

---

❶D. 布鲁斯特（D. Brewster）. 牛顿回忆录（The Memoirs of Newton）：第二卷. 苏格兰爱丁堡. 1855. 15.

才能够相互比较，因此它们增加和下降的速度也是如此。所以，接下来我将不再正式考虑时间问题，但是我会假设提出一些相同类型的量，这些量会随着流速增加，而剩余的一些量可能会与时间相关，所以通过类比的方式，它可能不会错误地得出时间的名称。"在牛顿的论点中，包含着对自己提出反对意见的回答。一个随着均衡通量增加的量，也就是我们现在所说的自变量。

牛顿继续说："现在那些逐渐无限增长的量，我将称之为'流数'（fluents），或者'流量'（flowing quantities），并用字母表中最后的字母 v，x，y 和 z 等来表示，每一个流数所对应的速度随着它的生成运动（generating motion）而增加（我可能称之为流数法，简单速度或快速），我应当用相同的字母来代替 v，x，y，z。也就是说，对于量 v 的速度，我应该用 v，因此对于其他量 x，y 和 z 的速度，我应该用 x，y 和 z 分别表示。"这里必须注意到牛顿并非主动将流数的取值设为无限小。他提出"流数法的瞬间"并对这个词做了进一步介绍，是无穷小的量。这些"瞬间"，在《流数法》中有定义和应用，与莱布尼茨有着本质的区别。德·摩根指出在 1704 年之前，已经出现了所有英国数学家使用流数这个词以及"x"符号所产生的大量混淆，但是只有牛顿和乔治·查恩（George Cheyne）在某种意义上说的是无限小增量。❶ 奇怪的是，甚至在《来往信札》（*Commercium epistolicum*）中，单词"瞬间"和"流数"仍然被用作同义词。

在通过例子展示了如何解决第一个问题以后，牛顿开始着手证明自己的解法：

"流量的瞬间（也就是说，它们的无限小部分，通过加法，将它们加入时间的无限小部分，它们在持续不断地增加）是它们流动的速度或增加的速度。"

为此，如果任何一个（就像 x 一样）瞬间可以通过速度 x 的

---

❶德·摩根（A. De Morgan）. 论无穷小的早期历史（*Onthe Early History of Znfinity*）. 哲学杂志. 英国伦敦. 1852.

乘积来表示成一个无穷小量 O（比如说，$\dot{x}O$），那么其他瞬间 v，y，z 将会表示为 vO，yO，zO，因为 vO，$\dot{x}O$，yO，zO 相对彼此来说就像是 v，$\dot{x}$，y，z。

因为 $\dot{x}O$ 和 yO 的瞬时时刻是流量 x 和 y 无限小量的相加，通过这种方式使得那些量在无限小的时间间隔中不断增加，经过任意小的时间间隔后，那些 x 和 y 的量变成了 $x+\dot{x}O$ 和 $y+yO$，所以在任何时候才能表明这些流量之间关系的等式，也可以表示 $x+\dot{x}O$ 和 $y+yO$ 之间，以及 x 和 y 之间的关系。所以可以用 $x+\dot{x}O$ 和 $y+yO$ 替代同一方程中的 x 和 y。由此已知任意给定一个方程 $x^3-ax^2+axy-y^3=0$，用 $x+\dot{x}O$ 替代 x，用 $y+yO$ 替代 y，因此将会出现：

$$
\left.
\begin{aligned}
&x^3+3x^2\dot{x}O+3x\dot{x}O\dot{x}O+\dot{x}^3O^3\\
&-ax^2-2ax\dot{x}O-a\dot{x}O\dot{x}O\\
&+axy+ay\dot{x}O+a\dot{x}Oy O\\
&+axyO\\
&-y^3-3y^2yO-3yyOyO-\dot{y}^3O^3
\end{aligned}
\right\}=0
$$

根据假设 $x^3-ax^2+axy-y^2=0$，删去等式对应的这些项以后，剩下的项再按带 O 和不带 O 的分开列举，可以得出 $3x^2\dot{x}-2ax\dot{x}+ay\dot{x}+ax y-3y^2y+3x\dot{x}\dot{x}O-a\dot{x}\dot{x}O+a\dot{x}yO-3yyyO+\dot{x}^3OO-\dot{y}^3OO=0$。但是因为 O 是无穷小，可以表示为某些量的瞬间，而这些项乘以 O 以后得出的值就更小了；所以我们去除这些项以后，剩下的就是 $3x^2\dot{x}-2ax\dot{x}+ayx+ax y-3y^2y=0$。这个等式与上面等式相类似。牛顿在此用的就是无穷小概念。

在求解第二个问题时，遇到的困难比求解第一个问题遇到的要多，因为它涉及逆向运算。牛顿给出了第二个问题的一个特殊解，在求解这个问题时他并没有给出相关的证据。

在第二个问题的通解中，牛顿假设流数具有齐次性，然后考虑了以下三种情况：①当方程包含两个量的流数并且其中一个是流；②当方程同时包含两个流数和两个流时；③当方程包含三个或三个以上量的流数和流时。第一种情况是最简单的，因为它只是简单地

求出适用于"特殊解"$\frac{dy}{dx} = f(x)$的积分。第二种情况下，要求不少于一阶微分方程的通解。那些知道在这一领域的完整探索所需要努力的人，都不会贬低牛顿的工作，即使了解到他用无穷级数的形式去解决这些微分方程的。牛顿的第三个情况是在偏微分方程根的情况下。他用了这个公式$2x - z + xy = 0$，并成功地找到了一个特殊积分。

专著的其余部分致力研究极大值和极小值的测定，对曲线的曲率半径以及不定微积分的其他几何应用。所有这一切都是牛顿在1672年前完成的。

必须指出，在"流数法"（以及在《论分析》和所有早期的论文）中，牛顿所采用的方法是严格无穷小并且在根本上与莱布尼茨是相同的。因此，在英格兰，关于微积分的原始构想，都是基于无穷小的这一概念。不定微积分的基本原理第一次问世是在《自然哲学的数学原理》一书中出现的。但其特有的符号直到1693年在沃利斯《代数》第二卷出版的时候才出现。在《代数》中给出的论述是牛顿的贡献，它基于无穷小这一概念。在《自然哲学的数学原理》的第1版（1687）中对流数的描述同样是建立在无穷小的理论之上，但在第2版（1713）中基础理论有所改变。在第1版第二章的第二个引理中，我们可以看出："需要注意的是，微粒是有限的。有实际存在的动量不是有限初始化动量，这些动量的恒定增加或者减少是不完全一致的，可以看出来我们对有限动量的研究才刚刚开始。"在第2版中有两个意大利语的句子被下面这句所替代："有限微粒不存在动量，测定的数量都是瞬时量。"通过对比这两个版本中短语的难度，可以明显看出，第一点瞬间是无限小的量。第二点还不确定。❶ 在1704年的《曲线积分法》（*Quadrature of Curves*）中无限小的量被完全舍弃。在《流数法》中，牛顿拒绝所有项中包含O的

---

❶德·摩根（A. De Morgan）. 史密斯的古希腊及罗马传记词典（*Smith's Ditionary of Ancient Greek and Roman Biographies*）. 英国伦敦. 1852.

量，因为它们与其他项相比来说是无限小的。这种推理是不能令人满意的；因为只要 O 是一个量，虽然非常小，这种舍弃不可能不影响结果。牛顿似乎觉察到了这一点，因此在《曲线求积法》一书中说："在数学中最微小的误差也不可忽略。"

牛顿与莱布尼茨体系之间早期存在的区别中，牛顿坚持速度或流速的概念，用无限小的增量作为确定它的手段，而莱布尼茨无穷小的增量关系本身是确定的对象。两者之间的区别主要在于产生量的方式不同。

我们给出牛顿流数或速率方法的论述，正如在介绍他的正交曲线时给出的论述一样。"我认为量在这里不是很小部分的组成，而应通过一个持续动作来描述。线不是部分的并列，而是由点的持续运动来描述，直线的运动形成平面；平面的运动形成立体；两侧的旋转形成角度；持续的变动形成部分时间，在其他的量上依此类推。这些成因真实的发生是理所当然的，而且在我们身体的运动中每天都看到。"

"流数，就像变数增量成倍的产生，和我们希望的那样接近，或者非常近似，确切地说，他们是初期增量的黄金比例；然而它们能用与它们成正比的任意线表示。"

牛顿通过切线问题证明了最后一个论断：如图 18 所示，设 AB 为横坐标，BC 为纵坐标，VCH 是切线，Ec 是纵坐标的增量，与

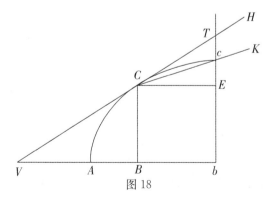

图 18

VH 相交于 T，Cc 是曲线的增量。Cc 向右线延长到 K，形成三个小

三角形，Rt$\triangle CEc$，伪内切$\triangle CEc$和Rt$\triangle CET$。其中，第一个显然是最小的，最后一个是最大的。现在假设纵坐标bc移动到BC，那么c点与C点完全重合，CK以及曲线Cc就与CH一致，Ec就等于ET，最后形式中消失的伪内切$\triangle CEc$，就相似于$\triangle CET$，消失的边CE，Ec，Cc将与$\triangle CET$的边CE，ET和CT成比例。因此，根据直线AB，BC，AC的移动，成为逐渐消失的增量的最后比率，与$\triangle CET$的边成比例，或者说，$\triangle VBC$也相似。只要点C和点c彼此存在间隔，即使距离很小，CK还是会和切线CH形成一个小角。但当CK与CH一致，直线CE，Ec，cC到达它们的最大比率，然后点C和c确切重合，也就是同一点。牛顿补充说："在数学中，最小误差是不容忽视的。"这显然是对莱布尼茨假设法的否定。此处并没有提及无穷小量的学说。让人不禁想象牛顿是否从未提出过这样的学说。这样就显示出牛顿的学说在不同时期是不同的。上面的推理完全避免了卡律布迪斯（Charybdis）无穷小所带来的危险。要求我们去相信一个点可以被认为是三角形，或者说一个三角形可以用一个点标记。不仅如此，当它们在同一点上达到了极限的形式时，那三个不同的三角形变得相似或相等。

在引入曲线求积时，流数x^n的定义如下：

"在同一时间x通过流成为$x+o$，幂级数x^n变为$(x+o)^n$，比如说通过无穷级数法：

$$x^n+nox^{n-1}+\frac{n^2-n}{2}o^2x^{n-2}+\cdots,$$

这些增量：

$$o \text{ 和 } x^n+nox^{n-1}+\frac{n^2-n}{2}o^2x^{n-2}+\cdots,$$

与另一个，如：

$$1 \text{ 到 } nx^{n-1}+\frac{n^2-n}{2}ox^{n-2}+\cdots。$$

"现在让增量消失，它们最后的比例将是1到nx^{n-1}，因此量x流数与x^n流数的比例为$1:nx^{n-1}$。"

"线、直线或者曲线的流数，以及面积、角和其他量的流数，在所有情况下，都可以用质数法和极限比这种相同的方法获得。如果要在这种方式中建立无限量的分析，并探讨有限量、起始量或易消失量的质数法和极限比，是与古人的几何相一致的；我试图表明，在流数的方法中，它是没有必要在几何中引入无限小的量。"这种微分模式不会解决所有的难题。当 o 趋于 0 时，我们得到的比值 $\dfrac{o}{o} = nx^{n-1}$，这需要进一步注释。事实上，牛顿的方法，正如他自己所发表的，就被这些困难和异议所阻碍。随后，我们将陈述主教伯克利（Bishop Berkeley）对这个推理的反对。即使在牛顿最出色的崇拜者中，也一直存在无法控制的争论，尊重他对"质数法与极限比"的解释。

所谓的"极限法"经常被归结为是牛顿的，但这种纯粹的极限法从未被牛顿采纳为构建微积分的方法。牛顿所做的一切是在《自然哲学的数学原理》中建立适用于那种方法的原理，但他用于不同的目的。第一本书的第一个引理被作为极限法的基础：

"量和量的比值，在任何有限时间内不断收敛相等，并且在时间结束之前，它们彼此之间比任意给定的差更接近，最终实现相等。"

在这方面，以及在以后的引理中，都有费解和难懂之处。牛顿似乎讲的是，一个可变量和极限量最终将重合并相等。

《原理》的全称是《数学的自然哲学原理》（*Philosophice Nataralis Principia Mathematical*），1687 年在哈雷的指导下出版。对其进行改进的第二版出现在 1713 年，并附有罗杰·柯特斯的序言。它几个月就被卖光了，在阿姆斯特丹发行很多盗版书籍。第三版和最后一版出现在英国，在牛顿的有生之年由亨利·彭伯顿（Henry Pemberton）在 1726 年。《数学的自然哲学原理》包括三册书，其中前两册的内容比较多，解释自然哲学的数学原理，即运动和力的定律条件。在第三册书中，从上述原理推导出宇宙的构造。这部令人难忘作品的伟大原则是万有引力。第一册书于 1686 年 4 月 28 日完成。在短短的三个月之后，第二册书完成了。第三册书是接下来

九到十个月的劳动成果。它只是牛顿早已计划好主题的详细阐述，但这个科目从未完成过。

万有引力定律在《数学的自然哲学原理》的第一册书中阐述。它的发现围绕着牛顿的名字，这是一个永恒荣耀的光环。该发现的当前版本如下：据罗伯特·胡克（Robert Hooke，1635—1703）、惠更斯、哈雷、雷恩、牛顿和其他人推测，如果开普勒第三定律是真的（它的绝对准确性在当时受到质疑），那么地球和太阳系的其他行星引力与距离的平方成反比。无论猜测是正确的还是错误的都需要证据。牛顿在 1666 年推论，在物质中，如果 g 代表地球表面重力的加速度，r 是地球的半径，R 是从地球到月球的距离，T 是月球运行的时间，a 是赤道的角度，那么，如果这个定律是真实的，

$$g\frac{r^2}{R^2}=4\pi^2\frac{R}{T^2}, \text{ 或 } g=\frac{4\pi}{T^2}\left(\frac{R}{r}\right)^3 \cdot 180a.$$ 根据牛顿的指令，给出以

下数据：$R=60.4r$，$T=2\ 360\ 628$ 秒，但 a 只有 60 而不是 $69\frac{1}{2}$

英里。推算这个 g 值小于所知道实际测量的真实值。看起来平方反比定律并不是真正的定律，牛顿随后将计算扔在了一边。1684 年，在皇家的一次会议上他偶然弄清了，皮卡（Jean Picard）曾实测子午线弧，并获得了更精确的地球半径值。取 a 的校正值，他发现了一个与已知值对应的 g 值，从而验证了平方反比定律。在《自然哲学的数学原理》的一个注释中，牛顿承认自己感激惠更斯在算法中使用了离心力定律。

天文学家亚当斯精读了牛顿大量未发表的信件和手稿，形成了朴次茅斯（Portsmouth）文集，（1872 年之前一直是私有财产，直到 1872 年被它的主人交给了剑桥大学），这似乎表明牛顿在以上计算方法中遇到的困难有不同的性质。根据亚当斯的说法，在 1666 年，牛顿的数值验证是相当完整的，但牛顿无法确定一个球形壳对外部点的引力是什么。他给哈雷的信中表明，他并不认为地球引力就像它的全部质量都集中在中心点上那样。因此，他不能断言，假定的万有引力定律被这些数字证实了，虽然对于长距离来说，他可

以断言它更接近近似值。当哈雷在 1684 年拜访牛顿时,他要求牛顿确定如果万有引力定律是平方反比定律,那么一颗行星的轨迹是什么样的? 1679 年,牛顿已经为 R. 胡克解决了一个类似问题,并立刻回答轨迹是椭圆的。在哈雷访问之后,牛顿根据皮卡新的地球半径值,回顾了自己的早期计算,并且能够证明,如果在太阳系中天体之间的距离如此之大,以至于天体可以被看作质点,那么,它们的运动就符合假设的万有引力定律。1685 年,牛顿完成了自己的发现,他证明了一个球体,它在任何一点的密度只取决于与中心的距离,它会吸引一个外部点,就好像它的整个质量都集中在中心一样。

牛顿在朴次茅斯未发表的手稿表明,通过运用流数和流,他对月历的计算比《自然哲学的数学原理》中给出的要高,但他无法解释自己在几何学上的结论。该手稿阐明了牛顿在《基本原理》著作中取得成果的模式,如著名的第 2 本书中第 35 部分所述的,围绕最小阻力的介质运动旋转体问题的注释。该解决方案在原理中没有被证明,但在由牛顿写给牛津大学的大卫·格雷戈里的信中被证明,该解法在朴次茅斯的收藏品中发现。❶

牛顿的名声主要建立在《自然哲学的数学原理》书上。戴维·布鲁斯特称之为"在人类已有记录中最闪亮的一页"。让我们看着拉普拉斯的评论,最重要的是牛顿追随着解决行星运动微妙问题的万有引力:"牛顿已经很好地确立已有优点原则的存在,但它的效果和优势发展是这个伟大数学家后续的工作。第一次发现无穷小微积分的不完美,并没有让他完全解决宇宙理论所涉及的难题。他常常被迫给出那些总是不确定的暗示,直到通过严格分析才确定。尽管有这些不可避免的缺陷,他关于宇宙系发现的重要性和理论性,以及自然哲学最有趣的观点,大量具有深刻意义和原始的观点,并且是 18 世纪数学家中最辉煌的发现,所有这些都是很有用的,将确保《自然哲学的数学原理》在所有其他人类心智成果中卓而不凡。"

---

❶O. 博尔察(O. Bolza). 数学藏书(*Bibliotheca Mathematica*). 1913:146—149.

牛顿的《广义算术》（*Arithmetica universalis*），由他在剑桥大学做教授的前 9 年里的代数讲座内容组成，于 1707 年出版，即牛顿完成书稿的三十多年之后。这部作品由威廉·惠斯顿（Whilliam Whistom，1667—1752）出版。我们无法准确得知惠斯顿是如何拥有它的，但据一些官方出版物说，是因为泄密。他继承了牛顿在剑桥大学卢卡斯数学教授的职位。

《广义算术》包含关于方程理论新的和重要的结果。牛顿以精确的形式描述了笛卡尔符号法则，并给出根和直到 6 次幂之和的表达公式，表明它们可以扩展到任何更高次幂。牛顿公式采取了隐含的形式，而类似的公式更早地由吉拉德以明确的形式给出，随后 E. 华林也推导出了一般公式。牛顿用公式确定实根的上限，所有根的任意偶次幂的总和必须大于任意根的相同次幂。他也设立了另一个极限：一个数的上限，如果代入 x，则给出了 $f(x)$ 和导数相同的符号。1748 年，麦克劳林证明一个上限可以通过增加方程最大负系数的绝对值而获得。牛顿表明，在方程中实系数和虚根总是成对出现。牛顿的创意天赋充分体现在他确定的下限虚根数以及数的正、负根上限值的规则。尽管这个没有笛卡尔给出的近似规则快，但大体上接近正、负根的极限。牛顿没有证明他的规则。

1728 年和 1729 年，乔治·坎贝尔（George Campbell）和麦克劳林在《哲学学报》中也提出了一些启示。但一个半世纪没有发现任何完整的证明，直到最后，西尔维斯特（J. J. Sylvester）最终建立了一个显著的一般定理，其中将牛顿定律作为一种特殊的例子。对牛顿的建议不是没有兴趣，蚌线被作为曲线应用于几何结构，伴着直线和圆，蚌线可用于一个倍立方和三等分角——因此涉及三阶或四阶曲线的任何问题都可以被简化。

在《流数法》的论述中包含了牛顿逼近数值方程根的方法。在《运用无穷多项方程的分析学》（*De analysi per Aequationes Terminorum in Finitas*）中也给出了大致相同的解释。他通过一个例子来解释它，即现在著名的三次方程问题——$y^3 - 2y - 5 = 0$。[1] 该问题最早发表在 1685 年沃利斯《代数》的第九十四章。牛顿假设一个已知近似值，它与真实值的差别不到十分之一。在方程中，他令 $y = 2$，并将 $y = 2 + p$ 代入方程，则方程变为 $p^3 + 6p^2 + 10p - 1 = 0$。忽略 p 的高次幂，得到 $10p - 1 = 0$，令 $p = 0.1 + q$，得到 $q^3 + 6.3q^2 + 11.23q + 0.061 = 0$。从 $11.23q + 0.061 = 0$，得到 $q = -0.0054 + r$，通过相同的过程，$r = -0.00004853$，最终得到 $y = 2 + 0.1 - 0.0054 - 0.00004853 = 2.09455147$。牛顿在范例中整理自己的著作，他似乎很清楚自己的方法可能会失败，他说："如果存有疑问的话，那就是从 $6p^2 + 10p - 1 = 0$ 得出 p 值，$p = 0.1$ 是否足够接近真实值。"他并没有证明后一种方法也可以回答这个问题。通过相同的程序模式，牛顿发现，由一个快速收敛的级数，在方程 $y^3 + axy + aay - x^3 - 2a^3 = 0$ 中 y 的值与 a 和 x 相关。

约瑟夫·拉弗森（Joseph Raphson，1648—1715），伦敦皇家学会的会员，在 1690 年出版了《一般方程分析》（*Analysis aquationum universalis*）。他的方法酷似牛顿的方法。唯一的区别是，牛顿从每一个连续的步骤中得出结论，从一个新的方程得到接近根的 p，q，r，而拉弗森每次都是从原方程中进行替换。在牛顿的三次方程中，拉弗森没能从方程 $x^3 + 6x^2 + 10x - 1 = 0$ 的使用中找到第二个校正值，但能在原来的方程中代替 $2.1 + q$ 的问题，得 $q = -0.0054$。然后，拉弗森会在原来的等式中替代 $2.0946 + r$，得到 $r = -0.00004853$，等等。拉弗森没有提到牛顿，他显然认为自己的方法足够进行独立分类。需要强调的是，现代文献中被称为"牛顿逼近法"的过程，实际上并不是牛顿的方法，而是拉弗森对它的修正。这种形式现在很常见，$a - \dfrac{f(a)}{f'(a)}$ 不是牛顿使用的，而是拉弗森使用的。可以肯定的是，拉弗森没有使用这个符号，他写出 $f(a)$ 和 $f'(a)$ 的完

[1] F. 卡约里（F. Cajori）. 牛顿—拉弗森近似法. 数学月刊：第十八卷. 1911：29—33.

整形式作为多项式。这种方法是否应该单独用牛顿的名字命名是值得怀疑的。虽然与韦达的过程不完全相同，但与其类似。主要区别在于除数的使用。$f'(a)$ 这个因子比韦达的除数更简单，也更容易计算。拉弗森的版本代表了拉格朗日对牛顿计划方案的改进。该方法是"比牛顿方法更简单的方法"❶。也许"牛顿—拉弗森法"这个名字更接近历史事实。我们可以补充说，数值方程的解被认为是托马斯·贝克在 1684 年和埃德蒙·哈雷在 1687 年几何学上的应用，但在 1694 年，哈雷"非常希望在数值上做同样的事情"。哈雷和牛顿的方法唯一不同的是，哈雷分步解一个二次方程，牛顿则是解一个线性方程。哈雷也改进了某些代数表达式，产生了近似的三次方根和五次方根，1692 年由法国人托马斯·范特·德·拉尼（Thomas Fantet de Lagny，1660—1734）给出，在 1705 年和 1706 年拉尼概述了一个差分法。这样的方法，缺乏系统地开发，此前已在英格兰由约翰·柯林斯解释过。通过这种方法，如果 a，b，c，…是算术级数，那么根可以近似从 $f(a)$，$f(b)$，$f(c)$，…第一、第二和更高的差值中得到。

牛顿的《流数法》也包含"牛顿的平行四边形"，这使他在方程 $f(x, y) = 0$ 中，发现 x 的幂级数等于对应变量 y 的幂级数。这条规则的最大效用基于它确定的级数形式，一旦知道级数中指数变化的规律，就可以用不定系数的方法进行扩展。这个规则仍然用于确定曲线的无限分支，或它们的多点图。牛顿没有提供任何证据，也没有任何线索说明是如何发现它的。这个证明由卡斯特纳（A. G. Kasterna）和克莱姆分别在半个世纪后提供。❷

1704 年，作为《光学》（*Opticks*）的附录、《三次曲线枚举》（*Enumeratio linearum tertii ordinis*）出版，其中包含曲线理论定

---

❶拉格朗日（Lagrange）. 解数值方程（*Résolufion des equaf num*）. 1798：138.

❷S. 冈瑟（S. Günther）. 数学综合研究史（*Vermischte Untersuchungen Zur Geschichtedmath*）. 德国莱比锡. 1876：136—187.

理。牛顿将三次曲线分成 72 类，分成更大的组，他的注释者为此提供了名称的"属"和"类"，用于识别前 14 个和后 7（或 4）个。他忽略了分类原则所要求的 6 个类型，然后由斯特林（J. Stirling）、威廉·默多克（William Murdoch，1754—1839）和克莱姆对其增加。他阐述了五种类型"发散抛物线"通过它们的投影给出每一个三次曲线的显著定理。作为一个规则，该手稿并不包含证明。牛顿是如何推导出结果的，一直是人们经常猜测的主题。最近我们已经了解了这些事实，因为牛顿所使用的许多分析法和一些其他定理，已经在朴茨茅斯的文献中发现了。这 4 份亲笔手稿已经由劳斯·鲍尔（W. W. Rouse Ball）发表在《伦敦数学学会会刊》（Transactions of the London Mathematical Society，第二十卷，104—143 页）中。我们发现牛顿是如何用代数方法对三次曲线的分类是有趣的，但是，发现它很费力，就用几何破解问题，然后再回来分析。

本书的空间有限，无法让我们再提及牛顿在科学其他方面的研究。牛顿进行了光学中的一系列实验，是光的微粒说理论的作者。在1687 年，牛顿著写的关于光学的大量论文为英国皇家学会做出了贡献，并详细阐述了"适合"理论。牛顿解释了光的分解和彩虹理论。牛顿发明了反射望远镜和六分仪〔费城的托马斯·戈弗雷（Thomas Godfrey）和约翰·哈德利随后也发明了该仪器〕。[1] 牛顿推导出一个音速理论的表达式，又从事化学、弹性、磁性和冷却定理等方面的实验，并参加了地质勘测。

在 1692 年之后的两年里，牛顿遭受失眠和紧张易怒的折磨。在当时精神失常的情况下，他工作起来很吃力。尽管他恢复了稳定的心神和强健的思想，但取得重大发现的好时机已经过去，他能够解决自己提出的问题，但不再自愿进入新的研究领域。在他生病期间最著名的研究是通过皇家天文学家弗拉姆斯蒂德（Flamsteed）的观察测试他的《月球运动理论》。1695 年，牛顿被任命为典狱官，

---

❶F. 卡约里（F. Cajori）. 美国数学史和教义（*Teaching and History of Mathematics in the U. S.*）. 美国华盛顿. 1890：42.

1699 年被任命为铸币厂厂长，他在去世之前一直担任这个官职。牛顿的遗体被安放在威斯敏斯特教堂。1731 年，在那里竖立了一座宏伟的纪念碑，上面有一句"人类的存在只为庆幸自己是一个凡人的荣耀"，但在纪念碑上并没有铭刻二项式定理。

我们再看莱布尼茨，他是微积分第二个独立发明者。莱布尼茨（1646—1716）出生在莱比锡城。历史上没有任何一个文明国家存在着比德国 17 世纪中叶更不利于文学和科学发展的时期。在德国历史的黑暗时期，几乎无法获得教育，然而，环境似乎更青睐于年轻的天才们。当时莱布尼茨提前接触了最好的文化。他在 15 岁时进入了莱比锡大学。尽管法律是他的主要专业，但他将努力投身在知识的每一个分支。那时德国大学的教学水平很低，根本不教高等数学。约翰·库恩（John Kuhn）讲欧几里得《几何原本》，但是他的课是如此晦涩难懂，以至于除了莱布尼茨没有人听得懂。后来，莱布尼茨在耶拿参加了很有声望的哲学家和数学家埃哈德·魏格尔的课程。1666 年，莱布尼茨发表了一篇论文——《论组合术》。尽管并没有超出数学的基本知识，但包含了一个关于逻辑数学的非凡计划，用一种符号法避免了思维的定式。笛卡尔和皮埃尔·赫里贡（Pierre Herigone）以前曾经含糊地提出过这样的计划。在莱布尼茨未发表的手稿中，他阐述了现在所谓的逻辑乘法、加法、否定式、恒等式、归纳法和零类的基本性质。在这个时期，莱布尼茨的其他论文也都是形而上学的，在性质上属于法学。一个幸运的机会让莱布尼茨出了国。1672 年，由于政治任务他被博伊内堡男爵（Baron Boineburg）派到巴黎。在那里，他结识了那个时代最杰出的人。其中，惠更斯向莱布尼茨提交了一部钟摆震荡的著作，首次让这个有才华的德国人学习了更高等的数学。

1673 年，莱布尼茨去了伦敦，从一月待到了三月。在那里，他偶然结识了数学家约翰·佩尔，并向他解释之前发现级数之和的方法。佩尔告诉他，相似的公式早在 1670 年由加布里埃尔·穆顿（Gobriel Mouton，1618—1694）发表，然后将他的注意力转移到墨卡托关于抛物线修正的研究中。同时，在伦敦期间，莱布尼茨向皇家科学院展示了自己的算术机器，这与帕斯卡的机器相似，但更加有效和完美。他返回到巴黎后，有闲暇的时间，能够系统地研究数学。凭借百折不挠的精神，他开始着手学习自己未知的高等数学。惠更斯是他的主要对象。他研究了笛卡尔和帕斯卡的著作。无穷级数的仔细研究使他发现了圆周长与圆半径比率的表达式：$\frac{\pi}{4}=1-\frac{1}{3}+\frac{1}{5}-\frac{1}{7}+\frac{1}{9}-\cdots$ 这之前是由詹姆斯·格雷戈里发现的。

这个简单的级数与墨卡托在双曲线上发现相同。惠更斯对这个发现非常满意，并敦促他进行新的研究。1673 年，莱布尼茨从下列级数 $arc\tan x=x-\frac{1}{3}x^3+\frac{1}{5}x^5-\cdots$ 中获得了计算 π 最实用的方法。这个级数之前已经被詹姆斯·格雷戈里发现，亚伯拉罕·夏普（Abraham Sharp，1651—1742）在哈雷的指导下把 π 计算到 72 位。1706 年，伦敦格雷沙姆大学的天文学教授约翰·梅钦（John Machin）从一个关系中得到的表达式可以计算出后面 100 位，由 $\frac{\pi}{4}=4arc\tan\frac{1}{5}-arc\tan\frac{1}{239}$，然后用格雷戈里的无穷级数代替 $4arc\tan\frac{1}{5}$ 和 $arc\tan\frac{1}{239}$。在 1874 年，威廉姆·尚克斯（1812—1882）用梅钦的公式将 π 计算到 707 位。

莱布尼茨对曲线求积进行了详细研究，并因此熟悉了高等数学。在莱布尼茨的文稿中发现了一篇求积分的手稿，是 1676 年离开巴黎前写的，但从未出版过。其中最重要的部分呈现在《教师学报》（*Acta eruditorum*）的文章中。

笛卡尔在研究几何时，莱布尼茨的注意力却早早就转向了切线问题及其逆问题。直接问题已经由笛卡尔用简单的曲线解决，然而逆问题已完全超出他的分析范围。莱布尼茨研究了任意曲线的这两个问题，他建立自己所谓的"三角形摆特征"（triangulum characteristicum）——在无穷小三角形与切线重合之间有一个无穷小部分，以及纵坐标和横坐标的差。一条曲线在这里被看作是一个多边形。这个三角形特征类似于相切、接触点的纵坐标和次相切形成的三角形，也和纵坐标、法线和子法线形成的三角形相似。它由巴罗在英国使用，但莱布尼茨阐述自己是从帕斯卡那里获得的。从此，莱布尼茨注意到切线的正反问题之间存在联系。他也看到随后得到的曲线积分。所有这些都包含在莱布尼茨 1673 年的手稿中。莱布尼茨在求积分中使用的模式如下：由子法线 p 和元素 a（横坐标的无限小部分）形成的矩形等于由纵坐标 y 和纵坐标的元素 L 形成的矩形，或者用符号表示——pa＝yl。但是这些从零开始到矩形面积之和的大小等于纵坐标平方的一半。因此，使用卡瓦列里的符号，他得到 $omn.\ pa=omn.\ yl=\dfrac{y^2}{2}$（omn. 代表 omnia），但是 $y=omn.\ l$，因此 $omn.\ \overline{omn.\ l}\ \dfrac{l}{a}=\dfrac{\overline{omn.\ l^2}}{2a}$。

这个等式非常有趣，因为这是莱布尼茨首先引入的一种新符号。他说："它将会很有用的，用 $\int$ 代替 omn.，用 $\int l$ 代替 omn. l 也就是说，它是 $l's$ 的和，然后他将等式写成：$\dfrac{\int \overline{l^2}}{2a}=\overline{\int\int l\ \dfrac{l}{a}}$。

莱布尼茨从中推论出最简单的积分，例如，$\int x=\dfrac{x^2}{2}$，$\int (x+y)=\int x+\int y$。

因为这个总和符号 $\int$ 增加了维度，莱布尼茨得出了逆微积分，或者说 d 的差比它们更小。这样，如果 $\int l=ya$，那么 $l=\dfrac{ya}{d}$。符号 d 首先由莱布尼茨放在分母上，因为一个项的降幂是通过除法进行计算的。这些给出手稿标注的日期是 1675 年 10 月 29 日❶。随后，这

---

❶C. J. 格哈德（C. J. Gerhardt）. 高等分析（*Entdeckung der Höheren Analysis*）. 德国哈雷. 1855：125.

一天就作为新微积分符号的纪念日——这个符号对微积分的快速和完美发展做出了巨大贡献。

莱布尼茨继续将自己的新微积分应用于某些问题的解，然后以切线逆问题的名义将它们组合在一起。莱布尼茨发现三次抛物线能通过以下方法解决：找出子法线与纵坐标成反比的曲线。莱布尼茨通过应用斯吕塞男爵（R. F. de Sluse）的切线方法得出结论，并推理至最初的假设，从而检验自己解的正确性。在解决第三个问题的过程中，莱布尼茨将符号 $\frac{x}{d}$ 换成现在通用的 dx。值得注意的是，在这些研究中，莱布尼茨除了注释之外，并没有解释 dx 和 dy 的意义："dx 等于 $\frac{x}{d}$，也就是说，x 与两个相邻之间的差。"莱布尼茨没有使用术语"微分"，但总是用"差"来表示。直到十年后，在《教师学报》（Acta Eruditorum）中，莱布尼茨给出了这个符号的进一步解释。莱布尼茨的目的主要是确定当这个符号 $\int$ 或者 d 被放置在前面时，表达式发生的变化。如果学生知道学习微分学需要莱布尼茨相当多的思考和注意力来确定 $dx \times dy$ 与 dxy，以及 $\frac{dx}{dy}$ 与 $d\frac{x}{y}$ 是否相同，这可能是一种安慰。莱布尼茨考虑到这些问题之后，推测这些表达式并不相同，尽管他不能给出真正的值。在 1675 年 11 月 21 日的手稿中，莱布尼茨发现了方程 $yd\overline{x} = d\overline{xy} - xd\overline{y}$，给出了 d（xy）的表达式，他注意到所有曲线都是正确的。莱布尼茨也成功地从微分方程中消除 dx，使方程仅仅包含 dy，因此引出了他一直考虑问题的解决方法。[1]"看，切线逆解法的问题通过一个最简单的方式就被解决了，至少减少了求积分过程！"这样，莱布尼茨清楚地看到切线逆问题可以通过求积分解决，换句话说，可以通过积分学解决。在半年时间里，莱布尼茨发现切线的问题也会屈服于自

---

[1] C. J. 格哈德（C. J. Gerhardt）. 高等分析（*Entdeckung der Höheren Analysis*）. 德国哈雷. 1855：125.

已新微积分的力量，因此，他得到了一个比笛卡尔解更好的通解。莱布尼茨成功解决了笛卡尔没有解决的所有这类特殊的问题。其中，我们仅提到关于德·博纳提出的笛卡尔著名的问题，也就是找到一条曲线，它的纵坐标在给出的线到它的分切线之间，纵坐标的部分位于曲线和一个已知倾斜轴上的曲线顶点绘制的一条线之间。

简而言之，这就是莱布尼茨在巴黎逗留期间所做新微积分演变的过程。在莱布尼茨 1676 年 10 月离开之前，他发现自己掌握了无穷小微积分最基本的规则和公式。

莱布尼茨从巴黎出发，途经伦敦和阿姆斯特丹回到汉诺威市。在伦敦，他遇见了约翰·柯林斯，柯林斯向莱布尼茨展示了一部分科学通信。莱布尼茨和斯吕塞在阿姆斯特丹讨论了数学，莱布尼茨很满意自己构造切线的方法，不仅完成了斯吕塞所做过的一切，而且有了超越，因为它能被延伸到三个变量，通过三个变量可以找到曲面的切平面；因为无论是无理数还是分数，都不能阻止自己方法的直接应用。

在 1677 年 6 月 11 日的一篇论文中，莱布尼茨给出了区分和、积、商、幂、根的正确规则。早在 1676 年 11 月莱布尼茨就已经给出了一些负数和分数幂的微分，但也有一些错误。对于 $d\sqrt{x}$，他给出了错误值 $\dfrac{1}{\sqrt{x}}$，而在另外一处表示为 $-\dfrac{1}{2}x^{-\frac{1}{2}}$，对于 $d\,\dfrac{1}{x^2}$，在一个地方表示为错误值 $-\dfrac{2}{x^2}$，然而它的正确值是比 $-\dfrac{2}{x^3}$ 要小一点的值。

1682 年，在柏林成立了《教师学报》，有时也叫作《莱比锡法典》（$Leipzig\ Acts$）。有一部分模仿法国《学者杂志》（$Journal\ des\ Savans$，1665 年建立的），且文学和科学在德国发表。钦豪申（E. W. Tschirnhausen）曾经在巴黎跟随莱布尼茨学习数学，熟知莱布尼茨发表在《教师学报》上一篇求面积论文的新分析，其中包含了他们关于这个话题争论的主要内容。可能是担心钦豪申声称是自己的发明，莱布尼茨决定公开自己的创作成果，并公布了微分学的符号和规则。1684 年，或者是莱布尼茨第一次想到新微积分的 9 年后，牛顿第一次致力微分研究的 19 年后，牛顿的《原理》（*Principia*）出版的三年前，莱布尼茨在《教师学报》上发表了关于微分学的第一篇论文。莱布尼茨不愿向世界公开自己的全部成果，所以选择发表著作中最难懂和最不明了的部分。这篇划时代的论文只有 6 页，计算的规则被简要地阐述，但是没有证据证明，dx 和 dy 的意思也没有说清。排版的错误增加了理解这个主题的难度。由此可以推断，莱布尼茨在这个主题上还没有确切和固定的想法，也不清楚 dx 和 dy 是有限量还是无限量。起初它们被看作是有限量，当他说："我们现在称任意一条随机选择的直线为 dx，然后我们指定 dx 为 y 到 dy 的子切线，这就是 y 的差。"莱布尼茨通过自己的微积分，确定了光线穿过两种不同的折射介质，可以最容易地从一点传到另一点，然后用几句话解决德博纳问题来结束自己的文章。两年后（1686），莱布尼茨在《教师学报》上发表了一篇包含微分学基本原理的论文。dx 和 dy 在这里被看成无穷小量。他通过符号的使用显示了曲线的性质完全可以用方程表示。方程为 $y=\sqrt{2x-x^2}+\int\dfrac{dx}{\sqrt{2x-x^2}}$ 的摆线特征。❶

　　莱布尼茨最伟大的创作，也就是公开发表在《教师学报》上的文章，对大多数数学家几乎没有产生影响。在德国，除了钦豪申，没有人理解这种新的微积分，莱布尼茨对此也满不在乎。作者的陈述太简短以至于微积分不能被广泛理解。首先研究这个问题的是两个人——苏格兰人约翰·克雷格和瑞士人雅各布·伯努利〔Jakob (James) Bernoulli〕。伯努利在 1687 年给莱布尼茨写了一封信，希望能获知新分析的奥秘。莱布尼茨那时出国了，以至于这封信直到 1690 年才被回复。通过不断的应用，在没有任何人帮助的情况下，雅各布·伯努利成功地揭开了微分学的秘密。这证明自己和兄弟约翰·伯努利是具有特殊能力的数学家。他们致力研究这门新科学并

---

❶C. J. 格哈德（C. J. Gerhardt）. 数学几何史（*Geschichfe der Mathematik in Dcutschland*）. 德国慕尼黑. 1877：159.

取得了成功，某种程度上，莱布尼茨宣称他们和自己做得一样多。莱布尼茨和他们，以及其他数学家进行了大量的通信。在给约翰·伯努利的一封信中，莱布尼茨建议，可以通过将积分简化成不可通约的基本形式来改进积分学，然后又整合了对数表达式。莱布尼茨的作品中包含许多突出的创新以及预测的重要方法。因此，莱布尼茨制订了变量参数，奠定了《原位分析》（*Analysis in Situ*）的基础，在 1678 年的一篇手稿中介绍了行列式的概念（日本人以前曾经使用过），莱布尼茨努力以简化的方式从一组线性方程中消除未知量。为简化积分项的目的，莱布尼茨采取了将某些分数分解成其他分数之和的方法。莱布尼茨明确假设了连续性的原理，并基于在两篇论文中的理论［其中一篇包含了首次使用坐标（co-ordinate）和坐标轴（co-ordinates）的术语］，给出了"奇异解"的第一个实例。莱布尼茨写了关于密切曲线的论文，但他的论文包含一个错误（约翰·伯努利指出的，但莱布尼茨没有承认）的理解，即一个密切圆必然以四个连续点切成一条曲线。众所周知，这是关于一个变量两个函数乘积的第 n 阶导数理论。在莱布尼茨许多关于力学的论文中，一些是有价值的，而另一些存在严重错误。1694 年，莱布尼茨使用了函数（function）这个词，但不是现在所代表的意思。几年后，雅各布·伯努利以莱布尼茨的观念用到这个词。标注日期为 1698 年 7 月 5 日，约翰·伯努利给莱布尼茨信件的附录中，约翰·伯努利使用的这个词更接近现在的观念："它们（应用）由其他功能应用表示。"1718 年，约翰·伯努利定义函数为"由任意形式的变量和常数构成的量。"（这里所谓可变大小的函数，是指任意可变大小的常数和任意方式构成的量。）❶

　　莱布尼茨对数学符号做出了重要贡献，不仅仅由于他的微分和积分算法的符号，还有他写出了比例相等的符号，因此，$a:b=c:d$。莱布尼茨的手稿中出现"$\sim$"对应"相似"，"$\backsimeq$"表示"近似等

---

　　❶M. 康托尔（M. Cantor）. 数学史讲义（*Vorlesungen wber Geschichte der Mathemalik*）. 德国莱比锡. 1901：215，216，456，457.

于"或"全等"。乔丹恩说:"莱布尼茨将自己所有的数学发现都归功于符号上的改进。"

在追溯微积分的进一步发展之前,我们将概述在英国和其他国家数学家之间关于微积分创作的那一段漫长又痛苦的争论历史。问题是,莱布尼茨的创作是否具有独创性?他的研究是否剽窃了牛顿的成果?

我们必须从早期出现的争论部分开始说起。牛顿在 1665 年❶开始使用微分符号。1669 年,巴罗将牛顿的手稿——《分析方程》(De Analysi per equaliones)送给约翰·柯林斯。

莱布尼茨第一次访问伦敦是从 1673 年的 1 月 11 日到 3 月期间。他习惯记录与他人交流中收获到的重要科学信息。1890 年,C. J. 格哈德在汉诺威市皇家图书馆发现一页莱布尼茨在旅行❷期间所做的笔记。标题是"1673 年在英格兰观察到的哲理"。这篇笔记被分成许多章节。这些章节包含了关于化工、机械、磁性、植物学、解剖、医疗、杂项等大量的记录,而在数学方面只有很少的注释。关于几何学,他只说道:"对于切线的全部计算,在几何图形中一个广泛的解释是随该点的移动而移动。"从这儿,我们怀疑莱布尼茨已经读过巴罗的演讲。牛顿在这里只涉及光学。显然,莱布尼茨在这次访问伦敦期间没有获得微分的知识。

1674 年,莱布尼茨向英国皇家学会秘书奥登伯格宣布,他拥有非常广义的分析方法,他通过一系列方法找到了关于圆求积分的重要定理。作为回答奥登伯格阐述牛顿和詹姆斯·格雷戈里也发现了求积分的方法,并延伸到圆。莱布尼茨愿意与牛顿交流这些方法,在奥登伯格和柯林斯的要求下,牛顿分别于 1676 年 6 月 13 日和 10 月 24 日给莱布尼茨写了一些重要的信件。第一封包含了二项式理论

---

❶J. 阿多斯顿(J. Edleston). 艾萨克·牛顿爵士和柯特斯教授的通信(*Correspondence of Sir Isac Newfon and prossor cotes*). 英国伦敦. 1850:21.

❷C. J. 格哈德(C. J. Gerhardt). 以科学学术会议报告"莱布尼茨在伦敦". 柏林. 1891:2.

以及关于无穷级数和求积分的各种其他事项，但是没有直接关于微分方法的内容。莱布尼茨在回复中说到，牛顿在最高项做了什么，并请求进一步解释。牛顿在第二封信中只解释了自己发现二项式定理的方法，也以字谜的形式表达了自己积分和微分的方法，在句子中的所有字母都是按顺序排列。这个有名的谜题是这样写的

$6a\ cc\ d\ ae\ I\ 3e\ ff\ 7i\ 3l\ 9n\ 40\ 4qrr\ 4s\ 9t\ I\ 2vx.$。

这个句子的意思是"已知一个包含若干微分的方程式，求积分。反过来说，已知积分，求微分。"（任意一个给定的方程都没有那么多的微分求积分，反之亦然），当然这个字谜游戏并没有提供任何暗示。在莱布尼茨写给柯林斯的回复中，没有任何隐藏的意愿，他解释了微分学原理、符号以及用法。

奥登伯格的去世使得通信结束。在 1684 年以前，并没有什么重大事件发生，当莱布尼茨在《教师学报》上发表第一篇关于微分学的论文时，牛顿对自己优先发表的主张开始妥协，因此也必须承认莱布尼茨是第一个为全世界带来微分学引发益处的人。因此，当牛顿的微积分只是一个秘密时，仅仅有几个朋友知道的时候，莱布尼茨的微积分方法已经蔓延到整个欧洲。到目前为止，这些著名的科学家之间仍没有任何竞争或敌意。牛顿表达了对莱布尼茨创作的称赞，他知道上述奥登伯格通信使莱布尼茨破解了自己的想法，并在（《原理》，第一版，1887 年，第二卷，第七章的注释中表达了自己与奥登伯格的想法是一致的）："信中讲述了我和著名的几何学家莱布尼茨，十年前，当我表明致力于确定最大值和最小值、绘制切线等知识领域的方法时，当我把包含这个命题的内容都隐匿在交换的通信中时，那个最著名的人回信说他已经开始着手类似的方法，并交流他的方法，除了他的文字和符号之外，很难与我的进行区分。"

根据上面这段话，我们发现，后来牛顿已经很谦虚了，像德·摩根所说："首先，拒绝承认这些简单而又明显的意义；其次，全部从《自然哲学的数学原理》第 3 版中删掉。"在欧洲大陆，莱布尼茨和助手们——詹姆斯和约翰·伯努利兄弟、洛必达侯爵在算法上已经获得很大的进步。1695 年，沃利斯通过信件告知牛顿说："他

听说莱布尼茨的微分在荷兰得到认可，'莱布尼茨的微分'受到极大的欢迎。"

莱布尼茨已经享受了 15 年作为微积分创作者的荣誉。但在 1699 年，法蒂奥·德·杜利尔（Fatio de Duillier，1664—1753），定居在英国的瑞士人，刊登在英国皇家学会的一篇数学论文中陈述自己确信牛顿是第一发明者。此外，莱布尼茨是否是第二发明者，是否从他人那里有所借鉴，应该让那些看过牛顿信件和手稿的人审判。这是第一次明显的暗讽剽窃。看来，英国的数学家们有一段时间相信那些不利于莱布尼茨的说法。毫无疑问，这种感觉很长时间都围绕在莱布尼茨周围，在他 1676 年第二次去伦敦时，也许他已经在约翰·柯林斯出版了牛顿的《分析方程》的书，其中包含了微积分的应用，但没有进一步系统地解释。莱布尼茨至少看到了这部书的一部分。在伦敦度过的这一周，他注意到在柯林斯的信件和论文中有自己感兴趣的东西。他的记录被格哈德特在 1849 年的汉诺威尔图书馆发现两页。其中一页有这样的题目：《从牛顿 MSC 分析方程中关于无限量数量的讨论中摘录》（*Excerpta ex tractatu Newtoni Msc. de Analysi peræquationes numero terminorum infinitas*）。笔记非常简洁，除了那些反射方程的解，其他大部分都是完全复制。这部分对他来说明显是陌生的。如果他研究了牛顿的整个著作，其他部分没有给他留下特殊的印象。从这儿，他似乎没有获得任何与无穷小微积分有关的东西。通过早期算法的介绍，他已经获得更大的进步。在不久的将来，没有比能使他获得数学知识更吸引他的，在他返回荷兰的途中，他完成了关于力学的长篇介绍。

法蒂奥·德·杜利尔的暗讽点燃了整个世纪难以熄灭的不和之火。莱布尼茨从未争辩过牛顿创作的优先权，而且对牛顿在注解中的态度非常满意，现在他首次出现在这场争论中。他生气地回复《教师学报》，并抱怨英国皇家学会对自己的不公。

到这儿，事情告一段落。1704 年，在发表的《曲线求积分》（*Quadrature of Curves*）中首次公开了微分的论述及方法。1705 年，在《教师学报》上出现了不赞成的评论，叙述了牛顿使用的微分不同于莱布尼茨使用的微分。牛顿的朋友认为莱布尼茨抄袭了他们的主要部分，但这个解释始终被莱布尼茨强烈地反对。约翰·开尔（John Keill，1671—1721）是牛津大学的天文学教授，他以更大的热情表示对牛顿的支持。1708 年，他在《哲学学报》中插入一篇论文，声称牛顿是微分的第一个发明者，并且"相同的微积分后来被莱布尼茨发表，但是符号的名字和模式已经改变"。莱布尼茨向英国皇家学会的秘书投诉他被这样恶劣的对待，并要求学会让开尔承认对自己的侮辱。开尔没有撤销他的控告，相反，他被牛顿和英国皇家学会授权解释并保护他的陈述内容。他所做的这些都写在一封长长的信中。莱布尼茨于是公开抱怨这个控告，并向英国皇家学会和牛顿请求法律制裁。因此，英国皇家学会立案，任命一个委员会收集并报道大量的文件——主要是来自牛顿、莱布尼茨、沃利斯、柯林斯等之间的信件。这个报告叫作《来往信札》（*Commercium epistollicum*），首次出现在 1712 年，并在 1722 年和 1725 年再次出现，带有编辑前缀，另外还有开尔的笔记。在《来往信札》中的最终论证是"牛顿是第一发明者"，但这不是重点，而是莱布尼茨是否剽窃了这个方法。委员会最终没敢冒险断言他们认为莱布尼茨是剽窃者的想法。在随后的审判中，他们暗示莱布尼茨也许借鉴了牛顿的方法："在 1677 年 6 月 21 日之前的信件中，我们没有发现他（莱布尼茨）的微分与牛顿信件里的方法有什么不同，1672 年的 12 月 10 日，被送往巴黎传达给他，大约四年后，柯林斯先生开始和他的赞同者谈论这封信，其中，微分方法是写给任何聪明人的。"

大约 1850 年，英国皇家学会公开了奥登伯格在 1672 年的 12 月 10 日寄给莱布尼茨的信，而不是牛顿信件的全部内容，但仅仅摘录了信件的一部分，省略了牛顿绘制切线的方法，不可能传达微分的概念。奥登伯格的信是在汉诺威市皇家图书馆莱布尼茨的手稿中发现的，随后由格哈德在 1846 年、1848 年、1849 年、1855 年多次出版。

此外，阿多斯顿在 1850 年出版了《艾萨克·牛顿爵士和柯特斯教授的通信》，从作品中了解到英国皇家学会在 1712 年收到柯林斯的两个包裹。其中一个包裹装着詹姆斯·格雷戈里的信以及牛顿1672 年 12 月 10 日一封完整的信，另一个包裹写着"致莱布尼茨 1676 年 6 月 14 日，关于格雷戈里先生的遗迹"，这个包裹里有第一个包裹内容的删节，只写明了牛顿在 1672 年 12 月 10 日信中的描述方法。在《来往信札》中，牛顿的信全部印了出来，但是没有提及第二个包裹的存在。因此，《来往信札》传达了这样一种说法，牛顿 1672 年 12 月 10 日写的信已经到了莱布尼茨那里，信中称微分"主要是写给聪明人的"，然而事实是，莱布尼茨收到的信件中根本没有这种说法的描述。

莱布尼茨仅在私人信件中抗议过英国皇家学会的诉讼程序，声称自己不愿对如此糟糕的争论做出回应。约翰·伯努利在写给莱布尼茨的信中说，作为牛顿和莱布尼茨的朋友，他感到这对他们不公平。在一封 1716 年 4 月 9 日邮寄给居住在伦敦的意大利教士安东尼奥·斯金纳·康蒂（Antonio Schinella Conti，1677—1749）的信中，莱布尼茨再次提起牛顿在注解中承认的事件，他现在却否认了。莱布尼茨说自己一直相信牛顿，但看到牛顿在控告中默许，他知道自己错了，莱布尼茨很自然地怀疑起来。牛顿没有回复这封信，但在 1716 年 11 月 14 日听说莱布尼茨去世的消息后，他在自己的朋友中立即发表了一些言辞。牛顿解释："在《原理》的书中我已经承认了莱布尼茨创作的微积分与我是不同的，如果将这个创作归功于我的话，这是对知识的违背，我不知道莱布尼茨说此话的目的。"1726 年，牛顿在出版第三版《原理》中，他将之前说过莱布尼茨的话只字未提。

莱布尼茨独立研究微积分在他写的论文中，可以找到相关证据（格哈德收集和编辑的七卷，柏林，1849—1863），他指出了自己思想中最能呈现出微积分规则的演变过程。德·摩根说："整个争论自始至终存在积分和微分之间的混淆。换句话说，也就是一个具有一般原则的理解方法。"

莱布尼茨在这个时候已经准备好了挑战这个问题。例如，等速曲线的问题（找出物体沿其掉落时具有相同速度的曲线）在 1687 年由莱布尼茨作为笛卡尔追随者提出，并被雅各布·伯努利和约翰·伯努利解决。雅各布·伯努利在 1690 年的《教师学报》上提出的问题是，如何找到一种从它末端自由悬挂均匀重量链形成的曲线（悬链线）。这个问题已被惠更斯、莱布尼茨、约翰·伯努利和雅各布·伯努利解决。悬链线的性能也被牛津大学的大卫·格雷戈里和雅各布验证。在 1696 年，约翰·伯努利向欧洲一些知名的数学家提出挑战，要求尽可能在最短的时间内找到物体从一个点落到另一点的曲线（摆线）。莱布尼茨在接受挑战的这一天就解决了这个问题。同时，牛顿、洛必达和伯努利两兄弟也给出解决方法。牛顿的方法以匿名的方式出现在《哲学学报》上，但约翰·伯努利看到这个方法后十分肯定，这是牛顿的解法。1694 年，约翰·伯努利给莱布尼茨的信中提出正交轨迹（用一个由已知定律所描述的曲线系统来描述一条曲线，该曲线将所有曲线以直角切割）的问题。不久后，这个问题在《教师学报》上被刊登出来，但起初并没有受到很多关注。莱布尼茨在 1716 年再一次提出了此问题，才引起了英国数学家们的触动。

这个问题也许被认为是针对英国数学家们的第一次公开挑战。尽管牛顿由于一天巨大的工作量已经十分疲惫了，但在信件递给他的当天晚上，他就解决了该问题。他的方法，是一项学术研究的总体规划，而不是一个具体的解决方案。因此，约翰·伯努利的批评是没有价值的。泰勒支持牛顿的解法，但在文章最后使用了谴责的语言，约翰·伯努利不应当用不文明的方式，做出激烈的回应。不久之后，泰勒向欧洲大陆的数学家们公开挑战了一个关于复杂流数的整合问题，信上说："在英国，几乎没有几个几何学家知道微积分的问题，并且被认为超出了对手的能力。"这个选择是不明智的，因为约翰·伯努利在很久之前就解释过类似的积分方法，他只是为了展示技巧和加大莱布尼茨追随者的胜利。最后一个也是最笨拙的挑战者是约翰·开尔。这个问题是，在阻力与速率成正比的介质中找到一个抛物体路径。开尔考虑的不是先确保自己可以解决这个问题，而是大胆质疑约翰·伯努利的解决方案。约翰·伯努利在很短的时间内就解决了这个问题，不仅与阻力的平方成正比，而且与速度的任意次幂成正比。约翰·伯努利反复地把方法寄给伦敦一个可信任的人，他认为开尔也会这样做，但开尔从未给过答复。❶

牛顿和莱布尼茨对微积分基本原理的解释缺乏清晰度和严谨性。因此，微积分基本原理遭到了几个方面的反对。1694 年，荷兰的伯恩哈德·纽文泰特（Bernhard Nieuwentijt，1654—1718）否认了高阶的微分存在，并反对忽略无穷小量的做法。面对这些反对意见，莱布尼茨无法做出令人满意的答复。他在回复中说道，在几何中 $\frac{dy}{dx}$ 的值可表示为有限量的比值。对于 dx 和 dy 的解释，莱布尼茨有些不确定，❷ 无穷小量一度在莱布尼茨的著作中以有限线的形式存在。在最后的描叙中，莱布尼茨与牛顿的观点非常接近。

在英国，乔治·伯克利主教（1685—1753）在一本《分析师》（*Analyst*）中大胆攻击了微分法。伯克利非常尖锐地争辩道，除了其他事物之外，假设两个项之间存在一个有限比率的基本思想——他称之为"离散的量"其实是荒谬和难以理解的。伯克利声称第二个微分和第三个微分比第一个微分更加不可思议。他关于几何量不能被除尽的论点与芝诺在"二分法"中提出的无穷大的主张是无法实现的、是一致的。大多数现在的读者认为这些论点是站不住脚的。伯克利公开宣称这是一个公理的引理：如果 x 接受一增量 i，这里 i 清楚地假设为某些量，那么 x^n 的增量除以 i，就被认为是 $nx^{n-1}+\frac{n(n-1)}{2}x^{n-2}i+\cdots$如果此时你令 $i=0$，这个假设就被改变了，在保留 i 不是零的假设下，都有一个明显的推测结果。伯克利的引理直到 1803 年才被罗伯特·伍德豪斯（Robert Woodhouse）公开承认，才得到英国数学家们的青睐。微分学通过错误的推理得到了正确的结论，这个事实由伯克利在"错误补偿"理论中解释了错误推理。

---

❶约翰·普莱费尔. 数学和物理科学进展. 大英百科全书：第七版，第八版由莱斯利爵士整理.

❷G. 维万蒂（G. Vivanti），无穷大的讨论. 那不勒斯. 1901.

这个理论随后也被拉格朗日和卡诺优化。

　　剑桥大学三一学院的詹姆斯·朱林（James Jurin，1684—1750）和都柏林的约翰·沃尔顿出版了《分析师》。朱林关于牛顿流数术的辩护没有得到数学家本杰明·罗宾斯（Benjamin Robins，1707—1751）的认同。在一本叫作《知识界》（*Republick of Letters*，伦敦）的杂志和后来的《学术著作》（*Works of the Learned*）中，朱林和罗宾斯之间进行了一场激烈的争论，这场争论又在朱林和亨利·彭伯顿之间展开争论的主要问题是牛顿《原理》中某些段落的确切含义：牛顿是否认为有些变量达到了它们的极限？朱林回答"是"，罗宾斯和彭伯顿回答"不是"。朱林和罗宾斯的争论在极限理论的历史中占有重要地位。尽管罗宾斯对极限概念持有狭隘的观点，但他拒绝所有无穷小量，并在一本书中给出了逻辑上相当连贯的解释，这本书叫作《关于艾萨克·牛顿微分方法的性质和确定性的论述》（*A Discourse concerning the Nature and Certainty of Sir Isaac Newton's Methods of Fluxions*，1735）。这部著作以及麦克劳林的《流数术》，标志着 18 世纪阐述微积分的最高成就。1834—1842 年期间，英国的新微积分概念和其他欧洲国家的新微积分概念存在叠加。随后的过程是莱布尼茨的符号和措辞与牛顿、朱林、罗宾斯、麦克芬林、达朗贝尔和后来作家发展极限概念上的重合。

　　在法国，米歇尔·罗尔（Michel Rolle）在一段时间内拒绝使用微分学，并且与伐里农就这个话题产生争论。

　　在欧洲，微积分最有力的推动者之一是伯努利家族。他们和欧拉的出现使瑞士的巴塞尔成为数学家的摇篮。伯努利家族在一个世纪中产生了 8 位在数学方面拥有巨大成就的人。以下是伯努利家族列表：

尼古拉斯·伯努利（父亲）

雅各布第一（1654—1705）尼古拉斯第一　约翰第一（1667—1748）

尼古拉斯第二（1687—1759）　尼古拉斯第二（1695—1726）
丹尼尔第一（1700—1782）
约翰第二（1710—1790）

丹尼尔第二（1751—1834）　约翰第三（1744—1807）　雅各布第二（1759—1789）

最著名的是雅各布·伯努利、约翰·伯努利兄弟俩和约翰·伯努利的儿子丹尼尔。雅各布·伯努利和约翰·伯努利是莱布尼茨忠诚的朋友，并与他在一起工作。雅各布·伯努利出生在巴塞尔。从小就对微积分感兴趣，自己学习并努力研究这门科学。从 1687 年直到他去世，雅各布·伯努利一直占据着巴塞尔大学的数学首席席位。雅各布·伯努利是第一个给出莱布尼茨等时线问题解的科学家，该解在 1690 年的《教师学报》中发表。在他的方案中，我们第一次见到了"积分"这个词。莱布尼茨之前一直将"求整计算"称为"求和运算"，但在 1696 年"求整计算"这个术语被莱布尼茨和约翰·伯努利所认可。雅各布·伯努利在 1694 年的《教师学报》中给出了直角坐标曲率半径的公式，同时也给出了极坐标公式。雅各布·伯努利是第一批以广义方法而不是简单的螺旋曲线❶使用极坐标的人。雅各布·伯努利假设垂曲线问题，然后证明了莱布尼茨曲线构建的正确性，从而解决了更复杂的问题，假设弦是：①可变密度，②可延伸的，③各个作用点通过一个力导向和一个固定中心。雅各布·伯努利给出了这些问题的答案，而他的哥哥约翰·伯努利则给出了进一步推论。他通过一个一端固定的弹性板或弹性杆来确定"弹性曲线"的形状，在另一端增加重物使其弯曲，易变形的矩形板两边通过填充相同重量的液体并水平固定来确保"线性"，通过一个充满风的长方形帆来建立"遮阳帐篷"（velaria）。在 1694 年的《教师学报》中，他提到了双纽线。这些曲线形成了一个曲面，这个曲面是基于另一个曲面重新绘制而成的。这个曲线是卡西尼椭圆的一种特殊情况，长期以来这一点一直未被关注，直到彼得罗·菲洛尼在 1782 年、萨拉迪尼（G. Saladini）在 1806 年分别指出的。雅各布·伯努利研究横向线性和螺旋对数，他特别喜欢在各种条件下演示它的显著属性。以阿基米德为榜样，雅各布·伯努利愿意将这个碑文雕刻在自己的墓碑上，碑文为"纵使改变，依然故我"。1696 年，雅各布·伯努利提出了著名的等周问题，并于 1701 年发

---

❶G. 恩内斯特勒姆. 数学藏书：第三版，第十三卷. 1912：76.

表了自己的解决方案。雅各布·伯努利写了一篇关于《猜度术》的著作，并在他去世的 8 年后即 1713 年出版。这部著作是概率论发展史中的重要经典著作之一，正文主要包含四部分。第一部分主要是对惠更斯的著作《论赌博中的计算》的精彩译注。第二部分主要讨论了组合论问题，主要结果是通过伯努利数的运用，用完全归纳法证明 n 为正整数时的二项式定理。第三部分包含了概率论问题的解决方法。第四部分虽然不很完整，却是最重要的。它包含了"伯努利理论"，如果 $(r+s)^m$ 中的字母都是整数并且 $t=r+s$，就可以用二项式理论展开，使 n 足够大的 u（表示 n 的前一项、后一项以及最大项的和）的保留项之和像我们所想的那样完美。令 r 和 s 分别作为单独试验发生成功和失败的概率成正比，那么 u 就会和 nt 实验中在 $n(r-1)$ 和 $n(r+1)$ 之间发生的次数一致。伯努利的理论"将确保概率论❶理论在历史上的永久地位"。同时代关于概率论的另一作者是法国的德蒙马特和英国的棣莫弗（De Moivre）。

约翰·伯努利最初跟随哥哥研究数学。随后约翰·伯努利去了法国，在那里遇见了尼古拉斯·马勒伯朗士（Nicolas Malebranche）、乔瓦尼·多梅尼科·卡西尼（Giovanni Domenico Cassini）、德·拉希尔（P. de Lahire）、伐里农和洛必达。约翰·伯努利在格罗宁根做了十年的数学主席，然后回到巴塞尔继任了哥哥的工作。约翰·伯努利是那个时代最有热情的老师和最成功的研究者。约翰·伯努利是欧洲各个国家研究科学协会的成员。关于约翰·伯努利个人的争论比较多。约翰·伯努利善恶分明，对他不喜欢的人，他变得吝啬且暴力——即使是自己的哥哥和儿子。约翰·伯努利和雅各布在等周问题上有一些不愉快的争论。雅各布发现了他的许多谬论。他哥哥去世后，约翰·伯努利试图找到一个能够替代自己之前方法的正确解决方案。变分法的产生和发展，最初来自三大问题：最速降线问题、等周问题和测地线问题，约翰·伯努利在这些问题的研究中都

---

❶ I. 托德亨特（I. Todhunter）. 历史问题理论（*Hisfory of Theor. of Prob.*）. 77.

做出了贡献。1694 年，约翰·伯努利引进了找等交曲线族的问题，即找一曲线或曲线族，使得与已知曲线族相交成给定的角。约翰·伯努利找到了这个问题的解。约翰·伯努利提出了用三个坐标变量的方程表示曲面的方法，还研究了焦散曲线和轨迹线。约翰·伯努利去巴塞尔大学继任数学教授的职务，致力于数学教学。约翰·伯努利由于在力学、天体力学、流体力学方面的研究成果，曾三次获得巴黎科学院的奖项。约翰·伯努利在 1742 年证明了 $\dfrac{\partial^2 A}{\partial t \partial u} = \dfrac{\partial^2 A}{\partial u \partial t}$。

约翰·伯努利 19 岁时，在柏林被任命为皇家天文学家，后来被任命为学院的数学部主管。后来又被任命为彼得堡学院的数学教授。

约翰·伯努利的儿子尼古拉斯和丹尼尔·伯努利在同时期的彼得堡学院都被任命为数学教授。尼古拉斯英年早逝，丹尼尔·伯努利在 1733 年返回了巴塞尔，在那里担任实验哲学的主席。丹尼尔·伯努利的第一本数学出版物是雅各布·费朗西斯科·黎卡提 (J. F. Riccati) 提议出版的《微分方程的解法》。丹尼尔·伯努利写了一本关于流体动力学的经典著作《流体动力学》。丹尼尔·伯努利是第一个正确使用反三角函数符号的人。1729 年，丹尼尔·伯努利用 AS 表示反正弦。欧拉在 1736 年用 At 表示反正切。丹尼尔·伯努利对概率的研究显示出他的独创性。丹尼尔·伯努利假设了期望值理论，他认为这一理论比数学概率论理论用于普通符号更贴切。丹尼尔·伯努利把期望值理论应用在"彼得斯堡问题上"：设定扔出正面或反面为成功。A 在空中抛一个硬币：如果第一次扔的时候出现正面，丹尼尔·伯努利就从 B 那里得到 2 元，游戏结束；第一次若不成功，继续扔，第二次成功后会得到 4 元，游戏结束；如果第 n 次扔成功，得奖金 $2n$ 元，游戏结束。依此类推，每一个可能结果的得奖值乘以该结果发生的概率，即可得到该结果奖值的期望值。通过数学理论，A 的期望值是无限的，这是一个矛盾的结果。对每个人来说，A 得到的总钱数是不同的，应该考虑到相对价值。假设 A 开始的和是 a，那么彼得斯堡问题的期望值是有限的，根据丹尼尔·伯努利的想法，当 a 是有限的：$a=0$ 时，它是 2，$a=10$ 时，大约是 3，$a=$

1 000 时，大约是 6。彼得斯堡问题分别被拉普拉斯、泊松和克莱姆论述。丹尼尔·伯努利的"期望值"成为经典，但没有人使用它。丹尼尔·伯努利将概率论应用到保险行业中，用来确定在生命不同阶段由疾病天花引起的死亡率，用来确定从生日的数字中获得所给出年龄的幸存者数量，用来确定接种能够延长平均寿命多长时间。丹尼尔·伯努利提出了如何将微分学应用到概率论中。丹尼尔·伯努利和欧拉在巴黎科学学院享有的荣誉和获得的共享奖项不少于 10个。著名的伯努利家族曾产生许多传奇和轶事。关于丹尼尔·伯努利的传说是这样的：一次，当丹尼尔·伯努利和一个风趣的陌生人闲谈，他谦虚地自我介绍说："我是丹尼尔·伯努利。"这个陌生人不相信和自己同行的人就是那个伟人，于是带着嘲讽的神情回答道："我是艾萨克·牛顿。"

现在简要提及一下属于牛顿、莱布尼茨和伯努利家族那个时代的其他数学家。

洛必达是约翰·伯努利的学生，因参与莱布尼茨和伯努利的争论而被提到过。他于 1696 年在巴黎发表了一篇关于莱布尼茨微积分的著作阐明曲线的《无穷小分析》(Analyse des infiniment petits)，这使莱布尼茨的微积分为广大数学家所熟知。

另一个热衷于微积分的法国人是皮埃尔·伐里农。1722 年在巴黎，他延续了伯努利使用的曲线坐标 ρ 和 ω。令 $x=\rho$，$y=l\omega$，因此，改变的方程代表了完全不同的曲线。例如，抛物线 $x^m=a^{m-1}y$ 就变成了费马螺旋。约瑟夫·索林解决了怎样确定代数曲线多个点切线的微妙问题。弗朗索瓦·尼克尔 (Francois Nicole, 1683—1758) 在 1717 年发表了关于有限差分的一篇基础论文，其中，他发现了很多有趣级数的和；他还写了旋轮线，尤其是球形外摆线，并对它们不断修正。同样对有限差分感兴趣的还有皮耶·黑蒙·德蒙马特 (Pierre Raymond de Montmort，1678—1719)。他写的关于概率论的主要著作，激励了更著名的继任者——棣莫弗。德蒙马特给出了重点问题的第一个通解。让·保罗·德古阿 (Jean Paul de Gua，1713—1785) 给出了笛卡尔符号规则的示范，现在已收录在他的书中。这位卓越的几何学家在 1740 年写了一部关于解析几何的著作，目的是提出更多关于曲线的分析，并说明用笛卡尔分析和微积分分析是同样容易实现的。德蒙马特提出了怎样找到切线、渐近线和各种奇异点，并通过视觉证明这些点中有 n 个可以在无穷远处。米歇尔·罗尔是命名此理论的作者。在德蒙马特 1690 年的《抽象代数》（*Traile d'algebre*）中没有找到这一理论，但在他于 1691 年巴黎出版的《求解方程法》（*Methodc pour resoudre les egalitez*）中发现了这一理论。❶ "罗尔定理" 这个名称被莱比锡城的 M. W. 罗比什（M. W. Drobisch，1802—1896）在 1834 年和贝拉维蒂斯（Giusto Bellavitis）在 1846 年使用。德蒙马特的《抽象代数》包含了 "级联方法"。在 v 的一个方程中，它的变换使符号交替的变成正和负，他建立等式 $v=x+z$，并根据 x 的降幂排列结果。当 x^n，x^{n-1}…系数等于 0 时，就被称作 "级联"。它们是原方程关于 v 的连续导数，并且每个值都等于 0。现在有了一个定理是：在 $f'(v)=0$ 的两个连续实根之间，$f(v)=0$ 的实根不可能多于一个。为了确定给定方程的极限根，罗尔选择从最低阶开始级联，然后不断求解。这个过程是非常复杂的。

在意大利的数学家中，不得不提黎卡提和法尼亚诺（Fagnano）。雅各布·弗朗西斯科、黎卡提伯爵因提出 "黎卡提方程" 而闻名，该方程发表在 1724 年的《教师学报》中。他在微分方程的某些特殊领域取得成功。在这很久之前，雅各布·伯努利已经试着解决微分方程问题，但是没有成功。一位几何巨匠朱利奥·卡洛（Giulio Carlo），法尼亚诺伯爵（Count de Fagnano，1682—1766），发现了公式 $\pi=2i\log\dfrac{1-i}{1+i}$，他希望欧拉能够使用虚数和对数。黎卡提对椭圆和双曲线修正的研究是椭圆函数理论的起始点。例如，他证明了一个椭圆的两条弧线可以用不定方式找到，它们的差可以用一条直

---

❶F. 卡约里. 数学藏书中的罗尔理论：第三版，第二卷. 1911：300 — 313.

线表示。在双曲线的修正时，他得到了与椭圆函数有关的结果。如果是 n，是 2×2^m，3×2^m 或者 5×2^m，他证明弦能被几何分解成 n 等份。他向教皇班尼迪克（Benedict）十四世提了关于在罗马圣彼得大教堂圆屋顶安全的专业建议，作为回报，教皇准许发表他的数学作品。这个承诺当时没有实现，直到 1750 年才发表。法尼亚诺的数学著作于 1911 年和 1912 年由意大利科学促进会（Italian Society for the Advancement of Science）再版。

在德国，与莱布尼茨同时代的钦豪申（1651—1708），通过金属反射镜和大燃烧瓶的实验，发现了反射焦散，给出了以自己名字命名的变换方程方法。钦豪申试图通过消除第一和最后之外的所有项来求解任意阶的方程式。在他之前，这个程序已经被法国人弗朗索瓦·杜劳伦斯（Francois Dulaurens）和苏格兰人詹姆斯·格雷戈里❶尝试解过。格雷戈里的《论圆与双曲线求积》（*Vera circult et hyperbolce quadratura*，帕多瓦，1667）作为一个新的尝试是值得注意，也就是说，证明圆的求积不能通过代数来实现。在格雷戈里的时代，他的思想不被理解，甚至惠更斯在这个问题上有过争议。詹姆斯·格雷戈里的证明被认为不具有说服力。最简单的方法（像那些前辈）是最正确的，钦豪申得出结论在有关曲线性质的研究中，可以避免使用微积分。

莱布尼茨去世后，德国没有一个值得一提的数学家。克里斯蒂安·沃尔夫是哈雷大学的一名教授，雄心勃勃地想成为莱布尼茨的继任者。汉克尔说："但是，沃尔夫迫使莱布尼茨的巧妙思想变成了一种迂腐的经院哲学，沃尔夫在学术上并没有取得成功，因为他以欧几里得的形式发展了算术、代数和分析元素，当然只是外在形式，因为他完全没有能力穿透内在精神。"

与英国牛顿同时期杰出的数学家有罗杰·柯特斯、泰勒、麦克劳林和棣莫弗。我们了解到罗杰·柯特斯去世时，牛顿声明："如

---

❶G. 恩内斯特勒姆. 数学藏书（*Bibliotheca Mathematica*）. 1908—1909：258，259.

果柯特斯活着，我们也许还会知道更多的理论。"应本特利博士的要求，柯特斯承担了《牛顿原理》第二版的出版。牛顿的数学论文在过世后被剑桥大学三一学院的教授职位继任者罗伯特·史密斯出版。著作的题目《调和计算》（*Harmonia Mensurarum*）是通过以下理论提出的：如果通过一个固定点 O 的每一个半径矢量上都会找到一点 R，那么相互的 OR 就是 OR_1，OR_2，…，ORn 倒数的算术平均值，那么 R 的轨迹就是一条直线。在这个著作中，对数的应用和圆的性质在微分运算的应用方面取得了进展。通过柯特斯的研究，我们得到了一个取决于 x^n-1 因数形式的三角学理论。1714 年发表在伦敦的《哲学学报》上，在他的《调和计算》重印版中发展了一个重要的公式 $i\Phi = \log(\cos\Phi + i. \sin\Phi)$。这个公式归属于欧拉。柯特斯研究了 $\rho^2\theta = a^2$ 曲线，并将其命名为"连锁螺线"。牛顿的钦佩者中主要有泰勒和麦克劳林，在英国和欧洲其他国家数学家之间的争论使他们能够在同时代的伟人中独树一帜。

泰勒对许多学科分支都非常感兴趣，在他生命的晚期，他主要从事宗教和哲学领域。他的主要著作《递增法和反向递增法》（伦敦，1715—1717），增加了一个新的数学分支，现在叫作"有限差分"。泰勒用它做出了许多重要应用，尤其是对振动弦运动形式的研究，泰勒首先尝试对力学原理进行研究。这个著作也包含了"泰勒定理"，其中有一种特殊情况，现在被叫作"麦克劳林定理"。至少在出版的三年前，泰勒就创作了自己的定理。1712 年 7 月 26 日，泰勒在给约翰·梅钦（John Machin）的一封信中提到了这个定理。50 多年来，分析人士一直没有认识到它的重要性，直到由拉格朗日指出。他的证明没有考虑到收敛的问题，相当于没有价值。第一个更严谨的证明由 A、L 柯西（A．L．Cauchy）在一个世纪后给出。泰勒给出了一个微分方程的奇异解，通过微分方程的区别找到解决的方法。泰勒的著作包含了对天文折射第一个正确的解释。泰勒也写了一部关于线性观点的论文，这篇论文和泰勒的其他著作一样，缺乏充实和清晰的表达。23 岁时，泰勒给出了关于振荡中心问题著名的解决办法，在 1714 年发表。泰勒对优先权的声明受到了约翰·伯

努利不公正的质疑。1717 年，《哲学学报》的三十卷中，泰勒将"泰勒级数"应用于数值方程的解。泰勒假设一个粗略的近似值 a，作为 $f(x)=0$ 的一个根。令 $f(a)=k$，$f'(a)=k'$，$f''(a)=k''$ 且 $x=a+s$。泰勒通过自己的定理展开 $0=f(a+s)$，省略 s 二次以上的幂，代替 k，k'，k'' 的值，然后解 s。通过重复这个过程，近似值是可行的。泰勒利用这个重要的发现同样解决了包含根数和超越函数的等式。牛顿—拉弗森（Newton Raphson）过程在超越方程解的第一个应用由托马斯·辛普森在《数学随笔》（*Essays on Mathematicks*）中提出。

最早建议用"循环级数"方法来求根的是丹尼尔·伯努利（Daniel Bernoulli，1700—1782），他在 1728 年引入了四次式形式 $i=ax+bx^2+cx^3+ex^4$，然后任意选择四个数字 A，B，C，D 和第五个数字 E，这样 $E=aD+bC+cB+eA$，第六个也有同样的递归公式——$F=aE+bD+cC+eB$，等等。如果最后两个数字找到的是 M，N，那么 $x=M \div N$ 是近似根。丹尼尔·伯努利没有给出证明，但是意识到并不总是收敛到根。这种方法被欧拉在 1748 年的《无穷小分析引论》（*Introductio in analysin infinitorum*）的第一卷第十七章和约瑟夫·拉格朗日在《关于解数值方程》（*Resolution des equations numeriques*）的注解 6 中完善。

泰勒在 1717 年以无穷级数的形式表达了一个二次方程的根，这和弗朗索瓦·尼克尔在 1738 年和克莱罗（Clairaut）在 1746 年给出三次方的表达方式很相似。亚历克西斯·克劳德·克莱罗（Alexis—claude Clairaut，1713—1765）在《代数元》（*Elements d' algebre*）中插入了相关步骤。托马斯·辛普森在 1743 年用逆转级数和在 1745 年用无穷级数的方法确定了根。库蒂夫龙侯爵（Marquis de Courtivron，1715—1785）也用无穷级数表示了根，同时，欧拉贡献了许多关于这个主题❶的文章。

在这个时期，除了一些稀少的实例，收敛级数没有受到应有的

---

❶F. 卡约里（F. Cajori）. 科罗拉多大学出版物：通用期刊. 51. 212.

关注。爱丁堡的詹姆斯·格雷戈里在《论圆与双曲线求积》（*Vera circull et hyperbola quadratura*，1667）中，第一次使用了"收敛"和"发散"级数，而威廉姆·布朗克尔给出一个论点证明了收敛级数。

麦克劳林 19 岁时在阿伯丁大学通过了选拔性的考试，并在 1725 年继任了詹姆斯·格雷戈里在爱丁堡大学的席位，当选为数学教授。他珍惜与牛顿之间的友谊，被牛顿的发现所鼓舞，于 1719 年发表了《构造几何》（*Geometria Organica*），其中包含一个有价值的生成曲线模式，并以自己的名字命名，参考随后出现的"克莱姆悖论"，一条 n 次幂的曲线不总是由 $\frac{1}{2}n(n+3)$ 个点才能确定，可以更少。

第二本书是 1720 年出版的《线性几何的特征》（*De Linearum geometricarum proprictatibus*），因为其中完美的证明而显得更有价值。本书基于两个理论：第一个是柯特斯定理；第二个是麦克劳林定理，即如果通过任意点 O 画一条直线与曲线有 n 个交点，那么通过这些点就可以绘制切线，如果通过 O 点的其他任意线切割 R_1，R_2 等曲线，存在几条切线系统 r_1，r_2 等，那么 $\sum \frac{1}{OR} = \sum \frac{1}{Or}$。这个定理和柯特斯定理是牛顿定理的推广。麦克劳林把这些应用到第二阶曲线和第三阶曲线的论述中，最后得到一个有价值的定理，如果一个四边形的顶点和两个点的两侧交叉在一条三阶曲线，那么在这两个相对顶点就会与该曲线相切。麦克劳林独自推出了帕斯卡六角线形定理，他的一些几何研究成果由爱丁堡的牧师威廉·布雷肯里奇（William Braikenridge，约 1700—1759 年底）继续发展。以下是布雷肯里奇—麦克劳林定理：如果一个多边形的边被限制通过不动点，而除了一个顶点外的所有顶点都位于一条固定直线上，那另外三个点的运动轨迹，可能形成圆锥曲线或一条直线。麦克劳林定理更系统地声明《哲学学报》（*Phil Trans* 1735），是这样的：如果一个多边形移动以致它的每一边都通过一个固定点，如果除了用 m，n，p 各自等阶曲线描述其他所有的顶点外，且这个自由顶点移动到 $2mnp$ 阶曲线，当固定点都切于一条直线时，它就降阶

为 mnp……麦克劳林是第一个写出"垂足曲线"的人，该名字由奥利·泰尔凯（Olry Terquem，1782—1862）命名。麦克劳林是《代数学》的作者。他关于微分学论述的目的是在先人思想的基础上找到几何证明的微分学说，通过严格的证明，有力地批判了伯克利的错误理论学说。微分学包含首次区分最大值和最小值之间的正确方法，并且解释了它们在多点理论中的应用。"麦克劳林定理"之前被泰勒和詹姆斯·斯特林给出，但它是"泰勒定理"的一个特殊例子。麦克劳林发现了三等分角线，$x（x^2＋y^2）＝a（y^2－3x^2）$，这与笛卡尔的叶形线相似。在"微分学"的论文中附加一个数为几何、力学和天文学问题提供了解法，其中，麦克劳林用古老的方法，诱导克莱姆放弃分析法，并且用纯几何学来解决地球上的图形问题。他的解决方法得到了拉格朗日最热烈的赞赏。麦克劳林研究了椭圆旋转体的引力，证明了在重力作用下，围绕坐标轴均匀旋转的均质液体必须呈回旋椭球的形式。牛顿给出这个理论但是没有证明。尽管麦克劳林是一个天才，但他对英国数学进步的影响是不尽人意的。

詹姆斯·斯特林在格拉斯哥大学和牛津大学接受教育。我们已经提到他与麦克劳林定理和牛顿列举三次曲线的 72 种形式（其中斯特林又增加了 4 种形式）有关。他因为与雅各教派通信而被牛津大学开除。在威尼斯学习了十年。他珍惜与牛顿的友谊。他的《微分法》（*Methodus differentialis*）出现在 1730 年。

我们不得不说的是亚伯拉罕·棣莫弗（Abraham de Moivre，1667—1754），他具有法国血统，但在南特敕令撤销时，被迫离开法国。后定居在伦敦，他在那里教授数学。棣莫弗被认为是排名很靠前的数学家。牛顿在他生命的最后期间，习惯回复那些关于数学方面的询问者并尊重自己原理的人："去找棣莫弗先生，他比我了解这些。"棣莫弗活到 87 岁高龄，最后的时光几乎完全陷入昏迷状态。他的生活主要从事解决概率问题，他习惯住在圣马丁巷一家小酒馆里。在棣莫弗去世前不久，他声称每天多睡 10～20 分钟是很有必要的。棣莫弗每天睡眠时间超过 23 小时，确切说是 24 小时，然后在睡眠中去世了。棣莫弗很珍惜与牛顿和哈雷的友谊。棣莫弗作为一名数学家，他的能力在于分析研究，而不是几何研究。棣莫弗通过以自己名字命名的定理，扩展圆到双曲线的乘法定理和除法领域，彻底改变了高等三角学。棣莫弗关于概率论的作品超越了拉普拉斯以外任何数学家的成就。棣莫弗主要贡献是对概率持续的研究、循环级数理论和在斯特林定理的帮助下拓展了丹尼尔·伯努利的理论值。

棣莫弗的主要著作是于 1716 年发表的《机会学说》（*Doctrine of Chances*）、1730 年发表的《分析杂说》（*Miscellanea Analytica*）以及《哲学学报》上的论文。在 50 多年后，拉格朗日找到一个可以证明其推敲结果很好的例子。由惠更斯命名的"棣莫弗定理"（De Moivre's Problem）首先陈述了这个问题：给出 n 个骰子，每个骰子都有 f 个面，且扔出每个数字的机会是确定的。棣莫弗、德蒙马特、拉普拉斯和其他数学家曾研究过此类问题。棣莫弗也阐述了游戏持续时间问题，归纳如下：假设 A 有 m 个筹码，B 有 n 个筹码。设定 A 和 B 单独一场游戏中赢得比赛的机会分别是 a 和 b。每一场比赛的输家给对手一个筹码，当游戏进行中或游戏进行之前，要求确定其中一个参赛者赢得对手所有筹码的数字概率。棣莫弗解决了这个问题从而取得了概率论方面的伟大成就。他在研究中使用了普通有限差分法，也叫作递归级数法。

托马斯·贝叶斯（Thomas Bayes）提出了著名的逆概率理论，他于 1761 年逝世，这一概念在其死后于 1763 年和 1764 年在伦敦《哲学学报》的第五十三卷和五十四卷发表。对这些研究起源于《机会学说》的效果感应，曾被拉普拉斯进行更为深入地研究。用现代符号表示，贝叶斯的基本理论可以定义如下：如果一个事件发生了 p 次，失败了 q 次，一个单独事件在 a 和 b 之间的概率是：

$$\int_a^b x^p \, (1-x)^q dx \div \int_0^1 x^p \, (1-x)^q dx。$$

约翰·米歇尔（John Michell）于 1767 年在伦敦《哲学学报》第五十七卷中发表"关于可能视差和恒星光度的研究"，涵盖了某

些恒星紧密程度，诸如昴宿星团（Pleiades）："我们可以选择昴宿星团中第 6 颗最亮的星星，并且假设这些恒星的总数和微光恒星的总数大约是 1500 颗，我们将发现这个常数接近 500 000 比 1，在这个数字中，没有六颗星随意的散布在整个天空，就像昴索星团一样，彼此之间距离很小。"

欧拉、拉格朗日和拉普拉斯

数学在 18 世纪期间快速发展，但领军人物不在大学，而在学院。尤其以柏林和彼得格勒的学院而闻名。这个事实是非常独特的，因为在那个时期，德国和俄罗斯并没有培养出伟大的数学家。这些学院主要从瑞士和法国引出的学者。法国大革命（French Revolution）之后，大学的优势才超过了学院。

在 1730 年到 1820 年期间，瑞士有数学家欧拉，法国有拉格朗日、拉普拉斯、勒让德及蒙日（G. Monge）。法国数学在路易十四（*Louis XIV*）时期的平庸标志着下个时期数学的辉煌。另一方面，英国在法国数学没有进展的情况下有科学家牛顿——可以称之为最伟大的数学家。在德国，除了年轻的数学家高斯之外再无其他人研究数学，因此那时的法国成为掌握数学的王者。数学研究在英国人和法国人之间已经陷入了衰退时期。其中，基础研究的方向是错误的，牛顿对前人的几何方法有着极度的偏爱，高斯创建了组合学派，但没有产生很大的成就。

欧拉、拉格朗日和拉普拉斯对数学研究有了更高的解析，因此他们发展到了很好的程度。他们把分析和几何学完全分开。在这之前，数学家不仅在英国有所建树，从某种程度上说，甚至在欧洲其他国家都致力于解决几何性质的问题，计算的结果通常简化为几何形式，现在发生了变化。欧拉将解析微积分从几何学中脱离出来，并把它作为一门独立的科学建立起来。拉格朗日和拉普拉斯严格地遵循这种分离。牛顿、莱布尼茨和欧拉拥有丰富的数学思想，基于更高级的分析和力学的显著基础上，精心建立了一个数学分支。欧拉并没有提出超越分析理论的想法，或者说他并没有分享创作的荣誉。也许缺少大量的创作，但是有更全面的天赋和深奥的原理，拉格朗日发展了无穷小微积分，并把分析力学加入我们现在已知的形式。拉普拉斯应用微积分和力学详细阐述了万有引力，这样大大地延伸和补充了牛顿定律，并对太阳系进行了全面的分析论述。拉普拉斯写了一部关于概率论划时代著作。这一时期产生的学科分支有欧拉和拉格朗日的变分法（calculus of Variations）、勒让德和拉普拉斯的球谐函数（Spherical Harmonics）以及勒让德的椭圆积分（Elliptic Integrals）。

这一时期的数学发展与高斯、柯西以及近期数学家们的发展进行比较，有一个重要的差别，在前一阶段，我们主要见证了形式的发展，由于对计算结果深信不疑，数学家并没有总是停留在发现严谨的证明，这就引出普遍性的命题，其中的一些命题仅在特殊情况被发现是正确的。

事实上，在这时期末，法国突然成立了一个新的几何学派。拉格朗日的《分析力学》（*Mecanique analytique*）中不允许任何一个图表出现，但是在他去世前 13 年，蒙日发表了划时代巨著《几何概论》（*Gcometrie descriptive*）。

莱昂哈德·欧拉出生在巴塞尔。他的父亲是一个牧师，也是欧拉的数学启蒙老师。后来欧拉又来到了巴塞尔大学（University of Basel），成为那里的一名学生。欧拉深受约翰·伯努利的喜爱。欧拉 19 岁时撰写了一篇关于船桅的论文，并获得法国科学院的二等奖。当约翰·伯努利的两个儿子丹尼尔·伯努利和尼古拉斯去了俄罗斯，他们在 1727 年说服凯瑟琳一世（Catharine I），邀请欧拉到圣彼得堡（St.Petersburg）。1733 年，丹尼尔·伯努利在圣彼得堡被任命为数学教授。1735 年，学院提出了一个天文学问题，其中几位著名数学家曾耗费了数月，而欧拉则用自己改进的方法在三天内就解决了。由于欧拉过度劳累引起了高烧并导致右眼失明。后来，同样的问题高斯在一小时内就解决了问题。❶ 安妮女王（Anne）的专制主义，导致脾气温和的欧拉对公共事物的畏惧，并把自己所有的时间都花在科学上。1741 年腓特烈大帝访问柏林后，欧拉受到了普鲁士（Prussia）女王亲切的接待，她不禁感言，如此杰出的学者竟会如此胆怯和沉默。欧拉认真地回答说："夫人，这是因为我来自一个只要说错话就会被绞死的国家。"这时在让·勒朗·达朗贝尔（Jean Le－Rond D'Alembert，1717—1783）的建议下，腓特烈大帝（Frederick the Great）邀请欧拉来到柏林。腓特烈在给伏尔泰（Voltaire）的一封信中讽刺欧拉为"几何学的独眼巨人"。1766 年，欧拉获得离开柏林的许可，接受凯瑟琳二世（Catharine II）的召唤回到圣彼得堡。欧拉回到俄罗斯不久便双目失明，然而这并没有阻止他追求科学，欧拉持续做了 17 年的研究，直到去世。1770 年，欧拉向自己的仆人口授了《代数指南》（*Anleitung zur Algebra*），虽然很原始，但作为最早尝试把基本原理证明过程发表出来的人，他的行为是具有非凡意义的。

故事是这样的，当法国哲学家德尼·狄德罗（Denis Diderot）访问俄罗斯宫廷时，他轻松地为皇室成员讲解了大量生动的无神论。于是狄德罗得知一位博学的数学家是拥有一个上帝存在的代数证明，如果他想听，就会在宫廷前完整地讲给他，狄德罗同意了。欧拉向狄德罗严肃且坚定地说："先生，$\dfrac{a+b^n}{n}=x$ 是上帝存在答案！"代数学家狄德罗是犹太人，当响亮的笑声响彻四周时，他感到尴尬和不安。他申请立即返回到法国，这才被允许了。❷

欧拉是一位多产的作家，直到 20 世纪，他的作品才得到完整的出版。1909 年，瑞士自然科学协会（Swiss Natural Science Association）投票同意以德语出版了欧拉的作品。这项任务在德国、法国、美国

---

❶W. 萨特里厄斯·瓦尔特尔斯豪森（W. Sartorius Waltershausen）. 高斯（Gauss）. 德国莱比锡城. 1856.

❷德·摩根（A. De Morgan）. 预算的悖论（*Budget of Paradexes*）：第二版英国伦敦. 1915：4.

和其他数学机构以及许多个人捐助者的援助下进行。由于在彼得格勒又发现了大量的新手稿，这个出版费用将大大超过最初预算的400 000 法郎。

以下是欧拉的主要作品❶：1748 年发表的《无穷小分析引论》（*Introductio in analysin infinitorum*），在分析数学领域引起一场革命，这是一门迄今为止从未以如此普遍和系统的方式提出的学科。1755 年出版了《微分学原理》（*Institutiones calculi differentialis*），1768—1770 年出版了《积分学原理》（*Institutiones calculi integralis*），这两部是当时微积分学最完整精确的作品，在当时不仅全面的总结了微积分问题，还包含了贝塔和伽马函数以及其他的原始研究。1744 年出版了《寻找具有极大值或极小值性质的曲线》（*Methodus inveniendi lineas curvas maximi minimive proprietate gaudentes*），那时出现了许多数学天才，但很少能与之媲美。这部作品包含了欧拉对变分学的研究，同时也包括以欧拉为主导对约翰和伯努利成果的研究。与此相关的问题之一是牛顿的固体力学，由他在 1686 年简化成一个微积分方程。（《数学原则》，第 2 版，第 7 部分，注解 34）约翰·伯努利的最速降线问题，激励了欧拉，由欧拉和雅各布在 1697 年解决。等周曲线的研究、固定介质的最速绛线和测地线理论，导致产生了新的数学分支——变分学（the Calculus of Variations）。他的方法在本质上是几何学，这使得简单问题的解决方案变得更清晰。欧拉在 1744 年发表的《行星和彗星运动理论》（*moluum planetarum et cometarum*），1753 年发表的《金枪鱼运动理论》（*Theoria motus tuna*），1772 年发表的《月球运动理论》（*Theoria motuum luna*）这三部作品都是关于天文学的主要作品。他于 1770 年发表了写给阿勒曼尼公主的《物理哲学》（*Seslettres à une princessed'Allemagne sur quelques sujets de Physique et de Philosophie*）的作品，使他享有极大盛誉。

---

❶G. 恩内斯特勒姆（G. Eneström）. 欧拉著作的目录（*Verseichnissder Schriffen Leonhard Eulers*）：第一版. 德国莱比锡. 1910.

我们继续讲述欧拉主要的创新和发明。在他的《无穷小分析引论》（1748）中，每个关于 x 的"解析式"，即每个由幂、对数、三角函数等组成的表达式，被称为 x 的"函数"。有时欧拉使用"函数"的另一个定义：任何徒手画出的曲线在 $x-y$ 平面上表示 x 与 y 的关系，即"自由曲线"（liberomanus ductu）。● 在修正后的形式中，这两个具有争议的定义可延续到以后的数学发展史中。后来，拉格朗日继续参与第一个定义的概念，傅里叶的思想涉及了第二个定义。

欧拉把三角学看作分析的一个分支，始终把三角函数值作为比值看待。"三角函数"一词在 1770 年由哈雷的乔治·西蒙·克鲁格（Georg Simon Klügel，1739—1812）提出的，他是一本数学词典●的作者。欧拉发展并系统化了三角公式的书写方式，比如，正弦值总和等于 1。他分别通过三角形的角 A，B，C 和对应的边 a，b，c 来简化公式。我们只遇见一次这个简便的分类。它出现在乐灵生（Ri. Rawlinson）1655 年至 1668 年●期间在牛津大学时书写的一本手稿上。此符号由托马斯·辛普森与欧拉同时从英国引入。补充一下，在 1734 年，欧拉使用符号 $f(x)$ 表示"x 的函数"，使用 e 表示自然对数的。欧拉在 1728 年●做了介绍，1750 年他用 S 表示一个三角形边总和的一半。1755 年，欧拉引进了 $\sum$ 表示"求和"。1777 年之后，欧拉一直使用高斯常用的一个数学符号 i 表示 $\sqrt{-1}$。

在欧拉的时代，托马斯·辛普森是一位自学成才的数学家。他自学英语，在伍尔维奇（Woolwich）皇家陆军学院（Royal Military Academy）任职教授多年，编写了许多教科书，积极完善了三角学这

●F. 克莱因（F. Klein）基本数学观点（*Elmentar Mathematik*）. 德国莱比锡. 1908：438.

●M. 康托尔（M. Cantor）. 数学史讲义（*Vorlesungen wber Geschichte der Mathemalik*）：第四卷. 德国莱比锡. 1908：413.

●F. 卡约里（F. Cajori）. 自然学报：第九十四卷. 1915：642.

●G. 恩斯特索姆. 数学藏书（*Bibliotheca Mathematica*）. 第十四卷. 1913—1914：81.

门学科。辛普森于 1748 年在伦敦发表的《三角学》（*Trigonometry*）包含平面三角形两个公式的完美证明，$(a+b)：c=cos\frac{1}{2}(A-B)：sin\frac{1}{2}C$ 和 $(a-b)：c=sin\frac{1}{2}(A-B)：cos\frac{1}{2}C$，而这两个公式通常被认为是德国天文学家卡尔·布兰丹·摩尔威德（Karl Brandan Mollweide，1774—1825）给出的。第一个公式已由牛顿用不同符号在《通用算术》（*Universal Arithmetique*）中给出，第二个公式由弗里德里希·威廉·奥佩尔在 1746 年给出。

欧拉提出了空间坐标变换的规则，给出了平面曲线和二阶曲面系统的解析论述。欧拉是第一个在三个变量中讨论二阶方程的人，并对其所表示的曲面进行分类。通过类似于那些在二次曲线分类上使用的标准，欧拉获得了 5 个类型。欧拉通过假设 $x=\sqrt{p}+\sqrt{q}+\sqrt{r}$，设计了解决四次方程的一个方法，希望帮助自己导出代数的通解。求解一系列线性方程（由裴蜀（E. Bezout）独立创作）的消除法和对称函数的消除法都起因于欧拉。欧拉关于对数的研究具有深远意义。欧拉把对数定义为指数，因此放弃了对数作为算术级数与几何级数项一一对应的旧观点。指数和对数概念之间的结合发生得更早。定义对数为指数的可能性已经被沃利斯在 1685 年、伯努利在 1694 年认识到，但直到 1742 年，我们才在这个观点的基础上找到了对数的系统阐述。1742 年，伦敦的加德纳（Gardiner）在发表的《对数表》（*Tables of Logarithms*）中有关于它的介绍。这篇介绍从威廉·琼斯的"所有论文中收集而来"。欧拉的影响导致新定义将被采用。这种在各方面都提前一步的对数观点已经被一些数学家怀疑。欧拉在负对数和虚对数的微妙主题提供了一些线索。在 1712 年和 1713 年，这个主题已在莱布尼茨和伯努利之间的通信中进行了讨论。❶ 莱布尼茨坚持认为，由于正对数对应的一个数大于 1，负对数对应的一个数小于 1，实际上，-1 的对数不是真的，而是虚构的。因此，比值 $-1 \div 1$ 没有对数，它本身是虚构的。如果真的存在 -1 的对数，那么它的一半将是 $\sqrt{-1}$ 的对数，他认为这是一个荒谬的结论。莱布尼茨的陈述涉及虚构术语的双重用途：①在某种意义上是不存在的；②在某种意义上是 $\sqrt{-1}$ 类型的一个数。伯努利坚持认为 -1 有对数。因为 $dx : x = -dx : -x$，所以通过积分后得到了 $\log(x) = \log(-x)$ 的结果，对数曲线 $y = \log x$ 因此有两条分支，关于 y 轴对称，如双曲线。莱布尼茨和伯努利之间的通信在 1745 年首次出版。1714 年，柯特斯在《哲学学报》发表了一个重要定理，并于 1712 年在《哈莫尼亚方法》（$Harmonia\ mensurarum$）上再一次发布。按照现代符号，它的表达式是 $i\phi = \log(\cos \phi + i \sin \phi)$。对于指数形式，它被欧拉在 1748 年再次发现。柯特斯意识到三角函数的循环性。如果把这个想法应用到公式上，他可能早就预料到欧拉通过数年来表示一个数的对数有无穷多个不同值。负对数的第二次讨论发生在年轻的欧拉和他尊敬的老师约翰·伯努利 1727 年到 1731 年的通信中。❷ 约翰·伯努利认为，像以前一样 $\log x = \log(-x)$。欧拉揭示了自己和伯努利见解的难点和矛盾，在那个时候，却无法提出一个令人满意的理论。欧拉指出，约翰·伯努利的一个扇形面积表示成一个象限 $\dfrac{2^2 \log(-1)}{4\sqrt{-1}}$ 与约翰·伯努利声明的 $\log(-1) = 0$ 是不相符的。1731 年到 1747 年间，欧拉在涉及虚数关系的掌握上取得了稳步进展。1740 年 10 月 18 日，在给约翰·伯努利的一封信中，他阐明 $y = 2\cos x$ 和 $y = e^{x\sqrt{-1}} + e^{-x\sqrt{-1}}$ 都是微分方程 $\dfrac{d^2 y}{dx^2} + y = 0$ 的积分，且

---

❶F. 卡约里（F. Cajori）. 指数和对数的概念的历史（$History\ of\ the$ $Exponential\ and\ Logarithmic\ Concepts$）. 美国数学月刊（$American\ Math$ $Monthly$）. 美国. 1913：39—42.

❷ F. 卡约里（F. Cajori）. 美国数学月刊（$American\ Math\ Monthly$）. 1913：44—46.

彼此相等。欧拉认为这是 $\sin x$ 的相应表达式。这两个表达式都由他在 1743 年给出的，并在 1748 年《无穷小分析引论》第一卷的 104 页再一次给出。早在 1746 年，欧拉给哥德巴赫（Goldbach，1690—1764）的信中，就给出了 $\sqrt{-1}^{\sqrt{-1}}=0.2078795763$，但是没有涉及虚数表达式的无限值。关于这个主题的创造性工作好像是在 1747 年进行的。在那一年和之后的一年，在欧拉与达朗贝尔的通信中讨论了这个主题，现存的证据仅有欧拉的几封信。在 1747 年 4 月 15 日的一封信中，欧拉反驳了达朗贝尔支持 $\log(-1)=0$ 的结论，并陈述了自己的结果，表明现在自己已经深入了解了这一主题。对数 n 有无穷多个值都是虚数值，除了当 n 是正数时，这个无限数的对数是实数。在 1747 年 8 月 19 日，他给柏林科学院发了一篇文章，这篇文章以标题《负对数和虚对数》（*Sur les logarithmes des nombres negatifs et imaginaires*）发表于 1862 年。对于欧拉没有写完就发表的原因我们只能猜测。我们猜测欧拉对这篇文章并不满意。不管怎样，他在 1749 年写了一篇新的文章《莱布尼茨和伯努利关于负对数和虚对数的争议》（*De la controverse entre Mrs. Leibnitz et Bernoulli sur les logarithmes negatifs et imaginaires*）。1747 年，欧拉基于 $i=\log(\cos + i\sin)$ 这个关系证明了一个数有无穷对数。1749 年，欧拉假设 $\log(1+\omega)=\omega$，其中 ω 无穷小。在 1749 年的一篇论文《方程虚根的研究》（*Recherches sur les racines imaginaires des équations*）中，欧拉第三次提出了复数的对数理论。1749 年的这两篇论文于 1751 年发表在柏林研究报告中。高斯主要目的是证明每一个方程都有一个根，1799 年，高斯在自己的就职论文中提出了虚数。

欧拉的论文因没有被完全理解而不能令人信服。达朗贝尔仍然觉得问题没有解决，形而上学、分析法和几何性质的先进观点使这一问题更加难以理解，并一直争论到 18 世纪末。1759 年的达维耶·德·丰塞内克斯（Daviet de Foncenex，1734—1799）——拉格朗日年轻的朋友写了这个主题。1768 年卡斯滕（W. J. G. Karsten，1732—1787），比措大学教授，后任教于哈雷，写了一篇很长的论文，其中包含有趣虚对数的图形表示。欧拉的结论被意大利数学家

热烈讨论。

无穷级数的主题从欧拉那里获得了新的生命。由于欧拉对级数的研究，我们把定积分理论的创立归功于欧拉积分的发展。欧拉警告读者偶尔要质疑发散级数的使用，尽管如此，他自己却很粗心。现在明白严格论述无穷级数是必要的，这在当时却是做梦也想不到的。对于是什么构成了一个收敛级数，研究者们并没有明确的概念。无论是莱布尼茨还是雅各布或约翰·伯努利，对于表达式 $\frac{1}{2}=$ $1-1+1-1+\cdots$ 的正确性都产生了严重怀疑。比萨的奇诺·格兰迪 (Guido Grandi，1671—1742) 竟然从 $\frac{1}{2}=0+0+0+\cdots$ 中得出了结论。在论述级数的过程中，莱布尼茨提出了一种形而上学的证明方法，这一证明方法动摇了约翰·伯努利甚至欧拉心中占统治地位的思想。❶ 这种推理的趋势似乎是为了证明阿贝尔和柯西追随者结论的荒谬。可以从例子中看出在论述方面的不严谨。欧拉对发散级数提出的警告论文就包含了这个证明：

$$\cdots\frac{1}{n^2}+\frac{1}{n}+1+n+n^2+\cdots=0$$

如下所示：

$$n+n^2+\cdots=\frac{n}{1-n}，1+\frac{1}{n}+\frac{1}{n^2}+\cdots=\frac{n}{n-1}。$$

相加的结果为 0。欧拉毫不犹豫地写出 $1-3+5-7+\cdots=0$，除了约翰和雅各布的侄子尼古拉斯·伯努利之外，没有人反对这一结果。奇怪的是，欧拉最后成功地化解了伯努利的看法。目前，相信欧拉写出 $\sin\Phi-2\sin2\Phi+3\sin3\Phi-4\sin4\Phi+\cdots=0$ 是很难的，但这样的例子为当时想要分析某些部分科学基础的人提供了惊人的例证。欧拉对负指数和分数指数二项式的证明在 19 世纪的初级课本中被广泛使用，但它是有缺陷的。欧拉所做的一个巨大贡献是被称为

❶R. 雷夫（R. Reiff）. 无穷级数历史（*Geschichte der Unendlichen Reihen*）. 德国图宾根. 1889：68.

超几何级数的求和,他观察到这其实取决于对二阶线性微分方程的积分,但仍然为高斯指出了字母的特殊价值,这个级数几乎代表了当时所有已知的函数。

欧拉在 1779 年给出了一个反三角函数级数,不同于詹姆斯·格雷戈里级数,它将公式 $\pi = 20 \arctan \dfrac{1}{7} + 8 \arctan \dfrac{8}{79}$ 应用到 π 的计算中。这个级数出版于 1798 年。欧拉对自然数的倒数幂之和的研究取得显著成果。在 1736 年,他发现倒数的平方和为 $\dfrac{\pi^2}{6}$,倒数四次方的和为 $\dfrac{\pi^4}{90}$。1743 年,❶ 欧拉发现了自然数偶数幂的倒数和,一直包括第 26 次幂。后来欧拉发现了这些和中的系数与雅各布·伯努利的"伯努利数"之间的联系。

欧拉在《微分学原理》(*Institutiones calculi differentialis*)的第 1 章中发展了《有限差分的运算》,进而推导出微分学。欧拉建立了一个关于齐次函数的定理,这一定理因为他的名字而被人们熟知,并对微分方程理论做出了很大贡献,这是一个受到了牛顿、莱布尼茨和伯努利关注的主题,但没有充分发展。克莱罗、亚历克西斯·方丹·德·贝丁(Alexis Fontaine des Bertins,1705—1771)和欧拉大约在同一时间观察可积性的准则。此外,欧拉还证明了如何使用可积性的准则来确定积分因子。欧拉是第一个做出一阶微分方程奇异解系统研究的人。在 1736 年、1756 年和 1768 年,他考虑了困扰着克莱罗的两个悖论:第一,可以通过微分,而不是积分来求解;第二,奇异解不包含在通解中。欧拉试图建立一个优先原则来确定这个解是否包含在通解中。受法尼亚诺伯爵椭圆积分研究的影响,欧拉建立了著名的积分加法定理。他发明了一种对于连分数的新算法,并用于求解不定方程 $ax + by = c$。现在我们知道,实质上,与这个方程相同的解,早在 1000 年前就已经由印度人给出了。欧拉给

---

❶P. 施特克尔(P. stackel). 数学藏书(*Bibliotheca Mathematica*). 1907—1908:37—60.

出了 62 对亲和数，其中的 3 对在以前已经为人所知：一对已被毕达哥拉斯学派发现，另一对由费马发现，第三对是由笛卡尔发现的。❶通过给出当 $n=5$ 时，$2^{2^n}+1$ 的因子，欧拉指出像费马假设的那样，这种表达式并不总是代表质数。欧拉提供"费马定理"的第一个和第二个定理的证明，即每一个 $4n+1$ 形式的质数都可以用一种方式表示为两个平方和的形式。第三个定理，即"费马最后的定理" $x^n+y^n=z^n$，n 大于 2 时没有积分解，欧拉证明了 $n=3$，$n=4$ 时定理的正确性。欧拉讨论了四个共同构成二次互反性定律，这个定律由勒让德独自发现。❷

1737 年，欧拉证明了所有质数的倒数和是对数（$\log_e \infty$），从而启动了一系列关于质数分布的研究，这通常不会追溯到勒让德身上。❸

在 1741 年，欧拉写了关于数字划分（"数字的分拆"）的内容。1782 年，欧拉发表了来自 6 个步兵团 6 个不同等级的 36 名军官问题，他们以每行每列 6 个军官，而且每一列都是不同等级、不同军队的正方形矩阵排列。欧拉认为，当正方形的顺序是 2 或 4 时，无法获得问题的解。阿瑟·凯莱（Arthur Cayley）在 1915 年回顾了麦克马洪（P. A. Macmahon）1890 年写的解决方案。这被称为"拉丁方阵"问题，因为欧拉在记号中使用"拉丁方"。欧拉阐明了一个已知定理，给出了顶点、面、多面体边数字之间的关系，然而这个定理已经为笛卡尔所熟知。欧拉的研究方向也指向了概率论这个迷人的主题，并解决了一些难题。

欧拉在分析力学中取得了不小的成就。胡威立（Whewell）说："对我们引以为傲的普遍性和系统性的分析做得最多，同时也是数

❶P. 施特克尔（P. stackel）. 数学藏书（*Bibliotheca Mathematica*）. 1907—1908：351—354.

❷奥斯瓦德·鲍姆加特（Oswald Baumgart）. 关于二次互反律（*Uadralische Reciprocilatsgeset*）. 德国莱比锡. 1885.

❸G. 恩斯特索姆. 数学藏书（*Bibliotheca Mathematica*）. 1912：81.

学分析家的这个人，我指的就是欧拉。"❶ 欧拉研究出了围绕着一个固定点旋转体的理论，建立了自由体的一般运动方程和一般流体力学方程。欧拉解决了在脑海里不时浮现的各种力学问题。因此，阅读维吉尔（Virgil）的诗句，"抛锚后，船的龙骨在急流中也非常稳定"时，欧拉情不自禁地问在这种情况下，船会有什么运动。大约在同一时间，丹尼尔·伯努利出版了《面积守恒原理》（*Principle of the Conservation of Areas*），维护 P. 莫波替斯改进的"最小作用量"原则。他还写了关于潮汐和声音的论文。

天文学得益于欧拉提出任意常数变化的方法。通过这个方法，欧拉解释并解决了在两颗行星的情况下，节点、离心率长期变化的扰动问题。欧拉是第一个通过给出"三体问题"的近似解，成功采纳月球运动研究理论的人。欧拉奠定了月球计算表的坚实基础。这些关于月球运动的研究获得了两个奖项，而在研究过程中他成了盲人，这些研究是在他的儿子和两个学生的援助下完成的。他的《力学或分析表述的运动科学》（*Mechanica sive motus scientia analytice exposita*）（第一卷，1736 年，第二卷，1742 年），用拉格朗日的话说："第一部适用于分析运动科学的伟大著作。"

欧拉对地极运动的研究具有预言性。他表明，如果地球自转的轴线不与图形轴重合，那么旋转轴将在一个可预测的循环内围绕图形轴旋转。欧拉假设地球是一成不变的，但他证明了这个周期是305 天。但现在大家都知道地球是有弹性的。从 1884—1885 年的观测来看，哈佛大学的 S.C. 钱德勒（S. C. Chandler）发现周期是428 天。固定的地球周期已被计算为 441 天。

欧拉在《无穷小分析引论》（1748）一书中，对四次曲线进行了分类，同样作为日内瓦数学家的加布里埃尔·克莱姆（1704—1752），在 1750 年出版的《代数曲线的分析引论》（*Introduction à' analyse des lignes courbes algebraiques*）中也进行了分类。这两个

———————————
❶W. 胡威立（W. Whewell）. 归纳科学的历史（*History of the Indufie Sciences*）：第 3 版. 美国纽约. 1858：363.

都是基于他们在无限曲线上的分类，从而得到 8 个类和相当多数量的项。另一种分类是由 E. 华林在 1792 的《分析杂记》中说明的，该书中分出了 12 个大类和 84 551 个小类。这些分类的思想与最近预测的方法不一致，已经被舍弃了。克莱姆研究了四次式 $y^4 - x^4 + ay^2 + bx^2 = 0$，随后受到了 F. 穆瓦尼奥（Moigno，1840）、查尔斯·布里奥（Charler Briot）、让·克劳德·布凯（Jean Claude Bouquet）和 B. A. 涅温格洛夫斯基（B. A. Nievenglowski，1895）的关注，由于其特有的形式，被法国人称为的"魔鬼的曲线"（courbe du diable），克莱姆也给了一个五次曲线的分类。

欧拉的大部分研究报告都收录在圣彼得堡科学院中，还有一些在柏林学院。从 1728 年到 1783 年，《大都会学报》（*Petropolitan transactions*）中很大一部分都有他的著作。二十年来，欧拉承诺向圣彼得堡科学院提供足够数量的研究报告，以丰富学院的成就——这个承诺远远没有实现，直到 1818 年，一卷中才包含了他的一篇或多篇论文，然而许多论文仍然未发表。欧拉的工作模式是，首先集中精力去解决一个特殊的问题，然后从第一个解出的问题中分别解决所有的问题。没有人能比欧拉更善于灵巧地论述特殊问题。很容易看出，数学家们不能长期按照欧拉的写作和出版习惯进行研究，这些资料很快就会发展到无法及时处理的地步。我们对拉格朗日——欧拉伟大的继承者，有着与欧拉几乎完全相反的情况并不感到吃惊。伟大的法国人喜欢普遍和抽象的，而不像欧拉，总是在特殊和具体方面着手。拉格朗日的作品简明扼要地讲述欧拉的详尽内容。

当达朗贝尔还是幼儿时，就成了圣让勒隆教堂附近的弃婴，他被一个贫穷玻璃工人的妻子养大。据说当他开始表现出伟大天赋的迹象时，他的亲生母亲叫他回来，但收到的答复是："你只是我的继母，这个玻璃工的妻子才是我的母亲。"他的亲生父亲每年都给他一笔资金。达朗贝尔开始学习法律，但他是如此热爱数学，以至于很快就放弃了法律。在达朗贝尔 24 岁时，他作为一个数学家的声誉为他在法国科学院谋得一职。1754 年，达朗贝尔成为法国科学院的常任秘书。在他生命的最后几年里，达朗贝尔主要投身于由丹尼斯·狄德罗和自已编写的法国百科全书。1762 年，达朗贝尔拒绝了成为凯瑟琳二世儿子老师的邀请。腓特列大帝强迫他去柏林。达朗贝尔去那里待了一段时间，但并未永久居住在那里。1743 年，达朗贝尔创作了《动力学》(Traite de dynamique)，建立与自己名字相关的一般原则：外力等同于实际作用力的。达朗贝尔原理已经被方丹当面认可过，伯努利和牛顿同样也认可了这个定理。达朗贝尔给出一个明确的数学形式，并在多方面应用了该定理。它使运动定律和他们的推理用分析的语言表示成为最一般形式。1744 年，达朗贝尔将其应用在论述流体的平衡和运动中，1746 年将其应用在一篇关于风是怎样形成的论文中，并在柏林学院获得了一个奖项。在这两篇以及 1747 年的一篇论著中，讨论了著名的弦振动问题，从而引出了偏微分方程。达朗贝尔是这项研究众多的先驱之一。对方程 $\dfrac{\partial^2 y}{\partial t^2} = a^2 \dfrac{\partial^2 y}{\partial x^2}$ 产生的弦振动问题，达朗贝尔给出了通解：$y = f(x + at) + \Phi(x - at)$，并且表明，如果假设 y 消失，则 $x = 0$，$x = l$，只有一个任意函数。丹尼尔·伯努利开始研究泰勒给出的特殊积分，证明这个微分方程满足三角级数 $y = \alpha \sin \dfrac{\pi x}{l} \cdot \cos \dfrac{\pi t}{l} + \beta \sin \dfrac{2\pi t}{l} \cdot \cos \dfrac{2\pi t}{l} + \cdots$ 并声称此表达式是通解。因此，丹尼尔·伯努利是第一个将"傅里叶级数"引入物理学的人。丹尼尔·伯努利声称自己的解复合了无穷音调和弦外之音所有可能的强度，是这个问题的通解，欧拉否认其普遍性，如果是真的话，上述级数表示一个变量的任意函数这一事实就是一个值得怀疑的结论。这些疑虑是由傅里叶消除的。拉格朗日继续求出上述级数的和，但达朗贝尔反对他的过程，理由是它涉及发散级数。

达朗贝尔凭借自己的定理，得到了一个最完美的结果，是昼夜二分点进程问题的完全解，这个问题曾经困扰了很多优秀的人才。达朗贝尔于 1747 年和克莱姆在同一天被派遣前往法国科学院，去解决三体问题。三体问题已成为数学家普遍关心的一个问题，关心程度远远超过了对其他问题的关注。两体问题，需要确定当它们相互吸引时的万有引力与它们之间的距离成反比，这已经由牛顿完全解决了。"三体问题"，要求三个物体相互吸引的运动必须依据引力定律。迄今为止，这个问题的完全解已经超出了分析能力范围。一般的运动微分方程是由拉普拉斯陈述，但在积分时出现困难。当时给出的"解"，仅是在当一个物体是太阳，干扰了月球绕地球运动，或一个行星的运动受太阳或其他行星影响的这样一个特殊情况下，产生近似的简便方法。18 世纪关于三体问题最重要的研究来自拉格朗日。在 1772 年，由于拉格朗日的《关于三体问题》（*Essai sur le probltme des trois corps*），法国科学院授予他一个奖项。拉格朗日证明了这个问题的完全解，只需要知道三个物体构成三角形边的每一个时刻，三角形的解依赖于两个二阶微分方程和一个三阶微分方程。当所有三角形都相似时，拉格朗日便找到了特殊解。

在对负数的意义、微积分的基本过程、复数的对数和概率论的讨论时，达朗贝尔注意到了数学哲学。在微积分学中，他更偏爱极限理论。达朗贝尔认为无限是指一个有限数永远无法达到的极限。当学生们由于微积分的逻辑困难而停滞不前的时候，达朗贝尔会说："往前走吧，你便会发现自己相信的东西。"达朗贝尔认为，当一个事件发生的可能性非常小时，它可以认为是 0。一个硬币被掷 100 次，如果"头像"出现在最后一次，而不出现在以前的次数中，那么 A 将支付 B 2^{100} 克朗（crowns）。按一般理论，B 应该在开始时，给 A 1 个克朗，但达朗贝尔认为这不应该，因为 B 肯定会输。这一观点也被布丰伯爵采用。达朗贝尔还对概率论提出了其他异议。

博物学家布丰伯爵（Comte de Buffon，1707—1788）在 1777 年写了一篇《算术测试》（*Essai d' arithmetique morale*）。在研究彼得斯堡问题时，布丰伯爵让一个孩子抛一枚硬币 2 084 次，其中出现了 10 057 个王冠，那就是在 1 061 次运动中将产生 1 次王冠，494 次运动中产生 2 个王冠，诸如此类。❶ 布丰伯爵是第一个通过实际实验验证能力的人之一。布丰伯爵还通过学习几何，阐明了所谓的"局部概率"问题。沿着这个方向进行的一些研究，已经由

---

❶I. 托 德 亨 特（I. Todhunter）. 概 率 论 史（*Hisfory of Theory of probability*）. 346.

约翰·阿巴斯诺特（John Arbuthnot，1658—1735）和托马斯·辛普森在英国进行。布丰伯爵推导出一根针落在一个有等距平行线平面上的概率。

马奎斯·孔多塞（Jean Antoine Nicolas Carilat de Condorcet，1743—1794）用数学方法验证了多数选票所决定的判断正确性。孔多塞的一般性结论不是很重要，他们的选民必须开明，这样才能保证我们对他们的决定有信心。孔多塞认为应该废除死刑，理由是无论一项决定的正确性有多大，在做出许多决定的过程中，一些无辜的人很有可能会被定罪。❶

亚历克西斯·克劳德·克莱罗（Alexis Claude Clairaut，1713—1765）是一位年轻的天才。他 10 岁时就学习洛必达关于无穷小微积分和圆锥曲面的著作。在 1731 年出版了《关于双重曲率曲线的研究》（*Recherches sur les courbes à double courbure*），该书在他 16 岁的时候，已做好了出版的准备。这是一个著名而优美的著作，使他在不足法定年龄的情况下就进入了科学院。1731 年，克莱罗证明了牛顿阐明的一个定律，即，每一条三次曲线都是五个发散抛物线中的一个投影。克莱罗结识了皮埃尔·路易·莫佩尔蒂（Pierre Louis Moreau de Maupertius，1698—1759），克莱罗陪莫佩尔蒂远到拉普兰（Lapland）测量子午线的长度。当时关于地球的形状是一个存在严重分歧的话题。牛顿和惠更斯推论地球两极是平的。大约在 1712 年，让·多米尼克·卡西尼（Jean-Dominique Cassini，1625—1712）和儿子雅克·卡西尼（Jacques Cassini，1677—1756）测量了从敦刻尔克（Dunkirk）延伸到佩皮尼昂（Perpignan）的弧线，得到了惊人的结果，那就是地球在两极是被拉长的。为了解决这两种矛盾的观点，人们又重新进行了测量。莫佩尔蒂在拉普兰发表标题为"地球是平的"论文观点，反驳了卡西尼提出地球在两极被拉长原则，并证明牛顿是对的。1743 年，克莱罗发表一本著作——《数字

---

❶I. 托德亨特（I. Todhunter）. 理论问题史（*History of Theory of prob*）. 第十七章.

地球理论》（*Theorie de la figure de la Terre*），这本著作是基于麦克劳林关于齐次椭圆体的研究成果。它包含了一个显著的定理，命名为克莱罗定理，也就是说表示椭圆率和表示极点重力增加的分数之和等于表示赤道处离心力分数的 2.5 倍，力的单位由赤道的重力表示。这个定理独立于任何关于地球连续地层密度定律的假设。他体现了克莱罗的大部分研究。托德亨特说："地球形状中，没有人像克莱罗这样做了那么多的工作，尽管形式是不同的，但目前保留的内容基本都是他留下的。拉普拉斯提供的精彩分析，虽然对这些分析进行了相应的改动，但并没有真正改变克莱罗的创造性理论。"

1752 年，克莱罗的论文《月球理论》（*Theorie de la Lune*）获得了圣彼得堡学院的一项奖励，这是第一次将现代分析应用于月球运动。这包含了月球远近点（lunar apsides）运动的解释。关于这项运动，牛顿没有留下解释，似乎是第一次遇到不能用牛顿定律来解决的事情，当他准备将算法提到一个更精确的近似值时，推进了关于重力的新假说，并达到了与观测一致的结果。同时，对月球运动进行研究的还有欧拉和达朗贝尔。克莱罗预测"哈雷彗星"返回到近日点的时间将在 1750 年 4 月 13 日，后来证明时间整整晚了一个月。他将差分过程应用于以自己名字命名的微分方程，并发现了奇异解。相同的过程已被泰勒早期使用过。

在科学家为科学所做出的工作中，克莱罗和达朗贝尔之间有着巨大的竞争，关系不太友好。克莱罗日益增长的野心，阻碍了自己科学工作的创新。

天文学家让·多米尼克·卡西尼是四次曲线的发明者，这发表在他儿子 1749 年的著作《天文学元素》（*Elements d' astronomie*）中。曲线的名称为"卡西尼椭圆"或"一般双纽线"（general lemniscate）。它源于对天文学一个问题的研究。它的方程是 $(x^2 + y^2)^2 - 2a^2 (x^2 - y^2) + a^4 - c^4 = 0$。

约翰·海因里希·兰伯特（Johann Heinrich Lambert，1728—1777），出生在阿尔萨斯的慕尔豪森（mühlhausen），是一个裁缝的儿子。在他父亲那里工作时，通过自己的努力获得初等数学的知识。30 岁时，兰伯特成为一个瑞士家庭的教师，确保有闲暇时间继续自己的研究。兰伯特与学生在欧洲的旅行时，他结识了一些有名望的数学家。1764 年，兰伯特在柏林定居，在那里成为学院的成员，并乐于与欧拉和拉格朗日交往。兰伯特收到了一些津贴，后来成了柏林《星历》（*Ephemeris*）的编辑。他开展多方面的学术研究不禁让人想起了莱布尼茨也是一样的。我们无法说他因谦虚而负担过重。腓特烈大帝在他们第一次见面时，问兰伯特："哪门是你最精通的科学?"他简单地回答："所有。"皇帝进一步地问他："是如何掌握这些知识的?"他说："像著名的帕斯卡一样，是我自己学会的。"

在约翰·海因里希·兰伯特的《宇宙论书简》（*Cosmological Letters*）中，他对恒星系统做出了一些著名的预言。兰伯特着手计划一个曾被莱布尼茨概述的数学符号逻辑的研究。在数学方面，兰伯特有多个发现，这些发现扩展了同时代人的眼界，并为他们拨去迷雾。兰伯特对纯数学的第一个研究是以无穷级数的形式展开的，即求方程 $x^m + px = q$ 的根 x。由于形式为 $ax^r + bx^s = d$ 的每一个方程都可以用两种方式简化为 $x^m + px = q$，两个结果中的一个或另一个级数总是收敛的，然后得到 x 的一个值。兰伯特计算的结果激励了欧拉。欧拉把这个方法扩展到四项方程。特别是拉格朗日发现函数 $a - x + \Phi(x) = 0$ 的一个根可以用自己名字命名的级数来表示。1761 年，兰伯特递给柏林科学院一本研究报告（发表于 1768年），其中他精确地证明了 π 是无理数，并以简化的形式在 A. M. 勒让德的《几何》附注中给出，其中的证明扩展到 π^2。兰伯特证明，如果 x 是有理数，但不为 0，那么无论 e^x 还是 $\tan x$ 都不是有理数；由于 $\dfrac{\tan \pi}{4} = 1$，结果是 $\dfrac{\pi}{4}$ 或 π 不能是有理数。兰伯特的证明是以 e 的表达式为基础，该表达式是由欧拉❶给出的连续分数表达式，他

---

❶R. C. 阿奇巴尔德（R. C. Archibald）. 美国数学月报（*Math Monthly*）：第二十一卷. 1914：253.

在 1737 年已基本证明了 e 和 e^2 的无理性。这段时期出现了很多"化圆为方"问题。1775 年，巴黎科学院认为有必要通过一项解决方案，即对圆的求积问题不再进行验证。这一方案也用于倍立方和角三等分的解中。人们更加确定了化圆为方是不可能的，但真正无可辩驳的证据直到一个世纪以后才被发现。1759 年和 1773 年，兰伯特的观点，包含描述性几何学的研究，并授予他荣誉，使他成为蒙日的先驱。在兰伯特努力简化彗星轨道的计算过程中，他在几何学上推导出一些圆锥曲线定理，例如："如果两个椭圆有一个共同的主轴，我们取两条弦长相等的弧和半径长的和，分别从焦点画到这些弧线的末端，彼此相等，则由弧在每个椭圆中形成的扇区和两个半径长作为椭圆参数的平方根。"❶

兰伯特通过 sin hx，cos hx 等详细阐述了双曲函数的主题，但他不是第一个将它们引入到三角学中的人。第一个引入三角学的荣誉应当归属温琴佐·黎卡提（Vincenzo Riccati，1707—1775），他是雅各布·黎卡提的儿子。❷

兰伯特在 1770 年发表了一个数字 1~100 的 7 位自然对数表。1778 年，兰伯特的一名学生约翰·卡尔·舒尔茨（Johann Karl Schulze）在此基础上将自然对数的范围扩大，用 48 位自然对数涵盖 1~10009 以内的所有质数和许多其他数字，这些数值是由荷兰炮兵军官沃尔弗拉姆（Wolfram）计算出来的。而比沃尔弗拉姆更引人注目的是一位约克郡（Yorkshire）的数学家亚伯拉罕·夏普，他曾经在英国皇家天文台担任弗拉姆斯蒂德的助手，因为计算了数字 1~100 和 100~1100 的常用对数到 61 位而闻名于世，这些数字于 1717 年出版在夏普的《几何的改进》（*Geometry Improv'd*）。

约翰·兰登（John Landen，1719—1790）是一位英国数学家，他的著作一度被认为是欧拉、拉格朗日和勒让德的数学研究的起

❶M. 夏莱（M. Chasles）. 几何史（*Geschichte der Geometrie*）. 1839：183.

❷M. 康托尔（M. Cantor）. 数学史讲义（*Vorlesungen wber Geschichte der Mathemalik*）：第四卷. 1908：411.

点。根据 1755 年兰登的研究报告记载，兰登的突出成就在于他发现任何一个双曲线的弧段都能用某个椭圆的两个弧来修正。在兰登编写的《残差分析》（*residual analysis*）一书中，他试图只采用纯代数方法回避复杂的微积分学法去解决这个问题。拉格朗日《函数的计算》（*Calcul des Fonctions*）正是源于这一想法。兰登还证明了如何利用微分和积分推断出三次方程根的代数表达式。这位伟大的数学家几乎将毕生精力都用在追求科学事业上了。

在英国，还有一位颇具影响力的数学家——查尔斯·赫顿（Charles Hutton，1737—1823），他曾多年担任伍尔维奇皇家军事学院教授一职。他于 1785 年发表《数学表》（*Mathematical Tables*），并且于 1795 年出版《数学和哲学词典》，曾一度被认为是英文版同类作品中最好的。赫顿于 1789 年所著的《圆锥曲线论》（*Elements of Conic Sections*）提出了每个方程都可以用其自身曲线直观地表述出来，这无疑成为最高水平的代表。❶

众所周知，"牛顿—拉夫逊法"（Newton-Raphson method）是 17 世纪传下来的一种近似求解方程的方法，由于其在计算过程中存在缺陷，连续修正也不能保证每次在求根时都会收敛于所求根的真实值。大家通常认为是法国的数学家傅里叶修正了这个缺陷，但是半个世纪之前，赖姆·穆拉耶（J. Raym Mourraille）于 1768 年在法国马赛撰写的《一般方程的求解方法》（*Traité de la résolution dés equations en général*）一书中就曾提到过这一点。穆拉耶曾担任马赛科学院院长一职 14 年之久，后来他成为这座城市的市长。与牛顿和拉格朗日不同，穆拉耶和傅里叶在引进时将几何因素也考虑在内。穆拉耶指出第一个近似值 a 在曲线凸向 a 和根之间才能求出真值，他指出这个条件是充分的，但不是必要的条件。❷

---

❶M. 康托尔（M. Cantor）. 数学史讲义（*Vorlesungen wber Geschichte der Mathemalik*）：第四卷. 1908：465.

❷F. 卡约里（F. Cajori）. 数学藏书（*Bibliotheca Mathematica*）. 第三版，第十一卷. 1911：132—137.

在 18 世纪，有人证明了"笛卡尔符号法"（Descartes' Rule of Signs），在此之前其发现者并没有明确的证据证实。莱布尼茨曾经指出一条证据，但实际上并没有证实它。1675 年巴黎，让·普雷斯特在其《初等数学》（*Elemens des mathematiques* ）中发表了一个证明，但后来他承认这条证明存在着不足。1728 年在耶拿，约翰·安德里亚斯·塞格纳（Johann Andreas Segner，1704—1777）发表了方程仅存在实根的正确证明。1756 年，塞格纳给出一个全面的证明，多项式乘以（$x-a$）至少增加一个变量的数。其他证据是由让·保罗·德古阿·德马尔弗（1741）、艾萨克·米纳尔（Isaac Milner，1778）、弗里德里希·威廉·斯图布纳（Friedrich Wilhelm Stubner）、亚伯拉罕·戈特黑尔夫·克斯特纳（Abraham Gotthelf Kästner，1745）、爱德华·华林（1782）、格鲁纳特（J. A. Grunert，1827）以及高斯（1828）给出的。高斯证明了，如果正根数量小于变量，那么这个方程根的数量就是一个偶数。拉盖尔（E. Laguerre）将这一法则延伸应用到具有分数指数和不可通约量及无穷极数的多项式中。❶ 德古阿·德马尔弗（De Gua de Malves）认为当多项式为 $2m$ 连续阶时存在 $2m$ 个虚根，当多项式为 $2m+1$ 连续阶时则有 $2m+2$ 或 $2m$ 个虚根，这两个项之间的缺陷同样会出现相似或不相似的符号。

爱德华·华林出生于什鲁斯伯里（Shrewsbury），就读于剑桥大学莫德林学院（Magdalene College），并于 1757 年获得一等荣誉学位，自 1760 年任卢卡斯数学教授一职。他于 1762 年出版了《分析杂说》，1770 年撰写了《代数思想》（*Meditationes algebraica*），1772 年出版了《代数沉思录》（*Proprietatis algebraicarum curoarum*），1776 年出版了《数学杂说》（*Meditationes analytica*）。这些著作包含许多新理论，但同时由于他书写过程中过于简单和晦涩的阐述导致人们很难理解。据说他并没有在剑桥大学进行授课，他的研究报告被认为不适合以讲座形式出现在课堂之上。他承认，除了在剑桥大学，他没有听到

---

❶F. 卡约里（F. Cajori）. 通用系列：第五十一期. 1910：186、187.

过有人阅读和理解自己的研究成果。

华林在其《代数沉思录》中记载了一些关于数字的新理论。在这之前，他的朋友约翰·威尔逊（John Wilson，1741—1793）发现了一个定理，后人普遍称之为"威尔逊定理"（Wilson's theorem）。华林指出每一个正整数均可表示为 2、3、4、5、6、7、8、9 的三次方或表示为其三次方之和，也可以写成 2、3、…的四次幂或四次幂之和等形式，这就是著名的"华林定理"。然而这一定理尚未得到充分证明，也没有证据可以说明任何一个偶数是两个质数之和，奇数是一个质数或者三个质数之和。关于任意一个偶数都可以写成两个质数之和的猜想，被后人称之为"哥德巴赫猜想"（Goldbach's theorem），最初是由华林发表的。克里斯蒂安·哥德巴赫（Christian Goldbach）于 1742 年 6 月 30 日在信中将这一猜想传达给欧拉，然而这封信直到 1843 年才经数学家富什（P. H. Fuss）校正后为世人所见。

华林在收敛级数上持有先进的观点❶。他分析出当 $n > 1$ 时，级数 $1 + \dfrac{1}{2^n} + \dfrac{1}{3^n} + \dfrac{1}{4^n} + \cdots$ 收敛，当 $n < 1$ 时级数发散。对收敛级数，华林给出了众所周知的检验，而发散级数则由柯西验证得出，柯西在验证中考虑第 $n+1$ 项与第 n 项比值的极限。早在 1757 年，他就曾发现在四次方程和五次方程系数之间存在两个或四个虚根的充分必要条件。这些准则通过新形式的变换得到，即当方程的根是已知方程根的差时，便产生一个新的方程。为了解决方程根分离的重要问题，华林将一个数值方程变换成一个根是给定方程根差的倒数方程。变换方程最大根的倒数小于原有方程任意两个根之间的最小差值 D。如果 M 是给定方程根的上限值，那么 D，$2D$，$3D$ 与 M 之间的减法将给出能够区分所有实根的值。华林在 1770 年的《代数思想》中首次给出求取近似虚根的方法。如果 x 趋近于 $a + ib$，那么 x 就可以表示为 $x = a + a' + (b + b')i$，增加或减少 a' 和 b' 的权

---

❶M. 康托尔（M. Cantor）. 数学史讲义（*Vorlesungen wber Geschichte der Mathemalik*）：第四卷. 1908：275.

重。若两个方程的实数部分和虚数部分相等，则两个方程的起始值就可以求得 a' 和 b' 的数值。

艾蒂安·裴蜀（Etienne Bézout，1730—1783）是一位著名的法国数学家，他在 1779 年所撰写的《代数方程基本原理》（*Theorie generale des Equations Algebriques*）中，给出消元法求解线性方程组（其中欧拉也指出此种求解方法）。这种方法首次于 1764 年发表在他的研究报告中，他将行列式应用在自己的理论中。这种完美的求解方法在一定程度上伴随了他的一生。他和欧拉同时用一般 $m \cdot n$ 的表达方法给出了这一定理，乘积就等于交叉相乘，并且都用消元法辅助解线性方程组证明了这一定理。由裴蜀方法得出的行列式，被西尔维斯特和后来的数学家称之为"裴蜀定理"（Bezoutiant）。伯祖修订了消元式，使之适用于更多特殊情况。"有人说他定义了代数轨迹有限交点的序数，其实他不仅定义了有限交点，而且还包含了奇异点、奇异线和面等，在无穷大的场合撤回到某些无穷大的交点，但有时这种奇异点并不一定会出现"。

路易斯·阿博加斯特（Louis Arbogaste，1759—1803）居住在阿尔萨斯，是斯特拉斯堡（Strasburg）著名的数学教授。他于 1800 年撰写的主要著作《导数计算法》（*Calcul des Derivations*），其给出一种计算方法，即当表达式复杂时，将一个连续区间分解成许多小区间来进行计算。美国的数学家德·摩根指出，区间分解法的实质就是将微分整合在一起。这本著作中首次确定了同步运算符号，即符号 $D_x y$ 可以表述为 $\dfrac{dy}{dx}$。

米兰的玛利亚·阿涅西（Maria Gaetana Agnesi，1718—1799）是著名的语言学家、数学家和哲学家。在她父亲生病期间，她曾担任博洛尼亚大学（University of Bologna）的数学教授。阿涅西是一位梦游症患者，她曾多次在梦中走进研究室解决了一些清醒时遗留下的难题。第二天她会惊奇地发现解决方法已经清晰地写在纸上。阿涅西于 1748 年出版了《分析数学》（*Instituzioni Analitiche*），这本著作于 1801 年被翻译成英语。阿涅西在书中将 $x^2 y = a^2 (a - y)$ 画为一条三次曲线，即阿涅西箕舌线（witch of Agnesi）或箕舌线（Versiera），然而在这之前，法国数学家皮埃尔·费马就曾以$(a^2-x^2)y=a^3$的形式绘制出三次曲线。在 1703 年和 1710 年，比萨（Pisa）的数学家格兰迪在其二次双曲线中对这条曲线进行了分析。在 1713 年格兰迪给莱布尼茨写的两封信中就这种曲线进行了分析讨论。格兰迪于 1728 年在佛罗伦萨（Florence）出版了《弗洛雷斯几何学》（*Flores geometrici*）。他在平面和球面中分别研究了该曲线，并给出表达式 $\rho=\gamma\sin n\omega$。在近代，该曲线曾被博多·哈贝尼希特（Bodo Habenicht，1895）、海德（E. W. Hyde，1875）、维尔雷特纳（1906）研究过。

18 世纪数学界的领军人物是让·艾蒂安·蒙蒂克拉（Jean Etienne Montucla，1725—1799），他于 1758 年在巴黎分两卷出版了《微分数学发展史》（*Histoire des mathemaliques*），这两卷于 1799 年第二次出版。由蒙蒂克拉撰写的第三卷在其逝世后分批出版，剩余部分发表在天文学家约瑟夫·天·杰罗姆·勒弗朗索瓦·德·拉朗德（Joseph Jerome le Franqois de Lalande，1732—1807）所撰写的第四卷书中，书中主要讲述的是天文学历史。❶

约瑟夫·路易斯·拉格朗日（Joseph—Louis Lagrange，1736—1813）是法国伟大数学家，生于意大利都灵，卒于巴黎。拉格朗日的父亲是法国陆军的一名军官，曾经很富有，后由于经商破产，家道中落。据拉格朗日回忆，家道败落反而给自己带来了好运，否则自己不会取得这么伟大的数学成就。在都灵上大学期间，拉格朗日的天赋并没有发挥在最感兴趣的领域。相比起阿基米德和牛顿来说，拉格朗日对西塞罗（Cicero）的著作和维吉尔（Virgil）的诗表现出更大的热情。但当他读过哈雷的著作，拉格朗日被唤起了对几何学的浓厚兴趣。拉格朗日便很快倾向于对几何学的研究，这种变化注定了他一生收获殊荣。拉格朗日全身心地投入数学研究，17 岁时成为一名都灵皇家陆军军官学院的数学教授。在没有助理和导师

---

❶ S. 巩特尔（S. Günther）. 康托尔（*Canfor*）. 1908：1—36.

的帮助下，拉格朗日独自一人花费两年时间致力这门课程的研究，成为同龄人中最出色的。在其学生的帮助下，拉格朗日建立了一个学术团体，后来逐渐发展成都灵学院（Turin Academy）。拉格朗日早期的大部分论文被写进了书中。在他 19 岁的时候与欧拉以书信形式讨论过利用一般方法处理"等周图形问题"，即现在人所周知的"变分法"（Calculus of Variations）。拉格朗日得到了欧拉的赏识，欧拉特意把自己在这方面的研究成果延迟出版，年轻的拉格朗日才有可能完成研究并提出这一计算方法。拉格朗日对于"变分法"的贡献几乎与欧拉相当。欧拉的"变分法"缺少基本分析，而拉格朗日提供了基础的论证。拉格朗日的导师曾根据微积分法则对其进行推导，但拉格朗日将其从几何中分离出来。欧拉曾假设当积分极限确定时，曲线的极限也会被确定下来，然而拉格朗日同时消除了这一限制，指出曲线的所有坐标是随时变化的。欧拉在 1766 年引进了"微分法"这一概念，并在拉格朗日思想的指导下改进这一理论。拉格朗日的变分法曾经先后在 1762 年、1771 年、1788 年、1797 年和 1806 年出版。

在都灵，拉格朗日另一个伟大发现就是声音的传播。拉格朗日对这项课题的研究记载于《都灵科学论丛》（Miscellanea Taurinensia）杂集中，这位年轻的数学家是牛顿的注释者，并且作为欧拉和达朗贝尔之间的仲裁者。只考虑在一条直线上的粒子分布，拉格朗日将问题简化成表示振动弦运动的偏微分方程。

振弦理论曾经先后被泰勒、约翰·伯努利和其子丹尼尔、达朗贝尔以及欧拉所研究。在解决偏微分方程的过程中，达朗贝尔通过泰勒级数（Taylor's series）展开函数，然而欧拉认为在没有限制条件的情况下，这些函数可能是任意的、不连续的。拉格朗日就这一问题做了重新研究并引进了新观点，赞同欧拉的想法。后来，德·孔多塞（de Condorcet）和拉普拉斯支持达朗贝尔的观点，他们认为任意函数中存在一些必要的限制。近代数学研究发现，达朗贝尔和欧拉的观点并不完全正确，达朗贝尔坚持对具有无穷阶导数的函数进行不必要的限制，而欧拉认为微分和积分对任意函数❶都适用。

现在看来，丹尼尔·伯努利所持有的观点解决了达朗贝尔、拉格朗日和欧拉一直争执的问题。关于振动弦的争执问题大大地促进了三角函数的发展。约翰·卡尔·布克哈特（Johann Karl Burckhardt，1773—1825）指出三角函数的发展与扰动理论密不可分。欧拉根据扰动理论开始了通过矢量半径夹角的余弦乘积来计算两个行星反距离的研究工作。

经过 9 年坚持不懈的努力，拉格朗日在 26 岁时就成为一名享誉欧洲的著名数学家。由于拉格朗日夜以继日的过度研究严重削弱了自己的身体，尽管内科医生建议他休息并适当运动，但他的神经系统已无法恢复正常，在此之后他深受抑郁症的折磨。

1764 年，法国科学院提出将月球振动理论作为获奖作品的主题，要求根据万有引力原理来解释，即为何月球总是以细微的变化在转动，而地球也有相同的相位，在 1764 年，拉格朗日研究的月球运动理论在法国科学院征奖课题中被提名获奖。这一奖项促使法国科学院关于木星四理论的发展——一个六体问题，比先前克莱罗、达朗贝尔和欧拉所研究三体问题的难度更大一些。拉格朗日利用近似法则解决了这一难题，24 年后拉普拉斯又对月球运动规律做了进一步研究。拉格朗日在之后还研究了彗星运动规律（1778，1783）和开普勒定律（Kepler's problem）等天文学问题。他对三体的研究在前文已被提及。

为了提高自己在数学界的知名度，拉格朗日去了巴黎，并与克莱罗、达朗贝尔、孔多塞、阿贝·玛丽（Abbe Marie）进行了一场愉快的讨论。拉格朗日原本打算去伦敦，但在巴黎用过晚餐后得了一场重病，不得不返回都灵。1766 年，欧拉离开柏林前往圣彼得堡，他将拉格朗日视为这一研究领域唯一的领军人物。与此同时，

---

❶H. 伯克哈特（H. Burkhardt's）. 物理数学微分方程和积分函数的发展（*Enfwicklungen nack oscillirenden Funktionen and Infegrafion der Differentialgletchungen der mathematischer physik*）. 德国莱比锡. 1908：18.

达朗贝尔也给予拉格朗日高度评价。腓特烈大帝（Frederick the Great）向拉格朗日发出邀请，希望在自己的宫廷中有"欧洲最伟大数学家"的愿望。于是拉格朗日应邀前往柏林，居住达 20 年之久。当拉格朗日发现周围的同事都已结婚，并且从他们妻子口中得知婚姻状态很美满，于是他也结婚了。不幸的是，他的妻子很快就去世了，他的婚姻生活并不幸福。腓特烈大帝很尊敬他，经常与他谈论生活的美好，这些谈话促就拉格朗日形成良好的生活习惯。为了使自己不再病倒，拉格朗日不再像以前那样拼命工作了。拉格朗日在撰写论文之前，思路早已在脑中形成系统，因此他写作时一蹴而就，不需要改正。

　　居住在柏林的 20 年期间，拉格朗日的研究报告记载在柏林科学院的学报上，并且撰写了一部具有划时代的巨著——《分析力学》（*Mécanique Analytique*）。拉格朗日通过对方程解的研究丰富了代数学。有两种直接求解代数方程的方法，即，换元法和组合法。换元法曾先后由数学家法拉利（L. Ferrari）、韦达（F. Vieta）、钦豪申、欧拉、艾蒂安·裴蜀和拉格朗日发展；而组合法解方程组由范德蒙（C. A. Vandermonde）和拉格朗日推广。消元法的本质就是将求根方程转换成更为简单的函数（预解式），组合法求解方程就是把未知根的辅助量替换成某些简单的组合（分型），并利用给定方程的系数得到这些量的辅助方程（弦内角）。他的著作《论任意阶数值方程的解法》《*Reflexions sur la resolution algebrique desequations*》分别于 1770 年和 1771 年出版在《柏林科学院研究报告》（*Memoirs of the Berlin Academy*）中。拉格朗日把前人求解低阶代数方程的各种解法，总结为一套标准方法，这些低阶方程的根均为线性根或者是单根。他指出五次以上的代数方程不能用该方法来换元，但是该方法适用于六阶代数方程。基于这一点，拉格朗日设想：有理函数的所有变量均列出来后，它的数量值就确定了。在这项研究中蕴含着早期的群论概念。这个理论，即子群的阶能够整除有限群的阶，就是后人所知的"拉格朗日定理"，然而它的完整证明一直到 30 年后才由意大利摩德纳的彼得罗·阿巴蒂（Pietro Abbati,

1768—1842）首次给出。拉格朗日离开柏林以后，继续对方程论（theory of equations）进行研究。在《关于方程代数解法的研究》（*Resolution des equations numiriques*，1798）一书中，他证明了一个被认为是不言而喻的理论——任何一个方程必须有一个根。关于这个理论的另外一个证明是由阿尔冈（J. R. Argand）、高斯和柯西给出的。在上述研究工作的注释中，拉格朗日运用费马定理（Fermat's theorem）和高斯的建议成功给出了任意二项式方程的完整代数解。

1767 年在柏林研究报告中，拉格朗日提出了《高阶数值方程的求解方法》（*Sur la resolution des equations numeriques*）。他用级数的项 0，D，$2D$…代替 x，来解释实根的分离问题，这里的 D 必须小于这些实根中的最小差。拉格朗日提出了三种计算 D 的方法，第一种于 1767 年提出，另外两种方法分别于 1795 年和 1798 年提出。其中第一种方法根据给定方程根的平方差求得 D。在此之前，华林已经得出这个重要的方程，然后在 1767 年，拉格朗日并没有见到华林记载这个方程的论文。拉格朗日通过计算 $f(x)$ 和 $f'(x)$ 之间的最高公因数来求相等的根。他继续发展一种新的近似模式，即，连分数。卡塔尔迪（P. A. Cataldi）曾经利用这一部分提取平方根。与以往求解近似值的方法相比，拉格朗日在 1767 年的论文副本中添加了许多细节。与原来的近似方法不同的是，拉格朗日再没有出现错误。"这种方法不行，就似乎没有了希望"，尽管理论上很完美，但它以连分数的形式产生根，这在实践中是不受欢迎的。

拉格朗日在柏林发表了几篇关于数论的论文。1769 年，拉格朗日给出了二阶不定方程的整数解，这类似于印度的循环定律。拉格朗日在 1771 年第一次证明了"威尔逊定理"（Wilson's theorem），这一定理由英国数学家约翰·威尔逊（John Wilson）提出，并在华林的《代数思想》（*Meditationes Algebraica*）中首次被提及。1755 年，他研究了在什么条件下，±2 和 ±5 是二次剩余（-1 和 ±3 已经由欧拉所研究），或者为奇质数 q 的非剩余。1770 年，他证明了"梅齐里亚克定理"（Bachet de Meziriac's theorem），即任意一个整数

都可以表示成小于或等于 4 个数的平方和，他同时也证明了"费马定理"（Fermat's theorem）：当 $n=4$ 时，$x^n+y^n=z^n$；当 $a^2+b^2=c^2$，ab 乘积不是一个平方数。

在 1773 年，关于金字塔的研究报告，拉格朗日大量使用了三阶行列式，指出一个行列式的平方本身就是一个行列式。然而，他从未真正地精确计算行列式，他仅仅得到一个简单的恒等式，被现在人当作是行列式之间的联系。

拉格朗日写了很多关于微分方程（dififerential equations）的文章。尽管欧拉、达朗贝尔、克莱罗、拉格朗日、P. S. 拉普拉斯等这些伟大的数学家对其进行过研究，与其他数学分支相比，微分方程在成为固定原理和法则中得到最综合性的应用。P. S. 拉普拉斯于 1771 年和 1774 年对奇异解展开研究，而拉格朗日则从微分方程的通解和微分方程本身推导出奇异解。拉格朗日注意到奇异解的关系。然而，他并没有消除所有关于奇异解的困扰。他在 1870 年发现其奇异解的理论之间存在矛盾，需要对整套理论进行综合考虑。拉格朗日的论述办法见《函数计算》（*Calcul des Fonctions*），第 14—17 节，他扩展了欧拉的两个变量及 9 阶微分方程理论，他给出了一个一阶偏微分方程的解（柏林研究报告，1772 年和 1774 年），并给出了奇异解，而随后在 1779 年和 1785 年的研究报告中，他扩展到解任意变量的微分方程。年轻的数学家保罗·查普特（Paul Charpit,？—1784）将解一次微分方程的方法在一定程度上进行了精细化修改，并首次出版在《拉克洛瓦计算方法》（*Lacroix's Traité du calcul*，第 2 版，巴黎，1814 年，第 548 页）。达朗贝尔、欧拉及拉格朗日对二次偏微分方程解的问题曾展开一系列讨论，现在看来，达朗贝尔的理论是比较合理的。

在柏林期间，拉格朗日完成了《分析力学》（*Mecanique Analytiqne*）一书（巴黎，1788），这是一部重要的经典力学著作。根据虚速度原理，他借助变分法推断出整个力学系统是如此的完美和谐，以致哈密顿爵士将其恰当地称为"一首科学的诗"。这是分析概论（analytic generality）里一个很完美的实例。随处可见几何图形

（Geometrical figures）的应用。拉格朗日在序言中宣称："力学已经成为分析的一个分支。"力学的两个分支——静力学和动力学，前四部分相似，每一部分前面都有一个基本概要。拉格朗日用公式表示了最小作用原理。在最初的形式中，运动方程包含了力学系统中不同微粒子 m 或 dm 的坐标 x，y，z。但通常情况下，x，y，z 不是独立的，于是拉格朗日用变量 ξ、ψ、ϕ 来代替 x，y，z，这时就确定了点的位置。一般将这些"广义坐标"看作独立的，运动方程可以表示为以下形式：$\dfrac{d}{dt}\dfrac{dT}{d\xi'}-\dfrac{dT}{d\xi}+\Xi=0$。对于同一个函数 V 来说，当 Ξ，ψ，$\phi\cdots$ 是关于同一个函数 V 的 ξ，ψ，$\phi\cdots$ 的偏微分系数时，上述公式又可表示为：$\dfrac{d}{dt}\dfrac{dT}{d\xi'}+\dfrac{dT}{d\xi}+\dfrac{dV}{d\xi}=0$。后者是拉格朗日运动方程最经典（par excellence）的形式。拉格朗日首次提出运动力学可以被看作四维几何学。对拉格朗日而言，在力学中引进势能的概念使他享誉世人。拉格朗日期待自己的《力学分析》（*Mecanique Analytique*）在巴黎出版，并早在 1786 年就做好了出版的准备，但是一直到 1788 年他才找到出版商，这本著作是由勒让德编辑出版的。

腓特烈大帝死后，科学家在德国不再受到尊重。拉格朗日接受了路易十六的邀请，离开柏林，定居巴黎。法国女王很重视他并将其安排在卢浮宫居住。然而由于受到忧郁症的困扰，拉格朗日失去了对数学的热爱，两年来，拉格朗日出版的新书《力学》一直原封不动地放在书柜里。与拉瓦锡接触后，他将兴趣转向化学，认为化学如代数学一样容易。法国大革命（French Revolution）的爆发，再次唤醒了他对科学研究的热情。在此期间，天文学家莱蒙尼尔（P. C. Lemonnier）年轻貌美的女儿对孤独忧郁的拉格朗日产生了爱慕之情并坚持嫁给了他。她对拉格朗日的爱慕使得这对夫妇之间相互依靠，以至在拉格朗日即将离世时才发现彼此难舍难分。

拉格朗日成为重量和测量单位委员会的委员，他主张重量和测量单位使用十进制。鉴于他个人的温和性格和众人对他的尊敬，他被委任为重量和测量单位委员会的首席委员，尽管他因删除拉瓦锡、拉普拉斯等人的名字而遭到雅各宾派的指责。拉格朗日从拉瓦锡的命运中得到了警示，计划返回柏林，但是在 1795 年巴黎师范学院（Ecole Normale）成立后，他接受了教授职位。他还没来得及向年轻学生讲述算术和代数基础，学校就关门了。他对欧拉代数学的补充也是在这段时间完成的。1797 年，巴黎综合理工学院（Ecole Polytechnique）成立，拉格朗日是学院的一名教授，这所学院早期最大的成就就是拉格朗日的分析学研究，他的数学活动重新活跃起来。他先后发表了《函数分析理论》（Theorie des fonctions analytiques，1797），以及与之前论文处于同一水平的《函数计算教程》（Lecons sur le calcul des fonctions，1801），其中包含许多之前发表论文《数值方程分析》（Resolution des equations numeriques，1798），于 1770 年出版的《一个新求解方程组的方法》（Nouvelle méthode pour résoudre les équations litterales par le moyen des séries），给出符号 ψ' 的表示方法 $\dfrac{d\psi}{dx}$，拉格朗日认为这是自己创造的，然而这一符号弗朗索瓦早在 1759 年就在《都灵科学论丛》（Miscellanea Taurinensia）中提到过。❶ 1810 年，拉格朗日开始对《分析力学》（Mécanique analytique）进行彻底的修正，不幸的是，在这项工作完成之前他就去世了。

《函数论》（The Théorie des fonctions）萌芽于 1772 年，旨在给微积分原理建立坚实的理论基础，以减轻对极限概念理解的难度。约翰·兰登撰写的《残余差计算》声称与《函数论》相似，但拉格朗日并不知情。拉格朗日在 1759 年 11 月 24 日给欧拉写的信中提到，他相信自己已经研究出微积分的真正实质，同时他确信无穷小量的应用是精确的。乔丹恩对拉格朗日评价道："在他研究数学的一生中，同时使用了无穷小方法和导出函数的方法。"拉格朗日试图通过简单的代数学方法证明泰勒定理（Taylor's theorem，他首次提出了幂的概念），而后从这个定理中衍生出了整个演算。在他

❶乔丹恩（E. B. Jourdam）. 1912 年剑桥大学第五次国会实习记录（5th Zntern Congress Cambrige 1912）：第二卷. 英国剑桥大学. 1913：540.

所处的时代，微积分原理涉及了一个性质严重的哲学难题。莱布尼茨提出的无穷小量缺少形而上学的基础。在欧拉提出的微分学中把它们看作是绝对零值。在牛顿的极限比中，并不能找出量级的比例，当它们需要换算时，既不能表示成弧，也不能表示成弦。牛顿仅在弧和弦化为 0 时做过研究，却没有研究二者大于 0 或小于 0 的情况。拉格朗日提到这种方法需要考虑大量的数，在此漫长的计算过程中无疑带来了极大的不便，尽管当两个数有限时，我们总能计算出这两个数之间的比值，但得到的系数也不是精密准确的，此时比值的项也同样变得没有意义。达朗贝尔求极限的方法与上述两种方法类似。拉格朗日尝试采取通俗的代数学来解决微分学中形而上学问题，他避开了卡律布迪斯的抨击，却受到来自希拉（Scylla）的强烈非议。从欧拉理论传承下来的数学，到拉格朗日时代发现对无穷级数存在的错误认识，无穷级数并没有建立系统的理论。拉格朗日提出，根据泰勒定理将 $f(x)$ 中的 x 微分系数定义为 $f(x+b)$ 展开式中 h 的系数，这样就避开了所有考虑到的限制。他使用无穷级数时并没有精确地考虑到它们是收敛的，他证明 $f(x+h)$ 总是可以用升幂 h 的形式展开，也存在一些缺陷。虽然拉格朗日发展微积分的方法值得称赞，但其存在严重的弊端，以至于曾经他所创立的"导数法"，完全被现在的数学家们弃用了。

拉格朗日曾经引进一个符号，但由于十分不方便，他在《分析力学》第二版中就将其删除改用无穷小量。尽管《函数原理》（*Theorie desfonctions*）的主要目标没有达到，但其次要结果却具有深远的意义。除了几何学和力学理论以外，它是一种单纯求取函数的方法。在以后的高等数学分析史中，函数成为主导，拉格朗日开启了函数理论的研究，并由柯西、波恩哈德·黎曼（Georg Friedrich Bernhsrd. Riemann）、魏尔斯特拉斯（K. Weierstrass）等其他数学家加以发展。

柏林的数学家亚伯·布尔扎首先对拉格朗日微积分理论的严谨性提出质疑，其后提出质疑的是波兰数学家沃伦斯基（H. Wronski）、斯尼亚代茨基（J. B. Sniadecki, 1756—1830）以及波希米亚（Bohemin）

的数学家 $B.$ 波尔查诺（B. Bolzano），但他们的影响很小。柯西则成为开启更严谨时期的领军人物。

与拉格朗日同时代的数学家皮卡（C. E. Picard）做出有启发性的阐述："在这段时期，尤其是 18 世纪后半叶，微积分理论虽然不能被证明，在我们疑惑的同时也惊叹其在实际应用中的广泛性和重要性。类似于在振动弦积分中存在的任意性一样，有人也意识到了一些问题，这引起了没完没了的争论。当拉格朗日提出自己的解析函数理论时就已经发现这些不足，而那时，他正努力建立一个精确的分析理论。我们无比敬佩他对函数超乎寻常的预感，拉格朗日证明了如何用函数发展泰勒级数（Taylor's series），而在此之前我们认为这是不可能的。"

根据拉格朗日早期著作中的论述，在无穷级数问题的研究上，除了尼古拉斯·伯努利和达朗贝尔以外，拉格朗日与同时代其他数学家的论述方法近似一致，但他随后的研究开启了这一伟大严谨性的新纪元。因此，在研究《函数计算》（*Calcul des fonctions*）时，对泰勒定理（Taylor's theorem）给出了极限定理。拉格朗日在数学上的研究应用到很多学科，例如概率论、有限差分、升序连分数、椭圆积分等，在这里不再一一列出，他对数学的广泛化、抽象化的影响显然无处不在。在同时代的伟大数学家中，他的成就无人匹敌，但拉普拉斯的研究在今后的应用中更胜一筹。拉格朗日对自己的研究成果在其他数学家中得到应用感到很满意，有一些拉普拉斯最重要的发现（尤其是那些声速和月球的长期加速度问题），也曾经出现在拉格朗日的著作中。

拉格朗日为人非常谦逊，尽量避免与他人争议，这样使得他在学术交流中显得比较羞涩。如果他存在质疑，一般就会以"我不知道"来表达。他从来不让别人为自己画像，唯一的一幅画像是在他不知情的情况下，由参加学术研讨会的人员所画。

皮埃尔·西蒙·拉普拉斯（1749—1827）出生于法国诺曼底（Normandy）的博蒙昂诺日（Beaumont-en-Auge），人们对他的早期生活知之甚少。当他名扬四海时，他很少提及自己贫穷的童年。

拉普拉斯的父亲是一个小农场主，从青年时代他就表现出了数学天赋，一些富有的邻居资助他完成学业。拉普拉斯以走读生的身份就读于博蒙（Beaumont）军校，并成为该校一位年轻的数学老师。18岁时，拉普拉斯带着一封推荐信去了巴黎，找到当时享誉法国的著名学者达朗贝尔。信件并没有引起达朗贝尔的注意，然而年轻的拉普拉斯并没有放弃，而是寄了一篇力学方面的论文给达朗贝尔，这篇论文出色至极，得到达朗贝尔的热情回复："你不需要任何推荐信，你自己本身就已经很出色，你理应得到我的支持。"达朗贝尔甘愿当他的老师，并将拉普拉斯推荐到巴黎的埃科勒军事学校（Ecole Militaire）担任数学教授一职。随后，拉普拉斯的生活得到保障，于是他全身心投入渊博的学术研究中，并被誉为"法国的牛顿"（the Newton of France）。拉普拉斯解决了万有引力定律应用于天体运动中未解决的问题。在接下来的15年里，拉普拉斯一直从事天文学研究。拉普拉斯的一生几乎都奉献给为自己带来非凡荣誉的科学研究。在1784年，他接替贝佐特成为皇家炮兵部队的监察官，并且在第二年加入科学学会（Academy of Sciences）。拉普拉斯成为法国经度局（Bureau of Longitude）的局长，引进了十进制，并与拉格朗日共同成为法国高等师范学院（Ecole Normale）的数学教授。法国大革命的爆发引起了世人对所有事物（包括历法）进行改革的强烈要求，拉普拉斯提出在1250年以后开始采用纪元的形式，那时，他推断地球轨道的长轴垂直于赤道。一年始于春分，并且当象限角以百分制划分时，子午线以185.30°坐落在法国巴黎东部。他所提议由子午线开始的纪元并不适用于午夜。然而这些革命家摒弃了这一体制，并制定了适合光荣的法兰西共和国（French Republic）的新纪元。❶

拉普拉斯作为一名最具渊博智慧的科学家，自始至终都享誉欧洲。然而，不幸的是，除了在科学方面具有伟大的造诣，这名杰出

---

❶鲁道夫·沃尔夫（Rudolf Wolf）. 天文历史（*Geschte der Astronnmie*）. 德国慕尼黑. 1877：334.

的科学家在其政治生涯中表现出来的卑微和柔弱使他名声受损。在
18 世纪"雾月政变"（Brumaire）之后，拿破仑成为法国国王，拉
普拉斯不得不摒弃其所热衷的共产主义理论，而屈服于拿破仑的统
治。拿破仑给予拉普拉斯内政部长一职，以示对其忠诚的奖励，但
随后却认为他不能胜任并在 6 个月后将其革职。拿破仑曾讥笑他说：
"拉普拉斯没有任何问题和真实的观点，只是到处寻找思想中的问题，
把无穷小精神带到内阁管理中。"拉普拉斯一直奋力效忠于拿破仑，
拿破仑又重新提拔他为参议院议员并授予多种荣誉。然而，1814 年当
拿破仑被废立失势时，他却很快投靠波旁王朝（Bourbons），并获颁
爵位。在拉普拉斯的著作中可以见到这种无原则的政治立场。《宇宙
体系论》（Système du monde）第一版出现在五百人的参议会上。《天
体力学》（Mécanique Céleste）的第三卷作为引言，包含了这本著作中
所有的真理，而对其作者拉普拉斯来说，最珍贵的就是这本书对维持
欧洲和平所做出的贡献给予高度评价。在这种影响爆发后，我们在
《概率分析论》（Théorie analytique des probabilités）中惊奇地发现，
最初对皇帝的奉献被压制住了。

　　尽管拉普拉斯在政治上虽然表现出"墙头草"的性格，但在宗
教信仰和科学研究方面，不得不说拉普拉斯始终坚持自己的原则，
然而其他人却不以为然。他在数学和天文学研究上表现出的天赋几
乎无人能及。在科学研究上，他撰写了三部伟大的作品——《天体
力学》《宇宙体系论》（Exposition du systeme du monde）和《概率
分析理论》（Theorie analytique des probabilités）。除了这些，拉普
拉斯还为法国科学院贡献了重要的研究报告

　　我们首先简单地回顾了拉普拉斯的天文学研究。在 1773 年时，
他发表了一篇论文阐明行星的平均运动或平均距离是不变的，或者
周期变化很微小。这是他尝试建立太阳系理论最初也是最重要的一
步。牛顿和欧拉对此表示怀疑——在太阳系中的势能、位置、强度
是否可以维持永久的平衡状态。牛顿认为不同天体之间的相互作用
会导致错乱，需要经常出现强大的力量去维持平衡。这一篇论文开
启了拉格朗日和拉普拉斯对围绕行星轨道各种元素变化极限的研

究，两位科学家在这项研究上相互超越对方并相互补充。拉普拉斯的第一篇著作是关于木星和土星的理论研究。欧拉和拉格朗日并没有对这些行星运动规律的研究进行合理解释。月球和木星以稳定的加速度运转，奇怪的是，土星在同样运转时的加速度较前两者来说较小。这样看来，土星总有一天会离开太阳系，而木星会落入太阳系中，月球会逐渐接近地球。拉普拉斯在 1784—1786 年的著作中成功地指出了万有引力的这些变量（或"中心差"）类型属于周期扰动。发现两个行星的匀速运动存在通约性，这具有深远意义。

拉普拉斯在木星系的研究中，对卫星进行了大量的描述。同时，拉普拉斯也发现了这些天体之间存在某些鲜明的简单关系，这就是著名的"拉普拉斯定律"（Laws of Laplace）。拉普拉斯于 1788 年和 1789 年完成对天体运动理论的著作。这些著作同时也包括之前提到的一同被记载在《法国科学院研究报告》（Mémoirs présentés par divers savans）中。1787 年，拉普拉斯宣称月球加速度长期受偏离地球轨道的离心率变化影响。这一理论的提出引起了显著的反响，同时消除了之前对太阳系存在的所有疑惑，看来，万有引力定律的普遍有效性解释了太阳系中的一切运动并最终发现是一个完整的体系。

1796 年，拉普拉斯出版了天文学巨著《宇宙体系论》，但却并不像数学著作那么受欢迎，只在结尾处简单概括了其科学生涯。在这本著作中，拉普拉斯首次提出了著名的星云假说（*nebular hypothesis*）。早在 1755 年，伊曼努尔·康德（I. Kant）与斯韦登伯格（E. Swedenborg）就曾经提出相似的理论，然而拉普拉斯似乎并没有意识到这一点。

为完整地分析太阳系中存在的力学问题，拉普拉斯撰写了著作《天体力学》，其中包含了牛顿、克莱罗、达朗贝尔、欧拉、拉格朗日在天体力学方面的研究。这本著作的第一卷和第二卷在 1799 年出版，第三卷和第四卷分别于 1802 年和 1805 年出版，其中第五卷的第十一章和第十二章于 1823 年出版，第十三—十五章于 1824 年出版，而第十六章于 1825 年出版。前两卷讲述了一般天体的运动原理及特征，第三卷和第四卷阐明了特殊天体，如彗星、月球及其他卫星的运动理论，第五卷以天体力学的发展史为引言，讲述了拉普拉斯的科学研究成果。《天体力学》作为一本内容如此完整的杰作，在拉普拉斯之后几乎无人能在其中加入任何理论。布尔伯克·哈特将这本著作的大部分翻译成德语，并于1800—1802年在柏林问世。纳撒尼尔·鲍迪奇（Nathaniel Bowdilch，1773—1838）将其翻译成英语，并标注大量注释，于1829—1839年在波士顿出版。《天体力学》很难懂，通常情况下，这本著作最大的难读之处并不是理论本身，而是缺乏通俗易懂的解释。一个难懂的推理过程通常也不能解释什么问题。毕奥（J. B. Biot）曾协助拉普拉斯校正该著作出版，他提到当他就书中未曾出现的一段理论向拉普拉斯咨询时，拉普拉斯耗费了近一个小时去完善曾经被其忽略的推论，并自嘲道："自我检测做出的结论很轻率。"尽管如此，这本著作中的重要研究应归于拉普拉斯，但其中也确实引用了之前科学家的大量研究成果。事实上，这本专著是由一个世纪的科学家们辛苦劳动集合而成。然而拉普拉斯屡次否认这本著作引用其他人的理论，使得读者想当然地认为书中提到的定理和公式均出自他之手。

据说，当拉普拉斯将《天体力学》的副本呈献给拿破仑时，拿破仑曾质疑道："拉普拉斯先生，有人告诉过我，你撰写了一本关于宇宙系统的专著，然而从未提及创造者。"拉普拉斯也曾坦率地回答道："我本来也不需要这些假说。"从语气中看，这句话对于拿破仑是不太尊敬的，难道不是为了传达一种对科学的态度吗？牛顿并不能解释万有引力定律所存在的所有问题，他不能够证明太阳系是稳定的，事实上有可能是不稳定的，牛顿认为为了维持稳定的状态，有时会有特殊强大的力作用在太阳系中。由于拉普拉斯已经证明了万有引力定律中所提到的太阳系稳定问题，从这层意义上讲，他认为没有必要提及牛顿。

更确切地说，我们现在继续探讨纯数学方面的研究。其中最著名的当属概率论。对该项数学研究，拉普拉斯比其他数学家贡献都大。他发表了一系列论文，最主要的理论收集在1812年撰写的专著

《概率分析理论》中。第三版于 1820 年出版，包括简介和两册书。简介以《概率哲学论》为标题单独出版，简介的高妙之处在于他并没有应用该学科定理的分析公式。第一册包括生成函数理论（*generating functions*），已经得到应用，第二册讲述的是概率论。拉普拉斯在著作中提及如何求取定积分的近似值。他利用定积分将线性微分方程的解简化了，他与拉格朗日同时在概率论研究中引进了偏微分方程的应用，其中这项研究中最重要的当属最小二乘法的运用，该方法得到的解是最可信和最实用的。

拉普拉斯的概率论难以理解，尤其是最小二乘法部分。分析过程绝不是清晰明确的或者没有错误的。德·摩根曾说："没有人能够正确地解出分析方程，大多数人关心得到正确解时需要考虑的多种因素，然而这并不是重点。"拉普拉斯的著作包含自己的所有研究，同时也有很多是从其他数学家那里获得的。他巧妙地阐述了点数分配问题（Problem of Points）、雅各布·伯努利定理、贝叶斯（Bayes）和、布丰的问题。在其著作《天体力学》中，拉普拉斯并没有将成就归功到前人身上。德·摩根❶评价拉普拉斯："其书中很多理论来自其他数学家，他没有向读者解释，这无疑对其理论埋下了令人质疑的伏笔。"

在拉普拉斯关于椭圆体引力的论文中，最重要的部分在《天体力学》的第三卷，于 1785 年出版并被多次大量印刷。该书给出了任意椭圆体对其表面质点引力问题的详尽论述。球谐函数（Spherical harmonics）也称"拉普拉斯系数"（Laplace's coefficients）将引力、定理和磁力理论构成一个强大的分析引擎。在此之前，法国数学家勒让德就曾研究过二维球谐函数理论，拉普拉斯没有承认勒让德的研究成果，因此在这两个伟大的数学家之间存在"一种比冷淡更强烈的感觉"。拉普拉斯发现，多次用到的势函数，也适用于偏微分方程 $\dfrac{\partial^2 V}{\partial x^2}+\dfrac{\partial^2 V}{\partial y^2}+\dfrac{\partial^2 V}{\partial z^2}=0$。这就是著名的拉普拉斯方程，最初是以复杂的

---

❶德·摩根（A. De Morgan）. 概率论浅谈. （*An Essay on Probabilities*）. 英国伦敦. 1838：11.

极坐标形式展示的。然而，关于位势的概念，拉普拉斯并没有进行分析，后来由拉格朗日进行解释，使得拉格朗日获得至高荣誉。

关于拉普拉斯方程，皮卡在 1904 年说："几乎没有方程能够像著名的拉普拉斯方程一样在众多著作中出现，极限条件可能以多种形式存在，最简单的例子就是物体的热量守恒，即我们将表面元素保持在给定的温度下。从物理学角度来看，如果热源消失了，那么连续存在有机体内部的温度就会受约于表面温度。通常情况就是，当有其他光发射时，温度就会有些升高。以上这些问题极大地促成了偏微分方程的定义，这引起了数学家们对测定积分类型的关注，在此之前，测定积分是以纯抽象形式展示在世人面前的。"

拉普拉斯有以下几项小发现：解二元、三元及四元方程，求取微分方程的解，有限差分和行列式的研究，建立行列式的扩展理论，该理论之前曾以特例的形式出现在范德蒙的研究报告中，二阶线性微分方程的完整积分定义。在《天体力学》中，对拉格朗日关于连续函数的发展理论，拉普拉斯进行高度概括，然后延续成为拉普拉斯定理。

拉普拉斯对物理学方面的研究相当广泛，例如，对牛顿公式的改进，声波在空气中传播时，他将空气受热时压缩而受冷时变稀薄的弹性变化考虑在内；研究了潮汐作用；建立了毛细管现象的数学理论；对大气折射现象进行解释；发明了用气压计测量高度的公式。

拉格朗日的著作与拉普拉斯的著作形成了鲜明对比，拉普拉斯的著作更为优雅和对称。拉普拉斯将数学视为解决物理问题的工具，一旦得到结果，他就很少再花费时间去解释分析问题的各种步骤，或者完善自己的理论。在生命的最后几年，他定居在阿尔克伊（Arcueil），致力维持国家和平直至逝世。欧拉非常敬佩他，经常讲"强于欧拉，他才是领路人。"

18 世纪后半叶，产生了虚数的图示法，而当时的人们对该方法并不重视。在笛卡尔、牛顿和欧拉时代，数学家们开始将负数和虚数视为数字，但虚数仍被认为是一个代数虚数。在沃利斯之后的 100 多年里，数学家们对虚数的图示法几乎没有成功突破，"谦虚的科学家"亨利·多米尼克·特吕埃尔（Henri Dominique Truel）将虚数画成一条线，结果发现其垂直于实数线。迄今为止，特吕埃尔的这一发现并没有出版，而且其手稿也没被保存下来。我们对特吕埃尔的了解仅出现在柯西的简短介绍中。❶ 柯西提到特吕埃尔早在1786 年就研究了虚数的图示法，在 1810 年左右将他的手稿转交到阿弗尔（Havre）的一名造船商奥古斯汀·诺莫夫（Augustin Normauf）手中。1768 年，卡斯滕创作的图形表示法仅局限于虚数对数的应用。$\sqrt{-1}$ 与 $a+b\sqrt{-1}$ 的图示法最早出现在《向量分析》（*Analytic Representation of Direction*）一文中，讲述了确定平面和球面多边形的应用，该论文于 1797 年由卡斯帕尔·韦塞尔（Caspar Wessel，1745—1818）呈献到皇家科学院（Royal Academy of Science），以书信形式发送到丹麦，并将该方法记载在研究报告的第五卷，于 1799 年发表。韦塞尔生于挪威，多年受雇于丹麦皇家科学院，任测量员一职，其论文封藏在丹麦科学院近一个世纪。1897年，丹麦科学院将该论文译成法语发表。另外值得一提的是，韦塞尔曾经有一篇作品许多年不为人知，然而在 1806 年，日内瓦（Geneva）的数学家让·罗贝尔·阿尔冈（Jean Robert Argand，1768—1822）将其中讲述的理论发表，并用几何形式表示了 $a+\sqrt{-1}b$。阿尔冈论文的某些部分没有韦塞尔论文的相应部分那么严格。阿尔冈引用了大量的三角学、几何学和代数学。同时，阿尔冈引入了"模"一词，其代表向量 $a+ib$ 的长度。由于韦塞尔和阿尔冈的论文受到的关注度很少，最后消除虚数疑虑的仍然是高斯。高斯早在 1799 年就发明了图示法，直到 1831 年该方法才比较完整的推广。

法国大革命期间引进了十进制，十进制细分的一般概念来自伦敦数学家托马斯·威廉姆斯（Thomas Williams）发表在 1788 年的论文。早于巴黎学院马蒂兰·雅克·布里松（Mathurin Jacques Brisson，1723—1806）于 1790 年 4 月 14 日提议建立一个表示长度

---

❶柯西（Cauchy）. 物理数学分析实例（*Exerciesd' Analyseet de Phys Math*）：第四卷. 1847：157.

单位为基础的体系。该体系最初将圆的象限角进行十进制计算表示，并于 1791 年 3 月 19 日由博尔达（J. C. Borda）、拉格朗日、蒙日、拉普拉斯和孔多塞几位数学家组成的委员会向科学院做了相关报告，详尽地阐述了该体系。这种细分法最早见于 1795 年弗朗索瓦·卡莱特（Francois Callet）（1744—1798）的对数表中，其他表格分别在法国和德国出版，然而那时并不流行象限角的十进制计算表示法。❶ 由博尔达、拉格朗日、蒙日等以上几位数学家组成的委员会决定将地球象限的千万分之一作为最原始的长度单位。钟摆的长度也被考虑在内，但基于其存在两个不同元素且受重力和时间的影响，最终未能实现长度的界定。1799 年，测量地球象限的工作完成，米被确定为长度的自然计量单位。

范德蒙（1735—1796）年轻时曾在巴黎学习音乐。他认为：所有的艺术都遵循一般规律，借助这条规律，任何一个人都可以在数学的帮助下成为作曲家。他是第一个对行列式理论（theory of determinants）做出相互关联和逻辑推理的人，因此，世人认为是范德蒙创造了该理论。他和拉格朗日共同提出了求解方程的组合方法。

勒让德曾就读于巴黎马萨林学院（College Mazarin），开始了他的数学生涯，师从阿贝·约瑟夫·弗朗索瓦·玛丽（Abbe Joseph Francois Marie，1738—1801）。他在数学方面表现出的天赋，使他竞聘上巴黎军事大学（military school of Paris）数学教授一职。在那里，勒让德将抛物线转换成稳定的球面曲线并撰写了相关论文，他在柏林皇家学院（Royal Academy of Berlin）获得了奖项。1780 年，勒让德为了有更多时间研究高等数学而辞掉了数学教授一职。之后，他担任过几个公共委员会的成员。在 1795 年，他当选为巴黎师范学院教授，随后担任过政府的一些小职位。

勒让德作为一个分析家，他对于数学的重要贡献仅次于拉普拉

---

❶R. 梅克（R. Mehmke）. 雅各布数学年报（Jahresb. d. Math. Vereingung）. 德国莱比锡. 1900：138—163.

斯和拉格朗日，在椭圆积分（elliptic integrals）、数论（theory of numbers）、椭圆焦点（attraction of ellipsoids）、最小二乘法（least squares）等方面的研究均有重大突破。勒让德最重要的著作是《椭圆函数》（*Fonctions elliptiques*），于 1825 年和 1826 年分两卷发表。在欧拉、约翰·兰登、拉格朗日放弃的地方着手研究分析学领域。他从卡尔·雅可比（Carl Gustav Jacobi，1804—1851）和尼尔斯·亨利克·阿贝尔（N. H. Abel）探索新发现之前，他是唯一一位一直从事分析学新分支研究长达 40 年之久的数学家。

勒让德认为关联和筹备属于一门独立的科学。他开始了基于 x 四次多项式平方根积分的研究，并指出这种积分式可以提供三种正规表示形式，指定由 $F(\phi)$、$E(\phi)$ 和 $\Pi(\phi)$ 来表示，它的根可以表述成以下形式：$\Delta(\phi)=\sqrt{1-k^2\sin^2\phi}$。同时，他的成就超乎寻常——他得出了在不同振幅、偏心率下的椭圆弧计算表，同时给出了大量不同的积分方法。

《积分学练习》（*Calcul integral*）是勒让德早期的出版物，于 1811 年、1816 年和 1817 年分三卷出版，包含了他在椭圆函数方面的部分研究成果。在这本书中，他详细定义了两类积分之间的变换，并命名为欧拉变换（Eulerian）。他用表格列出了数值在 1—2 之间与 p 对应的 $\log T(p)$ 值。

勒让德最早的研究课题之一是球体引力，该研究使得勒让德创作了以自己名字命名的函数 Pn。1783 年，他的研究报告被推荐到巴黎科学院。在麦克劳林和拉格朗日的研究中，假设被球体引力的点位于球体表面或者内部，但是为了确定一个球体对任何外部点的引力，勒让德证实了一个球体可以通过同一焦点引起另一个球体表面某点的引力，随后发表了《椭圆研究报告》。

1788 年，勒让德在一篇论文中指出了区分变分法最大值和最小值的准则，然而拉格朗日提出该准则并不完美，直到 1836 年，雅可比才将其完善。

勒让德牺牲宝贵的闲暇时间完成了两项极具影响的成果——椭圆函数和数论。关于数论的研究连同他在这一领域的先期研究工作而引发众多数群的理论和推论，使得这一学科更加系统完整。勒让德于 1830 年出版了名为《数论》（*Théorie des nombres*）的两卷大 4 开本书籍。出版前，勒让德反复修改前言。这本著作对后人影响最大的就是二次互反律（theorem of quadratic reciprocity），欧拉在其之前就曾提出过，但未被证明，而勒让德成为完整证明该理论的第一人。

在勒让德作为格林威治（Greenwich）和巴黎测地学委员期间，他在法国计算出格林威治和柏林之间的地理角度，并于 1806 年首次出版，然而当时未经证实。这一成果给测地学理论、公式的形成以及最小二乘法奠定了基础，使得球面三角形解析问题转变成平面三角形解析问题，这一变化过程只需应用特定的圆心角变化即可实现。

勒让德于 1794 年撰写了《几何学基础》，该书代替了欧几里得的《几何原本》，在当时的欧洲和美国大受欢迎。与《几何原本》相比，该著作有许多版本，其中包含了三角函数的元素，并证明了 π 和 π^2 的无理性。勒让德评论道："π 的数值极有可能是一个无理数，这样就合理解释了方程有若干个根，那么系数不可能是有理数。"勒让德对平行线做了大量研究，在《几何学基础》的早期版本中，他直接恳求识别"平行公理"（parallel-axiom）的正确性。于是他试图证明这个"公理"，然而其证明过程就连自己也不甚满意。《研究报告》的第十二卷讲述了勒让德最后一次尝试解决该问题。假设空间是无限的，他指出三角形的三个内角之和不可能超过两个直角，如果任意一个三角形内角之和是两个直角，那么对所有三角形同样适用。接下来，勒让德未能证明三角形的内角之和不能小于两个直角。假若能证明内角之和等于两个直角，就可以严格地推理出平行公理。

另一个研究初等几何学的数学家是意大利的洛伦佐·马斯凯罗尼。他撰写了《圆规几何学》（*Geometria del compasso*，帕维亚，1797，巴勒莫，1903），并由卡雷特（A. M. Carette）于 1798 年和 1825 年译成法语，格吕松（J. P. Grüson）于 1825 年将其译成德语。一副圆规能够画出所有图件，但是不能限制一个固定的半径，他指出用尺规作图比单独用圆规作图更合理。彭赛列于 1822 年证明了单独用尺子也可以制图，前提是圆的中心在建筑物的平面上；1890年，维也纳的阿德勒（A. Adler）指出当尺子边缘平行或者收敛于一点时，也可单独成图。马斯凯罗尼（Mascheroni）认为，用圆规成图比单独用尺子更加精确。拿破仑向这个法国数学家提出一个问题，如何把一个圆的圆周分成四个相等的部分，马斯凯罗尼先将圆用半径标定三次，得到弧段 AB、BC 和 CD，此时 AD 即为直径，弧段 BD 即为四分之一圆周。霍布森（E. W. Hobson，《数学公报》，1913 年 3 月 1 日）和其他数学家给出了所有欧几里得的几何建筑均可单独用圆规实现。

1790 年，马斯凯罗尼对欧拉的微积分进行了注解。达朗贝尔质疑道："计算有缺陷。"当星形线 $x^{\frac{2}{3}} + y^{\frac{2}{3}} = 1$ 得到 0 作为 $x = -1$ 到 $x = 1$ 的弧长，取 y 为正数。对此，马斯凯罗尼在其注释中加入了另一个悖论：当 $x > 1$ 时，曲线是假设的，但是有一个真正的弧长。❶ 然而，当时由于变量区间不确定，这些悖论并没有得到足够的证明。

约瑟夫·傅里叶（Joseph Fourier，1768—1830）生于法国中部的欧塞尔（Auxerre）。8 岁时沦为孤儿，在朋友的帮助下，被当地军校录取。在那里，傅里叶开始了学术研究，尤其在数学领域，取得了辉煌成就。他渴望加入炮兵军队，然而由于其卑微的出身（其父为一个小裁缝），他的申请被退了回来，原因是："傅里叶，尽管你在数学方面的成就可以与牛顿比肩，但你不是贵族身份，因此不能加入炮兵部队。"他很快被聘为军校的数学教授。21 岁时，傅里叶前往巴黎，在科学院翻阅了一本关于解数值方程的研究报告，这是对牛顿近似法的一种改进。他从未忘记年轻时的这次调研。傅里叶在理工大学开展过这方面的研究，并在尼罗河海岸补充了该研究，那就是他的著作《方程确定性分析》（*Analyse des equationes*

---

❶M. 康托尔（M. Cantor）. 数学史讲义（*Vorlesungen wber Geschichte der Mathemalik*）：第四卷. 1908：485.

determines, 1831) 的一部分, 在其死后才得以出版。该著作包含
"傅里叶定律"（Fourier's theorem) ——关于求取两个选定范围内
实根的数量。法国医生布丹 (F. D. Budan) 早在 1807 年曾发表了一
篇表述不同但理论基本类似的论文, 布丹并没有将其冠以自己的名
字, 而且他本人也质疑该原理的准确性。1811 年, 布丹给出了证
明, 并于 1822 年发表。傅里叶分别于 1796 年、1797 年和 1803 年
在理工大学将获得的理论传授给学生, 他于 1820 年发表该原理及证
明过程。他先于布丹做出结论的事情已经盖棺定论。

傅里叶在数学领域有两个重要的研究成果：一是他将求解近似
值的牛顿－拉弗森方法 (Newton-Raphson method) 进行了改进,
使得求解过程适用且没有失败的可能性, 在此之前, 穆拉耶也曾做
过类似研究; 二是傅里叶的解决方法, 接近边界线的两个根是否相
等, 还是稍有差异, 也可能是虚根。1835 年施图姆 (Sturm) 发表
的相关论文使上述理论黯然失色。

大约在这个时候, 真正根的上下限被发现了。1815 年, 格勒诺
布尔 (Grenoble) 的让·雅克·布雷特 (Jean Jacques Bret,
1781—?) 教授阐明了三个理论, 其中最著名的理论是：在一个方
程中, 如果分式的分子为负系数, 而分母是正系数, 并且正系数之
和高于分母本身, 另外将单位值加到每个分数, 此时得到的最大数
大于方程的任何根。1822 年, 法国工程师韦内 (A. A. Vene) 指出：
"如果 P 为最大的负系数, 而 S 为最大的正系数且高于负项, 那么
$P \div S + 1$ 就会得到一个上限值。"

傅里叶为革命事业做出了重大贡献。在法国大革命爆发期间,
艺术和科学繁荣发展, 并引进了改革度量衡概念的宏伟构想。巴黎
高等师范学校创建于 1795 年, 傅里叶成为第一批学生, 后来成为该
校讲师。傅里叶卓越的成就促使他成为理工大学的教授。他辞职后
与蒙日和贝托雷 (C. L. Berthollet) 一起跟随拿破仑共同在埃及
(Egypt) 作战。拿破仑建立了埃及研究所, 傅里叶担任部长。在埃
及, 他不仅忙于科学研究, 同时也从事一些重要的政治活动。回到
法国后, 傅里叶任格勒诺布尔市长一职长达 14 年。在此期间, 他对

固体中热的传播做了详尽研究并撰写著作《热的分析理论》（*La Theorie Analytique de la Chaleur*），于 1822 年出版。这项工作标志着纯数学和应用数学历史上的一个新时代。在数学物理领域，这是所有现代方法的来源，其中包含怎么确定偏微分方程边界值问题（边值问题）。这类问题涉及欧拉对"函数"的第二定义，其中的关系不一定能够被透彻地解析。函数的概念对狄利克雷影响至深。傅里叶作品中最著名的就是"傅里叶级数"（Fourier's series）。通过这项研究，一个长期的争论结束了，事实上，存在真实变量的任意函数（即用任意图形表示的给定函数）可以表示成三角级数。傅里叶于 1807 年在法国科学院（French Academy）公布了这一重大发现。当系数 $a_n = \dfrac{1}{\pi} \int_{-\pi}^{\pi} \phi(x) \sin nx dx$ 与 b_n 积分相等时，三角级数 $\sum\limits_{n=0}^{n=\infty} (a_n \sin nx + b_n \cos nx)$ 可表示成 x 为任意取值的函数 $\phi(x)$。傅里叶分析的缺陷在于他未能证明三角级数实际上收敛于函数值。威廉·汤姆森［William Thomson，后来改名为开尔文（Kelvin）］于 1840 年 5 月 1 日（据说当时他才 16 岁）宣称："我在大学图书馆翻阅了傅里叶书籍，仅仅用了两周我就已经掌握了其中理论。"傅里叶对热的研究影响了开尔文一生，他说："很难判断，这些研究其本质是否独特，或者是否能引起读者的强烈兴趣，或者对物理学研究是否具有永久的启发，然而这的确是最值得称赞的著作。"[1] 克拉克·麦克斯韦（Clerk Maxwell）称赞其为最伟大的数学家。1827 年，傅里叶接替拉普拉斯成为理工大学的委员会主席。

在布丹和傅里叶时代，意大利和英国为求解数值方程创作了重要的细分法。1802 年，意大利科学学会对求解数值方程的改进设置了奖项，1804 年，鲁菲尼（Ruffini Paolo，1756—1822）获得该奖。

[1] S. P. 汤普森（S. P. Thompson）威廉·汤姆森的一生（*life of williarn Thornson*）. 英国伦敦. 1910：14，689.

借助于微积分，鲁菲尼将一个方程转换成根可由特定常数代替的方程。❶ 其后产生了实用计算原理，这里鲁菲尼的方法较 1819 年霍纳的计算要简单，实际上与现在著名的"霍纳程序"一致。霍纳对鲁菲尼研究报告一无所知，而且两个数学家并不清楚早在 13 世纪的中国就已经创作了该方法。霍纳的第一篇论文于 1819 年 7 月 1 日在英国皇家学会宣读，并发表在 1819 年的《哲学学报》（*Philosophical Transactions for* 1819）上。霍纳沿用了阿博加斯特（L. F. A. Arbogast）的方法。读者惊奇地发现，与现代论文中通俗易懂的解释相比，霍纳的阐述涉及非常复杂的推理过程。这可能是幸运的，避免了在《哲学学报》上出现简单的推理过程。这篇论文引起许多异议，戴维斯（T. S. Davies）提道："这项研究的基本特点就是引起学术专业的异议，承认霍纳深奥的论述方法是它能够通过专业的保障。"霍纳方法的另一篇文章未能在《哲学学报》上发表，而是在其死后于 1765 年发表在《数学家》（*Mathematician*）。霍纳和鲁菲尼开始都是利用高等分析解释其方法，而后又采用初等代数，二者均替代了以往求取根数量的方法。鲁菲尼的论文被忽视遗忘了，而霍纳很幸运地找到两位著名的数学家——贝尔法斯特（Belfast）的约翰·拉德福德·扬（John Radford Young，1799—1885）和德·摩根支持他的方法。鲁菲尼—霍纳（Ruffini Horner）方法在英国和美国被广泛应用，在德国、奥地利和意大利应用较少，在法国完全没有出现。几乎没有什么方法可以动摇牛顿—拉弗森方法在法国的影响。

追溯现代几何起源之前，我们应该对高等分析引入英国进行简短地介绍。这发生在 19 世纪的前 25 年，与欧洲大陆其他国家在科学发展的赛道上，英国人开始哀叹自身的进步很小。被迫学习欧洲大陆作家研究成果的第一个英国人是剑桥大学（Caius College）的

---

❶F. 卡约里（F. Cajori）. 鲁菲尼求解近似值的霍纳方法（*Horner's Method of approximation anticipated by Ruffini*）. 布尔代数自然学报（*Bull. Am. Math*）：第二版. 1911：409—414.

罗伯特·伍德豪斯。1813 年，剑桥大学成立了"分析学会"
（Analytical Society），这是一个由乔治·皮科克（George Peacock）、
约翰·赫歇尔（John Herschel）、查尔斯·巴贝奇（Charles
Babbage）和其他一些剑桥大学学生组成的社团。社团成员巴贝奇
幽默地提到，纯"D-ism"原理即微积分中与"dot-age"或牛顿式
符号相对的莱布尼茨符号。在剑桥大学，符号 $\dfrac{dy}{dx}$ 的引进替代了微分
符号 y，从而结束了这一争论。这是一个伟大的进步，不仅仅因为
莱布尼茨符号超越了牛顿符号，更因为莱布尼茨打开了英国学生对
欧洲巨大研究发现的视野。威廉·汤姆森、泰特（P. G. Tait）以及
其他现代数学家认为使用这两个符号非常方便。赫歇尔、皮科克和
巴贝奇在 1816 年将其翻译成法语，拉克洛瓦（S. F. Lacroix）关于
微分和积分的简短论述，在 1820 年添加了两卷例题。拉克洛瓦的巨
著《微分计算过程》（Traité du calcul différentielet integral），首
次引进了术语"导数""定积分"和"不定积分"的定义。这在当
时是关于介绍微积分最为广泛的著作之一。后来"分析学会"的创
建者皮科克在纯数学领域做了大量研究工作。巴贝奇由于其创作的
计算方法优于帕斯卡而闻名，由于在研究中缺乏足够的资金，巴贝
奇并没有完成这项研究。约翰·赫歇尔——杰出的天文学家，精通
高等分析，研究报告记载了他向英国皇家学会传播数学分析的新应
用，在研究报告中记载了他对撰写光学、气象学以及数学史百科全
书都做出了巨大贡献。在 1813 年的《哲学学报》中，他引进了数学
符号 $\sin^{-1} x$，$\tan^{-1} x$，…来表示 arcsin x 和 arctan x，…还引进
$\log^2 x$，$\text{los}^2 x$，…来表示 log（log$x$），los（los$x$），…但是在符号的
表示上，如同曼海姆（Mannheim）的海因里希·布尔曼（Heinrich
Burmann—1817）预测的一样。海因里希·布尔曼是德国数学家兴
登堡（C. F. Hindenburg）组合分析法的支持者。

乔治·皮科克在剑桥大学三一学院接受教育，并成了这里的助
理教授，后来成了伊利学院（Ely）的院长。他的主要著作是《代数
学》，该书出版于 1830 年；另一本著作是《分析的最新进展报告》

(*Report on Recent Progress in Analysis*)，该书是第一本英国协会所有卷中出版的科学进展最有价值的概括。他是第一个认真研究代数的基本原理，也是认识代数纯符号特点的数学家之一。他提出了"等效形式的持久性原则"，该理论假设应用于算术代数符号的规则同样适用于符号代数。大约就在这个时候，剑桥大学三一学院的研究员邓肯·法夸尔森·格雷戈里（Duncan Farquharson Gregory，1813—1844）写了一篇《符号代数的真实性质》（*Duncan Farquharson Gregory*）的论文。论文中清楚地阐述了交换率和分配率。这些规则在多年以前就已经引起了符号计算法创作者的注意。F. 塞尔瓦（F. Servois）介绍了热尔岗的《年鉴》（*Annales*）中（第五卷，1814—1815，第九十三页）的名词"交换"和"分配"。术语"组合"的概念似乎应当归功于哈密顿。皮科克关于代数学基础的研究得到了德·摩根和 H. 汉克尔的大力支持。

詹姆斯·伊沃里（James Ivory，1765—1842）是一个苏格兰数学家，从 1804 年开始，12 年时间都在马洛〔Marlow，现在是桑德赫斯特（Sandhurst）〕的皇家陆军学院（Royal Military College）担任数学教授一职。他几乎是分析社会组织建立以前的唯一一个精通欧洲大陆数学的人。在他的研究报告中（菲利普翻译版本，1809），阐述了一个外部点上均匀介质椭圆球的引力问题简化为对应内部点的相对椭圆球的引力问题，这就是著名的"伊沃里定理"（Ivory's theorem）。他严厉地批评了拉普拉斯最小二乘法的解，并且在不借助概率的情况下给出了原理的三个证明，但是这远远不能令人满意。

这个时期，人们开始对"追踪曲线"进行积极研究。意大利画家达·芬奇似乎是研究这种曲线的第一人。1732 年，巴黎的皮埃尔·布格开始研究这些曲线，然后是法国的海关征收员杜布瓦·埃梅（Dubois Ayme），他在一定程度上激励了托马斯·德·圣洛伦特（Thomas de St. Laurent）、Ch. 施图姆、吉恩·约瑟夫·奎雷特（Jean Joseph Querret）以及泰德奈特（Tedenat）进行研究。

通过研究笛卡尔的微积分发明，使得几何分析研究在过去的一个世纪中非常突出。虽然笛沙格、帕斯卡、德·拉希尔（De Lahire）、牛顿以及麦克劳林对于重现综合方法做出了很多努力，但是现存保留的分析方法仍然占主导地位。蒙日的《画法几何学》（*Geometric descriptive*）标志着现代几何学的重要发展。

画法几何中的两大主要问题：一个是通过绘制几何量来表示——该几何量在蒙日时代之前就已经是非常完美的；另一个是在平面中构建一个空间图形来解决问题——在他这个时代之前就已经引起了关注。在画法几何方面，做出突出贡献的是法国人阿梅迪·弗朗索瓦·弗雷泽（Amedee Francois Frezier，1682—1773）。蒙日创造了作为科学分支的画法几何，具有通用性与优雅性。先前在特殊及不确定方式下研究所有的问题，都与一些一般性原理有关。他引入了水平面和垂直平面的交点线作为投影轴线。一个平面沿这条轴线或者地面线绕另一个平面旋转，就可以获得很多图形。❶

加斯帕尔·蒙日（Gaspard Monge，1746—1818）出生在波恩。他被推荐到梅齐埃尔（Mezieres）的工程大学担任职务。由于出身贫寒，他无法获得军队的委任，但是他可以进入这所大学的附属机构，教测量和绘画。蒙日发现与防御工事构建计划相关的所有操作都可以通过冗长的算术过程来统计，并运用了一种几何方法。刚开始，指挥官都拒绝查看他的这个方法。蒙日在很短的时间内多次练习，当经过再一次验证以后，大家都非常热情地接受了这个方法。蒙日将这些方法进一步发展，最终创建了他的画法几何。由于那段时间法国军事学院的相互竞争，不允许蒙日向外透露自己的新方法。在 1768 年，当蒙日与自己的两个学生——S. F. 拉克洛瓦和巴黎的 S. F. 盖伊·德·弗农（S. F. Gay de Vernon）进行讨论时，说："所有通过计算得出来的结果，我都能够通过尺子和圆规做出来，但是不允许我把这些秘密告诉你们。"拉克洛瓦开始研究秘密所在，后来发现了这些过程，并且在 1795 年将其出版。蒙日在同一

---

❶克里斯汀·维纳（Christian Wiener）．几何分布教材（*Lehrbuch der Darstellenden Geometric*）．德国莱比锡．1884：26.

年也发表了自己的方法，首先以师范学院课程的形式记录下来，当时他是这个学校的教授，随后又以修订的形式，将该方法收录在《巴黎高等师范学院科学纪事》（*Journal des ecotes normates*）中。接下来的版本出现在 1798—1799 年。在同一年，综合工科学校（Polytechnic School）成立了，蒙日在建校期间起了积极的作用。在蒙日离开法国陪着拿破仑进行埃及战役以前，他一直从事画法几何的课程。蒙日是第一任埃及大学的校长。蒙日是拿破仑的狂热支持者，因为这个原因，路易十八剥夺了他所有的荣誉。这个原因以及综合工科学校的破坏使他十分苦恼。

蒙日拥有众多论文，完全不局限于画法几何。他将直线方程的方法应用引入解析几何。蒙日在二阶曲线研究上（由雷恩和欧拉之前研究了）做出了非常重要的贡献，并在曲面理论和偏微分方程组合中发现了这两个学科之间存在的隐秘关系，给这两个学科注入了新的理论。蒙日给出了曲线曲率的微分，建立了曲率的一般理论，并应用于椭圆体。蒙日发现当辅助量中包含虚数时，解是有效的。人们通常将圆的相似中心和某些定理归功于蒙日，然而，这些定理很可能应当归功于阿波罗尼奥斯❶。蒙日出版了下面这些书：《静力学引论》（*Staties*，1786）、《解析在几何中的应用》（*Applications de I' algébre à la gàomàtrie*，1805）、 《代数在几何中应用》（*Application de I' analyse à la géométrie*）。

蒙日是一个鼓舞人心的老师，他身边聚集了一大群学生，其中有查尔斯·迪潘（C. Dupin）、塞尔瓦、布利安桑（C. J. Brainchon）、阿歇特、巴蒂斯特、毕奥、彭赛列。J. B. 毕奥是巴黎法兰西学院的教授，蒙日经常和拉普拉斯、拉格朗日探讨问题。1804 年，他与盖·吕萨克（Gay Lussac）登上热气球。他们证明了在地球表面的上空，地球磁性强度没有明显减少。毕奥写了一本关于解析几何的书，并活跃在数学物理和测地学方面。毕奥与阿拉果存在争议，而阿拉果是

❶R. C. 阿奇巴尔德（R. C. Archibald）. 布尔代数月刊（*Am Math Monthly*）：第二十二卷. 1915：6—12.

奥古斯订·让·菲涅耳（A. J. Fresnel）光波动理论的拥护者。毕奥是一个个性很强并且有很大影响力的人。

查尔斯·迪潘（Charles Dupin，1784—1873）在巴黎艺术学院当了很多年的力学教授。在 1813 年，迪潘出版了一本很重要的著作《几何学的发展》（*Dévcloppements de géométtie*），其中介绍了曲面点和指示点共轭切线的概念。❶ 它还包含迪潘定理（Dupin's theorem）。

让·尼古拉斯·皮埃尔·阿歇特（Jean Nicolas Pierre Hachette，1769—1834）研究了二阶曲线和画法几何，在蒙日去了罗马和埃及之后，他成为综合工科学校解析几何学的教授。1822 年，他发表了《画法几何论述》（*Traité de géométrie descriptive*）。

画法几何学的兴起，正如我们所见，从法国的技术学校传到德国的基础技术学校。施莱伯（G. Schreiber，1799—1871），是卡尔斯鲁厄的教授，也是第一个在德国传播（1828—1829 年期间）蒙日画法几何的人。1816 年，克劳德·克罗泽（Claude Crozet）将画法几何学引入美国西点军校，他曾经是巴黎理工学校的学生。克罗泽就这个主题撰写了第一部英文著作。❷

拉扎尔·尼古拉斯·玛格丽特·卡诺（Lazare Nicholas Marguerite Carnot，1753—1823）出生在勃艮第的诺莱（Nolay），在家乡接受教育。他进入了军队，但仍然继续研究数学。在 1784 年，卡诺写了一篇关于力学方面的著作，包含了物体相撞消耗动能的早期证明。随着法国大革命的到来，他投身政治，在 1796 年因为反对拿破仑"雾月政变"被放逐。1797 年，卡诺流亡到日内瓦，在那里他完成了《无穷计算反射理论》（*Réflexions sur la Mélaphysique du Calcul Infinitésimal*），现今仍被频繁引用。卡诺于 1803 年出版的《位置几何

---

❶基诺·洛里亚（Gino Loria）. 几何理论（*Die Hauplsachlisten Theorien Geometrie*）. 德国莱比锡. 1888：49.

❷F. 卡约里（F. Cajori）. 美国数学历史和教学（*Teaching and HISTORY OF mATHEMATICS*）. 美国华盛顿. 1890：114，117.

学》(*Géométrie de position*)和 1806 年出版的《横截面理论的研究》
(*Essay on Transversals*)是对现代几何学的重要贡献。蒙日着迷于三
维几何，卡诺却把自己局限在二维几何中。卡诺努力解释负符号在几
何学上的意义，并建立了一个"位置几何"。卡诺发明了一类图形投
影性质的一般定理，后来这个理论由彭赛列、米歇尔·沙勒和其他人
进一步扩展。

让·加斯东·达布（Jean Graston Darboux，1842—1917）说：
"多亏了卡诺的研究，解析几何的发明者笛卡尔和费马才重新获得
了莱布尼茨和牛顿的无穷小微积分中失去的部分，而且是不应该停
止探究的部分。拉格朗日说，因为蒙日的几何学，将会使一个邪恶
的人变得精神不朽。"

在法国，蒙日学派正在创建现代几何。在英国，罗伯特·西姆森
（Robert Simson，1687—1768）和马修·斯图尔特（Matthew Stewart，
1717—1785）也在努力恢复希腊几何的活力。斯图尔特是西姆森和麦克
劳林学生，曾在爱丁堡大学任职。在 18 世纪期间，他和麦克劳林是英
国杰出的数学家。在他的《四个手册》(*Four Tracts*)、1761 年的《物理
和数学》(*Physical and Mathematical*)中，他将几何应用到解决天文的
难题上。他在 1746 年出版了《一般性原理》(*General Theorems*)，在
1763 年出版了《几何证明定理》(*Propositions geometricae more veterum
de monstratae*)。《一般性原理》包含了 69 个定理，其中只有 5 个定
理已经经过证明。该书给出了关于圆和直线的有趣新结果。斯图尔
特还扩展了许多横截面定理。乔瓦尼·塞瓦于 1678 年在米兰出版了
一本著作《直线相交定理》(*De lineis rectis se invicem secantibus*)，
包含了现在被人们熟知的"塞瓦定理"。

19 世纪和 20 世纪

数学的定义

探索严谨性的阶段之一是对数学的重新定义。"数学，即数量的科学"，是一个可以追溯到亚里士多德时代的定义。这个定义后来是由法国哲学家、数学家、实证主义的创始人奥古斯特·孔德（Auguste Comte，1798—1857）修订并确认的。由于著名的测量不是直接的，而是间接的，例如，确定行星或原子距离的大小，他将数学定义为"间接测量的科学"，这些定义最终被抛弃的原因有很多，一些现代数学分支，如群论、拓扑学、射影几何、数论和逻辑代数，这些量和测量没有关系。凯泽❶说："首先，连续统的概念——西尔维斯特称之为'大连续统'——现代分析的中心一直是由魏尔斯特拉斯、戴德金、康托尔和其他人创建的，没有任何参考量，所以这些量的大小不仅是独立的，从本质上说，它们是迥然不同的。"如果回到几个世纪前引用单一的定理，我们可以引用笛沙格的说法："平面上有两个三角形，设它们的对应顶点的连线交于一点，

---

❶C. J. 凯泽（C. J. keyser）. 人类价值的严谨思考（*The Human Worth of Rigorous Thinking*）. 美国纽约. 1916：277.

如果对应边线其延长线相交，则这三个交点共线。"

1870 年，本杰明·皮尔士在《线性结合代数》（*Linear Associative Algebra*）中写道："数学是一门能得出必要结论的科学。"这个定义被认为包含了太多内容，也需要阐明什么构成了一个"必要"的结论。对上一代人来说，决定性的推理不能满足下一代。根据现在的准则没有任何推理可以靠直觉就能完成准确推断，必须根据形式逻辑的原则，从具有明确而完整的规则开始。从数学逻辑学家乔治·布尔到皮尔士、施罗德（E. Schroder）和皮亚诺（Peano, Giuseppe, 1858—1932），他们已经将这个领域做得太突出，以至近年来皮亚诺和他的追随者，还有独立派的戈特洛布·弗雷格（G. Frege）曾说："我们可以建立起一个简短的逻辑概念和原则列表，似乎所有确切的推理都取决于这些概念和原则。"但是逻辑中的有效性必须经得起应用的考验，在这一点上，我们可能永远无法确定。弗雷格和伯特兰·罗素（Bertrand Russell）各自建立了一套算术理论，每一个理论都从显而易见的逻辑原则为基础。罗素将发现的原则应用于一种普遍的逻辑类型是不可取的，这需要进一步改进。毕竟，我们能连续做到绝对的精确性吗？

肯普（A. B. Kempe）的定义如下："数学是一门科学，通过它我们可以研究任何思想主题的特性。这些思想源于许多个体或者群体的一致或不一致。"十年后，马克西姆·博歇修改了肯普的定义："如果我们有一个特定类型的对象和一个特定类型的关系，如果我们探究的唯一问题是判断这些对象是否满足这些关系，那么探究的结果就被称为数学。"博歇指出，如果我们把自己局限于精确或演绎数学，那么肯普的定义就会与本杰明·皮尔士的定义一样广泛。

罗素在《数学原理》（*Principles of Mathematics*，剑桥大学，1903）中说："纯数学只包含'由逻辑原理推导出的逻辑原理'。"罗素给出的另一个定义听起来有点矛盾，但实际上表示了现代数学某些部分的极端普遍性和极端微妙性："数学是一门我们永远也不知道自己说的是什么，也不知道我们所说的主题是否正确。"其他类似的定义应归于帕佩里兹（E. Papperitz, 1892）、伊特尔松

（G. Itelson，1904）和库蒂拉（L. Couturat，1908）。

综合几何

综合几何和解析几何之间的冲突出现在 18 世纪末至 19 世纪初，到现在已经结束。双方都没有取得胜利。最好的情况不是压制任何一方，而在于两方之间的友好竞争，以及一方对另一方的刺激性影响。拉格朗日引以为傲的是在自己的《分析力学》一书中，成功地避开了所有的计算，但他的力学已经借助了很多几何学。

现代综合几何是由几个研究人员大约在同一时间创建的。所有人似乎都在渴望找到一种方法，就像阿里阿德涅指导学生穿越错综复杂的定理、推论、逻辑一样。综合几何最初发展是由蒙日、卡诺和法国的彭赛列推动的，然后在德国的莫比乌斯（A. F. Mobius）和瑞士的雅各布·斯坦纳（Jakob Steiner）的研究中有了巨大发展，并最终由法国的夏莱、德国的与冯·施陶特（Von Staudt）和意大利的克雷莫纳完美诠释。

让·维克多·彭赛列（Jean Victor Poncelet，1788—1867）出生于梅茨（Metz），他参加了俄国战役，但被作为战俘带到了萨拉托夫（Saratoff）。胜利者没收了彭赛列所有的书籍，他只记得在梅茨理工学校和综合工科学院学到的知识，在那里时他曾偏爱学习蒙日、卡诺和布利安桑的著作，于是他开始从数学的基础原理来研究数学。在监狱里，彭赛列对数学的贡献就像班扬对文学的贡献一样，他出版了一些值得阅读的作品，这些作品对当今仍有着巨大的价值。1814 年，他回到法国；并在 1822 年，出版了《论图形的射影性质》（*Traité des propriétés projectives des figures*）。彭赛列研究发现，图形的性质并不因为图形的映射而发生改变，而且这种性质如同蒙日所述的那样，并不受规定方向平行光线的影响，而是受中心投影的影响。在他之前，笛沙格、帕斯卡、牛顿和兰伯特使用了中心投影法，但彭赛列将这个方法变为一个卓有成效的几何方法。彭赛列提出了所谓的连续性原则，即当一个图形按照一定的规

律变化时，它的性质不变，当这个图形处于某种极限位置时，它的
性质也不变。

达布说："彭赛列没有足够的投影方法，为了达到这一目的，
他创造了著名的连续性原则，这一原则是他和柯西之间经过长久的
讨论而诞生的。如果能恰当地阐明这一原则是伟大的，可以提供一
些证明。一方面彭赛列的错误在于拒绝将其作为一个简单的分析结
果来呈现；另一方面，柯西不愿意承认对自己的反对意见，而是去
怀疑那些卓越的人物，相较于《论图形的射影性质》，柯西在应用
方面并无优势。"通过几何连续性这一原则，彭赛列开始考虑消失
在无穷远处或者变为虚数的点和线。这些理想的点和线是一种纯几
何从分析中得到的礼物，在这里虚量和实量用相同的方式表示。彭
赛列将德·拉希尔、塞尔瓦和热尔岗的思想详尽阐述成为一种名叫
"反极"的常规方法。我们将他的对偶原理作为反极作用的结果。
作为一个独立的原理，这要归功于热尔岗。达布说对偶原理的意义
是："开始有点含糊，后来在热尔岗、彭赛列和普吕克之间关于这
个问题的讨论之后更加清晰。"它的优势是使一个命题与另一个完
全不同的命题相对应。这是一个全新的事实。基于这一论证，热尔
岗建立了体系，自那以后取得了巨大的成功，体系就是将文献以双
列的形式印刷，并将相关命题并置。

约瑟夫·迪亚兹·热尔岗（Joseph Diaz Gergonne，1771—
1859）是一名炮兵军官，之后在尼姆学院（the lyceum in Nimes）
担任数学教授，后来在蒙彼利埃大学当教授。他解决了阿波罗问
题，而且声称分析法优于综合法。同时，彭赛列发表了一个纯几何
解。热尔岗和彭赛列关于谁先发现对偶原理进行了一场激烈的辩
论。毫无疑问，彭赛列更早地进入这个领域，而热尔岗对这个原则
有更深的把握。一些几何学家，尤其是布利安桑对该原则的一般有
效性产生怀疑。争议产生了一个新的结果，即热尔岗考虑了曲线或
曲面及其顺序。彭赛列写了很多关于应用力学的文章。1838 年，他
当选为力学系主任，从而扩大了理学院。

让·加斯东·达布说："彭赛列反对解析几何的方法没有顺利

被法国分析师接受。由于这些方法的重要和新颖，立即引起了各个方面最深刻的研究。"这些话引自热尔岗于 1810 年至 1831 年在尼姆出版的《数学年鉴》（*Annales de mathēmatiqnes*）中。这是过去十五年中世界上唯一专门从事数学研究的杂志。热尔岗说："合作，经常违背他们的意愿，研究报告的作者有时或多或少会改写自己的希望……"当时任蒙彼利埃学院校长的热尔岗被迫在 1831 年停止出版期刊。而 A. 凯特莱已经在比利时出版了《数学和物理的对应关系》（*Correspondonce mathēmatiqueet physique*）。奥古斯特·利奥波德·克雷尔（August Leopld Crelle）从 1826 年开始，在柏林出版了第一期著名的杂志，出版了有关阿贝尔、雅可比、斯坦纳的研究报告。

和彭赛列同一时期的德国几何学家奥古斯都·费迪南德·莫比乌斯（Augustus Ferdinanf Mobius，1790—1868）是普鲁士舒尔普福塔本地人。他在哥廷根学习时，师从高斯，后来也在莱比锡城和哈雷（德国城市）学习过。1815 年，他在莱比锡成为私人讲师，第二年成了天文学教授，并于 1844 年做了教授，他在这个职位直到去世。最重要的是他对几何学的研究。这些研究出现在《纯粹与应用数学杂志》（*Crelle's Journal*）上，他在 1827 年于莱比锡出版的名为《重心的计算》（*Der Barycentrische Calcul*）的书中说道："一部真正具有原创性的作品，会以它非凡深刻的概念和优雅严谨的阐述著称。"顾名思义，这个计算是基于重心❶的性质。因此，点 S 是分别被放置在 A、B、C、D 点上的权重，a、b、c、d 的重心用方程表示 $(a + b + c + d) S = aA + bB + cC + dD$。他的微积分是四重代数的开始，并且包含了格拉斯曼（Grassmann）绝妙系统的萌芽。在指定的线段上，我们第一次发现通过字母 AB，BA 来区分正向和反向。同样适用于三角形和四面体。这句话的意思是，给 A、B、C 三点分别加重 α，β，γ，它们平面上的任何第四点 M

---

❶J. W. 吉布斯（J. W. Gibbs）. 多代数（*Multiple Algebra*）科学进步协会. 1886.

都有可能成为重心，这使得莫比乌斯提出了一个新的坐标系统，其中点的位置用方程表示，线的位置用坐标表示。莫比乌斯通过代数算法发现了许多主要表达不变性的几何中非调和关系的定理。莫比乌斯还写过静力学和天文学，他通过使三角形的边或角超过 180 度推广了球面三角学。

莫比乌斯和格拉斯曼，都摒弃了常用的坐标系统，并使用了代数分析。在 19 世纪末 20 世纪初，这些思想得到了广泛应用，特别是雅典国立大学的塞帕索斯·斯特凡诺斯（Cyparissos Stéphanos，1857—1917）、维纳（H. Wiener）、塞格雷（C. Segre）、皮亚诺、阿斯基耶里（F. Aschieri）、斯塔迪（E. Study）、布拉利·福尔蒂（C. Burali·Forti）和格拉斯曼（H. G. Grassmann）的儿子小赫尔曼·格拉斯曼（Hermann Grassmann，1859—?）。他们的研究，涵盖了二元和三元线性变换领域，被小格拉斯曼聚集在一起，形成一篇论文《使用点计算的平面投影几何》（*Projektive Geometric der Ebene unter Benutzung der Punktrechnung dargestellt*，1909）。

雅各布·斯坦纳（Jakob Steiner，1796—1863）是自欧几里得以来最著名的几何学家，出生在伯尔尼（Bern）的乌岑斯多夫（Utzendorf）。他直到 14 岁才学会写作。18 岁时他成了裴斯泰洛齐（Pestalozzi）的学生。后来，他在海德尔堡和柏林学习。1826 年，克雷尔所创的著名数学杂志刊登了他的名字。1834 年，斯坦纳在柏林当选了几何主席。他在这个职位上一直工作到逝世。

在 1832 年，斯坦纳出版了《几何设计的系统发展》（*Systematische Entwickelung Abhängigkeit geometrischer Gestalten von einander*），"在书中揭示了空间世界中最多样现象（欧洲人类现象）相互结合的生命体"。这是第一次引入的对偶性的原理。这本书和与冯·施陶特的著作作为综合几何以后的形式奠定了基础。法国数学家的研究在蒙日、彭赛列和热尔岗举世瞩目的作品中达到巅峰，提出了几何过程的统一思想。这个"揭示了空间世界中不同形式有机体之间的关系"的论文，显示出"计划揭示少数非常简单的基本关系是通过定理可以符合逻辑并易于发展来完成的"是斯坦纳假设的任务。汉克尔❶说："在这个完美的定理中，通过两条摄影束的交集可以产生一个圆锥曲线（关于射影范围的对偶相关定理），斯坦纳认识到这些著名曲线的无数特性遵循基本原则，可以说是水到渠成。"他不仅较完整地完成了二次曲线的曲面理论，而且在高次曲线和曲面理论方面也取得了很大的进步。

在《系统的发展》（*Systematische Entwickelungen*，1832）中，斯坦纳把注意力集中在一个完整的计算上，以各种方式在一个圆锥上以 6 个点的形式显示，在帕斯卡定理 60 条中，"帕斯卡线"以 3 乘 3 的方式通过 20 个点（"斯坦纳点"）位于 4 乘 15 的 4 条直线（普吕克线）上。普吕克尖锐地批评了斯坦纳在早期声明中一个已经深入人心定理的错误（1828）。现在，斯坦纳给予了正确的陈述，但没有致谢普吕克。帕斯卡定理的属性进展要归功于柯克曼（Kirkman）、凯莱和萨蒙（G. Salmon）。3 个六边形的帕斯卡线同时发生在一个点上（"柯克曼点"）。有 60 个柯克曼点，对应于同时发生在一个斯坦纳点的 3 条帕斯卡线上，一条直线上有 3 个柯克曼点（"凯莱线"）。有 20 条凯莱线 4 比 4 穿过 15 个"萨蒙点"。六边形的其他新特性是在 1877 年由维罗赫塞（G. Veronese）和克雷莫纳获得的。

在斯坦纳的努力下，综合几何取得了惊人的进步。新发现随之而来，以至于他经常没有时间去记录自己的论证。在《纯粹与应用数学杂志》上的《主要的代数曲线》（*Allgemeine Eigenschaten Algebraischer Curven*）一文中，给出了一个没有证明的定理，而这个定理被路德维希·奥托·海塞（Ludwig Otto Hesse，1811—1874）称为"像费马定理一样，对于现今以及以后的人们来说都是一个谜"。后来又有人对其中一些进行了分析证明，但是克雷莫纳最终运用综合法证明了它们。斯坦纳发现了一个三阶曲面的两个突出特征，即，它包

---

❶H. 汉克尔（H. Hankel）. 几何投影的基本元素（*Basic Elements of Geometric Projection*）. 德国图宾根. 1875：26.

含 27 条直线和一个五面体，该五面体的边是给定曲面的海塞线。斯坦纳通过综合法研究最大值和最小值，并找到解决问题的办法，这在当时超过了变分法的分析能力。

斯坦纳对马尔法蒂（Malfatti）的问题进行了概括。费拉拉（Ferrara）大学的乔瓦尼·弗朗西斯科·马尔法蒂（Giovanni Francesco Malfatti，1731—1807）在 1803 年提出了这个问题：以圆柱体和三棱镜是相同高度的方式，在三棱镜上切割三个圆柱形孔，切得圆柱体的体积是最大的。这个问题已经被简化为另一个问题，现在一般称为马尔法蒂问题，在一个三角形中内接三个圆，使每个圆与三角形的两条边和其他两个圆相切。马尔法蒂给出了一个新解释，但斯坦纳没有给出构造证明，他指出有 32 个解，他通过用三个圆代替三条线来推广问题，为三维空间解决了类似的问题。这个常见的问题由 C. H. 舍尔巴赫（C. H. Schellbach，1809—1892）、凯莱克莱布什（R. F. A. Clebsh）借助椭圆函数的加法定理解决了。斯坦纳结构的一个简单证明是由都柏林三一学院的 A. S. 哈特（A. S. Hart）于 1856 年在柏林给出的。

有趣的是斯坦纳的论文——《用几何构造的方法来研究直线与直线的关系》（*Veber die geometrischen Constructionen ausgführt mittels der geraden Linie and eines festen kreises*，1833），他在文中指出，所有的二次构造都可以用尺子来完成，只需要准备一个固定的圆即可。众所周知，所有的线性构造都可以由尺子来完成，不需要任何其他辅助。在三次构造的情况下，1868 年，德国波恩的路德维希·赫尔曼·科图姆（Ludwing Hermann Kortum，1836—1904）和牛津大学的斯蒂芬·史密斯（Stephen Smith）在两次研究中提出了确定三个未知元素的方法。结果表明，如果一开始给定一个圆锥曲线（不是圆），那么所有这些构造都可以用尺子和圆规完成。布雷斯劳的弗朗兹·伦敦（Franz London，1863—1917）在 1895 年证明了一旦绘制出一条固定的三次曲线，这些构造只用尺子就可以实现。

布茨伯格（F. Butzberger）最近指出，早在 1824 年斯坦纳就在一篇未发表的手稿中提到了反演原理的知识。1847 年，刘维尔

（Liouvilee）称之为互反半径的变换。在斯坦纳之后，这个变换被贝拉维蒂斯（J. Bellavitis）在 1836 年独立发现，斯塔布斯（J. W. Stubbs）和英格拉姆（J. R. Ingram）分别在 1842 年和 1843 年，威廉·汤姆森（开尔文勋爵）在 1845 年分别发现了这种变换。

斯坦纳的研究仅限于综合几何。他讨厌分析，就像拉格朗日不喜欢几何一样。斯坦纳文集于 1881 年和 1882 年在柏林发表。

米歇尔·夏莱出生在埃佩尔农（Epernon），于 1812 年进入巴黎综合工科学校，后来开始经商，但他很快放弃了，并把所有的时间投入到对科学的追求。1841 年，夏莱任巴黎综合工科学校大地测量学和力学教授。之后，夏莱成了巴黎学院的几何教授。夏莱是在几何学科上著作最多的作家。在 1837 年，夏莱出版了《几何方法的起源和历史发展的回顾》（*Apersu historique sur l'origine et le développement des méthodes en géométrie*），包含了几何学的历史，以及作为附录的《科学的一般原理》。《历史摘要》仍然是一个规范的史学著作；附录包含弹映性（直射变换）和对偶性（相互性）的一般理论。对偶性的名字由热尔岗命名。夏莱引入了非调和比对应于克利福德的交比。夏莱和斯坦纳独立阐述了现代综合几何或射影几何。不久后，夏莱最初的笔记被发表在《综合工科学校学报》（*Jeurnal de l'École polytechnique*）上。夏莱给出了三次曲线的规约，在这方面不同于牛顿，所有其他的曲线都可以从这五条曲线中投射出来，这五条曲线是中心对称的。1864 年，夏莱开始在《法国科学院周报》上（*Comptes rendus*）发表文章，文章中他用"特征线法"和"对应原则"解决了大量的问题。例如，夏莱确定了平面上两条曲线的交点数。特征线法包含枚举几何的基本原理。

对于夏莱虚数的应用，达布表示："这里，他的方法很新颖……但夏莱只通过对称函数引入了虚数，因此，当这四种元素全部或部分不再是实数时，他就无法定义它们的交比。如果夏莱能够建立虚拟元素的交比概念，那么他在《高级几何学》（*Geometrie Superieure*，新版第 118 页）中给出的公式，会立即给他提供出色的角度定义，就像授权给 E. 拉格雷交比的对数一样，发现问题的变换关系同时含有角和部分单应性和相关性，最终给出完整的解。"对应原则的应用被凯莱、布里尔（A. Brill）、塞乌滕（H. G. Zeuthen）、施瓦茨（H. A. Schwarz）、阿尔方（G. Halohen Georgs—Henri，1844—1889）等人推动。直到 1879 年德国汉堡的赫尔曼·舒伯特（Hermann Schubert，1848—1911）《计数几何演算法》（*Kalkül der Abzählenden Geometrie*）的出现，夏莱的这些原则的全部价值才被体现。这项工作包含了枚举几何问题精湛的讨论，即确定点、线、曲线等数量，建立满足某些条件的系统。舒伯特扩展自己的枚举几何到 n 维空间。❶ 枚举几何学的基本原则是"数量保存"定律，正如舒伯特所言，斯塔迪和科恩（G. Kohn）在 1903 年的发现并不总是有效的。由于斯塔迪和后来的塞维里（F. Severi）仔细检查了特殊问题，考虑一条线的射影对应数把自己变成一组给定的 4 点对应的数量。如果群的交比不是－1 的三次根，则射影对应的数是 4，否则会有更多。最近一本关于这个主题的书是塞乌滕 1914 年出版的《枚举几何方法》（*Abzählonde Methoden der Geometrie*）。

对于夏莱，我们应该通过无限远的虚构球面圆来引入图形非射影性质的射影几何。❷ 值得注意的是，夏莱在 1846 年，通过综合几何完全解决了外部点上椭球体难题。这个著名的问题是通过综合与分析结合的方法解决的。科林·麦克劳林的成绩最终被综合起来，引起了人们的关注。然而，勒让德和泊松表示综合分析的资源很容易被耗尽。泊松在 1835 年解出了答案。夏莱基于共焦面的综合研究让每个人都大吃一惊。普安索（Poinsot）在研究报告中说："解析和综合分析一定不能忽视。"夏莱和斯坦纳的研究把综合几何提升到受人尊敬的地位。

卡尔·乔治·克里斯汀·冯·施陶特（Karl Georg Christian

---

❶G. 洛里亚（G. Loria）. 几何理论（*Die Hauplsachlisten Theorien Geometrie*）. 德国莱比锡. 1888：124.

❷F. 克莱因（F. Klein）. 最新几何研究的比较与思考. 埃朗根. 1872：12.

von Staudt，1798—1867）出生在陶伯河（Tauber）的罗滕堡，在他去世时仍在埃朗根担任教授。他的作品是《位置几何学》（*Geometrie der Lage*，纽伦堡，1847）和 1856 年至 1860 年的《续论位置几何学》（*Beiträge zur Geometrie der Lage*），冯·施陶特从代数公式和测量关系中脱离出来，然后创建了位置几何学，这本身就是一个完整的科学的、独立于所有的测量。他证明了图形的射影性质与测量没有任何关系，可以在不提及它们的情况下建立。在他的"射影"或"投掷"的理论中，他甚至给出了一个数字的几何定义，利用它与几何的关系来确定一个点的位置。维也纳大学的古斯塔夫·科恩（Gustav Kohn）大约在 1894 年介绍了投掷并作为一个几何结构射影性质的基本概念。根据几何对偶原理，投掷计算以成对的相互投掷出现，相互投掷的计算与相等投掷计算完全形成了类比。提及冯·施陶特的数值坐标，定义没有引入距离作为一个基本思想，怀特海在 1906 年说："这个结果的确是现代数学思想的胜利之一。"

《贡献》（*Beiträge*）中包含了射影几何中虚点、线和面的一个完整理论。表示一个虚点的关键是寻求一个乘方组合来确定方向，同时在穿过点的实线上。对于纯投影，冯·施陶特的方法与实点和解析几何的虚数排成一行所呈现的问题相一致。科特说："冯·施陶特是在研究解析几何基本定理中虚元素的第一个成功者。目前的解析几何，在几何学家的手中得出了最完美的结果。"冯·施陶特的位置几何学在很长一段时间被忽视了，毫无疑问，主要是因为他的书非常难以理解。推动这一课题研究的是库尔曼（Culamnn）。库尔曼在施陶特著作的基础上建立了图解静力学。在斯特拉斯堡（Strassburg）的西奥多·雷耶（Theodor Reye）身上发现了冯·施陶特的一个解释，他在 1868 年写了《位置几何学》（*Geometrie der Lage*）。

马克西米利安·玛丽（C. F. Maximilien Marie，1819—1891）继续研究解析几何虚数图形的表示系统，可是，他和冯·施陶特完全在不同的思想主线上。在 1893 年，科罗拉多大学的 F. H. 劳德

（F. H. Loud）做了很多不同以往的尝试。

路易·克雷莫纳（Luigi Cremona，1830—1903）对综合几何的研究取得了很大成功，他出生在帕维亚，1860 年在博洛尼亚成为高等几何教授，1866 年在米兰担任几何和图形静力学教授，1873 年担任高等数学教授和罗马工程学院主任。在被夏莱的著作影响之后，他承认冯·施陶特为纯几何的真正创始人。1866 年，他关于三次曲面的研究报告在柏林获得斯坦纳奖的一半奖励，另一半授予施图姆（Rudolf Sturm）和布尤贝格（Bromberg）。克雷莫纳使用枚举法产生了极大影响。他创立了平面曲线、曲面、平面和固体空间的对偶变换。双有理变换中最简单的一类现在称为"克雷莫纳变换"，这证明了它的重要性，不仅在几何上，而且在代数函数和积分的分析理论中都是如此。它是由诺特尔（Nother）及其他人开发的。H. S. 怀特对这个学科做了如下的评论："除了平面的线性或射影变换之外，我们还知道柏林的路德维希·伊曼努尔·马格努斯（Ludwig Immanuel Magnus，1790—1861）的二次曲面反演，即通过三个基本点，把直线变成圆锥曲线，而那些基本点和特殊点则变成奇异线，这些都要舍弃。克雷莫纳立刻对这些反式结构进行了高度概括，除了一组有限的基本点以外，对平面上的所有点一一对应。他发现它必须通过一个有理曲线才能被调节；在一个变点上相交于不动点上的两个点，它们是基本点，在本身转化成与多重指数点相同阶的奇异有理曲线。当基本点根据它们的几个指标被类列举时，逆变换的类数集合被认为是同样直接的，这通常与不同的指数有关。像这样低阶的有理数表格是由克雷莫纳和凯莱解释说明的，一个新的广阔前景似乎正在开始，过去是这样，现在也是这样。当三个研究人员同时宣布最普通的克雷莫纳变换，这个变换相当于一系列马格纳斯坦的二次曲面变换时，这好像是一种高潮，又似乎是某些希望的逆转。"克雷莫纳的曲线变换理论和曲线上点的对应关系被他扩展到三维空间；在这里，克雷莫纳展示了如何构造各种各样的特殊变换，"但是任何类似于一般理论的东西还在未来"。四次直纹曲面、二阶曲面、三阶空间曲线和曲面的一般理论都受到克雷莫纳的广泛关注。他对绘制地图很感兴趣，这个吸引了胡克、墨卡托、拉格朗日、高斯等人的注意。对于一个——对应面必须是单弦的，这是充分条件。克雷莫纳与凯莱、克莱布什、诺特尔和其他人因为这个理论的发展而紧紧联系在一起。❶ 克雷莫纳的著作由马克西米利安·库尔兹（Maximilian Curtze，1837—1903）翻译成德文，马克西米利安是索恩（Thorn）大学的教授。克雷莫纳的《数学文集》是在 1914 年和 1915 年被传入米兰的。

乔瓦尼·巴蒂斯塔·古西亚（Giovanni Battista Guccia，1855—1914）是克雷莫纳的学生之一。他出生在巴勒莫，就读于罗马，师从克雷莫纳。1889 年，他成了巴勒莫大学的助理教授，1894 年成为教授。他非常重视曲线和曲面的研究。他以 1884 年成为"巴勒莫数学协会"的创始人而闻名，对社会的影响已经超越了国界，并且对意大利的数学研究形成了一个强有力的因素。

卡尔·库尔曼（Karl Culmann，1821—1881）在苏黎世联邦理工学院担任教授，期间出版了一部划时代的著作《图解静力学》（苏黎世，1864），这使得图解静力学成为分析静力学最大的竞争对手。在库尔曼之前，巴泰勒米 - 爱德华（Barthelemy-Edouard Cousinery，1790—1851）在是巴黎的一名土木工程师，他将注意力转向图解微积分，但他运用的是透视画法，而不是现代几何。库尔曼是第一个将图解微积分作为一个对称整体呈现的人，这与新几何保持同样的关系，就像分析力学与高等分析保持同样的关系一样。他利用图形的极性理论来表示力和多边形之间的关系，也就是利用这两个图形的平面就推测出这种关系。如果多边形被视为空间中线的投影，那么这些线可能被认为是"零系统"的相互元素。这是 1864 年由麦克斯韦完成的，克雷莫纳做了进一步阐述。德累斯顿的莫尔（O. Mohr）已经将图形微积分应用于连续跨度的弹性曲线上。亨利·T. 艾迪（Henry T. Eddy，1844—?）是罗斯理工学院的学生

---

❶罗伊（Roy）. 伦敦自然科学报（*Proceedings of the Ray Soc of London*）：第七十五卷. 英国伦敦. 1905：277－279.

（现在的明尼苏达大学），给出了关于集中载荷作用下的桥梁最大应力问题图形解决方案，被称为"反应多边形"。这个研究成果由巴黎的莫里斯·列维在《静态图形》（1874）正式出版。

画法几何很快在其他国家开始研究。在德国和瑞士，通过卡尔斯鲁厄的吉多·施莱伯、柏林的卡尔·波尔克（karl Pholke，1810—1877）❶、维也纳的约瑟夫·施莱辛格（Josef Schlesinger，1831—1901），特别是 W. 菲德勒（W. Fiedler）开始研究交织投影和画法几何。

威廉·菲德勒（Wilhelm Fiedler，1832—1912）是一位萨克森州开姆尼茨一个鞋匠的儿子。1853 年到 1864 年间，菲德勒在一所开姆尼茨的技术学校教数学和力学，同时对夏莱、拉梅、巴雷德·圣一维南（B. De St-Venant）、彭赛列、普吕克、斯坦纳、与冯·施陶特、萨尔蒙、凯莱、西尔维斯特的作品进行研究，威廉·菲德勒是自学的。莫比乌斯的推荐，他在 1859 年被莱比锡大学授予了哲学博士学位，以完成一篇关于中心投影的论文。1860 年，菲德勒和萨蒙为一名德国人讲述了萨蒙《圆锥曲线》的详尽版本。萨蒙在 1863 年出版的《高等代数》，1862 年出版的《三维几何》，1873 年的《高阶平面曲线》都以同样的方式出版。1864 年，菲德勒在布拉格德勒成为技术高校教授。1867 年，菲德勒任苏黎世联邦理工学院教授，一直工作到 1907 年退休。菲德勒的主要成就在于画法几何。他的《画法几何》（1871 年）与冯·施陶特《位置几何学》有一定的关联。1881 年，卡尔曼去世之后，菲德勒因过度强调几何结构遭到批评。通过努力，卡尔斯鲁厄理工学院的克里斯汀·维纳出版了关于画法几何学的书籍。有趣的是菲德勒在 1870 年承认所有线性变换不变量中的齐次坐标交比；这个想法在 1827 年被莫比乌斯提出，但一直被忽视。1882 年，菲德勒定理包含了圆与球的结构问题。

贝拉斯蒂斯在意大利继续研究投影几何和画法几何。投影几何

---

❶F. J. 奥本劳赫（F. J. Obenrauch）. 投影几何史（*Geschichte der Dey Steuenden and Projetin Geometrie*）. 布鲁恩. 1897：350，352.

理论最初是由上面提到的法国学者研究的。在德国，慕尼黑的路德维希·伯姆斯特（Ludwig Burmester）对投影几何理论进行了详细论述。

三角形和圆的初等几何

令人惊讶的是，在 19 世纪，新的几何定理被发现与这些简单的三角形和圆有关。莱昂哈德·欧拉（L. Euler）在 1765 年证明了三角形的重心、外心和矩心是共线的，位于"欧拉线"上。俄克拉荷马大学的 H. C. 戈萨德（H. C. Gossard）在 1916 年表明，由欧拉线和边组成三角形的三条欧拉线，每两个一组，同时给出一个三角形，形成一个三重视角三角形与给定三角形拥有相同的欧拉线。在新的发展中，最著名的是"九点圆"，这被错误地归于欧拉的发现。在这几个独立的发现者中有一个英国人本杰明·贝文（Benjamin Bevan, ？—1838）在利伯恩（Leybourn）的《数学知识库》（卷一，1804 年，第 18 页中提出了）中发现了一个证明的定理是九点圆。约翰·巴特沃斯（John Butterworth）将此证明提供给了《数学知识库》（卷一，第一部分，第 143 页），同时他和约翰·威特利（John Whitley）似乎知道这个圆所要经过的九个点，共同寻找解决问题的一般规律。布利安桑和彭赛列 1821 年在热尔岗的《年鉴》（Annales）中明确提到了这九个点。1822 年，卡尔·威廉·费尔巴哈（Karl Wilhelm Feuerbach, 1800—1834）是埃朗根（Erlangen）学院的一名教授。他出版了一本关于"九点圆"的小册子，并用自己的名字命名该定理，这个圆与一个内切圆和三个外接圆相切。德国人称它为"费尔巴哈圆"。迄今为止，最后一个独立发现这个著名的圆是戴维斯。1827 年，戴维斯在《哲学杂志》（Philosophical Magazine）第二期 29—31 页的一篇文章上提到了这个圆。费尔巴哈定理被安德鲁·塞尔·哈特（Andrew Searle Hart, 1811—1890）进一步扩展，哈特是都柏林三一学院的研究员，他证明了接触三个给定圆的圆可以被分解四个圆，这些圆都被同一个圆接触。

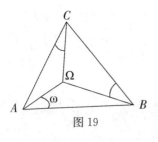

图 19

在 1816 年，奥古斯特·利奥波德·克雷尔（August Leopold Crelle）在柏林发表了一篇论文，主要是关于研究平面三角形的某些特性。他展示了如何在一个三角形中确定点 Ω，从而使这个点与顶点相连的线所形成的角（按照相同的顺序计算）是相等的。在相邻的图中，三个标记的角是相等的。如图 19 所示，假设这个构造的角为 $\Omega'AC = \Omega'CB = \Omega'BA$，那么得到了第二点 Ω'。研究这些新的角和新的点让克雷尔吃惊："这的确非常奇妙，那么简单的三角形图中却有着取之不尽的属性。有多少其他图形的未知属性仍不可知！"普夫达（Pforta）的卡尔·弗里德里希·安德里亚斯·雅可比（Kral Friedrich Andreas Jacobi，1795—1855）和他的一些学生也做了很多调查，但是他于 1855 年去世后，整件事情被人遗忘了。1875 年亨利·布罗卡尔（Henriy Brocaard，1845—?）

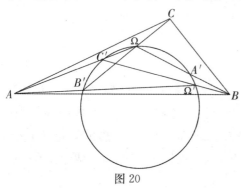

图 20

再一次将这门学科介绍给数学公众，他的研究被来自英国、法国和德国的钻研者追随。不幸的是，几何学家的名字往往与某些非凡的点、线和圆相关，但他们的名字并不是以那些首先研究的人命名。因此，我们谈到"布罗卡尔点"和"布罗卡尔角"，但是历史研究表明在 1884 年和 1886 年，克雷尔和雅可比研究的就是这些点和线。"布罗卡尔圆"是布罗卡尔（Brocard）自己创作的产物。如图 20 所示，在△ABC 中，让 Ω 和 Ω' 作为两个"布罗卡尔点"，让 A' 作为 $B\Omega$ 和 $C\Omega'$ 的交点；$A\Omega'$ 和 $C\Omega$ 交于 B' 点；C' 作为 $B\Omega'$ 和 $A\Omega$ 的交点。穿过 A'，B'，C' 的圆是"布罗卡尔圆"。△$A'B'C'$ 是"布罗卡尔圆的第一个三角形"，另一个相似的三角形△$A''B''C''$ 是"布罗卡尔圆的第二个三角形"。A''，B''，C'' 还有 Ω 和 Ω'，还有两个其他的点，落在"布罗卡尔圆"的圆周上。

在 1873 年，《中等数学》（L'Intermédiaire des mathé maticiens）的编者埃米尔·勒莫恩（Emile Lemoine，1840—1912），在一个平面三角形中注意到一个特别的点，这个点被称为"勒莫恩点""类似重心"和"格雷贝点"，以卡尔赛的恩斯特·威廉·格里比（Ernst Wilhelm Grebe）的名字命名。

如图 21 所示，假设做出的 CD 线是为了使 ∠A 和 ∠B 相等，然后 AB 和 CD 两条线中的一条在角 O 的引入后反平行于另一条。现在 OE 是 AB 的中线，OF 二等分 AB 的反平行线，被称为"类似中线"。在伦敦大学学院的罗伯特·塔克（Robert Tucker，1832—1905）之后，三

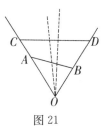

图 21

角形中三个对称点的交点称为"陪位重心"。爱丁堡的约翰·斯特金·麦凯（John Sturgeon Mackay，1843—1914）指出这些点的属性，自 1873 年公开，而第一次发现的日期比 1873 年还早。

三角形的反向平行线穿过其重心，与它的边相交于圆上的六个点，这个圆叫作"第二勒莫恩圆"。"第一勒莫恩圆"是一个特殊的"塔克圆"，并且与"布罗卡圆"同心。如图 22 所示，让 $DF' = FE' = ED'$；此外，让 AB 和 ED'，BC 和 FE'，CA 和

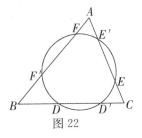

图 22

DF' 互相反平行；然后让六个点 D，D'，E，E'，F，F' 位于"塔克圆"上，改变相等反平行线的长度，将获得一族"塔克圆"。与这些圆相似的是"泰勒圆"，这要归功于剑桥大学三一学院的泰勒。与之不同类型的圆是"麦凯圆"和"纽伯格圆"，归功于卢森堡的约瑟夫·纽伯格（Joseph Neuberg，1840—?）。关于这个主题的系统论述由柏林的阿尔布雷克特·埃梅里希（Albrecht Emmerich）在 1891 年所写的《布罗卡的结构》（Die Brocardschen Gebilde）中提及。在关于三角形和圆的无数新定理中，由哈佛大学的柯立芝（J. L. Coolidge）于 1916 年在牛津大学出版的《论圆与球》

（*Treatise on the Circle and the Sphere*）中提出。

自 1888 年起，巴黎的莱莫恩发展了一种名为几何作图法的系统，目的是用数字对照几何结构使其简易化。柯立芝称这些为"对于简易化的几何结构最著名和最不受欢迎的测试"；A. 埃姆什（A. Emch）声明，"他们几乎没有任何实用价值，因为他们没有表明如何简化结构或如何使它更准确"。

1897 年，邦（A. S. Bang）提出了在外接四面体之上的一个新定理，同时乔·耶尔克（Joh. Gehrke）证明了它。这个定理是：一个外接四面体的对边在包含这两边面上的接触点形成等角。弗朗茨·梅耶（Franz Meyer）、纽伯格、怀特以这个定理为起点进一步促进了它的发展。

连杆运动

直线运动的产生首先成为蒸汽发动机设计中的一个实际问题，与这种运动相似的运动是"平行运动"。在 1784 年由詹姆斯·瓦特（James Watt）设计，即在一个自由连接的四边形 *ABCD* 中，边 *AD* 固定，点 *M* 在 *BC* 边上近似一条直线运动。点 *M* 轨迹的曲线方程被称为"瓦特曲线"，最早由法国工程师弗朗索瓦·玛丽·德·普罗尼（Franqois Marie de Prony，1755—1839）推导出来的。达布在 1879 年开始研究这条六阶曲线。这条曲线的普遍化是塞缪尔·罗伯茨（Samuel Roberts）在 1876 年和莱因霍尔德·穆勒（Reinhold Muller）在 1902 年研究的"三杆曲线"。❶

在吸引了大量注意力的直线运动中，一个伟大的发现由尼斯工程硕士珀塞利埃（A. Peaucellier）提出。1864 年，为产生直线和圆锥曲线，珀塞利埃在《新年鉴》（*Nouvelles annales*）中提出了设计复合圆的问题。1873 年，珀塞利埃在同一期刊上刊登了自己求证的

---

❶G. 洛里亚（G. Loria）. 水平曲线（*Ebene Curven*），F. 舒特（F. Schutte）：第一卷. 274—279.

解。当珀塞利埃被赞赏时，他被法国研究所授予机械大奖"蒙特尤奖"。准确直线运动的产生一直被认为是不可能的。直到最近才被指出直线运动在被珀塞利埃发明之前，就有一个来自斯特拉斯堡的法国人 P. F. 萨鲁斯（P. F. Sarrus）在研究。他提供了一篇文章和一个模型给巴黎科学院；这篇文章没有任何数字，于 1853 年发表在《法国科学院周报》（*Comptes Rendus*）上，并由彭赛列发表。这篇文章完全被遗忘，直到 1905 年被剑桥大学伊曼纽尔学院的 G. T. 班尼特（G. T. Bennett）重新重视起来。如图 23 所示，*ARSB* 和 *ATUB* 由三个平行的水平折页分别连接，两组折页有着不同的方向。因此，与 *B*，*A* 连接得到了一个向上和向下的直线运动。萨鲁斯关于直线运动问题的解比珀塞利埃的更完整；因为珀塞利埃给出的直线运动只是一个单点，萨鲁斯的技巧给出整个 *A* 面的直线运动。它在 1880 年被布鲁内尔（H. M. Brunel）和在 1891 年

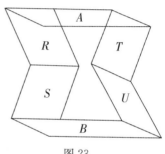

图 23

被阿奇巴尔德·巴尔（Archibald Barr）重新发明。直到今天，萨鲁斯的技巧好像还不为人所知。

　　萨鲁斯的设计是三维的，珀塞利埃的设计是二维的。直线运动的一个独立解在 1871 年由彼得格勒大学的切比雪夫（P. Chebichev）的一个学生利普金（Lipkin）提出。1874 年，西尔维斯特对连杆运动特别感兴趣，并在英国科学研究所发表关于它的演讲。在接下来的几年里，几个数学家致力于研究连杆构造。伍利奇（Woolwich）的 H. 哈特将珀塞利埃的七连杆减少到四连杆。西尔维斯特的一个新装置被称为"西尔维斯特的联动装置"。

　　伦敦的律师阿尔弗雷德·布雷·肯普（Alfred Bray Kempe）在 1876 年向世人展示了一个连杆运动可以描述任何给定的代数曲线；他是 1877 年伦敦很受欢迎一部作品《如何画一条直线》（*How to draw a Straight Line*）的作者。其他有关这个题目著名的文章是由塞缪尔·罗伯茨、阿瑟·凯莱、伍尔西·约翰逊（W. Woolsey

Johnson)、敖德萨大学的林昆尼（V. Liguine）和巴黎综合理工学院
的 G. P. X. 柯尼希斯（G. P. X. Koenigs）所著的。一个给定曲线连
杆最小数目的测定仍然是一个未解决的问题。

平行线、非欧几里得几何和 n 维几何

在 19 世纪，人们进行了许多了不起的归纳，这些归纳一直延伸
到数学的两个最古老的分支——初等代数和几何原理。在几何中，
公理被追根问底，并由此得出结论：通过欧几里得公理定义的空间
不是唯一可能的非矛盾空间。欧儿里得证明了"如果一条直线与另
外两条直线相交并使两个交角彼此相等，那么这两条直线应该是互
相平行的"。在其他情况下无法证明两条线不平行，他假设的这个
原理现在称为第五公理，也被一些人称为第十一或第十二公理。

更简单和更明显的公理已经作为替代品被提出。早在 1663 年，
沃利斯就建议道："对于任何一个三角形，都可以画出另一个三角
形，使它与给定的三角形相似。"G. 塞开里假设有两个相似的、不
等的三角形是存在的。兰伯特、卡诺、拉普拉斯、狄尔伯夫
（J. Delboeuf）也提出了与沃利斯相似的假设。克莱罗假设了一个矩
形的存在；波尔约（W. Bolyai）假设一个圆可以通过不在同一条直
线上的三个点，勒让德提出存在一个角之和等于两个直角三角形；
J. F. 洛伦兹和勒让德假设通过一个角内的每一个点可以画出一条与
两边都相交的一条直线；道奇森认为，在任何圆内的内切等边四边
形大于任何一个圆外的内切等边四边形。最简单的设想是来自约瑟
夫·芬恩（Joseph Fenn）于 1769 年在柏林出版的欧几里得《原理》
（*Elements*），16 年后由诺顿教区牧师威廉·陆得恩（Ludlam，
1718—1788）再一次提出，并且被约翰·普莱费尔所接纳："两条
相交的直线不能平行于同一条直线。"值得注意的是，这个公理在

普罗克洛斯关于欧几里得的研究报告中被明确阐述❶。

但更多的努力研究都是为了消除欧几里得试图证明这个平行假设的缺陷。经过几个世纪不顾一切但毫无结果的努力，一些数学家的思维大开，即，不用假设平行公理的情况下建立几何。当勒让德仍然试图通过严格的证明来建立公理的时候，罗巴切夫斯基发表了一篇文章，认为这一公理是矛盾的，这是首次在一系列文章中解答基本概念中困惑的问题，并极大地扩展了几何领域。

尼古拉·伊万诺维奇·罗巴切夫斯基（Nicholaus Ivanovich Lobachevski，1793—1856）出生在俄罗斯诺夫哥罗德的马卡里夫，就读于喀山，并于 1827 年到 1846 年担任喀山国立大学的教授和院长。他关于几何基础的观点首次陈述在一篇几何论文中，于 1826 年 2 月被喀山大学的数学物理系提出。他最早的出版物发表在 1829 年的《喀山信使》（*Kasan Messenger*）上，之后在 1836 年到 1838 年间的《喀山大学学术著作》（*Gelehrte Schriften der Universität Kasan*）中，以"一个完整平行理论的几何学新原理"为名发表论著。由于用的是俄语，这部作品对外国人来说仍是未知的，即使在国内也没有引起注意。1840 年，关于他的研究，即《平行线理论的几何研究》（*Geometrische Untersuchungen zur Theorle der Parallellinien*），他在柏林发表了简短声明。罗巴切夫斯基构造了一个"虚几何学"，这被克利福德描述为"非常简单，没有恶意的假设，仅仅是欧几里得几何"。这是几何学中一个了不起的部分；在平面上经过一点可以画出无数条线，这些线都不能在同一个平面上切割一条给定的线。匈牙利的波尔约独自推理了一个相似的几何系统，并称之为"绝对几何"。

沃尔夫冈·波尔约（Wolfgang Bolyai de Bolya，1775—1856）出生在特兰西瓦尼亚的塞克勒。在耶拿大学学习后，他去了哥廷根与高斯成为至交，那年他 19 岁。高斯曾说波尔约是唯一一位能完全

---

❶T. L. 希斯（T. L. Heath）. 欧几里得几何原本的十三本书：第一卷. 220.

理解数学中形而上学观点的人。波尔约成为马洛什瓦沙尔海伊学院的教授，在那里教书育人长达 47 年之久。他教的学生大部分后来成了特兰西瓦尼亚的教授。这个非凡的天才，波尔约出版的第一个出版物是关于戏剧和诗歌的。他常常穿着旧时代的装束，他的私人生活以及他的思维模式方面具有独创性。波尔约非常谦虚。他说，在他的墓前只需种植一棵长着三个苹果的苹果树就好，其中两个苹果分别给夏娃和帕里斯，另一个苹果是牛顿的。他的儿子约翰·波尔约（Johann Bolyai，1802—1860），曾在军队受教育，他本身是一位渊博数学家、一位优秀的小提琴手和击剑专家。他曾经接受了 13 个军官的挑战，条件是每一次决斗后让他通过演奏小提琴稍作休息，最后，他打败了所有的军官。

沃尔夫冈·波尔约的主要数学著作出现在 1832 年到 1833 年间的名为《写给青年的数学原理》的两卷书中，而书后的附录由他的儿子约翰·波尔约所著。这 26 页的附录让约翰·波尔约的名字成为不朽。他没有再发表过其他文章，但他留下了一千页的手稿。

在 1825 年或之前，约翰·波尔约满意于新几何的非矛盾特性；在 1826 年，罗巴切夫斯基对这一点有一些怀疑。约翰·波尔约的父亲似乎是唯一在匈牙利真正欣赏自己儿子工作的人。35 年来，这个附录以及罗巴切夫斯基的研究，几乎被全部遗忘了。而后，吉森大学的理查德·巴尔策（Richard Baltzer）于 1867 年特别欣赏这个令人惊奇的研究。

在 1866 年，纪尧姆·朱尔斯·豪尔（Guillume Jules Houel，1823—1886）将罗巴切夫斯基的《几何的研究》（*Geometrische Untersuchungen*）翻译成了法语。1867 年，豪尔又将约翰·波尔约的《附录》（Appendix）翻译成法语。1891 年，得克萨斯大学的乔治·布鲁斯·霍尔斯特德通过翻译为标题这些文章，呈现给美国读者。以波尔约的《空间绝对科学》（*J. Bolyai's The Science Absolute of Space*）和罗巴切夫斯基《关于平行理论的几何研究》（*Geometrical Researches on the Theory of Parallels*）。

俄罗斯和匈牙利的数学家并不仅仅只是对几何学提出建议的数

学家。一本《写给青年的数学原理》（*Tentamen*）的书籍送到了沃尔夫冈·波尔约在哥廷根的前室友高斯那里。这位德国数学家内斯特（Nestor）惊奇地发现，他自己早就开始研究的事情在这本书里已有了解答。早在 1792 年，他就开始研究这些特征。他在 1799 年的信中表明，他试图先证明欧几里得原理的实际应用情况，但是在接下来的 30 年时间里，他得出了罗巴切夫斯基和约翰·波尔约得出的结论。1829 年，他写信给弗里德里希·威廉·贝塞尔（Friedrich wilhelm Bessel，1784—1846），信中说道："如果可能的话，我们已经认识到几何不是完全先天形成的"，"如果数字只是我们思想的产物，那么空间也有一种超出我们思想的现实，我们不能完全先天地预先规定这些法则。"非欧几里得几何这个术语要归功于高斯。令人惊奇的是，非欧几里得几何的第一次出现是在 18 世纪。

杰罗尼莫·塞开里（Geronnimo Saccheri，1667—1733）生于圣雷莫，1733 年卒于米兰，1733 年写了《无懈可击的欧几里得几何》（*Euclides ab omni naevo vindicatus*）。书中提到的实例是：在 AB 一侧作 A 的两条相等垂线 AC 和 BD，连接 CD，他证明了 C 与 D 表示的角是相等的。这些角必须是直角、钝角或锐角。证明的结果与欧几里得的证明结果冲突，关于钝角的假设被舍弃了，三角形的任意两个角的和小于两个直角。锐角的假设导致一系列的定理，其中一个宣称在无穷远处的一点上，相交的两条线在该点上可以垂直于同一条直线，它被认为与直线的性质相违背，因此锐角的假说被推翻了。另一个早期的作家兰伯特在 1766 年写了一篇论文《平行方法论》（*Zur Theorie der Parallellinien*），1786 年发表在《纯粹与应用数学杂志》（*Leipziger Magazin fur reine und angewandte Mathematik*）上。其中：①平行公理在球面几何学上的失败给出了几何学中角总和大于 2 个直角的结论；②为了使几何体中角总和小于 2 个直角，我们需要一个"虚球"（伪球体）的帮助；③在一个角总和不同于两个直角的空间中，存在一个绝对度量（波尔约自然单位长度）。兰伯特对钝角和锐角假说的有效性没有得出明确的结论。

在高斯的同辈人和学生中，有三个作为平行理论的数学家值得一提，分别是费迪南·卡尔·施韦卡特（Ferdinand Karl Schweikart，1780—1859），马尔堡的法学教授弗兰兹·阿道夫·托里努斯（Franz Adolf Taurinus，1794 - 1874），施韦卡特的侄子，即弗里德里希·路德维希格·瓦赫特（Friedrich Ludvsig Wachter，1792—1817）。他是高斯 1809 年的学生，丹齐格大学教授。1818 年，施韦卡特从未发表的关于"星形几何"的手稿送给了高斯，其中说三角形的角总和小于两个直角并且有一个绝对的长度单位。他劝说托里努斯研究这个主题。托里努斯在 1825 年发表了《平行理论》（*Theorie der Parallellinien*），在这里他取代了塞开里和兰伯特的位置。1826 年，在托里努斯的《几何第一元素》（*Geometrie prima elementa*）中，他利用虚半径球面几何学公式给出了非欧几里得几何重要的三角公式。托里努斯的《元素》（*Elementa*）没能引起人们的注意，他懊恼地烧毁了一部分文稿。瓦赫特的成绩包含了一封 1816 年写给高斯的信和写于 1817 年的《第十欧几里得几何论证的公理》（*Demonstratio axiomatis geometrici in Euclideis undecimi*）。他表明，当半径无限增大时，球面的几何形状与欧几里得几何体相同，尽管清楚地表明极限曲面不是一个平面。❶在其他地方，我们提到了当代法国数学家勒让德对平行线的研究。

　　高斯、罗巴切夫斯基和波尔约的研究被克莱因认为是构成非欧几里得几何史上的第一个时期。这个时期，初等几何的综合分析法正在流行。第二个时期包含了黎曼、亥姆霍兹（Helmholtz）、索菲斯·李（S. lie）和欧金尼奥·贝尔特拉米（Eugenio Beltrami）的研究，采用微分几何的方法。1854 年，高斯收到学生黎曼关于一个从全新角度考虑几何学基础的惊人论文。黎曼与罗巴切夫斯基和约翰·波尔约不是很熟。黎曼发展了 n 层扩展规模的概念，假设每一条线都可以测量，其测量的关系对于一个 n 维的多样性来说是可行的。黎曼将自己的想法应用到空间。他教我们分辨"无界性"和"无限程度"。根据黎曼的想法，我们脑海中有了一个关于空间更通俗

---

❶D. M. Y. 萨默维尔（D. M. Y. Somerville）. 非欧几里得几何原本（*Elem of Non-Euclidean Geometry*）. 英国伦敦. 1914：15.

的概念，即非欧几里得空间概念；但我们从经验中得知，我们的物理空间，如果不是精确的，至少是高度近似于欧几里得空间。黎曼深奥的论文直到 1867 年才出版，发表在《哥廷根学报》上。在这之前，n 维的理念本身曾被托勒密、沃利斯、达朗贝尔、拉格朗日、普吕克和格拉斯曼从各方面提到。达朗贝尔、拉格朗日已经想到了把时间作为四维空间的概念。大约与黎曼发表论文的同一时期，亥姆霍兹和贝尔特拉米也发表了其他论文。这个时期标志着关于这个话题激烈讨论的开始。一些作家，比如贝拉维蒂斯在非欧几里得几何与 n 维空间中能看到程度很高的描述，或者数学发展不健全的地方。1868 年，亥姆霍兹题为《几何的基本设置》（*Thatsachen，welche der Geometrie zu Grunde liegen*）的文章包含许多黎曼思想。亥姆霍兹在讲座以及各种杂志的文章中普及这个学科知识。从全等的概念开始，假设一个物体的自由移动和绕一个轴旋转后回到原来的位置，他证明了线元素的平方是二次微分中的齐次函数。索菲斯·李仔细验证了亥姆霍兹的研究，他将黎曼－亥姆霍兹问题简化为以下形式：在一个有界区域内，确定了空间的所有连续群有位移的性质。即出现了三种类型的群体，它们代表了欧几里得、罗巴切夫斯基、波尔约和黎曼的三种几何形状。❶

欧金尼奥·贝尔特拉米（Eugenio Beltrami，1835—1900），生于意大利克雷莫纳，是布廖斯基的学生。他是博洛尼亚大学的教授且是 L. 克雷莫纳的同事，在比萨与贝蒂是合伙人，在帕维亚与卡索拉蒂（F. casorati）是同事，自 1891 年以来，他在罗马度过了职业生涯的最后几年，贝尔特拉米在 1868 年的一篇经典论文《非欧几里得几何》中提到"一位著名的意大利分析大师"。关于非欧几里得几何研究的明智解释，就是解析（像其他几个论文，应该在其他地方提到，对于综合和分析我们坚持严格的区分）。他得到了一个令人信服的结论，在第一部分中提到非欧几里得几何的定理是在恒

---

❶索菲斯·李（Sophis Lee）. 变换群理论（*Theorie der Transformationsgruppen*）：第三版. 德国莱比锡. 1893：437－543.

负曲率曲面上实现的。他也研究恒正曲率曲面，以得到恒正曲率空间中这一包含在恒负曲率空间 k 中这一有趣的定理而告终。关于贝尔特拉米、亥姆霍兹、黎曼研究的最终结论是在恒曲率曲面上，我们发现三个几何图形——恒负曲率曲面上的非欧几里得、恒正曲率曲面上的球面和零曲率曲面上的欧几里得几何。这三个几何图形并不相互矛盾，并且是一个系统的成员——一个几何的三位一体，在英国克利福德将超空间思想进行了精辟的阐述，并变成了一种流行。

威廉·金顿·克利福德出生在埃克塞特，就读于剑桥大学三一学院，从 1871 年开始在伦敦大学担任应用数学教授，直到去世。他的过早去世使他留下了几个不完整的杰出研究。其中包括他的论文《分类的位点》（*On Classification of Loci*）、《图论》（*Theory of Graphs*）。他写了《关于正则形式》（*On the Canonical Form*）和《黎曼曲面的规范形式剖析》（*Dissection of a Riemann's Surface*）、《四元法》（*Biquaternions*）以及一个不完整的文章《动态元素》（*Elements of Dynamic*）。他给出了动力学中"旋转""扭转""喷射""回旋"等熟悉单词的确切意义。他和瑞耶（Reye）将曲线和曲面的极点理论进行了推广。1878 年，作为一般曲线研究在轨迹中的分类，介绍了在投影方向上 n 维空间的研究。帕多瓦的维罗赫塞，都灵的塞格雷、贝尔蒂尼（E. Bertini）、阿斯基耶里，以及那不勒斯的德尔·佩佐（Del Pezzo）将这个课题继续研究下去。

在 1871 年，依赖于凯莱 1859 年《第六次量化录》（*Cayley's Sixth Memoir on Quantics*）的重要研究，费利克斯·克莱因（Felix klein）继续了贝尔特拉米对非欧几里得几何的研究。在 19 世纪上半叶，几何的发展使得这个学科分离成两部分：位置几何或涉及属性不受投影影响的画法几何学；测量几何中的距离、角等基本概念受投影的影响。在凯莱的《第六次量化录》中，通过对两点之间距离的定义，将这些严格隔离的部分重新结合在一起。表示关于数字的测量性能不会因投影（或线性变换）而变换的问题已经由夏莱、彭赛列以及拉格朗日通过特别的投影解决，但它仍帮助凯莱通过定义两点之间的距离为一个任意常数乘以非调和比的对数，从而给出了一个通解，在这里连接两点的线被二次曲面分离。纯粹投影几何的应用原则，这些研究标志着非欧几里得几何发展的第三个阶段。

在这个概念的基础上，克莱因证明了平行公理与射影几何的独立性，通过正确地选择射影几何中距离的测量法则，球面几何、欧几里得几何和伪球面几何分别被他命名为椭圆、抛物线和双曲线几何。众多的作家都追随着这个具有提示性的研究，特别是那不勒斯的巴塔利尼（G. Battaglini）、都灵的奥维迪奥（E. d'Ovidio）、比萨的德·德保利斯（R. de Paolis）、阿斯基耶里、凯莱、慕尼黑的 T. 林德曼、哥廷根的谢林（E. Schering）、克拉克大学的斯托里，图宾根的斯塔尔（H. Stahl）、慕尼黑的沃斯（A. Voss）、考克斯（Homersham Cox）和布克海姆（A. Buchheim）。适用于双曲空间的平行概念仅仅是欧几里得几何平行概念的扩展，直到克利福德在椭圆空间中发现了具有大部分的欧几里得平行线的性质，但又与欧几里得平行概念不同的直线。如果两条平行线的右面（或左面）被统一截去，那么剩下的右面两条线（或左面）仍然平行。后来，克莱因和鲍尔（R. S. Ball）对这些线的知识做出了大量的贡献。波恩大学的斯塔迪、哈佛大学的柯立芝、海德堡大学的沃格特以及其他人一直在研究这个问题。他们所采用的方法有解析几何、综合几何、微分几何和矢量分析。许多作家通过沿着一条线测量对 n 维几何进行的研究。其中可能提到的有约翰霍·普金斯大学的西蒙·纽科姆（Simon Newcomb）、伯尔尼大学的路德维希·施勒夫利（Ludwing Schlafli）、加州大学的斯特林厄姆（W. I. Stringham，1847—1909）、明斯特大学的基林（W. Killing）、约翰·霍普金斯大学的克雷格（T. Craig）、波恩大学的利普希茨（Rudolf Lipschitz，1832—1903）。伯明翰大学的希斯和基林研究了空间运动学和力学。内布拉斯加州大学的斯特林汉姆、埃勒里·戴维斯（Ellery W. Davis，1857—1918）、柏林的莱因霍尔德·霍普（Reinhold Hoppe，1816—1900）等人对 n 维空间的正多面体进行了研究。斯特林·汉姆给我们展示了四维空间中正多面体的投影图，V. 施莱格

尔（V. Schlegel）在哈根建立了此种投影的模型。这些都是 L．布里尔在达姆施塔特所发表的一系列模型里最奇特的。有人指出，如果存在四维空间，某些我们认为不可能发生的运动就会发生。因此，纽科姆展示了不需拉伸或撕裂的情况下，用简单的弯曲把一个封闭的材料内壳变成一个封闭外壳的可能性；克莱因指出无法绑定一个结论；维罗赫塞表明，人的身体可能会从一个封闭的房间移出而不破坏墙壁；皮尔士（C. S. Peirce）证明了一个四重空间中的物体，要么一次绕着两轴旋转，要么在去除一个维度后方可旋转。

非欧几里得几何历史上的第四个时期，是由帕施（Moritz Pasch）、皮亚诺（Giuseppe Peano）、马里奥·皮耶里（Mario Pieri）、大卫·希尔伯特（David Holbert）、奥斯瓦尔德·维布伦（Oswald Veblen），关于几何学（包括非欧几里得的形式）在公理集合上的逻辑基础。

亨利·斯雷德（Henry Slade）非常敬佩德国科学家佐尔内（F. Zollner）的唯心论，他给出第四空间维度存在的精神证明。这些事件加剧了哲学家 R. H. 洛策（R. H. Lotze）在 1879 年的《形而上学》（*Metaphysik*）著作中批评了多维空间和非欧几里得几何的数学理论。

解析几何

在前一章，我们从一个较高的视角给出综合几何快速发展的进程，在某些情况下我们也提到了解析论文。现代综合几何和现代解析几何有很多共同之处，可以统称为"投影几何"，两者各有优势。持续观测空间中存在的计算，为综合几何的研究增加了非凡的魅力。但解析几何的优势是，一个成熟的规律在一定程度上可能会超越思想本身，从而帮助原始研究。在德国，斯坦纳和与冯·施陶特发展了综合几何，普吕克为现代解析几何奠定了基础。

尤利乌斯·普吕克（Julius Plucker，1801—1868）出生在普鲁士的埃尔伯费尔德。之后在波恩、柏林和海尔德堡学习。在巴黎，他花了一些时间参加蒙日和他学生的讲座。在 1826 年和 1836 年之间，他相继在波恩、柏林和哈雷担任职务。后来，他成为波恩大学的物理学教授。直到 1846 年他才开始研究几何。在 1828 年和 1831 年，他出版了两卷《解析几何的发展》（*Analytisch－Geometrische Entwicklungen*）。在第一卷中，普吕克采用简短的符号，在他之前，马恩河畔沙隆的力学教授艾蒂安·博比利埃（Etienne Bobillier，1797—1832）运用几何，避免了代数消元法的烦琐过程。在第二卷中，对偶原理进行了解析性地表述。二元性和齐次性已经在他的坐标系统里得到了体现。他使用的齐次性或真实线性系统与莫比乌斯的坐标基本一致。普吕克在分析运算和几何结构的特征中寻找证据的来源。1835 年，在《解析几何系统》（*The System der Analytischen Geometrie*）中，基于点的无穷性质，包含了三阶平面曲线的完整分类。1839 年，《代数曲线理论》（*Theorie der Algebraischen Curven* 外）包含了在平面曲线普通奇异点之间的解析关系，被称为"普吕克方程"，并解释了"彭赛列悖论"。凯莱说："这些关系的发现，是现代几何中最重要的，无可比拟的。"四个普吕克方程有不同的表示形式。凯莱研究了平面曲线的更高奇异点。1914 年，加利福尼亚大学的哈斯凯尔（M. W. Haskell）通过利用普吕克方程展示了对于 m 阶曲线来说可能的最大值是 $\dfrac{m\,(m-2)}{3}$ 中的最大整数（除了 m 是 4 和 6 时，在这种情况下，最大数是 3 和 9）。

19 世纪上半叶和中叶的各种几何研究的某些相互关系是由达布在下面的文章中所提出的："虽然夏莱、斯坦纳和冯·施陶特意图建立一个分析的对立学说。热尔冈、博比利埃、施图姆（C. Sturm）以及最重要的普吕克（J. Plucker）完善了笛卡尔的几何学，构成了一个在某种程度上适用于几何学家发现的分析系统。我们应把称为简略符号的方法归功于博比利埃和普吕克。博比利埃在热尔冈的《编年史》（*Annales*）最后一卷中贡献了几页非常新颖的内容。普吕克在自己的第一部作品中进一步开展研究，不久就产生了一系列著作，这些作品以一种全新的意识方式奠定了现代解析几何的基础。我们应把切向坐标、三线坐标、齐次方程的采用归功于他，最终使用规范形

式，通过公认的方法验证了其有效性，这种方法有时也有欺骗性，但卓有成效，称为《常量枚举法》（enumeration of constants）。"

在德国，普吕克的研究并不受欢迎。与斯坦纳和彭赛列的综合法相比，他的方法被宣告是无价值的，他与雅可比的关系并不友好。斯坦纳曾宣布如果普吕克继续在此工作，他将停止为《纯粹与应用数学杂志》撰稿。其结果是，许多普吕克的研究成果发表在国外的期刊上，他的著作在法国和英国比在自己的祖国更为人所熟知。虽然普吕克担任了物理学的主席，但对于他不是物理学家的控诉一直没有停止。这使他放弃了数学，同时，他又将 20 年左右的时间投入物理工作中。他在菲涅耳的波面、磁性、频谱分析等方面有重要的发现。在他的晚年，他重新回到了自己最初喜爱的数学，并用新的发现丰富了它。通过把空间看作是由线条组成的，他创建了一种"新空间几何"。在空间中，把一条直线当作一个包含四个任意参数的曲线从而拥有线路的整个系统。通过用一个单一的关系连接它们，他得到了一个"复杂"的线；通过连接一个双重的关系，他得到了一个"一致"的线。1865 年，他在英国皇家学会进行这个课题的首次研究。他深入的研究出现在 1868 年的遗作中，名为《基于直线作为一个空间元素的空间新几何》（Neue Geometrie des Raumes gegründet auf die Betrachtung der geraden Linieals Ravmelement），由克莱因编辑。普吕克的分析缺乏像拉格朗日、雅可比、海塞和克莱布什等人那样的优雅。多年来他没有跟上几何进步的脚步，以至于许多关于他最后工作的调查，在其他部分得到了更多的综合处理。然而，这部作品却包含了很多原创内容。费利克斯·克莱因继续对二次复合理论（普吕克没有完成的工作）进行研究，他大大扩展和补充了老师的想法。

出生在哥尼斯堡的路德维希·奥托·海塞（Ludwig Otto Hesse，1811—1874），就读于家乡的大学，师从贝塞尔、雅可比和里歇洛（Friedrich Julius Richelot）和冯·诺伊曼。1840 年，海塞获得了博士学位。他在哥尼斯堡成为讲师。1845 年在那里成了出色的教授。在那个时期，海塞的学生有布拉格的海因里希（Heinrich）、卡尔·诺伊曼、克莱布什和基尔霍夫。哥尼斯堡时期是海塞最活跃的时期之一。每一个新发现都为他获取成功增加了动力。他最早的研究是二阶曲面，他解决了这样的一个问题，当给定 9 个点时，在这样的曲面可以构建任意第 10 个点。类似圆锥的问题已经由帕斯卡通过六边形解决了。数学家这次面对的一个困难问题是消元法。普吕克发现关于解析几何特别方法的主要优势在于避免了代数消元法。然而，海塞该怎样通过行列式简化代数消元法？在他早期的成果中，他被西尔维斯特寄予厚望，并在 1840 年提出了"析配消元法"。这些代数上的进步被海塞应用到三阶曲线的分析研究中。通过线性变换，他将三个变量中的三阶形式简化为四项中的一项，从而形成了一个非常重要含有三阶形式二阶微分系数的行列式，称为"海塞函数"。"海塞函数"在不变量理论中扮演着重要的角色。海塞用行列式列出每个曲线的另一个曲线，这样第一个双点是第二个点，或"海塞函数"类似于克雷尔的曲面。海塞得出了许多关于三阶曲线最重要的定理。通过一个四阶曲线的 28 条双切线的 56 个切点，他确定了第十四阶曲线。这个主题出版在他的研究报告中，同时，斯坦纳也发表了相同主题的论文。

海塞在哥尼斯堡的收入没有跟上自己日益增长的声誉。他几乎无法养活自己和家人。1855 年，海塞在哈雷接受了一个薪水更丰厚的职位，之后于 1856 年到海德尔堡生活，直到 1868 年他在慕尼黑的一所技术学校找到了工作。在海德堡修改并扩展自己之前的研究，并在 1861 年发表在《关于解析几何空间秩序的讲座》（*Vorlesungen über die Analytische Geometrie des Raumes insbesondere über Flächen*）中，更基础的著作也很快就发表了。在海德尔堡他详细解释了"传递原理"，得出一个平面上的每一个点对应一条线上的一对点，同时平面的投影几何可以被带回到直线上点的几何中。

凯莱、萨蒙和西尔维斯特在英格兰继续了普吕克和海塞的研究。在这里可以假设，英国早期的解析几何学家中有詹姆斯·布思（James Booth，1806—1878），他的主要成果体现在《关于一些新几何的论述》（*Treatise on Some New Geometrical Methods*）一书中。

詹姆斯·马克拉（James MacCullagh，1809—1846）是都柏林的自然哲学教授，在二次型理论方面取得了一些有价值的发现。这些人对几何学进步的影响是微不足道的，因为当时不同国家之间的科学成果交流并不像人们所希望的那样完整。进一步说明，就像夏莱在法国阐述了斯坦纳在德国曾经论述过的主题，斯坦纳发表的成果已由凯莱、西尔维斯特、萨蒙研究了将近 5 年。凯莱和萨蒙于 1849 年在立方体表面确定了直线，并研究其主要属性。西尔维斯特在 1851 年发现了曲面的五面体。凯莱将普吕克的方程扩展到更高奇异点的曲线上。凯莱的研究报告，以及埃朗根的马克斯·诺特尔（1844—?）和阿尔方、巴黎的朱尔斯·R. M. 德·拉·古涅尔（Jules R. M. de la Gournerie，1814—1883）、图宾根的 A·布里尔的研究报告，得出的结论是：每一个奇异点较高的曲线相当于一定数量的简单奇点——节点、顶点、双切线和拐点。西尔维斯特研究了"笛卡尔曲线"的一条四阶曲线。乔戈斯·亨利·黑尔芬（Georges Henri Halphen，1844—1889）出生在鲁昂，在法国巴黎综合理工学院学习，参加了"普法战争"，而后成了综合工科学校的辅导教师和考官。他的研究主要涉及代数曲线和曲面几何、微分不变量、拉盖尔不变量理论、椭圆函数及其应用。一个英国几何学者萨蒙通过出版一系列优秀的教科书，有力地推动了新代数和几何方法（圆锥部分，现代高等代数、高阶平面曲线、三维空间解析几何）的知识传播，通过苏黎世理工学院的威廉·菲德勒（Wilhelm Fiedler）免费的翻译与补充，使得德国读者能够很容易理解。都柏林三一学院的雷金纳德·A. P. 罗杰斯在 1912 年至 1915 年将萨蒙的《三维几何》（*Geometry of Three Dimensions*）出版第五版和第六版，并且伴随着很多新问题。解析几何领域下一个杰出工作者是克莱布什。

鲁道夫·弗里德里希·阿尔弗雷德·克莱布什（Rudolf Friedrich Alfred Clebsch，1833—1872）出生在普鲁士的哥尼斯堡，就读于本地大学，师从海塞、F. J. 瑞奇勒特和冯·诺伊曼。从 1858 年到 1863 年，他担任卡尔斯鲁厄理工学院理论力学系主任。对萨蒙作品的研究将他带到代数和几何领域。1863 年，他到吉森大学任职，他与埃朗根的哥尔丹（Paul Gordan）一起工作。1868 年，克莱布什来到哥廷根，并一直在那里工作，直到去世。他曾先后研究了以下主题：数学物理、变分法和一阶偏微分方程、曲线和曲面的基本原理、阿贝尔函数及其它们在几何上的应用、不变量理论和"面积图"（*Flachenabbildung*）。❶ 他证明了西尔维斯特和斯坦纳所阐述的五面体定理；他系统地使用"亏量"（属性）作为代数曲线分类的基本原则。"亏量"的概念在他之前的阿贝尔和黎曼都已经了解。

在他职业生涯的初期，克莱布什已经表明了椭圆函数如何可以方便地应用于马尔法蒂的问题。其中所涉及的概念，即在几何研究中使用更高的超越函数，成就了他最伟大的发现。他不仅将"阿贝尔函数"应用到几何，同时，他反过来让几何应用到"阿贝尔函数"。

克莱布什随心所欲地使用行列式。他关于曲线和曲面的研究，始于对连续四个点与曲线切点的判定。萨蒙已经证明，这些点位于曲线和一个派生的 $11n-24$ 次的曲线交点上，但他的解决方案形式比较复杂。然而，克莱布什的研究是一个完美的分析。

一个曲面在另一个曲面上的表示，使它们有一个一一对应的关系，克莱布什对此进行了彻底的研究。球面在平面上的表示是一个古老的问题，而这吸引了托勒密、杰拉德、墨卡托、兰伯特、高斯、拉格朗日的注意。它在地图构造中的重要性是显而易见的。高斯是第一个为了更容易到达其属性，在一个曲面上表达另一个曲面的人。普吕克、夏莱、凯莱在一个曲面上表示了二次曲面的几何形状；克莱布什和克雷莫纳描述了一个三次曲面。最近的学者以同样的方式对其他曲面进行了研究，特别是埃朗根的马克斯·诺特尔、罗马的安吉洛·阿姆纳特（Angelo Armenante，1844—1878）、克莱因、

---

❶阿尔弗雷德·克莱布什（Rudolf Friedrich Alfred Clebsch）. 关于科学尝试和概述（*Versuch einer Darlegung und Würdigung seiner wissenschaftlichen Leistungen von einigen seiner Freunde*）. 德国莱比锡. 1873.

格奥尔格·H. L. 科恩多费（Georg H. L. Korndorfer）、那不勒斯的埃托雷·卡普拉里（Ettore Caporali，1855—1886）、哥本哈根的塞乌滕（Zeuthen 1839—1920）。迄今为止，只收到了一个基本问题的部分答复：什么曲面可以在给定曲面上用一一对应的关系表示？克莱布什对这个问题和与其类似的曲面问题进行了研究。凯莱和诺特尔对曲面之间的更高对应关系进行了研究。在几何方面的重要交点是黎曼的双有理交换理论。曲面的理论已经由巴黎索邦大学的教授约瑟夫·阿尔弗雷德·塞雷（Joseph Alfred Serret，1819—1885）、巴黎的让·加斯东·达布（Jean Gaston Darboux）、都柏林的约翰·凯西（John Casey，1820—1891）、都柏林的威廉·罗伯茨（William Roberts，1817—1883）、布雷斯劳的海因里希·施罗特（Heinrich Schroter，1829—1892）、苏黎世的教授埃尔文·布鲁诺·克里斯托费尔（Elwin Bruno Christoffel，1829—1900）等人进行了研究。后来，克里斯托费尔在斯特拉斯堡担任教授，写了势能理论、极小曲面，以及克里斯托费尔变换、等温面、曲面的一般理论等作品。弗莱堡大学的朱利叶斯·温加滕（Julius Weingarten，1836—1910）和亚琛的汉斯·冯·曼戈尔特（Hans von Mangoldt），在1882年将关于曲面的研究进行了拓展。就像我们之后能更充分地了解到的一样，库默尔研究了四阶曲面，哈密顿所研究的菲涅耳波动曲面是库默尔四次曲面的特殊情况，用十六个双点和十六个单一的切平面。

在这些几何研究中突出的是让·加斯东·达布。他出生在尼姆，1870年与波尔多的纪尧姆·朱尔斯·豪尔（Guillaume Jules Houel，1823—1886）和朱利·坦纳里（Jules Tannery）合作，一起创作了《数学和天文学家的科学公报》（*The Bulletin des Sciences mathématiqueset astronmiques*），他同时是半个世纪以来最著名的教师。1900年，他成为巴黎科学院的常任秘书，通过他的研究，达布扩展了综合、分析和无限小的几何图形，以及合理的力学分析。1887至1896年，他在巴黎写了《一般曲面理论和应用几何无穷小计算的研究》（*Lesons Sur la théorie générale des surfaces et les applications géométriques du calcul infinitésimal*），在1898年，他写了《正交系统和坐标曲线的课题研究》（*Lesòns sur les Systèmes orthogonaux et les coordonnees curvilignes*）。他研究了曲面的三重正交系统、曲面变换和可适曲面的旋转，无穷小变换，曲面的球面表示，坐标移动轴发展，虚数几何元素应用，各向同性圆柱的可展性应用，他还引进了五球坐标。

艾森哈特（Eisenhart）说道："达布强烈主张在几何研究中应用虚元素。他相信在几何分析中对它们的应用是必要的。他对虚元素在解决极小曲面问题上的成功一直印象深刻。从一开始他就在论文中运用各向同性线、点、球体（各向同性圆锥）和一般各向同性可展性。在关于曲面正交系统的研究报告中，达布展示了这样一个系统曲面的包络线，当由单一的方程定义时，是一个可展的各向同性。达布认为爱德华·孔贝斯屈尔（Édouard Combescure，1819—?）是第一个利用运动坐标轴将运动学考虑应用到曲面理论的人。对于达布，我们感谢他认识到这个方法的力量，感谢他对系统的发展和阐述。达布的能力是基于一种罕见的几何想象和分析能力的结合。他不同情那些只使用几何推理去攻克几何问题的人，也不同情那些觉得坚持严格分析流程是一种美德的人。与蒙日一样，达布也不满足于现状，而是觉得教育也是同等重要的事情。像杰出的前辈一样，他培养了一大群几何学家，包括了吉沙德（C. Guichard）、柯尼希斯、科瑟拉（E. Cosserat）、杜慕兰（A. Demoulin），扎特泽卡（G. Tzitzeica）和德马尔特（G. Demartres）。他们杰出的研究对于教学来说是最好的礼物。"

基于事态发展更全面的考虑，我们引用 H．F 贝克 1912 年在剑桥大学举行国际大会之前的演讲："更高平面曲线的一般理论……在没有类似曲线概念的情况下是不可能的。因此，研究被积函数中独立数的阿贝尔问题，用它的积分和来表示被积函数，对于一般理论是至关重要的。黎曼进一步强调了双有理变换的概念是一个基本原则。在这之后，我们可以看到两股思潮。首先，克莱布什评论了曲面不变量的存在性，类似于平面曲线的类。他通过二重积分定义了这个数。克莱布什的想法被诺特（M. Noether）继承和发展。布里尔和诺特以几何形式详细阐述了阿贝尔和黎曼先验意识得到的平面曲线结果，后来，意大利几何学家们以非凡的天才继承了诺特的著作，并把它作一种几何理论推向了完美和清晰的高度。于是出现了一个相关的重要事实，在诺特的论文中没有涉及，即，有必要认为一个曲面具有两个类，凯莱和塞乌滕的名字在这个阶段应该被提及。这个时候另一个流派在法国出现。皮卡在一个曲面上发展黎曼积分理论——单积分，不是曲面上的二重积分。皮卡书籍的出版花费了十年时间，从这个事实上可以看出这是一个多么漫长而艰巨的任务。根据其后的事件，在几何历史上，皮卡的书仍然具有永久里程碑的意义。现在这两个流派，意大利的纯几何学派和法国超验学派已经结合在一起。这结果对我们来说至关最重要的。"《两个双变量独立函数的代数理论》(*Theorie des fonctions algebriques de deux variables independantes*) 的著作，是由皮卡与乔治·西马特 (Georges Simart) 在 1897 年至 1906 年之间共同提出的。

H. F. 贝克列举了一些个人成果：罗马的圭多·卡斯泰尔诺沃 (Guido Castelnuovo) 表明在一个表面上的线性曲线系统的特征级数缺陷不能超过该曲面两个类的差。博洛尼亚的费代里戈·恩里格斯 (Federigo Enriques) 已经证明一个曲线代数系统的特征级数是完整的。根据皮卡的第二积分理论，帕多瓦的弗朗西斯科·塞维里建立了一个证明，证明曲面上第一类皮卡积分的数等于类的差。巴黎的亨伯特 (M. G. Humbert) 和卡斯泰尔诺沃的名字也出现在这里。皮卡的第三类积分理论推动了塞维里着手处理有限数的基本曲线来表示曲面上的任意线性曲线。恩里格斯展示了切割曲面为 3 阶共轭平面的系统。当 n 是基本面的阶数时，如果没有完成，则亏量不超过曲面类的差。塞维里给出了关于这一亏量等于类差的几何证明，这个结果之前由皮卡通过先验考虑进行过推导，依据皮卡第一类积分数的假设。恩里格斯和卡斯泰尔诺沃表示，具有曲线系统的曲面其典型的数字为 $2\pi - 2 - n$ 时，可以对四次直纹曲面进行双有理转换（其中 π 是曲线的类，n 是系统的双曲线交点数是负的）。在类比平面曲线的情况下，以及在三维曲面，它似乎很自然地得出结论：如果一个有理关系可以通过代入其他 m 变量的有理函数解决（也就是说，连接 $m+1$ 变量），然后这些其他 m 可以被选为 $m+1$ 原始变量的有理函数。恩里格斯最近给出了一个例子，当 $m=3$ 的时候，事实并非如此。贝克总结了这个结果，应该补充说，贝克在三次曲面和上面的曲线上也做出了贡献。在减少奇异点方面，意大利人和法国人使用了在 1887 年也许是由克利福德首次使用的高维空间投影法。

一部关于直射变换和对射的著作是《几何关系学说》（*Die Lehre von den geometrischen Verwondtschaften*，共四卷，1908—?），作者是布雷斯劳大学的施图姆。

1849 年，凯莱和萨蒙首次对三次曲面上的直线理论进行研究。凯莱指出，这样的直线确实有很多，而萨蒙发现总共有 27 条直线。西尔维斯特说："如同在阿基米德的墓碑上刻印的圆柱、圆锥和球体一样，我们杰出的同胞也许会留下遗嘱指示，子孙后代继续研究三次曲面。"这样的雕刻也不是不可能的，克里斯汀·维纳在 1869 年做了一个三次曲面的模型，在上面展示了 27 条直线。斯坦纳于 1856 年研究了三次曲面的纯几何理论。后来，克雷莫纳和斯图姆也完成了这项工作，并在 1866 年获得了"斯坦纳奖"。安德鲁·哈特创作了一个优雅的符号，但是符号的一般使用标准在 1858 年被伯尔尼的施勒夫利进行改进。他和其他许多人在此后都证明了施勒夫利的双六定理，如下：让五条线 a，b，c，d，e 交于同一条直线 X，那么五条线中的任意四条都可以与另一条线相交。假设，A，B，C，D，E 分别是与其他线相交的线，即 $(b，c，d，e)$ $(c，d，e，a)$ $(d，e，a，b)$ $(e，a，b，c)$ 及 $(a，b，c，d)$。然后 A，B，C，D，E 都将与另一个直线 x 相交。

考虑到 27 条直线的实际情况，施勒夫利首先将三次曲面划分成类。他的这种分类被凯莱采用。1872 年，克莱布什建立了一个有 27 条直线的对角线曲面模型。然而克莱因："依据连续性的原理，三阶实曲面的所有形式可以通过具有四个圆锥点的特殊曲面推导出来。"1894 年，在年芝加哥世界博览会上，他展示出一套完整的三次曲面模型。在 1869 年，盖泽尔（C. F. Geiser）表示："一个点在它的一个三次曲面上的投影，投影的一个平面平行于该点的切平面，是一个四次曲线；且每一个四次曲线都可以用这种方法生成。" A. 亨德森说："各种各样的三阶理论，三维空间的弯曲几何形态包含在四维空间中。这个主题已由都灵的科拉多·塞格雷（Corrado Segre, 1887）写在一份深刻的研究报告中。这篇文章的深度和广泛性像事实所证实的那样，涉及一个关于平面四次和双切线的大量命题。帕斯卡定理，三次曲面及其 27 条直线，库默尔的曲面及其 16 个奇异点和平面的构型，以及这些图形之间的联系可以从塞格雷的立体变化以及它所产生的六点或空间图解的命题中推导出来。卡斯泰尔诺沃和里士满对四维空间中重要轨迹的性质及其影响进行了研究。"

1869 年，若尔当（C. Jordan）第一次证明了"对一阶超椭圆函数的三等分问题组是二十七阶方程组的同构，取决于一般三维曲面的 27 条直线"。1887 年，克莱因将一个问题有效简化为另一个，而马施克（H. Maschke）、H. 伯克哈特和维廷（A. Witting）完成了由克莱因概述的工作。狄克逊（L. E. Dickson）、库恩（F. kuhnen），韦伯、帕斯卡、卡斯纳（E. Kasner）、摩尔（E. H. Moore）也对伽罗瓦群的 27 条直线方程进行了研究。

关于四阶曲面的研究没有三阶曲面的研究彻底。在 1884 年，当斯坦纳在意大利旅行时，他研究得出了四阶曲面的性质。曲面也由这个名字命名，而后受到了库默尔的关注。1850 年，托马斯·韦尔德说，通过六个给定点二次锥面顶点的轨迹是一个四次曲面，而不是夏莱曾经所提出的那样是一个三次挠线。凯莱在 1861 年给出了一个曲面的对称方程。于是，夏莱在 1861 年表明，谐波分割六个给定部分圆锥体的顶点轨迹也是一个四次曲面。这个更一般的曲面由夏莱用四个二次曲面的雅可比矩阵确定的，韦尔德曲面对应的四个二次曲面有六个共同点。贝特曼（Bateman, 1905）对于韦尔德曲面的属性也进行了研究。韦尔德曲面的平面截面不是一个任意四次曲线，而是一个不变量消失的四次曲线。法兰克·莫雷（Frank

Morley）证明曲线包含了无穷多的 B^6 结构，它被曲面的直线所切断。

在 1863 年和 1864 年间，库默尔开始了关于四阶曲面的深入研究。值得关注的是以他名字命名的曲面有 16 个节点。莱比锡的卡尔·罗恩（Karl Rohn）研究了它的各种形状。它已经吸引了许多数学家的注意，包括了凯莱、达布、克莱因、H. W. 里士满、博尔萨、H. F. 贝克和哈钦森（J. I. Hutchinson）。人们很早就知道，菲涅耳波动曲面是库默尔十六节点四次曲面的一种例子。此外，一个具有一定一般性质动态介质的曲面是一种库默尔曲面，它可以通过匀速应变从菲涅耳曲面衍生出来。库默尔的四次曲面被 H. 贝特曼（1909）当作波动曲面进行论述。一般库默尔曲面似乎是一个纯粹理想介质的波动曲面。

在夏普和康奈尔大学的克雷格利通过应用塞维里提出的理论，研究了使库默尔和韦尔德曲面不变的双有理变换。

从 1862 年开始，克雷莫纳、施瓦茨、克莱布什、诺特、施图姆、达布、卡普拉里、A. 德尔·雷（A. Del Re）、E. 帕斯卡、约翰·E. 希尔（John E. Hill）、A. B. 巴西特（A. B. Basset）对五次曲面进行了无序的研究。而没有认真尝试列举这些曲面的不同形式。

蒙日、塞莱、索菲斯·李等人已经考虑过带有各向同性生成元的直纹曲面。普林斯顿的 L. P. 艾森哈特通过被一个平面切割的曲线和生成元平面上的射影方向来确定这样一个曲面的外观。通过这种方式，这种类型的直纹曲面是由一个平面中的一组线性元素决定的，并且取决于一个参数。

三次曲线的分类是由牛顿给出的，其基础理论在两个世纪以前就已经很实用了。直到斯坦纳和海塞时代，四次曲线的理论才得以被大力推进。欧拉、克莱姆和华林得出了四次曲线的分类，新分类的确定即是根据它们的类（属性）3、2、1、0，同时也根据 1865 年凯莱、塞乌滕、克里斯蒂安·克龙（Christian Crone）所研究的拓扑学，以及参考其他思想。斯坦纳在 1855 年与海塞一起，开始对普通的四次 28 双切线进行研究，24 拐点被建立起来之后，萨蒙对此

进行过猜想，塞乌滕证明过最多存在 8 个真实拐点。四次曲线基本形式的枚举（包含近 200 图形）在 1896 年由布林莫尔学院的露丝·金特里（Ruth Gentry）给出了四次曲线的基本形式，"当投影以尽可能少地无限切线段时"。

四阶曲线多年来颇受关注。弗兰克·莫雷、巴西特、维吉尔·施耐德（Virgil Snyder）、彼得·菲尔德，（Peter Field）等人写了关于第五阶特殊曲线的文章。

热那亚大学的基诺·洛里亚撰写了大量关于几何的历史，特别是曲线的历史，在一般的超越曲线领域推动了泛代数曲线理论。根据定义，泛代数曲线必须满足一定的微分方程。一本关于曲线的参考书由戈麦斯·特谢拉（Gomes Teixeira）于 1905 年在马德里出版，名为《非凡的特殊曲线》（*Tratado de las curvas especiales notables*）。

无穷小微积分首次被应用于确定曲面曲率的测量，是通过拉格朗日、欧拉以及巴黎的让·巴蒂斯特·玛丽·梅斯尼埃（Jean Baptiste Marie Meusnier，1754—1793，默尼耶）给出的。1908 年，索菲特·李和卡斯纳将默尼耶关于在任意曲面上绘制曲线的理论进行了拓展。蒙日和迪潘的研究在高斯的工作面前显得黯然失色，高斯用一种方式论述了这个棘手的课题，为几何学家开辟了新的前景。他的解在 1843 年和 1846 年，发表在《一般曲面研究》和《高等大地测量学理论》中。1827 年，高斯建立了在今天被理解的曲率概念。在高斯时代前后，即便在欧拉、默尼耶、蒙日与迪潘提出了曲面曲率的各种定义，但这些定义没有得到普遍采用。从高斯定理的曲率测量到约翰·奥古斯特·格隆内尔特（Johann August Grunert，1797—1872）的定理，格赖夫斯瓦尔德大学的教授，1841 年创办了《物理学和数学档案》（*Arohiv der Mathematik und Physik*），即，所有正常截面曲率半径的算术平均值通过一个点是一个球体的半径，它的曲率测量值与该点上的曲面相同。高斯曲率公式的推导是通过吉森的海因里希·理查德·巴尔策（Heinrich Richard Baltzer，1818—

1887）提出的行列式进行简化的。❶高斯得到了一个有趣的定理，如果一个曲面在另一个曲面的基础上发展（完成），曲率的测量值在每个点上都没有改变。关于在对应点上具有相同曲率的两个曲面是否可以解开的问题，明金（F. Minding）给出了曲率恒定时的肯定答案。1868 年，贝尔特拉米将正曲率曲面和负曲率曲面称为伪球面，他解释说是为了避免反复赘述。可变曲率的问题非常困难，F. 明金、巴黎理工学院的约瑟夫·刘维尔（Joseph Liouville，1809—1882）、巴黎的奥西恩·博内（Ossian Bonnet，1819—1892）对此进行了研究。曲线坐标函数的高斯曲率度量推动了微分不变量式微分参数的研究，雅可比、诺伊曼、伦敦的詹姆斯·科克尔（James Cockle，1819—1895）、阿尔方对微分参数进行了研究，并由贝尔特拉米、索菲特·李以及其他人将其阐述为一般理论。贝尔特拉米同时展示了曲率度量和几何公理之间的联系。

1899 年，雷恩的克劳德·吉查德宣布了有关于旋转二次曲面的两个定理，这标志着曲面变形理论开启一个新时代。吉查德和比萨的路易吉·比安基（Luigi Bianchi）沿着这条路线所做的研究体现在比安基的《微分几何讲义》（*Lezioni di geometria differenziale*）第二版中（比萨，1902）。明斯特大学的莱因霍尔德·利连索尔（Reinhold V. Lilienthal）发布了另一个关于初等微分几何的专著。他不仅通过圆的切线和曲率给出了一阶和二阶导数的几何解释，同时他根据巴黎的阿贝尔·特朗森（Abel Transon，1805—1876）给出了三阶导数在曲线偏离和轴偏离情况下的几何解释，重新提出了一个新的概念。后来的论证体现在普林斯顿 L. P. 艾森哈特的《论曲线和曲面的微分几何》（1909）的论文中。这篇论文具有可移动轴的有趣特征（被达布广泛应用的"动三面体"），被应用于扭曲曲线以及表面；他借助于雅典的 N. 哈齐达基斯（N. Hatzidakis）、巴黎的比安基、隆德的巴克隆德（A. V. Backlund）以及索菲特·李

---

❶奥古斯特·哈斯（August HAas）. 数学历史试验展示（*Versuch Darstellung Geschichte Krummung Smasses*）. 德国图宾根. 1881.

给出了四个恒定曲率曲面的变换。艾森哈特发展了任意曲面上的曲线共轭系统变换为其他曲面共轭系统理论，同时建立了在任意次空间二维扩散共轭余数的变换理论。

自从进入蒙日和高斯时代，微分几何的度量部分引起了数学家的关注，并且达到了高度的完善。射影微分几何，尤其是曲面的微分几何，直到最近才受到重视。阿尔方从曲线方程 $y = f(x)$ 和确定函数 y，$\dfrac{dy}{dx}$，$\dfrac{d^2y}{dx^2}$ 等开始分析。当 x 和 y 进行一般的射影变换时，这些函数保持不变。他对这个问题的早期描述是不对称和不均匀的。使用某个偏微分方程的系统和协变量的几何理论，威尔钦斯基得出了齐次式，之后阿尔方也对这种形式进行了演绎。威尔钦斯基论述了曲线和曲面的射影微分几何学，这些是他空间曲线理论的先决条件。威尔钦斯基通过二阶线性齐次微分方程组论述了直纹曲面。堪萨斯大学的斯托夫（E. B. Stouffer）将该方法扩展到五维空间。伊利诺斯大学的 W. W. 丹顿（Denton）研究了可展曲面。达布的共轭三重系统（是正交三重系统的广义概念）属于射影微分几何学。哈佛大学的加布里埃尔·马库斯·格林（Gabriel Marcus Green，1891—1919）对三重曲面系统的射影微分几何，单参数的空间曲线族和曲面共轭余数以及相关主题进行了研究。

吉查德大力推进了多维空间的微分射影几何，他介绍了建立在两个变量上的两个元素、余数和同余。1906 年以来，都灵的科拉多·塞格雷和其他的意大利几何学家，尤其是都灵的基诺·法诺（Gino Fano）、博洛尼亚的费德里戈·恩里格斯、康奈尔的拉努姆（A. Ranum）、伊利诺伊州的塞瑟姆（C. H. Sisam）以及麻省理工学院的 C. L. E. 摩尔极大地丰富了多维空间的微分几何。

向量分析在微分几何中的应用可以追溯到 H. G. 格拉斯曼和哈密顿，以及他们的继任者 P. G. 泰特、麦克斯韦、布拉利·福尔蒂、R. 罗思（R. Rothe）和其他人。这些人介绍了"梯度""定数等分""旋转"等术语。1909 年，哥伦比亚大学的爱德华·卡斯纳（Edward kasner）在普林斯顿大学举行了关于"微分几何动力学"

的学术研讨会，借助于解析几何和相互变换对轨迹进行了几何分析。

拓扑学

人们在"拓扑学"的范畴内进行了各种各样的研究。莱布尼茨对这个学科做了首次研究，后来欧拉对此进行了研究。欧拉对如何不重复地跨越哥尼斯堡普雷格尔河上七个桥的问题非常感兴趣，然后是高斯，他的扭结理论被哥廷根的约翰·本尼迪克特·利斯廷（Johann Benedict Listing，1808—1882）、维也纳的奥斯卡·希莫尼（Oskar Simony）和达姆施塔特的丁格尔代（F. Dingeldey），以及"拓扑研究"的其他人所运用。威廉·汤姆森爵士的涡旋原子理论将泰特引导到扭结的研究。通过研究多面体属性的列夫·T. P. 柯克曼（Rev. T. P. kirkman），泰特也通过多面体方法进入到扭结的研究，他给出了首个十阶支点扭结形式的数量。柯克曼和 C. N. 利特尔（C. N. little）研究了更高次数的问题。托马斯·彭顿·柯克曼（Thomas Penyngton Kirkman，1806—1895）❶出生在曼彻斯特附近的博尔顿。童年期间柯克曼被迫跟随父亲做生意，经销棉花和废棉。后来，柯克曼离开了那里，进入都柏林大学，然后在兰开夏郡成了一个教区的牧师。作为一名数学家，柯克曼几乎完全是自学的。柯克曼在记述 PLU 四元数时涉及了比组理论 i，j，k 更多的虚数。凯莱和西尔维斯特研究了德·摩根所说的"我所见过最奇怪的花形浮雕"及"十五位女学生，三人并排走七天，如何安排她们每天的走法，才能保证两个人不得并排超过一次"的问题。斯坦纳的研究也涉及了这些。

关于地图的着色问题，首先由莫比乌斯在 1840 年提出，并由弗朗西斯·格思里（Francis Guthrie）和德·摩根进行了首次认真思考。在绘制任意地图时需要多少种颜色，才能使得任意相邻两国颜色不

---

❶A. 麦克法兰（A. Macfarlane）. 英国十大数学家（*Ten British Machematicians*）. 1916：122.

同？实验发现四种不同颜色是充分必要的，但证明是很困难的。凯莱在 1878 年宣布，他并没有成功地进行证明。后来的 . 肯普、P. G. 泰特、达勒姆（Durham）大学的希伍德（P. J. Heawood）、克拉克大学的 W. E. 斯托里和哥本哈根大学的彼得森（J. Peterson）也都没能进行证明。泰特的证明导致有趣的结论：四种颜色并不能满足在这么多的连接面绘制地图。如图 24 所示。这样的表面

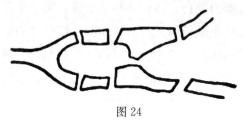

图 24

图以及问题的进一步研究，得益于维布（1912）和伯克霍夫（1913）。在一个属零的曲面上"尚不清楚是否只有四个颜色就足够了"。类似的一个问题是，当每个国家沿着一条线彼此接触时，可以考虑最多限度能容纳多少国家。在 1891 年以后发表的文章中，洛萨·赫夫特、肯普和其他人写下了这个难题。用黎曼擅长的拓扑学来测定不变的转换带来了无穷小的扭曲组合。慕尼黑的沃尔特·戴克（Walter Dyck）延续着自己的工作，写出了关于三维空间的拓扑学。这类研究在现代数学中具有重要的地位，特别在对应关系和微分方程方面。

内在坐标

作为反对使用笛卡尔坐标和极坐标的一种反应，哲学家克劳斯（K. C. F. krause, 1781—1832）给出了建议。彼得斯（A. peters, 1803—1876）给出了一个曲线所固有的绝对大小，比如 s，从一个固定点测量的弧长，以及 φ，过 S 末端的切线与固定的切线形成夹角。剑桥大学的威廉·胡威立（William Whewell, 1794—1866），1837 年至 1838 年出版了《归纳科学的历史》（*History of the inductive Sciences*），1849 年引入名词"内禀方程"，并指出了其在研究连续渐屈线和渐开线中的应用。剑桥大学的威廉·沃尔顿（William Walton, 1813—1901 年）、西尔维斯特 1868 年、凯西 1866 年以及其他人使用

了这个方法。其他作家介绍了曲率半径 ρ，使用 s 和 ρ 或 φ 和 ρ，而不是使用 s 和 φ。欧拉和一些 19 世纪的数学家使用了坐标（φ，ρ），但总体来说坐标（s，ρ）是使用最多的符号。后者被欧拉（1741 年）、西尔维斯特·弗朗索瓦·拉克洛瓦（Sylvestre Francois Lacroix，1765—1843）、托马斯·希尔（哈佛大学的校长）所使用。近年来，特别是那不勒斯大学的埃内斯托·塞萨罗（Ernesto Cesaro），他在 1896 年出版了《几何本质》（*Geovetric intrinseca*），并由科瓦勒斯基在 1901 年翻译成德语，名为《关于自然的几何讲座》（*Vorlesungen liber natürliche Geometric*）。巴黎著名滑动计算尺的设计师阿梅迪·曼海姆（Amedee Mannheim，1831—1906）也沿着这条线开展研究。

内在坐标或自然坐标在曲面上的应用并不常见。爱德华·卡斯纳在 1904 年说："在曲面理论中，自然坐标可以运用到所谓的一个灵活但不可扩展的曲面几何，但在高斯所编写的等效准则中是可适用的，根据 A·沃斯更准确地术语——等距。内在坐标关于曲度必须是不变的，一个完全等距群最简单的例子是由曲面所代表的群和所有可展曲面的子面组成。在这种情况下，群的方程可以通过消元法、微分法和求积法精确地得到……直到 1866 年，才发现一个类似的可展曲面。通过他的渐屈线理论，朱利叶斯·温加滕（Julius Weingarten）成功地确定了链状完全群和抛物面的运用，并在约 20 年后，第四组中定义了最小曲面。在过去的 10 年里，法国几何学家集中精力在这个领域主要研究任意抛物面的任意二次曲面（某种程度上的任意曲面）。即使在这种严格限制并且显而易见的情况下，这个难度依然是非常大的，几乎被现代分析以及更广泛应用领域的新方法所征服。同时，验证的结果表明，与常曲率曲面理论、曲面等距、巴克伦变化、两个自由度的运动联系到一起。主要的工作者有达布、古尔萨、比安基、蒂鲍特（A. L. Thybaut）、E. 科瑟拉、M. G. 塞尔万特（M. G. Servant）、吉查德、L. 拉菲（L. Raffy）。"

曲线的定义

由康托尔提出的点集理论，引发了关于曲线理论和概念意义的

新观点。什么是曲线？卡米尔·若尔当在《核心分析》中暂时定义它为一条"连续线"。W. H. 扬和格雷丝·奇斯霍姆·扬（Grace Chisholm Young）在他们的《点集理论》（1906 年，第 222 页）中，定义"若尔当曲线"为一个平面点集，可以连续到——对应的点，并对应着直线上一个封闭段的点（a，z）。圆是闭合的若尔当"曲线"。若尔当提出一个问题：曲线是否有可能填满一个空间？皮亚诺回答说，"连续线"可能做到，并在《数学年鉴》（*Math Annalen*，第三十六卷，1890）中提出其可以通过作图实现，并通过"空间填充曲线"（皮亚诺曲线）来巩固自己的推断。从那以后，他的建模在几个方面得到了改进。这其中最引人注意的是 E. H. 摩尔和希尔伯特，以及 1916 年宾夕法尼亚大学 R. L. 摩尔的证明，无论曲线弯曲多严重，都可以用一个简单的连续圆弧来连接。它似乎也并不可取，超出我们的经验概念并允许曲线适用于一个区域，它限制定义成为其必要性。若尔当认为曲线 $x = \varphi(t)$，$y = \Psi(t)$ 在区间 $a \leqslant t \leqslant b$ 中不可有双点。维布伦依据阶和线性连续对其进行定义。W. H. 扬和格雷丝·C. 扬在他们的点集理论中定义了一条平面点集的曲线。密集的地方处在平面上并且受其他限制，这样，它可能组成一个新的若尔当曲线弧。

由于函数概念的泛化，还创建了以前从未听说的其他属性曲线。魏尔斯特拉斯展示了由 $y = \sum_{n=0}^{n=\infty} b^n \cos \pi (a^n x)$ 表示的连续曲线，这里 a 是一个大于 1 的偶数，b 是一个小于 1 的正实数，当乘积 ab 超过一定的限制时，在它的任何一个点上都没有切线。我们发现了一个惊人的现象，那就是一个连续函数没有导数。

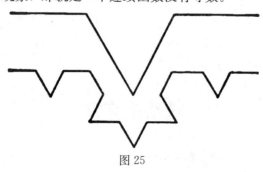

图 25

1881 年，克里斯汀·维纳解释道，这条曲线在每一个有限区间上有无数振荡。一个直观简单的曲线由斯德哥尔摩大学的海里格·科赫（Helgevon Koch）在 1904 年创作在（《数学学报》，三十卷，1906 年，145 页），它是由初等几何构造的，虽然是连续的，但在任何点上没有切线；任意两点之间的弧长度是无限的。尽管这条曲线已经被清晰地表述了，但维也纳的路德维希·玻尔兹曼（Ludwig Boltzmann，1844—1906）在 H 曲线中还没有发现这样的表示，在《数学年刊》中，它是连续的，但没有切线。邻接图显示了它的结构（图 25）玻尔兹曼用它构思了气体理论的定理。

基本假设

数学的基础，特别是几何，在意大利受到了密切关注。1889 年，皮亚诺提出了新的观点，认为几何元素只是一个"纯粹的东西"，并规定尽可能少地使用未定义符号的原则。在 1897 年至 1899 年间，他的学生卡塔尼亚的马里奥·皮耶里只使用了两个未定义的符号用于射影几何，仅仅是两个度量几何的符号。1894 年，皮亚诺考虑了公理的独立性。到 1897 年，意大利数学家已经把点作为类的假设。哥廷根的希尔伯特所阐述的这些基本特征是由意大利学派所体现出来的，连同结合他 1899 年《几何基础》一书中重要的新观点。第四个扩展版出现在 1913 年。E. B. 威尔逊赞美希尔伯特说道："阿基米德公理、帕斯卡和笛沙格的定理、分段和区域的分析，许多东西第一次或者通过一种新的方式，伴随着精湛的算法均能被处理。我们应该说，希尔伯特创造了一个时代的技术，而不是几何哲学。"在 1899 年并不是所有的点在希尔伯特的空间里都像在我们的空间里一样，但只有那些从两个给定的点开始，可以用尺子和圆规构造点。庞加莱注释，在他的空间里没有 10° 角。所以在《几何基础》的第二版中，希尔伯特引入了完整性假设，这使得他的空间和我们的空间是一样的。有趣的是，希尔伯特关于非阿基米德几何的论述方法，除了阿基米德的假设之外，希尔伯特认为所有的假设都是正确的，为此他创建了一个非阿基米德数字系统。帕多瓦大学的几何教授朱塞佩·维罗赫塞（Giuseppe Veronese，1854—1917）首先提出了这个非阿基米德几何。我们共同的空间只是非阿基米德的一部分空间。1902 年，布雷斯劳的克内泽尔（A. kneser）以及哥本哈根的莫勒鲁普（P. J. mollerup）在 1904 年分别给出了非阿基米德比例理论。希尔伯特在《基本定理》中描述了笛沙格定理。1902年，芝加哥的 F. R. 莫尔顿（F. R. Moulton）提出了一个简单的非笛沙格平面几何。

1904 年，在美国，乔治·布鲁斯·霍尔斯特德（George Bruce Halsted）基于希尔伯特的基础上创作了《有理几何》。第二次修订版出现于 1907 年。希尔伯特的一个学生马克斯·W. 戴恩（Max W. Dehn）表示阿基米德公理的遗漏（欧多克索斯）产生了一个半欧几里得几何学，其中存在一个与几何相似的三角形，同时它们的和是两个直角，然而在任意给定的点上，任意直线的平行线都可以绘制。

意大利学派的皮亚诺、皮耶里以及都灵的基诺·法诺，首先对构建射影几何所基于的系统公理进行了研究。这个课题也受到了维也纳的西奥多·法伦（Theodor Vahlen）和斯特拉斯堡的弗里德里希·舒尔的注意。画法几何学公理被认为主要是由意大利数学家和美国数学家以及希尔伯特所研究的。规则的引入是皮亚诺通过将任意两点之间的一类点作为基本思想来实现的；通过瓦拉蒂（G. Vailati）和后来的罗素多次研究总结，确定了处在一条直线上的一类关系或者点集的基本概念；O. 维布伦（1904）对一个单一的三项关系的性质进行研究。怀特海（A. N. Whitehead）引用维布伦的方法："这个构思方法是一种简化方法，结合了前面两个方法的优势。"希尔伯特有 6 个未定义术语（点、直线、平面、之间、平行、全等）的 21 个假设，维布伦只提出了 2 个未定义的术语（点、之间），并且只有 12 个假设。然而，根据维布伦公理，基本定理的推导过程比较困难。R. L. 摩尔表明任何满足维布伦的公理 1—8，11 的平面都是一个实数平面，并且包含一个连续曲线系统，参照这些被视为直线的曲线，这个平面是一个普通的欧几里得平面。

1907 年，维布伦和 J. W. 扬给出了一个完全独立的射影几何假设，在这里点和线被称为未定义的点集，类被当作是已定义的元素。其中 8 个假设描述了一般的射影空间，加入第 9 个假设就产生了适当的射影空间。

卡塔尼亚的 M. 皮耶里在 1901 年给出了基于"线"作为未定义元素和"交集"之间未定义关系的元素，在 1914 年密苏里州大学的亨德里克（E. R. Hedrick）和英戈尔德（L. Ingold）给出了更简单的类型。

博洛尼亚大学的费代里戈·恩里格斯、维布伦和 J. W. 扬在一些公理体系之上，编写了一本具有普遍性和科学性的教科书。

几何模型

大约在 1879 年，L. 布里尔在达姆施塔特的公司开始为高级的学生设计几何模型。早期的模型，如库默尔曲面、扭曲的三次曲线、旋转的等切面曲线，都是在 F. 克莱因和亚历山大·冯·布里尔的指引下制作的。自 1890 年起，马丁·席林（Martin Schilling，1866～1908）将该公司发展壮大。在该公司 1911 年的生产目录中列出了将近 400 个模型。自 1905 年以来，莱比锡的托伊布纳（B. G. Teubner）向该公司提供了赫尔曼·维纳（Hermann Wiener）设计的模型。其中许多是用于辅助教学。在这方面最重要的是《数学目录和物理数学模型》（*katalog mathe matischer and mathematisch - physikalischer Modelle*），以及慕尼黑的沃尔特·V. 戴克教授的《幻影移形与仪器》（*A pparate and Instrumente*）。1914 年，在爱丁堡纳皮尔周年庆祝中，克拉姆·布朗（rum Brown）展览了各种各样的模型，包括三次和四次曲面模型、交错曲面、正多面体和相关表格以及热力学模型；D. M. Y. 萨默维尔展示了三维空间、四维

图形中的投影模型；开尔文勋爵的潮汐计算阐明了简单谐波运动❶的组合。

代 数

近代代数的发展普遍被认为是由以下三个方面所引领：基本定律的研究和新代数的诞生、方程理论的成长以及现代高等代数的发展。

1749 年，欧拉在作品《关于方程虚根的研究》（*Recherches sur les racines imaginries des équations*）中提出了 a^b 的一般理论，其中 a 和 b 都是复数，但它并没有受到关注。19 世纪初，在德国、英国、法国和荷兰对幂的理论进行了阐述。在对数或正数的早期历史中，令人惊奇的发现是，对数的定义独立于幂。现在我们遇到第二个发现——a^b 的理论是取决于对数的。从历史上看，对数的概念比较原始。a^b 的一般理论是由柏林的马丁·欧姆教授（Martin Ohm，1792—1872）和他的物理学家兄弟所建立，我们将它命名为"欧姆定律"。马丁·欧姆是批判系列丛书的作者，著有《数学推论引出的系统概念》（*Versuch eines vollkonmen Consequenten systems der Mathematilk*）。在发展了欧拉对数理论后，欧姆采用了 a^x，其中 $a=p+qi$, $x=\alpha+\beta i$。假设 e^z 总是单值，令 $v=\sqrt{p^2+q^2}$, $\log a=Lv+(\pm 2m\pi+\varphi)i$, $a^x=e^{x\log a}=e^{aLv-\beta}(\pm 2m\pi+\phi)$. $\{\cos[\beta.Lv+\alpha(\pm 2m\pi+\phi)]+i.\sin[\beta.Lv+\alpha(\pm 2m\pi+\phi)]\}$，其中 $m=0$, $+1$, $+2$, …，L 表示表格的对数。因此，一般幂有无限的值，但都是 $a+bi$ 的形式。欧姆表明：①当 x 是一个整数时，所有的值（数量为无穷大）都相等；②当 r 是一个，有 n 个不同值；③当 x 是无理数时，尽管不同值的数量是无限的，部分的值是相等的；④当

---

❶E. M. 霍斯伯格（E. M. Horsburgh）. 纳皮尔的纪念物展览手册（*Handbook of the Exhibition of Napier relics*）. 1914：302.

x 是虚数时，这些值都是不同的。下一步计算公式（A）$a^x \cdot a^y = a^{x+y}$，（B）$a^x \div a^y = a^{x-y}$，（C）$a^x \cdot b^x = (ab)^x$，（D）$a^x \div b^x = (a \div b)^x$，（E）$(a^x)^y = a^{xy}$，适用于一般指数 a^x，可以发现（A）、（B）和（E）是不完整的方程，因为相比较右边的变量，左边变量有"更多"值，右边变量值（无穷数）出现在左边的"无穷大次无穷大"值；（C）和（D）是一般情况下的完整方程。由于未能认识到这个方程（E）是不完整的，阿尔托那的托马斯·克劳森（Thomas Clausen，1801—1885）提出了一个悖论（《纯粹与应用数学杂志》，第二卷，1827 年，286 页），在 1869 年，卡特兰（E. Catalan）通过更紧凑的形式进行阐述，可得：$e^{2n\pi i} = e^{2n\pi i}$，其中 m 和 n 是不同的整数。双方加大到 n 次幂，结果是谬论，$e^{-m\pi} = e^{-n\pi}$。欧姆引入符号 a^x 来指定某些特定值，但是他并没有特别引入现在被称为"主值"的特定值。另外，欧姆对于幂的处理方法主要是以当下主流方法，当然，除非是以一种不合理的解释。从一般幂到一般对数，有复数作为它的基础。可以看出，欧姆对数作为阶梯可以推导出一般幂理论；反过来，一般幂理论，也可以推导出一个复杂理论基础上一个更一般的对数理论。

《哲学学报》（伦敦，1829）发表两篇包含一般幂和对数的文章，其中一篇文章的作者是约翰·格拉夫（John Graves），另一篇文章的作者是剑桥大学的约翰·沃伦（John warren）。那时，格拉夫还是一个 23 岁的小伙子，是哈密顿在都柏林的同班同学。哈密顿说，反复思考格拉夫在虚数的想法促使他创作了四元数。格拉夫得出了对数 $I = \left(\dfrac{2m'\pi i}{I + 2m\pi i} \right)$ 等式。因此，格拉夫声称一般对数包含两个任意整数——m 和 m'，而不是由欧拉给出的那么简单。这一缺陷导致格拉夫与德·摩根和皮科克发生了激烈争论，结果，格拉夫撤回了论文标题中包含并且暗示欧拉理论中一个错误的声明，而德·摩根承认如果格拉夫渴望扩展对数的概念以便使用 $e^{1+2m\pi i}$，而在这个过程中没有错误。文森特、格雷戈里、德·摩根、哈密顿和帕加尼（G. M. Pagani，1796—1855）也对此进行了研究，但他们只针对一

般的对数系统，包括将复数作为基础，但没有突破性的数学发现。❶
我们接下来走进德·摩根的人生。

德·摩根出生在马都拉（马德拉斯），在剑桥大学三一学院接受
教育。为了确定他的出生之年（假定为在 19 世纪），他提出了难题：
"我在 x^2 年的时候是 x 岁。"由于德·摩根对教义的顾虑阻止了他继
续攻读硕士学位，也阻止了他获得奖学金。据说，德·摩根从来没有
在选举中投过票，也没有访问过下议院、摩天楼、威斯敏斯特大教
堂。1828 年，德·摩根成了伦敦大学教授，并在那里任教。1867 年，
德·摩根是成立于 1866 年伦敦数学学会的第一任主席。德·摩根是
一个独特、阳刚并且优秀的教师。他工作的价值不在于增加数学知识
存量，而在于把他放在一个更合乎逻辑的基础上。德·摩根曾经说
过："我们知道，数学家对逻辑的重视远远不如逻辑学家对逻辑的重
视，数学和逻辑是科学精确的两只眼睛。数学教派提出逻辑的眼睛，
逻辑教派提出数学的眼睛；每一方都相信他一只眼睛看到的比两个眼
睛看到的要清晰。"德·摩根分析逻辑数学、研究逻辑分析及数学符
号和运算。德·摩根写了形式逻辑以及双代数，并与威廉·汉密尔顿
（形而上学者）和威廉·哈密顿爵士（数学家）保持通信。很少有同
龄人像德·摩根那样深刻地阅读数学历史。"科克尔算术"和求圆者
的工作都对微积分的历史进行了细致的研究。德·摩根的很多文章都
发表在《大英百科全书》（*English Cyclopcedias*）上。德·摩根在
1838 年发表的文章中，第一次出现了"数学归纳法"一词，德·亨
特在《代数》（*Algebra*）中将其采用并推广。沃利斯于 1656 年在
《无穷算术》（*Arithmetica infinitorum*）中使用了"归纳法"。沃利
斯使用的"归纳法"为自然科学所熟知。1686 年，雅各布·伯努利
批评他毫无逻辑的证明过程，然后用 n 到 $n + 1$ 的证明促进了归纳
法。这是数学归纳法几种起源的过程之一。从沃利斯到德·摩根，
数学中偶尔使用术语"归纳法"，并且有双重意义：①显示不完全

❶F. 卡约里（F. Cajori）. 美国数学月刊（*American Math Monthly*）.
1913：175－182.

归纳推理的自然科学，②从 n 到 $n+1$ 的证明。德·摩根的"数学归纳法"为后一个过程指定了一个独特的名称。戴德金在 1887 年所写的《什么是数学归纳法》（*Was sind and was sollen die Zablen*）一书中使用"数学归纳法"之后，使此说法成为它们当中最通用的。1842 年，德·摩根的《微积分》（*Differential Calculus*），仍然是一部权威著作，包含了许多作者的原创内容。他为《大都会百科全书》（*Encyclop cedia Metropolitana*）写了函数微积分（符号推理）的原理和概论。

德·摩根在微积分中提出用斜线或"斜线符号"来表示分数。1880 年，斯托克斯采用了这个"斜线符号"。凯莱对斯托克斯写道："我认为'斜线'看起来很不错……它将给你一个强大的声明防止协会主席对印刷工人不公。"

1915 年，大卫·尤金·史密斯编辑了德·摩根著名的《预算悖论》（*Budget of paradoxes*，第二版，伦敦，1872）。德·摩根的著作《代数的基础》（*Trans of the Cambridge phil*）在剑桥大学出版社于 1841 年、1842 年、1844 年和 1847 年出版。

乔治·皮科克和德·摩根认识到代数的潜力不同于普通数学，使得代数的发展并没有放慢脚步，但像非欧几里得几何一样，他们中的一些观点慢慢地获得公认。对于 H. G. 格拉斯曼的 G. 贝拉维蒂斯和本杰明·皮尔士的发现也是慢慢获得公认，威廉·哈密顿的四元数在英格兰立即受到了赞赏。这些代数提供了一个有想象力的几何解释。

哈密顿出生在都柏林，父母是苏格兰人。他早期在国内接受教育，主要是语言方面。据说，在他 13 岁的时候，就熟悉了多种语言。有一次，偶然发现了一本牛顿的算术书，阅读了这部作品之后，哈密顿先后学习了解析几何、微积分、牛顿原理和拉普拉斯的天体力学。18 岁时，哈密顿发表了一篇论文，纠正了拉普拉斯著作中存在的错误。1824 年，哈密顿进入了爱尔兰都柏林三一学院。1827 年，当哈密顿还是一名大学生时，他就被任命为天文学院院长。雅可比在英国曼彻斯特协会会议上遇到了哈密顿。在 A 区做了

部分演讲，并称呼哈密顿为"贵国的拉格朗日"。哈密顿早期的论文是关于光学的。1832年，哈密顿借助于数学的发现，预测了锥形折射，与奥本·尚·约瑟夫·勒维耶（U. J. J. Le Verrier）和约翰·柯西亚当斯（J. C. Adams）发现海王星的级别相同。之后，哈密顿发表了《变作用原理》（*Principle of Varying Action*，1827）和《动力学的一般方法》（*A general method of dynamics*，1834—1835）的论文。哈密顿还写了第五度方程的解、速度图、波动函数和微分方程的数值解。

哈密顿的重要发现是四元数，此时他的代数研究达到了峰。1835年，哈密顿在《爱尔兰皇家科学院学报》上发表了"耦合代数理论"。他认为"代数不仅仅是艺术、语言、数量科学，还是科学进步的阶梯"。时间对于哈密顿来说就像是运动的图片。因此，哈密顿将代数定义为"纯粹的科学"。这是多年来哈密顿思考的主题，让哈密顿决定应该把什么看作是每对垂直定向线一个系统的产物。1843年10月16日的晚上，他和妻子沿着都柏林的皇家运河散步，在他脑海中闪现了四元数，然后，他用刀在布鲁厄姆桥的一块石头上刻下了基本公式 $i^2 = j^2 = k^2 = ijk = -1$。一个月后，在爱尔兰学院的大会上，他第一次做了关于四元数的交流。第二年的《哲学》（*Philosophical*）杂志上发表了关于这个发现的报告。哈密顿在四元数的发展方面展示出了绝妙的能力。1852年，哈密顿在都柏林出版了关于四元数的著作。

1858年，P. G. 泰特被引荐给哈密顿，他们之间进行通信，这也使得哈密顿重新回到沿着四元数差异和进一步发展的四元数、线性向量函数和菲涅耳波动曲面的研究上。他在1866年开始准备四元数的资料，但最终只印刷了500册书籍。泰特关于四元数的基本论述在1859年已经准备完毕，但一直保留到1867年才出版。P. G. 泰特的主要成就是算子"▽"的发展，在这之后才完成并大幅度扩版。泰特将自己的四元数定理交给麦克斯韦鉴定，麦克斯韦开始意识到四元数微积分在处理物理问题的作用。泰特给出了其物理意义的实际数量 $S\triangledown\sigma$，$V\triangledown\sigma$，$\triangledown u$。收敛（或发散）和旋量，已经成为电磁理论的核心。1913 年，萧伯纳（J. B. Shaw）对哈密顿 ∇n 维的空间进行了概括，其可能是平坦或弯曲的。G. 里奇（1892）、列维·西维塔（T. Levi - Cirita，1900）、马施克和英戈尔德（1910）等人写下了相关的文章，四元数从一开始就在英国获得了极大的重视，而在欧洲大陆受到的关注相对较少。P. G. 泰特的基本论述在英格兰有力地传播了他们的知识。凯莱、克利福德和泰特或多或少通过独创性拓展了这个学科。近年来，除了西尔维斯特所做出的四元方程解，几乎没有什么进展，四元数的应用程序也同物理一样没有像预测那样继续扩展。朱尔斯·豪尔（Julius Houel）和莱桑（C. A. Laisant）在法国所做的符号交换在英国被认为是一个错误。四元数的效果在向量分析系统中是必要的、还是基本的，存在重大疑问。物理学家声称，如果取一个向量的平方为负数，那就会失去自然性。

对于四元数的值，很多研究者有着广泛而不同的看法。P. G. 泰特是这门科学的热情拥护者，他的好朋友威廉·汤姆森（开尔文勋爵）宣布："虽然非常巧妙，但对于那些无论用任何方式接触过它们的人来说，他们都是一种纯粹的不怀好意，包括麦克斯韦。"凯莱在 1874 年写给泰特的信中说："我非常钦佩方程 $d\sigma = uqd\,pq^{-1}$，这是微型地图一个很好的例子。"凯莱承认四元数公式的简便性，在必须在理解之后才能进行运用，他们不得不展开成笛卡尔形式，凯莱在爱丁堡皇家学会学报第二十卷上写了一篇论文"坐标与四元数"，泰特发表了"关于四元数法的本质属性"作为回复。

为了更充分地满足物理学家的需求，约西亚·威拉德·吉布斯和 A. 麦克法兰分别提出了用一个新符号表示一个向量代数的建议，每个人都自己定义给出两个向量的乘积，但这样一个向量的平方是正的。第三个向量分析系统已经被奥利弗·亥维赛（Oliver Heaviside）运用到关于电的研究当中。

什么是最理想的向量符号，仍然是一个有争议的问题。在学术界存在着各种各样的提议，主要分为吉布斯牵头的美国流派以及德国—意大利流派。双方势力的分歧不完全按照国籍展开。1904 年，汉诺威的普兰特尔说:"经过长时间考虑,我采用了吉布斯的符号,定义 $a \cdot b$ 代表内部(标量)。$a \times b$ 代表外部(向量)的乘积。如果遵守这个规则,在多个乘积中,必须先采取外乘积,而后是内乘积,内乘积之后是标量,那么我们就可以用吉布斯的方法写 $a \cdot b \times c$ 和 $ab \cdot c$,而不会产生疑问。"

我们先给出德国—意大利的符号,再给出相同意义的美国符号(吉布斯),内乘积 $a \mid b$,$a \cdot b$;向量乘积 $\mid ab$,$a \times b$;同样 abc,$a \cdot b \times c$;$ab \mid c$,$(a \times b) \times c$;$ab \mid cd$,$(a \times b) \cdot (c \times d)$;$ab^2$,$(a \times b)^2$;$ab \cdot cd$,$(a \times b) \times (c \times d)$。1904 年 R. 麦姆克(R. Mehmke)说过:"德国流派的符号远比吉布斯的符号更受欢迎,不仅是被用在逻辑和方法上,在实用性方面也受欢迎。"

1895 年,海牙的莫伦贝克(P. Molenbroek)和耶鲁大学的 S. 基穆拉(S. kimurs)组织成立了国际四元数研究促进会和数学联合会。P. G. 泰特当选为第一任主席,但由于健康问题无法上任。亚历山大·麦克法兰(Alexander Macfarlance,1851—1913)先后在爱丁堡大学、得克萨斯大学和利哈伊大学担任过协会秘书和主席,直到他去世。

1908 年,在罗马举行的国际大会专门成立了一个委员会来统一向量符号,但 1912 年在剑桥大学举行的会议上,并没有得出明确的结论。

向量符号在《数学教学》中是扩展讨论的主题(第十一至第十四卷,1909—1912),在都灵的布拉利—福尔蒂、那不勒斯的 R. 马尔科龙戈(R. Marcolongo)、布尔日的 G. 科姆博瑞雅克(G. Comberiac)、斯特拉斯堡的海因里希·埃莱尔·狄默定(H. F. C. Timerding)、哥廷根的克莱因、波士顿的威尔逊、都灵的皮亚诺、爱丁堡的 C. G. 诺特、加拿大查塔姆的亚历山大·麦克法兰、巴黎的 E. 卡尔瓦洛(E. Carvallo)和柏林的 E. 扬克(E. Jahnke)之间。1916 年,威尔逊和 V. C. 普尔(V. C. Poor)在美国就符号的相对值进行了讨论。

我们提到了物理学之外的两个概念,其中向量分析已经计算出来了。闵可夫斯基(H. Minkowski)对爱因斯坦的相对论原理进行了推广和解释，并提出了新观点。当动力学被认为与四维空间的几何学相同时，这个理论的一些奇怪结果就消失了。闵可夫斯基以及跟随自己的马克斯·亚伯拉罕（Max Abraham）在有限的程度上运用了向量分析。闵可夫斯基通常倾向于凯莱的矩阵微积分。加利福尼亚大学的吉尔伯特·牛顿·路易斯（Gilbert N. Lewis）将向量分析进行了更广泛的应用，他介绍了格拉斯曼系统的一些四维原始特性。

根据普吕克（和其他人）的说法，"动力"是一种施加在刚体上的力学系统。1899 年，俄罗斯的柯杰尔尼科夫（A. P. kotjelnikoff）对这个问题以向量投射理论的名称进行了研究。1903 年，格赖夫斯瓦尔德的 E. 斯塔迪出版了《动态几何学》（*Geometrieder Dynamen*），书中对直线几何和运动学进行了阐述，部分通过使用群论，并延续到非欧几里得空间。斯塔迪声称自己的系统在某种程度上超越了哈密顿四元数系统和克利福德四元数系统。

赫尔曼·冈瑟·格拉斯曼（Hermann Günther Grassmann，1809—1877）出生在德国波美拉尼亚的斯德丁（今什切青），就读于家乡的一所文科中学。他的父亲担任数学和物理教师。格拉斯曼在柏林学习了三年的神学，他的知识兴趣非常广泛。格拉斯曼研究德语、拉丁语的数学著作，撰写了关于物理学的作品，发表了一篇政治论文和一篇传教士论文，研究语法定律写了一本词典，并将《梨俱吠陀》（*Rig - veda*）翻译成诗，抚养了他 11 个孩子中的 9 个孩子，成功地完成了自己应尽的职责，除了所有这一切，我们还将描述他伟大的数学造诣。1834 年，格拉斯曼继任了斯坦纳的职位，在柏林一个工业学校当数学教师，但在 1836 年，格拉斯曼回到什切青担任了数学、科学、宗教老师。❶ 这时，他的数学知识局限于从父亲那里学到的，他父亲写了两本书：《空间理论》（*Raumlchre*）和《尺规教学》（*Grossen - lehrel*）。之后，格拉斯曼接触了拉克洛瓦、拉格朗日

---

❶维克多·施莱格尔（Victor Schlegel）. 赫尔曼·格拉斯曼（Hermam Grassmarm）. 德国莱比锡. 1878.

和拉普拉斯的作品。格拉斯曼注意到可以通过一些比他父亲书中更先进的新思想，并以一种更简便的方式获得拉普拉斯的结论。格拉斯曼继续研究这种简化方法，并且将其运用到潮汐的研究中。格拉斯曼因此获得了一种新的几何分析方法。1840 年，格拉斯曼在其发展中取得了相当大的进步，但施莱尔马赫的一部新书又把他引向了神学。1842年，格拉斯曼才恢复了数学研究，并相信自己所做新分析的重要性，决定全身心地投入对它的研究。1844 年，格拉斯曼完成了伟大的经典之作《线性扩张论》（*Lineale Ausdehnugs lehre*）。在这本书里充满了独到的思想、特别的知识系统，但其论述模式在当时太过超前，这使得该著作在之后的 20 年里在欧洲数学领域特别有影响，并在中国进行出版。高斯、格鲁纳特和莫比乌斯只看了一眼，就开始称赞它，但抱怨里面术语太多，在文中还夹杂着哲学理论和神秘的教义。八年之后，据说哥达的布雷特施奈德是唯一读懂的人。在《纯粹与应用数学杂志》里有一篇文章，格拉斯曼在几何构造方面超越了当时的几何学家，他的几何代数曲线方法极具帮助却被忽视了。我们不敢想象，如果格拉斯曼将注意力转向其他科目，比如哲学、政治、语言学，将会怎样？不过，格拉斯曼的文章继续出现在《纯粹与应用数学杂志》上。1862 年，格拉斯曼将《线性扩张论》更名为《扩张论》，正式出版了，它的目的是比《线性扩张论》更好地展示扩张理论更广泛的范围，不仅考虑几何应用，还考虑代数函数、无穷级数、微分和积分。《扩张论》没有明确的例子说明他的新概念，仍十分难懂，没有受到学术界的重视，连续几次失败，导致他 53 岁后放弃了数学，并将自己的精力放在梵文研究上，在语言学上实现其价值，其成果更被欣赏，能够与数学所取得的成就相媲美。

对于扩张论和四元数来说最常见的是几何算法，两个矢量通过 $S\alpha\beta$，$V\alpha\beta$ 表示四元数函数以及线性矢量函数。四元数是哈密顿所特有的，而对于格拉斯曼，我们发现除了矢量代数还有几何代数的广泛应用，像莫比乌斯的重心函数计算中的重点是基本元素一样。格拉斯曼发展了"外部乘积""内部乘积"和"开放乘积"概念，我们现在称之为矩阵。格拉斯曼在《扩张论》中关于多维空间的研究取得了很大的进展，没有限制任何特定维度的数量。后来，格拉斯曼精彩丰富的研究发现开始被欣赏。《扩张论》的第二版出版于1877 年。皮尔士用逻辑符号表示了格拉斯曼的系统，辛辛那提大学的 E. W. 海德写了第一本关于格拉斯曼微积分的英语教科书。

圣维南（Barre de Saint Venant，1797—1886）提出了格拉斯曼和哈密顿一部分重要的发现，他描述了向量的乘法运算、向量算法和定向领域；由于柯西的论文《论代数的钥匙》是组合乘法的单位，作者早些时候以格拉斯曼所使用的相同方式应用到消除理论。朱斯托·贝拉维蒂斯在 1835 年和 1837 年将均等微积分发表在《科学年鉴》（*Annaliydelle Scienze*）上。贝拉维蒂斯是一位自学成才的数学家，在帕多瓦担任多年的教授。在他 38 岁那年，贝拉维蒂在巴萨诺当地建设了一个城市办公室，将自己的终身事业奉献给了科学。

格拉斯曼的初步思想体现在赫尔曼·汉克尔（Hermann Hankel）的著作中。汉克尔在 1867 年出版了《这个超级复杂数字》（*Vorlesungen über die Complexen Zahcen*），然后在莱比锡担任讲师，他一直与格拉斯曼的思想一致。汉克尔的"交替数"遵循了组合乘法定律。汉克尔的代数基础证实了先前由皮科克发表正式定律的持久性原则。起初他的那些"交替数"很少被阅读。我们必须归功于维克托·施莱格尔作为格拉斯曼的成功翻译。施莱格尔曾有一段时间是格拉斯曼在什切青文科中学里的同事。在克莱布什的鼓励下，施莱格尔在 1872年至 1875 年间写了一本《空间理论系统》的书，这本书解释了扩张论的基本概念和运算。

格拉斯曼的主张逐渐被传播开来。1878 年，麦克斯韦写信给P. G. 泰特说道："你知道格拉斯曼的《扩张论》吗？斯波蒂斯伍德在都柏林说格拉斯曼超越了 4 个离子束（4*nions*），但爱丁堡的哈密顿爵士说扩展范围越大，意图就越小。"

本杰明·皮尔士对多重代数进行有力的推进，他的理论不是几何，而是与哈密顿和格拉斯曼的相仿。本杰明·皮尔士出生在马萨诸塞州的萨勒姆，哈佛大学毕业，他对数学的学习远远超出了其他大学课程学习的程度。当鲍迪奇准备翻译和注释《天体力学》（*Mécanique Céleste*）时，年轻的本杰明·皮尔士在帮助鲍迪奇做校样。1833 年，本杰明·皮尔士在哈佛取得了教授职位，并在此任职直到去世。后来，本杰明·皮尔士负责《航海年鉴》并担任美国海岸调查的负责人。1855 年，本杰明·皮尔士刚出版了一系列关于《分析力学》和数学教科书，与华盛顿的西尔斯·库克·沃克（Sears C. Walker）一起计算了海王星的轨道。本杰明·皮尔士关于《线性结合代数》的研究是最令人印象深刻的。1870 年，本杰明·皮尔士刻印了一本手稿副本分发给了朋友们，但人们对这个主题的兴趣非常小，以至于手稿直到 1881 年才出版（美国，数学，第四卷，第二段）。本杰明·皮尔士的作品除了乘法表之外，还有单代数、双代数及六倍代数等。在所有 162 个代数中，他认为可以考虑符号 A，B 等，也就是字母数量是确定的线性函数，以及 i，j，k，l 等单位，与普通的、真实的或想象的分析幅度的系数——字母 i，j 等，也就是说，二元组合 i^2，ij，ji 等，在满足结合律的限制情况下等于字母的一个线性函数。查尔斯·皮尔士（Charles S. Peirce）——本杰明·皮尔士的儿子，数理逻辑最重要的数学家之一，他表明这些代数是二次代数的不完美形式，他先前通过逻辑分析发现了这个情况，为此，他设计了一个简单的符号。这些二次代数的四元数是一个简单的例子，九元数是另外一个。查尔斯·皮尔士表明所有的线性结合代数只有三个分类是明确的。那就是普通单代数、普通双代数和四元数，虚标量被排除在外。查尔斯·皮尔士表明，父亲的代数是用于操作和矩阵研究的。西尔维斯特在约翰·霍普金斯大学提交了关于多重代数的论文，并且在各种杂志上发表。西尔维斯特主要研究了矩阵代数。

当本杰明·皮尔士的比较剖析线性代数在英国备受欢迎时，这种基于模糊的任意分类原则在德国是备受批评的。爱德华·斯塔迪和格奥尔格·W. 舍费尔斯（Georg W. Scheffers）是沿着这条线进行研究的德国数学家。H. E. 霍克斯（H. E. Hawkes）在 1902 年给出了关于查尔斯·皮尔士线性结合代数的评估，他扩展了查尔斯·皮尔士的方法并显示了其全部的幂数。1898 年，里昂大学的埃利·嘉当（Elie Cartan）用特有的方程发展了几个一般性定理；他开展了半单或戴德金、伪零、幂零或子代数；查尔斯·皮尔士表明每一个代数的结构可以通过双单位的使用来表示。第一个因数是二次代数，第二个因数是非二次代数。亨利·泰伯（Henry Taber）将查尔斯·皮尔士的结果进行了扩展。奥利弗·C. 黑兹利特（Olive C. Hazlett）给出了关于幂零算法的分类。

如上所述，查尔斯·皮尔士利用矩阵理论推进了代数的发展。弗罗贝尼乌斯（F. G. Frobenius）和萧伯纳沿着这个方向发表了相关的论文。"表明一个代数方程终止了它的二次单位以及某些直接单位，其他单位形成了一个幂零系统，它与二次代数一起可以简化为规范形式。代数因此成为一个在这些规范形式中使用"关联单位"代数下的子代数。弗罗贝尼乌斯证明了每一个代数都存在一个戴德金子代数，他们的方程包含代数方程的所有因数。这就是嘉当（Cartan）的半单代数。他还表示，其余单位形式的幂零代数单位可以正规化"。最后，萧伯纳将线性代数的一般定理扩展为有无限数量单位的代数。

除了矩阵理论，连续群理论也被用于线性结合代数的研究。这种同构性是由庞加莱首次提出的。格奥尔格·W. 舍费尔斯跟进了这个方法，他将代数分为四元数和非四元数，并且算出了五阶以内所有代数的完整列表。1893 年，特奥多尔·莫里（Theodor Molien）在塔尔图证明了"四元代数包含独立的二次项，四元代数根据非四元类型进行分类"（萧伯纳）。芝加哥的狄克逊给出了线性代数和连续群之间关系的基本阐述。这种关系"使我们能够将一门学科的概念和定理转化为一门学科的语言"。它不仅使我们的知识量增加一倍，而且还能从一个全新的角度展示，让我们能更好地了解任何一个学科。早在 1858 年，凯莱在一个重要的文本中建立了矩阵理论。其中西尔维斯特认为，这开创了代数的第二个时代。克利福德、西尔维斯特、泰伯、查普曼（C. H. Chapman）进行了进一

步研究。哈密顿是矩阵的发起者，但他发表关于四元数论文中的理论没有凯莱的更具普遍性。凯莱没有提及哈密顿。

朗斯基（Hoené Wronski，1778—1853）研究了行列式理论。朗斯基是一个贫穷的波兰爱好者，大部分时间生活在法国，他的自负和乏味的风格很少有追随者。朗斯基对数学提出了一些尖锐的批评。朗斯基研究了四种特殊形式的行列式，不来梅的海因里希·费迪南德·舍尔克（Heinrich Ferdinand Scherk，1798—1885）和海德堡的费迪南德·施魏因兹（Ferdinand Schweins，1780—1856）对其进行了拓展研究。1838 年，刘维尔论证了特殊形式的一些属性。1881 年，托马斯·缪尔（Thomas Muir）将其称为"朗斯基行列式"。巴黎的比内（Jacques P. M. Binet，1786—1856）开始关注行列式，但是在这个领域最伟大的大师是柯西。柯西在一篇论文中发展了几个一般定理（《保利学校杂志》，第九卷，第十六页）并介绍了行列式。1801 年，高斯研究的函数中使用了行列式。1826 年，雅可比开始使用这个运算，同时给出了关于幂数非常巧妙的证明。1841 年，雅可比在《纯粹与应用数学杂志》上写了关于行列式扩展的文章，使这一理论变得易被理解。英格兰关于齐次多项式线性变换的研究给了它一个有力的推动。凯莱发展了斜对称行列式和法夫式，也介绍了行列式括号的使用，以及研究了我们熟悉的且常用的一对垂直线。西尔维斯特（1851）采用了更普遍的行列式，它的元素是从给定行列式的元素形成的，特别是克罗内克，他给出了一个以自己名字命名的定理。1846 年，凯莱、L. 克罗内克（L. Kronecker）和 F. 布里奥斯基等人注意到了正交因素，并进行了关于 n^2 元素相互关联 $\frac{1}{2} n$ $(n+1)$ 方程的研究。西尔维斯特（1867）注意到了行列式的最大值，特别是 J. 阿达玛（1893），他证明了行列式的平方永远大于线的标准乘积。

切尔诺维茨的安东·普赫塔（Anton Puchta，1851—1903）在 1878 年和诺特在 1880 年，发现了一个对称行列式可以表示为一定数量因子的乘积，并且其中元素是线性的。我们称之为"本影符号"行列式子式构成的行列式是由西尔维斯特在 1851 年研究出来的，斯波蒂斯伍德在 1856 年也进行了研究，以及后来的扬尼（G. Janni）、赖斯（M. Reiss，1805—1869）、奥维迪奥、许凯、胡尼奥迪（E. Hunyadi，1838—1889）、埃米尔·巴比埃（E. Barbier）、范·维尔泽（C. A. Van Velzer）、内托（E. Netto）、弗罗贝尼乌斯和其他人都进行了研究。许多关于行列式的研究都受限于特殊形式。西尔维斯特研究出了"连续式"，交替函数起源于柯西，而后被雅可比和那不勒斯的尼科·特鲁迪（Nicolo Trudi）、纳格尔斯巴赫（H. Nagelsbach）、加比瑞（G. Garbieri）等人进行研究发展。雅可比第一次运用了"轴对称行列式"，而其研究是由勒贝格（V. A. Lebesgue）、西尔维斯特和海塞进行的；"循环行列式"是由尤金·查尔斯·加泰罗尼亚（Eugene Charles Catalan，1814—1894）、来自牛津大学的威廉·斯波蒂斯·伍德（William Spottiswoode，1825—1883）、格莱舍（J. W. L. Glaisher）和斯科特（R. F. Scott）研究发现的；对于"中心对称行列式"我们由衷地感激海德尔堡的 G. 泽富斯（G. Zehfuss）。慕尼黑的纳赫莱纳（V. Nachreiner）和 S. 冈瑟指出了行列式与连分式之间的关系；R. F. 斯科特在论文中使用了汉克尔的交替数。弗雷德霍姆（E. Fredholm，《数学学报》，1903）计算了一类线性积分方程中与几个未知数线性方程的一般同等重要的行列式，而后通过希尔伯特的再次研究将其延伸到一般行列式的极限表达式。

1860 年，爱德华·福斯特劳（Eduard Furstenau）通过运用近似法得出代数方程根，实现了无限行列式的引入，这是具有相当大意义的成就。来自萨克森格里马的西奥多·科特里特兹斯赫（Theodor Kotteritzsch）在关于无穷线性方程组解决方案的两篇论文中运用了无穷级行列式。此外，在 1877 年华盛顿的乔治·威廉·希尔在一篇论文中介绍了无限行列式（《作品集》，第一卷，第 243 页，1905）。随着希尔进一步发展并对其进行深入的研究，在 1884 年和 1885 年，H. 庞加莱呼吁要注意这些行列式。赫尔格·冯·科克（Helge von Koch）和艾哈德·施密特（Erhard Schmidt，1908）

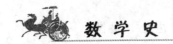

对他们的理论进行了阐述。

近年来，线性方程组解的理论通过所谓的行列式提出了另一个形式。G. A. 米勒已经找出了一个充分的必要条件，即，在一个一致的线性方程组中，一个给定的未知数只有一个值，而其他一些未知数可以假设无限数量的值。

行列式的教科书由 W. 斯波蒂斯伍德（1851）、F. 布廖斯基（1854）、R. 巴尔策（1857）、S. 冈瑟（1875）、G. J. 多斯特（1877）、R. F. 斯科特（1880）、T. 缪尔（1882）、汉纳斯（P. H. Hanus，1886）、G. W. H. 科瓦勒斯基（1909）编撰。

来自斯特拉斯堡的基斯顿·卡曼（Christian Kramp，1760—1826），在 1808 使用了现代代数中普遍使用表示"n 的阶乘"的符号"$n!$"。黎曼第一次使用符号"$\equiv$"表示恒等式。

现代高等代数特别专注于线性变换理论。凯莱和西尔维斯特的工作对其发展起到了主要作用。

凯莱出生在萨里郡的里士满，在剑桥大学三一学院接受教育。在 1842 年，凯莱获得了数学学位考试的第一名。之后几年，凯莱致力法律的学习和实践。当凯莱还是一名学生时，他同萨蒙一起去都柏林，听了哈密顿关于四元数的讲座。在剑桥大学的萨德勒教授职位基础上，凯莱接受了那个职位的邀请，也因此放弃了一个在当时许诺报酬非常好的职业，但他可以全神贯注地投入到数学研究中。当凯莱还是一名大学生时，凯莱开始在剑桥大学数学期刊上发表他的数学论文。在凯莱做法律实践工作期间，他有了一些非常杰出的发现。凯莱的发现丰富了纯数学领域几乎所有的学科，但最重要的是他通过不变性理论创造了一个分析学的新分支。拉格朗日、高斯，特别是布尔的著作中发现了不变性原理的起源在 1841 年，他们展示了不变行列式的一般属性，并将其应用到正交代换理论中。凯莱将自己置身于确定先验函数给定方程的系数具有不变的属性问题中。1845 年，凯莱首先发现了所谓的"超行列式"这一属性。在凯莱研究基础上，布尔做了一些额外的发现。西尔维斯特在剑桥大学和都柏林的数学期刊上开始刊登布尔关于微积分形式的论文。在这之后，研究成果接连不断地出现。当时凯莱和西尔维斯特都是伦敦的居民，他们互相激励，使得后人很难确定有多少成就分别属于哪个人。1882 年，当西尔维斯特任约翰·霍普金斯大学教授时，凯莱在那里进行了关于阿贝尔和 θ 函数的演讲。

凯莱的工作方法很独特。A. R. 福赛斯这样描述："当凯莱得出了自己创新的概论之后，他开始用这种方法直接创建它们，虽然凯莱极少给出获得这些概论的线索：这个过程并不会使他的论文不易理解……凯莱的写作风格属于直接、简单明了的。凯莱受定律思维的影响，不仅仅表现在安排方式上，同样也表现在表达方式上；凯莱对论文非常严格，同时又弥漫着西尔维斯特论文热情的气息。"奇怪的是，凯莱对四元数并没有太大兴趣。

詹姆斯·约瑟夫·西尔维斯特（James Joseph Sylvester，1814—1897）出生于伦敦。他父亲的名字叫亚伯拉罕·约瑟夫，他在美国的哥哥改名为西尔维斯特，然后他也采用了这个名字。西尔维斯特在 16 岁获得了西尔维斯特获得的 500 美元的奖金，以表彰他帮助解决了一个美国彩票承包商的问题。[1] 1831 年，西尔维斯特进入剑桥大学圣约翰学院，获得了数学学位成绩的第一名。当时，乔治·格林（George Green）是第四名。从 1838 年到 1840 年，西尔维斯特在现在名为英国伦敦大学的学院担任自然哲学教授。1841 年，西尔维斯特成为弗吉尼亚大学的数学教授。1844 年，西尔维斯特成为一个精算师。1846 年，西尔维斯特成为内殿法律学院的一名学生并于 1850 年取得了律师资格。1846 年，西尔维斯特与凯莱取得了联系。他们经常在林肯旅馆的广场散步，也经常讨论不变量理论，和凯莱"经常谈论珍珠和红宝石"。同时，西尔维斯特恢复数学研究。他与凯莱和哈密顿在纯数学领域的研究自牛顿时代之后在英国出类拔萃。西尔维斯特与萨蒙建立了友谊。萨蒙的作品为凯莱和西尔维斯特在初级数学方面更容易受到数学公众的影响。从 1855 年到 1870 年，西尔维斯特在伍尔维奇皇家军事学院担任教授，作为

---

[1] F. 卡约里（F. Cajori）. 美国数学史和教义. 华盛顿. 1890：261—272.

一名初级教师并没有表现出很高的效率。从 1876 年到 1883 年，西尔维斯特担任约翰·霍普金斯大学教授。西尔维斯特很高兴在那里自由地用自己觉得最好的方式教他想教的任何知识。1878 年，西尔维斯特成为《美国数学杂志》的第一位编辑。1884 年，西尔维斯特成功继任了 H. J. S. 史密斯在牛津大学几何萨维尔教授的职位，一个曾经被亨利·布里格斯沃利斯和哈雷等人担任过的职务。

西尔维斯特有时会写诗来消遣时光。在巴尔的摩的皮博迪学院，西尔维斯特阅读包括大约 400 行以"罗莎琳德"结尾押韵的罗莎琳德诗，他首先阅读了所有的注释以便阅读正文时容易理解。

1837 年，西尔维斯特的第一篇论文写的是关于菲涅耳的光学理论。两年后，西尔维斯特书写了施图姆的著名定理。施图姆曾经告诉他，这个定理起源于复摆理论。在凯利的激励下，西尔维斯特对现代代数做出了重要研究。西尔维斯特记述了五个已给出的立方体表达式的消除、转换和规范形式；论述了线性等价二次函数和次要行列式之间的关系，其中不变因子的概念是隐含的。1852 年，西尔维斯特发表了一篇微积分原理的论文。1869 年，赫胥黎讲述了"数学是对一无所知进行观察、归纳、发明和实验验证的一门科学"的言论。"西尔维斯特对赫胥黎的论述非常感兴趣，对数学研究中所涉及的精神活动有着强烈的影响。1859 年，西尔维斯特发表了关于分割的演讲，然而直到 1897 年才出版。西尔维斯特在巴尔的摩重新撰写了分割。1864 年，西尔维斯特发表了关于牛顿定律的著名证明。不变量的基本定理作为形成凯莱作品的一个重要部分，经历了 25 年一直没有被证明出来，最终由西尔维斯特在巴尔的摩将其进行了论证。在书中关于质数在一定范围内的整体性，以及其潜在根矩阵方法的记载是最值得注意的。西尔维斯特关于不变量理论方程、多重代数、数字理论、概率的研究，被认为是对数学做出了重要贡献。西尔维斯特在回到牛津大学后开始了关于微分不变式或由于变量的特定线性变换产生了形式不变的微分系数函数，以及伴随理论概括的研究。1911 年，格林希尔（G. Greenhill）讲道："现在忘了西尔维斯特是如何让每个人都对微分不变式感兴趣的；有时西尔维斯特独自散步，跟天空说话，问："微分不变式是胡说八道吗？贝瑞（Berry）说微分不变式是胡说八道！"天空没有回复。由于西尔维斯特自己厌倦了这个学科，所以避开了对其进行的深入研究。后来，西尔维斯特有机会从航空角度解决多边形内涡流理论问题，就像查韦斯飞跃辛普朗山口时，在悬崖的角度曾遇到的涡流旋风。分析在某些情况下显得异常熟悉，最后我重新记录了那个熟悉的微分不变式。同中有异和异中有同被称为科学的座右铭。"

在《美国数学杂志》关于二元和三元齐次多项式的论文中，其中有一部分是来自 F. 富兰克林，还有一部分是约翰·霍普金斯大学教授所写的。阿尔方（1878）认为微分不变式理论比微分不变量理论更具普遍性，并且已经由剑桥大学的哈蒙德、伍尔维奇的麦克马洪、伦敦的福赛斯以及许多其他人将其进行了进一步拓展。他创造了许多数学专有名词，如术语"不变式""判别式""海塞函数""雅可比行列式"都是他引进的。不仅是小学生，即便是训练有素的数学家，也会被这种符号的运用所吸引，魏尔斯特拉斯（Kweierstrass）用经验说明了这些符号，他说自己很用心地研读西尔维斯特关于代数形式理论的论文，一直到西尔维斯特开始使用希伯来语字符。这超出了他的理解范围，那之后他离开了它。

伟大的不变量理论，主要是由凯莱和西尔维斯特在英国建立起来的，之后由德国、法国和意大利等国家的数学家进行了认真研究。埃尔米特发现了该定理，并以自己的名字命名了该定理。其中，对于在 m 阶多项式系数中的每个系数为 n 的协变量会对应一个 n 阶多项式中系数为 m 次的协变量。埃尔米特发现了五次多项式的斜不变式，这是所有斜不变式的第一个例子。埃尔米特发现了属于奇数阶大于 3 的齐次多项式的线性协变量，埃尔米特将它们应用于获取系数不变量多元齐次多项式的典型表达式。埃尔米特还发明了齐次多项式的相关协变量。这些构成了最简便代数的完整系统，以便于区别线性的完整系统。

在意大利米兰的 F. 布廖斯基和法·德·布鲁诺（Faa de Bruno，1825—1888）对不变量理论做出了贡献，后者写了关于二

进制形式的教科书式作品（1876），其与萨蒙、克莱布什以及哥尔丹的论文比肩。

弗朗西斯科·布廖斯基（Francesco Briosohi，1824—1897）在1852年成为帕维亚大学的应用数学教授，在1862年被政府委托在米兰成立高技术研究院，他一直在那里担任水力学院院长，直至去世。布廖斯基与阿贝·巴尔纳巴·托尔托里尼（Abbe Barnaba Tortolini，1808—1874）在1858年建立了《纯粹与应用数学杂志》（*Annali di matematica puraed applicata*）。在帕维亚，他的学生有克雷莫纳和 E. 贝尔特拉米。维多·沃尔泰拉（V. Volterra）讲述了布廖斯基在1858年与另外两名年轻的意大利人——比萨大学教授恩里科·贝蒂（Enrico Betti，1823—1892）和帕维亚大学教授菲利斯·卡索拉蒂（Felice Casorati，1835—1890），开始与法国和德国最重要的数学家建立关系。

在德国，由英格兰的凯莱、西尔维斯特、萨蒙、法国的埃尔米特以及意大利的 F. 布廖斯基所建立的不变量早期理论，直到1858年柏林高等技术学校的齐格弗里德·海因里希·阿龙霍尔德（Siegfried Heinrich Aronhold，1819—1884）指出海塞在1844年提出的三元三次方程理论涉及了变体，这个理论才被重视起来。费迪南·艾森斯坦（F. G. Eisenstein）和斯坦纳在早期也发表了关于新事物的独立出版物，其中涉及了不变量的概念。阿龙霍尔德在1863年给出了关于不变量理论简要而系统的论述（纯粹与应用数学杂志，六十二卷）。他和克莱布什使用了独创的标记法——符号标记法，与凯莱的标记方法不同。在德国他们的标记法被用在进一步的发展当中。大约在1868年，当克莱布什和 P. 戈丹写了二进制形式的类型，克罗内克和克里斯托费尔（E. B. Christoffel）作出了双线性形式，克莱因和索菲斯·李通过了与任意线性替换组有关的不变量理论，巨大的发展便开始了。哥尔丹（Paul Gordan，1837—1912）出生在埃尔朗根，并在那里成了教授。他写了关于有限群的论文，特别是关于阶数是 168，其相关曲线为 $y^3z + z^3x + x^3y = 0$ 的简单群。他最著名的成就是每个二元型都具有一个以有理数不变量与协变量所组成的有限完备系。在克莱布什针对他的研究来设计不变量形式之间的关系方法（表格属性）期间，阿龙霍尔德的主要目的是检验其等价关系或一种形式到另一个形式的线性变换。沿着这条线研究的是克里斯托费尔，他证明了替代系数中所包含任意参数的数量等于该形式绝对不变量数量，维尔斯特拉斯给出了双线性系统和二次形式线性系统的通用解法。克罗内克对魏尔斯特拉斯的研究结果进行了扩展，并且就某些不一致的结论与若尔当发生过争执。达布在 1874 年给出了魏尔斯特拉斯和克罗内克定理通用而优雅的推导，G. 弗罗贝尼乌斯将双线性形式的变换应用到"普法夫的问题"，决定了在什么时候给定 n 项的线性微分表达式可以通过使变量服从一般点变换的方式被转换成另一个。H. 沃纳（Werner，1889）、索菲斯·李（1885）和 W. 基林（1890）开展了从群论的角度看二次方程的不变性和双线性形式的研究。施瓦茨（1871）和费利克斯·克莱因对有限的二元组进行了验证。施瓦茨指出了问题，要找出"在球体曲面上对称复形的所有球面三角形和产生一个不同位置球面三角形的有限个数"并推导出其形式。在不知道施瓦茨和哈密顿做了什么的情况下，克莱因对群的问题进行了研究。他获得了有限二元线性群及其形式。将变换表示为运动，并采用黎曼对球面上复变量的解释，克莱茵创建了交替群，使 5 个固体与自身重合以及完备形式。四面体、八面体和二十面体分别导致 12、24 和 60 交替。二十面体生成了一个与一般五次方程紧密关联的二十面体方程。克莱因将二十面体作为五次理论的中心，这和他于 1884 年在莱比锡发表的《在二十面体和第五度，莱比锡方程解的讲座》（*Vorlesungenliber das I kosaeder and die Auflösungder Gleichungen fösungder Gleichungen fünfben Grades*）中给出的一样。R. 富克斯在 1866 年以后，对关系到线性微分方程的有限置换组及其形式进行了研究。如果方程中只有代数积分，则该群是有限的，反之亦然。

若尔当、克莱因和布廖斯基将富克斯关于这个话题的研究继续进行。克莱因将有限三元和更高的群与不变量联系到一起进行了研究，同时他在 1887 年做了两个这样的基础群，以获得一般方程第六阶和第七阶的解。1886 年，在克莱因的指导下，科尔（F. N. Cole）解决了六次方程。1890 年，马施克（H. Maschke）对克莱因所使用的第二个群连同关于其导致空间中的 140 条线一同进行了研究。

不变量形式之间的关系，该研究由凯莱和西尔维斯特发起，自 1868 年以来，在克莱布什和哥尔丹的作品中着重进行了诠释。哥尔丹在《纯粹与应用数学杂志》中证明了一个单一二进制形式系统的有限性，这就是所谓的"戈丹定理"。即使在后来出现了简化形式的证明，但定理产生的实用方法是为了测定现有的系统。皮亚诺在 1881 年用通式表示了这个定理，并将其应用到了以某些双二元形式为代表的"函数"中。1890 年，希尔伯特只使用了有理过程，证明了由 n 个变量中任意形式的一系列不变量所产生不变量系统的有限性。克拉克大学的斯托里对这个证明进行了一些有利的修改。希尔伯特的研究被称为合冲关系的量。在此之前，凯莱、埃尔米特、布廖斯基以及雅典的斯特凡诺斯、哈蒙德、斯特罗（E. Stroh）、麦克马洪也对这个主题进行了研究。

由阿龙霍尔德和克莱布什引进了不变量理论中的符号表示法，来自德国的哥尔丹、斯特罗和斯塔迪对其进行了进一步发展。1878 年，西尔维斯特使用了原子理论后，英国的学者试图使形式理论中的表达式通过图形表示的更直观，而后克利福德将原子理论进行了更广泛的应用。麦克马洪在第十一版的《大英百科全书》"代数"中已经使用过不变量理论符号法。在 1903 年，来自剑桥大学的格雷斯（J. H. Grace）和 A. 扬在他们的代数不变量论文中也使用了不变量理论符号法。这些研究者在使用了若尔当伟大的文本中关于不变量的方法后，都产生了新的结果，尤其是"二进制形式系统不可约协变量的最大阶精确公式"。牛津大学的埃德温·B. 艾略特（Edwin B. Elliott）通过一个不对称的方法创立了一个二进制代数形式绝对正交相伴的完整合冲定律，而在 1905 年，麦克马洪为了达到相似的目的，采用了涉及虚拟阴影的符号运算。不变量理论在现代代数和分析射影几何中已经发挥了重要作用，人们已经注意到其在数论中的使用。在 1913 年麦迪逊讨论会中，狄克逊的研究都是沿着这个方向。

舒伯特（F. T. v. Schubert，1793）、高斯、克罗内克、舍内曼（F. W. P. Schonemann）、艾森斯坦、戴德金、弗洛凯（G. Floquet）、哥尼斯伯克（L. konigsberger）、E. 内托、佩龙（O. Perron），鲍尔（M. Bauer）、杜马斯（W. Dumas）和布隆伯格（H. Blumberg）已经建立了可以确定特定域内表达式不可约的标准，依据舍内曼定理和爱因斯坦定理，多项式 $x^n + c_1 x^{n-1} + \cdots + c_n$ 的积分系数是这样的，质数 P 除以每个系数 c_1，$\cdots$，c_n，但是 p^2 没有到 c_n，而后多项式有理数域内不可约。后来，作者将这个定理视为工作的核心。弗洛凯和哥尼斯伯克没有将自己局限在多项式领域，同时也考虑了线性齐次微分表达式。布隆伯格给出了在早些时候几乎包括所有特殊成果的一般定理。

方程理论和群论

　　将五次方程简化成三项式是一个著名的课题，乔治·伯奇·杰拉德（George Birch Jerrard，？—1863）在《数学研究》（*Mathematical Researches*，1832—1835）中提出了这个课题。1827 年，杰拉德毕业于爱尔兰都柏林的三一学院并获得了学士学位。厄兰·塞缪尔·布林（Erland Samuel Bring，1736—1798），瑞典人，早在 1786 年就提出了约减，并将其在隆德大学的一个出版物中出版，但直到 1861 年才为公众熟知。杰德和布林都使用了德国物理学家 E. W. 钦豪申的方法。布林从未说过自己研究的变化式产生了五次代数方程的通解，但杰拉德始终坚持这个说法，即使挪威数学家阿贝尔和其他人已经证明了通解不可能存在。1836 年，爱尔兰数学家哈密顿关于杰拉德方法的有效性做了一份报告，并声称经过他论述的五次方程可以转换为任意四次三项式形式。哈密顿将其适用性范围扩展到更高阶的方程。西尔维斯特研究了这个问题，即一个方程有可能借助于不高于 i 阶方程组丢失连续项 i 的最低阶。他一直研究到 $i=8$，并引出了以自己命名为"哈密顿数"的一系列数字。这个变化式对西尔维斯特和杰拉德来说都具有同等重要的意义，西尔维斯特将该方程称为三个五次幂之和。近些年，关于高阶方程协变量和不变量的研究开始变多。

在方程的理论中，拉格朗日、阿尔冈和高斯证明了每个代数方程都有一个实根或一个复根的重要定理。阿贝尔证明了五阶或更高阶的一般代数方程无法通过根数求解（纯粹与应用数学，第一卷，1826）。在此之前，意大利内科医生保罗·鲁菲尼出版了关于代数方程不可解的证明。该证明过程发表在《一般理论方程》（*Teoria generale delle equazioni*）书中。鲁菲尼的证明遭到了其它学者的批评。1813 年，在柯西一篇报告中，马尔法蒂、卡诺、勒让德和泊松有机会提及鲁菲尼的证明就像是"建立在模糊推理上，但并没有被普遍接受"。阿贝尔强调鲁菲尼氏推理并不总是那么严格的。1821 年，柯西对鲁菲尼写道："鲁菲尼充分展示了四次较高一般方程的代数不可解性。"J. 赫克（J. Hecker）在 1886 年表明，鲁菲尼的证明总体是合理的，但在一些细节上有错误。意大利数学家博尔托洛蒂（Bortolotti Ettore）在 1902 年表示，鲁菲尼的证明是在他 1813 年的书《代数方程组解的反思》（*Reflessioni intor no alla solazione dell equazioni algebraiche*）中所给出的，与而后法国数学家彼埃尔·劳伦特·旺策尔（Pierre Laurent Wantzel，1814—1848）所给出的在实质上是一样的，但只有旺策尔的第二部分简化证明与鲁菲尼的很接近，第一部分则是效仿阿贝尔的。顺便说一下，应该承认旺策尔给出了关于对尺规作图实现三等分任何给定角的不可能性，以及避免不可约三次方程代数解中"不可约情形"的第一个严谨证明（《刘维尔》，第二卷，1837 年，366 页）。旺策尔代表巴黎理工学校对外演讲。在学生时代，他擅长数学和语言。法国力学家圣维南形容他："每天晚上他都在阅读，仅仅利用几个小时睡觉，或者使用咖啡提神，直到他结婚之后饮食都不规律。他过于相信自己的身体强壮，不在意自己的健康状况。他的英年早逝令人扼腕叹息。"

鲁菲尼最著名的是关于方程式的研究，其研究范围包含了群的代数理论。鲁菲尼的"排列"对应着专业术语"群"。他将"群"分为"简单"和"复杂"，而后者又可分为非传递性群、原始传递群及非原始传递群。他建立了名为"鲁菲尼定理"的重要定理❶，即一个群不一定要有一个阶数为任意一个因数群顺序的亚群。鲁菲尼出版的研究报告是在意大利巴勒莫数学协会的赞助下实现的；第一卷出现在 1915 年，由意大利博洛尼亚的博尔托洛蒂做的注释。法国数学家埃尔米特（《点数撕裂》，1858，1865，1866）给出了包含椭圆积分 n 次方程的超越解。埃尔米特对外宣称这个研究成果后，1858 年，德国数学家克罗内克给埃尔米特写了一封信，给出了包含第六阶简单解的第二个解。

阿贝尔证明了高次方程不能总是用代数方法解，这导致了关于给定阶的方程式可以用根数来解。这类方程是高斯在考虑圆划分所讨论的问题之一。阿贝尔进一步证明了一个不可约方程总是可以用根数求解，如果它的两个根其中一个可以用其他方式表示，并假设方程的阶是质数；如果方程的阶不是质数，那么方程的解取决于阶数较低的。通过几何方面的考虑，海塞证明了九阶方程的代数解，但不包括前面的群。法国年轻的埃瓦里斯特·伽罗瓦（Evariste Galois，1811—1832）在巴黎将这个课题进行了深入地研究。伽罗瓦出生在巴黎附近的皇后镇。在伽罗瓦 15 岁的时候就表现出了数学天赋。伽罗瓦的生命短暂、悲惨、颠沛。他曾两次被拒绝进入法国巴黎综合理工学院考试，只是因为他无法满足（对他来说）审查人员的琐碎要求，考官没有认识到他的天赋。1829 年，伽罗瓦进入法国巴黎高等师范学校，然而这是一所更差的学校。伽罗瓦骄傲、自大，并且无法看到需要的详细解释，他的职业生涯在那所学校进展的并不顺利。1830 年革命动荡之后，伽罗瓦被迫离开法国巴黎高等师范学校。在监狱中度过几个月后，在一场决斗中被杀。伽罗瓦阅读普通教科书就像读小说一样迅速。伽罗瓦阅读了拉格朗日、勒让德、雅克比和阿贝尔关于方程方面的著作。早在 17 岁那年，伽罗瓦便达到了自己研究的最高成就。在 1830 年《费鲁萨克公报》（Bulletinde Ferussac）的

---

❶G. A. 米勒（G. AMiller）. 数学藏书（*Bibliotheca Mathematica*）. 1909—1910：318.

第十三卷 428 页，刊发了一篇关于方程的简短论文，给出的结论像是一个一般理论的应用。决斗的前一天晚上，伽罗瓦将自己的科学证明以信件的形式给了朋友奥古斯特·谢瓦利埃（Auguste Chevalier），包含了他研究的数学成果，并要求将这封信进行发表，"雅可比和高斯做出了评判，并不是因为它们的正确性，而是其重要性"。1846 年，刘维尔（J. Liouville）出版了在伽罗瓦手稿中发现的两部文本。1908 年，坦纳里在巴黎出版了关于伽罗瓦更完善的作品。一般来说，伽罗瓦没有充分证明自己的定理。刘维尔要绞尽脑汁才能领悟到伽罗瓦的想法。有几位评论家致力于填补伽罗瓦论述的缺陷。在 1830 年，伽罗瓦在专业意义上是第一个使用"群"这个词的人。他将群分为简单群和复杂群，同时，他发现任何复合阶在不到 60 的情况下都没有简单群。凯莱在 1854 年，柯克曼和西尔维斯特在 1860 年❶开始使用"群"一词。伽罗瓦的重要定理证明了每一个不变子群都产生了一个显示该群许多基本属性的商群。伽罗瓦表明，每一个代数方程都对应一组反方程本质特征的替换群。1846 年，刘维尔在发表的论文中建立了巧妙的定理：为了使质数阶的不可约方程用根式可解，充分必要条件是，它们所有的任意两个根必须是有理数。伽罗瓦使用交替群来确定方程的代数解，阿贝尔更早一些使用这些群去进行证明，阶数高于 4 的一般方程无法通过自由基求解，提供了强大的动力去积极探索群论。虽然伽罗瓦提出椭圆函数理论，即模块化的方程，但真正开拓这一领域的人是法国数学家柯西。尽管拉格朗日、彼得罗·阿巴蒂（Pietro Abbati，1786—1842）、保罗·鲁菲尼、阿贝尔以及伽罗瓦都曾取得了类似的基本研究成果，但柯西被认为是有限阶❷理论的创始人。柯西的第一本著作出版于 1815 年，他的定理证明了 n 阶非对称函数不同值的数量在不等于 2 的情况

---

❶G. A. 米勒（G. AMiller）. 美国数学月刊（*American Math Monthly*）：第二十卷. 1913：18.

❷约瑟芬·E. 伯恩斯（Josephine E. Burns）. 美国数学月刊（*American Math Monthly*）：第二十卷. 1913：141—148.

下，不能小于被 n 整除的最大质数。柯西关于群的研究出现在《物理数学的练习分析》（*Exercises dianalgseet de physique mathématique*）中（1844）以及《法国科学院学报》（*Comptes Rendus*）的文章中（1845—1846）。柯西没有使用术语"群"，但他使用（$x\,y\,z\,u\,v\,w$）其他策略进行替换，使用了词条"循环替代""替代的幂""相同的替代""换位""传递"和"内部传递"。1844 年，柯西证明了基本定理（E. 伽罗瓦也曾尝试过），被称为"柯西定理"：每个阶可以被给定质数 p 整除的群必须包含至少一个 p 阶子群。这个定理后来由挪威数学家 P. L. 西罗（P. L. Sylow）进行了拓展。柯西是第一个列举潜在群的阶数（阶数不超过六）的人，但这个列举是不完整的。有时他专注于群的属性，没有立即关注有关的应用程序，从而开启了研究抽象群的第一步。1846 年，法国数学家 J. 刘维尔通过出版两部手稿，使伽罗瓦的研究进一步被大众认知。至少早在 1848 年，塞雷在巴黎教授群理论。1852 年，意大利比萨大学的数学家恩里科·贝蒂在托尔托利尼的《编年史》（*Annal*）上首次发表了对伽罗瓦方程理论的论述，使其理论更容易被大众理解。塞雷《代数学》第三版，关于代数的一本教科书中给出了关于它的第一个计算。

在英国，最早研究群论的是阿瑟·凯莱和威廉·哈密顿。1854 年，凯莱在《哲学杂志》（*Philosophical Magazin*）发表了一篇论文，这通常被认为是抽象群论的奠基，凯莱的文章并不完全是抽象的。直到后来，克罗内克（1870）、H. 韦伯（1882）和 F. G. 弗罗贝尼乌斯（1887）才给了抽象群的正式定义。从置换群到抽象群的过渡是渐进的。[1] 这里可能被追溯到 1854 年之前，有限阶理论群的创作有两个起源。第一个来自关于代数方程理论，拉格朗日、鲁菲尼（Ruffini）、阿贝尔和伽罗瓦等著作中。第二个来源是数论，群的概念在欧拉关于"功"残差的一些作品和高斯早期的作品中。最近有人指出，群的概念实际上潜在于几何转换中，且隐含在欧几里

---

[1] G. A. 米勒（G. AMiller）. 数学藏书（*Bibliotheca Mathematica*）：第三版，第二十卷. 1909—1910；314—315，326.

得的演示中。抽象群被认为除了他们的应用之外没有任何用处。

1854 年，凯莱通过结合四元数虚数单位的定律阐明了自己的观点，早在 11 年前哈密顿就发现了四元数。1859 年，凯莱指出当它们相乘时四元数单位构成 8 阶群，现在被称为四元数群。1856 年，在没有使用群论专业术语的情况下，哈密顿研究一个新的根理论系统，即，正多面体群的性质时，由两个运算符或元素产生，同时，他也证明了这些群可以完全由生成算符的阶数和它们乘积的阶数定义。

E. 皮尔德说："一个正多面体，也有人说是一个二十面体，从某种意义上说也是立方体，这是全世界都知道的；对于数学家来说，它也是一个有限阶群，与之相对应着许多多面体与其自身相一致的方法。关于有限阶群所有类型的研究不只吸引着几何学家，同时也吸引着晶体学家；这基本上可以追溯到关于行列式＋1 的三元线性替换群的研究，并导致了针对晶体学家们特别复杂的 32 个对称系统。"

在 1858 年法国研究所为群论的研究设置一个奖项，该奖项虽然没有进行实际颁发，但是也促进了研究。1859 年，南希大学的埃米尔·伦纳德·马修（Enlile Leonard Mathieu，1835—1890）写了一篇关于替代群的论文，1860 年巴黎理工学院的卡米尔·乔丹撰写了一系列论文，并在 1870 年的《替换性质》（*Traitédes substitutions*）一书中达到巅峰。1861 年，若尔当在巴黎获得博士学位；他是巴黎日报应用数学专栏的编辑。若尔当关于群论的第一篇论文给出了基本定理，n 字母与每一个在同一个字母上的固定组 G 构成一组的替换总数是可交换的。若尔当提出了替换群的基本概念，并论证了其组成要素的稳定性。若尔当还证明了一阶是给定数字大于 3 的有限原始群，以及一组可解的充分必要条件是其组成要素都是质数。❶若尔当的学生中比较突出的是艾德蒙·马耶（Edmont Maillet，

---

❶G. A. 米勒（G. AMiller）. 数学藏书（*Bibliotheca Mathematica*）：第三版，第十卷. 1909—1910：323.

1865—?),《数学家杂志》(*L'Intermédiaire des mathématiciens*)的编辑,他做了大量的发明。

德国的克罗内克和戴德金是最早熟悉伽罗瓦理论的人。克罗内克在一篇文章中指出了这一点,这篇文章于 1853 年发表在柏林学院学报中。1858 年,戴德金在哥廷根做了关于该理论的演讲。在 1879 年至 1880 年间 E. 内托在斯特拉斯堡举办了讲座。他的置换理论(1882)在 1885 年由罗马大学的朱塞佩・巴塔利尼(Giuseppe Battaglini,1826—1894)翻译成意大利语,安娜堡的科尔在 1892 年将其翻译成英文。这本书使这个主题更容易被数学爱好者接受。

在 1862 年至 1863 年,彼得・卢德维格・梅德尔・西罗(P. Ludwig Sylow,1832—1918)在挪威克里斯蒂安尼亚举办了关于置换群的讲座,索菲斯・李参加了讲座。扩展了柯西在 30 年前给出的定理,西罗完善了该定理,并称之为"西罗定理":每个阶数可以被 p^m 整除的群,不能被 p^{m+1} 整除,其中 p 是一个质数并包含 $1+kp$ 项的 p^m 阶子群。大约 20 年后柏林大学的格奥尔格・弗罗贝尼乌斯(Georg Frobenius,1849—1917)进一步扩展了这个定理,子群的数量为 $kp+1$,k 是一个整数,即群的阶可以被比 p^m 更高的阶数 p 整除。索菲斯・李走出了非常重要的一步,即将群的概念运用到新领域并进行了连续群论的创新。马里乌斯・索菲斯・李(Marius Sophus Lie,1842—1899)出生在挪威。1859 年,他进入克里斯蒂安尼亚大学,但直到 1868 年才慢慢显现出对数学的显著兴趣。法国传奇式数学家彭赛列和德国数学家普吕克的著作唤醒了他的天赋。1869 年至 1870 年的冬天,索菲斯・李在柏林见到了德国数学家菲利克斯・克莱因,他们联合发表了一些论文。1870 年夏天,他们一起在巴黎,与若尔当和达布进行了密切的联系。就在那时,索菲斯・李发现了相切变换改变了普通空间的直线进入球体,这将他引入了变换的一般理论。在普法战争爆发时,克莱因离开了巴黎。索菲斯・李开始徒步旅行,穿过了法国来到意大利,但被当作一名间谍抓捕,关押了一个月,直到达布给他做担保,他才得以释放。1872 年,索菲斯・李被聘为克里斯蒂安尼亚大学教授,才得以将所有的时间用于研究。在 1871 年至 1872 年，索菲斯·李开始一阶偏微分方程的研究。
1873 年，索菲斯·李提出了变换群论，根据该理论，将有限连续群应
用在无穷小变换上。索菲斯·李考虑了一个非常普遍和重要的变换，
称为相切变换，及其在第一和第二阶偏微分方程理论中的应用。因为
索菲斯·李的群论和集成理论没人欣赏，于是他在 1876 年回到了几
何——最小曲面的研究，根据大地测量线的变换群对曲面进行分类。
在 1876 年，索菲特·李创办了期刊《数学自然科学档案》（*Archiv
for Mathematik og Naturvidenskab*），使索菲斯·李可以迅速发布
自己的研究成果。1882 年，阿尔方关于微分不变量的出版物促使索
菲斯·李直接去关注自己早期的研究及它们之间存在的内在联系。
1884 年，弗里德里希·恩格尔（Friedrich Engel）被克莱因和法国
语言学家 A. 梅耶劝说到克里斯蒂安尼亚去帮助索菲斯·李的《变
换群理论》（*Theorie der Transformationsgruppen*，1888—1893
年）做出版准备。在 1886 年，索菲斯·李接受了莱比锡大学的教授
职位。1889 年至 1890 年，由于超负荷的工作量导致索菲特·李患
上了失眠症和精神抑郁症。索菲斯·李很快战胜了病魔，恢复了工
作能力，但他自此以后一直过于敏感并且猜疑自己最好的朋友。在
恩格尔的帮助下，他在 1891 年出版了一本关于无限连续变换群理论
的研究报告。1898 年，他回到挪威，第二年就去世了。1891 年，
索菲斯·李的学生格奥尔格·舍费尔斯（Georg Scheffers）将索菲
斯·李在莱比锡做的关于微分方程的讲座印制成书。1895 年，克莱
因公开宣布索菲斯·李和庞加莱是当代最活跃的两个数学研究者。
下面出自索菲斯·李在 1895 年写的一篇文章，揭示了他的整个灵魂
是如何被群论概念所填满的："在这个世纪，被称为置换和置换群、
转换和变换群、操作和操作群、不变的微分不变量和微分参数等概
念不断清楚地出现，并成为数学最重要的概念。一方面，自笛卡尔
起，曲线作为一个单变量函数的表示形式，成为近两个世纪数学中
最重要的对象；另一方面，变化式的概念是作为对曲线和曲面研究
的一种权宜之计，在 19 世纪首次出现。变化式的一般理论在过去的
几十年里逐步地发展着，在连续变换的过程中，其原理由变化式自

身来表示，特别是变换群，构成了对象。"

菲利克斯·克莱因（Felix klein, 1849—1925）与索菲斯·李在群论的发展及其应用方面有密切的关联。克莱因出生在德国普鲁士的杜塞尔多夫，并于 1868 年在波恩获得博士学位。在巴黎学习之后，克莱因于 1871 年回德国在哥廷根成为私人讲师，于 1872 年在埃朗根担任教授，于 1875 年就职于慕尼黑的技术高中，1880 年在莱比锡就职，1886 年在哥廷根就职。克莱因不仅一直活跃在数学各个分支的发展上，而且还活跃在组织工作中。克莱因在 1872 年的埃朗根论文《近期几何研究的思考比较》（*Vergleichende Betrachtungen uber neuere geometrische Forschungen*）中以展示其研究路线而著称。克莱因成为《数学科学百科全书》（*Encyklop die der mathematischen Wissenschaften*）委员会的成员以及第四卷力学版面的编辑，也在 1877 年担任《数学年鉴》（*Mathermatische Annalen*）的编辑，在 1908 年担任数学教学国际委员会的主席。作为一个鼓舞人心的数学演讲者，克莱因对德国和美国的学生产生了广泛的影响。大约在 1912 年，克莱因感觉身体不适被迫停止了在哥廷根的讲座。1914 年后，克莱因重新开始进行讲课。克莱因不断强调两个学派的重要性，即数学思想也就是直观的学派，以及一切都依赖于抽象逻辑的学派。在克莱因看来，"直观的掌握和逻辑处理不应该是排斥的，而应该是相辅相成的"。

一种解决微分不变量的方法，就是 K. 佐洛斯基（K. Zorawski）对索菲斯·李解决微分不变量的方法进行了进一步研究，发表在《数学学报》（*Acta Math*，第十六卷，1892—1893）。1902 年，哈斯金斯确定了任意阶函数独立不变量的数量。当福赛斯（A. R. Forsyth）获得了通用欧几里得空间的不变量时，布尔茅尔学院的埃德蒙·赖特研究了微分参数。索菲斯·李的有限连续群不变量理论在 1908 年遭到了波恩大学的斯塔迪合乎逻辑的攻击。恩格尔承认这种理论的有效性。

另一种解决微分不变量的方法，这方法最初源自克里斯托费尔（E. B. Christoffel），被意大利帕多瓦的里奇和列维·奇维塔称作

"协变推导"《数学年鉴》，第五十四卷，（1901 年）。马施克
（H. Maschke）提出了第三种方法，他采取了一种类似于解决不变
量代数的解法。

亨利·W. 施塔格在 1916 年发表了《首个一万二千个数字的西
罗因子表》（*A Sylow Factor Table for the first Twelve Thousand
Numbers*）对于每个给定的 p（$kp+1$）形式的因子多达 1200 的数
来说，其中 p 是大于 2 的质数，这些因子有助于西罗子群（可解子
群）数量的确定。

弗罗贝尼乌斯研究了可解组（H. 韦伯的"亚循环"），他证明
了每一组不能被质数平方整除的合数阶群必须是复合的，同时所有
这些群都是可解的，并适用于它们自共轭子群的阶，而它们的商群
不能被质数的平方整除。可解群的研究一直由挪威数学家西罗、英
国数学家伯恩赛德、德国数学家狄德金（研究了他所谓的"哈密顿
群"）以及在 1893 年至 1896 年弗罗贝尼乌斯和米勒发展了一种优
雅的方法来证明一个给定群的可解性。1895 年，霍尔德枚举出了所
有阶数不超过 479 的不可解群。1898 年，G. A. 米勒给出了阶数
小于 25 所有原始可解群的数量，以及可以表示为阶数小于 12 置换
群的不可解群数量。米勒（1899）和意大利维罗纳的翁贝托·斯卡
尔皮奥（Umberto Scarpio, 1901）考虑了交换子群和交换子亚群的
特性，证明了可解性的问题可以通过交换子亚群来确定。❶ 菲特
（W. B. Fite）和恩斯特·文特（Ernst Wendt）也对换位群进行了研
究。柏林的弗罗贝尼乌斯自 1896 年以来一直在研究非阿贝尔群的特
点。阿贝尔群的特点已经被拉格朗日和狄利克雷所应用。弗罗贝尼
乌斯在 1901 年对可解群的特征进行了研究。1901 年，法国图卢兹
的乐·瓦瓦瑟尔做了抽象群的计算。在 1901 年，G. A. 米勒和 G.
H. 林列出了包含不同代换群的 11 阶非传递代换群的清单，比 10
阶的数量多出 500 个。里茨证明了 n 次 g 阶原始群包含小于 n 大于

---

❶G. A. 米勒. 有限次序群论第二次最新进展报告，布尔数学自然学报：
第九卷. 1902：108.

$\dfrac{g}{x+1}$ 的替换阶，x 是 $n-1$ 级最大子群中可传递群的数量。这个结果与若尔当、波兰数学家波切特和马耶关于原始群阶数的调查密切相关。

在 1902 年来自哈佛大学的亨廷顿（E. V. Huntington）将群的定义进行了简化。他指出，通常的定义包含一些冗余，例如在 H. 韦伯的代数中，只有三个假设（对于有限群来说是 4 个）是必要的，他建立了独立的假设。之后，亨廷顿和 E. H. 摩尔对定义进行了讨论。

狄克逊在 1900 年曾说："当通过群的术语指出一个问题时，群问题的研究决定了关于某一特性或其固有困难确切性质的解决方案是否可行……正如化学家分析一种化合物确定了构成它的最终元素时，所以群理论家将一个给定问题的群转化分解为一系列简单群……简单群的测定一直消耗着大量的工作。基林和埃利·约瑟夫·嘉当（E. J. Cartan, 1894）已经完全解决了关于有限数量参数连续群的问题，所有这些简单群（除了五个独立的）的结果都属于索菲斯·李的研究，也就是一般的射影群、一个线性复合的射影群以及一个除去不变非退化二阶曲面的射影群。无限连续群相应的问题仍有待解决。对于有限的简单群，这个问题一直在从两个方向着手进行解决。霍尔德（O. Holder）、科尔（F. N. Cole）、伯恩赛德、G. H. 林（G. H. Ling）和 G. A. 米勒表示，只有阶少于 2 000 的简单群是之前已知的阶为 60、168、360、504、660、1092 的简单群。另一方面，有限简单群的各种无限系统均已被确定。质数阶循环群和 n 阶交替群（$n>4$）早就被认为是简单群。其他有限简单群的已知系统在线性群的研究中被发现。若尔当发现了四个系统，（利维坦·德斯替换）在他关于一般线性、阿贝尔群和两个次阿贝尔群的研究中，参考的是关于质数模量为 p 的一组残差集合。概括的形成可能采用了阶为 p^n（指定 $GF[p^n]$）的伽罗瓦域，用一个 n 次不可约 p 的同余根组成伽罗瓦复合体 p^n。意大利数学家 E. 贝蒂（E. Betti）、马蒂厄和若尔当对处于伽罗瓦域中的线性代换群进行了研究。经过十年的研究才确定这些群的结构。E. H. 摩尔（《美国数学公告》，1893 年 12 月）和若伯恩赛德首次证明了处于伽罗瓦域中简单的一元线性分式替换群。本书作者已经对若尔当简单群的四个系统和三个新三重无限系统的测定进行了完整的概括。"

除了循环群和交替群，有限简单群的已知系统推导出某些线性群组成系列中的商群。来自芝加哥的 M. 肖滕费尔斯（I. M. Schottenfels）女士表示，构造两个同阶的简单群是可行的。若尔当确定了原群（不包含交换群）中任何不同替换的最小阶（即"类"），并被称为"若尔当问题"。波兰布雷斯劳的艾尔弗雷德·波切特（Alfred Bochert）和 E. 麦列特（E. Maillet）继续开展了相关研究。波切特在 1892 年对其进行了证明：如果一个 n 阶替换群不包括交替群，并且是简单的传递，那么它的级数超过 $\frac{1}{4}n-1$；如果它超过双重的传递，那么它的级数超过 $\frac{1}{3}n-1$；如果它超过三重传递，那么它的级数不小于 $\frac{1}{2}n-1$。E. 麦列特表明，当原始群的阶小于 202 时，它的级数不能通过统一级数递减得到，除非级数是一个质数的幂。1900 年，W. 伯恩赛德证明了在 P 符号（P 是质数）中的每一个传递置换群，既是可解的，也可以是双传递的。

关于线性群，G. A. 米勒在 1899 年这样写道："线性群因为其众多的直接应用所以是极其重要的。每一个有限阶群都可以清晰地通过许多方法表示为一个线性替换群，因为普通替换（置换）群仅仅是非常特殊情况下的线性群。表达这样一个变量最小群的一般问题似乎很难找到一个完整的解法。所有确定有限阶的线性群可以用少量的变量来表示，这是非常重要的。克莱因是第一个（1875）确定所有有限二元群的人，而三元群被认为是由若尔当（1880）和瓦伦丁纳（1889）各自独立确定的。后者发现了被若尔当遗漏的阶数为 360 的重要群，并且被瑞典隆德的威曼证明了其与 6 阶交替群是同构的。马施克考虑了许多四进制群，特别是建立了 51840 次线性替换的四进制群系统的完整形式。"海因里希·马施克（Heinrich

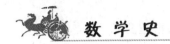

Maschke，1853—1908）出生在波兰布雷斯劳，在柏林师从 K. 维尔斯特拉斯、库默尔和克罗内克，后来在哥廷根师从施瓦茨、J. B. 利斯廷和克莱因。他在克莱因的指导下开始研究群论。1891 年，他来到美国，在韦斯顿电气有限公司工作了一年，然后去了芝加哥大学工作。

有限阶线性群首先由克莱因研究出来，后来被他扩展到伽罗瓦理论的代数方程中，在《正二十面体》（*Ikosaeder*）一书中可见。如上所述，克莱因测定了两个变量的线性群，之后的三个变量群是通过若尔当和瓦伦丁纳（H. Valentiner，1889）发展的，而任意数量的变量群，是通过若尔当论述的。古尔萨以及来自意大利巴勒莫的巴涅拉（G. Bagnera，1905）对四个变量的特殊线性群进行了论述。排除非传递性和单项情况下，四个变量的完全确定是通过来自斯坦福大学的 H. F. 布里西费尔特完成的。布里西费尔特说："通常情况下，有 4 个不同的原则分别应用于测定 2 变量群、3 变量群或 4 变量群：①克莱因原始的几何过程；②导致不定方程的过程可能用分析（若尔当）或者几何学〔瓦伦丁纳、巴涅拉、米切尔（H. H. Mitchell）〕方法；③一种涉及表示"同源"和类似形式变换相对几何性质的过程（瓦伦丁纳、巴涅拉、米切尔等）；④由变换形式的乘位的性质发展而来的过程，它们是单位的根（布里西费尔特）。一个新的原理已经被比伯巴赫（L. Bieberbach）所确定，虽然它已经被瓦伦丁纳通过某种形式进行使用。但独立于这些原则成立的理论是群特征，是由弗罗贝尼乌斯发现的。"

偶数❶和奇数的有限群之间有明显的区别。就像 W. 伯恩赛德指出，除了完全相同的，没有自逆不可约表示；所有的奇数阶在 3，5 或 7 的不可约群都是可解的。G. A. 米勒在 1901 年证明了没有一个含有少于 50 个共轭群的奇数阶群的运算可以被简化。W. 伯恩赛德在 1901 年证明了次数小于 100 的奇数阶传递群是可解的。里茨在 1904 年将这一结果群的次数扩展到小于 243。W. 伯恩赛德已经

---

❶W. 伯恩赛德. 有限阶群理论：第二版. 英国剑桥大学. 1911：503.

表明，在一个简单的奇数阶群的质因子数目不能小于 7，如果是简单行列式，那么 40000 是一个奇数阶群阶数的下限。这些结果表明，或许不存在简单的奇数阶群。关于群的研究，主要是对抽象群的研究，是由勒瓦瓦瑟尔（Le Vavasseur）、M. 波特龙（M. Potron）、尼科克（L. I. Neikirk）、查弗罗贝尼乌斯、希尔顿、A. 威曼、德·塞吉埃（J. A. de Seguier）、库恩、洛伊、布里西费尔特（H. F. Blichfeldt）❶、曼宁（W. A. Manning）等人开展的。抽象群（群体）的广泛研究已由伊利诺伊大学的 G. A. 米勒进行。例如，在 1914 年 G. A. 米勒通过证明一组 64 阶这种关系的存在，演示了一个非阿贝尔群可以有一个同构的阿贝尔群。

G. A. 米勒证明了一个 p^9 阶群的存在。p 可以是任意质数，其同构群有一个阶数为 p 次幂。他同时也证明了一个 128 阶群 G 的存在，它使每个运算集合变成自身的一种外同构。由于 G. A. 米勒的其他结果包括：每一个质数幂群的独立生成元数量是该群的一个不变量。一个可解群是西罗子群与其他子群直接积的充分条件，是其内在的同构群中无论何时都包含相应西罗子群作为一个直接积的因子，只要它涉及这样一个子群。

一部体现现代代数研究的著作是 H. 韦伯在 1895 年至 1896 年所写的《代数史》（*Lehrbuch der Algebra*）中的两卷，以及在 1898 年和 1899 年修订版中的三卷。海因里希·韦伯（Heinrich Weber，1842—1913）出生在德国的海德堡，分别在海德堡、莱比锡和哥尼斯堡学习。自 1869 年以来，韦伯相继在海德堡、哥尼斯堡、柏林、马尔堡、哥廷根和斯特拉斯堡（1895 年以来）当教授。韦伯是德国著名数学家黎曼作品集的编辑（1876 年；在 1892 年是第二编辑）。韦伯分别在代数、数论、函数、力学和数学物理学领域继续研究。在 1911 年，韦伯不幸失去了自己的女儿。他女儿曾将法国数学天才庞加莱的《科学的价值》（*Valeur de la science*）和其他法语书翻

译成德语。

由牛顿和 E. 华林研究的方程根幂总和的对称函数，更多地被认为是高斯、凯莱、西尔维斯特和布廖斯基（F. Brioschi）的研究成果。凯莱为对称函数的"权"和"阶数"制定了规则。

消除理论由西尔维斯特、凯莱、萨蒙、雅可比、海塞、柯西、布廖斯基以及哥尔丹等人大力推进。西尔维斯特发表了消元法（《哲学杂志》，1840），并于 1852 年建立了关于作为一个决定因素消元式的表达定理。凯莱对裴蜀的消除法做出了新的陈述，并建立了一个消元法的一般理论（1852）。

巴黎法兰西学院的教授埃德蒙·拉盖尔（Edmond Laguerre，1834—886）在笛卡尔的符号规则基础上，对无穷级数的应用研究和方程理论做出了贡献。规定实系数多项式 $f(x)$ 的实根数量有上限，在区间（0，a）内将标志的规则应用到 $f_2(x) = f_1(x) f(x)$ 中，生成一个收敛于 $|x| < a$ 的幂级数，但在 $x = a$ 时发散。特别是他证明了如果 $e^{zx} f(x)$ 中的 z 被认为是足够大，那么正根的确切数目便可以由级数符号的变化来推导确定。为了达到同样的目的，匈牙利布达佩斯的米歇尔·费克特（Michel Fekete）和波利亚（Georg Polya）使用的是 $\dfrac{f(x)}{(1-x)^n}$。

方程的原理吸引了德国数学家与逻辑学家利奥波德·克罗内克（Leopold Kronecker，1823—1891）的注意。克罗内克出生在利格尼茨布雷斯劳附近，他在家乡小镇的体育馆里跟随着库默尔学习，后来在柏林分别跟随雅可比、斯坦纳和 P. 狄利克雷学习，然后又重新回到布雷斯劳跟随库默尔学习。尽管在 1844 年后的 11 年里，克罗内克主要从事商业和照看自己庄园的工作，但他并没有忽视数学，并且他的名气越来越大。1855 年，克罗内克去了柏林，并于 1861 年开始在柏林的大学里进行演讲。克罗内克是一位有趣的讲师。库默尔、维尔斯特拉斯和克罗内克组成了当时柏林第二数学派的"铁三角"（三巨头）。这所学校强调十分严格的论证。克罗内克极度倚重算术，克罗内克尽可能地限制所有的空间描述，仅仅依赖于数字的概念，特别是正整数。克罗内克在渗透思想的新领域方面展示出了非凡的才华和特别的能力。弗罗贝尼乌斯说："考虑到他在许多不同领域的研究中引人注目的成就，他并没有完全达到柯西和雅可比在分析方面的成就，或者是黎曼和维尔斯特拉斯在函数论方面的成就，或是狄利克雷和库默尔在数论方面的成就。"克罗内克关于代数、方程理论和椭圆函数的论文被证明是很难被阅读理解的。R. 绰金和 H. 韦伯给出了关于他的研究成果更完整和简化的阐述。法恩说："克罗内克最好的成就是他在自己工作的各学科之间建立了联系，尤其是二次型理论之间的消极因素和通过奇异模产生复数乘法的椭圆函数之间的联系，以及通过代数方程的算术理论得出有关数论和代数之间的联系。"克罗内克认为，分数和无理数的理论可以单独建立在积分数上。克罗内克说："上帝的爱创造了全数，一切都不是其他人的。"后来，克罗内克甚至否认无理数的存在。克罗内克曾经纠结地对林德曼说："你那关于数字的研究到底有什么用？如果真的没有任何无理数的话，你为什么还要思考这些问题呢？"

在 1890 年至 1891 年，克罗内克发展了一个关于数值系数代数方程的理论，但他没能在自己生前将它发布出来。在克罗内克的讲座笔记中记录着，即普林斯顿的法恩在 1913 年的一次演讲中，他发表了克罗内克未发表的研究成果。法恩说："所有看过克罗内克晚期作品的人都熟悉他的论点，那就是关于最终形式的代数方程理论必须完全基于有理整数，代数被排除在外，只有这样的关系和操作才可以在有限的条件通过有理数表示，并因此最终通过整数进行表示。1890 年至 1891 年之间的这些研究报告主要关心这种理论的发展，特别是关于两个定理的证明，其中用一般定理取代了通常所说的代数基本定理。"

数值方程的解

施图姆出生于瑞士的日内瓦，成为法国数学家、物理学家泊松在索邦大学力学领域的接班人。在 1829 年，施图姆发表了关于确定在给定极限之间组成方程实根数量和情况的著名定理。德·摩根说："这个定理是自笛卡尔时代之后，关于各阶的量都被应用时难点的完整理论解。"施图姆在一篇文章中说，他享受着阅读法国著名哲学家傅里叶仍然处于手稿阶段研究的特权，而且他自己的发现是通过傅里叶所提出原则仔细研究的结果。在 1829 年，施图姆没有公布证明过程。证明过程分别由维也纳的安德烈亚斯·冯·汀豪生（Andreas von Ettinghausen，1796—1878）于 1830 年公布，由查尔斯·曲克（Charles Choquet）和马赛厄斯梅尔（Mathias Mayer）于 1832 年在他们的《代数学》中公布，由施图姆自己于 1835 年进行公布。根据杜哈梅（J. M. C. Duhamel）所说，施图姆的发现并不是观察结果，而是对于能够满足相关要求的函数进行严密思考的结果。根据西尔维斯特所说，"在对复摆运动进行一些有关的力学研究时，定理就摆在施图姆面前"。迪阿梅尔和西尔维斯特都声称他们直接从施图姆那里得到了资料。然而，他们的说法并不一致。也许两种说法都是正确的，但代表了施图姆的思想对于这个发现的不同进化阶段。

我们可以通过施图姆的定理确定复根的数量，但无法确定它们的位置。这个限制由另一个伟大的法国人——柯西通过一个杰出的研究所改变。在 1831 年，施图姆发现了一个在给定的周线内可以揭示不论实根或复数根量的一般定理。这个定理要求读者有较高的数学造诣，也正因如此，施图姆的定理不是很出名。但是它吸引了刘维尔和 F. 穆瓦尼奥等人研究的兴趣。

1826 年，当德兰（Germinal Dandelin，1794—1847）在比利时布鲁塞尔科学院的学会纪要中发表了一篇杰出的文章。在当德兰给出的条件下，近似值的牛顿——拉夫逊方法可以安全使用。当德兰的这部分研究被穆拉雷（Mourraille）和傅里叶寄予厚望。在当德兰论文的另一部分（第二个补充），他描述一个新颖而巧妙的近似方程根，即 C. H. 格拉夫著名方法的早期雏形。我们必须在这里补充一下，C. H. 格拉夫方法的基本思想被发现的甚至更早，早在爱德华·华林（Edward Waring）1762 年的《分析杂记》 （*Miscellanea analytica*）中就有体现。如果一个根的值在 a 和 b 之间，$a-b<1$，并且 a 在一个曲线的凸面上，然后当德兰移动 $x=a+y$ 并把方程转换成根 y 为更小的方程。然后用 $f(-y)$ 乘以 $f(y)$，并得到结果，上面写着 $y^2=z$，获得的方程与原来的方程次数相同，但其根是方程 $f(y)=0$ 根的平方。当德兰标注，这种变换可以重复，以便获得四次方、八次方和更高次数的幂，由此，根幂数的模充分地发散，从而使变换后的方程分离成与不同模量根一样多的模块。德兰解释了如何才能获得实根和虚根。当德兰的研究很不幸地被隐藏在皇家学会冗长的巨著中。我们只是在很偶然的时候才会遇到 C. H. 格拉夫方法的预期部分。后来，柏林科学院提出了一个发明奖，用来奖励关于计算虚根实用方法的创作。该奖项被授予苏黎世的数学教授卡尔·海因里希·格拉夫（Carl Heinrich Graffe，1799—1873），他的论文于 1837 年发表在苏黎世，名为《较高数学方程的分辨率》（*Die Auflösung der höheren numerischen Gleichungen*）。该论文中包含了著名的"格拉夫方法"，并做出了查阅。格拉夫从哥根廷的莫里茨·亚伯拉罕·斯特恩（Moritz Abraham Stern，1807—1894）递归级数法以及当德兰一样的原理出发。通过幂数越来越高的乘方过程中，较小根在与较大根相比较时不断的消失。新方程的定律构造极其简单。例如，如果给定方程的第四项系数是 a_3，那么第一变换方程相应的系数是 $a_3{}^2-2a_2a_4+2a_1a_5-2a_6$。在新系数计算时，格拉夫使用的是对数。通过这个方法，所有的根（包括实根和虚根）可以同时被发现，不需要事先确定实根的数量和每个根的位置。在 1841 年，天文学家恩克（J. F. Encke）对被格拉夫所忽略的虚根相等的情况进行了讨论。

艾曼纽·卡瓦罗（Emmanuel Carvallo）在 1896 年给出关于当德兰—格拉夫方法的简要阐述。尽管卡瓦罗并没有看过当德兰的手稿，出于教学的目的，1903 年古斯塔夫·鲍尔在其《代数讲义》（*Vorlesungen über Algebra*）中给出了一个合理的解释。

1860 年，福斯特劳（E. Furstenau）通过无限行列式的辅助作

用，用数值或系数表示了一个公式的任意实根，这是第一次使用的行列式。1867 年，他将自己的研究成果扩展到虚根。近似值的使用取决于丹尼尔·伯努利、欧拉、傅里叶、斯特恩、当德兰和格拉夫小根的高幂与大根的高次幂相比可以忽略不计。施罗德、西格蒙·冈瑟（Siegmund Günther，1874）和汉斯·内格尔斯巴赫（Hans Naegelsbach，1876）对福斯特劳的方法进行了详细阐述。

值得注意的是，求解数值方程的"韦达法"是由来自英国纽卡斯尔的托马斯·韦达（Thomas Weddle，1817—1853）在 1842 年研究得出的。"韦达法"与霍纳的方法属于同种类型。连续近似值是受乘法而不是加法的影响。这个方法在当方程的阶数很高并且缺少部分项时使用起来是很有利的。它在意大利和德国极受关注。在 1851 年，维也纳的西蒙·斯皮策（Simon Spitzer）将它扩展到复根的计算中。

在 18 世纪，无穷级数的方程解是一个最受喜欢的研究课题（托马斯·辛普森、欧拉、拉格朗日等人）之一，并且在 19 世纪受到了相当大的关注。早期的工作者有雅可比（1830）、伍尔豪斯（W. S. B. Woolhouse，1868）、施勒米希（1849），但他们的设备中没有一个是令人满意的实用计算器。后来的研究者旨在无穷级数根的同时计算。这使得迪特里希（R. Dietrich）在 1883 年、尼克拉瑟夫（P. Nekrasoff）在 1887 年获得了一个三项方程式。对于一般方程来说，其工作是由纽约的一位保险精算师、美国数学学会主席（1890 到 1894）埃默里·麦克林托克（Emory McClintock，1840—1916）完成的。他用扩展级数进行推导，但也有可能应用了"拉格朗日级数"进行推导。麦克林托克处理的一个突出部分是他"主导"的系数理论，这个理论缺乏精确性，因为没有给出一个标准来确定一个系数是否占主导地位，而这个标准是必要且充分的。1903 年，利哈伊大学的普雷斯顿·A. 兰伯特（Preston A. Lambert）运用"马克劳林级数"。在 1908 年，他特别注意了收敛条件，指出当 $(T-1)$ 项方程已知时，T 项方程的条件是可以设定的。1906 年，C. 罗西（C. Rossi）在意大利对兰伯特的论文进行了研究，在 1907

年意大利那不勒斯的卡佩里（Alfredo Capelli，1855—1910）也对此进行了研究。

根据这些研究，美国和意大利数学家们把数值方程的实根和虚根的测定通过无穷级数的方法放在实用计算器的范围内。这些方法本身表示实根和虚根的数量，这样我们就可以像使用当德兰—格拉夫方法一样轻松地避免应用施图姆定理。当德兰（G. Dandelin，1826）、高斯（1840，1843）、贝拉维蒂斯（1846）、洛德·约翰·M. 拉伦（Lord John M. Laren，1890）对特殊类型三项式方程的解给予了相当多的关注 1802 年，莱奥内利首先提出通常被称为"高斯对数"的最后三个被运用和与差的对数。S. 贡德尔芬格（S. Gundelfinger）在 1884 年和 1885 年、卡尔·费贝尔在 1889 年、阿尔弗雷德·维纳（Alfred Wiener）在 1886 年分别将高斯方法扩展到四项式。德国达姆施塔特的教授 R. 麦姆克（R. Mehmke）将高斯方法扩展到任意方程，他在 1889 年出版了解决数值方程的对数图解方法，并在 1891 年通过对数获得了更接近算术方法的解。关于它的理论基础，该方法本质上是牛顿—拉夫逊法和试位法的基础理论。众所周知，麦姆克关于计算方法的论文是发表在《数学科学百科全书》（*Encyklopddie der mathematischen Wissenschaften*）中。

幻方和组合分析

19 世纪后期，构建幻方方法得到了复兴。其中关于这个课题最主要的作家有霍纳（J. Horner，1871）、德拉赫（S. M. Drach，1873）、哈姆斯（Th. Harmuth，1881）、W. W. R. 鲍尔（1893）、马耶（E. Maillet，1894）、拉奎尔（E. M. Laquiere，1880）、卢卡斯（E. Lucas，1882）、麦克林托克（E. McClintock，1897）。魔方的"魔幻"特征被卢卡斯称之为"潘多拉魔盒"的纵横图。这些以及类似的形式被弗罗斯特（A. H. Frost）称为"纳西克方块"。1908 年，美国电气工程师安德鲁斯（W. S. Andrews）在芝加哥写了一本有趣的书《幻方和立方》（*Magic Squares and Cubes*）。这本书更接近剑桥大学的麦克马洪的

《组合分析》（*Combinatory Analysis*），1915 年的第一卷和 1916 年的第二卷中涉及了幻方的课题。麦克马洪说："事实上，整个幻方课题和相关数字出现的排列乍一看占据了完全隔离纯数学其他部分的位置。《幻方和立方》第二章和第三章的目的是在以前不存在的地方建立连接关系与以前没有先例的地方建立连接关系。这是通过选择一定的微分运算和一定的代数函数完成的。"

"耦合问题……可以用同样的方式进行讨论。读者将会熟悉这个古老问题的字母和包络线。对于不同的人给定不同的字母并且包络线的地址正确，但是包络线里面的字母是随机放置的。问题是求出没有 1 个字母在正确的包络线里面的概率是多少？与这个概率问题相关联的计算过程是著名的拉丁方问题求解的第一步"（第一章）。

拉丁方问题是："将 n 个不同的字母 a，b，c，放在有 n^2 个小格的每一列中，每一个字母应当占 1 个小格，每一列都包含所有的字母。字母序列即为所求。这个问题非常著名，因为从欧拉到凯莱在内，都认为这个问题超出了数学分析的能力。这个问题用我们所说的微分算子的办法求解，可以轻松获得结果。事实上，这是该方法中最简单的例子之一，它被证明能够解决一个更深奥字符的问题。"❶

将平面幻方的基本原理扩展到三维空间需要更多人的关注。在这个领域最成功的是澳大利亚的亚当·阿曼杜斯·科汉斯基（Jesuit Adam Adamandus Kochansky，1686）、法国人约瑟夫·索沃尔（Josef Sauveur，1710）、德国人休格尔（Th. Hugel，1859）以及赫尔曼·斯福勒（Hermann Schemer，1882）。

在《幻方和立方》第二卷中，麦克马洪给出了剑桥大学的拉马努金（S. Ramanujan）发现的在分区数字中应用的非凡特性，但是没有建立严格的论证。

---

❶P. A. 麦克马洪（MacMahon. 组合性分析（*Combinatory Analysis*）：第一卷. 英国剑桥大学. 1915：9.

分 析

在分析的主题下，我们发现认真考虑微分和积分、变分法、无穷级数、概率、微分方程和积分方程是很方便的。

19世纪带有批判哲学性学派数学家的早期代表是伯纳德·波尔查诺（Bernard Bolzano，1781—1848），他是布拉格地区的宗教哲学教授。在1816年，波尔查诺给出了二项式公式的证明，并且给出收敛级数的清晰概念。波尔查诺对变量、连续量和极限量提出了较为先进的看法。波尔查诺是康托尔的领路人。值得注意的是，《无穷的悖论》（*Paradoxien des Unendlichen*，1850）是在波尔查诺死后由他的学生 Fr. 普里昂斯基（Fr. Prihonsky）编译完成的。波尔查诺的作品一直被数学家们所忽略，直到汉克尔关注了他的作品。汉克尔说："他拥有一切，在这方面（关于无穷级数的概念）都可以把他与柯西（Cauchy）相提并论，不仅仅是提炼他们独有的思想艺术，还有与他们采取最恰当的方式沟通，所以就会出现波尔查诺仍然是个未知的数学家，并且不久就会被人们所遗忘。"

施瓦茨（H. A. Schwarz）在1872年公开认为波尔查诺是进一步发展推理路线的创作者，其更深层次的原因由魏尔斯特拉斯给出。在1881年施托尔茨公开宣称所有的波尔查诺著作都是卓越非凡的，"因为这些著作都是基于对以往的工作持公正而尖锐的批评态度"。

柯西是科学的革新者，比同一时期的数学家们取得了更大的成功。

奥古斯丁·路易斯·柯西（Augustin Louis Cauchy，1789—1857），出生于巴黎，从他父亲那里获得了早期教育。拉格朗日（J. Lagrange）和拉普拉斯（P. S. Laplace）与柯西的父亲频繁地接触交流，预示着柯西这个优秀青年将来的伟大成就。在巴黎中央理工学院（Ecole Centrale du Pantheon）学习期间，柯西擅长古代经典研究。在1805年柯西进入了巴黎理工学院（Ecole Polytechni

que），两年以后进入法国道桥大学（Ecole des Ponts et Chaussees）。柯西于 1810 年离开瑟堡（Cherbourg）——一个盛产工程师的地方。拉普拉斯的《天体力学》（*Mecanique Celeste*）和拉格朗日的《函数分析》（*Fonctions Analytiques*）也在柯西的著作中有所体现。出于对健康的考虑，三年后柯西他不得不返回巴黎。在拉格朗日和拉普拉斯的劝说下，柯西宣布放弃了纯科学的工程研究。随后柯西在巴黎理工学院谋得教授一职。由于查尔斯十世（Charles X）的驱逐以及 1830 年路易·菲利普登上王位，柯西发现自己无法对路易·菲利普国王宣誓。结果，他的职位被撤销，人也被放逐了。在瑞士的弗里堡（Fribourg），柯西继续自己的研究。在 1831 年，皮埃蒙特（Piedmont）国王邀请他接受数学教授一职，这个都灵大学（University of Turin）的教授职位是专门为他设置的。在 1833 年，柯西遵从了流亡国王查尔斯十世的命令，担任国王的孙子——波尔多公爵的教师。这让柯西有机会参观欧洲各处交流学习以及让自己的著作被人们广泛熟知。查尔斯十世赋予他"男爵"（Baron）的头衔。1838 年，柯西回到巴黎，法兰西学院为他提供了一个教授的职位，但是因职位宣誓的内容让他拒绝了这份邀请。柯西被提名为经度局（Bureau of Longitude）的成员，但是没有执政资格。在 1848 年的政治事件发生期间，宣誓被废止，柯西成为巴黎理工学院的教授。法兰西第二帝国建立后，重新恢复了宣誓这一事项，但是柯西和阿拉果可以免于宣誓。

柯西是一个多产而博学的数学家。因为及时发表自己的研究成果，以及配备了权威教科书，他是一个对许多数学家来说产生更加直接和有益影响的人。柯西是一个将严谨贯穿于分析全过程的人。他的研究范围涉及数列级数、虚数、数值理论、微分方程、替换理论、函数理论、行列式、数学天文学、光、弹力，等等，覆盖了整个数学领域，包括纯理论数学和应用数学。

在拉普拉斯和泊松的鼓励下，柯西在 1821 年出版了《分析教程》（*Cours d' Analyse de I' Ecole Royale Polytechnique*），这是一本非常有价值的著作。柯西开启了数学"算术化"（arithmetization）的时代。

他第一次尝试给出是泰勒定理（Taylor's theorem）一个严谨的证明。通过考虑极限和关于连续函数的新理论，极大地改善了微分学基本原理的阐述。在柯西之前，关于极限的概念就被以下数学家不断强调，他们分别是法国的阿朗贝尔和英国的牛顿、朱林、罗宾斯、麦克劳林。柯西的方法得到了杜哈梅和 G. 胡以及其他人的接受与支持。在英国，人们特别关注对基本原理的明确阐述，德·摩根和柯西重新引入了一个函数积分的概念作为和的极限，这个概念最早来源于莱布尼茨，但后期被欧拉定义为求导数的结果。

变分法

柯西在变分法方面还做了一些深入研究。这个学科长期以来在基本原则上一直保留着最初的样子，如同当年从拉格朗日手中接过来的一样。高斯在 1820 年，泊松在 1831 年，圣·彼得堡的米歇尔·奥斯特罗格拉茨基（Michel Ostrogradski，1801—1861）在 1834 年出版的著作中，都没有确定等式的形式和数值的方法，这个等式必须是在双重或者三重积分存在极限的情况下产生的。1837 年，雅可比在出版的著作中写道："通过讨论可以确定最大值与最小值的存在，而且这两个值包含在第一变量的积分中，由此可见，通过第二变量讨论得到所求的积分其实是不必要的。"这个重要的理论，由雅可比用高度简化的语言进行了描述，勒贝格（V. A. Lebesgue）、德洛内（C. E. Delaunay）、弗里德里希·艾森罗尔（Friedrich Eisenlohr，1831—1904），以及维也纳的西蒙·斯皮策（Simon Spitzer，1826—1887）、海塞和克莱布什也阐述并论证了这个定理。斯特拉斯堡（Strasbourg）大学的皮埃尔·弗里德里克·萨鲁（Pierre Frederic Sarrus，1798—1861）在作品中写道，确定极限方程的问题必须与不确定方程相结合，目的是为了完全地确定多重积分的最大值和最小值，这一理论的提出使他在 1845 年获得了法国科学奖，德洛内在论文中提到了这一点。柯西对萨鲁的方法做了进一步简化。在 1852 年，意大利帕维亚（Pavia）的加斯帕雷·曼拉德（Gaspare Mainardi，

1800—1879）试图进一步阐述识别最大值和最小值的新方法，并且将雅可比的定理扩展到双重积分的情况。曼拉德和布廖斯基（F. Brioschi）证明了行列式在阐述第二变量术语中的价值。在 1861年，剑桥大学圣约翰学院（St. John's College）的托德亨特（Isaac Todhunter，1820—1884）出版了一本非常有价值的著作，名叫《变分法发展史》（*History of the Progress of the Calculus of Variations*），这本书中还包含了他自己的一些研究成果。在 1866 年，他又出版了一项最重要的研究成果，发展不连续解的理论（法国数学家勒让德在特定案例中讨论过），并且重现了萨鲁对这个科目所做的多重积分的研究成果。

以下是变分法著作的重要作者：罗伯特·伍德豪斯，剑桥大学凯斯学院研究员，1810 年；伦敦大学的理查德·阿百特（Richard Abbatt），1837 年；乔恩·休伊特·杰利特（John Hewitt Jellett，1817—1888），都柏林三一学院的院长，1850 年；乔治·威廉·斯特拉赫（1811—1868），瑞士的阿尔高州，1849 年；弗朗索瓦·木瓦尼奥（Francois Moigno，1804—1884），巴黎，洛伦兹·伦纳德·林德勒夫（Lorentz Leonard Lindelof，1827—1908），赫尔辛基大学，1861 年；路易斯·巴菲特·卡尔（Lewis Buffett Carll，1844—1918），1881 年；卡尔，一个失明的数学家，1870 年毕业于剑桥大学，1891—1892 年期间在剑桥大学做助教。

在已知长度的所有平面曲线图形中，圆所包含的面积最大，在所有已知面积的闭合曲面图形中，球面所围成的体积最大，阿基米德和芝诺也考虑到了这一定理，但是在近 2000 年的时间里一直没有给出严格的证明，直到魏尔斯特拉斯和施瓦茨时期才给出证明。斯坦纳认为自己证明了圆的定理。在一个不同于圆的封闭平面曲线上选择四个不相同的点。将四个点相继连接可以得到一个四边形，当这个四边形严重变形（要严格保证月牙形的面积）而使它的顶点是循环的点时，这个面积便会有所增加。当总面积增加，此时所得到的圆面积最大。德国图宾根（Tübingen）的奥斯卡·佩龙（Oskar Perron）在 1913 年通过一个例子指出了这个证明的谬论：让我们来

"证明" 1 是所有正整数中最大的数。没有比 1 更大的正整数，因为它的平方是大于它本身的。因此，1 必须是最大值。斯坦纳的"证明"并不能证明在所有已知长度的封闭平面曲线图形中，存在着一个面积最大的图形。魏尔斯特拉斯给出了一个普遍存在的定理，这个定理适用于极端条件下的连续函数。1884 年，施瓦茨借助魏尔斯特拉斯在变分法中得出的成果，第一次证明出了最大的体积是球体体积这一理论。另一个基于几何理论的证明是赫尔曼·闵可夫斯基在 1901 年给出的。

关于最小曲面的研究，已经引起了拉格朗日、勒让德、高斯、蒙赫（G. Monge），以及施瓦茨的高度关注。在 1873 年，根特大学（University of Gand）中一名失明的物理学家——约瑟夫·普拉托（Joseph Plateau，1801—1883），详细描述了通过甘油水做的肥皂泡在眼睛上呈现出一些曲面的样式。这些肥皂泡在曲面上的每个点都尽可能一样厚，因此它们的曲面就会尽可能地小。辛辛那提大学（University of Cincinnati）的哈里斯·汉考克（Harris Hancock）写了一些有关极小曲面的论著。

帕维亚大学（University of Pavia）的恩斯特·帕斯卡在 1897 年对于变分法发表了如下观点[1]："可以说，极小曲面的发展（求解必须满足未知函数的微分方程）最终是由拉格朗日完成的，随后的分析是将他们研究的方向转到了微积分更难的项目上了。如果仅仅考虑简单的公式，那么这个问题最终是可以解决的；但如果考虑推导公式的严谨以及这些公式适用的问题范围，那这个问题就完全不同了。这个问题一直持续研究了好多年。已经发现证明那些公式以及被前人视为公理是很有必要的。"首先进入这一新领域的是德亨特、奥斯特罗格拉茨基（M. Ostrogradski）、雅可比、伯特兰、杜博伊斯·雷蒙（P. du Bois Revmond）、艾德曼（G. Erdmann）和克莱布什，但是在这一科目上取得转折性成就的研究应当属于魏尔斯

---

[1]E. 帕斯卡（E. Pascal）. 变分法（*Die variationsrechnung*）. 德国莱比锡. 1899：5.

特拉斯。很多与其他人交流的数学成果被作为"魏尔斯特拉斯方法"，我们引用 O. 博尔扎的以下内容❶："可惜的是这些成果（关于变分法的研究成果）只是在魏尔斯特拉斯的课堂上（自 1872 年起）传授的，因此为普通的大众所知需要一个很漫长的过程……目前魏尔斯特拉斯的成果和方法可以被认为是众所周知的，一部分是通过他学生的论文和其他出版物，一部分是通过科内泽尔（A. Kneser）的《变分法教程》（*Lehrbuch der Variationsrechnung*，布伦瑞克，1900），一部分是通过柏林数学协会图书馆以及哥廷根的数学阅览室，随处可见大量未出库的研究报告和副本。在这种情况下，我会毫不犹豫地使用魏尔斯特拉斯的讲课内容，如同它们已经出版了一样。"魏尔斯特拉斯将现代的严谨性要求应用到变分法所研究的第一和第二变量中。

魏尔斯特拉斯不仅对前三个必要条件提供了证明，而且对"极弱"值的条件也提供了充分的证明，同时也将第一变量和第二变量的范围扩展到曲线参数的情况之下。对于所谓的"极强值"，魏尔斯特拉斯发现了第四个必要条件以及一个充分证明，这使得基于使用所谓的"魏尔斯特拉斯几何"的新方法，第一次给出了完整的解。在魏尔斯特拉斯的鼓励下，科内泽尔以及后来的多尔帕特（Dorpat）在这方面取得了新进展。基于一般情况下某些极值曲线测量理论的扩展定理，哥廷根的希尔伯特也做出了新贡献。他给出了"定积分极值的一个优先存在的证据——不仅仅对于变分法，对于微分方程和函数理论来说，这都是一个具有深远意义的发现"。在 1909 年，博尔扎出版了所写的变分法增订德语版本，其中包括了维也纳的古斯塔夫·埃舍里希（Gustav V. Escherich）的研究成果，证明拉格朗日乘法法则（乘法的规则）的希尔伯特法，以及赫尔辛基的林德伯格对等周问题的研究。1910 年，阿达玛（J. Hadamard）在巴黎发表了《弗雷歇变分法理论》（*Caloul des variafions recuellies par M Fréchet*）。

---

❶O. 博尔扎（O. Bolza）. 变分法讲座（*Lectures on the Calculus of Variations*）. 美国芝加哥. 1904：9, 11.

雅克·阿玛达（Jacques Hadamard，1865—?）出生于凡尔赛，是《高等学院科学年鉴》（*the Annales scientifiques de l'ócole normale supérieure*）的编辑。在1912年，他被任命为巴黎理工学院数学分析教授，成了卡米尔·若尔当（Camille Jordan）的继任者。在上面提到的书中，他将变分法看作是"函数演算"一个新拓展部分，沃尔泰拉在线函数中也沿着这条路线紧随其后。法国普瓦捷大学的莫里斯·弗雷歇（Maurice Frechet）开创了函数运算。关于变分法取得突出成就的还有达布（J. G. Darboux）、古尔萨、策梅洛（E. Zermelo）、施瓦茨（H. A. Schwarz）、哈恩（H. Hahn）和美国的汉考克、布利斯（G. A. Bliss）、赫德里克（E. R. Hedrick）、昂德希尔（A. L. Underhill）、麦克斯·迈森（Max Mason）。布利斯和迈森系统性地将魏尔斯特拉斯的变分法理论扩展到空间问题。

1858年，莱顿市（Leiden）的戴维·比伦斯·德哈恩（David Bierens de Haan，1822—1895）出版了《积分定义表》（*Tables d'lutégrales péfinies*）。1862年，德哈恩对基本理论进行了修订，它包含了8 339个公式。在1912年，谢尔顿对后半部分的公式进行了严格地验证，从而证明它并不像D. B. 汉所说的那样，"当对一个常量以及一个函数强加一个合适的条件时，就会发现所有的公式完全正确"。

狄利克雷在1858年发表了关于定积分的讲义，被慕尼黑的古斯塔夫·费迪南德·迈耶（Gustav Ferdinand Meyer）在1871年精心设计并正式出版。

收敛级数

无穷级数的发展史生动地描述了进入19世纪前20年的时间里所具有新时代的显著特征。牛顿和莱布尼茨感受到探究无穷级数的必要性，但是他们除了莱布尼茨改进交错序列的测试以外，并没有什么适合的准则。当确定收敛的必要性逐渐被忽略时，欧拉以及他同代人大大扩展了级数的研究范围。欧拉在无穷级数方面取得了非常好的、现在已众所周知的成果，当然也有一些非常荒谬的成果，只是大概已经忘却了。他那个时代的错误在德国的联合学校中达到了巅峰，而现在已经被遗忘了。这个联合学校是由莱比锡的卡尔·弗里德里希·兴登堡（Carl Friedrich Hindenburg，1741—1808）创建的，在 19 世纪的前 10 年期间，他的很多学生都在德国大学就职。高斯所研究的最重要、最严谨的无穷级数与超几何级数相关联。超几何级数是由沃利斯命名的。欧拉在 1769 年和 1778 年对超几何级数进行研究，是从幂级数、二阶线性方程的积分、定积分三个方面展开研究的。高斯设定的准则解决了超几何级数在任何一种条件下都有收敛的问题，因此，高斯的著作具有通用特征。由于这项研究的奇异解和高度严谨性，高斯的著作在那个时期的数学家中仅激起了很小的兴趣。

更幸运的是，柯西使这一理论为大众所接受，他在 1821 年的《代数分析》一书中给出了对于级数非常严谨的研究证明。随着项数不确定的无限增加，所有不接近固定极限值的级数都称为发散。像高斯一样，他研究比较了几何级数，发现正项式是否收敛，取决于第 n 项的第 n 次根，或者是第 $n+1$ 项与第 n 项的比率，这个值最终大于或小于 1。为实现这些条件，这些表达式最后会变成 1 或者是负数。柯西建立了另外两个测试方法。他证明了当这些项的绝对值收敛时，那么带有负项的级数收敛，随后推断出莱布尼茨对交错级数的验证。两个收敛级数的乘积不一定是收敛的。柯西定理所说的两个绝对收敛级数的乘积收敛于两个序列之和的乘积，这一定理被半个世纪以后的奥地利格拉茨的默滕斯（F. Mertens）证明，他进一步证明了在只有一个序列是绝对收敛的情况下，两个收敛级数的乘积仍然收敛。

对级数的陈旧方法最直接的批评者是 N. H. 亚伯。他在与朋友霍姆伯（1826）的书信来往中进行了激烈地辩论。即使是对于现代学生来说，这些书信的内容还是很有意思的。在亚伯证明二项式定理时，他建立了一个理论，就是如果两个级数以及它们的乘积级数都是收敛的，那么对于两个已知级数和的乘积来说，两个级数的乘积也将是收敛的。如果对于半收敛级数有一个普遍的收敛标准，那么这一显著成果将可以解决相乘级数的所有问题。由于我们没有这样的准则，慕尼黑的普林思海姆和沃斯最近已经建立了一些定理，也就是说在某些特定条件下对乘积级数不需要应用收敛测试，只需要对相关表达式进行测试即可。普林思海姆提出了下列有趣的结论：两个条件收敛级数的乘积不一定绝对收敛，但是一个条件收敛级数，或者是一个发散级数与另一个绝对收敛的级数相乘，可能得到一个绝对收敛的乘积。

阿贝尔和柯西的研究引起了较大的轰动。柯西在一场科学会议上阐述了自己关于级数的研究成果，在科学会议之后，拉普拉斯急忙回家，一直潜心验证《天体力学》中的级数。幸运的是，他所找到的都是收敛级数！然而，我们不能就此断定新思想立刻就能取代旧方法。相反，新的观点通常都需要经过一段较长时间的斗争才能被人们所接受。一直到 1844 年，德·摩根在写《发散级数》时，开始使用以下这种风格："我认为最终会被大众所承认，这篇论文的标题虽然只描述了仅存的一个主题，而对于它的根本特征，在数学家中会认为存在着绝对正确或者绝对错误的重大分歧。"

随着时间的推移出现了更精确的准则，关于收敛以及发散判断的主要依据是苏黎世约瑟夫·路德维格·拉伯（Josef Ludwig Raabe，1801—1859）的研究成果（《纯粹与应用数学杂志》，第九卷）；随后，德·摩根在微积分中提出了准则。德·摩根建立了对数的准则，其中的部分准则是由贝特朗（J. Bertrand）发现的。贝特朗和博内（Ossian Bonnet）给出了这些准则形式，比德·摩根的准则形式更为方便。在阿贝尔的遗著中，他已经考虑到上述作家将建立对数标准。邦内特的观点是对数标准永远不会失效；但是，雷蒙和普林思海姆分别发现了明显的收敛级数，使这些标准来判断是否收敛时并不收敛。普林思海姆称目前所提到的标准为"特殊标准"，因为这些级数都是基于级数的第 n 项与特殊函数 a^n，n^x，$n(\log n)^x$ 等的比值。首先提出以更宽泛的视角来考虑研究的主题，形成一般标准，并最终形成一个常规数学理论的人是德国数学家库默尔。他建立的定理包含两个部分的验证，其中第一部分后来被发现其实是多余的。比萨的乌利塞·迪尼（Ulisse Dini, 1845—1918），杜博伊斯·雷蒙、维也纳的科恩，以及普林思海姆随后继续开展关于一般标准的研究。雷蒙将准则分为两大类：第一类标准和第二类标准是将第 n 项或者第 $n+1$ 项与第 n 项之间的比值作为研究的基础。库默尔的标准是第二类标准。第一类标准，以及类似于这一类的标准，是由普林思海姆发明的。分别从雷蒙和普林思海姆建立的一般标准来看，可以得到所有的特殊标准。普林思海姆的理论非常完整，除了第一类和第二类的标准之外，他还提供了第三类的新标准，以及第二类的广义标准，虽然，第二类标准只适用于永不增项的级数序列。第三类的标准主要是考虑连续项或者是连续项倒数差的比值。在第二类的一般标准中，他并没有考虑两个连续项的比值问题，而是考虑任意不论相距多远的两项，从而推导出先前古斯塔夫·科恩和叶尔马科夫（W. Ermakoff）给出的两个标准。

世事真是变化万千啊！在 19 世纪早期曾经将发散级数排除在严谨的数学之外，但是在 19 世纪末期发散级数又回归了。在 1886 年，斯蒂尔吉斯（T. J. Stieltjes）和庞加莱（H. Poincare）证明了渐进级数分析的重要性，渐进级数在当时只用于天文学方面。在其他研究领域，阿尔方、拉盖尔以及斯蒂尔吉斯遇到了比较特殊的情况，也就是说，当整个级数是发散的，对应的连分数是收敛的。在 1894 年，法国波尔多（Bordeaux）的亨利·帕德，验证了在确定情况下通过一整个发散级数来定义函数的可能性。这个研究方向由阿达玛在 1892 年提出，法布里是在 1896 年，塞尔万特（M. Servant）是在 1899 年开始研究。同时，庞加莱、博雷尔（E. Borel）、斯蒂尔吉斯、切萨罗（E. Cesaro），以及密歇根的福特（W. B. Ford）和伊利诺斯（Illinois）的卡迈克尔（R. D. Carmichael）也对发散级数进行了研究。斯蒂尔吉斯（1856—1894）出生于荷兰的兹沃勒（Zwolle），在 1882 年来到埃尔米特的麾下，成了一名法国公民，随后在图卢兹大学（University of Toulouse）谋得教授一职。斯蒂尔吉斯不仅对发散级数和条件收敛级数感兴趣，同时也对黎曼的 ζ 函数和数字理论感兴趣。

在研究傅里叶级数（Fourier's series）时遇到了困难。柯西是第一个觉得需要研究一下傅里叶级数收敛性问题的人，但是狄利克雷发现柯西进行的模式并不符合要求。狄利克雷在这个课题上首先进行了彻底的研究。柯西和狄利克雷最终形成的结论认为无论函数是不是无限的，是否有不连续的无限多个数，是否有无限多个最大值和最小值，除了不连续的点外，傅里叶级数在函数的任何处都收敛，并且在两个边界的平均值处收敛。瑞士伯尔尼（Bern）的施莱弗利（L. Schlafli）以及雷蒙对于平均值的准确性持怀疑态度，当然，这种怀疑不能完全成立。狄利克雷提出的条件是充分条件，并不是必要条件。波恩（Bonn）的鲁道夫·李普希茨（Rudolf Lipschitz, 1832—1903）证明了傅里叶级数在不连续数是无限时仍然是函数，同时设立了一个条件，在此条件上对含有有限数量的最大值和最小值的函数进行描述。狄利克雷认为所有的连续函数都可以表示为所有点的傅里叶级数，黎曼和 H. 汉克尔赞同他的观点，但是雷蒙和施瓦茨证明这个观点是错误的。施瓦茨证明了如何将两个普通傅里叶级数的乘积用另一个傅里叶级数的形式表示。库斯特曼解决了双重傅里叶级数的类似问题，在这个问题中，傅里叶系数之间的关系至关重要。帕塞维尔（M. A. Parseval）研究了一个单变量函数的类似关系，并在一定的限制条件下对傅里叶级数的收敛性进行了证明。1893 年瓦莱·普森（de la Vallee Poussin）给出了证明。赫尔维茨在 1903 年对此进行了深入研究。弗里杰什·里斯（Frigyes Riesz）和恩斯特·费希尔（Ernst Fischer）的里斯－费希尔定理的研究使得这个科目引起了大众的兴趣。

黎曼曾探寻一个函数必须具有什么属性时，结果才可能有一个三角级数，不论它何时收敛，它都将收敛于函数的值。为此，他找到了必要条件和充分条件。然而，他们无法确定这样的一个级数是否可以真正地描述一个函数。黎曼否认柯西对于定积分的定义，因为随意性太大，他重新给出了一个新的定义，随后对一个有积分的函数进行探究。黎曼的研究带来了一个事实，即连续函数不必总是

有一个导数。但是魏尔斯特拉斯的观察发现，无限级数的积分可以证明等于分离级数积分的和，这是对傅里叶级数一些理论的怀疑，证明只有当级数一致收敛于所求区域范围时，无穷级数的积分才会等于单独项积分的和。首先对一致收敛进行研究的是剑桥大学的斯托克斯，开始于 1847 年，还有就是在 1848 年进行研究的菲利普·路德维希·V. 赛德尔（Philipp Ludwig V. Seidel，1821—1896）。赛德尔师从贝塞尔、雅可比、恩克（J. F. Encke）以及狄利克雷。他在 1855 年成了慕尼黑大学的一名教授。随后由于眼疾，他停止了讲课和科学研究活动。一致收敛性在魏尔斯特拉斯的函数理论中具有很大的重要性。有必要证明一个代表连续函数三角级数的一致收敛性。这项工作是由哈雷的海因里希·爱德华·海涅（Heinrich Eduard Heine，1821—1881）完成的。随后关于傅里叶级数的研究是由康托尔和雷蒙（1831—1889）完成的。

比一致收敛性的概念较为宽泛一些的是 U. 迪尼的"简单一致收敛"的定义❶，定义如下："在区间 $(a，b)$ 上，取任意小的一个正数 σ，对于每一个整数 m'，只存在一个或者几个整数 m 不小于 m'，这样对于区间 $(a，b)$ 上的所有 x 值，都有 $|R_m (x)| < 5$，就可以说这个级数是简单一致收敛的。"当然还有其他收敛，比如说"逐段一致收敛"，有时候也称作"半一致收敛"，这是由博洛尼亚大学（University of Bologna）的塞萨雷·阿尔泽拉（Cesare arzela，1847—1912）引入的概念。他提出了实变函数（functions of real variables）的理论，在连续函数的收敛级数和连续性的充分条件基础上，推广了 U. 迪尼的理论。

概率与统计

与其他数学分支的巨大发展相比，概率论自拉普拉斯时代才开

---

❶J. 吕罗特（J. Luroth）. 泛函理论（*Theorie der Function en*）. 德国莱比锡. 1892：137.

始有了显著进展。雅各布·伯努利定理得到了棣莫弗、斯特灵、麦克劳林和欧拉的关注，尤其是拉普拉斯，他将定理进行了相反的应用。通过观察，在此实验中，假设一个事件发生 m 次，失败 n 次，那么就可以推导出在每一个实验中这个事件发生的未知概率。这样得到的结果与使用贝叶斯定理（Bayes' Theorem）得出的结果并不完全一致。1837 年，泊松在巴黎出版的《概率论研究》一书中对这个问题进行了研究，在提高了近似值的高精度后，他取得了与使用贝叶斯定理相一致的结果。泊松努力消除贝叶斯定理所包含的比较晦涩难懂之处，德·摩根在概率论中，通过装有不同数量和不同比例白色和黑色球的缸，观察从任意一个缸中取出白球发生的可能性来说明概率问题。基于同一目的，约翰·冯·克里斯（Johannes von Kries）在 1886 年于弗莱堡著写的《概率的原则》（*Prinzipien der Wahrscheinlichkeitsrechnung*）一书中，用 6 个相等的立方体来说明，在第一个立方体的其中一面上画一个"＋"号，第二个立方体上两面画两个"＋"号，第三个立方体的三面有三个"＋"号，最终在六个立方体的六面都有"＋"号。6 个立方体的其他所有面标记的都是一个"0"。然而，也有对贝叶斯定理的应用持反对意见的，比如说，约瑟夫·伯特兰德（Joseph Bertrand）在 1889 年于巴黎著写的《概率计算》中，哥本哈根天文瞭望台的托瓦尔·蒂勒（Thorwald Nicolai Thiele，1838—1910）在 1889 年哥本哈根出版的著作（《观察理论》，1903，伦敦）中，爱丁堡大学的乔治·克里斯托（1851—1911）的著作中，以及其他著作中都有这样的观点。[1]在 1908 年，丹麦哲学家克罗曼（Kroman）站出来为贝叶斯进行辩护。由此看来，关于贝叶斯定理的应用这一问题还没有达成一致意见。除了通过直接观察可以得出的概率以外，对于其他事物发生概率的原因往往需要通过从观察到的事件中取得证据来证明。一些逻辑学家通过求概率的倒数来解释归纳推理法。例如，如果一个人从

---

❶伊曼纽尔·克虏伯（Emanuel Czuber）. 概率论的发展（*Entwickelung der Wahrscheinlickkeitstheorie*）. 数学家协会. 1899：93—105.

没有见过潮汐，接连 m 天都去大西洋海岸看海潮涌起，随后就如布鲁塞尔（Brussels）天文瞭望台的郎伯·阿道夫·凯特勒（Adolphe Quetelet）所说的那样，可以推断出他第二天看见涨潮的概率等于 $\dfrac{m+1}{m+2}$。如果让 $m=0$，可以大概计算出整个未知事件的概率是 $\dfrac{1}{2}$，或者说提出研究调查 $\dfrac{1}{2}$ 的理论都是正确的。威廉·斯坦利·杰文斯（William Stanley Jevons，1835—1882）在《科学法则》一书中讲述了改进逆概率理论的归纳法，埃奇沃思（F. Y. Edgeworth）在《数学心理学》一书中也接受了这个观点。丹尼尔·伯努利的"概率期望值"，从法国数学家那里吸收了一些知识，拉普拉斯也详细阐述过关于这个概率期望值的相关情况。伯特兰·罗素强调了它的不实用性；庞加莱1896年在巴黎著写的《概率计算》一书中，仅用了只言片语来描述它。

值得一提的是，"局部概率"这一研究方向是由几个英国、美国、法国数学家研究发展的。布丰的"投针问题"（needle problem）是最早关于局部概率的重要问题；它也受到了拉普拉斯的关注，埃米尔·巴比埃（Emile Barbier）在1860年和1882年也研究过这个问题，还有就是伍尔维奇军事学校的克罗夫顿（Morgan W. Crofton，1826—1915）的关注，他于1868年在伦敦的《哲学学报》（*Philosophical Transactions*）的一百五十八卷上发表了重要论文，1885年在《大英百科全书》（*Encyclopedia Brittannica*）第九版中写了一篇文章《论概率》。"局部概率"的命名归功于克罗夫顿。通过考虑"局部概率"，他对某些定积分进行有效评估。

关于西尔维斯特提出的"四点问题"：在已知范围内求随机选择四点的概率问题，在英国有克拉克、麦克尔、S. 沃森、沃尔斯滕霍尔姆和伍尔豪斯对"四点问题"进行研究；在法国有若当尔（C. Jordan）和勒莫恩（E. Lemoine）对其进行研究；在美国有塞茨（E. B. Seitz）对其进行研究。关于"局部概率"问题的详尽资料已经由维也纳的伊曼纽尔·克虏伯出版，可以参见1884年莱比锡城的《几何概率和平均值》（*Geometrische Wahrscheinlichkeiten and Mittelwerte*），泽尔（G. B. M. Zerr）在《教育时报》（*Educational Times*，第五十五卷，1891年，137—192页）也发表过。"局部概率"的基本概念引起了意大利那不勒斯（Naples）的恩纳斯托·切萨罗（Ernesto Cesaro，1859—1906）的特别关注。

偶尔传来对于概率原理的批评以及缺乏信心的理论结果引起了科学家的验证，布丰早已注意到这一点。德·摩根、杰文斯、凯特莱、克努伯和沃尔夫都做了此类实验，并证明了与理论是非常一致的。在布丰的投针问题中，还包含了 π 的理论概率。这个表达式或者类似的表达式已经用于经验性地确定 π 的值。约翰·斯图尔特·密尔（John stuart Mill，1806—1873）、约翰·维恩（John Venn，1834—1923）和克里斯托（G. Chrystal）尝试将概率理论用于纯经验主义的基础。密尔的归纳法由丘普罗（A. A. Chuproff）在一本手册中提出了一个合理的要素，这个方法是发表在《科学统计知识》（*Die Statistik als Wissenschaft*）中的。这种经验求值法还引起了另一个俄国数学家——伯特克伊维斯基的注意。

在 1835 年和 1836 年，泊松的研究在巴黎学院引发了话题讨论，即道德问题是否用概率论来研究说明。纳维叶（M. H. Navicr）是持肯定观点的一方，而普安索（L. Poinsot）和迪潘持否定观点，认为概率应用于此像是"一种精神失常的表现"（une sorte d'aberration de l'esprit）；他们认为这个理论仅仅用于那些可以分开或者可以计数的事件上。约翰·斯图尔特·密尔反对这个理论观点，巴黎的法兰西学院的教授约瑟夫·伯特兰德（1822—1900）与克里斯是研究这个问题与结果较近的科学家。

在概率论的各种应用中，陪审团的裁断、法院的判决和选举结果相关的应用是最有趣的。马奎斯·孔多塞（Marquis de Condorcet）、拉普拉斯和泊松对这方面进行了研究。为了展示通过结合选票来确定候选人价值的方法，克罗夫顿运用了直线的偶然分割法（fortuitous division）。首先要确定一个值的分布覆盖于整个从 0 到 100 的区间。经验证明常规定理的谬误显示出一个更正确的分布。在这一点上，卡尔·皮尔逊（Karl Pearson）对此开展了一项非常重要的研究。

他在 N 个数字中随机选取 n 个数的样本，并得到第一个 p 项与第 p ＋1 项平均差的表达式，这个样本序列是按照从小到大排序。哥伦比亚大学的 H. L. 摩尔尝试按照皮尔森的理论，用数据统计关于工资效率的问题（《经济日报》，1907 年 12 月）。

最早开始对统计学进行研究的数学家有伦敦的约翰·格朗特（Captain John Graunt，1662）和一位名叫苏斯密尔希（L. P. Sussmilch，1788）的普鲁士教士，他们研究的统计学名为"政治算术"。开展概率论在统计中应用研究的数学家有哈雷、雅可比·伯努利、德·穆瓦夫尔（A. De Moivre）、欧拉、拉普拉斯以及泊松。官方社会统计和统计局的建立应当归功于比利时天文学家和统计学家凯特莱，他是布鲁塞尔天文瞭望台的一名工作者，是"现代统计学的奠基人"。凯特莱的"一般人"是指"所有的过程都与社会所获得的平均结果相对应"，也可以"认为是一种美丽的类型"，曾引起了哈罗德·韦斯特加德（Harold Westergaard，1890）、贝迪永（J. bertillon，1896）以及德·福维尔（A. de Foville）在 1907 年的著作《人群》中，约瑟夫·雅可比在著作《美国中产者》和《英国平均数》中进行了批评性地讨论。❶ 凯特莱在 1833 年对英国的访问促进了英国科学进步协会统计局组织的建立，在 1835 年促进了伦敦统计学会的建立。1839 年，美国统计学会成立了。凯特莱关于概率在物理和社会科学中的应用，最佳的研究是在一系列写给哥达公爵与萨克森伯爵的信中进行的《概率论》（*Lettres sur la théorie des probabilites*，布鲁塞尔，1846）。他强调了"大数定律"（law of large numbers），其改进也是由法国人泊松完成的，在此期间还经历了德国人莱克西斯（W. Lexis，1877）、斯堪的纳维亚人（Scandinavians）H. 韦斯特加德和卡利埃（Carl Charlier）以及俄国圣彼得堡大学的帕夫努季·利沃维奇·切比雪夫（Pafnuti Liwowich Chebichev，1821—1894）的激烈讨论。对于切比雪夫，我们还有一个有趣的问题：随机选择

❶弗朗茨·齐泽克（Franz Zizek）. W. M. 皮尔森（W. M. Persons）译. 平均数统计学（*Statistical Averages*）. 美国纽约. 1913：374.

一个较为合适的分数，那么它处于最低项的概率是多少？

对不同类型的平均值问题，德·摩根得出结论，算术平均值代表着优先一个最有可能的值。格莱舍对此提出了反对。费希纳（G. T. Fechner）调查研究得出，在"中位数"（median，根据大小排列的一组序列中，位于最中间的数字）时是最有利的。"众数"（mode）是 K. 皮尔森在 1895 年引入的一个平均数，尤尔（G. Udny Yule）对其进行了应用，并广泛应用于解决德国和澳大利亚的工人保险。在莱科赛斯，牛津大学的埃奇沃斯（F. Y. Edgeworth）、H. 韦斯特加德、冯·博特凯维奇、费希纳、冯·克里斯、维也纳的 E. 克虏伯、布拉施克（E. Blaschke）、F. 高尔顿、皮尔逊、尤尔，以及伦敦的波维伊（A. L. Bowiey）的概率计算的帮助下，对平均值理论进行了研究。一些数学家认为它在建立统计理论中使用概率不仅是不必要的，而且是完全不可取的。其中就有纳普（G. F. Knapp）和盖里（A. M. Guerry）。俄国精算师切施图姆斯基（Jastremski）在 1912 年将离散理论应用于测试在人寿保险中医疗选择带来的影响。其他较为近代的出版作品注解是由莱克西斯的学生冯·博特凯维奇（L. von Bortkewich）和哥本哈根的哈罗德·韦斯特加德著写的。早期出版的大量理论都含有较多的混沌之处。哈雷和一些 18 世纪的科学家认为人口出生率将是稳定不变的，欧拉却认为每年的出生率将呈几何级数增长态势。在 1839 年莫泽引发了关于这个问题的争论，而纳普在 1868 年将出生人数和死亡人数分别作为时间和年龄的连续函数。他用了图示法进行表达。佐伊纳在 1869 年引入了辅助几何法和辅助分析法。在 1874 年，纳普做了进一步的修正，接受不连续的变量。莱克西斯在《人口统计学》中也研究了这些问题。维特斯坦大约在 1881 年也研究了正式的人口理论和确定死亡率方法。1877 年，莱克西斯引入了"离散"（dispersion）和"常规离散"（dispersion）的概念。莱克西斯（1837—1914）在 1872 年成为了法国史特拉斯堡的一名教授，1884 年在布雷斯劳大学任教授，1887 年在哥廷根大学任教授。1893 年，他开始为德国政府服务。

生物统计方法的应用开始于法兰西斯·高尔顿（Sir Francis

Galton，1822—1911），"他是一个天生的统计学家"。重要的是他在1889 年的《自然遗传》（*Natural Inheritance*）一书中，用到了百分位法，以四分位偏差作为离散程度的量度。❶ 还有两位英国科学家也进入了这项研究领域，他们是牛津大学的皮尔逊和威尔登。

皮尔逊研究出用于生物统计方面的普遍且有用的数学方法以及一些术语，"众数""标准偏差"和"差异系数"。在他之前，误差的"正态曲线"被专门用来描述机会事件的分布情况。此曲线是对称的，但是往往事实上是一个不对称分布。因此，皮尔逊在 1899 年的《对进化论的数学贡献》（*Contributions to the Theory of Evolution*）一书中，研究出了斜率曲线（skew frequency curves）。众所周知，在1890 年，遗传学方面的乔治·孟德尔定律（Georg Mendel law）引发了对于遗传统计应用问题的一些改进。丹麦植物学家约翰逊对此做出了改进。

首先对观测数据有序排列进行研究的是柯特斯，在 1712 年的《调和计算》（*Harmonia mensurarum*）中，增加了对分配权重的观察。托马斯·辛普森（Thomas Simpson）在一篇论文中提倡使用算术平均值"试图展现数的平均值所带来的优势，特别是在天文学方面"这一观点，拉格朗日在 1773 年以及丹尼尔·伯努利在 1778 年也持有相同观点。第一本关于最小二乘法原则的书，是 1806 年勒让德著写的，只是没有证明过程。高斯在更早年间使用过最小二乘法，但是一直到 1809 年才出版相关内容。第一个出版误差概率定律推导的是 1808 年罗伯特·艾德里安（Robert Adrain）的《分析家》一书，该书是他自己在费城出版的刊物。对于这个定律的最早证明，可能最令人满意的当属拉普拉斯所做的证明了。高斯给出了证明。这个证明是假设观察数值的算术平均值是最可能的值。为这个假设而试图给出证明的有拉普拉斯、恩克（1831）、德·摩根（1864）、斯基亚帕雷利（G. V. Schiaparelli）、斯通（E. J. Stone，1873），以及费

---

❶G. 乌迪内·于勒（G. Udny Yule）. 统计学理论（*Theory of Statistics*）：第二版. 英国伦敦：1912：154.

列罗（A. Ferrero，1876）。对于这些研究中的个别问题，格莱舍给出了一些有效的批评。根据观测误差的性质建立高斯概率定理，这个做法先后被多位数学家尝试，他们分别是贝塞尔（1838）、哈根（G. H. L. Hagen，1837）、恩克（1853）、泰特（P. G. Tait，1867），以及 M. W. 克罗夫顿（1870）。将算术平均值作为最可能的值，并不是在所有情况下都与高斯概率定律是一致的，这一点由约瑟夫·贝特朗在 1889 年的《概率计算》（*Calcul des probabilités*）一书，以及其他作家的书中都有证明。在实际中，最小二乘法的发展主要归功于高斯、恩克、汉森、盖洛维（Th. Galloway）、比安内梅（J. Bienaymé）、贝特朗、费列罗和 P. 皮泽蒂（P. Pizzetti）。当高斯概率定理出现了超出预期的较大误差时，华盛顿的西蒙·纽科姆（Simon Newcomb）提出了"通过观测广义理论的组合，从而获得最好的结果"。R. 莱曼·费尔斯在 1887 年的《天文学通报》（*Astronomische Nachrichten*）中也研究了同样的课题。

去除不能确定观察值的标准是由哈佛大学的本杰明·皮尔士给出的。美国天文学家古尔德（1824—1896）、肖维纳（W. Chauvenet，1820—1870）以及文洛克（J. Winlock，1826—1875）都接受这个标准，只有英国天文学家乔治·比德尔·艾里（G. B. Airy）持反对意见。当时主要的争论点是"这些标准的理论基础是否可以正确建立"。

将概率应用于传染病学的第一人是丹尼尔·伯努利，近而引起英国统计学家威廉·法尔（William Farr，1807—1883）、约翰·布朗利（John Brownlee）、皮尔逊，以及罗纳德·罗斯少校等人的关注。皮尔逊研究的是正态曲线和异常频率曲线。这些曲线分别由布朗利在 1906 年、格林伍德（S. M. Greenwood）在 1911 年和 1913 年，以及罗纳德·罗斯少校在 1916 年建立。

从概率论的角度来讨论惠斯特有很多乐趣，这一点在威廉·波尔（William Pole）的著作《惠斯特哲理》（*Philosophy of Whist*）中有所体现，这本书是 1883 年在纽约和伦敦著写的。这个问题可以概括成"邂逅"或"相遇"，皮埃尔·R. 德·蒙特莫特（Pierre R. de Montmort）在 1708 年对其进行了研究。

微分方程和差分方程

勒让德、泊松、拉克洛瓦、柯西以及布尔等科学家，提出了区分一阶微分方程的奇异解和特殊解的标准。在拉格朗日之后，c 判别关系式（c - discriminant relation）引起了巴黎的让·玛丽·康斯坦特·杜哈梅（1797—1872）、纳维叶以及其他数学家的重视。整个奇异解的理论由达布、凯莱、卡塔兰（E. C. Catalan）、卡索拉蒂（F. Casorati）以及其他数学家在 1870 年按照新的方法进行了重新调查研究。在调查研究中，数学家们更加仔细考虑了物体的几何曲面问题，以及解释了拉格朗日的方法不能产生奇异解的情况。即使这些研究不完全令人满意，因为他们没有单独提供取决于微分方程而不是取决于奇异解的充分条件。回归到更纯粹的分析考量和建立由布里奥（Ch. Briot）和布凯 1856 年的著作、吉森大学的卡尔·施密特（Carl Schmidt）1884 年的著作、普林斯顿大学的法恩 1890 年的著作，以及柏林大学的梅耶·汉布格尔（Meyer Hamburger，1838—1903）的著作，将这个问题引入了最终的解。在这方面比较活跃的还有约翰·穆勒·希尔以及福赛斯。❶

首先对偏微分方程（partial differential equations）进行科学研究的是拉格朗日和拉普拉斯。这些方程由蒙日、普法夫（J. F. Pfaff）、雅可比、巴黎的埃米尔·布尔（1831—1866）、韦勒、克莱布什、圣彼得堡大学的科尔金、布尔、梅耶、柯西、塞里特、索菲斯·李以及其他数学家先后论证。在 1873 年，他们的研究成果，尤其是关于一阶微分方程方面的成果，由根特大学的保罗·豪森（Paul Mansion）收录在教科书中。想了解更多的细节资料，我们认为约翰·弗里德里希·普法夫（Johann Friedrich Pfaff，1765—1825）的细致研究更具有决定性的推进作用。他是高斯在哥廷根的亲密好

---

❶ S. 罗森伯格（S. Rothenberg）. 奇异解的历史（*Geschichte···der singulären Lösungen*）. 德国莱比锡. 1908.

友。后来，师从天文学家伯德，成了黑尔穆斯塔特（Helmstadt）的教授，再后来任教于哈雷。通过一种特殊的方法，普法夫求出了对于任意多个变量的一阶偏微分方程的广义积分问题。从 n 个变量的一阶常微分方程的理论入手，他首先给出了这些方程的广义积分，随后将偏微分方程的积分作为这些常微分方程的特例，其中假设是任意阶两个变量之间微分方程的广义积分。他的研究启发了雅可比引入"普法夫问题"（PfafEan problem）。哈密顿观察得出了一个常微分方程系统（在分析力学方面）与一个偏微分方程之间的联系，雅可比得出的结论是，普法夫方法需要连续整合级数系统，除了第一个系统以外，其余的都是多余的。克莱布什从一个新的观点考虑普法夫问题，并将其简化为联立线性偏微分方程组，这些方程组可以通过任意积分独立建立。雅可比对一阶微分方程理论进行了实质性的推进。确定未知函数的问题通常是以一个含有这些方程以及微分方程系数的积分来表示的，以一种规定的方式表示的话，首先应当消去积分的第一变量，达到要求的最大值或者最小值。这将引出新的、较难的微分方程，这些方程的积分，简单来说，是由雅可比从第一变量微分方程的积分中巧妙地推导出来的。海塞对雅可比的解法进行了改善，同时克莱布什扩展了雅可比关于第二变量的一般案例。柯西给出了求解任意变量一阶偏微分方程的方法，这个方法后来由塞里特、伯特兰、法国的伯纳特以及俄国哈尔科夫大学（University of Charkow）的瓦西里·格里戈耶维奇·依姆森奈特斯基（Wassili Grigorjewich Imshenetski，1832—1892）进行了修正和扩展。柯西命题的基本主张是，每一个常微分方程都允许在积分的任意非奇异点附近，在一定的收敛圈内是分合法，这一点通过泰勒定理进行了发展。与这个理论持相似观点的是黎曼定理。黎曼将单变量函数根据奇异点的位置和性质来定义，同时他还将这个概念应用到二阶线性微分方程中，满足了超几何级数实现的条件。高斯和库默尔对二阶线性微分方程也做了相应研究。它的一般理论没有对变量的值施加限制时，巴黎的坦纳里对这个方程的普遍理论进行了研究，他运用了富克斯线性微分方程的方法，并求出了库默尔所说

的这个方程所有的 24 个积分问题。爱德华·古尔萨（Edouard Goursat，1858—1936）继续开展此项研究，他是巴黎大学的数学分析教授。他主要研究的范围是函数理论、假积分和超椭圆积分问题、微分方程、恒定常数和曲面问题。朱利·塔内里在 1875 年成为索邦大学的数学教授，在 1884 年是巴黎高等师范学院的副主任。他主要研究分析和函数理论方面。

如同福赛斯在 1908 年的概述一样，偏微分方程的情况简要叙述如下：在 1862 年的雅可比遗作中，对于一阶偏微分方程的研究包括基于一个自变量或者是此类方程的系统，因此可以说我们已经掌握了此类方程形式积分的完整方法。二阶或者更高阶的偏微分方程形式在积分方面遇到了新的难题。只有很少的个例能够使用直接积分法。已知常规的积分类型，即使只有二阶方程，在数量上也很少。原函数可能是通过两个变量之间的单一关系获得的，或者是通过一系列消参方程（比如说通常的形式，拉格朗日、蒙日或者魏尔斯特拉斯的形式，以及简单的最小曲面），或者是通过物理学问题中发现的涉及定积分关系中获得的。福赛斯说："对这些所有类型的原函数，进行直接的积分是不太可能实现的。"

可以通过步骤得到一个原函数，有时这些步骤是零碎的理论，在实践中一般都是试验性的，而且都是间接的，因为它们是由一些与原始运算没有系统关系的运算组合而成的。在这样的情况下，原函数是否完全涵盖了这个方程的所有积分结果呢？第一个给出广义积分定义的是安德烈·玛丽·安培（A. M. Ampère）：其中唯一的关系，存在于变量和导数之间，积分时不受任何变量的限制，由微分方程本身以及通过求导得出的导数方程所组成。这个定义并没有覆盖所有不同的情形。古尔萨在 1898 年用一个简单的事例来证明，满足安培所要求的条件，得出的积分并不一般。第二个给出广义积分定义的是达布，他是在柯西存在性定理的基础上，于 1889 年给出的。当一个积分所含的任意元素都可以用这样的方式进行特殊化处理，从而求出存在性定理构建的积分时，我们就说这个积分是广义的。按照福赛斯的说法，这个定义引起了关于显性和隐性奇异解更为详细的讨论。

关于二阶偏微分方程积分的求解，主要有三种方法，并且在特殊情况下这三种方法也是成立的。第一种方法是拉普拉斯在 1777 年给出了适用于两个自变量线性方程的一种方法。它可用于解二阶以上的方程。达布和依姆森奈特斯基在 1872 年对这个方法进行了改进。第二种方法来源于安培，在内容和形式上，取决于个人的技巧而不是关键的试验。后来的博雷尔（1895）和惠特克（E. T. Whittaker，1903）还对这个方向做了研究。第三种方法归功于达布，依据福赛斯的分类，和蒙日和布尔的早期研究成果，达布在 1870 年提出了这个方法，即，它只适用两个自变量的情况下，但现在已经扩展到两个以上自变量以及高于二阶方程了；但这个方法并不是普遍有效的。A. R. 福赛斯说："以上就是迄今为止最主要的方法，主要用于二阶偏微分方程的积分问题。虽然这些方法经过了许多数学家的讨论以及细节上的频繁修改，但是这些方法的本质内容是保持不变的。"

在一般线性方程中，当原函数可以用定积分或者渐进不等式展开的方式表示时，这个理论在很大程度上应归功于庞加莱。偏微分方程领域内的例子应当归功于博雷尔。

黎曼在 1857 年将高斯的超几何级数用函数式 $F(\alpha, \beta, \gamma, x)$ 表示，这个函数满足二阶有理系数的同类线性微分方程，有可能解决任意的线性微分方程等式。解决此类方程的另一种模式应当归功于柯西，并由布里奥和布凯进行扩展，包括发展成为幂级数。黎曼和柯西具有微分方程的丰富概念，先后被柏林的富克斯（Lazarus Fuchs，1833—1902）给出的部分研究报告所证明。富克斯出生在德国莫欣（Moschin）一个靠近波兹南（Posen）的地方，他在 1884 年成了柏林大学的教授。在 1865 年福克斯将线性微分方程的两种方法进行结合，其中有一种方法是使用幂级数的方法，由柯西、布里奥和布凯详细阐述；另一种方法是使用超几何级数的方法，由黎曼阐述。通过两种方法的结合，福克斯提出了关于线性微分方程的新理论。柯西将极限计算理论融合到幂级数的理论中，并且与存在性定理本质上相同的是，一般情况下都与微分方程相关。线性微分方程的奇异点同时也引起了弗洛贝尼乌斯（G. Frobenius，1874）、皮亚诺和博谢（M. Bocher，1901）的关注。另一种与存在性定理相关的方法是逐次逼近法（successive approximation），卡奎（J. Caque）在 1864 年第一次使用该方法，随后是 L. 福克斯在 1870 年使用过，后来庞加莱和皮亚诺用过这种方法。还有一种方法是内插法，最初是由柯西研究的，在 1887 年得到了沃尔泰拉的特别关注。线性微分方程的一般性理论得到了富克斯以及大量数学家的关注，这些数学家包括若尔当、沃尔泰拉和施莱辛格。奇异点处的解是不确定的，对这个方向进行研究的数学家有坦纳里、施莱辛格、瓦伦贝格和其他的一些数学家。格莱夫斯瓦尔德大学（University of Greifswald）的路德维希·威廉·托姆（Ludwig Wilhelm Thomé，1841—1910）在 1877 年提出了常积分（normal integrals）的概念。布里奥和布凯在 1856 年首次注意到了满足微分方程的发散级数问题，第一个严肃对待发散级数问题的是庞加莱，他在 1885 年指出这种级数可能代表某些解是渐进的。科内泽尔、皮卡、霍恩以及汉布格尔分别对渐进表达式进行了研究。线性微分方程的特殊形式——"富克斯函数"（Fuchsian type），这是一个单值（单义的）回归系数函数，对所有点都是确定函数解的研究是由富克斯进行的。经过研究发现，这类方程的回归系数是 x 的有理函数。

对于代数方程的线性微分方程，首先从事这方面研究的是尼尔斯·亨利克·阿贝尔、刘维尔和雅可比，阿佩尔（P. Appell）进一步推进，随后皮卡在索菲斯·李的变换群理论的影响下对其进行研究，也有很多法国的、英国的、德国的和美国的数学家都进行了相应的研究。同时，他们还考虑到了微分不变量的问题。拉梅在 1857 年研究的微分方程，由埃尔米特在 1877 年进行研究，富克斯、布廖斯基、皮卡、米塔格·列夫勒（G. M. Mittag Leffler）和克莱因在不久后以一种更普遍的形式进行研究。

代数函数与线性微分方程的相似性、反演及单值化问题以及群论涉及的问题，这些都得到了 19 世纪下半叶分析家们的关注。

由阿尔方和福赛斯提出的线性微分方程不变量理论与函数理论和群论密切相关。确定一个由微分方程本身进行定义，而不是从函数的任意一个分析表达式定义的微分方程函数性质所做的努力，首先可以通过求解微分方程获得成果。数学家最开始并不是研究所有变量值对应的微分方程的积分特性，而是主要研究已知点附近的积分特性。在奇异点处的积分特性与普通点处的特性是完全不同的。查尔斯·奥古斯特·艾伯特·布里奥（Charles Auguste Albert Briot，1817—1882）和珍·克劳德·布凯（Jean Claude Bouquet，1819—1885）都是法国人，研究了当微分方程形如 $(x-x_0)\dfrac{dy}{dx}=\displaystyle\int(xy)$ 时，奇异点附近值的情况。富克斯给出了线性方程特殊情况下的积分级数进展情况。庞加莱同样研究了当方程不是线性方程，还有就是一阶偏微分方程情况下的积分级数进展情况。柯西和索菲亚·科瓦列夫斯基（Sophie Kovalevski，1850—1891）给出了普通点处的积分级数进展情况。科瓦列夫斯基夫人出生于莫斯科，是魏尔斯特拉斯的学生，后来成了斯德哥尔摩的分析学教授。

亨利·庞加莱（1854—1912）出生于南锡（Nancy），在法国国立高等学校学习。作为一个成绩经常得高分的学生，庞加莱并没有表现出特别的天赋。后来庞加莱进入巴黎理工学院和国立巴黎高等矿业学院学习，1879 年在巴黎大学拿到了博士学位。庞加莱成了卡昂（Caen）大学的数学分析教师。在 1881 年庞加莱在索邦大学（Sorbonne）谋得了物理和实验力学的教授一职，随后成了数学物理教授。在提泽兰（F. Tisserand）去世以后，庞加莱又成了数学天文学和天体力学的教授。虽然庞加莱在世时间短，但是他出版了许多书籍。在科学作品的数量上，柯西甚至是欧拉都无法与庞加莱相提并论的。班勒卫（P. Painleve）表明庞加莱的许多著作都带着狮子的标志。庞加莱写了关于数学、物理、天文和哲学方面的书籍。与他同时代的科学家中，没有人能够涉猎如此广泛的科目研究。许多人认为庞加莱是那个时代最伟大的数学家。每一年庞加莱都给出

了不同主题的讲座，这些讲座内容都是由他以前的学生进行汇报和出版的。以这种方式，庞加莱先后出版了关于毛细力、弹力、牛顿位势、涡流、热传导、热力学、光学、电荷传递动力学、光电学、电磁振荡、电数学、动力学、流体质量、天体力学、普通天文学、概率等方面的论著。庞加莱关于科学哲学方面出名的著作有《科学理论》（*La science et l'hypothèse*，1902）《科学的价值》（*La valeur de la science*，1905）《科学与方法》（*Science et méthode*，1908），且均被翻译成了德文，也有一部分被翻译成了西班牙语、匈牙利语以及日语。乔治·布鲁斯·霍尔斯特德（George Bruce Halsted）翻译的英文版本出现在 1913 年的一个合订本中。

关于庞加莱数量繁多的研究报告表明，他写了纯数学各个分支的知识。莫尔顿如是说："庞加莱的论著的重要性可以从无数的现代论文中都引用他的理论为参考文献来证明，特别是在分析方面的不同领域都引用了他的理论。强调分析并不是说他忽略几何、拓扑学、群论、数值论或者数学基本原理，因为庞加莱在这些方面以及其他方面都有建树，把分析放在这里是因为在这个领域中，包含了他在微分方程方面的研究。他从博士论文开始就一直从事这项研究，对于函数理论以及福克斯函数的发现都有贡献。庞加莱对于现代分析强有力方法的掌控也令人赞叹不已。"对于庞加莱的工作方法，博雷尔说："庞加莱的方法从本质上来说是有效和有建设性的。他在解决一个问题时，更多地考虑这个问题目前的条件，而不是考虑它的历史，这样就能很快地找到新的解析式，从而对问题进行改进和完善，较快地推导出重要的结论，随后便可以开始解决下一个问题。在完成一个作品的撰写之后，他会稍事休息，然后开始考虑如何改进阐述的问题。他并不愿意为了一个单一的事情，而将自己好几天都沉浸于学究式的工作中。他认为与其这种沉浸式工作还不如更好地利用再探索新的领域。"庞加莱谈论过自己是如何得到第一个数学发现的："有那么两个星期我一直在努力证明，不存在类似于那些我目前称之为富克斯函数的函数。"

"那时的我还比较无知。每一天我都坐在办公桌前花 1—2 个小时，尝试了很多的组合，但是我并没有得到什么结果。有一天晚上，与平日不同的是，我喝了一杯黑咖啡而且丝毫没有睡意，有些想法如潮水般地在我脑中不断涌现。我感觉到它们彼此像是打架似的，直到把它们组合在一起，也就是说，它们形成了一个固定的组合。到早晨的时候，我已经确定了一组富克斯函数的存在，而这些富克斯函数可以从超级级数中获得。我仅仅花了几个小时的时间，就使这些结果初具其形。"

庞加莱丰富了积分理论。他试图用总是收敛的以及不局限于平面内特殊点的发展来表示积分，需要引入新的卓越方法，因为旧的函数仅允许少量的微分方程进行积分。庞加莱对线性方程也用了这种方法，后来这种方法被众人所知，并且富克斯、托姆、弗罗贝尼乌斯、施瓦兹、克莱因以及阿尔方还对已知点附近进行了研究。根据有理代数系数，庞加莱能够通过自己命名的富克斯函数将这些方程进行综合统一。❶ 他将这些方程进行分"族"。这类方程的积分经过一定的变换后，其结果将会是同一族方程的积分。新的方法与椭圆函数很相似；后者的领域可以分为平行四边形，每一个平行四边形代表一个族，前者可以分为曲线多边形，所以一个多边形内部函数的知识包含其他内部函数的知识。因此，庞加莱得到了他所谓的"富克斯函数群"。他进一步研究发现，福克斯函数可以表示为两个方法的比值，这一点与椭圆函数相同。与线性替换中的实系数不同，上述使用虚系数的群，随后可以得到一些不连续的群，他称之为"克莱因群"。将这个方法从线性方程的应用领域扩大到非线性方程的应用领域是富克斯和庞加莱。

数学家们更大的兴趣在于通过几个简单函数的集合可以确定哪些线性微分方程，这些简单的函数包括代数函数、椭圆函数或者阿贝尔函数。若尔当、巴黎的阿贝尔，以及庞加莱对此进行了研究。

保罗·阿贝尔（1855—1930）出生于史特拉斯堡（Strassburg）。

---

❶庞加莱（Henri Poincare）. 亨利·庞加莱的科研成就（*Notice surles Travaux Scientifiques de Henri poincuré*）. 法国巴黎. 1886：9.

在 1871 年阿尔萨斯吞并德国之后，他移民到南锡，脱离了德国公民的身份。随后他在巴黎学习并且在 1886 年成了巴黎大学的力学教授。他的研究范围主要是分析、函数理论、微积分几何以及理论力学。

一个常微分方程是否有一个或者多个能满足一定极限条件或边界条件的解，如果有，那么这些解的特性是什么样的？依据这一点，可以考虑到更细、更多的问题，引起了 18 世纪数学家们的加倍重视。哥廷根的希尔伯特、哈佛的马克西姆·博谢、威斯康星州大学的麦克斯·梅森（Max Mason）、都灵的毛罗·皮科内（Mauro Picone）、史特拉斯堡的米塞斯（R. M. E. Mises）、哥廷根的 H. 韦尔（H. Weyl），特别是哈佛的乔治·D. 伯克霍夫（George D. Birkhoff）对存在性定理、振动特性、渐进表达式、发展定理进行了研究。在某种程度上，积分方程用于解决一维的边界问题："然而，这个方法对于二维或者三维的情况是更有价值的。在二维或者三维的情况下，许多最简单的问题仍然需要进行处理。"

关于微分方程的权威书中，在 1859 年由布尔拟定，包含了积分因子、奇异解，特别是符号方法等较为原始的问题。

一篇关于线性微分方程的论著（1889）是由约翰·霍普金斯大学（Johns Hopkins University）的托马斯·克雷格（Thomas Craig）出版的。他选择了埃尔米特和庞加莱的代数描述方法，而不是克莱因和施瓦茨的几何方法来说明。一本著名的书籍《分析论》，于 1891—1896 年由巴黎的埃米尔·皮卡出版，有趣的是这本书的中心就是在讲微分方程。

18 世纪的数学家研究了简单的差分方程或者说是"有限差分方程"。在 1882 年，庞加莱对渐进展开式提出了新的观点，他将这个观点应用于线性微分方程中。现在看来好像在很长时间内被假定为存在自然的连续性，其实是虚构的，而不连续性才代表了实际存在的。"几乎可以肯定的是，电流是以小球的形式完成的，因此我们通常将其命名为电子。那么，热量来源于量子似乎也是可能的。"许多基于连续性假设的理论可能仅仅是近似连续的。齐次线性微分方程组与连续性并没有紧密的结合，数学家们对它进行了独立的研究。在 1909 年，瑞士的伦德大学（University of Lund）的尼尔斯·埃里克·诺伦德（Niels Erik Norlund）、巴黎高等示范学院的亨利·盖尔布伦（Henri Galbrun），以及在 1911 年的伊利诺伊州大学的卡迈克尔都对这个领域进行了研究。卡迈克尔使用了一种逐次逼近法和一个围道积分的扩展。哈佛大学的伯克霍夫对于证明某些中间解和主解的存在做出了重要贡献。这些解的渐进形式是由他在复平面中确定的。对于非齐次线性微分方程组结果的研究达到了齐次线性微分方程组一样的程度，是由印第安纳大学的威廉姆斯完成的。

积分方程、积分微分方程、
一般分析和函数运算

导致积分方程发明的数学困惑由阿达马❶在 1911 年表述如下："这些困惑问题"（比如说狄利克雷的问题）需要运用几何学家们的聪明才智才能解决，也是整个 19 世纪主要的研究目标。不同巧妙的方法用于证明这些问题并不是要去除它自身所有的神秘性质。只有在 20 世纪的前几年中，人们才开始清晰地对待它并理解了它的真实性质。让我们来研究一下得到狄利克雷问题的新观点。它存在的最特别、最显著的一个特征是用一种新的方程来代替偏微分方程，也就是我们所说的积分方程。这个新的方法使以前模糊的问题变得清晰。在现代分析的许多条件下与通常的观点相反，积分运算被证明比推导运算要简单的多。这里给出一个积分方程的示例，其中未知函数是用积分符号写的，而不是用微分符号写的。相对于偏微分方程而言，由此得到这类方程的类型更容易处理一些。对应于狄利克雷积分方程的类型如下：$\phi(x) - \lambda \int_A^B \phi(y) K(x, y) dy = f$

---

❶阿达马（J. Hadamard）. 1911 年在哥伦比亚大学的四场数学讲座（*Four Lectures on Mathematics delivered at Coulmdia University in* 1911）. 美国纽约. 1915：12—15.

(x)，其中 ϕ 是区间（A，B）上 x 的未知函数，f 和 K 是已知函数，λ 是一个已知参数。多维空间的椭圆形方程也有类似的积分方程，只不过它所包含的是多重积分以及多个自变量而已。在引入上述类型的方程之前，研究椭圆形偏微分方程的每一个步骤似乎都会带来新的难题。对于所有可能的问题，一次性给出了所有要求的结果。

在一个充满空气的房间进行共振计算时，谐振器的类型必须是非常简单的，但是运用积分方程的情况下，这个要求就不再是必要条件了。我们只需要做 K 函数的初等计算，并应用于函数，从而计算出积分方程解的一般方法。

在分析中提出的新方程，是由埃里克·伊瓦尔·弗雷德霍姆（Eric Ivar Fredholm，1866—1927）在 1900 年取得的。他是斯德哥尔摩本地人。1898 年，他在斯德哥尔摩大学担任讲师一职，随后在保险局工作。在 1900 年，他从线性方程组直接泛化的角度来研究积分方程时说了"用一种新的方法来解决狄利克雷问题"这句话。积分方程与积分计算之间的关系与微分方程与微分计算之间的关系相同。在这之前，虽然某些积分方程已经引起了阿贝尔、刘维尔以及巴黎的尤金·儒歇（Eugene Rouche，1832—1910）的注意，但是被忽略了。

在 1823 年，阿贝尔提出了等时曲线问题的一般性理论。这个问题的解涉及被称为第一类方程的积分方程。在 1837 年刘维尔证明了通过求解现在已命名为第二类的积分方程，可以求得二阶线性微分方程的特殊解。冯·诺依曼（C. Neumann，1887）给出了第二类积分方程的求解方法。术语"积分方程"应当归功于雷蒙，《纯粹与应用数学杂志》（第一零百三卷，1888 年，228 页）雷蒙举例说明了预测的风险，"这些方程的论述给今天的分析带来了无法克服的困难。"最新的积分方程理论起源于力学和数学物理的具体问题。自从 1900 年起，这些方程就已经运用于势论存在性定理的研究中了。1904 年，斯戴克劳福、希尔伯特在研究关于傅里叶级数方面研究边界值时，庞加莱在研究潮汐和电磁波问题时，都用到了这些方程。线性积分方程与线性代数方程表现出很多的相似性。弗雷德霍姆将代数方程理论仅运用于说明积分方程的理论，当然，这些是被独立证明的，希尔伯特早期的作品遵循了代数理论成果中取极限的过程。希尔伯特引入了第一类和第二类线性积分方程的"核"（kernel）这个术语。布雷斯劳（Breslau）的埃尔哈德·施密特（Erhard Schmidt）以及罗马的沃尔泰拉对积分方程理论进行了改进。哈佛的马克西姆·博谢（1909）、布拉格的格哈德·科瓦莱夫斯基（Gerhard Kowalewski，1909）、布雷斯劳的阿道夫·科内泽尔（1911）、巴黎的拉里士各（T. Lalesco，1912）和海伍德以及弗雷谢（M. Frechet，1912）在积分方程方面都写了系统性的论文。

马克西姆·博谢（1867—1918）出生于波士顿，1888 年毕业于哈佛大学。经过在哥廷根三年的学习后，他回到哈佛大学，先后成了讲师、助理教授以及数学教授。他是美国数学学会在 1909—1910 年间的名誉主席。他的作品有《势论的展开级数》（*Reihenenhtrickelungen der Potential - theorie*）和《施图姆力学讲义》（*Leçons sur les Methodes de Sturm*）。

沃斯（A. Voss）在 1913 年强调了积分方程的价值，如他在书中曾讲道："在过去 10 年中，积分方程的理论变得非常重要，因为可以利用积分方程，就可能解决先前只能在特殊条件下才能处理的微分方程难题。我们并不描述积分方程的理论，在这些理论中用到了属于线性方程的无穷行列式，这些线性方程含有无数个未知量，以及多个变量的二次形式，同时这些理论成功地解决了关于纯数学和应用数学方面的较大问题，尤其是在数学物理方面的。"

在"一般分析"方面取得的重要进展以及将"一般分析"运用到线性积分方程理论的泛化中，自 1906 年芝加哥大学的 E. H. 摩尔就已经开始了。因为在不同的理论中存在一定的相似性，他推断说一个统一化的理论应当包括在特殊情况下的相似理论。他从三个方面继续研究"统一"化：第一方面是自变量概念的统一，这些变量的定义已经从考虑在已知区间所有点定义变量，转向在变量范围内任意点的集合中定义变量了；第二方面是极限函数以及有限变量；第三方面是他所研究的"一般变量"函数需要进一步统一。摩尔的统一理论包含了弗雷德霍姆、希尔伯特以及施密特理论的特殊情形。伯克霍夫在 1911 年提出了下列近期发展的敏锐观点："自希尔、沃尔泰拉以及弗雷德霍姆在扩展的线性方程组方面的研究开始，数学已经处于一种飞速发展的状态。将函数作为一个广义点，将逐次逼近法作为泰勒定理在函数变量方面的扩展，将变量计算作为最大值和最小值常代数问题的极限形式，这样的观点已经是数学的一个新的研究分支，这个分支主要由平凯莱、J. 阿达玛、希尔伯特、摩尔以及其他数学家进行研究。"

针对这个研究领域，摩尔教授提出了术语"一般分析"，并将其定义为"函数类的系统理论、函数运算等，在一般范围内至少涉及一个一般变量"。考虑到一个绝对变量的函数，他将注意力集中于这个领域中最抽象的方面。与他调查最接近的是弗雷谢的研究（巴黎论文，1906），他将自己的研究范围限制在变量方面，因为变量的极限值是有根据的。对 E. H. 摩尔的"一般分析"进一步研究的是阿德尔伯特大学（Adelbert College）的皮彻（A. D. Pitcher）以及伊利诺伊州大学的奇藤登（E. W. Chittenden）。在"一般分析"中，摩尔明确规定基本条件是"完全独立的"，这一点引起了亨廷顿（E. V. Huntington）、比特尔（R. D. Beetle）、丹尼斯（L. L. Dines）以及加巴（M. G. Gaba）的进一步关注。

沃尔泰拉讨论的积分—微分方程不仅涉及积分符号下的未知函数，也包括未知函数本身以及它们的导数，并且证明了它们在数学物理方面的应用。莱斯学院（Rice Institute）的埃文斯（G. C. Evans）将柯西的存在性定理由偏微分方程扩展到"静态式"积分—微分方程。在这种类型的方程中，微分的变量与积分方程的变量是不相同的。康奈尔大学（Cornell University）的赫维茨（W. A. Hurwitz）对于混合线性积分方程进行了讨论研究。

积分方程和点集理论的研究使得一种称之为泛函数运算的理论得到了充分发展，其中一部分是直线函数理论。早在 1887 年，沃尔泰拉发展了一种函数的基本理论，他所称的函数是取决于其他函数以及函数曲线的。任何数值取决于曲线上弧度的量作为一个整体称之为直线的函数。一个函数取决于其他函数的这样一种联系被阿达马称之为"常用函数"（fonctionelles），这个名称是在他 1910 年的著作《变分学教程》（*Lecons sur le calcul des variations*）中提出的，数学家们常写作"泛函数"。泛函数方程以及泛函数方程组引起了莱斯学院的埃文斯、帕维亚的路易吉·斯尼基阿里亚（Luigi Sinigallia）、罗马的乔瓦尼·乔治（Giovanni L. T. C. Giorgi）、芝加哥的施韦泽（A. R. Schweitzer）、剑桥大学的埃里克·H. 内维尔以及其他数学家的关注。内维尔用一套五个圆盘覆盖一个圈，解决了赛马场跑道难题。马修斯（G. B. Mathews）说："我们必须对英国数学做出显著的分析，而我们没有感到很遗憾。不可能是某个人，比如说，能够给我们关于彭赛列圆内接多边形真正的几何理论，或者能够给我们关于冯·施陶德二次曲面螺纹结构的真正几何理论。"在泛函方程理论中，"一个单一的方程或者表示某些性质的方程组被定义为一类函数，这类函数的特征不管是特殊的还是共有的，都将作为这些方程式的结果来发展。"

傅里叶级数做出了一个重要的归纳："在微分和积分方程的研究过程中，出现了所谓的正交函数和双正交函数，我们在这些类别的基础上取得了较大的扩展。在微分方程的领域中，这些函数最重要的一类就是 1907 年哈佛大学的伯克霍夫首先以一般性和详细说明的方式定义函数；同时，这些函数主要的基本特性也是由他进行研究的。"在非自共轭微分方程的边界值问题上，函数的双正交系统与自共轭正交系统担当的角色是完全相同的。安娜·J. 佩尔为双正交系统建立了与正交系统相似的理论，正交系统的那些理论是由里斯（F. Riesz）和费舍尔建立的。

无理数理论和集合论

无理数新非量测理论是在更严格的要求下提出的。"量"这个词作为几何级数来使用，不需要数，并且还能作为级数来衡量无法表述的数，特别是假设没有令人信服根据的情况下，同个运算规则适用于两种情形。数的测量方法涉及整个测量理论，非欧几里得几何的出现会带来更大困难。在试图构建数的算术理论时，无理数成了一个麻烦。在运算时，把无理数当作有理数进行计算总是不那么令人满意。什么是无理数呢？很多人对它的定义给予了相当大的关注，并认为它们是有理数序列的极限。柯西在1821年出版的《分析论》中第4页说："无理数是不同分数的极限，它提供了越来越多的近似值。"大概柯西对无理数存在于几何中是满意的。如果不是，他的阐述便成了一个死循环的推理。为简单地说明这个问题，设想我们已经取得了有理数的发展，并且我们期望能够定义极限和无理数的概念。结合柯西的理论，我们可以说："当一个变量的系列数值不断接近一个固定值时，这个固定值是我们所期望尽可能小一个值，这个值我们称之为所有其他连续数值的极限。"因为我们仍然受限于有理数的领域，因此这个极限值，如果不是有理数的话，就是不存在的、虚构的。如果我们非要把无理数定义为一个极限的话，我们在逻辑发展上就会遇到问题。由此推断，我们希望用算术方法而不是用极限来定义无理数。这项工作几乎是由四个人在同一时间分别独立完成的，他们分别是查尔斯·梅雷（Charles méray，1835—1911）、魏尔斯特拉斯、戴德金以及乔治·康托尔。梅雷的第一篇文章发表在《社会科学评论：数学》（*Revue des sociétés savantes：sc，math*）上；他后来的著作分别出版于 1872 年、1887 年、1894 年。梅雷出生于法国的查隆斯，是第戎大学的一名教授。魏尔斯特拉斯的演讲最早是由科萨克在 1872 年发表的。同一年在《纯粹于应用数学杂志》（*Crelle's Journal*）第七十四卷的 174 页上，由海涅根据魏尔斯特拉斯的口述将其演讲内容整理并发表。1872 年戴德金在布伦瑞克出版了《连续性与无理数》（*Stetigkeit und Irrationale Zahlen*）。在 1888 年出版了《数是什么？数应该是什么？》（*Was sind und was sollen die Zahlen?*）。戴德金（1831—1916）出生于布伦维克，在哥廷根学习并在 1854 年成为该大学的教师。在 1858 年至 1862 年间，他接替 J. L. 拉伯的位置，成为苏黎世工业大学（Polytechnicum）的教授，在 1863 年至 1894 年间，他成为布伦瑞克高级技术学校的教授。戴德金主要研究数论。乔治·康托尔的第一篇文章发表在 1872 年的《数学论文集》（*Mathen Annalen*）的第五卷 123 页。乔治·康托尔出生于彼得格勒（Petrograd），1856 年至 1863 年间生活在德国南部，1863 年至 1869 年在柏林学习，并深受魏尔斯特拉斯的影响。他在 1869 年成了哈雷大学的一名讲师，在 1872 年成了一位非常著名的教授，并在 1879 年成为一名正教授。后来，康托尔身体不太好，患了精神障碍方面的疾病。当康托尔从这些困境中走出来的时候，据说他的思想含有最卓越的科学成果。几乎他所有的论文都是关于集合论的发展。人们本来准备于 1915 年的 3 月 3 日，在他 70 岁寿辰时举办一次国际庆典，但是由于战争的原因，只有在德国的一部分朋友前来道贺。

在查尔斯·梅雷和乔治·康托尔的理论中，无理数可以通过有理数 a_1，a_2，a_3，…的无尽序列来获得，这个有理数序列有 $|a_n - a_m| < \in$ 这样的特性，假设 n 和 m 是无穷大的数。魏尔斯特拉斯的方法就是上述方法的特殊情形。戴德金在无理数系统中定义每一个

"割集"对应一个实数,用"开割"(open cuts)表示无理数。乔治·康托尔和戴德金还有一个重要理论就是线性连续统理论,它代表了追溯中世纪教会神父和亚里士多德著作的巅峰。通过这个现代的连续统理论,"数字、整数或者分数的概念,被放在完全独立于测量值以外的基础上,纯数学分析被认为是一个只论述数字的方案,而且本身与可测量的量无关。放在算术基础上的分析特征是,拒绝所有关于空间、时间和运动的特殊直觉,而要考虑其运算的可能性"(霍布森)。数学的算术化在整个 19 世纪都在不断发展,但是其主要发展时期还是集中在查尔斯·梅雷、克罗内克(L. Kronecker)以及魏尔斯特拉斯的时期,霍布森在 1902 年表述了其如下特点:"在这个国家普遍应用的一些教科书中,符号 ∞ 仍然用来表示数字,并且从表面看所有方面都与有限数有关。"积分计算基础研究表明:似乎黎曼从来没有生活过或工作过。双侧极限的顺序如何并不是很重要,而且 19 世纪时很多其他方面的重要结论都被忽略了。

"抽象几何的理想对象领域的精确测量理论并非立即从直觉中推导出来的,而是来源于现在通常被认为需要发展之前对数的性质和关系进行的独立研究。数字之间的关系是在一个独立的基础上发展起来的,在一致性原则或者其他等效原则的前提下,应用于广泛或者密集的量……这种数字概念,特别是分数概念与级数概念完全分离,毫无疑问,还包括历史和心理上的大反转……一所致力算术教学的学校,克罗内克尔可能是它的创始人曾说过,无论这意味着什么,都将事实仅归于整数的问题,认为分数只有导数的特性,并认为引入分数只是为了记号的方便。这所学校的理念是:每一个分析定理都应该解释为说明整数之间存在的关系……"

"关于极限的存在以及可测量应用的分析难点,真正的理由在于数域的不充分概念。因此,真正被定义了的唯一数字是有理数。这种缺陷现在已经通过无理数的纯粹算术定义来消除了,通过这种定义,实数的连续统被建立为普通分析中自变量的域。这个定义主要有三种形式给出——第一种是 E. 海涅和乔治·康托尔定义的,第二种是戴德金定义的,第三种是魏尔斯特拉斯定义的。"在这三种形式中，前两种是最简单地达到研究目的的方法，在本质上这两种形式也可以相互等效的。它们之间的区别在于，戴德金在有理数中选取一段来定义无理数，而海涅－康托尔形式则是使用这些数字的选择性收敛集合来定义。通过引入这个无理数定义引起的本质变化是，用一个新的数字方案替代原先的有理数方案。在新的方案中，每一个有理数或者无理数可以通过一个有理数收敛集合的方式来定义，以及用很多种方式来阐述。通过这个数域的概念，关于极限存在旧分析的根本难点被改变了，每一个连续数都可以用这样一种方式来定义，也就是说这个数本身就能证明某类收敛序列的极限。应该可以看到一个收敛集合的标准具有这样的特性，即在无穷小的数值中它是无用的，但是在明确有限数时可以单独用于测试。为证明收敛集合极限的存在所做的旧尝试，因为缺乏先前无理数的算术定义，所以注定是要失败的。例如，在分析应用中，求曲线的长度问题——曲线的长度定义为内接多边形长度固有序列的集合……当集合不收敛时曲线的长度是不可求的。

事实上，已经证明出了函数的许多特性，比如说连续性、可微性，当变量域不是一个连续统时，都能够进行精确的定义，然而假设这个域是非常完美的，上述这种情况就会在非密集完美集合特性的近期研究过程中，在变量域是这样一种集合函数的研究过程中清晰地出现。

1912 年，伦敦附近弗利特（Fleet）的乔丹恩（Philip EBJourdain），将无理数理论的性质表述如下："戴德金的理论并没有达到他想证明无理数存在的目标，它证明了必要条件，就像戴德金想的那样，为数学家们创造了这些必要条件。在构建这些数字的概念中，戴德金追随施托尔茨的思想；但是 H. 韦伯和帕施证明了这种数字构建的想法是不必要的，H. 韦伯将实数定义为有理数序列的一部分（施密特）；帕施（像 B. 罗素）将其定义为能够产生这些部分的组成。在魏尔斯特拉斯的理论中，无理数被定义为有理数的种类。因此，罗素的不同意见［在 1903 年于剑桥大学出版的《数学原理》（*Principles of Mathematies*）第 282 页中说明］并不是反对它，也

不是说罗素要赞颂魏尔斯特拉斯和乔治·康托尔避免发生矛盾所做的努力。魏尔斯特拉斯理论存在真正的缺点，同时也是乔治·康托尔理论存在的一个缺点，就是对等式进行了重新定义。"

在多种无理数的算术理论中，主要有三种趋势：①将数字定义为逻辑存在——一种分类或者一种运算，正如魏尔斯特拉斯、H. 韦伯、帕施、罗素、皮耶里说的那样；②它是被"创造"的，或者坦白地说，是一个假设，正如戴德金、施托尔茨、皮亚诺以及梅雷所说；③它被定义为一种符号（目的是去除不确定性），正如海涅、乔治·康托尔、托梅、普林思海姆所说。在杜博伊斯·雷蒙的几何理论中，实数是表示长度的符号。在罗素的理论中，用不同的方式定义一个实数都是合理的。

集合论的发展，应当归功于人们对于澄清自变量和函数的概念所做的努力。原先自变量的概念是基于几何连续统的概念得出的。现在的自变量被限定为从连续统中选取的值或者点的一些集合。求项函数一定会有不同的定义。傅里叶改进了理论，提出任意一个函数都可以用三角级数来表示。狄利克雷认为一般函数的概念等同于任何任意值的表。当黎曼给出了一个函数的例子，分析出在每一个有理数点处函数都是不连续的时候，很明显需要一个更加全面的理论。首先，开始尝试满足新需求的是赫尔曼·汉克尔和雷蒙的《泛函理论》（*Allgemeinen Funktionentheorie*）很有见解地以哲学形式阐述了这个问题。在此基础上，乔治·康托尔仍然需要推进和发展必要的思想，其中包含了对无限集合的研究。尽管在 2000 多年来无限集合是哲学思考的主题，但乔治·康托尔还是酝酿了 10 年才将自己的数学观点公布于众。当乔治·康托尔在集合中引入了"枚举"的概念时，集合论作为一门科学就此诞生了❶。乔治·康托尔于 1870 年开始出版自己的著作，1883 年出版了《一般集合论基础》

---

❶熊夫利（A. Schoenflies）. 集合论及其发展（*Entuiclcelung der Mengenlchre und ihrer Anwendungen，gemeinsan Hans Hahr heraitsgegeben*）. 德国莱比锡和柏林. 1913：2.

（*Grundlagen einer Allgemeinen Mannichfaltigkeitslehre*）；1895 年
和 1897 年出版了《数学极限集合论》（*Mathematische Annalen his
Beitrdge zur Begrundung der Transfiniten Mengenlehre*）。这些研
究不仅在逻辑严谨的数学发展方面，而且在哲学领域的发展方面，
都有着不可替代的重要作用。

乔治·康托尔的连续统理论被坦纳里在 1885 年用来验证芝诺反
对论点更深入的观点。坦纳里是朱利·唐内里的兄弟，在巴黎理工
学院学习，随后参加了制造工程师学会。他白天学习课业知识，晚
上研习科学历史。从 1892 年到 1896 年，他在法国大学里担任希腊
和拉丁语的教授，虽然他是那个时代最著名的法国历史学家，但是
他仍然没能得到科学史教授这一职位。他是希腊数学家丢番图交往
甚密的学生。随后数学时代来到了笛卡尔和费马时期。他的研究成
果，包括出版的大部分著作，最终以合集的形式重新出版。

在 1883 年，乔治·康托尔说，"每一个集合，特别是连续统集
合都是秩序井然的"。在 1904 年和 1907 年，策梅洛给出了连续统的
证明，但是这些证明并没有被大众接受，同时还引发了大量的批
评。皮亚诺反对策梅洛的证明，认为他的证明是基于表述连续统的
特性这一基本条件（策梅洛原则）的。在 1907 年，策梅洛用公式阐
述了这一基本条件："一个集合 S 可以分成 A、B、C、…子集，每
个子集至少含有一个元素，但是每个子集的元素各不相同，至少有一
个子集 S 含有与每个子集 A，B，C，…相同的元素（《数学年鉴》，
第五十六卷，第 110 页）。"对于这个问题，皮亚诺的反对意见是，一
个定理不可能无限次地利用任意一个规则。威尔逊（E. B. Wilson）
做如此评论："两个不同的权威人士有两个假设条件，而且这两个假
设条件是相互对立的，每一个人都有权利自由采用对于他本人来说更
方便的理论。"在策梅洛的基本条件被完全论证以前，在戴德金、乔
治·康托尔、伯恩斯坦（F. Bernstein）、熊夫利的研究成果中，出现
过类似理论。庞加莱、博雷尔、贝尔、勒贝格对策梅洛的证明持否定
意见。来自慕尼黑的弗里德里希·M. 哈道奇（Friedrich M. Hartogs）
给出了每一个集合都是有序的证明。但是，乔丹恩并不认为这个证

据是满足条件的。1918 年，他给出了一个证明（《思想》*Mind*，第二十七卷，386—388 页），并声称："任何一个集合都是有序的，策梅洛的'公理'可以得到普遍证明，哈道奇的研究也是完整的。"

1897 年，都灵的切萨雷·布拉利·福尔蒂（Cesare Burali Forti）指出了以下几点：一个非常有序的序数系列，必须以所有序数的最大值作为它的序数。根据它的定义，上述序数系列的序数必须是一个较大的序数，比如说 $\beta+1$ 大于 β。所以，一个有序的序数序列包含了所有的序数本身，而且包含了不含于原数列的序数。

第一个悖论，产生于 1906 年沙托鲁（Chateauroux）的朱尔斯里夏尔（Jules Antoine Richard），他认为涉及 0 到 1 之间的十进制分数集合，这些十进制分数可以用有限的单词来定义；新的十进制分数可以进行定义，并且不属于原来的十进制分数集合。

罗素在《数学原理》（*Principles of Mathematics*，1903 年，第 364—368，101—107 页）提出另一个悖论。菲利普·乔丹恩是这样描述罗素这个悖论的："假设 w 是所有项 x 的一个类，这样 x 就不是 x 的分子，如果 w 是 w 的一个分子，那么显而易见 w 不是 w 的分子；然而如果 w 不是 w 的分子，同样可以显而易见地得出结论 w 是 w 的分子。"这些悖论与"埃庇米尼得斯难题"（Epimenides puzzle）密切相关，埃庇米尼得斯是克里特岛（Cretan）人，他说所有的克里特岛人都是说谎者。因此，如果他的这个论点是正确的，那么他自己就是一个说谎者。庞加莱和罗素认为悖论的产生源于公开或者私下使用了单词"一切"。难点在于"量"（Menge）一词的定义。

值得注意的是，试图将集合理论建立在排除已经出现的悖论和自相矛盾的基础上，最有名的是策梅洛在 1907 年对 7 个限定公理的公式化阐述，该阐述发表在《数学编年史》第六十五卷的第 261 页。

尤利乌斯·柯尼格（Julius König，1849—1913）是匈牙利数学家，1914 年出版了《新逻辑和算术集合论基础》（*Neue Grundlagen der Logik，Arithmetik und Mengenlehre*）。他认为策梅洛的选择公理（Auswahlaxiom）是一个逻辑假设，而不是旧意义上的公理，从而免除了需要利用其他公理来证明的矛盾。他需要努力避开罗素和布莱利·福蒂的悖论。一个集合理论包含了逻辑和哲学问题的讨论，可以查阅博雷尔 1914 年在巴黎出版的《函数理论》（*Lecons sur la theorie des fonctions*）第二版，注解第 4 条，其中给出了阿达玛、博雷尔、勒贝格、贝尔书写的关于策梅洛证明线性连续统是有序的正确性文件。弗利泽尔在 1912 年的剑桥大学国王学院给出了有序量级的公理。

有两个学派对"无限"进行研究。乔治·康托尔证明连续统是不可数的；里夏尔认为用"有限"这个单词不能定义的数学是不存在的，由此论证得出连续统是可数的。自从里夏尔运用了一个非谓语的定义以后，庞加莱声称这两个学派的矛盾并不是真的存在。庞加莱在讨论无限的逻辑问题时声称，根据第一个学派，也就是实用主义者的观点，无限是从有限中得来的；无限的存在，在于存在无限可能的有限事物。根据第二个学派，也就是乔治·康托尔的观点，无限先于有限；有限是通过在无限中截取一小部分而获得的。

对于实用主义者来说，一个不经过证实的理论是完全没有意义的；他们拒绝承认间接证据的存在。因此，他们在回复策梅洛，这个证明了空间可以转换成有序的集合（有序数列）时说道："好吧，转换它吧！我们不能完成这种转换的原因是因为运算的这些数字是无穷大。"对于康托尔学派来说，关于数学的事物是独立于那些思考它的人，基数并不神秘。实用主义者并不知道一个集合总存在一个基数，当他们说连续统的"权"时，并不是说整个数字，他们的意思是在两个集合中不可能建立一种对应关系，而且这种对应关系不能因为在空间中插入新的点而受到破坏。如果大部分数学家都同意某个观点，一定是因为它的证明通过了最后的判断。在无穷大的逻辑上并没有什么证明。

阿姆斯特丹大学的布劳威尔（L. E. J. Brouwer），在 1912 年向数理学家表达了曼诺利（G. Mannoury）的观点："既然在这个系统中负数以及某些定理的正数都是有效的，为什么我们如此反对所谓的矛盾系统？"其原因是"直觉论主义者认为只存在可数集"以及

"永远不能通过诸如证明它是不矛盾的论证，能用"有限"的单词定义概念的可能性，或者在人际关系中永远不会导致误会发生的确定性，来确保数学理论的精确性"。弗利泽尔在 1914 年证明了可数的无限步骤领域并不是一个闭合域——这个概念并不为直觉论者所接受，但是"不需要打扰一个从自相矛盾中挣脱出的直觉主义者"。摩尔对这个领域的研究趋势描述如下："从多变函数以及对应奇异点的线性连续统方面，乔治·康托尔研究发展了《点类理论》（*Theory of Classes of Points*）（*punktmengenlehre*）的概念：极值点、派生类、闭合类、完美类等；在他的《一般类理论》（*Theory of Classes in General*）和《普通集合论》（*allgemeine Mengenlehre*）中有基数、序数、序号类型等概念。"乔治·康托尔的这些理论已经完全渗入到现代数学了。关于点集的函数理论，特别是在完美点集，以及更加普遍的序数类型方面存在这种理论，同时基数算术和序数的代数及函数理论也在同步发展。

连续实变量的技巧概括或类似作用的真实变量出现在分析的各种理论应用中。多变量的函数是指一个函数含有多个变量；势或者场的分布是一个在曲面或者表面区域上的位置函数；变分法的定积分值是一个插入定积分函数变量的函数；曲线积分是指积分路径的函数；函数运算是一个变函数或者函数的函数等。

"多变量本身就是一部分可变指数的函数。有这样一个实数的有限序列：x_i，…，x_n，是指数 i 的 x 函数，即 $x(i) = x_i$（$i = 1$，…，n）。类似地，一个实数的无穷序列：x_1，…，x_n，是指数 n 的 x 函数，即 $x(n) = x_n$（$n = 1，2，…$）。相应地，n 次幂代数和序列理论以及级数理论都包含在函数理论中。"

"除了用简单的概念和类比的方式对概念和理论进行确定和延伸之外，还可以用直接归纳的方式对其进行延伸。乔治·康托尔的研究就是这种类型。从 $n = 1$ 的情况到 $n = n$ 的情况有限归纳，发生在多个自变量函数理论的分析中。可数的无穷变量函数理论是这个方向的另外一个理论成果。自从 1906 年以来，我们发现了一个更加被普遍认可的理论。重新定义的有限元（数点、函数、曲线等）概念在各种特殊理论中所扮演的基础作用。弗雷歇在广泛应用的基础上，给出了康托尔的点类理论和点类上的连续函数理论相当多的抽象概括。弗雷歇考虑通过极限的概念和带有元素 p 的一般类 P 来定义序列元素。而对元素 p 的特性并没有说明；极限的概念并没有明确的定义；假设它是根据规定条件进行定义的。在特殊的应用中给出了满足条件的明确定义……这里的函数要么是指字符变量 p 的函数，要么是指假设特征范围 P 内的函数。这些假设的特征有：极限值、距离、固定元素、关联或指定字符。"1906 年，摩尔在一般分析形式中考虑到了"一般范围 P 在一般变量 p 上的函数 μ"，一般范围在这里指的是每一个明确定义的变量和特殊情况。

在早期的点集理论发展过程中，曾提出了类似于代表长度、面积、体积等量的相关联数字。由于这个程序有很大的特殊性，因此给出了几种不同的定义。最早的定义是由汉克尔和哈纳克（A. Harnack）在 1882 年给出的。1884 年，乔治·康托尔给出了另一个定义，由闵可夫斯基（H. Minkowski）在 1900 年又对其进行了全面概括。1893 年，若尔当了在《分析教程》（*Cours d'Analyse*）中给出了更加精确的定义。对于平面点集，定义如下：如果一个平面被分成多个正方形，其边长为 s，假设 S 是属于集合 P 的所有内部点值的平方和，进一步假设 $S+S'$ 是集合 P 点所有平方的和，那么随着 s 不断接近于 0，S 收敛于极限值 I 和 A，我们称之为"内部"面积和"外部"面积。假设 $I=A$，那么 P 被称为"可测量的"。在 1903 年，奥斯古德和勒贝格给出了外部面积不为零的平面曲线例子。博雷尔给出了另外一个定义。为了比原来的方法更加方便一些，勒贝格对其进行了概括。根据勒贝格的定义，不可测量集的存在，是由维塔利和勒贝格自己进行证明的，在证据中使用到了 E. 策梅洛的公理。

在研究平面点集之外，在 1903 年策梅洛开始研究线集合或者平面集合，阿斯科利（G. Ascoli）主要研究的是曲线集合，弗雷歇在 1906 年提出了归纳，主要是在不指定元素特性的情况下，建立最一般的常规特性，从而形成了所谓的"函数计算"，在这称呼之前就

已经引发了关注。

其中未知元素是一个或多个函数的函数方程，再次受到学界关注。在 18 世纪，达朗贝尔（D. Alembert）、欧拉、拉格朗日、拉普拉斯对其中的某些类型进行了论述。后来出现的"函数运算"主要是由巴贝奇、赫歇尔、德·摩根论述，这是一种用已知函数式符号解函数方程的理论。勒让德和柯西研究了函数方程 $f(x+y)=f(x)+f(y)$；沃尔皮（R. Volpi）、哈梅尔（G. Hamel）以及 R. 什马克（R. Schimmack）对这个方程也进行了研究。柯西、什马克以及安德雷德先后进行研究，$f(x+y)=f(x)+f(y)$，$f(xy)=f(x)$，$f(y)$ 以及 $\varphi(y+x)+\varphi(y-x)=2\varphi(x)$，$\varphi(y)$ 函数等式。巴贝奇、亚伯、施罗德、法卡斯（J. Farkas）、阿佩尔（P. Appell）以及冯·弗莱克也参与研究函数等式计算过程中与这个研究主题有关。博洛尼亚的平切勒（S. Pincherele）在 1912 年说："某些特殊的函数方程引起了数学家们的兴趣，对其进行了一些非常重要的分析。在分析过程中，引用了微分或者偏微分方程的理论……有限差分，变分计算、积分方程。由沃尔泰拉进行研究微分方程，被人们认为是致力研究函数方程较为重要的数学过程。"

由法国的亨利·勒贝格提出的点集理论概括了黎曼在 1902 年提出的关于定积分的定义。冯·弗莱克描述了这种变化："这（黎曼积分）允许出现有限个不连续点，但是只有在一定的限制条件下才会有无限多个点。一个完全不连续的函数，比如说，在积分区间处处密集的有理点一个等于零，在同样处处密集的有理点中一个等于 1——它不像黎曼函数那样是不可积的。当数学家们开始认识到在分析过程中，定理是可以推导的，而不仅仅是由高度归纳以及连续函数组成的时候，上述的限制条件变成了一个很大的阻碍。在 1902 年，勒贝格增加了大量的概念构建了一个与黎曼积分相对等的新积分，虽然黎曼积分应用广泛，却不适合复杂的测量。勒贝格的这个新积分本身就是一个非常好的工具。我可能将它比作一个现代的克虏伯枪（Krupp gun），它可以轻而易举地攻破曾经无法攻取的'壁垒'。"这项研究对推动数学的发展具有重大作用，布利斯如是说："沃尔泰拉在著作《线函数》（*Lecons sur les Fonctions des Lignes*，1913）的前言中指出，无穷步骤的概念在快速发展，比如说定积分的极限值、积分方程的解，从有限变量的函数到直线函数，都在不断地发展。"在积分域中，经典的黎曼积分是一个非常方便而且完美的应用工具，使得它长期被应用于数学领域。斯蒂尔切斯（T. J. Stieltjes）以及勒贝格积分形式的出现，震撼了数学界。在线性积分方程理论的基础上，沃尔泰通过验证积分从有限到无限的过程，给其他研究者更多研究方向。应当注意的是，勒贝格积分是在积分理论的特殊领域中的所有结果之一。其他新的积分定义是由斯蒂尔切斯、W. H. 杨、皮尔庞特（J. Pierpont）、黑林格（E. Hellinger）、拉东（J. Radon）、弗雷歇、摩尔以及其他数学家研究得出的。勒贝格、皮尔庞特、斯蒂尔切斯和黑林格对于积分的定义，形成两种精确定义，并且容易区分类型。拉东的定义则是对勒贝格和斯蒂尔切斯积分定义的概括。弗雷歇和摩尔的研究方向是针对在更一般的范围内或更高空间的点集上更有效的定义，其中包括这些范围内特殊情况下的其他定义。勒贝格和 H. 哈恩在较为复杂变换的帮助下，证明了斯蒂尔切斯和黑林格积分是可以通过勒贝格积分进行表示的……

冯·弗莱克认为勒贝格积分经过变换来表示斯蒂尔切斯积分会比反过来变换为勒贝格积分要容易得多，并且斯蒂尔切斯积分可以根据黎曼积分变换来获得……换句话说，斯蒂尔切斯积分比勒贝格积分更适用于某类问题，相同的是，斯蒂尔切斯积分更容易由原来的时间问题或者 F. 里斯所做的一种归纳来说明……由此得出的结论是，至少在目前为止，人们应该对积分理论的最终形式或多个形式保留判断力。

数理逻辑

在总结数理逻辑（mathematical logic）的历史时，乔丹真值（P. E. B. Jourdain）曾经说过："虽然他不是很成功地发展了逻辑关系，这与莱布尼茨的研究密切相关，也代表着兰伯特的研究。19 世纪中期，英格兰的乔治·布尔（George Boole）独立研究并发表了著名的逻辑运算……和其他的人不同，英国的德·摩根将逻辑作为一种运算来研究。后来，德·摩根总结了这样的至理名言：逻辑不应该仅仅考虑某些类型的推理，而是以一般的演绎为指导，建立逻辑关系所有的基础部分。本杰明·皮尔士、克里斯蒂娜·拉德·富兰克林（Christine Ladd Franklin）女士、戴德金、施罗德（1841—1902）、赫尔曼（G. Hermann）、罗伯特·格拉斯曼（Robert Grassmann）、休·麦科尔（Hugh MacColl）、约翰·维恩（John Venn）以及其他许多人，也参与了推广布尔（Boole）和德·摩根的研究，建立推理逻辑模式的体系，这与别人的研究相比有很大的不同。在戈特洛布·弗雷格（Gottlob Frege）、皮亚诺、罗素和阿尔弗雷德·诺斯·怀特海的著作中，我们发现了非常接近莱布尼茨设想的'语言特征'。"

罗素说："纯数学是由布尔在他称之为《思维规律的研究》（*The Laws of Thought*，1854）中发现的……他的作品与形式逻辑密切相联，这和数学是一样的情况。"布尔在 1849 年成为爱尔兰科克郡（Cork）皇后大学的数学教授。他是林肯州本地人，自学成才后成为非常著名的数学家。他在青年时期独立研究古典文学❶。在学校教学期间，他又进一步研究现代文学和拉格朗日、拉普拉斯的理论。他在微分方程（1859）和有限差分（1860）方面的论文是值得称赞的成果。

休·麦科尔（Hugh Maccoll，1837—1909）提出与布尔的不同观点，他通过对概率理论的研究而建立了数理逻辑体系。布尔用字母表示某些命题作为真正的时间次数，麦科尔在符号推理中使用这个命题作为实际单位。当变量在布尔代数中解释为一个命题时，美国加州大学的路易斯（C. I. Lewis）研究出了矩阵代数的意义。

当对数学原理的研究成为逻辑象征的主要任务时，数理逻辑作为一种运算就显得不再那么重要了。德国耶拿大学的弗雷德里希·

---

❶ A. 麦克法兰（A. Macfarlane）. 十个英国数学家（*Ten abaritish Mathemalicns*）. 美国纽约. 1916.

路德维希·戈特洛布·弗雷格（Friedricti Ludwig Gottlob Frege，1848—1925）也开始研究这个领域。考虑到算术的基础，仅仅根据一般逻辑定律得出的结论能走多远？一般语言不符合所要求的准确性，因此，他的前辈们在研究中一无所获，除了莱布尼茨，他在1879 年出版了《概念运算》（Begriffsschrift），并在 1893 年出版了《算术的基本规律》（Grundgesetze der Arithmetik）。乔丹恩说："弗雷格批评了数学家用'集合'这个词表示的概念，尤其批评戴德金与施罗德的观点。这些作者没有区分一个概念与另一个对象概念之间的从属关系；皮亚诺特别重视它们之间的区别，而这种区别确实是皮亚诺理想形态体系最重要的特征。德国卡尔斯鲁厄（Karlsruhe）的施罗德曾在 1877 年出版了《代数逻辑学》（Algebra der Logik），约翰·维恩（John Venn）在 1881 年出版了《符号逻辑》（Symbolic Logic）。"

皮亚诺在数学逻辑方面的著作与 1877 年施罗德研究的方向非常接近。1888 年，皮亚诺在意大利都灵出版的《几何运算——基于格拉斯曼的"扩张研究"》（Calcolo Geometrico Secondo l' Ausdehnungslehre）一书对莫比乌斯和格拉斯曼（H. G. Grassmann）的几何运算，在此之前，我们介绍了演绎逻辑的运算，这与普通代数和几何运算非常相似。逻辑学有时被用在书的后半部分，尽管没有系统地做，就像皮亚诺的许多后期作品一样。1891 年，由皮亚诺创建了《数学杂志》（Rivista di Matematica）并在这个杂志上用数理逻辑符号写下了自然数公理，且证明了它们的独立性。1895 年出版的《数学公式汇编》（Formulaire de Mathematiques）。共有五卷，仅第五卷中就会有420 条公式和定理，还有许多证明。这是一个数学真理的分类集，全部都是用皮亚诺符号列出的，合集作者们包括：布拉利·福尔蒂（C. Burali Forti）、薇薇安娜（G. Viviania）、贝塔齐（R. Bettazzi）、朱迪切（F. Giudice）、卡斯特拉诺（F. Castellano）和基诺·法诺。有人称《数学公式汇编》为"无穷的数学宝藏。"在弗雷格和罗素早期的著作中，精确地列举了逻辑原始命题一直是最重要的问题之一。"在英格兰，罗素极力强调数理逻辑的重要性，他与好友怀特海共同合作，在 1903 年出版了《数学原理》(*Principles of Mathematics*)，第一卷，受到了欢迎。他们分阶段完成了这套《数学原理》（共三卷），这是一项非常了不起的工作。罗素和怀特海沿着皮亚诺的符号研究方向、弗雷格的逻辑分析方向和乔治·康托尔的算术研究方向前进，同一时期，冯·施陶特、帕施、皮亚诺、皮耶里和凡勃仑进行了几何研究。通过他们提出的逻辑类型论，解决了布拉利·福尔蒂（C. Burali Forti）、罗素、柯尼希斯和里夏尔以及其他人提出的悖论。《数学原理》给出了逻辑关系的特定模式，并在 1914 年和 1915 年由诺伯特·维纳（Norbert Wiener）简化。

在法国，这个主题是由路易·古度拉特（Louis Couturat, 1868—1914）建立的。他在巴黎因车祸离世，那时他在数学和哲学领域都有很高的威望。1905 年，古度拉特在巴黎编写了《莱布尼茨逻辑》(*La Logique de Leibniz*)和《数学原理》(*Les Principes des Mathematiques*)两本书。布尔代数的逻辑假设集由怀特海给出。在 1904 年，哈佛大学的亨廷顿和伯恩斯坦将其简化。乔丹真值说："弗雷格的符号论虽然比皮亚诺的逻辑分析强得多，但是在实用性方面远远不如皮亚诺的，因为皮亚诺表达数学定理的方式非常令人满意并且实用方便。在罗素后期的研究中，运用了弗雷格的思想，随即有了很多发现，但和弗雷格不同的是，他尽可能少地修改皮亚诺的符号。尽管如此，由于引入的复杂性剥夺了一个运算的简单特性，以及布尔等人通过忽略一个更微妙的逻辑告诉我们的某些区别而达到的性质。"

1886 年，肯普研究了符号逻辑和几何基本概念。后来，他进一步发展了逻辑理论和几何理论类与点之间的关系。1905 年，美国哈佛大学哲学教授约西亚·罗伊斯（Josiah Royce, 1855—1916）对符号逻辑进行了重述和扩展。罗伊斯主张："整个系统的精密科学之间与符号逻辑的简单原理之间的关系比通常认为的要亲密得多。"

"符号逻辑运算会存在分歧。"沃斯说❶："只要我能够考察数理逻辑的实际结果，由于其方程的极端复杂性，它们在各种应用中都搁浅了，通过较大的运用，得到的也只是实验性的结果，然而，可以通过绝对确定的方式读取。只有在纯数学问题的讨论中，即数字之间的联系时，才会在皮亚诺的《公式汇编集》中…证明它是正确的，可能是由于之前没有其他方式来代替。有些人甚至对这一点也提出了质疑。"

瑞典皇家理工学院（Royal Technical Institute of Genoa）的亚历山德罗·帕多亚（Alessandro Padoa）在 1912 年曾经说过："我不希望向读者表明莱布尼茨的同情心和乐观主义，而他确实预言了这些研究的成功，声称'我敢说，这是人类思想的伟大成就，当这个项目开始实施的时候，所有人将认为这样做是非常正确的，因为他们将拥有一种仪器来提升自己的智力，这种帮助的程度并不亚于用望远镜来开阔自己的视野。'近 15 年来，虽然我一直在做这项研究，但是对于结果，我没有抱太大的希望。但我喜欢这位大师的直率，他是一位沉浸于科学和哲学研究的人，反而忘记了大多数人对金钱和荣誉的渴望。同时，我们应该避免过度疑惑，因为总会有精英出现，虽然今天比过去更受限制，这是因为它被无限的新知识所束缚，随着思想变得更强大和快速，他们的视野就会变得更加广阔。"

1914 年，数学哲学家国际大会在巴黎隆重举行，主席为埃米尔·布特鲁（Emil Boutroux）。在此期间，关于数学和哲学的著作有温特（M. Winter）的《数学哲学方法》（*La Methode dans La Philosophic des Mathematics*，巴黎，1911）、莱昂·布伦什维格（Leon Brunschvicg）的《数学哲学的各个阶段》（*Les éTapes de La Philesophie MathéMatics*，巴黎，1912）和萧伯纳（J. B. Shaw）的《数学哲学讲座》（Lectures on the Philosophy of Mathematics，伦敦和芝加哥，1918）。

---

❶ A. 沃斯（A. Voss）. 关于数学的本质（*Veber das wesen der Mathematilc*）. 德国莱比锡和柏林. 1913.

函数论

椭圆函数是 19 世纪的重要数学成就之一，在它的创立和发展过程中，挪威数学家阿贝尔和和德国数学家雅可比做出了贡献。

尼尔斯·亨里克·阿贝尔（Niels Henrik Abel，1802—1829）在挪威出生，也曾在克里斯蒂大教堂学校上大学。他开始对数学没有兴趣，直到 1818 年 B. 霍姆博（B. Holmboe）成为这所大学的讲师，通过在课堂上讲解新颖的问题引起阿贝尔的兴趣。阿贝尔第一次发现自己的天赋是试图用代数方法解五次一元方程，后来，他像雅可比和其他许多年轻人一样成为著名的数学家。1821 年，他进入克里斯蒂大学任教。他仔细研究欧拉、拉格朗日和勒让德的著作，椭圆函数反演的思想可以追溯到这个时候。他具有非凡的数学成就，并赢得了政府为他发放的特殊津贴。阿贝尔于 1825 年离开挪威，在汉堡会见了天文学家舒马赫（H. C. Schumacher），并在柏林待了 6 个月，和奥古斯特·利奥波德·克雷尔（August Leopold Crelle，1780—1855）成了亲密无间的朋友，并会见了斯坦纳。在阿贝尔和斯坦纳的鼓励下，克雷尔于 1826 年开始写日记，并把他的一些作品打印出来。他证明通过求根的方法来解决五次方程是不可能的，这一论述在 1824 年以一个非常简缩的形式印刷，对于难以理解的内容阐述得更详细。他还研究了什么方程可以用代数解的问题，并推导出重要的定理。这些成果在他去世后才出版。与此同时，伽罗瓦走进这个领域。阿贝尔第一次使用的表达式，就是现在所谓的"伽罗瓦预解式"（Galois resolvent）。伽罗瓦说自己的想法来自阿贝尔。阿贝尔证明了如何求解这类方程，即现在所谓的"阿贝尔函数"。他还讨论了无穷级数（特别是二项式定理，最初发表在《纯粹与应用数学杂志》上）、函数以及积分的研究。在遇到晦涩难懂之处时，他试图采用不受束缚的分析方法，并努力研究。不久，他离开柏林前往弗莱贝格（Freiberg），在那里他专心工作，并对超椭圆函数和阿贝尔函数进行了研究。1826 年 7 月，阿贝尔离开德国去巴黎，但是没有见到高斯！阿贝尔曾给高斯寄去他在 1824 年的研究成果，他证明求解五次一元方程是不可能的，但高斯并没有留意。阿贝尔仍在巴黎停留了 10 个月。在巴黎遇到了狄利克雷、勒让德、柯西等人，但很少被他们赞赏。他曾经在《纯粹与应用数学杂志》上发表了几个重要的文章，但是在法国很少有人知道这几部文章的存在。阿贝尔很谦虚，在公开的场所，很少讲自己的研究。因为资金的短缺，他第二次短暂停留柏林后又返回家中。在克里斯蒂大学，有一段时间，他担任讲解员，并进行私人授课。克雷尔写信说为阿贝尔成功争取在柏林大学当数学教授一职，但是这个消息还没有传到挪威，阿贝尔便在弗洛兰（Froland）去世了。埃尔米特曾说："阿贝尔留下的思想可供数学家们工作 150 年。"

几乎与阿贝尔同一时期，雅可比发表了关于椭圆函数的文章。这是勒让德最喜欢的研究课题，但在之前很长时间被忽视，好在最后被充分地研究出来。第一个思想是通过反演椭圆积分，并把它当作振幅函数（现在称为椭圆函数）的优点得到了阿贝尔的认可，这一论证在几个月后又经过雅可比的认同。另外一个富有成效的思想，也是两个人分别提出的，引入了虚数以及新的函数，同时模拟三角函数和指数函数。它表明三角函数只有一个实数周期，指数函数只有一个虚数周期，椭圆函数则有两种周期。阿贝尔和雅可比是公认的椭圆函数论的奠基者。阿贝尔用无穷级数或无穷乘积的商来表示椭圆函数。阿贝尔发现了椭圆函数的加法定理、双周期性，并引入了椭圆积分的反演。阿贝尔定理有几种形式，通常都写在《一类超越函数的一般性研究报告》（*Memoire sur une propriete generale d'une classe tres－tendue de fonctions transcendentes*，1826）中。这本研究报告十分有趣。阿贝尔在来到巴黎几个月后，他将这个文本交给了法兰西学院。柯西和勒让德受命对它进行研究。直到阿贝尔去世前，他们对该著作的褒贬也只字未提。1829 年，阿贝尔在《纯粹与应用数学杂志》上发表了一篇有关发现的简短声明，他提出了这个研究报告。这使得雅可比质问勒让德文稿的进度如何，勒让德说手稿的字迹潦草，难以辨认，要求阿贝尔交出一份更好的副本，但雅可比忽略了这个问题，其他人将未能欣赏到阿贝尔的作品归因于当时的法国学者主要感兴趣的是热、弹性、电力等数学方面的应用。雅可比在《天文报告》上发表了《基本新理论》（Fundamenta nova），泊松在一份报告中说，雅可比的《基本新理论》中描述了傅里叶责备阿贝尔和雅可比不从事对热和运动的研究，于是雅可比写信给勒让德：“的确，傅里叶先生认为数学的主要宗旨是为了普通应用和解释自然现象。但是，像他这样的哲学家应该知道，科学的独特目标是人类精神上的荣誉，从这个角度来看，数字问题和宇宙系统的问题同样重要。1823 年，阿贝尔发表了一篇论文❶，他被一个力学问题所引导，包含一个等时曲线问题的特殊例子，即，这个问题的解取决于现在称为积分方程的解。他的问题是，确定曲线下降的时间是已知垂直高度的函数。鉴于积分方程的最新发展，阿贝尔研究的问题具有重要的历史意义。与阿贝尔一致的是刘维尔，他沿着这个方向继续研究。在 1832 年、1837 年和 1839 年发表了研究成果，并在 1837 年证明了一个微分方程的特殊解可以借助于“第二类”积分方程获得，这类方程与阿贝尔的“第一类”有所不同。

1826 年，阿贝尔的手稿留在了柯西手中，但是直到 1841 年才公开发表。在一起事故中，这份手稿遗失了。

在形式上，阿贝尔的手稿内容属于积分计算。阿贝尔积分取决于一个无理函数 y，其与代数方程 $F(x, y) = 0$ 中的 x 相关联。阿贝尔定理断言这种积分的和可以通过确定数量 p 个相似积分来表示，其中 p 仅仅取决于方程 $F(x, y) = 0$ 的特性。后来，通过研究表明 p 是曲线 $F(x, y) = 0$ 的缺陷。椭圆积分的附加定理是由阿贝尔定理推导出来的。阿贝尔在引入超椭圆积分时证明其拥有多个周期性，尤其是当阿贝尔积分 $p \geqslant 3$ 的特殊情况。将阿贝尔交换积分简化为椭圆积分的研究，主要由雅可比、埃尔米特、利奥·科尼希贝格（Leo Konigsberger）、布廖斯基（F. Brioschi）、古尔萨、

❶N. H. 阿贝尔（N. C. Abel）. 巴塔耶全集（*Oeuvres completes*）. 1881：11，97.

皮卡和芝加哥大学的博尔萨（O. Bolza）进行。阿贝尔定理被雅可比宣告说这是 19 世纪积分计算中最伟大的发现。年长的勒让德极力称赞阿贝尔的才能，把他称为"不朽的丰碑"。阿贝尔定理的一些例子是由威廉·亨利·福克斯·塔尔博特（William Henry Fox Talbot，1800—1877）进行独立研究的，他是英国摄影方面的先驱，证明了定理可以从根的方程以及部分分式的对称函数中推导出来。

阿贝尔的作品已经出版了两个版本：第一个版本是由伯恩特·迈克尔·霍尔姆博（Berndt Michael Holmboe，1795—1850）在 1839 年出版，第二个版本是由 L. 西罗（L. Sylow）和索菲斯·李于 1881 年出版。阿贝尔的论文中含有一些先前他未发表过的研究成果，形成了《巴黎研究报告》（*Parisian Memoir*）。我们参考了哥本哈根信奉基督教的尤根森（Jurgensen，1805—1861）、奥斯陆的奥利·雅可布·布洛克（Ole Jacob Broch，1818—1889）、多尔帕特的费迪南德·阿道夫·明丁（Ferdinand Adolf Minding，1806—1885）的论文。有些阿贝尔和雅可比的发现都是由高斯预测到的。在《算术研究》（*Disquisitiones Arithmetica*）中，高斯指出，他使用圆的划分原理适用于许多其他函数，除了圆形函数以外，特别是基于积分 $\int \dfrac{dx}{\sqrt{1-x^4}}$ 的超越函数。由此，雅可比得出的结论是高斯在 30 年前认定的椭圆函数性质，并发现了它们的双周期性。高斯研究报告中的论述证实了这个结论。

卡尔·古斯塔夫·雅可比（Carl Gustav Jacob Jacobi，1804—1851）出生在波茨坦，父母是犹太人。像其他许多数学家一样，他通过阅读欧拉数学产生兴趣。在柏林大学，他独立讲课并进行数学研究，在 1825 年获得博士学位。在柏林做讲师两年之后，他当选为柯尼斯堡的助理教授，并在两年以后成为正教授。在 1829 年出版了《基本新理论》一书后，他花了一些时间去旅行。在哥廷根遇见了高斯，在巴黎遇见了勒让德、傅里叶、泊松等人。1842 年，他和同事贝塞尔出席了英国科学协会的会议，在会议上他们和其他英国数学家相识。雅可比是一个伟大的老师，"在这方面，他与伟大的高斯完全相

反，高斯不喜欢教书，除了激发和鼓舞之外就没有其他的"。

雅可比早期主要研究高斯的近似法求定积分值、偏微分方程、勒让德系数。他研读勒让德所写的《练习》（Exercises），里面关于椭圆积分的问题。当他将书还回图书馆时，他总是感到很不尽兴，因为他认为这些重要的书籍会激发自己的新想法，但是这一次他并没有得到一个独立的原创思想。

雅可比的许多椭圆函数方面的发现并未受到阿贝尔影响。雅可比在《纯粹与应用数学杂志》上发表了自己的第一个研究成果。1829 年，在他 25 岁的时候，出版了《椭圆函数基本新理论》（*Fundamenta Nova Theorice Functionum Ellipticarum*），其中包含以简化形式表示的椭圆函数。这项工作为他带来了巨大的荣誉。之后，他进一步研究函数，并基于函数的基础理论为他的学生们讲解了关于椭圆函数新理论的课程。雅可比发展了一个变换理论，这使他获得了包含 q 的许多公式，这是一个范数的超越函数，可以由公式 $q = \dfrac{-\pi k'}{e\, k}$ 定义。同时，他也通过这个方程考虑到两个新的 H 和 θ 函数，这两个函数各自带两个不同的参数，可以形成 4 个（单）指定 θ_1，θ_2，θ_3，θ_4 值的 θ 函数。在一本 1832 年的很短但是很重要的著作中，他证明了对于任何种类的超椭圆积分来说，阿贝尔定理的直接函数并不是引用诸如椭圆参数 sn，cn，dn 这样的单值函数，而是引用 p 个变量的函数。假设 $p = 2$，从而证明阿贝尔定理与 λ(u, v) 和 λ_1(u, v) 两个函数有关，每一个函数含有两个变量，同时给出了事实上生效的附加定理函数表达式 λ($u+u'$, $v+v'$) 和 λ_1($u+u'$, $v+v'$)，是函数 λ(u, v)，λ_1(u, v)，λ(u', v')，λ_1(u', v') 的代数形式。通过阿贝尔和雅可比的研究报告，可以得出 p 个变量阿贝尔函数的概念，从而获得这些函数的附加定理。关于阿贝尔函数的研究者有：魏尔斯特拉斯、皮卡、科瓦列夫斯基夫人和庞加莱等人。雅可比的研究范围是微分方程、行列式、动力学和其他数论。

1842 年，雅可比由于健康问题而退隐，定居柏林。1844 年，他接受普鲁士政府的津贴在那里度过了晚年。

将函数进行进一步研究的数学家中，不得不提到埃尔米特（Charles Hermite，1822—1901），他出生在洛林（Lorraine）的迪耶于兹（Dieuze）。由于先天右眼残疾，不得不使用拐杖。他很早就表现出非凡的数学天赋。完全无须学习常规课程，他在巴黎以极大的热情攻读欧拉、拉格朗日、高斯和雅可比的著作。1842 年，他进入法国巴黎理工学院。他希望找到一个教师职业把它作为谋生手段，同时可以继续从事研究工作。但这需要学位，因此，在他 24 岁时不得不中断研究工作，去掌握考取学位所必须的那些他不感兴趣的东西。1874 年，他通过考试，取得了学位。

1848 年，埃尔米特成为巴黎理工学院的助教。那年他娶了朋友的妹妹约瑟夫·伯特兰。1869 年，47 岁的他成为教授，获得了一个和自己才华相称的职位。1897 年，他辞去巴黎理工学院的职务而退休。多年来，他一直被视为法国知名的数学家。埃尔米特不喜欢几何。他的研究着重于代数和数学分析。他的著作涉及数论、不变量理论、协变量、定积分、微分方程理论、椭圆函数和函数论等方面。他的作品集或"全部作品"全三卷在 1912 年出版，由皮卡主编。他曾用函数理论作为积分的使用提出一个全新意义：我们开启了伽马函数的全面发展。

埃尔米特对椭圆函数的研究，倾向于以雅可比的研究为基础，而不是以魏尔斯特拉斯的理论为基础。"他用二元四次方程将椭圆积分简化为它的规范形式。他在模函数和模方程方面的研究是非常重要的。埃尔米特发现了第二类伪周期函数，并研究它们的特性。这个发现可谓相当经典，'一些椭圆函数的应用'于 1877 年至 1882 年在《法国科学院周报》（Comptes Rendus）上发表，他将这些函数应用于拉梅微分方程非专业化方式的积分中；椭圆函数通常应用于这本书中，目的是为求解一些物理问题"。（A. R. 福赛思）

1858 年，埃尔米特引入一个新的变量 ω，替代了雅可比的变量 q，这个 ω 与方程 $q = e^{i\pi\omega}$ 有关，因此 $\omega = \dfrac{ik'}{k}$，同时考虑到函数 φ

（ω），Ψ（ω）和 X（ω）。亨利·史密斯将参数值等于 0 的 θ 函数看作变量为 ω 的函数。他将这个函数称为 Ω 函数（omega－function），三个函数 φ（ω），Ψ（ω）和 X（ω）是他的模函数。关于 θ 函数的实部和虚部参数的研究是由基尔的恩斯特·迈塞尔（Ernst Meissel，1826—1895）、耶拿的 J. 托梅、哥廷根大学的阿尔弗雷德·恩内佩尔（Alfred Enneper，1830—1885）给出的。两个 θ 函数乘积的一般公式是 1854 年由布雷斯劳的施罗特给出的。

同时，这些函数也由柯西、海德堡的哥尼斯伯克、哥尼斯堡的弗里德里希·朱利阿斯·瑞奇勒特（Friedrich Julius Richelot，1808—1875）、哥尼斯堡的约翰·乔治·罗森哈恩（Johann Georg Rosenhain，1816—1887）、伯尔尼的路德维希·施勒夫利（Ludwig Schläfl，1814—1895）等人进行了研究。

椭圆函数的代数变换涉及旧模数和新模数的关系，模数由雅可比用三阶微分方程来表示，也可以用代数方程表示，被他称为"模方程"（modular equation）。模方程的概念对阿贝尔来说非常熟悉，但关于这个问题的研究基本上是后人做的。这些方程已经在代数方程的理论中变得很重要，并被哈雷的路德维希·阿道夫·索恩克（Ludwig Adolph Sohncke，1807—1853）、E. 马蒂厄（E. Mathieu）、哥尼斯伯克、比萨的贝蒂、巴黎的埃尔米特、昂热（Angers）的朱伯特（P. Joubert）、米兰的弗朗切斯科·布廖斯基、施勒夫利（L. Schläfli）、H. 索恩克、克利夫的古德曼、普鲁士马林韦尔德尔的卡尔·爱德华·古兹尔夫（Car Eduard Gützlff，1805—?）等人相继进行研究。

德国数学家克莱因对模函数进行了深入研究，主要是研究处理介于这两种极端类型之间的一种运算，即这两种极端类型是替换理论以及不变量和协变量理论。克莱因的发展了自守函数。他和一位来自莱比锡的数学家罗伯特·弗里克在 1884 年合作出版了《正二十面体》（Ikosaeder）上。他的研究包含了椭圆函数特殊类型的模函数理论，以及与黎曼曲面相关学科的进一步发展。

克莱因在超椭圆函数中对魏尔斯特拉斯椭圆函数进行了综合分析。布里奥、布凯、哥尼斯伯克、凯莱、海因里希·杜雷格（Heinrich

Durege，1821—1893）等人分别发表了关于椭圆函数的标准著作。

椭圆函数由阿贝尔用双倍无限乘积的商数来表示。然而，他没有严格考查该乘积的收敛性。1845 年，凯莱研究了这些乘积，并为它们找到一个完整的理论，建立了整个椭圆函数理论的基础。艾森斯坦（F. G. Eisenstein）通过纯粹分析法讨论了双倍无限乘积，并得到了由魏尔斯特拉斯提出的基础系数理论大大简化的结论。一个包含双倍无穷乘积的函数被魏尔斯特拉斯称为 $\sum$ 函数（sigma−function），并且该函数的基础是椭圆函数的理论。第一次系统介绍魏尔斯特拉斯研究椭圆函数理论的文章是由阿尔方在 1886 年发表在《椭圆函数理论及其应用》（*Théorie des fonctions elliptiques et des leurs applications*）上。伦敦的格林希尔也给出了这些函数的应用例子。

德国波茨坦大学的阿道夫·格贝尔（Adolph Gopel，1812—1847）教授和罗森哈恩极大地完善了雅可比关于阿贝尔函数和 θ 函数的理论。格贝尔在作品《利维斯逐渐消失的超越理论》（*Theorice transcendentium primi ordinis adumbratio levis*）以及罗森哈恩在多篇文章中分别独立阐述单 θ 函数的类比，双变量函数（称为双 θ 函数），并且验证了阿贝尔双变量函数。尽管双 θ 序列在分析、几何和力学问题上越来越重要，但格贝尔和罗森哈恩关于 θ 关系的研究在之后 30 年中都没有任何新的发展，并且埃尔米特和哥尼斯伯克曾经考虑过转换课题。最后，博尔夏特的研究打开了广阔的视野，用格贝尔的四个双变量函数之间的双二次关系来论述库默曲面以及 H. 韦伯、普里姆、克拉泽和马丁·克劳斯（Martin Krause）等人的研究，得到了更广泛的观点。卡尔·威廉·博尔夏特（Carl Wilhelm Borchardt，1817—1880）生于德国柏林。在柏林师从狄利克雷和雅可比，同时也在埃尔米特、查尔斯和刘维尔的指导下进行了研究。他成了柏林大学的教授，并接替克雷尔（A. L. Crelle）任《数学学报》（*Journal fur Mathematik*）的主编。他的大部分时间被用于研究行列式在数学上的应用。

弗里德里希·普里姆（Friedrich Prym，1841—1915）先后在

柏林、哥廷根和海德堡学习。后来，他成为苏黎世理工学院的教授，再后来是维尔茨堡大学的教授。他研究的主要兴趣在于函数理论。凯莱关于双 θ 函数的研究被约翰霍普金斯大学的托马斯·克雷格教授（Thomas Craig，1855—1900）扩展为四倍 θ 函数。普里姆是西尔维斯特的学生。1879 年至 1881 年，普里姆在大学任职期间，参与了美国海岸与测绘调查。多年来，普里姆一直担任《美国数学杂志》（*American Journal of Mathematics*）的编辑。

从最常见的积分形式开始，并考虑对应这些积分（p 个变量的阿贝尔函数）的逆函数，黎曼定义 p 个变量的 θ 函数为 p 元无穷级数指数函数的总和，通用形式取决于 p 个变量是怎样的。黎曼的研究表明阿贝尔函数与合适参数的 θ 函数有代数关系，并且表明了最广泛形式的理论。黎曼认为多个 θ 函数理论是以复变量函数理论的一般原理为基础的。

图宾根的布里尔、爱尔兰根（Erlangen）的诺特尔（M. Nother）、慕尼黑的林德曼等人的研究与黎曼 - 罗赫定理（Riemann - Roch's theorem）和剩余理论有关，阿贝尔函数理论、代数函数理论和代数曲线的点集理论都得到了进一步发展。

函数的一般理论

　　函数的一般理论开始于函数新定义的应用。作为 18 世纪的遗产，y 被称作 x 的一个函数，如果这些变量之间存在一个方程，就可以计算出位于 $-\infty$ 和 $+\infty$ 之间的任意给定值 x 的 y。我们已经看到欧拉有时会使用第二个更一般的定义，傅里叶也采用了这个定义，并由狄利克雷翻译成分析语言：y 被称为 x 的一个函数，假设 x 取 $[x_0, x_1]$ 之间的某个数值，那么函数 y 含有一个或多个确定的数值。在这个定义的函数中，y 和 x 之间不需要有分析上的联系，因此，有必要找出可能的不连续性。在引入了积分理论以后，这个定义仍然在进一步巩固和综合化。一个函数不需要在每一个实数和复数连续点处都进行定义，不需要对于区间的每一个点都进行定义，但是只需要对一些特殊点集中的 x 值进行定义就可以了。因此，y 是一个 x 的函数，对于任何点集或者数字 x 中的每一个点或每一个数来说，都对应着一个 y 的点集或数集。

　　狄利克雷做了一个关于位势理论的演讲，使得这个理论在德国为众人所知。1839 年，高斯对位势理论进行研究；英国乔治·格林早在 1828 年就发表了自己的基础研究报告。狄利克雷做的关于位势理论的演讲影响了黎曼，并使位势理论在整个数学界显得非常重要。在讲黎曼之前，我们必须得先说说柯西。

傅里叶宣称任意一个已知函数都可以用一个三角级数表示，这使柯西得出了"连续""极限值""函数"概念的新公式。在柯西1821 年出版的《分析课程》（*cour' s d' Analyse*）中，他说道："函数 f（x）在两个已知极限值中是连续的，对于极限值之间的每一个 x 值，函数 f（$x+\alpha$）－f（x）差的数值随着每一个有限数 α 的减小而减小。"（第二章，第二节）S.F. 拉克洛瓦和柯西从实际描述的迹象表明，自由函数概念是一种趋势。柯西在早期的作品中较晚认识到虚变量的重要性，后来柯西以分析的形式开始研究复变函数，而不是像维塞尔、阿尔冈以及高斯那样使用的是几何形式。柯西继续开始虚数领域积分方面的研究。虽然欧拉和拉普拉斯已经宣布双重积分的积分阶数不重要，但是柯西证明了这个结论成立的条件是在积分区间内的积分表达式不能是不确定的（积分定义理论，1814 年口述，1825 年出版）。

假设在复平面上两条积分路径之间有一个极点，那么两个积分的差值可以表示为"残差函数"，这个概念毫无疑问是非常重要的，被称为"残差计算"。在 1846 年，柯西通过证明得知，假设 X 和 Y 分别是闭合区间 x 和 y 的连续函数，那么 $\int (Xdx - Ydy) = \pm \iint \left(\frac{\partial X}{\partial y} - \frac{\partial Y}{\partial x}\right) dxdy$，其中左积分延伸到边界上，以及右积分延伸到复平面的内部区域上；他认为积分是围绕"极点"沿着闭合路径进行的，随后便沿着闭合路径围绕一条直线进行，这个直线的函数是不连续的，比如说当函数以 $2\pi i$ 为周期沿着 x 轴变化时，Log x 的 $x<0$。1837 年柯西提出了级数理论的基本定理："一个函数以 x 的递增的幂级数扩展，x 的模数只要小于幂级数，那么该函数便不再是有限和连续的函数了。"1840 年，这个理论是根据中值定理来证明的。柯西、施图姆以及刘维尔进行了讨论。这些讨论是关于函数的连续性是否能够满足它的扩展级数或者它的导数是否必须同时满足的问题。1851 年，柯西总结说，必须要求导数的连续性。一个函数 f（z），对于等式 $z = x + iy$ 来说是单一值，被柯西称为"单型"（monotypique），随后称为"单体"（monodrome），布里奥特和布凯称

之为"单变性"（monotrope），埃尔米特称之为"单值"（uniforme），杰曼斯称之为"单义"（eindeutig）。当区间内的每一个 z 仅含有一个导数值时，柯西把这个函数称为"单演"（monogen），如果这个函数是单值且单源的，并且并不是无穷大，将它称之为"单值"函数（synectique）。布里奥特和布凯，以及后来的法国数学家不再使用"全纯函数"一词，而是说"全形函数"（holomorph），当函数在区间内有"极点"时，也称为"亚纯函数"（meromorph）。

柯西的部分函数理论是由法国数学家皮埃尔·阿方斯·洛朗（P. M. H. Laurent）和维克托·亚历山大·皮瑟（Victor Alexandre Puiseux，1820—1883）进行详细阐述。劳伦特指出，在某些情况下从一个变量的上升幂和下降幂的混合扩展中看出优势，同时皮瑟证明了通过使用变量分数次幂的级数可以得到这种优势。皮瑟研究了多值代数函数的复变量、分支点以及模的周期性。

我们继续讲述波恩哈德·黎曼的调查研究内容。

波恩哈德·黎曼（Georg Friedrich Bernhard Riemann，1826—1866）出生于德国汉诺威的塞伦茨（Breselenz）。黎曼的父亲希望黎曼学习神学，于是他在哥廷根大学进行语言学和神学的研究。同时，黎曼也学习了一些数学方面的课程。黎曼跟随高斯和斯特恩（M. A. Stern）学习一段时间后，1847 年，他转到柏林大学学习，成为狄利克雷、雅可比、斯坦纳以及艾森斯坦（F. G. Eisenstein）的学生。1850 年，黎曼回到哥廷根，跟随韦伯学习物理，第二年获得了相应的博士学位。期间，他发表了《函数的几何理论基础》（*Grundlagen fur eine allgemeine Theorie der Funktionen einer veranderlichen complexen Grosse*）论文。同时引起高斯赞誉的还有黎曼《论作为几何学基础的假设》（*Ueber die Hypothesen welche der Geometrie zu Grunde liegen*）的讲座，创立了黎曼几何学，受到了高斯的赞誉。黎曼的稳定性分析（1854）是通过一个三角级数来表示一个函数的，在这个级数中，它的实质性超越了狄利克雷的地位。柯西定义了极限和定积分的准则，并证明了这种极限总是存在于连续函数中，黎曼对此做出了惊人的扩展，指出了这种极限的存在并不受限于连续的情形。黎曼的新准则将定积分建立在一个完全独立于微分和导数存在的基础上，完全独立于微分计算和导数的存在之外。这导致了对弧线区域和长度的考虑，这可以超越直觉范围内的所有几何图形。半个世纪以后，法国巴黎的勒贝格以及其他数学家仍然深入研究定积分的概念。

黎曼给 3 名学生讲了阿贝尔函数，这 3 名学生分别是谢林、比耶克内斯（Bjerknes）和戴德金。高斯卒于 1855 年，其职位由狄利克雷继任。在狄利克雷于 1859 年逝世以后，黎曼被任命为一名教授。1860 年，黎曼前往巴黎，结识了许多法国数学家。由于健康原因，黎曼曾三次前往意大利修养。结果最后一次在塞拉斯卡途中去世。

像黎曼的所有研究一样，这些关于函数的研究是非常渊博又意义深远。他研究函数的模式明显表现出一种现代倾向。冯·弗莱克说："他（黎曼）表现出了与他同时代数学家魏尔斯特拉斯的一个奇特对立。黎曼将函数理论建立在一个属性上，而不是算法上，即在复平面上通过函数获得微分系数。在计算过程中，不再取决于一个类似于泰勒幂级数这样的特殊方法。他著名研究报告中 P - 函数是一组（族）或一种特色发展函数之间的相互关系。"

黎曼为复变量函数的一般性理论奠定了基础。势理论，一直仅用于数学物理方面，黎曼将它用于了纯数学方面。他在偏微分方程 $\dfrac{\partial^2 u}{\partial x^2}+\dfrac{\partial^2 u}{\partial y^2}=\Delta u=0$ 的基础上建立了函数理论，该理论必须适用于 $z=x+iy$ 的解析函数 $w=u+iv$。狄利克雷已经证明了（平面内）总是有一个，而且是唯一一个 x 和 y 的函数，这个函数满足于 $\Delta u=0$，并且对于已知区间的 x 和 y 的所有值来说，这个函数以及前两位的微分系数是单值的、连续的，而且对区间边界处的点来说，该函数可以任意取值。黎曼将它称为"狄利克雷原理"，格林同样也证明了该定理，威廉姆·汤姆森先生对此原理进行了解析说明。如果 u 是曲线上的所有点是任意给出的，那么，w 对于一个封闭曲面内的所有点都是唯一确定的，而 v 则是给出了曲线内的一个点。为了论述更复杂例子，即 w 有 n 个值作为 z 的值,，观察一下连续的条件，黎曼创作了一个有名的曲面，就是著名的"黎曼曲面"，包括 n 个重复平面或者页面，这样一个页面到另一个页面的通道在分支点处形成，各页面共同形成了多联通的曲面，这个曲面也可以通过横切的方式分解成单连通的曲面。这样 n 值函数 w 变成了一个单值函数。在德国弗雷堡（Freiburg）的雅可比·吕洛特（Jacob Liiroth，1844—1910）和克莱布什的帮助下，克利福德将黎曼曲面的代数函数引入了一个规范形式，只有最后两个 n 值是多重连接的，并且把这个曲面变换成带有 p 个小洞的固体曲面。在克利福德之前，托内利（A. Tonelli）就已经考虑到了 p 个小洞的曲面，而且有可能是黎曼已经是用过的曲面。苏黎世的 A. 赫维茨论述了这个问题，黎曼曲面是由它的表数分支点和分支线的分配决定的。

黎曼理论确定了一个标准，这个标准通过解析函数的不连续以及边界连续性来确定它的准则，从而做到不需要数学表达式便定义一个函数。为了证明两个不同的表达式其实是完全相同的，不需要把一个表达式转化为另一个表达式，但只要在某些临界点上，就足以证明不同程度的一致。

黎曼理论虽然基于狄利克雷原理（汤姆森理论），但不免受到克罗内克、魏尔斯特拉斯以及其他数学家的反对。实践证明，黎曼的思想比魏尔斯特拉斯的方法更有影响。随后函数论开始发展，并不是从势论开始，而是以解析表达式和运算开始。他们都将自己的理论应用于阿贝尔函数上，但是黎曼的作品更加普遍。

根据黎曼教授资格论文中的一个建议，汉克尔准备了一本小册子——《无限函数》（*Unendlich oft oscillirende und unstelige Funktionen*，图宾根，1870），给出了一个积分的函数，但是是否存在微分导数仍然值得怀疑。他认为连续曲线是由一个点来回进行无限多次且幅度无限小的振荡产生的，在每一点处呈现出"奇点的聚合"，但是却没有确切的方向或者微分系数。这些新奇的想法受到了严厉的指责，但是最终被魏尔斯特拉斯连续完全曲线没有导数的显著例子所澄清。赫尔曼·汉克尔（Hermann Hankel，1839—1873）通过阅读古代数学原著满足了莱比锡大学预科要求。在莱比锡大学时，师从莫比乌斯，在哥廷根大学时师从黎曼，在柏林大学时师从魏尔斯特拉斯和克罗内克。在埃朗根大学和图宾根大学他成了一名教授。他对自己学科的历史地位，加深了讲座的兴趣。他享有盛名的书籍《古代与中世纪数学史》（*Geschichte der Mathematik in Alterthum und Mittelalter*）在 1874 年作为遗著出版。

魏尔斯特拉斯（Karl Weierstrass，1815—1897），德国数学家，生于欧斯腾费尔德（Ostenfelde）威斯特法伦（Westphalia）的一个小村庄。他在帕德伯恩（Paderborn）读大学预科时，开始对斯坦纳的几何研究逐渐产生兴趣。他进入波恩大学学习法律，同时仍继续学习数学，特别是拉普拉斯的数学。威廉·迪斯特维格（Wilhelm Diesterweg）和普拉克，虽然在波恩大学授课，但是并没有对魏尔斯特拉斯产生影响。魏尔斯特拉斯在一个学生笔记中看到了克里斯托弗·古德曼（Christof Gudermann，1798—1851）关于椭圆超验的讲课记录。魏尔斯特拉斯在 1839 年前往明斯特（Munster），在那里他待了一个学期，魏尔斯特拉斯是唯一一个参加关于这个椭圆问题和分析球面讲座的学生。克里斯托弗·古德曼的研究是关于双曲函数（hyperbolic functions）可以推导出 $\tan^{-1}$（$\sin hx$）函数的，称之为"古德曼函数"。古德曼是魏尔斯特拉斯最喜欢的老师之一。随后魏尔斯特拉斯成了明斯特大学的一名预科老师，在西普鲁士的多伊奇·克朗（Deutsch Krone）教科学、体育以及写作，最终在布劳恩斯贝格（Braunsberg）开始研究阿贝尔函数。据说有一天早上他错过了一节 8 点的课。大学预科主任到他的房间去查看原因，然后发现他正在潜心地做着函数研究，而这次研究是从昨天晚上开始的，持续工作了一整夜，却没有意识到清晨已经来临。他请预科主任原谅自己上班不守时，他表示自己正在做一项重要发现能震惊世界。在布劳恩思贝格期间，因为他发表的一篇科学论文，他收到了柯尼斯堡（Konigsberg）大学的荣誉博士学位。1855 年，库默尔从布雷斯劳（Breslau）来到柏林，他接替狄利克雷成为柏林教授，一直到退休。他认为魏尔斯特拉斯关于阿贝尔函数的论文并不能保证在弗罗茨瓦大学担任年轻数学家的合适人选，因此费迪南德·塔尔（Ferdinand Joachimsthal，1818—1861）就任了这一职位。库默尔在 1856 年为魏尔斯特拉斯在柏林工业学院（Gewerbeakademie）争取了一个职位，然后在该大学获得了特级教授。一直到 1864 年，魏尔斯特拉斯接替年长的马丁·欧姆（Martin Ohm），成为大学的一名院长。这一年，库默尔和魏尔斯特拉斯的共同努力下，共同开办了一个官方的数学研讨会。在此之前，狄利克雷开过一个私立的数学研讨会。值得注意的是，魏尔斯特拉斯在 49 岁那年，同一时期的许多科学家停止了他们所从事的研究工作，但他才开始大学教授的职业生涯。魏尔斯特拉斯、库默尔以及克罗内克为柏林大学大增光彩。在此之前，柏林大学也因为狄利克雷、斯坦纳以及雅可比的研究而享有盛名，有了魏尔斯特拉斯严谨证明之后，柏林大学更是声名显赫。数学算术化的发展得到了克罗内克和魏尔斯特拉斯的着重强调。数字概念，特别是正整数的概念将成为唯一的基础，空间概念被拒绝作为一个主要概念。

早在 1849 年，魏尔斯特拉斯就开始研究阿贝尔积分了。1863年和 1866 年，他讲授了阿贝尔函数和阿贝尔群的理论。这些理论在他一生中并没有进行授权发表，但是他如此知名很大程度上是因为他一些学生著写的研究成果，他的学生有内托（E. Netto）、肖特基（F. Schottky）、乔治·瓦伦丁（Georg Valentin）、科特尔（F. Kotter）、赫特纳（Georg Hettner，1854—1894）以及约翰尼斯·诺布洛克（Johannes Knoblauch，1855—1915）。赫特纳和诺布洛克将阿贝尔群论的演讲内容收集在魏尔斯特拉斯集的第四卷，在 1915 年又出版了第五卷，是关于椭圆函数的，由诺布洛克主编而成。魏尔斯特拉斯选择了赫特纳来编辑博尔夏特（C. W. Borchardt，1888）的作品，这也是雅可比作品的最后两卷。诺布洛克自 1889 年开始在柏林大学召开讲座，他主讲的范围是微分几何。魏尔斯特拉斯教授的另外一个较为杰出的学生是因斯布鲁克大学（Innsbruck）的奥托·斯托兹（Otto Stolz，1842—1905）。由莱比锡大学的阿道夫·迈耶（Adolf Mayer，1839—1908）解决了魏尔斯特拉斯方法和结果多年来遇到

的难点，他曾经仅仅用了 24 小时就完成了讲座手稿笔记的论述工作。迈耶的研究范围是微分方程、变量计算和数学计算方面。

1861 年，魏尔斯特拉斯在数学中发现有一类处处连续而处处不可导的实值函数，这个函数被命名为"魏尔斯特拉斯函数"。雷蒙在 1874 年《纯粹与应用数学杂志》的第七十九卷 29 页公开发表了这个函数。1835 年，罗巴切夫斯基在一篇研究报告中证明了区分连续性和可微性的必要性。但是，当魏尔斯特拉斯提出了这个发现的时候，数学世界仍然为之一惊，"汉克尔和康托尔利用奇异点聚合原理，无论这些解析表达式多么小，或振荡点无限大，其中不同的微分系数是完全不确定的无限大点或无限的不连续点。都可以构造出具有任意区间函数的解析表达式。"达布给出了连续函数没有导数的新实例。以前，很多人认为每一个函数都是有导数的。安培是第一个尝试解析（1806）导数存在的，但是这个证明是无效的。在研究不连续函数时，达布建立了连续或者不连续函数是受到积分影响这一论点严格的必要和充分条件。达布给出了新的证据表明，使用一个总是收敛且连续级数的例子必须要经过练习，这样由积分项形成的级数才总是收敛的，但是并不代表第一个级数的积分。

魏尔斯特拉斯的核心观点是"解析函数"的概念。"解析函数的一般理论"，这个名称是由赫维茨提出的，并且适用于两种理论，其中一个是柯西和黎曼理论，还有一个是魏尔斯特拉斯理论。这两种理论都显示出对函数的不同定义。拉格朗日在《函数分析理论》（*Theorie des functions analytiques*）中试图证明每一个连续函数都可以在一个幂级数中扩展为一个不正确的定理。当一个函数可以扩展到幂级数时，魏尔斯特拉斯将这个函数称为"解析的"，这是魏尔斯特拉斯解析函数理论的中心。所有的函数特性都简要地包含在幂级数中，它的系数分别是 c_1，c_2，$\cdots$，$c_m\cdots$，在这段时间之前，关于收敛圆 C 的幂级数参数就已经在考虑之列了。阿贝尔证明了收敛圆 C 上一点处的幂级数有一个确定的值，而且当变量沿着收敛圆的路径不断靠近该点时，幂级数的值不断趋于确定的那个值。如果两个幂级数包含了同一复变量，那么这两个收敛圆重合，因此这两个幂级数对于圆面积内的每一个点都有相同的值，随后魏尔斯特拉斯称一个幂级数是另一个幂级数的直接延续。利用多个这样的幂级数，魏尔斯特拉斯在引入了幂级数的单系统后，随后对于解析函数给出了一个更普遍的定义，也就是说可以通过幂级数单系统定义的函数。1872 年，法国人梅耶给出了一个类似的定义。在一个单值函数的例子中，复平面的点可以在系统幂级数的收敛圆之内，也可以在收敛圆之外。前几个点整体上构成了该函数的"连续域"。这个域组成了一个密集"内点"的集合；如果已知连续域，那么总是有一个包含这个连续域的单值解析函数，米塔格·列夫勒首次证明了这个理论，随后朗格和斯塔克（P. Stackel）对此也进行了证明。这个域边界上的点，称为"奇点"，它们自己组成一个点集，魏尔斯特拉斯（1876）根据它们的特性，对函数进行分类。盖查德（1883）、斯德哥尔摩的米塔·列夫勒也对这个分类进行了研究，用到了点集理论。在 1879—1885 年期间，康托尔和狄克逊进一步研究了这个分类，这两位数学家都是斯德哥尔摩人。因此，超限数（transfinite numbers）开始在函数理论中扮演重要角色。单值解析函数分为两类，一类是奇点形成的可数集（abzählbares），另一类是奇点形成的不可数集。

阿贝尔提出了这样一个问题，假设幂级数对于所有小于 r 的正值都是收敛的，那么就可以求出当未知数 x 趋于 r 值时函数的极限。关于求解阿贝尔问题首次取得重大进展的是 1880 年的弗洛贝尼乌斯和 1882 年的霍尔德，但是他们都没给出表达式收敛性的必要和充分条件。

在 1892 年，法国数学家阿达马获得了弗洛贝尼乌斯和霍尔德的表达式，并且确定了它们在收敛圆上聚集的充分条件。因此，问题变成了这样：建立一个复变量的解析式，这个解析式与常数是线性的，并且能够表示幂级数给出的函数，或者甚至是区域 D 上函数的分支，通过这种方式，这个解析式在区域 D 内是一致收敛的，在区域外是发散的。在这个问题的求解上取得重要的一步是 1895 年博雷尔证明了表达式 $\lim_{w=\infty} \sum_{v=0}^{\infty} (c_0 + c_1 x + \cdots + c_v x^v) \, \mathrm{e}^{-w} \frac{w^{v+1}}{(v+1)}$。不仅在幂级数收敛圆的所有正则点（points reguliers）处收敛，在求和多边形内也收敛。博雷尔的观点是，他的这个公式求出了幂级数的和，即使这些点是发散的。米塔格·列夫勒对博雷尔结论的解释持反对意见，他是《阿克塔数学》（*Acta mathematica*）杂志的创始人，也是斯堪的纳维亚（Scandinavian）"数学研究所"（1916）的创始人。米塔格·莱弗勒沿着上述路线进行了重要研究。博雷尔将解析函数理论的界限从传统的区域进行了扩展，而米塔格·莱弗勒并不承认这一点。在 1898 年公开发表了关于一个比博雷尔更一般问题的研究。如果一条射线 ap 围绕 a 通过一个角 2π，可变距离 ap 总是超过一个固定值 L 产生一个曲面，米塔格·列夫勒称之为一个带中心点 a 的星形（Stern）。一颗星 E 被称为一颗收敛星（convergence star, Konvergenzstern）的一个明确算术表达式，后者在每一个含 E 点在内的区域一致收敛，但是在每一个点外的区域都是发散的。他证明对于每一个解析函数来说，都对应着一个主恒星，对于一个已知星来说，有无穷多个算术表达式。朗格也获得了同样的结果。博雷尔在 1912 年给出了一个解析函数的实例，这个解析函数在存在域之外含有一定的线性连续性，该函数是对导数概念的延伸，以便在所有相邻的点处讨论极限问题，而不仅仅是在那些属于某些密集的集合点处进行讨论。沿着博雷尔和米塔格·列夫勒的方向对单值函数进行研究的数学家还有维万蒂、马塞尔·里斯、弗雷德霍姆以及弗拉格曼（E. Phragmén）。

有趣的是，德国柏林的魏尔斯特拉斯和哥廷根的黎曼之间却能相互影响。魏尔斯特拉斯通过幂级数和避开几何平均值来定义复变量函数。黎曼开始研究数学物理领域方面的微分方程。1856 年，黎曼在朋友的建议下公开发表了关于阿贝尔函数的研究报告。黎曼研究报告的出版使魏尔斯特拉斯撤回 1857 年在柏林科学院演讲的内容，因为，正如他自己所说："黎曼出版了一本同样问题的研究报告，其基础与我的基础完全不同，但他没有立即表明其结果与我的观点一致，要证明这一点，需要长时间进行调查，在消除这个困难之后，很有必要对我的论文进行彻底修改。"1875 年，魏尔斯特拉斯在写给施瓦尔茨的信中表示："我越是深入考虑函数理论的原理，就越是确信函数必须建立在代数真理的基础之上。因此，必须应用一般定理以及基础代数定理'超越定理'，如果我可以这样说，这不是一种正确的方法，无论黎曼已经初步发现了代数函数有多少重要的性质，它的正确性取决于一个最小值定理，而魏尔斯特拉斯却证明了这个定理是没有根据由来的。

有人并不认为魏尔斯特拉斯对于解析函数的定义是基于幂级数的。黎曼采用柯西的定义，并没有公开反对魏尔斯特拉斯这个观点，但在一开始就承受着极限理论最困难的形式。根据柯西的理论，如果一个函数有单值的微分系数，那么就是一个解析函数（它的"综摄法"）。利用柯西积分定理（integralsatz）的应用，可以看出综摄函数不仅包含一个单值微分，同时也含有一个单值积分。意大利都灵的贾辛托·莫雷拉（Giacinto Morera，1856—1909）证明综摄函数可能通过单值积分来定义。在1883—1895年，还有许多研究的目的在于对柯西的积分定理进行严格的阐述，这应该归功于 M. 福克（M. Falk）、古尔萨、勒奇（M. Lerch）、约旦以及普林思海姆。柯西积分定理可以表述为：假设从一点到另一点有两个不同的路径，而一个函数 $f(z)$ 在两个路径之间处处是全纯的，则这个函数的两个路径积分是相等的。另一个等价的说法是，单连通闭合区域上的全纯函数沿着任何可求长闭合曲线积分 $\int f(z)\,\mathrm{d}z$ 总是为0。那么，这里就有问题产生了，什么是曲线？什么是闭合曲线？什么是简单闭合曲线？

1832年，雅可比在《阿贝尔超越函数的一般理论》（*Considerationes Generales de Transcendentibus Abelianis*）中，对多变量的解析函数进行了研究，但是直到魏尔斯特拉斯开始研究阿贝尔函数时才引起了关注，目的是根据单变量函数的研究，求解出多变量函数的坚实基础。雅可比得到了关于空位的基本理论。在不需要证明的情况下，也阐述了每一个单值（eindeutig）以及在一个有限区间内，多变量的亚纯函数（meromorphic function）可以表示为两个积分函数的商，也可以表示为两个收敛幂级数的商。1883年，庞加莱证明了两个变量的定理。

在 1895 年波尔多的皮埃尔·库辛（Pierre Cousin）证明了多个变量的定理。随后哈恩（1905）、布特鲁（1905）、法伯尔（G. Faber，1905）以及哈托格斯（F. Hartogs，1907）等数学家做了进一步研究。

狄利克雷定理再次引起人们的关注。该定理的严谨性被皮卡表述如下："我们所假设的极限条件是非常不同的，因为一个积分方程问题是不能解析的。第一种情况下，狄利克雷对问题进行了总结，认为区间连续的条件起着重要的作用。一般而言，该解不能从连续统的两边延长；在第二种情况下，它是不一样的，因为这种支持对特征论述起着主要作用，而解的存在域在完全不同的条件下出现……从古人那里，人们就能感受到在自然现象中某种结构的复杂性，第一个精确的例子就是费马定理相对于光传播的时间结构。随后我们认识到一般力学方程对应一个最小值问题，或者更确切地说是一个变换的问题，因此我们得出了虚速度原理、哈密顿定理（Hamilton's principle）以及最小作用定理（least action）。同时，又出现了大量的问题，因为它们对应于某些定积分的最小值。这是一个非常重要的进步，因为可能在很多情况下最小值的存在是明显的，因此解的存在证明是有效的。这个论证已经提供了巨大的价值；伟大的几何学家高斯在一个非定位势上引起大量对应的分布问题，黎曼在阿贝尔函数理论中，都满足了这个论证。如今我们的关注被称为分类证明的危害；最小值很有可能只是简单的求极限值，并不是实际获得具有必要连续性特质的真正函数。所以，我们不再仅满足于长久以来传统论证提供的概率。"

1899 年，德国数学家希尔伯特提到："狄利克雷定理闻名于基本数学思想的简单性，它在纯数学和应用数学方面的应用有无可争辩的丰富性以及固有的说服力。在魏尔斯特拉斯的评论之后，狄利克雷定理仅被用于历史兴趣的研究，不再用作解决边值问题的方法。冯·诺依曼（C. Neumann）谴责狄利克雷定理之前使用频繁，后来却永久消失了。只有布里尔和诺特（M. Noether）通过表达这样的信念，即狄利克雷定理，可以说这是一种对自然的模仿，也许将来会以改良的形式获得新生。"希尔伯特于是重新构建该原理，其中包含了在变量计算时的特殊问题。狄利克雷定理的基本方法如下：xy 平面垂直竖立在边界曲线的点上，边界曲线的长度代表边界值。在平面 $z=f(x, y)$ 中，由此得到的空间曲线为边界，选择一个积分值 $J(f) = \iint \left\{ \left(\frac{\partial f}{\partial x} \right)^2 + \left(\frac{\partial f}{\partial y} \right)^2 \right\} \mathrm{d}x\mathrm{d}y$ 是一个最小值。就像变分计算显示的那样，该曲面必须是一个位势曲面。参照这样一个步骤，黎曼认为自己已经解决了边界值解存在的问题，但是魏尔斯特拉斯清楚地表明在无数个值中并不一定会存在一个最小值，最小曲面因此也可能不存在。希尔伯特概括了狄利克雷原理："只要设定的假设适用于满足的已知边界条件，如果确有必要的话，解的概念就可以进行适当的扩展，得出每一个变量计算问题都有一个解。"希尔伯特证明了狄利克雷定理在求解严谨的、简单的证据方面是如何使用的。1901 年，赫德里克（E. R. Hedrick）和诺布尔（C. A. Noble）在证明中用到了上述定理。

纵观自柯西时期以来整个 19 世纪函数理论的发展，詹姆斯·皮尔庞特在 1904 年说道："魏尔斯特拉斯和黎曼沿着两个不同的、新颖的方向研究柯西理论。魏尔斯特拉斯是从明确的解析表达式、幂级数，将函数定义为分析连续统的总和。他对直观几何方面并不感兴趣，他的整个理论都是严格算术化的。黎曼在高斯和狄利克雷的带领下不断成长，他的研究在很大程度上不仅取决于直观几何，而且毫不犹豫地将数学物理学应用其中。"黎曼理论在"多叶曲面"（many - leaved surfaces）以及"保形变换"（conformal representation）上被广泛应用。函数的历史在很大程度上是代数函数及其积分的理论。函数的一般理论进展极其缓慢。在很长一段时间内，柯西、黎曼以及魏尔斯特拉斯的方法由各自的学生按照不同的路线发展。柯西和黎曼学派提出的观点是第一个被合并的。我们可以说在 19 世纪末只有一种函数理论，在该理论中三大创造者的思想有了和谐统一。

对存在性定理的研究，尤其是代数函数理论和变分法，都是从柯西开始的。对于隐函数（implicit functions），柯西假设，这些都可以用幂级数来进行表示，这是比萨的迪尼（U. Dini）消除的限制。定理的简化应当归功于波恩的利普希茨（R. Lipschitz）。1909年，美国芝加哥的布利斯在普林斯顿的专题研讨会上做了隐含数组存在性定理的演讲。通过一个点集，布利斯从一个普通点的初始解中推导出一个集合点，在一定程度上与魏尔斯特拉斯曲线的一个分支——解析延拓类似。

在黎曼时期及以后的一段时间里，代数函数理论进行了不断发展，在某些方面具备了一定的几何特征，而不再单纯沿着函数理论的方向发展。布里尔和诺特在 1894 年指出了代数函数发展的五个方向：第一个是几何代数方向，由黎曼和洛奇（G. Roch）在 1862 年至 1866 年间进行研究，随后是克莱布什在 1863 年至 1865 年间进行研究，克莱布什和戈登自 1865 年开始研究，布里尔和诺特从 1871 年开始对其进行相应研究；二是代数方向，由克罗内克和魏尔斯特拉斯自 1860 年开始研究，从 1872 年开始得到众多人的研究，克里斯托弗在 1880 年开始接手这一研究；三是不变量方向，由韦伯、诺特、克里斯托弗、克莱因、弗罗贝尼乌斯以及肖特基自 1877 年开始研究；四是算术化方向，由戴德金和韦伯自 1880 年开始研究，克罗内克自 1881 年开始研究，亨泽尔（K. W. S. Hensel）以及其他数学家相继进行研究；五是几何方向，由塞格雷和卡斯特尔诺沃（G. Castelnuovo）自 1888 年开始研究。

施瓦茨（Hermann Amandus Schwarz，1843—1921）是魏尔斯特拉斯的学生，他给出了一个圆上各种曲面的一致描述。黎曼给出了一条给定曲线与另一条曲线结构的一般定理。利用一定的替换条件，使一个边界是圆弧的多边形变形为另一个边界是圆弧的多边形，施瓦茨由此推出有名的微分方程 $\Psi(u', t) = \Psi(u, t)$，其中 $\Psi(u, t)$ 被柯西称为"施瓦茨导数"，而且这个函数也促进了西尔维斯特形成倒数理论。施瓦茨在最小曲面上和超几何级数方面的研究，在一定条件下对重要偏微分方程解进行研究，在数学著作中占据了重要地位。

首次考虑模函数仅仅是把它当作椭圆函数的副产物，在对变换的研究过程中才逐渐发展模函数的。在伽罗瓦和黎曼划时期的研究成果以后，椭圆模函数成为一个独立的研究课题，是庞加莱和克莱因的主要研究方向，这个理论与数论、代数和综合几何的关系都十分密切。克莱因于 1877 年开始讲授这个问题，他的学生戴克（W. Dyck）、约瑟夫·格里斯特（Joseph Gierster）以及赫维茨也进行过与此有关的研究。模函数的其中一个问题是，确定线性群 $x^1 = \frac{ax+\beta}{\gamma x+\delta}$ 的所有子群，这里的 α，β，γ，δ 是积分，并且 $a\delta-\beta\gamma \neq 0$，1884 年克莱因在莱比锡完成的《关于二十面体的讲座》（*Vorlesungen uber das Ikosaeder*），是这个研究方向的成果。进一步对该讲座内容进行扩展的著作是克莱因的《椭圆模函数理论》（*Vorlesungen uber die Theorie der Elliplischen ModulFunctionen*），由罗伯特·弗里克（Robert Fricke）出版（第一卷，1890 年，第二卷，1892 年）。作为进一步概括，我们有了一般线性自守函数理论，该理论主要是由 F. 克莱因和庞加莱发展的。1897 年，罗伯特·弗里克和克莱因共同创作了《自守函数理论讲义》（*Vorlesungen uber die Theorie der Automorphen Functionen*）的第一卷。在魏尔斯特拉斯和乔治·康托尔的主要影响及在皮卡和庞加莱进一步深入的研究成果后，一直到 1912 年第二卷才出版。值得注意的是，克莱因关于这些课题的出版书籍都是根据课题自身进行研究的。"从历史角度说，自守理论是由正多面体函数和模函数发展而来的。至少这是在施瓦茨的著名研究成果和庞加莱的早期出版作品影响下，克莱因才开始这个研究方向。假设庞加莱同时也引入了其他考虑条件，换句话说，如艾尔米特的算术方法……以及关于二阶线性微分方程（eindeutige Umkehr der Losungen）解单值反演的函数理论问题，那么这些主题反过来又回到了思想领域，从中发展了正多面体理论和椭圆模函数理论。"庞加莱在《数学年鉴》（*Math. Annalen*）的第十九卷发表了关于这个课题论文，在《数学学报》（*Acta mathe matica*）的第一卷发表了《福克斯函数备忘录》（*Mémoire surles Fonctions Fuchsiennes*）以及多年来的一系列其他作品。近来克贝（P. Koebe）和布劳威尔（L. E. J. Brouwer）在这方面又开始了相关研究。

如何用庞加莱级数解析式表示自守形式的问题，庞加莱自己以及里特和弗里克（1901）都进行了相应的研究。

克莱因和庞加莱在完成对单变量自守函数理论的构造后，又开始寻求多个复变量函数的相似概括性理论。这个领域的代表人物是皮卡，研究这方面的其他数学家还有列维·奇维塔（T. Levi·Civita）、布利斯、麦克米伦以及在 1913 年麦迪逊（威斯康星州）讨论会进行相关授课内容的奥斯古德。皮卡出生于巴黎，他在分析方面的广泛研究已被多次提及，还著有著名的《分析数学专论》（*Traite d'Analyse*）。他在法国高等师范学院（Ecole Normale）学习，在这里遇见了激发自己灵感的达布。1881 年，他与埃尔米特的女儿结婚。皮卡在图卢兹（Toulouse）大学进行了一段时间的授课。自 1881 年，他成了巴黎高等师范学院和索邦大学的教授。

单值化

代数曲线或者解析曲线的单值化，也就是说，确定这些辅助变量作为自变量，使曲线上的点成为单值（单义）的解析函数坐标，与自同构理论有机地联系起来。克莱因和庞加莱在 1880 之年后不久发展了自同构函数理论，并系统地引入了代数曲线单值化的思想。这是黎曼以自己名字命名的可视化曲面。关于单值化的最新研究主要是庞加莱、希尔伯特（1900）、奥斯古德、布罗登（T. Broden）以及约翰逊（A. M. Johanson）的研究成果。1907 年，庞加莱和莱比锡城的克贝进行了重要概括。狄利克雷原理，已经由希尔伯特在 1901 年建立了坚实的基础，作为单值化一般原则推导的新证据，被莱比锡城的克贝和哥廷根的柯朗（R. Courant）认为是单值化研究的起点。

关于函数理论的重要著作有埃尔米特的《课程》（*Cours de*），坦纳里的《单变量函数理论》（*Theorie des Fonctions d'une variable seule*）、詹姆斯·哈克尼斯（James Harkness）和弗兰克·莫特利（Frank Motley）的《函数理论论著》（*A Treatise on the Theory of Functions*），

还有就是福赛斯的《复变量函数理论》（*Theory of Functions of a Complex Variable*）。内容更广泛，综合性更强的论著当属哈佛大学奥斯古德的《函数理论教本》(*Lehrbuch der Funktionentheorie*)，该书第一版于1907年面世，第二版修订于1912年。

数　　论

"数学是科学的皇后，算术是数学的皇后"——这是高斯，一个注定要引发数字理论伟大数学家的至理名言。当法国数学家皮埃尔·西蒙·拉普拉斯被问道谁是德国最伟大的数学家时，他戏称是普法夫。当提问者说他应该想到高斯时，拉普拉斯正色道："普法夫是目前为止德国最伟大的数学家，但高斯是全欧洲最伟大的数学家。"高斯是三大解析高手（拉格朗日、拉普拉斯、高斯）之一。在这三个同时代的人中，他是最年轻的。虽然前两个人属于前一个数学史时期的人物有待商榷，但高斯的作品确实可以标志着新纪元的开始。他丰富的创作力与严谨性相结合，正是前面所提到数学家们的著作中所欠缺的，也是希腊人所羡慕的。与拉普拉斯不同的是，高斯致力于作品的完美表达形式。而他与竞争对手约瑟夫·拉格朗日相比，在优雅与严谨上都优于这位伟大的法国人。高斯丰富的奇妙思想一个接着一个来得如此之快，以至于即使是最大概的轮廓他都没有时间写下来。在高斯20岁的时候，他推翻了高等数学各个分支中传统的理论和方法；但他很少能痛下决心来发表自己的成果，以便建立自己在数学界的优势。他是观察研究无穷级数的第一人，也是充分认识和重视行列式与虚数系统应用重要性的第一人，更是发现了如何得到最小平方数的方法，观察到椭圆函数双周期性的第一人。他创造了回光仪，并与W.韦伯（W. Weber）一起发明了双线磁强计和磁偏角仪，从而重建了整个磁科学。

高斯是一个砖匠的儿子，出生在德国布伦瑞克。他常开玩笑地说，他在学会讲话之前就先学会了计算。这个少年如此奇妙的计算能力引起了约翰·马丁·巴特尔斯（Johann Martin Bartels, 1769—

1836）的关注。巴特尔斯后来成了塔尔图的数学教授，并成功将高斯引荐给了布伦瑞克的查尔斯·威廉公爵，并得到重视。此后，公爵开始资助高斯学习与生活，并将他送到凯洛琳学院（布伦瑞克工业大学的前身）学习。在那里，高斯在语言方面取得的进步与在数学上的进步一样大。1795 年，高斯去了哥廷根，到那时为止，他还没有下定决心要钻研语言学与数学。亚伯拉罕·戈特黑尔夫·卡斯特纳（Abraham Gotthelf Kastner，1719—1800），当地著名的数学教授，他凭借 1776 年所编著的《数学史》（Geschichte der Mathematik）为人所知，虽然卡斯特纳当时被评价很高，而且人们欣赏他的数学和诗歌能力，但他并不是一个能够激发高斯学好数学的老师。

高斯声称卡斯特纳是诗人里的第一个数学家，也是数学家里的第一个诗人。在高斯还不到 19 岁的时候，他就开始将自己的数学发现用拉丁文便签记录下来，形成一本简短的研究报告。这个日记在1901 年出版。在这本包含 146 条条目的日记中，第一条的日期是1796 年 3 月 30 日，写的是如何在一个圆中画出一个规则十七边形的方法。他是第一个成功证明了正十七边形可以用尺规作图的人。这个发现鼓励了高斯，使他更加喜好钻研数学。高斯的研究与他的老师是完全独立的。高等数学是高斯最喜欢学习的课程。在高斯的朋友圈里，与他最亲密的是鲍耶（Wolfgang Bolyai）。完成学业之后，高斯返回了布伦瑞克。在 1798 年至 1799 年这两年的时间里，高斯在黑尔姆施塔特（Helmstadt）大学的图书馆里结识了普法夫，一个更有能力的数学家。1807 年，俄国皇帝邀请高斯在圣彼得堡学院任教，但在天文学家奥尔伯斯（Olbers）的建议下，他拒绝了这个邀请，从而成为哥根廷大学的教授和当地天文台的台长。高斯非常明显地反对从事有关教学的职位，他更倾向于天文学家的岗位，这样就可以把自己所有的时间投入到科学当中去。他再也没有离开过哥廷根。高斯有着非常坚定的意志力，他的性格表现出一种奇怪的混合性特点：自我保护的尊严和孩子般的单纯。他很少交际，有时甚至很抑郁。

1801 年，高斯在莱比锡出版了《算术研究》（Disquisitiones

Arithmeticae）一书，自此，数论进入了一个新时代。这项成果的开始要追溯到1795年。这其中的一些成果已经在之前被拉格朗日和欧拉所给出，但却被高斯一个人独立完成，在他开始熟悉伟大前人的著作之前，他就已经对这个理论有了很深入地研究。当勒让德的《数论》准备出版时，《算术研究》就已经出版了。高斯著作的第四部分给出了二次互反定理，是一个涉及整个二次剩余数论的定理，是高斯在18岁之前就发现了，一年之后就被自己证明了。在那之后，高斯得知欧拉并没有完美阐述这个定理，而勒让德也试图证明它，但却遇到了无法克服的困难。

在高斯著作的第五部分中，高斯给出了高等数学"精髓"的第二个证明。1808年，又提出了第三个和第四个证明；1817年，第五个和第六个证明被提出。高斯觉得自己对这个定理有某种程度上的依恋。雅可比、艾森斯坦、刘维尔、波尔多的维克多阿米迪勒贝格（1791—1875）、都灵大学的安吉洛·杰诺其（1817—1889）、库默尔、斯特恩、马克葛根的克里斯蒂安·蔡勒（1822—1809）、克罗内克、彼得格勒的布尼（1804—1889）、哥廷根的恩斯特·谢林（1833—1897）、哥本哈根的朱利叶斯·皮特·克里斯汀·彼得森（1839—1910）、布舍、佩平、费边·富兰克林、菲尔兹以及其他一些学者也给出了相关证明。二次互惠定理的优越性不仅表现在它给很多学科分支所带来的影响，同时产生了一系列解决数字问题的新方法。二次互惠定理数字表述问题的解决方法是高斯所取得的伟大成就之一。高斯通过介绍同余理论创立一种新的算法。《算术研究》（*Disquisitiones Arithmeticae*）一书的第四部分是二级同余关系的论述，第五部分是二次型的论述，这些理论在雅可比时期之前都被普遍忽略了，但是这成了后续一系列重要研究的出发点。第七部分也就是最后一部分，发展了圆周等分问题，从一开始就受到了应有的热情，并且反复地向学生详尽说明。权威著作《圆周刻度》是在1872年由布雷斯劳的保罗·巴赫曼出版的。

对于圆分割的方程和正 n 边形的构造，当 $n-1$ 是2的次幂时才可以用平方根提取的方法单独解决，其中 n 是质数。因此，当质

数 n 是 3，5，17，257，65 537 时，这样的正多边形可以由尺子和圆规作图；但是当 n 为 7，11，13，…时，这样的正多边形不能被构造。因此，希腊人知道怎样刻画那些边数为 2^m，$2^m \times 3$，$2^m \times 5$，$2^m \times 15$ 的正多边形。1801 年，高斯证明：当边数为质数 n 且形式为 $2^{2^u}+1$ 时，这样的多边形可能被构造。当 $n \leqslant 100$，$n \leqslant 300$，$n \leqslant 1\,000$ 和 $n \leqslant 100\,000$ 时，狄克逊计算出这样可手画多边形的边长分别是 24，37，52 和 206。

有三个传统的内接正十七边形的构造方法：一个在 J. 塞雷特（J. Serret）出版的《代数Ⅱ》（$Algebra$，II）第 547 页；另一个由冯·施陶特在克雷特出版的杂志第二十四卷中提出；第三个仅需要由圆规就能画出，由杰勒德（L. Gerard）在 1897 年《数学年鉴》（$Math. Annalen$）的第四十八卷提出。高斯指出：实际上，正二百五十七边形已由哥尼斯堡的瑞奇勒特在克雷特出版的杂志第九卷四篇文章中提出了解析。

对于边为 65 537 的多边形是由施特格利茨的奥斯瓦尔·爱马仕（Oswald Hermes，1826—1909）通过十年的劳动成果计算完成的；他的手稿存放在哥廷根的数学研讨会上。高斯曾打算将自己的《算术研究》作为第八部分，这样有利于减少出版费用。他关于数论的论文并不全都包括在自己的伟大著作中，有一些理论第一次出版是在他逝世后的研究报告中。他写的是《关于双二次剩余理论的研究报告》，其中第二部包含了双二次互反定理。

1801 年，高斯利用观测数据，计算出谷神量的运行轨迹。奥地利天文学家奥伯斯（H. W. M. Olbers）根据高斯计算出的轨道成功地发现了谷神量。他在 1809 年出版了《天体运动论》（$Theoria Motus Corporum Coelestium$），其中论述了在任何情况下观测行星和彗星运动所产生的问题。他发现四个球面三角学公式，现在通常被称为"高斯类比"，但有些是由莱比锡的卡尔·布兰登·莫里威德（Karl Brandon Moliweide，1774—1825）和让·巴蒂斯特·约瑟夫·德朗贝尔（Jean Baptiste Joseph Delambre，1749—1822）更早出版的。他在天文台和地磁观测站辛勤工作了许多年。在固定的时间，为了确保能连续观测到对象，他成立了德国的磁性协会。他参加了大地测量学的观测，并在 1843 年和 1846 年间写了两本研究报告。1813 年，高斯写了均匀椭球的引力。1833 年，高斯写了一本毛细引力的研究报告，他解决了变分法中涉及双积分变换的问题，测试的极限也是可变的，高斯是解决这个问题最早的例子，高斯还论述了光线通过透镜系统的问题。

高斯的学生有海因里希·克里斯蒂安·舒马赫（Hcinrich Christian Schumacher）、克里斯蒂安·格林（Christian Gerling）、弗里德里希·尼克莱（Friedrich Nicolai）、莫比乌斯、格奥尔格·威廉·斯特鲁维（Georg Wilhelm Struve）和约翰·弗朗茨·恩克（Johann Frantz Encke）。

高斯对数论的研究是一个作家学派的起点，其中最早的是雅可比（C. G. J. Jacobi）。雅可比在使《纯粹与应用数学杂志》上贡献了一篇三次残差的文章，给出了没有证明的定理。在高斯关于双二次残差定理的论文发表之后，给出了二次互反定理以及对复数的论述，雅可比也发现了类似的三次残差定理。通过椭圆函数的理论，他推导出了关于数字 2，4，6，8 次方的完美定理。接下来高斯的注释者——狄利克雷的研究也是对自己丰富成果的贡献。

彼得·古斯塔夫·勒热纳·狄利克雷（Peter Gustav Lejeune Dirichlet，1805—1859）出生于德国迪伦，在德国波恩参加大学预科，随后转学到德国科隆的一所耶稣教会学校。1822 年，狄利克雷决定去巴黎学习，那里有一大批数学家——拉普拉斯、勒让德、傅里叶（J. Fourier）、泊松、柯西。狄利克雷在巴黎学习了高斯的数学名著《算术研究》，这是一本他从未停止研究的著作。书中的很多内容都由狄利克雷简化，从而使其更容易理解。狄利克雷于 1825 年在法国科学院提交了第一篇数学研究报告，题为《某些五次不定方程的不可解》（*Impossibility of Certain Indeterminate Equations of the Fifth Degree*）。他证明了费马的方程 $x^n + y^n = z^n$，当 $n = 5$ 时无整数解。狄利克雷开始研究傅里叶级数。狄利克雷于 1827 年在布雷斯劳大学任讲师。1855 年，高斯逝世后，他作为高斯的继任者被哥根廷大学聘任为教授，直至逝世。1849 年，狄利克雷在一本研究报告中给出了正、负行列式二元二次型平均值的一般原理（这个原理是高斯首先研究的主题）。而后，格拉兹大学的 F. 莫特恩确定了几个数值函数的渐进值。狄利克雷给出了一些质数的关注，高斯和勒让德给出了近似表示质数的渐近值低于给定极限的表达式。黎曼在 1859 年的研究报告中给出了《论小于给定值的质数个数》。从另外一个角度考虑这个问题，切比雪夫（P. L. Chebyshev），圣彼得堡大学的前任教授，1850 年发表了关于质数的论文（sur les Nombres premiers），文章指出在质数 P 范围内的对数之和，低于给定数 x，一定是存在的。他证明了如果 $n > 3$，在 n 与 $2n - 2$ 之间一定至少存在一个质数。这个理论也被称作"贝特朗假设"（Bertrand's postulate），因为贝特朗（J. L. F. Bertrand）为了证明置换群理论的一个定理时而假设它。这个理论取决于基本理论，而且在此方面，与黎曼形成了鲜明对比，黎曼的内容涉及深奥的积分定理。庞加莱（H. Poincare），西尔维斯特（参考了质数分布的切比雪夫极限收缩）和阿达马（1892 年获得大杯赛）都是这方面的研究专家。

黎曼提出了六种关于 $\zeta(s) = \sum_{n=1}^{\infty} \dfrac{1}{n^s}$，当 $s = \sigma + ti$ 的公式性质，但任何一个他都无法证明。阿达马在 1893 年证明了其中三种性质，因此构建了黎曼函数零点的存在。冯·曼戈尔特（H. Von Mangoldt）在 1895 年证明了黎曼函数的第六种性质，并且在 1905 年证明了第五种性质。唯一剩下无法证明的性质是 $\zeta(s)$ 根在区间 $0 \leqslant \sigma \leqslant 1$ 上所有部分的一半。尽管默滕斯（F. Mertens）和斯坦内克（R. V. Sterneck）在这方面的研究已经有了长足进步，可是仍然无法证明。如果 x 是个正数，且 $\pi(x)$ 表示质数数目小于 x，被多兰称为质数定理，表明随着 x 增加，无穷 $\pi(x)$ 到 $\dfrac{x}{\text{Log } x}$ 的比值接近 1。勒让德、高斯和狄利克雷已经猜测到这个理论了。在 1737 年早期，欧拉❶已经给出了一个相似的定理，当所有质数的总和不大于 P 时，$\sum \dfrac{1}{P}$ 接近于 Log（Log P）。质数定理在 1896 年由阿达马（J. Hadamard）和鲁汶的瓦莱·普桑（Charles Jean de la Vallee－Poussin）证明，在 1901 年由斯德哥尔摩大学的尼尔斯（Nils）证明，在 1903 年由兰道（Landau）证明，在 1915 年由格丁根大学的哈代（G. H. Hardy）和剑桥大学的利特尔伍德（J. E. Littlewood）证明，哈代发现了 ζ 函数的 1/2 部分无限多个零，兰道简化了哈代的证明。

黎曼的 ζ（s）函数首先被研究是因为它在质数理论中的重要性，但它通常在解析函数的理论中也变得很重要。兰道于 1909 年出版了《质数分布论讲义》，1912 年，兰道宣布以下四个在当时无法回答的问题：

（1）n^2+1 对 n 的积分值能否代表一个无限的质数？

（2）哥德巴赫猜想：能否找到 p 和 p' 的质数值以满足 $m=p+p'$，使每个 m 的值均大于 2？

（3）$2=p+p'$ 是否存在无限数量的质数解？

（4）在 n^2 和 $(n+1)^2$ 之间至少有一个质数是正整数 n？

质数在不同时期由不同的数学家进行详述。因子表提供每一个不能被 2，3 或 5 整数整除的最小因子，到 1811 年最大数只到 408000，拉斯洛在荷兰德文特发表的筛板算法将因子数扩展到 1020 000。

布克哈特（J. Ch. Burckhardt，1773—1815）在巴黎发表的因子表，在 1817 年数字从 1 到 1 020 000，在 1814 年数字从 1 020 000 到 2028 000，到 1816 年数字从 2 028 000 到 3 036 000。詹姆斯·格莱舍（James Glaishcr，1809—1903）在伦敦公布的因子表，在 1879 年的数字为 3 000 000 到 4 000 000，在 1880 年数字为 4 000 000 到 5 000 000，

---

❶G. 恩斯特索姆. 数学藏书（*Bibliotheca Mathematica*）：第三版，第十三卷. 81.

在 1883 年数字为 5 000000 到 6 000 000。撒迦利亚·凯斯（Zacharias Dase，1824—1861）在汉堡发表的因子表，在 1862 年为 6 000 001 至 7 002 000，在 1863 年为 7 002 001 至 8 010 000，在 1865 年为 8 010 001 至 9 000 000。通过来自加利福尼亚大学的莱默（D. N. Lehmer）的研究，在 1909 年华盛顿卡耐基研究所发表了第一个一千万的因子表，莱默给出了早期出版物中发现的错误。关于因子表的历史细节由格莱舍在自己的《因子表》中给出。

柯西对数论做出了各种贡献。例如，他在给出一个解的时候，他发现了三个变量二次齐次不定方程的无限解。他认为两个具有相同模的同余允许有一个共同解，模是它们结果的因数。

约瑟夫·刘维尔（Joseph Liouville，1809—1882）是法兰西学院的教授，主要研究二变量的二次型理论和多变量问题。一项不同方向的研究被证明是一个学科的切入点，从此变得至关重要。1844 年，他在刘维尔学报的第五卷验证了 e 和 e^2 都不能是有理二次方程的根。后来确定了存在这样的数——通过一个收敛性能连分式代表有理代数方程的一个根。这样的数被称为超越数，它不能是任何此类方程的根。他用另一种方法也能证明这一点。还有一个不同的方法是乔治·康托尔方法。意义深远地研究是由柏林的斐迪南·戈特霍尔特·艾森斯坦（Ferdinand Gotthold Eisenstein，1823—1852）提出的。高斯对三元二次型有所研究，但是从 2 到 3 不确定性的延伸是艾森斯坦做的工作，在他的著作《新的高等算术定理》（*Neue Theoreme der höheren Arithmetic*）中定义了不均匀行列式三元二次型的顺序和一般性质，并且在任何确定形式的情况下分配了任何阶或属的权重，但是他没有公布自己的研究结果。为了验证三元二次型的理论，他在分析中发现了曾经考虑过的第一个协变量。高斯证明了级数定理，关于用平方和表示的数，当平方数超过 8 时停止。许多被艾森斯坦遗漏的证据由亨利·史密斯提供，亨利·史密斯是为数不多致力提高算法研究的英国人之一。

亨利·约翰·斯蒂芬·史密斯（Henry John Stephen Smith，1826—1883）出生在伦敦，在拉格比公学和牛津大学贝利奥尔学院上学。在 1847 年之前，为了锻炼身体他到欧洲的许多地方旅行过，并在此期间还参加了巴黎阿拉戈的讲座，也是在那年之后，他再也没有缺席过牛津大学的课程。1849 年，他在牛津大学获得了古典文学和数学方面的最好成绩，从而排名"双第一"。有这样一个故事：史密斯通过投币的方式决定是把古典文学还是数学作为自己的研究领域。他从未结婚，不用担心在科学工作时所需要的宁静被破坏。1861 年，他被选为牛津大学萨维尔几何学教授。他的第一篇关于数论的论文发表于 1855 年。他对数论十年的研究报告成果发表在 1859 年至 1865 年的英国皇家学会的期刊中。这些研究报告模式清晰，阐述精确，形式完善。研究报告包含了许多原始资料，其发现的主要成果发表在 1861 年到 1867 年的英国皇家学会《哲学学报》（*Philosophical Transactions*）上，涉及线性不定方程、同余以及三元二次型的阶和属。他建立了二次形式 n 个不定数一般情况的原理，他还为 1864 年和 1868 年的《英国皇家学会学报》贡献了两篇研究报告。他在文章中指出了对雅可比、艾森斯坦的定理以及刘维尔（J. Liouville）有关数字表示的 4，6，8 次方其他简单的二次形式，则由文章中的一致方法推导出来。由艾森斯坦提出涉及 5 次方情况的定理，最后由史密斯完成了证明过程，并推测出 7 次方相应的定理。2，4，6 次方的解可以通过椭圆函数获得，但当平方数是奇数时，它涉及的数论是特有的过程。这类定理只能推到 8 次方，史密斯完成了这个群的证明。在不知道史密斯研究的情况下，法国科学院对这个群证明进行了悬赏，最终由艾森斯坦完成 5 次方的定理，事实上史密斯早在 15 年前就完成了这一证明。他在 1882 年发表了论文，在第二年他去世后的一个月，才被授予了奖项，另一个被授予的人是来自波恩的闵可夫斯基（H. Minkowsky）。数论促使史密斯去研究椭圆函数，并编写了关于现代几何的著作。他在牛津大学的继任者是西尔维斯特。数学采取反功利主义的观点，史密斯曾说过："单纯的数学，也许它不会给任何人带来用处。"

库默尔，柏林大学教授，与数论有着密切关联。狄利克雷致力 $a+ib$ 形式的复数研究，该理论由高斯引入，由狄利克雷和艾森斯

坦和戴德金扩展。其中包括方程 $x^4-1=0$，该方程的根服从高斯单位，艾森斯坦利用方程 $x^3-1=0$ 和复数 $a+bp$（p 是一个立方根单位），其理论类似于高斯数。库默尔通过一般例子，$x^n-1=0$，得到复数形式 $a=a_1A_1+a_2A_2+a_3A_3+\cdots+a_iA_i$，其中，$a_i$ 为全体实数，A_i 为以上方程的根。欧几里得的最大公约数理论不适用于这种复数，它们的质因子不能像定义公共整数的质因子一样被定义。为了克服这个困难，库默尔引入了"理想数的概念"。这些理想数已由来自圣彼得堡的佐洛塔廖夫（G. Zolotarev）应用到阿贝尔未完成的一个积分求解问题中。戴德金在狄利克雷的第二版中提出了新的复数理论，在一定程度上偏离了库默尔的过程，避免了理想数的使用。戴德金将任何具有积分系数不可约方程的根作为复数单位。克莱因在 1893 年引入了简单性理想数的几何论述。

费马大定理和华林定理

库默尔的理想数思想起源于他努力来证明解决整数的费马方程 $x^n+y^n=z^n$，$n>2$ 是不可能的。我们假设证明这种不可能性的进展已取得了更基本的方法。对于整数 x，y，z 不能整除质数 n，该定理已经被巴黎的数学家和哲学家索菲·热尔曼（Sophie Germain，1776—1831）在 $n<100$ 的范围内做出了证明，勒让德在 $n<200$ 的范围内做出了证明，迈莱在 $n<223$ 的范围内做出了证明，德米特里里曼诺夫在 $n<257$ 的范围内做出了证明，狄克逊在 $n<7\,000$ 的范围内做出了证明。

这里使用的方法是由于索菲·热尔曼需要找到满足方程 $x^n+y^n+z^n\equiv0$ 奇质数 p 的解，每个 p 不能整除，n 不是任意整数次幂模 p 的同余。库默尔的结果创建在一个先进的代数学理论上。在早期，库默尔曾经认为自己已经有了一个完整的证明。在狄利克雷提出观点之前，库默尔指出虽然他已经证明了任意数 $f(a)$（其中 a 是一个复杂的单位根 n，并且 n 是质数）是不可分解因子，库默尔认为这样的分解是独一无二的，而通常情况下这是不真实的。经过多年的研究，库默尔认为这种因子分解的非唯一性是由于 $f(a)$ 的一个数域太小，以至于其中不允许存在真正的质数。也可以说，是库默尔自己促使了自己对理想数的创造，狄克逊说："一个专家必须具备最大的耐心，戴德金理论中所述的更简单、更普遍的理论观点才能论述这些理想数。"库默尔研究了数论中最困难的问题之一，即费马大定理，创立了甚至比定理本身更重要的理想数理论。这使他证明了费马大定理中，除 $n=37$、59、67 外，当 $n<100$ 时都成立。1857 年法国科学院奖励库默尔 3 000 法郎以表彰他在复整数领域的研究。

自库默尔开始，德国明斯特的韦伊费列治首先取得了显著进展，在《纯粹与应用数学杂志》（第一百三十六卷）中，他证明了如果 p 是质数，并且 2^p-2 不能被 p^2 整除，当正整数不是 p 的倍数时，方程 $x^p+y^p=z^p$ 无法求解。德国夏洛滕堡的瓦尔德马·迈斯纳发现当 $p=1 093$ 并且没有其他质数 p 小于 2 000 时，2^p-2 可以被 p^2 整除。之后，瑞士日内瓦的里曼诺夫、柏林的弗罗贝尼乌斯、哥廷根的赫克、伯恩斯坦、波恩的富特旺勒、柏尼克和费城的凡第弗对费马大定理给出了更普遍的证明。1908 年，达姆施塔特工业大学的数学家沃尔夫斯凯尔赠与哥廷根皇家协会 10 万马克作为证明费马大定理的奖励。自那时起，数百个错误的证明已被发表。事后证明数学和物理"手稿"的出版物事实上是失败的。

20 世纪初，人们提出了另一个著名的定理，即为"华林定理"。1909 年，德国明斯特的韦伊费列治证明了部分定理，每一个正整数等于不超过 9 的 3 次幂。同时，每一个正整数等于不超过 37（根据华林，不超过 19）的正 4 次幂，而希尔伯特在 1909 年证明了每个大于 2 的整数 n（华林已经声明每个大于 4 的整数 n），每个正整数都可以表示为正幂的和，其数仅取决于一个 n 值的极限范围内，这些上限的实际测定已经由赫维茨、迈莱、弗莱克和肯普证明。肯普在 1912 年证明了不小于 4×2^n 的正 2^n 次幂的和（$n\geqslant2$）的数有无穷多个。

其他数域的最新研究

　　库默尔的研究吸引了他的学生利奥波德·克罗内克（Leopold Kronecker，1823—1891）进行了代数方程方面的研究。对于现代高等代数的研究成果来说，可以充分利用在数论中。埃尔米特（Ch. Hermite）、明斯特的保罗·巴赫曼（Paul Bachmann）和魏玛（Weimar）研究了算术公式，也给出了一种三元二次型的根。巴赫曼（Bachmann）在《数论》（*Zahlentheorie*）中写了几篇著名的文章，这些文章分别出版于 1872 年、1892 年、1894 年、1898 年和 1905 年。L. 西博（L. Seeber）解决了两个相同正数或三元二次型的问题，艾森斯坦给出了自守形式的算术。维尔茨堡（Wurzburg）的爱德华·赛林（Eduard Selling）研究了三次型相同的难题，但是对于四个或更多不定的二次型还没有完成。埃尔米特表明某些非等价的二次型有积分系数及一个限定判别式。同时来自圣彼得堡的佐洛塔廖夫（Zolotarev）和亚历山大·格基规约（Alexander Korkine，1837—1908）研究了正定二次型的最小值。关于二元二次型，英国数学家史密斯（H. J. S. Smith）证实了这个理论就是：如果想对两个原始形式联合的不变量消元，那么任何一种的行列式用另一种形式的复数表示。

　　剑桥大学三一学院的格莱舍和西尔维斯特在最新的研究中展示了算术与代数之间的交换定理。西尔维斯特给出的一个分区构造理论，他的学生富兰克林和乔治·斯泰森·伊利（？－1918）对此进行了完善。

库默尔通过引入"理想数"迈出了数论领域的第一步。由于戴德金和克罗内克通过对超领域（oberkörper）的思考概括了数域的性质，从而为数论开辟了一个广阔的新领域，即代数和函数论有着密切的联系。如果我们想起伽罗瓦的有理数域，这个主题在方程理论中非常重要。黎曼指出了数论和函数论的相互关系，即质数的频率取决于解析函数的零点位置，超过 e 和 π 时表示"指数函数"（The Exponential Function）的一个算术性质。在 1883 年至 1890 年期间，克罗内克发表了一个重要的结论，即椭圆函数包含了许多经典的算术理论。戴德金的方法延伸了库默尔关于一般代数数论的结论，它是基于完美的概念。戴德金和克罗内克过程的共同特征是引入了复合模型。马斯修说："在实践中，结合克罗内克和 R. 戴德金的方法是很方便的。"最重要的是伽罗瓦的法线域，它已被希尔伯特（D. Hilbert）广泛地研究。克罗内克建立了阿贝尔域（Abelian fields）分圆的理论，它被 H. 韦伯（H. Weber）和希尔伯特证明了。希尔伯特在1894 年《代数数域理论》（*Theorie Der Algebraischen Zahlkörper*）上。在文章中希尔伯特首先建立了一般数域理论，然后建立了特殊域，即伽罗瓦域、二次域、圆域（kreiskorper）和库默尔域。在富埃特（R. Fueter）在 1911 年出版了一系列研究成果。在这些课题中尚未提到的作者有伯恩斯坦、富特温勒（Ph. Furtwangler）、闵可夫斯基（H. Minkowski）、埃尔米特（Ch. Hermite）和胡尔维茨（A. Hurwitz）。对该理论的记载见 1899 年 H. 韦伯的《代数教科书》（*Lehrbuch der Algebra*）的第二卷中，1907 年佐默（J. Sommer）的《数论专题讲座》（*Vorlesungen über Zahlentheorie*）和 1907 年莱比锡的赫尔曼·闵可夫斯基的《丢番图逼近：数论导论》。闵可夫斯基对于旧的和新的成果给出了几何和算术的语言。他使用格子算法作为代数理论和几何集合证明了一些新成果。

哥尼斯堡的库尔特·亨泽尔（Kurt Hensel ）1908 年在《代数数论》（*Theorie der algebraischen Zahlen*）和 1913 年《数论》

（Zahlentheorie）中提出了一个解决代数数论问题的新方法，他的方法类似于解析函数理论中幂级数（power series）。他将数字拓展到任意质数 p 幂级数。这个 p 进数的理论是由 1913 年在他的书中 g 进数的理论推广的，其中 g 是任意整数。

如何将一个大数分解为因子是一个难题，但这个难题已由保罗·西尔霍夫（Paul Seelhof）和法国巴黎的弗朗索瓦·爱德华·阿纳托尔·卢卡斯（Francois Edouard Anatolc Lucas，1842—1891）、福蒂纳·兰德瑞（Fortune Landry，1799－?）、英国数学家坎宁安（A. J. C. Cunningham）、劳伦斯（F. W. P. Lawrence）和美国数学家莱默（D. N. Lehmer）解决。

超越数和无穷数

基于刘维尔之前达成的研究成果，埃尔米特在 1873 年研究报告的第七十七卷中证明了这一结论，e 是超越数，而且 F. 林德曼在 1882 年（Bcr. Akad. 柏林）证明了 π 也是超越数。埃尔米特通过列式结果可知 $ae^m + be^n + ce^r + \cdots = 0$ 不存在，其中 m，n，r，a，b，c 是整数；F. 林德曼证明了当 m，n，r，a，b，c 是代数数时，该等式不存在，特别是，如果 x 是代数，等式 $e^{ix} + 1 = 0$ 不存在。因此 π 不是一个代数数。但是，从两个点（0，0）和（1，0）开始，只有当 a 是由连续平方根运算得到的特殊代数数时，第三点（a，0）才能通过尺子和圆规构造。因此，点（π，0）无法被构造，所以"圆的正交是不存在的"。埃尔米特和 F. 林德曼的证明涉及复杂的积分。简化的证明由威阿斯塔斯在 1885 年，斯蒂尔切斯在 1890 年，希尔伯特·赫尔维茨和戈登在 1896 年（《数学定理》，论文，第四十三卷），默滕斯在 1896 年，艾伦在 1900 年，H. 韦伯、恩里格斯、霍布森在 1911 年分别给出。霍尔斯特德说："约翰·波尔约在非欧几里得几何中对圆进行了二次幂，并且 F. 林德曼证明没有人能在欧几里得几何中进行二次幂。"

除了 e 和 π 之外，还有其他超越数，从刘维尔、马耶、费伯和肯普的研究中可以证明这一结论，他们给出了用无穷级数去定义超越数的新形式。鲍尔和明尼阿波利斯的斯洛宾在 1913 年建立了定理说明，无论自变量是否是一个除了零以外的代数数、三角函数和双曲函数都是超越数，反之亦然，无论函数是否是代数数，自变量均是超越数。

事实上，无穷大的概念在 19 世纪发生了根本性的变化。到 1831 年末，高斯提出："无穷大的量级是完美的，因为这在数学上是不允许的。无穷大只不过是一个泛泛的概念，真正的意义上的极限一定只是比无穷大近而已，而其他人并没有增加这个限制条件。"❶ 与高斯同时代的柯西受 18 世纪意大利都灵哲学家格迪尔 (Gerdil)❷ 的影响，同样拒绝认可无穷大的概念。1886 年，格奥尔格·康托尔站在一个相反的立场。他说："尽管在研究中潜在和实际的无穷大是不同的理念，前者可以实现超越所有限制而进行有限大小增加，而后者是固定的、恒定的量，它超越了所有的有限大小，这种情况只有当出现错误时才会经常发生。因为合理规避这种不合理的实际无穷大和这种伊壁鸠鲁唯物主义（epicuric - materialistic）的现代趋势，一定会有错误极限的概念在科学界扩展，这些经典表达和支持的声音可以在高斯的信中找到，但我认为，所谓合乎常理的实际无限绝对是违背自然事物本质的。"❸

1904 年，法国巴黎的查尔斯·埃米尔·皮卡这样表达了自己的观点："自从数的概念被细分以来，我们发现这似乎是一条永无止境的路；因此，在基数和序数这两种形式中，仍然是一个有待解决的问题，而两种形式都以数的形式呈现，这二者谁又是谁的基础和前提呢？又或者说，在数的理念里，是否存在谁是前提的关系，还

❶高斯（C. F. Gallss）. 舒马赫简介（*Brief on Schumacher*）. 自莫里茨. 1914：337.

❷F. 卡约里（F. Cajori）. 芝诺关于运动争论的历史（*History of Zeno's Argurnents on Motion*）. 数学月刊（*Math Monthly*）：第二十二卷. 1915：114.

❸乔治·康托尔（G. Cantor）. 无穷大的问题（*The Infinite Problem*）. 自然和启示（*Natur and offenbarung*）. 德国哈雷大学. 1886 年：226.

是说它们是可逆的。似乎逻辑学家在这些问题上忽略了心理学家和未开化民族带给我们的教训，这些研究结果表明，优先次序是基数。"

应用数学——天体力学

尽管天体力学在 18 世纪末通过拉普拉斯（P. S. Laplace）得到完美发展，但在 19 世纪的第一天就有了一个新发现，那就是提出了一个超越分析能力的问题。我们指的是朱塞佩·皮亚齐（Giuseppe Piazzi）在意大利发现了谷神星，这是在哲学家黑格尔（G. W. F. Hegel）证明了这个发现之后，才在德国流传的，这在德国是众所周知的。从皮亚齐观测行星的位置来看，它的轨道不能用旧方法计算出来，高斯设计了一种计算椭圆轨道方法，该方法不受小偏心和倾斜度的假设，高斯的方法是在《理论运动》（*Theoria Motus*）中得到了进一步发展。借助高斯的数据，天文学家奥伯斯（H. W. M. Olbers）重新发现了新行星，他提倡科学不仅需要通过自己的天文研究，而且需要有辨识能力和像天才贝塞尔那样对天文学的追求。

弗里德里希·威廉·贝塞尔是一个土生土长在威斯特伐利亚的明登本地人。喜欢数字但厌恶拉丁语法，这导致他选择从事商业领域。15 岁时，他来到不来梅港（Bremen）一家出口公司当学徒。之后近七年内，他把时间都用在如何做生意上，只是利用晚上的业余时间来学习。他希望有一天能够成为一个对外贸易的货物管理员。在海上，贝塞尔对观测非常感兴趣。通过使用由他制造的一个六分仪和一个普通的时钟，他可以确定不来梅港市的纬度。由此，激发了贝塞尔对天文学的研究。一个又一个的工作接踵而至，所以他减少了自己的睡眠时间。通过以前的观测，他计算出了哈雷彗星的轨道。贝塞尔向奥博斯毛遂自荐，并提交了自己的计算数据，使得奥博斯立即出版了这些计算内容。在奥伯斯的鼓励下，贝塞尔成了施罗特在塔尔天文台的助理。四年后，他被选去监督哥尼斯堡天文台建设❶。在没有足够数学教学力量的情况下，贝塞尔不得不义务讲授数学，为学生学习天文学做准备。在 1825 年雅可比到来之时，他终于结束了这项工作。我们不能重新计算贝塞尔赢得现代实用天文学和大地测量学创始人的头衔所做的工作。作为一个观测者，他的能力远高于高斯；但作为一个数学家，他虔诚地拜倒在这位同时代伟大的天才脚下。关于贝塞尔的论文，其中一个最伟大的数学兴趣是"部分平面扰动的研究，可以证明太阳的运动"（1824），他在其中引入的一类超越函数 $J_n(x)$ 被广泛用于应用数学中，并被称为"贝塞尔函数"。他给出了它们的主要特性，并构建了它们的评价表。可以看出，贝塞尔函数在数学文献中出现的更早。这种零阶函数出现在丹尼尔·伯努利（Daniel Bernoulli，1732）和欧拉关于从一端悬挂重弦振动的论文中。所有第一类贝赛尔函数和积分阶都出现在欧拉（1764）关于拉伸弹性膜振动的论文中。1878 年，男爵瑞利（Lord Rayleigh）证明了贝赛尔函数只是在特殊情况下的拉普拉斯函数。格莱舍通过贝赛尔函数说明了自己的断言——通常来说，数学分支是从物理研究中成长出来的，即"所谓数学理论的特征就是缺乏易流动性和均匀性的形式"。这些函数都已被但泽的卡尔·西奥多·安格尔（Carl Theodor Anger，1803—1858）、德累斯顿的奥斯卡·施勒米希（Oskar Schlomilch，1823—1901）、波恩的利普希茨（R. Lipschitz）、莱比锡的卡尔·诺伊曼（Carl Neumann）、慕尼黑的尤金·隆梅尔（Eugen Lommel，1837—1899）和剑桥大学的圣·约翰学院的艾萨克·德亨特（Isaac Todhunter）研究出来，其中奥斯卡施勒米希是 1856 年《数学和物理学学报》（*Zeitschrift für Mathematik und Physik*）的创始人。

西米恩·丹尼斯·泊松（Simeon Denis Poisson，1781—1840）在 1808 年撰写了《弹性固体和流体的平衡与一般方程研究报告》；都灵的乔瓦尼·安东尼奥·阿梅多·普兰纳（Giovanni Antonio

---

❶J. 弗朗茨（J. Franz）. Festrede aus Veranlassung von Bessel's hundertjahrigem Geburtstag. 哥尼斯堡. 1884.

Amaedo Plana，1781—1864)，他是拉格朗日的侄子，1811 年出版了《关于椭圆球体的引力理论》，并对月球理论做出了贡献；哥达(Gothe) 的彼得安德里亚斯汉森，曾经是特纳恩的一个钟表匠，后来在托纳成为舒马赫的助手，最后成为哥达的天文台主管，写了各种各样关于天文学的文章，主要是关于月球的理论，其随后的研究中包含了大量的月星距改正表；莫比乌斯在 1842 年写了关于天体力学要素的文章；巴黎的奥本·尚·约瑟夫·勒维耶（Urbain Jean Joseph Leverrier，1811—1877）在《天文研究》（*Recherches Astronomiques*）对有关天体力学做了新的详细阐述，后人因他的理论发现了海王星；剑桥大学的约翰·库奇·亚当斯（John Couch Adams，1819—1892）与勒维烈（Leverrier）被授予发现海王星的荣誉，并在 1853 年指出，拉普拉斯解释长期加速度的月球平均速度仅占所观测加速度的一半。查尔斯·尤金·德洛内（Charles Eugene Delaunay，生于 1816 年，1872 年卒于瑟堡）是巴黎索邦大学的力学教授，解释了月球剩余的加速度。通过亚当斯（J. C. Adams）跟踪潮汐摩擦力的影响修正了未予解释的拉普拉斯理论；伊曼努尔·康德、罗伯特·迈尔（Robert Mayer）和肯塔基州的威廉·费雷尔（William Ferrel）曾经独立提出了一个理论；剑桥大学的乔治·达尔文（G. H. Darwin）对潮汐摩擦做了一些非常深入的研究。

乔治·达尔文（1845—1912）是博物学家查尔斯·达尔文(Charles Darwin) 的一个儿子，在 1868 年以第二名的考试成绩毕业于剑桥大学三一学院，当年洛尔·莫尔顿（Lord Moulton）是第一名。乔治·达尔文于 1875 年发表，即关于潮汐摩擦理论在太阳系演化中的应用。地球—月球系统被发现在太阳系中形成了一个独特的例子和特殊的演变模式。他追溯到地球和月球的形状变化，直到它们合并成一个梨形的物体。这个理论在 1885 年《数学学报》(*Acta math*) 第七卷中的一篇论文得到了证明，由庞加莱撰写，他阐述了稳定性交换原则。庞加莱和乔治·达尔文找到了同样的梨形，其中庞加莱跟踪演变的过程，而乔治·达尔文在时间上向后推进了一些。这个不断变化梨形的稳定性问题占据了乔治·达尔文的晚年。沿着同一方向研究的是乔治·达尔文的一个学生——詹姆斯·H. 琼斯（James H. Jeans），来自剑桥大学三一学院。

在乔治·达尔文开始了研究工作的同时，在华盛顿的《航海年鉴》编制局的乔治·威廉·希尔（George William Hill，1838—1914）也开始研究月球。希尔出生在美国纽约的奈亚克，1859 年毕业于罗格斯大学，毕业后一直是《航海年鉴》编制局的一个助理。直到 1892 年，当他辞职以追寻进一步原始研究时，这让他变得与众不同。1877 年，希尔发表了《关于月球理论的研究》（*Researches on Lunar Theory*），摒弃了在三体问题上的通常程序模式，认为是通过两体情况下的延伸。遵循欧拉的建议，希尔在无限的距离上将地球视为有限的，太阳为无限大，在一个有限的距离内，月亮无限小。在采用条件限制下，表示月球运动的微分方程是相当简单和实用的。"希尔的思想深刻地改变了天体力学的整体观。对于三体问题，庞加莱把它作为 1887 年著名的得奖论文《天体力学的新方法》（*Les Méthodes Nouvelles de la Mecanique celeste*）的基础，并在后来把他的工作扩大了三卷内容。"起初，乔治·达尔文很少注意希尔的论文，因为乔治·达尔文很少吸收别人的研究成果。然而，在 1888 年，时任耶鲁大学教授的布朗（E. W. Brown）向乔治·达尔文推荐了希尔的研究。乔治·达尔文似乎已仔细研究了芝加哥大学的 T. C. 钱柏林（T. C. Chamberlin）和莫尔顿（F. R. Moulton）的"星云假说"。在乔治·达尔文和庞加莱之间的一个鲜明对比在于，乔治·达尔文没有对他们的数学兴趣进行单独研究，而庞加莱和一些追随者在应用数学上"在被学生所使用的现象中，相比现象比他们对数学过程更感兴趣。他们不希望验证或预测物理事件，而是采取已被天文学家和物理学家使用的特殊类函数、微分方程或级数去检测这些事件的属性、参数的有效性和结论的局限性"。

在天文数学方面突出的是西蒙·纽科姆（Simon Newcomb，1835—1909）。他是一个教师的儿子，出生在美国新斯科舍的华莱士。尽管他在哈佛大学的劳伦斯科学学院学习过一年，但基本上是自学成才的。在剑桥大学他接触了皮尔士（B. Peirce）、古尔德、朗

克尔（J. D. Runkle）和萨福德（T. H. Safford）。1861 年，纽科姆被任命为美国海军教授；1877 年，纽科姆成为美国《航海年鉴》的主管，并在这个职位上担任了二十年。1884 年至 1895 年之间，纽科姆也是约翰霍普金斯大学数学教授和天文学教授，同时也是《美国数学杂志》（*American Journal of Mathematies*）的编辑。他的研究主要集中在天文学，在这一行他也是卓越的。通过理论和观测的比较，在大量的观测中他推导出自己所需要的结论，从而形成与理论比较的基础。他在 1897 年出版了四个内行星的基本原理，聚集了纽科姆（Newcomb）对天文学毕生事业的基本常数作为了《航海年鉴》（The Nautical Almanac）的补充。为阐明木星和土星的运动，纽科姆加入了希尔的团队。所有出版物中关于行星的表，除了木星和土星，都记载着纽科姆的名字。这些表代替了勒维耶的那些成果。纽科姆花了许多时间在月球的研究上。他验证了汉森月球表的错误，并继续了德洛内（C. E. Delaunay）的月球研究。简要参考希尔的月球研究和做的贡献，由于行星的直接作用而计算月球长时间运动的缩写，并详细地确定了由于地球形状而导致月球运动的不平等性。希尔还计算了由于木星的作用而引起某些月球不等式。

关于土星环的数学讨论首先被拉普拉斯采用，他证明了一个均匀的固体环是不能处于平衡状态的。1851 年，皮尔士证明了关于土星的非稳定性，即使是一个不规则的固体环也不能与土星处于平衡状态。詹姆斯·克拉克·麦克斯韦（James Clerk Maxwell）在一篇文章中对这些环的进行了研究，这篇文章被授予了亚当斯奖。他得出的结论是它们由独立的粒子聚合组成。"因此，在 17 世纪提出的一个推测，并在这之后的 18 世纪，卡西尼和托马斯·赖特提出数学证明是唯一可能的解。"

对行星、小行星、彗星轨道的计算方法主要是沿着两个方向进行的：一是拉普拉斯的研究方向，二是高斯的研究方向。拉普拉斯的方法具有理论优势，但是缺乏实际应用，原因是在进行第二次近似值时，第一次近似值得出的结果只能用一部分，而且整个计算过程需要大幅改动。为了减少寻找小行星和彗星轨道花费的力气，奥伯斯（Heinrich W. M. Olbers，1758—1840）以及高斯设计了能够快速计算出二次近似值的步骤。高斯的步骤过程由约翰·弗朗茨·恩克（Johann Franz Encke，1791—1865）、弗朗西斯科·卡利尼（Francesco Carlini，1783—1862）、贝塞尔、汉森以及维也纳的西奥多·冯·奥波尔兹（Theodor von Oppolzer，1841—1886）进行改善和简化，尤其是西奥多·冯·奥波尔兹，他改进后的方法一直被天文学家沿用至今。对高斯方法最精准的阐述当属耶鲁吉布斯的方法，其中使用了向量分析，虽然更加复杂，但是出现了令人惊奇的准确性。1905年，格拉茨（Graz）的弗里施奥夫（J. Frischauf）对吉布斯的这一方法进行了改进。拉普拉斯的方法因其完美吸引了许多数学家的关注。如柯西、巴黎天文瞭望台的魏拉索（Antoine Yvon Villarceau，1813—1883）、巴黎的鲁道夫·拉道（Rodolphe Radau）、莱比锡的布伦斯（H. Bruns）以及庞加莱。基尔（Kiel）的保罗·哈泽（Paul Harzer），特别是加利福尼亚大学的阿尔敏·奥托·洛伊施纳（Armin Otto Leuschner）将拉普拉斯的方法用于快速计算上取得了决定性的成就。洛伊什纳采用从地心坐标为起点，并在第一次近似中考虑了粒子纠缠的影响；它同样适用于行星和彗星的轨道。

三体问题

自拉格朗日时期以来，就开始使用多种方法研究三体问题，而且在完全解方面还取得了一些决定性的成绩。拉格朗日的特殊解是基于三体相对距离的恒定性，从一个个体到另一个体的距离（被海塞称之为三体的归结问题）由伦德天文台的卡尔·L. 沙利叶（Carl L. Charlier）进行改进，在改进后的方法中，三体之间相互的距离变成了与地心之间的距离。这个新的形式其实并没有什么明显的优点。洛维特（E. O. Lovett）说："对于拉格朗日解的理论兴趣随着桑德曼（K. F. Sundman）的理论而增加，这个理论是说在一般问题中三体更倾向同时碰撞的距离越近，它们越倾向于表示一个或者另

一个拉格朗日的结构……"

对三体产生兴趣的原因是因为发现了三颗小行星，靠近太阳－朱皮特星－小行星系统的等边三角点……莱曼·菲尔斯（R. Lehmann Filhes）、霍佩以及奥托·迪兹贝克（Otto Dziobek），都是柏林人，已经将精确解的推论放在一条直线上或放在一个正多边形或多面体顶点上的三体例子……对拉格朗日定理的扩展中，最有趣当属卡桑（Kasan）的巴纳赤维特兹（T. Banachievitz）以及莫尔顿（F. R. Moulton）的理论。1912 年，庞加莱表明在环表示法（但是在开普勒变量）的基础上，假设某一几何定理（随后由哈佛大学的伯克霍夫建立）是真的，那么在三体受限问题之后跟随的是无限个周期解存在的问题。伯克霍夫对这些成果进行了详细的阐述。所谓三体问题（其中两个物体是有限并且等距的，而第三个物体按照直线运动并且与相等物体是等距情形下的周期解）的等腰三角形解。这个问题在 1907 年得到了意大利特雷维索的朱里奥·帕瓦尼尼（Giulio Pavanini）、在 1911 年得到了芝加哥的麦克米伦、在 1914 年得到了安大略省布坎南（D. Buchanan）的关注。希尔于 1877 年在月球运动理论研究中，增加了拉格朗日周期解，这是 105 年来已知的唯一解，也可以作为研究月球自觉行为的参考。洛维特说："利用这些理论，他打破了原有的基础，建立了动力天文学，这门新科学的数学基础是更广泛、更深层次的庞加莱理论。"庞加莱理论在 1889 年获得了由奥斯卡二世（King Oscar II）提供的奖项。之后，庞加莱对这个理论又进行了更全面的研究。莫尔顿说："庞加莱的原著作存在一些错误，这些错误已由斯德哥尔摩的弗莱格曼发现了，但是它仅影响了渐进解存在的讨论；在纠正庞加莱的一部分错误时……坦白地说，完全属于弗莱格曼的轨道……毫无疑问，尽管它还存在着问题……颁发这个奖项是正确的。"希尔和庞加莱的研究主要由布朗、乔治·达尔文、莫尔顿、斯德哥尔摩的胡戈·吉尔当（Hugo Gylden，1841—1896）、班勒卫、沙利耶、斯特龙根（S. E. Stromgren）以及列维·奇维塔继续研究，其中的稳定性问题得到了较多关注。关于太阳系是否是稳定的问题，由 18 世纪的数学家进行了肯定的回答；后来被魏尔斯特拉斯重新研究，他将余生的时光都投入到了这个问题的研究中。关于行星坐标的表达式是完全不收敛的，或者说只是有限时间内收敛。除了已知周期性变化的复杂问题之外，可能还有一部分的残差变化，这有可能使整个系统被完全破坏。目前还没有给出任何答案，但庞加莱表明，存在运动是纯粹的周期解，因此，它们至少不会发生碰撞或夜间偏离中心质量（F. R. 莫尔顿）。庞加莱有一个惊人的发现，就是用于计算太阳系物体位置的一些级数是发散的。对发散级数如何给出如此精确结论的原因进行验证，产生了渐进级数理论，现在应用于许多函数的表示。级数的终极发散是否能够去除对太阳系稳定性的怀疑呢？于尔登认为他克服了难题，但是庞加莱证明在一定程度上还存在问题。沿着庞加莱的思想，布朗表述了 n 个物体稳定性的充分条件。列维·奇维塔研究出来一条准则，在这个准则中，稳定性取决于与周期函数相关某一点的变换。他证明出了环绕朱皮特轨道，存在着不稳定区域。在计算某些小行星的扰动时，发现天体力学中的新方法是非常有用的。三体问题中对物质的改进，是由芬兰赫尔辛基的卡尔·F. 桑德曼在一本研究报告中完成的，该理论在 1913 年获得了巴黎学院奖。沿着这个方向的研究首先是由班勒卫公开宣布的，随后由列维·奇维塔和其他数学家相继发布。

在三体问题的变换和约简中，起重要作用的是 10 个已知的积分问题，6 个重心运动的积分、3 个角动量的积分以及 1 个能量积分。这种约简的进一步发展与布伦斯、庞加莱以及班勒卫的非存在理论有紧密关系。布伦斯证明了 n 体问题除了 10 个经典积分外，不再有代数积分，而庞加莱证明不存在任何其他统一的解析积分。

皮卡表达了如下观点："令人赞赏的最新研究已经教会了他们最大困难的问题是什么，然而，特殊解的研究打开了一种新的方式。所谓的特殊解也就是我们已经使用过的诸如周期解和渐进解一类。分析学在这个领域曾取得过许多辉煌的成绩，但在还没有取得决定性胜利以前，分析学是永远不会放弃的。这也许不是因为实际需要，而是为了证明自己并没有被征服。"

19世纪在数理天文学方面有价值的教科书作品排名如下：威廉·肖夫内（*William Chauvenet*，1863）的《球体和实用天文学指南》（*Manual of Spherical and Practical Astronomy*）、剑桥大学的罗伯特·梅因（Robert Main）的《实用球面天文学》（*Practical and Spherical Astronomy*）、安阿伯市的詹姆斯·克雷格沃森（James Watson，1868）的《天文学理论》（*Theoretical Astronomy*）、巴黎综合理工学院的雷沙尔（H. Resal）的《天体力学方法》（*Traite Elenentaire de Mecanique Celeste*）、法叶（Faye）的《理工学院的天文学课程》（*Cours d'Astronomie de l'ecole Polytechnique*）、提泽兰的《天体力学知识》（*Traite de Mecanique Celeste*）、T. 奥普尔泽的（T. Oppolzer）的《轨道设定教本》（*Lehrbuch der Bahn bestimmung*）、迪兹贝克的《行星运动的数学理论》（*Mathematische Theorien der Planeten Bewegung*），由哈林顿（M. W. Harrington）和赫西（W. J. Hussey）翻译为英语。

一般力学

在19世纪，数学家开始意识到用几何方式论述力学问题的优越性。潘索（L. Poinsot，1755—1859）、查尔斯、莫比乌斯都拥有几何力学方面重要的研究成果。潘索是巴黎理工专科学校的毕业生，是公共教学高级委员会的成员，在1804年出版了《静力学原理》（*Elements de Statique*）。这本著作的闻名不仅是因为它可以作为综合力学的早期介绍，还因为他是第一次提出了力偶的思想。这个力偶的思想由潘索应用于1834年出版的旋转理论中。潘索借助于一个椭圆体绕着某一固定平面进行旋转得出了简练的几何表达式，从而确定了旋转运动本质的清晰概念。西尔维斯特进一步扩展该理论以便于测量平面上旋转体的转速。

动力学问题的特殊分类由罗伯特·斯德威尔·鲍尔（Robert Stawell Ball，1840—1913）通过几何的方式进行研究，他曾经是爱尔兰皇家天文学家，随后是剑桥大学的天文学和几何学教授。1876年，鲍尔在都柏林写了一本名为《螺旋理论》（*Theory of Screws*）

以及其他后续作品中，详细地介绍了他的方法。其中也提到了现代几何，正如克利福德研究双－四元数（Bi‐quaternions）研究课题那样。曼彻斯特的亚瑟·布赫海姆（Arthur Buchheim，1859—1888 年），证明出格拉斯曼的《扩张理论》（*Ausdehnungslehre*），为椭圆空间螺旋的简单计算提供了所有必要的材料。贺拉斯·兰姆（Horace Lamb）将螺旋理论应用于任意固体在流体中的静态运动。

理论力学的发展，涉及积分和动力学方程的形式变换有关，是自拉格朗日开始，由泊松、哈密顿、雅可比、克勒维斯基女士（Madame Koalevski）以及其他数学家共同努力的结果。拉格朗日建立了运动方程的"拉格朗日形式"。他给出了一个任意常数变量的理论，但是结果不如泊松提出的理论有效。泊松的任意常数变量的理论以及积分法是自拉格朗日以来取得的重要成绩。随后，便是哈密顿的研究成果。哈密顿的发现是动态微分方程的积分与一阶或者二阶某些偏微分方程的积分相关，而这些偏微分方程来源于波动理论的推导尝试，得出的结果是，先前的几何光学是基于发射理论的概念。1833 年和 1834 年的《哲学学报》（*Philosophical Transactions*）中发表了哈密顿的论文。在这篇论文中出现了在不同原理力学运动中的第一次应用和特征函数，这些都是多年前研究并建立的。哈密顿向自己提出的目标可以用自己的论文题目来说明，也就是说，可以通过实际表示所有的积分方程来发现一个函数。哈密顿为运动方程获得了新形势，其重要性不低于研究报告中公开的目标，而没有什么比这个结果更加重要的了。哈密顿的测试方法被雅可比排除了不必要的解释，然后被雅可比应用在确定一般椭圆球体上的一条测地线上。在椭圆坐标的帮助下，雅可比对偏微分方程进行积分，并以两个阿贝尔积分之间的关系表示大地测量线方程。雅可比将终极乘数理论运用于动力学微分方程。动力学微分方程仅是雅可比研究微分方程中的一类。沿着拉格朗日、哈密顿和雅可比的动力学研究方向进行调查研究的还有刘维尔、阿道夫·德博夫（Adolphe Desboves）、阿米恩斯（Amiens，1818—1888）、塞雷特、施图姆、米歇尔·奥斯特罗格拉茨基、伯特兰、牛津大学的威廉姆·菲什伯恩·唐金（William

Fishburn Donkin，1814—1869）、布廖斯基，引领着标准积分系统理论的发展。

对一个固定点固体运动理论做出重要补充的是苏联著名科学家苏菲·科瓦列夫斯基（Sophie Kovalevski，1850—1891），她发现了运动微分方程可以进行积分的新情形。通过使用两个自变量函数，她提供了关于函数现代理论在力学问题中是如何使用的。她出生于莫斯科，师从魏尔斯特拉斯，在哥廷根获得了博士学位。自 1884 年至她逝世之前，她都是斯德哥尔摩大学高等数学的教授。上述研究在 1888 年获得了法兰西学院博尔丁奖（Bordin prize），由于论文优异使得奖金翻倍。

目前，动力系统的动能表达式一般有三种形式：拉格朗日形式、哈密顿形式以及去除速度改良的拉格朗日方程。在第一种形式中，动能可以表示为速度的齐次二次函数，它随着时间变化而变换系统坐标；在第二种形式中，是作为一个系统动量的齐次二次函数；第三种形式，由剑桥大学的爱德华·约翰·劳斯（Edward John Routh，1831—1907）"忽略坐标"的理论和剑桥大学巴赛特的阐述，他认为多孔固体在流体中的运动以及物理学其他分支中具有重要意义。

力学相似原理已经取得了现实意义。利用它可以从一个模型的性能来确定更大型机械的活动。这个原理由牛顿首次阐述（《原理》，第二卷，第八节，32 页），随后约瑟夫·伯特兰德从虚速度原理中推导出该定理。该定理应用于船舶制造上的一个推论，由英国海军建筑师威廉姆·弗德鲁（William Froude，1810—1879）进行命名，法国工程师弗雷德里克·瑞奇（Frederic Reech）也对这个推论进行了阐述。

动力学现在的问题与 19 世纪的那些问题完全不同了。用万有引力定律（law of universal gravitation）对天体轨道上以及轴向运动的解释是一个很大的难题，该难题由克莱罗、欧拉、达朗贝尔、拉格朗日和拉普拉斯解决的。在这个问题中并不包含摩擦阻力。目前，借助于动力学已经引用在物理科学中了。随之而来的便是因为存在摩擦力而使得问题往往很复杂。一百年前的天文学问题不同的是，他们一般无法直接观测到物质的运动现象。解决这个问题最伟大的先驱是洛德·开尔文（Lord Kelvin）。当开尔文还只是剑桥大学的在校学生时，假期总是在海边度假，开尔文通过研究旋转陀螺（spinning tops）理论，开始了这类研究，而关于旋转顶问题先前只有都灵三一学院的约翰·休伊特·杰莱特（John Hewitt Jellett，1817—1888）进行了解释，是在他的《摩擦理论论文》（*Treatise on the Theory of Friction*，1872）中解释的，对此还有研究的是阿奇博尔德·史密斯（Archibald Smith，1813—1872）。

19世纪关于力学的优秀著作有雅可比的《动力学讲座》（*Vorlesungen uber Dynamik*），由克莱布什在1866年进行编辑；基尔霍夫（G. R. Kirchhof）1876年的《数学物理学讲座》（*Vorlesungen uber Mathematische Physik*）；本杰明·皮尔士1855年的《分析力学》（*Analytic Mechanics*）；索莫夫（J. I. Somoff）1879年的《理论力学》（*Theoretische Mechanik*）；泰特（P. G. Tait）和斯蒂尔（W. J. Steele）1856年合著的《质点动力学》（*Dynamics of a Particle*）；乔治·明钦（George Minchin）的《静力学专著》（*Treatise on Statics*）；劳斯的《刚体系统的动力学》（*Dynamics of a System of Rigid Bodies*）；施图姆的《理工学院的力学课程》（*Cours de Mecanique deV Ecole Polytechnique*）。乔治·明钦（1845—1914）是印度工程学院的教授。

1898年，菲利克斯·克莱因（Felix Klein）指出，在英国和欧洲的数学研究中存在着差异，如劳斯的《动力学》（*Dynamics*）中所见的内容那样，它包含了英国这个方向二十余年的研究成果，并且与德国的研究相比，更注重具体性和实用性研究。为了使德国读者随时看到这些研究成果，威斯巴登的阿道夫·斯舍普（Adolf Schepp，1837—1905）在1898年将劳斯的这本教科书翻译成了德文。存在明显差异的是劳斯对于小振幅系统的研究；常系数线性微分方程的积分技术是较快发展的，只可惜在一定程度上这些发展成果还需要进一步验证其有效性。这项工作由克莱因和索莫菲尔德（A. Sommerfeld）于1897年至1910年在《陀螺理论》（*Theorie des*

Kreisels）中完成。

1744 年，塞森（Serson）在一艘船上开始了测试装有陀螺的磨光面人造水平仪的实用性。这个想法又被法国航海家拾起❶。塞森的陀螺引发了哈雷的塞格纳（J. A. Segner）在 1755 年给出了旋转陀螺理论的精确度，而这个旋转陀螺理论更多的是由欧拉在 1765 年进行研究的，随后是拉格朗日开始了后续研究。欧拉考虑到了在一个光滑的水平面上运动。随后的研究主要归功于潘索、泊松、雅可比、基尔霍夫、利普施塔特（Lippstadt）的爱德华·洛特纳（Eduard Lottner，1826—1887）。1914 年，格林希尔准备了一份《陀螺理论报告》（*Report on Gyroscopic Theory*），是借助于复变量函数理论发展起来的，比克莱因和索莫菲尔德的《陀螺理论》更能够引起工程师们的直接兴趣。在陀螺作用的实际应用中，有 1907 年路易斯·布伦南在伦敦皇家学会展出的鱼雷，也有布伦南的单轨铁路系统，还有就是美国工程师埃尔默·A. 斯佩里和德国的奥托·石里克设计性能稳定的船和飞机的方法。

在一个投射物偏离理论抛物线路径的偏差中，存在两种特别有意思的说法。一种认为是地球的自转，使得在北半球上有一点点向右的倾向，泊松（1838）和费雷尔对这一点进行了解释。另一种是因为抛射物的旋转，牛顿观察了网球的旋转，并通过应用来解释光的微粒说现象，本杰明·罗宾斯和欧拉对这种说法是肯定的。1794 年，柏林学院为这个现象的解释颁发了一个奖项，但是半个世纪以来没有任何令人满意的解释。

1839 年，泊松在《巴黎理工学院学报》（*Journ，école polyt*，第 27 页）研究了空气摩擦力对于旋转球体的影响，承认摩擦力不是解释偏差的充分条件。旋转球体上的空气压力差也是需要考虑的因素。基于此得出的解释被柏林的马格努斯认为是有效的，关于这一点波根多夫（Poggendorff）在 1853 年创作的《编年史》（*Annalen*）

---

❶A. G. 格林希尔（G. Greenhiu）. 1904 年海德尔堡国会记录（*Verhandl Intern Conger Heidelberg*）. 德国莱比锡. 1905：100.

第八十八卷中给出了一个解释。泰特（Tait）提出了与高尔夫球相关的问题。

彼得·格思里·泰特（Peter Guthrie Tait，1831—1901）出生于英国达尔基斯（Dalkeith），在剑桥大学学习，并以数学考试第一名的成绩于 1854 年毕业，这真是一件令人惊喜的事情，因为斯蒂尔在大学考试中经常领先。1854—1860 年间，泰特成了贝尔法斯特（Belfast）的数学教授，在这里他开始研究四元法；自 1860 年至他逝世以前，他都在担任爱丁堡的自然哲学教授一职。泰特发现高尔夫球的抛物线问题能够精确地描述近似解。他的一个儿子后来成为一名杰出的高尔夫球手。泰特刚开始解释高尔夫球能够长时间旋转的原因时，受到了他人的嘲笑。在 1887 年（《自然学报》，第 36 期，第 502 页），他证明了"旋转"在其中起着重要的作用，就像马格纳斯（1852）用实验方法建立的那样。泰特说："旋转时，球的上半部分转速要比中间部分快，因此球的前半部分因为旋转而逐渐下降，球本身也向那个方向倾斜。当一个球的底部被切除后，它便向相反的方向旋转，最后的结果是它会向上偏离而不是向下偏离。向上的趋势使得球的路径（路径的一部分）向内凹陷，虽然有着重力的影响……"泰特解释了下旋不仅扩大了飞行范围，还延长了飞行的时间。他这个发现的本质是一个球如果不旋转的话，就不能很好地对抗地球引力，但是有旋转的话可以行走更长的距离。泰特非常喜欢这个实验，而赫姆霍兹（H. Helmholtz，1871 年在苏格兰）"从这些洞孔中完全看不出乐趣"。

泰特在 1898 年对约瑟夫问题进行了全面概括，并给出了 n 个人规则：对于 n 个人来说，从中挑出第 m^{th} 个人以后，应当剩下其中的 v 个人。

自拉普拉斯和高斯时期，在许多研究报告中都提及了物体从地球表面附近坠落的偏差。所有作者的一致观点是从起始点悬挂一条垂线，就会发现物体将会偏向东方，但是对关于偏差可以沿着子午线进行测量的理论大家却持不同意见。拉普拉斯并没有发现子午线偏差，高斯发现了一个向赤道的小偏差。这个问题又引起了美国一

些数学家的关注。伍德沃德（R. S. Woodward）是华盛顿卡内基学院（Carnegie Institution）的主席，在 1913 年发现了一个偏离赤道的现象。芝加哥大学的莫尔顿在 1914 年发现了一个表示向南偏差的公式。圣·路易斯·华盛顿大学的罗韦尔（W. H. Rover），自从 1901 年开始在多篇文章中研究表示向南偏差的公式。他声称："并不存在一个位势函数能够满足地球上所有部分的偏差，高斯公式、斯帕尔伯爵的三个公式（里昂，1905）、莫尔顿教授公式以及我自己的第一个公式，都是一般公式的特殊情况。"

流体运动

构成流体运动理论的基础方程在拉格朗日时代已经完全建立起来了，但实际得到的解很少，而且主要是无旋转型的。解决流体运动问题一个非常有力的方法是 1843 年由剑桥大学彭布罗克学院（Pembroke College）的斯托克斯（G. G. Stokes）提出的影像法。在威廉·汤姆森（William Thomson）发现电子影像之前，并没有受到多少关注。因此，这个理论由斯托克斯、希克斯（W. M. Hicks）、路易斯（T. C. Lewis）得以发展。

乔治·斯托克斯（George Gabriel Stokes，1819—1903）出生在英国爱尔兰斯莱戈（Sligo）的斯堪瑞镇。1837 年，维多利亚女王继位，斯托克斯开始在剑桥定居，并且一直在剑桥居住了 66 年。在剑桥大学彭布罗克学院，斯托克斯的数学能力吸引了众人的注意，在 1841 年斯托克斯以数学考试第一名的成绩毕业，并成为第一个史密斯奖的得奖人。他主要研究应用数学的方向，1845 年出版了一本关于《液体的摩擦运动》（Friction of Fluids in Motion）的专著。在任意点附近介质的一般运动可以分为三个部分：一个是纯粹的平移，一个是纯粹的旋转，还有一个就是纯粹的张力运动。23 年后，赫姆霍兹也得出了与此相似的结论。将这一结论应用到流体力学中，斯托克斯得出了一般动力方程，纳维叶和泊松在之前也假设提出了动力方程更为特殊的案例。斯托克斯和 G. 格林都是应用数学法国学派的追随者。斯托克斯将方程应用到声音传播中，并证明了黏度使声音的强度随着时间的增长而减小，速度也会降低——特别是对高音来说。他认为弹性固体方程的两个弹性常数是相互独立的，而且不能像泊松理论中那样可以约为一个。斯托克斯的工作得到了开尔文的支持，并且似乎现在已被大众所普遍接受。1847 年，斯托克斯重新研究了振荡波理论（oscillatory waves）。另一篇论文是关于流体的内摩擦对钟摆运动的影响。他假设空气速度与密度形成比例关系，后来麦克斯韦证明这一论点其实是错误的。1849 年他开始研究以太作为弹性介质在衍射研究中的性质。

斯托克斯喜欢菲涅耳（Fresnel）的光波理论（wave theory of light），对戴维德·布鲁斯特（David Brewster）支持的微粒说（corpuscular theory）却是反对的。在 1862 年关于双折射问题的报告中，他对照了柯西、麦克卡拉（J. MacCullagh）和 G. 格林的著作。假设以太能够产生弹性形变，可以推断麦克卡拉的理论违背了力学定律，但是拉莫尔证明麦克卡拉的方程可以解释他反对的不是形变，而是旋转。斯托克斯写了关于傅里叶级数、一个平面上的半收敛扩展级数的任意常数不连续性方面的论文。斯托克斯对于流体力学和光学方面做的贡献很大。

流体力学的发展在 1856 年进入了一个新时代，这要归功于赫姆霍兹。他研究出了同类在缺乏黏度不可压缩流体中旋转运动的显著特性；证明了在涡丝这样的介质中可以进行无数次打结和缠绕，却是漫无目的，或者末端是在介质的游离表面，它们是不可分割的。这些结果提示威廉·汤姆森（洛德·开尔文）可以根据每一个原子在非摩擦的以太中都是一个涡环，以及作为这样的涡环在物质和持续时间方面必须是绝对永恒的特性，在它们的基础上建立一种原子理论新形式的可能性。剑桥大学的汤姆森（生于 1856 年）在经典著作《涡环运动》（*Motion of Vortex Rings*）中，讨论了涡旋—原子理论（vortex - atom theory），汤姆森在 1882 年获得了亚当斯奖（Adams Prize）。贺拉斯·兰姆（Horace Lamb）、托马斯·克雷格（Thomas Craig）、亨利·奥古斯都·罗兰（Henry Augustus

Rowland）以及乔成天文台（Kew Observatory）的查尔斯·克瑞（Charles Chree）也出版了关于涡旋运动的作品。

对喷射课题进行研究的数学家有赫姆霍兹、基尔霍夫、普拉托以及洛德·瑞利（Lord Rayleigh）；研究流体运动的有斯托克斯、汤姆森（洛德·开尔文）、科普克（H. A. Kopcke）、格林希尔以及H. 兰姆；研究黏性流体理论的有纳维叶、泊松、圣维南（B. de Saint Venant）、斯托克斯、布雷斯劳的奥斯卡·埃米尔·迈尔（Oskar Emil Meyer，1834—1909）、A. B. 斯特凡诺（A. B. Stefano）、麦克斯韦、利普希茨、克雷格、赫姆霍兹以及巴西特。因为运动方程没有像完美流体这样的确定性，粘性流体存在很大的困难，由于摩擦理论的不足，将一个小区域上的斜压力与速差连接起来非常困难。

流体波一直是英国数学家们非常喜欢的研究课题。泊松和柯西的早期研究主要在于探索小部分流体上任意动作产生干扰波的原因。拉格朗日在 1786 年给出了在矩形断面通道下的长波的速度，格林在 1839 年给出了三角形截面通道下的长波速度，爱丁堡的菲利普·凯兰（Philip Kelland，1810—1879）给出了在任意等截面通道下的长波速度。乔治·B. 艾利在《潮汐和海浪》（*Tides and Waves*）一文中，舍弃了近似值，给出了在等矩形截面下长波理论的精确方程，但是他没有给出通解。邓迪（Dundee）大学的麦考文（McCowan）更全面地讨论了这个主题，并为某些例子找到了精确和完整的解。长波理论最重要的应用是用于解释河流及河口处的潮汐现象。

孤立波的数学研究是山姆·恩绍（S. Earnshaw）在 1845 年开始的，随后斯托克斯也对该项目进行了研究；但是第一个声音近似理论是布辛尼斯克（J. Boussinesq）在 1871 年给出的，他获得了它们形式的方程式以及与试验结果一致的速度值。洛德·瑞利和约翰·麦考文给出了其他近似的方法。关于深水波，曼彻斯特大学的奥斯鲍恩·雷诺（Osborne Reynolds，1842—1912）在 1877 年给出了关于动力学的解释，即：事实上一组深水波前进的速度只是单个波前进速度的一半。

椭圆体在流体中一般运动问题的解应当归功于乔治·格林

（1833）、克莱布什（1856）以及奥斯陆（1873）卡尔·皮叶克内斯（Carl Anton Bjerknes，1825—1903）坚持不懈的努力。汤姆森（洛德·开尔文）、基尔霍夫以及贺拉斯·兰姆对固体在流体中的自由运动做了研究调查。通过这些努力，单一固体在流体中的运动更容易为大众理解，但是两个固体在液体中的运动还没完全发展。希克斯对这个问题进行了解决。

旋转液体球振荡周期的确定与月球起源问题有很大的关系。乔治·达尔文根据黎曼和庞加莱的研究结果建立起来的调查理论，似乎在反驳拉普拉斯关于月球作为一个环从地球中脱离出来的理论，因为拉普拉斯认为角速度太大不利于稳定，但是乔治·达尔文并没有发现不稳定性。

对有些问题的解释存在着较大争议，但是通过应用动量原理已经寻求到了更好的理解，动量原理起源于弗鲁德和洛德·瑞利。洛德·瑞利还考虑了波的反射，并非是指突然转换处两种分开的均匀介质表面上的波，而是在转换平缓处两种介质范围内的波。

第一次开始认真研究地球表面的风循环是在 19 世纪中叶，由美国气象学家威廉·C. 雷德菲尔德（William C. Redfield，1789—1857）和铁路设计者华盛顿的詹姆斯·波拉德·埃斯皮（James Pollard Espy，1786—1860）研究的。受到他们研究的启示，美国国家气象局开始研究风循环，柏林的海因里希·威廉·多弗（Heinrich Wilhelm Dove，1803—1879）沿着英国少将威廉·里德（Sir William Reid，1791—1858）的成果开始研究，威廉·里德发展了飓风循环理论。同时在西印度群岛的英国亨利·帕丁顿（Henry Piddington，1797—1858）不断积累数据，用于确定海上风暴的原因，并发明了术语"气旋"（cyclone），还有就是耶鲁大学的罗密士（Elias Loomis）也在研究相似问题。但是威廉·费雷尔（William·Ferrel，1817—1891）对不同大气层运动中存在的奇妙相关性有了深刻的了解。他出生在宾夕法尼亚州的富尔顿县（Fulton County），在农场长大。尽管在不利的环境中长大，但对知识的渴望促使这个男孩精通地掌握一个又一个分支知识。费雷尔就读于宾夕法尼亚州的马歇尔大学，1844 年毕业于伯特尼学院（*Bethany College*）。在学校教学期间，费雷尔开始对气象学和潮汐学感兴趣。1856 年，费雷尔写了一篇《海洋风和气流》（*The Winds and Currents of the Ocean*）的文章。第二年，费雷尔创刊了《航海年鉴》（*Nautical Almanac*）。1858 年发表了一篇名为《相对地球表面的流体和固体运动》（*The Motion of Fluids and Solids Relative to the Earth's Surface*）的数学论文。该学科后来不断得到扩展，因此得到了关于旋风、龙卷风、水流（water - spouts）等数学理论。1885 年，费雷尔出版了《气象学最新进展》（*Recent Advances in Meteorology*）。维也纳的法国天体物理学家朱利叶斯·弗迪南德·冯·汉恩（Julius Ferdinand von Hann，1839—1921）认为，费雷尔比任何其他物理学家和气象学家对大气物理学的发展做的贡献都更大。

费雷尔认为气流是盘旋向两极移动的，这种情况同时存在大气的上层和纬度超过 30°的地球表面；然而，回流在接近直角的上空盘旋，同时也盘旋在地球表面以上的空间，以及在北纬 30°和南纬 30°平行线区域组成的区域中盘旋。三叠气流盘旋的想法最初是由洛德·开尔文的兄弟詹姆斯·汤姆森（James Thomson，1822—1892）提出的，但是以非常抽象的形式发表。

费雷尔的观点对美国、奥地利、德国理论研究来说提供了强烈的动力。对于费雷尔论点提出的一些反对意见也逐渐消失，或者已经被哈佛大学的戴维斯答复，对剑桥大学沃尔多的数学分析，进一步证实了该理论的准确性。喀拉喀托火山尘埃的漂移以及对云层的观测表明，赤道上存在一股气流。维也纳的约瑟夫·佩恩特（Josef. M. Pernter，1848—1908）已经用数学的方法，从 W·费雷尔的理论中推导出这样一种气流的存在。

另一种大气环流的理论由柏林的维尔纳·冯·西门子（Werner Von Siemens，1816—1892）提出，在该理论中他试图将热力学运用到空气流中。赫姆霍兹（H. Helmholtz）提出了一些非常重要的新观点，他得出结论，当两股气流向不同的方向流动时，空气波系统的产生就像在海上形成的方式一样。他和图宾根的安东·奥博贝克（Anton Oberbeck，1846—1900）的研究表明，当海浪达到16～33英尺长时，空气波的长度必须达到10～20英里，并且和深度成正比。叠加层会深度混合，它们的能量可能会部分消散。赫姆霍兹旋转的流体动力学方程，解释了赤道地区的观测速度与20°或30°纬度地区相比较小了很多的原因。其他在大气循环理论方面做的重要的贡献是，在布伦瑞克市帕维亚大学的马克思·穆勒（Max Moller）和路易吉·德马奇（Luigi de Marchi）的研究成果。大气扰动的能量源被W·费雷尔和雷耶（Th. Reye）认为是凝结过程中的热量释放。1905年，维也纳大学的马克思·马尔古莱斯（Max Margules）证明了热能，即假设冷空气向下移动时会产生热量，而且这个热量并没有来自风的动能，即位势降低，动能却在增强。不对称的气旋已经被帕维亚大学的路易吉·德马吉进行特别研究。反气旋也受到了来自波士顿附近的蓝山天文台的亨利·H. 克莱顿（Henry H. Clayton）、维也纳的汉恩、华盛顿的毕格罗（F. H. Bigelow）、维也纳的马克思·马尔古莱斯的关注。

声能和弹性势能

大约在1860年，人们带着新的热情开始研究声学。在18世纪，管道和振动弦的数学理论已经被丹尼尔·伯努利、达朗贝尔、欧拉和拉格朗日阐述。19世纪前半叶，拉普拉斯纠正了牛顿关于气体声速的理论；泊松（S. D. Poisson）给出了扭转振动的数学论述；泊松、索菲热尔曼（Sophie Germain）和查尔斯·惠斯通（Charles Wheatstone）研究了克拉尼图形（Chladnis figures）。托马斯·杨（Thomas Young）与兄弟H. 韦伯（H. H. Weber）开创了声音的波理论。赫歇尔爵士（Sir J. F. W. Herschel，1792—1871）1845年在《大都会百科全书》（Encyclopedia Mctropolitana）中写了关于声音的数学理论。跨时代的是赫姆霍兹（H. Helmholtz）的实验和数学研究。在他和瑞利（Rayleigh）的研究中，傅里叶级数得到了应有的重视。赫姆霍兹给出了节拍不同的音差与和音的数学理论。剑桥大学的物理学家瑞利男爵（Lord Rayleigh）（生于 1842 年）对声学进行了广泛的研究并将其作为数学一般振动理论的一部分。特别值得一提的是，瑞丽男爵做了关于一个球形障碍物对声波现象所产生干扰的讨论，以及与流体射流不稳定的有关现象，如敏感的火焰。在 1877 年和 1878 年，瑞丽男爵发表了两篇关于声音理论（The Theory of Sound）的论文。关于这个问题的其他数学研究已由英格兰牛津大学的威廉·菲什伯恩·唐金（William Fishburn Donkin，1814—1869）和斯托克斯（G. G. Stokes）实现。关于傅里叶级数行为的一个有趣的论点是由耶鲁大学的吉布斯在 1898 年研究出来的。芝加哥大学的迈克尔逊（A. A. Michelson）和斯特拉顿（S. W. Stratton）通过谐波分析实验表明，该级数是 160 项的总和，公式为 $\dfrac{\sum (-1) \times 1^{n+1} (\sin nX)}{n}$，随着 n 的增加，曲线中出现了一些意想不到的突变。吉布斯（《自然学报》，第五十九期，606 页）证明，通过对 n 和 x 变化顺序的研究，从而得出了结论，这些现象并非是不完善秩序的研究，而是真正的数学现象，这些现象被称为"吉布斯现象"（Gibbs' phenomenon），并已受到由马克西姆·博谢、格朗瓦尔（T. H. Gronwall）、赫尔曼·外尔（H. Weyl）和卡斯劳（H. S. Carslaw）进一步的关注。

弹性理论属于 19 世纪的成果。在 1800 年之前并没有尝试概括一般的运动方程或弹性固体的平衡方程。例如，詹姆斯·伯努利（James Bernoulli）考虑了弹性膜；丹尼尔·伯努利（Daniel Bernoulli）和欧拉则研究振动棒；拉格朗日和欧拉（L. Euler）研究弹簧和柱体的平衡。19 世纪最早的研究是由英格兰的托马斯·杨（"杨氏模量弹性"）、法国的比奈（J. Binet）和意大利的普拉纳（G. A. A. Plana）进行的，主要是拓展和修正早期的力学。1820 年和 1840 年，现代弹性理论的大致轮廓被建立。这几乎是由法国数学家路易·玛丽·亨利·纳维（Louis Marie Henri Navier，1785—1836）、泊松（S. D. Poisson）、柯西、日耳曼的索菲女士

（Mademoiselle Sophie，1776—1831）和费利克斯·萨伐尔（Felix Savart，1791—1841）全部完成。布克哈特（H. Burkhardt）说："关于固体弹性理论的起源有两种观点，其中任何维度都不容忽视。"第一种观点认为，冲量的决定来自菲涅耳的光波动理论（Fresnel's undulatory theory of light），另一种观点认为，一切都可以追溯到刚性的技术理论（festigkeitsytheorie），其中具有代表性的是当时的纳维（Navier）。柯西说："通常在这种情况下，真相就在于中间，我们主要欠缺的是确定基本概念，如应变和应力就是从菲涅耳以及纳维的研究中学到的。"

泊松出生在皮蒂维耶（Pithiviers）。泊松一生对钟摆的研究极感兴趣，直到晚年，他仍用大部分时间和精力在从事对钟摆的研究。他的父亲希望他从事医学专业，但是他讨厌学医，于是在 17 岁时考入了巴黎理工学院。他的天赋引起了拉格朗日和拉普拉斯。18 岁时，在勒让德的推荐下，泊松写了一本关于有限差的专著。他很快成了学校的讲师，举办各种政府科学文章和教授活动，这贯穿了他的全部生活。他准备了大约 400 份资料，主要是关于应用数学。在 1811 年至 1833 年间，他著作的《力学教程》（*Traite de Mecanique*）的第二卷被当作标准使用了很长时间。他研究了关于热学的数学理论、概率论、弹性理论、热物理、行星运动理论、积分理论、级数以及位势理论。泊松被认为是当时的领军人物之一。有一个故事，在 1802 年，一个即将参军的年轻人，要求泊松帮他保管 100 美元。泊松说："好吧，把它放在那里，让我工作吧，我有很多事要做。"年轻人把钱袋放在架子上，泊松把钱放在一本贺拉斯阶写的书里，并把书藏起来。20 年后，这个士兵回来了，并要当初放在泊松保管的钱。但泊松什么也不记得了，并愤怒地问："你确定把钱放在我的手上吗？"士兵回答说："不，我把钱放在了架子上，你把它放在了一本书里。"士兵把贺拉斯那本满是灰尘的书取出来，发现了 20 年前放在那里的 100 美元。

泊松在弹性理论研究方面的造诣可以和柯西比肩，仅次于圣维南。泊松发现在弹性介质中可以传播横波和纵波。他用理论推演出

各向同性弹性杆在纵向拉伸时，横向收缩应变与纵向伸长之比是一个常数，但与实验有差距。泊松关于弹性板的外形条件受到了来自柏林的古斯塔夫·基尔霍夫的反对，并且基尔霍夫设立了新条件。开尔文和泰特在论自然哲学中解释了泊松和基尔霍夫二人研究边界条件的差异，建立了它们之间的联系。

柯西是弹性力学理论的奠基人。我们把应力理论的起源归功于他，因为他实现了从对相邻分子上施加的力考虑过渡到小平面上一个应力的转变。他预料格林和斯托克斯（G. G. Stokes）会给出具有两个常数的各向同性弹性方程，弹性理论是由意大利的加布里·奥皮奥拉根据拉格朗日的《力学分析原理》中得来的，但是这种方法与泊松和柯西方法相比优势并不明显。温度对压力的影响被第一次进行实验研究是由哥廷根的威廉·韦伯（Wilhelm Weber）完成的，然后杜哈梅（J. M. C. Duhamel）利用数学方法，假设了泊松弹性理论，验证了当我们考虑温度变化时公式所经历的形式变化。韦伯（W. Weber）也是第一个实验弹性应变的人。其他重要的实验是由不同的科学家完成的，这些实验揭示了一个更广泛的现象，并且需要更全面的理论。由弗兰兹·约瑟夫·冯·格斯特纳（Franz Joseph von Gerstner，1756—1832）在布拉格和伦敦的伊顿霍金森大学完成研究的，同时英国的新一代物理学家和法国的路易斯·约瑟夫·维卡特（Louis Joseph Vicat，1786—1861）对绝对强度进行了广泛的实验。维卡特大胆抨击了曲率的数学理论，因为未能考虑切变和时间因素。结果，一个有理论依据的曲率理论很快就被圣·维南（B. de Saint Venant）提出。彭赛列进一步研究了弹性理论和内聚力。

加布里埃尔·拉梅（Gabriel Lame，1795—1870）出生在法国图尔市，在巴黎理工学院毕业。他和克拉佩龙（B. P. E. Clapeyron）等人被调派到俄罗斯监督桥梁和道路建设。1832年，拉梅回国后在职业学校物理系任教授。随后，他在巴黎举办各种工程展和学者交流。作为工程师，他积极参与了法国第一条铁路的建设。他的数学天才主要体现在数学物理方面的四部作品中：《关于超越反函数的曲线等线》（*Lesons sur les Fonctions Inverses des Transcendantes et les Surfaces Isothermes*）、《曲线坐标及其各种应用》（*sur les coordonaées cunilignes et leurs diverses applications*）、《热分析理论》（*sur lathéorie analytigue de la chaleur*）、《固体的弹性数学理论》（*Sur la théorje mathématigue de l'élasticité des corps sdides*，1852）。并在各种研究报告中表现出很好的分析能力，但由于很少接触物理学，导致他除了弹性以外对其他物理学主题缺乏贡献价值。在考虑一定条件下椭球的曲面等线时，他采用类似拉普拉斯函数的理论，称之为"拉梅函数"，一个以拉梅名字命名的弹性问题，即研究球形弹性包络线在给定的边界球体负荷下分布的平衡条件，并确定由此产生的位移可以说是完全解决了一般弹性问题。他对一般弹性方程的推导和变换值得赞扬，并可以应用于双折射。拉梅认为矩形和三角形的膜与数论中的问题有关。博尔夏特（H. Burkhardt）认为，法国数学物理学的重要时期，大约在 1810 年至 1835 年，但数学物理学在拉梅的指导下采取的方向是不幸的。由于拉梅对代数问题的误导，只是用纯粹数学，而不是应用数学，这和数论的理论研究相去甚远，因为计算简单的矩形板和相应一系列的解是需要使用二次不定方程的。

继续看弹性研究的历史概况，我们可以观察到，光弹性的引入是由拉梅、冯·诺伊曼和麦克斯韦提出的。斯托克斯、沃特海姆（W. Wertheim）、鲁道夫·克劳修斯（Rudolph Clausius）、杰利特（J. H. Gillett）将眼光放在"有效常数"和"多重常数"的研究上，并分成两个对立的派别。纳维（L. M. H. Navier）和泊松的"易变常数"被柯西质疑，并受到了格林和斯托克斯的严厉批评。

巴利·圣维南（Barré de Saint Venant，1797—1886），法国力学家，道路和桥梁工程师（ingénieur des ponts et chaussées），致力弹性理论实践价值的研究是他毕生事业。像维卡特这样的实践工程师对理论家们的指责，使圣维南将这个理论应用于真正需要的地方，作为实践人员的指导。他纠正了前辈犯的一些错误。通过考虑滑动修正了弯曲理论，通过引入三力矩而得到双曲率弹性杆理论，发现原平面截面的变形修正扭转理论。圣维南关于扭转的研究成果充满了精美的图形，在杆没有侧面作用力的情况下，他表明，如果端力通过一个确定的规律分布在端面上，弯曲和扭转问题可以得到解决。1862 年，克莱布什在《弹性理论》（*Lehrbuch der Elastizität*）中表明这个问题在没有末端力的情况下是可逆的。克莱布什❶将研究扩张到非常细的杆和非常薄的板。巴利·圣维南考虑到组合式火炮在科学设计中出现的问题，他的解和拉梅的解有很大的不同，拉梅的解是通过朗肯（W. J. M. Rankine，1820—1872）普及的，多用于枪支的设计。在圣维南翻译成法语的《布施的弹性》（*Clebsch's Elastizität*）中，他发展了一种表示应变和应力的双后缀符号。尽管这个符号平常是有益的，但是太累赘，并没有被普遍采用。卡尔·皮尔逊（Karl Pearson）是伦敦大学高尔顿教授的优等生，在他早期的数学研究中，他研究了一般桥梁弯曲理论应用的许可限值。

此间，弹性力学的数学理论仍然处于不确定状态。科学家们不仅被分为"有效常数"和"多重常数"两个学派，而且在其他重要问题上也存在意见分歧。在众多的现代弹性研究者中可能会提到埃米尔·马蒂厄（Emile Mathieu，1835—1890），他是法国贝桑松的教授；莫里斯·列维（Maurice Levy，1838—1910），在巴黎的法兰西学院任职；查尔斯·克雷（Charles Chree），英国皇家天文台的负责人；巴塞（A. B. Basset）、格拉斯哥的开尔文、巴黎的布西内等。开尔文把弹性固体定律应用在地球的弹性研究中，这是海洋潮汐理论的一个重要部分。如果地球是一个实体，由于太阳和月亮的吸引力，那么它的弹性与相对变形的重力相互作用。拉普拉斯研究了只有重力作用下的变形。拉梅研究了如果只有弹性发挥作用实心球将如何变形。开尔文结合了两种结果，并与实际变形进行了比较。开尔文和后来的乔治·达尔文，计算出地球潮汐形变阻力几乎和钢铁

---

❶阿尔弗雷德·克莱布什（Alfred Clebsch）在尝试论述和欣赏他和他的一些朋友的科学成就（*Versuch einer Darlegung und Würdigung Seiner Wissenschaftlichen Leistungen von Einigen Seiner Freunde*）. 德国莱比锡. 1873.

的一样大。这一结论验证了由西蒙·纽科姆在纬度和其他情况下观测到的周期性变化。理想的地球周期是 360 天，实际周期是 441 天，观察到的周期是 430 天。

在由迈耶编辑关于弹性的书中提到了拉梅、克莱布什、温克勒、比尔、马蒂厄、艾伯特逊和诺依曼的著作。

近年来，现代分析的发展，特别是积分方程方向，已经被用于弹性理论和位势理论。某些给定表面条件下均匀质体弹性理论的静力问题，其解决方案已由斯德哥尔摩的弗雷德霍姆（E. I. Fredholm）、卡塔尼亚大学的劳里切拉（G. Lauricella）、那不勒斯的马尔科龙戈（R. Marcolongo）和苏黎世的赫尔曼·威尔给出；科恩和都灵的博焦（T. Boggio）提出了不同的程序方式。

与引力和弹性的研究密切相关的是球谐函数的发展。勒让德最初在论文中将球谐函数应用在对旋转体的研究上；1782 年拉普拉斯的研究报告中用球谐函数找到一个近球形的固体位能；第一次发展是由罗德里格斯（Olinde Rodrigues，1794—1851）做出的，他是法国的经济学家和改革家，1816 年给了一个公式 p^n，后来由伊沃里和雅可比独立推导出这个公式。"调和函数"由高斯命名。在德国做出了重要贡献的人有雅可比·狄利克雷，弗朗茨·恩斯特·诺伊曼（Franz Ernst Nevmann，1798—1895）——哥尼斯堡的物理和矿物学的教授，以及他的儿子卡尔·诺伊曼（1832—?），斯特拉斯堡大学的克里斯托费尔·戴德金，慕尼黑的古斯塔夫·奥尔，西普鲁士埃尔布隆格的古斯塔夫·梅勒（Gustar Mehler，1835—1895）和基尔的卡尔·贝尔（Karl Baer，1851—?）。尤其活跃的是哈雷大学的爱德华·海涅（Eduard Heine，1821—1881），他是《球面函数指南》（the Handbuch der Kugelfunktionen）的作者。在瑞士培养数学家的代表，是伯尔尼大学的施勒夫利；在比利时，是列日大学的尤金·加泰罗尼亚（Eugene Catalan）；在意大利，是贝尔特拉米（E. Beltrami）；在美国，是哈佛大学的拜尔利（W. E. Byerly）；在法国，是泊松、拉梅、斯蒂尔杰斯（T. J. Stieltjes）、达布、埃尔米特、保罗·马蒂厄、赫尔曼·劳伦特（Hermann Laurent，1841—1908，

巴黎理工学院的教授），劳伦特的研究引起德国作家进行了优先竞赛。在英国，球谐函数受到了汤姆森（开尔文）和泰特的注意，这一点体现在 1867 年的《自然哲学》一书中；同时关注的还有曼彻斯特的威廉·D. 尼文（William D. Niven）、剑桥大学的诺曼·费勒斯（Norman Ferrers，1829—1903）和霍布森、牛津大学的洛夫等。

光能、电能、热能、势能

黎曼认为物理学科的存在是从微分方程的发现开始的，甚至能在数学物理学的进展概述中找到这短暂的零散佐证。光的波动理论，首先由惠更斯提出，这在很大程度上归功于数学的力量：通过数学的假设分析计算出了最后的结果。托马斯·杨（Thomas Young，1773—1829）是第一个解释光和声音的干涉原理，并率先提出了光波横向振动的概念。托马斯·杨的说法通过广泛的数值计算没有得到验证，也没有引起多少注意，直到奥古斯丁·让·菲涅耳（Augustin-Jean Fresnel，1788—1827）应用了比托马斯·杨更广泛的数学分析，波动理论才开始有了说服力。但菲涅耳的一些数学假设并不令人满意，所以拉普拉斯、泊松和其他属于严谨的数学学派起初不屑考虑这些理论。他们的反对使菲涅耳鞭策自己做出了更大的努力。阿拉果当偏振和双折射被托马斯·杨和菲涅耳解释之后，拉普拉斯终于被征服了。

泊松从菲涅耳的公式中得出了看似是矛盾的推论，即一个小圆盘必须在中心投射一个有亮点的阴影，但这个发现与事实是一致的。该理论被另一位伟大的数学家哈密顿所采纳，他的公式预测出锥形折射，由汉弗莱·劳埃德（Humphrey Lloyd）通过实验验证。然而，这些预测并不能证明菲涅耳公式是正确的，因为这些预测可能是由其他形式的波理论作出的。该理论通过柯西、毕奥、乔治·格林、冯·诺伊曼、基尔霍夫、麦克卡拉、斯托克斯（G. G. Stokes）、圣维南以及巴黎理工学院的埃米尔·萨劳（Emile Sarrau，1837—1904）、哥本哈根的卢兹维·瓦汀·洛伦兹（Ludvig Lorenz，

1829—1891）和威廉·汤姆森（开尔文）等人的著作被放置在一个更合理的动力学基础上。在波理论中，如格林和其他人所研究的，以太（luminiferous ether）是不可压缩的弹性固体，因为液体是不能横向振动传播的。据格林所说，这样的弹性固体会发射一个无限速度的纵向扰动。而斯托克斯却说，在有限的干扰情况下以太可能像一个流体，在光传播无穷小扰动的情况下像一个弹性固体。菲涅耳假设以太在不同媒介下密度不同，但弹性相同，而冯·诺伊曼和麦克卡拉假设密度均匀，所有物质的弹性不同。在冯·诺依曼和麦克卡拉的假设下，振动方向位于偏振平面上，而不是垂直于菲涅耳理论。

虽然以上科学家试图解释一种介质的所有光学特征完全来自刚性介质或以太密度的差异，但是还有其他学者提出的理论认为，大量的分子和以太之间的相互作用是导致折射和分散的主要原因。在这一领域的首席代表有布辛尼克、塞尔梅耶、赫姆霍兹、隆梅尔、凯特勒、福格特，无论是这个学派还是首次命名的学派，都没有成功地解释所有现象。另一些学派由麦克斯韦建立，他提出了电磁理论得到了广泛的发展。根据麦克斯韦的理论，振动方向不完全偏振于平面，也不再垂直于它，而是发生在两个平面上，一个磁振动在一个平面，一个电动在另一个平面上。菲茨杰拉德（G. F. Fitzgerald）和都柏林的特鲁顿验证了麦克斯韦通过对电磁波实验得出的结论。

数学和实验对光学做的贡献，必须提到亨利·奥古斯都·罗兰（Henry Augustus Rowland，1848—1901）和他的凹光栅理论，他是约翰霍普金斯大学的物理学教授，和迈克尔逊一起对干扰进行了研究，以及在天文测量中应用了干扰方法。

在电学和磁学的数学理论中最基本的一个重要功能是"电势"。它于 1773 年在引力中被测定，由拉格朗日首先使用。不久之后，拉普拉斯提出著名的微分方程，即 $\dfrac{\partial^2 V}{\partial x^2}+\dfrac{\partial^2 V}{\partial y^2}+\dfrac{\partial^2 V}{\partial z^2}=0$。这个函数由泊松进行扩展——在函数的右端用 $4\pi k$ 代替 0，以便它不仅可以用于这个，而且适用于任何一点。除了引力问题之外，首先用势函数的是格林。格林将势函数引入了电学和磁学的理论中。格林是一个自学成才的人，开始他是一个面包师，在他去世时他已经成为剑桥大学凯厄斯学院的研究员。在1828年，格林以个人的名义，在诺丁汉发表了一篇题为《电学和磁学理论的数学分析》（*Essay on the Application of Mathematical Analysis to the Theory of Electricty and Magnetism*）的文章。1846年，英国数学家威廉·汤姆森（开尔文勋爵）将这篇文章转载于《纯粹与应用数学杂志》的第四十四卷和第四十五卷，之前没有人注意到它。它包含了现在被称为势函数的"格林定理"。同时，所有格林提出的一般定理已经被威廉·汤姆森（开尔文勋爵）、M. 沙勒（M. Chasles）、施图姆和高斯重新发现。势函数是由格林给出的。哈密顿称其为"力函数"（force function），而高斯约1840年确保了该函数的普遍应用，把它简单地称为势。格林解决了关于引力、波、声音和光的传播及弹性理论等问题。他研究的问题与泊松以前考虑的问题有关。高斯证明了"高斯的平均值定理"，此外也考虑了势的极大值与极小值的问题。

对电学和磁学做出巨大贡献的是威廉·汤姆森（后来被授予成为威廉·汤姆森爵士和开尔文勋爵），他被称为"热力学之父"。汤姆森出生在爱尔兰的贝尔法斯特，拥有苏格兰血统，他和兄弟杰姆斯在格拉斯哥学习。之后，他进入剑桥大学开始学习，并于1845年以第二名的优异成绩毕业。西尔维斯特、麦斯威尔、克利福德和汤姆森都是伟大的人，他们都以第二名的成绩毕业于剑桥大学。汤姆森在22岁时，被选为格拉斯哥大学的自然哲学教授，他在去世前一直担任该职位。由于他创造了辉煌的数学和物理成就，他被授以爵位，并在1892年受封为开尔文勋爵。他受到傅里叶和其他法国数学家在数学物理上的极大影响。傅里叶关于固体热量流动的数学方法使汤姆森通过一根导线掌握了电流的扩散以及解决了大西洋电报公司发送信号所遇到的困难。1845年威廉·汤姆森访问巴黎时，拉普拉斯、勒让德、傅里叶、萨迪·卡诺、泊松和菲涅耳都已去世。汤姆森见到了刘维尔，汤姆森给刘维尔写了1828年格林著名的研究报告。汤姆森遇到了沙勒、布洛、勒尼奥、施图姆、柯西和傅科。一天晚上，施图姆非常兴奋地拜访了汤姆森。"你有格林的研究报告?"施图姆惊呼道。这篇文章曾出版过，施图姆急切地拜读它的内容。"啊! 那是我的事。"汤姆森叫道，从自己的座位上跳起来，因为他看到了格林先生等效分布定理的公式。开尔文研究的位势理论是具有划时代意义的。所谓的"狄利克雷原理"是开尔文在 1848 年发现的，略早于狄利克雷。在 1867 年，他与泰特编写了著名的《自然哲学的论述》（*Treatise of Natural Philosophy*）。开尔文绝对是一个直觉学派的数学家，数学家中的纯粹主义者经常批评开尔文的"直觉"数学。"不要想象，"批评者曾经说过，"数学晦涩难懂，还经常与常识相悖。它不过是常识的优化"。然而，即使在数学上，开尔文也有自己的喜好。当 1845 年他在英国协会会议上遇见哈密顿，之后阅读了哈密顿一篇关于四元数的文章，人们可能会认为威廉·汤姆森将会非常喜欢这种新的分析，但并非如此，汤姆森当时并没有使用它。根据四元数的特点，汤姆森和泰特斗争了 38 年❶。我们归功于威廉·汤姆森新的综合方法，即电像法理论建立在此基础上的电反演法。通过这些方法，他可以确定电力呈碗状分布，一个以前被认为是无法解决的问题。在这之前，静电对导体的分布已主要由泊松和普拉内（G. A. A. Plana）研究。1845 年，哥尼斯堡的冯·诺伊曼从楞次的实验定律中研究出磁电感应的数学理论。1855 年，威廉·汤姆森通过数学分析预测：在某些情况下，一个通过线性导体莱顿瓶的放电情况将包括一系列的衰减振荡。这是由华盛顿的亨利·约瑟夫首先建立的实验。威廉·汤姆森计算出了海底电缆的静电感应。由于不同的金属片，针对屏蔽效应的感应问题已由霍勒斯·拉姆（Horace Lamb）和查尔斯·尼文（Charles Niven）解决。H. 韦伯的主要研究是关于电动力学的。在 1851 年，赫姆霍兹给出了在不同情况下感应电流数学理论的过程。古斯塔夫·罗伯特·基尔霍夫（Gustav Robert Kirchhoff, 1824—1887）是海

---

❶S. P. 汤普森（Willian Thomson）. 威廉·汤姆森的生活（*Willian Thomain's Life*）. 英国伦敦. 1910：452，1136—1139.

德尔堡布雷斯劳的教授。自 1875 年开始，在平面导体上研究了电流
分布，以及线性导体网状结构每个分支中的电流强度。

电磁的整个研究课题由英国物理学家数学家麦克斯韦彻底改变
了。他出生在爱丁堡附近，进入爱丁堡大学，并成为兰德（Kelland）
和福尔贝斯（Forbes）的学生。1850 年，他去了剑桥大学三一学院，
并获得二等荣誉学位的成绩毕业，劳斯（E. Routh）是一等荣誉学位。
之后，麦克斯韦成为剑桥大学的讲师。1856 年，他成为阿伯丁大学的
教授。1860 年，他成为伦敦大学国王学院的教授。1865 年，他辞职
后过着休闲生活，直到 1871 年，他成为剑桥大学物理学教授。麦克
斯韦不仅把迈克尔·法拉第（Michael Faraday）的实验成果转化成数
学语言，而且还从赫兹的实验中建立了光的电磁理论。他的第一个研
究结果发表于 1864 年。1871 年，出版了《论电和磁》。法拉第根据一
般方程式建立了电磁理论，这些方程建立在纯动力学原理上，并确定
电场的状态。1873 年，麦克斯韦出版了科学名著《电磁理论》。电磁
理论得到了瑞利男爵（Lord Rayleigh）、汤姆森、罗兰、格莱斯布鲁克
（R. T. Glazebrook）、赫姆霍兹、玻尔兹曼（L. Boltzmann）、赫维赛德
（O. Heaviside）、坡印廷（J. H. Poynting）等人的发展。赫尔曼·赫姆
霍兹（Herman von Helmholtz，1821—1894）出生在波茨坦，学医，
是柏林慈善医院的助理，之后成为一名军医、解剖学教师，在哥尼斯
堡大学、波恩大学和海德尔堡大学进行生理学教学。1871 年，赫姆
霍兹作为马格纳斯物理学的继任者去了柏林。1887 年，赫姆霍兹成
为新的物理技术研究所的主任。作为一个 26 岁的年轻人，赫姆霍兹
出版了著名的作品，即《力量的守恒》（*Ueber die Erhaltung der
Kraft*）。他的《音感》（*TonempFindung*）写于海德尔堡。他到柏
林后，主要从事电力和流体力学方面的研究。赫姆霍兹知道在哪个
方向上进行实验来确定 H. 韦伯、冯·诺依曼、黎曼以及克劳修斯
的理论。赫姆霍兹通过作用力假设两部分之间的距离或假设电流体
解释电动力学现象的强度不仅取决于距离，还取决于速度和加速
度，以及法拉第和麦克斯韦的理论，他们抛弃了远距离的作用了，
并假设了电介质中的应力和张力。赫姆霍兹的实验有利于英国物理

学理论的研究。赫姆霍兹写了反常色散，创造了电动力学和流体力学之间的类比。瑞利给出了一个衍射的动力学理论，并将拉普拉斯系数应用于辐射理论。罗兰对斯托克斯关于衍射和考虑任意电磁干扰传播和光的球面波论文做了一些校正。奥利弗·亥维赛（Oliver Heaviside）对电磁感应进行了数学研究，他认为在特定情况下的电磁感应是一种实实在在的好处。海维赛德和坡印廷在解释和发展麦克斯韦的理论中取得了显著的数学成果。自1882年以来，海维赛德的论文已发表出来，它们涉及了广泛的研究领域。

毛细引力理论的一部分，由拉普拉斯丢弃了瑕疵，即，固体对流体的作用和两种流体之间的相互作用，由高斯完美地创造出动力学。他阐明了流体和固体之间接触的规则。弗朗茨·恩斯特·诺依曼对流体也建立了类似的规则。在研究毛细现象数学理论的工作者中，最主要的是瑞利男爵和马蒂厄。

能量守恒的原理是由罗伯特·迈尔（Robert Mayer，1814—1879）建立的。他是海尔布隆的一名医生，与哥本哈根的路德维格·奥古斯特·柯丁（Ludwig A. Colding）、焦耳和赫姆霍兹完全不同。詹姆斯·普雷斯科特·焦耳（James Prescott Joule，1818—1889）用实验测定了热功当量。1847年赫姆霍兹将能量转换和守恒的概念应用到物理学的各个分支，从而使许多著名的现象联系在一起。这些努力导致了对热微粒子理论的抛弃。热量问题的数学论述要求考虑实际。热力学是为了尝试用数学的方法计算出一部蒸汽机能做多少功而产生的。巴黎的萨迪·尼古拉斯·莱昂哈德·卡诺（Sadi Nicolas Leonhard Carnot，1796—1832），微粒说的追随者，也是第一个微粒说推动者。这个原理通过卡诺的名字而命名，并发表在1824年。克拉佩龙强调了卡诺工作的重要性，但它并没有被普遍认可，直到它被威廉·汤姆森（开尔文勋爵）提出。威廉·汤姆森指出了修改卡诺推理的必要性，以便与热量的新理论一致。1848年，威廉·汤姆森指出，卡诺原理导致了温度绝对刻度的概念。1849年，他出版了《热动力的卡诺原理，从勒尼奥的实验推断出数值结果》（*An account of Carnot's theory of the Motive power of heat*，

with numerical hesults deduced from Regnault's experiments）。
1850 年 2 月，鲁道夫·克劳修斯（Rudolph Clausius，1822—1888），
在苏黎世大学（后来在波恩大学当教授）向柏林科学院发表了一篇
论文，该论文包含了千变万化的热力学第二定律。在同一个月，格
拉斯哥大学的工程与力学教授朗肯（W．J．M．RanKine，
1820—1872），在爱丁堡皇家学会发表了一篇论文，他宣称热的本
质在于循环的分子运动，并得出了克劳修斯之前得出的一些结果。
他没有提及热力学第二定律，但在随后的论文中声明，它可以从自
己的一篇论文包含的方程中推导出来。他的第二定律的证明是没有
异议的。1851 年 3 月，威廉·汤姆森的作品出版了，其中包含对第
二定律完整的证明。威廉·汤姆森在看到克劳修斯的研究之前，就
得到了热力学第二定律。由克劳修斯给出这一定律的声明一直备受
争议，特别是朗肯、西奥多·万德（Theodor Wand）、泰特和普雷
斯顿等人。从一般力学原理很难推断出理论的结果。早在 1852 年汤
姆森发现了能量耗散定律，在后期也由克劳修斯推导出来。克劳修
斯将非转换能量命名为熵（entropy），之后规定宇宙的熵趋于最大
值。朗肯将熵用于热力学函数。科尔马的古斯塔夫·阿道夫·伊恩
（Gustav Adolph Hirn，1815—1890）和赫姆霍兹（单环和多环系
统）也进行了热力学研究。耶鲁大学的吉布斯发明了研究热力学关
系中有价值的图形方法。

约西亚·威拉德·吉布斯（1839—1903）出生在纽黑文康涅狄
格州，毕业后主要在耶鲁大学做数学研究。1866 年至 1867 年在巴
黎度过，1867 年至 1868 年在波兰度过，1868 年至 1869 年在海德尔
堡度过，并在此期间学习了物理和数学。1871 年，他被选为耶鲁大
学数学物理学教授。"吉布斯的直接几何或图形弯曲表现在物理分
析中的矢量模式对自己的吸引，就像麦克斯韦所做的那样"。吉布
斯深受萨迪卡诺、威廉·汤姆森和克劳修斯的影响，吉布斯于 1873
年提前撰写了热力学关系图形表达式的论文，在这些论文中，能量
和熵作为变量出现。吉布斯论述了熵温、熵体积图解以及体积能量
熵面（在麦克斯韦热量理论有描述）。吉布斯制定了平衡和稳定的

能源熵标准，阐述了说它在某种形式下适用于分离的复杂问题。皮卡尔说，"这种化学必须经过一个数学实验，从中可以明显看出吉布斯关于化学系统平衡的研究报告，在性质上如此分析，化学家需要付出一些努力来认识到，他们的代数覆盖着非常重要的定律"。

在 1902 年，吉布斯出版了《统计力学基本原理》（*Elementary Principles in Statistical Mechanics*），为热力学理论基础的发展提供了参考。气体动力学理论主要是由克劳修斯、麦克斯韦和玻耳兹曼提出的。"在阅读克劳修斯时我们似乎在阅读力学；在阅读麦克斯韦以及玻尔兹曼最有价值的作品中，我们似乎是在阅读概率论"。麦克斯韦和玻耳兹曼是"统计力学的创作者"。当他们直接论述物质的分子时，吉布斯认为："一个巨大统计数字集合的思想类似预先定义类型的力学系统，然后在这个思想中讨论得到的精确结果与半经验方法中确定的热动力原理进行比较。"关于热力学的重要作品是由克劳修斯和鲁尔曼（R. Ruhlmann）在 1875 年创作的，庞加莱在 1892 年创作的。

在能量耗散定律和最小作用量原理的研究下，数学和形而上学都有共同的基础。最小作用量原理最早由莫培督（P. L. M. Maupertius）在 1744 年提出。两年后，他宣布这是自然界的普遍规律，并且成为上帝存在的一个科学证据。他的说法得到极少数人支持，莱比锡的柯尼希（Konig）对此进行猛烈地抨击，欧拉为此强烈地辩护。拉格朗日最小作用量原理的概念成为分析力学之母，但他的说法不精确，因为在《分析力学》（*Mecanique Analytique*）第三版中已由约瑟夫·伯特兰德开始研究。最小作用量原理的形式，因为它已经存在，由哈密顿给出，并由冯·诺依曼、克劳修斯、马克斯·韦尔和赫姆霍兹延伸到电动力学。对所有可逆过程的从属原则，赫姆霍兹引入了"动势"的概念。

热力学理论的一个分支是现代气体动力学理论，由克劳修斯、麦克斯韦以及维也纳的路德维希·玻尔兹曼等通过数学方式发展起来。物质动力学理论的第一个建议可以追溯到希腊时期。在这里首先提到 1738 年丹尼尔·伯努利的作品。伯努利认为气体分子的速度很快，用分子撞击解释气体的压力，并根据伯努利的假设推导出了波义耳定律。一个世纪之后，他的思想被焦耳（在 1846 年）、克勒尼希（在 1856 年）和克劳修斯（在 1857 年）采用。当焦耳开始对热量进行实验时，就放弃了自己对这个问题的猜测。克勒尼希通过动力学理论解释了焦耳用实验确定的事实，即当没有外功作用时，气体的内能不改变膨胀的事实。克劳修斯迈出了假设的重要一步，即分子可能有旋转运动，而分子中的原子可以彼此相对移动。克劳修斯认为分子之间的作用力是一个函数的距离，温度完全取决于分子运动的动能，而分子数在任何时候都彼此接近，它们之间相互影响比较小，可以忽略不计。克劳修斯计算了分子的平均速度，并解释了蒸发作用。反对克劳修斯的理论是由布伊·巴洛特（C. H. D. Buy's Ballot）和埃米尔·乔奇曼（Emil Jochmann）提出的，克劳修斯和麦克斯韦给出了令人满意的答案，除了在一个例子中，必须提出一个额外的假设。麦克斯韦提出了自己的问题，即为确定分子的平均数，其中的速度介于给定的极限之间。因此，他的表达构成了以自己名字命名速度分布的重要定律。根据这个定律，分子根据速度的分布由经验观测值根据误差的大小分布相同的公式（在概率论中给出）所决定。分子平均速度由麦克斯韦推导出，不同于克劳修斯的一个常数因子。麦克斯韦的第一个从分布定律中推测出这个平均数并不严格。迈耶在 1866 年给出了一个合理的推论。麦克斯韦预测，只要波义耳定律是正确，黏度系数和导热系数都与压力无关。他推断黏度系数应该与绝对温度的平方根成正比，与钟摆试验得到的结果有一定的差异。由分子之间假设的一个排斥力与它们之间距离的五次幂成反比，使得他改变了气体动力学理论的基础。动力学理论的创始人假设气体分子是硬弹性球；但是麦克斯韦在 1866 年将自己的理论在第二版中继续假设分子的行为与中心力相同。他重新证明了速度分布的规律，但是这个证明在论证中有缺陷，由玻尔兹曼指出、麦克斯韦认可，他通过在 1879 年的一篇关于分布函数某些不同形式的论文中采用，用于精确解释在克鲁克斯的辐射计中观察到的效应。玻尔兹曼严格给出了麦克斯韦速度分布的一般证据。

玻尔兹曼根据之前假设的定律，试图通过假设分子之间的作用力来建立气体动力学理论。克劳修斯、麦克斯韦和他们的前辈把分子碰撞的相互作用作为斥力，但是玻尔兹曼认为它们有可能是引力。焦耳和开尔文勋爵的实验似乎支持玻尔兹曼的假设。

在后来的动力学理论研究中，麦克斯韦和玻耳兹曼的一般定理通过开尔文勋爵的反证，推断出作为一个系统两个给定部分的平均动能，必须在比率数上有一部分自由度。

之前，气体动力学理论极少受到关注，自从物理学中的量子假说成立以后，气体动力学被认为是不充分的。

相对论

相对论的理论是深刻又惊人的。在理论上，科学家们认为以太（古希腊哲学家亚里士多德所设想的一种物质）是静止的，当光的路径平行于在其轨道上的地球运动，或者光的路径是垂直的时候，在给定距离中光的往返行程所需要的时间是不同的。1887 年，科学家迈克尔逊和莫雷通过实验发现这样的时间差异是不存在的。更普遍的是，这个结果和其他实验表明，地球在空间中的运动还不能单靠地球上进行的观察。为了解释迈克尔逊和莫雷的否定结果，并在同一时间保持静止的以太理论，洛伦兹（H. A. Lorentz）在 1895 年构建了"收缩假说"。根据该假说，一个移动的固体稍微纵向收缩。菲茨杰拉德（G. F. Fitzgerald）也产生了这样的想法。1904 年，在哥伦比亚大学讲座（Columbia University Lectures）中，洛伦兹讲解了保持系统静止那些形式的运动系统旨在简化电磁方程。为了代替 x，y，z，t，他引入了新的自变量，也就是 $x' = \lambda\gamma(x-vt)$，$y = \lambda\gamma$，$z' = \lambda z$，$t' = \lambda\gamma\left(t - \dfrac{v}{c^2}x\right)$，其中，取决于光速 c 和运动物体的速度 v，并且 λ 是一个数值系数，当 $v=0$ 时，$\lambda=1$。这个现在被称为"洛伦兹变换"的方程中，基本方程结果是不变的。1906

年，庞加莱使用这种变换来论述电动力学也是万有引力。❶

1905 年，爱因斯坦在《物理史册》（*Annalen der Physik*）的第十七卷发表了一篇关于运动物体的电动力学论文，旨在完善一对运动系统的相互作用或等价关系，并彻底研究了整个问题，认真考虑了在两个遥远地方"同时发生"的事件问题，爱因斯坦开始对洛伦兹变换给予了合理的支持和神奇的解释。爱因斯坦打开了通向现代的"相对论"之路。他于 1907 年较为充分地发展了它。他的理论中有一个基本观点，即质量和能量是成正比的。为了详细描述引力现象，爱因斯坦假设质量和重量也是成正比来推广自己的理论，例如，一束光被物质吸引。由格罗斯曼（M. Grossmann）于 1913 年发展了爱因斯坦理论的数学部分，使用了二次微分形式和意大利帕多瓦的格雷戈里奥·里奇（Gregorio Ricci）的绝对演算。另一个著名的推测由赫尔曼·闵可夫斯基于 1908 年提出的，他阅读了一篇关于《空间和时间》（*Raum und Zeit*）的讲稿，其中他认为空间和时间的新观点是在实验中发展出来，即"空间本身和时间陷入自身的影子中，只有两者的结合才能保持自我状态。一个系统的 x，y，z，t 值，他称为一个"世界点"（weltpunkt），在四维空间物质点的生命路径是一条"世界线"。时间作为四分之一维度的概念已经更早的由拉格朗日在《解析函数理论》（*Théorie des Fonctions Analytiques*）给出，1754 年由达朗贝尔在狄德罗（Diderot）《百科全书》（Encyclopédie）中的文章《维度》中构思出来。闵可夫斯基认为对于光波的传播属于微分方程组。

赫尔曼·闵可夫斯基（Hermann Minkowski，1864—1909）出生在立陶宛，在哥尼斯堡大学和柏林大学学习，在波恩和哥尼斯堡大学做副教授，并在 1895 年晋升为哥尼斯堡大学的教授。1896 年，闵可夫斯基去了苏黎世理工学院，1903 年去了哥廷根。闵可夫斯基从爱因斯坦相对论研究中，通过引入四维流形或时空世界来证明洛伦

---

❶L. 西尔伯斯坦（L. Sicberstein）. 相对论（*The Theory of Relativity*）. 英国伦敦. 1914：87.

兹变换的重要性，已经被许多学者直观地证明了，特别是克莱因、赫夫特（L. Heffter，1912）、布里尔（A. Brill，1912）。克莱因说："现代物理学家们称之为相对论是第四维空间时间域 x，y，z，t 涉及一组有限的直射变换群（称之为洛伦兹群）的不变理论（闵可夫斯基的世界）。"1914 年，艾尔弗雷德·罗布给出了一个非常精确的演示方法，他对"圆锥阶"和 21 个假设建立了一个系统，其中空间理论被时间理论所吸引。一个关于相对论、力学和几何公理的哲学讨论由博洛尼亚的费代里戈·恩里克斯（Federigo Enriques）在《科学问题》（1906）中给出，并在 1914 年被凯瑟琳·罗伊斯翻译成英语。恩里克斯认为某些光学和光电现象似乎导致了经典力学原理的直接矛盾，特别是牛顿原理的作用力和反作用力。恩里克斯说："物理学，非但不能为经典力学提供更准确的验证，反而会导致后一种科学原理的不断重复。"

俄罗斯数学家弗拉基米尔·瓦里查克（Vladimir Varicak）发现罗巴切夫斯基几何是最适合于相对论物理学的数学论述方法。由于埃伦费斯特（Ehrenfest）和波恩悖论的解决，瓦里查克开始研究光学现象。从这一点来看，博雷尔（E. Borel）在 1913 年能推导出相对论的新结果。瓦里查克描述的一个优点是，它保障了旧物理学论述和新物理学论述之间的并行性。里昂的鲁吉耶（L. Rougier）问了这样一个问题，"罗巴切夫斯基几何在物理上是正确的而欧几里得几何是错误的吗？""当然不是"，他说，"一个人可以保持，用初等几何来讨论物理学相对论，就像洛伦兹和爱因斯坦做到的那样，或者你可以根据闵可夫斯基的方式，在我们的三维空间加上第四个想象的维度，或者你可以利用波士顿的威尔逊和路易斯发展的力学和电磁学的非欧几里得几何。这些解释中的每一个都有自己独特的优势"。

图算法

使用简单的图形表格进行计算在古代和中世纪都会遇到。球面三角形的图形解在希帕克斯❶时期盛行，例如，17世纪的奥特雷德时期。在1628年的伦敦，埃德蒙文盖特出版了《比例线的构造和使用》（*Construction and Use of the Line of Proportion*），描述了一种双刻度的数字可以用一条直线上一侧的空格表示，相应的对数用直线号一侧的空格表示❷。这个概念由维也纳的蒂希（A. Tichy）在1897年《图形对数》（*Graphische Logarithmentafeln*）中提出。1871年，伦敦的马吉茨（Margetts）的经度表和卜卦表都是有图解的。1795年，普歇（Pouchet）在《线性算术》（*Arithmétique Linéaire*）中更系统地使用了这个概念。1842年，由巴黎工程师莱昂·拉兰尼（Leon Lalanne，1811—1892）提出的形变对数（anamorphose logarithmique），从原点开始的距离不一定与数据的实际值成正比，但是也有可能是这些值的其他函数，需要判断性地使用。在 $z_1 z_2 = z_3$ 中，变量 z_1 和 z_2 分别对应直线 $x = \text{Log } z_1$ 和 $y = \text{Log } z_2$，所以 $x + y = \log z$，它代表了直线垂直于坐标轴之间的角平分线。1884年，根特大学的马索（J. Massau）和1886年的拉勒曼德（E. A. Lallemand）分别取得了进展。1889年，苏格兰队长帕特里克·韦尔（Patrick Weir）给出了一个球面三角形列线图期待的方位图。但列线图的真正创造者是巴黎高等理工学院的莫里斯·奥卡涅（Maurice d'Ocagne），他的第一个研究出现在1891年，他的《列线图的特征》（*Traite de Nomographic*）于1899年出版。变形的原理，通过连续归纳："方程不仅仅是考虑由两个平行于坐标轴的直线系统和另一个未受限制的直线系统表示，而且由没有这种限制的三个直线系统表示。"奥卡尼还研究了通过圆系统表示的方程。他介绍了共线点的方法，即"可以用列线法表示三个以上变量的方程，并且以前的方法没有给

---

❶冯·布劳恩米尔（A. Von Braunmuhl）. 三角史（*Geschichle der Trigonometric*）. 德国莱比锡. 1900：3，10，85，191.

❷F. 卡约里（F. Cajori）. 科罗拉多学院出版（Colorado College Publication）. 通用期刊（*General Series*）：第四十七期. 德国. 1910：182.

出实用的表达式。"❶

数学表

　　为了提高天文学和大地测量学中的精确度，以及确保更完全地消除对数表中的误差，已经重新计算对数。爱德华·桑（Edward Sang）在 1871 年公布了一个 20 万个常用对数的 7 位表。这些主要来自他未发表的 28 位对数表中的 10037 个质数和 20000 个复合数，以及从 10 万至 37 万的 15 位表❷。在 1889 年，佛罗伦萨的地理研究所出版了 1794 年韦格（G. F. Vega）《分类词典》（10 个图表）的影印版。韦格重新计算了瓦拉（A. Vlacq）的图表，但瓦拉最后一个计算并不正确。在 1891 年，法国政府根据未出版的《地籍表》（*Tables du Cadastre*，14 位，12 处改正）发布了 38 位表，它是在里奇·德·普罗尼（G. Riche de Prony）的监督下计算得出。这些表给出了 12 万个对数和每 $\frac{10}{100}$ 秒的正弦和正切值，象限被划分为百分之一❸。普罗尼请教了勒让德和其他数学家的选择方法和公式，并委托专业人士计算主要的结果，而填写其余列表的任务有助于执行（仅仅使用加减法）。"真是奇怪，"奥卡尼说，"值得注意的是，这些助手大多是从理发师中招聘过来的，因为这些人被剥夺了时尚的工作而失去了生计。"

　　1891 年，M. J. 德·门迪萨瓦尔（M. J. de Mendizabel）在巴黎发表了 125000（8 位）对数表和圆周长为百万分之一的正弦值和正切值（7 位或 8 位），这大部分来自最初的 10 位计算。在 1895 年至 1896 年之间，达菲尔德（W. W. Duffield）在美国海岸和大地测量

---

❶奥卡尼（Ocagne）. 纳皮尔三百年纪念卷（*Napier Tercentenary Memorial Volume*）. 英国伦敦. 1915：279－283.

❷E. M. 霍斯布鲁格（E. M. Horsburgh）. 纳皮尔三百周年庆典手册（*Napier Tercentenary Celebration Handbook*）. 1914：38－43.

❸J. W. L. 格莱舍，《纳皮尔三百年纪念卷》，伦敦，1915 年，71－73 页。

局的报告（U. S. Coast and Geodetic Survey）上发表了关于 1 万个数的 10 位对数表。1910 年，包辛格（J. Bauschinger）和史特拉斯堡的彼得斯（J. Peters）发表了 20 万个数的 8 位表和六十进位的二级三角表。1911 年，巴黎的 H. 安多耶（H. Andoyer）发表了一个14 位的对数表和六十进位的二级正弦值和正切值。"这表完全由 H. 安多耶自己重新计算出来的，没有其他人或机器的帮助。"

近年来，人们需要得到正弦和余弦的自然值。1911 年，J. 彼得斯在柏林发表了这样一个表格，从 0°扩大到 90°，并保留 21 位小数，从六十进位的二级（前 6 阶的第二级）大量的自然值表，首先是通过雷蒂库斯（Rhaeticus）的计算发表于 1613 年，在对数发明后就放弃了，但现在重新返回使用，因为它们更适合用日益应用广泛的机器来计算，不用像以前那样求对数计算。

角的十进制划分再次引起数学家们激烈争论。在 1900 年，梅姆克（R. Mehmke）对德国数学家协会做了一个报告。文中提出一个问题：在实际三角函数中，为什么度优先于弧度？由于考虑三角函数的周期性，我们经常会有加减 π 或 2π，因为这是无理数，因此令人反感。度的六十进制划分极大和谐了巴比伦人，他们使用整数和分数的六十进制符号，以及天、小时和分钟的六十进制划分，我们现在有了十进制数字标记法，六十进制就不怎么用了。在角测量十进制的支持者中，仍然存在一些意见分歧，就是什么单位应该选择十进制的细分。

1864 年，伊冯·魏拉索（Yvon Villarceau）在巴黎的一次会议上，提出了整个周长用十进制细分，而在 1896 年布凯·德拉·格里（Bouquet de la Grye）更倾向于以半周长为细分单位。梅姆克认为，无论单位怎么细分，角的四则运算将得到实质性的简化，三角表的插值会更容易，弧度的计算长度过程将会更短。如果直角是细分单位，那么仅仅通过减法计算，整数 1，2，3…就可以将钝角缩小为相应的锐角，确定互补角或互余角就不那么费力了。一张更方便的三角函数表由哈弗斯（G. J. Houel）提出，使观察更加方便是由德朗布尔（J. Delambre）应允的。然而，角十进制分法的应用目前还没有对大家的日常产生影响，在法国甚至还未被采用。

一种非常特殊的对数，即所谓的"高斯对数"，即 log（$a+b$）和 log（$a-b$），log a 和 log b 已知，第一次由意大利物理学家朱塞佩·泽奇尼·莱昂内利（Guiseppe Zecchini Leonelli）于 1803 年在波尔多的《对数理论》（*Theorie des Logarithmes*）中提出，首张表由高斯在《扎克的每月通讯》（*Zach's Monatliche Korrespondenz*）中发表。它是一张 5 位表。最近的 6 位表是由柏林大地测量研究所的卡尔·布列半克尔（Carl Bremiker，1804—1877）、达姆施塔特的西格蒙德·贡德尔芬格（Siegmund Gundelfinger）和康奈尔大学的乔治·威廉·琼斯提出的，还有就是维茨坦（T. Wittstein）的 7 位表。

进入双曲线和指数函数，在 1832 年由德国明斯特的克里斯托夫·古德曼（Christoph Gudermann）出版的 $\mathrm{Log}_{10}{}^{\sin hx}$ 和 $\mathrm{Log}_{10}{}^{\cos hx}$ 的 7 位表，1890 年由威廉·利戈夫斯基（Wilhelm Ligowski）提出的 5 位表和 1909 年贝克、万·斯特兰（C. E. Van Orstrand）出版在《史密斯数学表》（*Smithsonian Mathematical Tables*）中的 5 位表。双曲正弦函数表和双曲余弦函数表是由利戈夫斯基（1890）、巴拉（1907）、戴尔、贝克和万·斯特兰出版的。1883 年，在《剑桥哲学会刊》（*Cambridge Philosophical Transactions*）的第十三卷中，格莱舍给出了 log e^x 表和 e^x 表，纽曼给出了 e^{-x} 表，贝克和万·斯特兰也给出了这些函数的表。

一个有趣的问题是三角函数术语"弧度"的起源。它第一次出现在 1873 年 6 月 5 日贝尔法斯女王学院的杰姆斯·汤姆森设置的考试题中。詹姆斯·汤姆森是开尔文勋爵的兄弟。他早在 1871 年就使用这个术语，然后是 1869 年圣·安得烈大学的托马斯·缪尔（Thomas Muir）在"rad""radial"和"radian"之间犹豫不决。1874 年在与詹姆斯·汤姆森协商之后，缪尔采用了"radian"表示弧度。

计算器 求积仪 积分仪

最早的计算器，是由法国数学家、物理学家帕斯卡在 1641 年发

明的，设计的目的只是为了加法。帕斯卡计算器的三种模型都保存在巴黎工艺美术学院。它是莱布尼茨构思出适应这种能够迅速地增加一个和同一个数重复数次以便机械地实现乘法的一个计算器。据说莱布尼茨设计制造的两台计算器，一个保存在汉诺威图书馆里（于1694年完成）。1820年，托马斯·德·科尔马（Thomas de Colnar）基于《四则计算》（*Arithmometre*）使这个想法被重新发明并在实践中实际应用。

1887年，在巴黎世界博览会上首次展出了一种直接产生乘法的计算器，是通过乘法表实现的。毫无疑问，这个原始的设计来自一个年轻的法国发明家，这个人就是莱昂·博勒（Leon Bollee），他在汽车的发展史中也占有突出的地位。在他的计算器中有计数板，其配有构成一种乘法表的适当长度的舌片，直接在机器的记录装置上作用。同样概念一个更简便的运算归功于施泰格（O. Steiger，1892）的一台被称为百万富翁的机器。在1892年，一个俄罗斯工程师——奥德纳（W. T. Odhner）发明并构建了一个广泛使用的机器，叫布朗斯计算器，它是"针轮和凸轮盘"式的，它的第一个想法可以追溯到破伦努斯（Polenus，1709）和布莱尼茨。这种算法在美国的起源是来自巴勒斯加法算法和机器列表，以及约1887年由芝加哥的多尔·E. 费尔特（Dorr E. Felt）发明的康普托计算器（Comptometer）。

借助各种命令功能差异计算的最初设想，应当追溯到米德勒（J. H. Midler，1786）时期，但是在巴贝奇（Babbage）时代之前并没有确定的计划和实际建造的步骤。大约在1812年，英国发明家查尔斯·巴贝奇（Charles Babbage，1792—1871）发明了一种机器，被称为"差分机"（difference-engine）。1822开始创造，并持续了20年。这台计算器英国政府出资1.7万英镑和巴贝奇自己出资6千英镑。因为与政府的一些误解，这台计算器的制造工作虽然已经接近尾声，但还是停止了制造。斯德哥尔摩的格奥尔（Georg）和爱德华·舒茨（Eduard Scheutz）制造了一台不同的计算机，被奥尔巴尼的达德利天文台收购

1833年，巴贝奇开始设计"分析仪"。在他去世之前，一小部

分的功能已经实现了。这台机器的目的是对于任何代数公式，都能计算出给定的变量值。1906 年，巴贝尔——查尔斯·巴贝奇的一个儿子，完成了机器的一部分和一张 25 位数至 29 位数的乘法表，并将这个表格作为该机器开始工作的一个样本。

求积仪已独立设计出，并有许多不同的方式。它很有可能是赫尔曼在 1814 年设计的那个。求积仪是由意大利佛罗伦萨的戈内利亚（Gonella）于 1824 年、伯尔尼的约翰纳斯·奥皮克福（Johannes Oppikoffer，1783—1859）于 1827 年设计的；1849 年，由巴黎的厄恩斯特和维也纳的维特利（Wetli）构建；1851 年由哥达的天文学家彼得·安德烈亚斯·汉森（Peter Andreas Hansen）、爱丁堡的爱德华桑、麦克斯韦、汤姆森和开尔文勋爵进行不断改进。所有这些都是旋转求积仪。最著名的极地求积仪是阿姆斯勒（Jakob Amsler，1823—1912）和苏黎世的科拉迪（Coradi）构造的。阿姆斯勒曾是苏黎世大学的教师，后来成了精确测量仪器的制造商。他在 1845 年发明了极地求积仪，并在 1856 年出版了极地求积仪相关说明。

还有一种有趣的仪器，叫作"积分仪"，由阿巴卡诺维奇（Abdank Abakanovicz，1852—1900）在 1878 年发明的，弗农·博伊斯（Vernon Boys）在 1882 年发明的。当指针被传递到一个需要其面积图形的范围时，这些仪器将会绘制一条"积分曲线"。通过那不勒斯大学的帕斯卡（E. Pascal）的研究，发明了多种积分仪。在 1911 年，他设计了微分方程的极性积分仪。